国家科学技术学术著作出版基金资助出版

周期结构理论及其在隔震减振中的应用

Periodic Structures: Theory and Applications to Seismic Isolation and Vibration Reduction

石志飞　程志宝　向宏军　著

科学出版社

北京

内 容 简 介

本书内容涵盖周期结构分析的基本理论、数值方法和部分试验，共11章，各章内容大致如下：第1章主要就周期结构在结构隔震和交通环境减振方面的应用、研究现状和周期结构的动力特性进行概述；第2章以固体物理研究周期结构的基本理论为基础，介绍相关概念、方法和基本理论，并就弹性波在周期介质中的传播特性以及工程结构的波动问题进行阐述；第3章和第4章分别研究周期结构的能量耗散以及频散特性的主要分析方法；第5～7章为周期结构在基础隔震中的应用，包括层状周期基础、二维周期基础、三维周期基础的设计与理论；第8～10章为周期结构在交通环境减振中的应用，主要包括周期性连续墙和周期性排桩的设计及减振效果数值模拟；在上述典型周期结构基础上，第11章介绍几种改进的周期结构，丰富了周期结构的类型和应用范围。

本书可供从事土木、地震、交通、环境等工程领域的科研人员和技术人员参考，并可作为高等院校相关专业研究生的教材和本科生的教学参考书。

图书在版编目(CIP)数据

周期结构理论及其在隔震减振中的应用/石志飞，程志宝，向宏军著. —北京：科学出版社，2017.6
ISBN 978-7-03-052987-9

Ⅰ.①周… Ⅱ.①石…②程…③向… Ⅲ.①隔震-建筑结构-研究 Ⅳ.①TU352.12

中国版本图书馆CIP数据核字(2017)第118009号

责任编辑：杨向萍 张晓娟 / 责任校对：桂伟利
责任印制：赵 博 / 封面设计：熙 望

科 学 出 版 社 出版
北京东黄城根北街16号
邮政编码：100717
http://www.sciencep.com
北京建宏印刷有限公司印刷
科学出版社发行 各地新华书店经销

*

2017年6月第 一 版 开本：720×1000 1/16
2025年2月第五次印刷 印张：23 3/4 彩插：8
字数：481 000

定价：198.00元

(如有印装质量问题，我社负责调换)

前　　言

周期结构无处不在，小到细胞、碳纳米管结构，大到超高层建筑、特大桥梁结构，无不体现着周期性。周期性的存在，给人们的生活带来了许多便利，更增添了无限的美感。遗憾的是，在土木和交通工程等领域，人们对周期结构所具有的隔震减振机理还比较陌生，更谈不上很好地去利用这种特性。固体物理学研究发现，按照某种方式排列的周期介质具有弹性波的衰减域特性，即入射波的频率落在衰减域频段内时，该入射波不能在周期介质中传播。受此启发，作者于 2007 年提出了设计周期基础进行土木工程结构隔震减振的设想，经本书作者和团队其他成员多年的共同努力，成功地将周期结构的衰减域特性引入土木工程和交通环境工程等领域，并陆续对一维、二维和三维周期结构的隔震、减振方法进行了较为系统的研究，取得了良好的效果，为研究土木工程结构隔震以及交通环境减振提供了新思路。此外，本书合作者还提出了求解频散曲线的微分求积法，极大地丰富了周期结构的研究方法。美国休斯敦大学 Thomas T. C. Hsu 结构研究实验室主任 Yi Lung Mo 教授及其团队，近年来也投入了大量的人力、物力开展利用周期结构进行隔震、减振的试验研究。上述理论与试验研究成果构成了本书的主要内容。

固体物理学研究的周期结构，通常称为声子晶体或光子晶体，一般尺寸较小，大多需要用到贵重金属，其衰减域频率基本处于千赫兹甚至兆赫兹量级。但是，在土木工程和交通环境工程中，无论是结构的固有频率还是外部荷载的激励频率都比较低，通常只有几赫兹或者几十赫兹，常见环境振动的主要频率也在 100Hz 以内。因此，能否利用常用的且价格低廉的土木工程材料，设计出在低、中频段能够形成衰减域的周期结构，不仅对土木和交通环境工程领域具有重要意义，更直接决定着基于周期结构衰减域特性进行隔震减振设计思想的成败。目前，国内外尚无利用周期结构进行隔震减振的书籍。本书针对低、中频段的隔震减振问题，尽可能利用土木工程人员熟悉的语言描述周期结构的理论，从土木工程和交通环境工程领域的特点出发，通过着重介绍周期结构设计理论和分析方法，将这一新兴且极具潜力的研究方向推荐给读者，使之能为更多从事土木工程、地震工程、交通工程和环境工程工作的科研人员、工程技术人员及相关专业学生提供参考。

本书的研究工作得到了国家自然科学基金重大研究计划项目(90715006)、面上项目(51178036、51678046)、优秀青年科学基金项目(51522803)、青年科学基金项目(50808012、51508023)等的资助。作者团队的研究生黄建坤、刘心男、贾高峰、包静、熊晨、陈鹏飞、李卿、王颖、李荻、张志亮、肖国华、马琰等在攻读学位期间所取得的丰富研究成果为本书的撰写提供了很好的素材；杜修力教授、李宏男教授、刘晶波教授和其他多位专家对相关研究工作提出过许多很有价值的建议，对本书的出版提供了极大的帮助，在此表示衷心感谢。另外，作者对其他同仁、朋友在本书出版过程中给予的热情鼓励、支持和帮助一并致以由衷的谢意。

由于作者水平有限，书中难免存在疏漏或不足之处，恳请读者不吝赐教。

石志飞

2014 年 9 月于北京交通大学

目　　录

第1章 绪 论

在工程结构所受的外加动力荷载中，一类是自然原因引起的动力荷载，如地震、风、波浪荷载等；另一类是由人类活动产生的动力荷载，如交通环境振动、人群荷载、机械振动、建筑施工扰动等。在上述荷载中，地震和交通环境振动带来的危害及其防治措施越来越受到人们的关注，也是本书的主要研究内容。

1.1 工程结构隔震

地震是地壳快速释放能量过程中造成震动随之产生地震波的一种自然现象。由于地震的随机性和突发性，以及人类对其认识的不足，目前还难以做到准确预测地震，因此，地震往往会给人类造成灾难性的后果，如建筑物的大量破坏、倒塌乃至人员的伤亡。在传统的结构抗震设计中，为增强结构的抗震性能，研究人员依次提出了刚性结构体系、柔性结构体系、柔性底层结构体系和延性结构体系。刚性结构体系是通过增大结构刚度使结构地震反应接近于地面运动，但是，结构的刚度越大，所受的地震作用也越大，反过来又要求更大的刚度和强度，这样便形成了恶性循环。柔性结构体系则与之相反，通过减小结构刚度来降低地震作用下的结构加速度响应，进而减小地震作用，但由于建筑层间位移过大，可能使建筑装饰等配件严重破坏，不能满足正常使用。随之，柔性底层结构体系应运而生，它通过增大上部结构刚度并降低底层刚度，使之能有效减小上部结构响应，并通过底层的非弹性变形消耗能量，但 P-Δ 效应使底层变形过大，导致底层柱破坏乃至结构倒塌。延性结构体系则是通过适当地控制建筑结构体系的刚度，使结构在小震下具有足够的强度承受地震作用，在大震下部分结构构件进入塑性状态，消耗地震能量，以减轻地震反应，但不致倒塌。延性结构体系是目前许多国家普遍采用的传统抗震设计方法，虽多数情况下是有效的，但仍然存在安全性、适应性和经济性等方面的不足。这种抗震设计理念立足于“抗”，即依靠建筑物本身的结构构件的强度来抵抗地震作用以及通过其塑性变形来吸收地震能量，加大了建设成本。此外，依靠结构构件发生塑性变形来消耗地震能量也不能满足人们对现代建筑功能的严苛要求。总之，传统的结构抗震通过增强结构本身的抗震性能来抵御地震作用，由结构本身存储和消耗地震能量是一种消极被动的抗震策略。因此，寻求有别于传统抗震体系的新方法，成为各国学者和工程师探索和研究的目标，结构减振控制的概念随之产生[1]，结构抗震、减振理论也发展到了一个新的阶段[2]。按是否需要外部能源输入，结构控制可分为主动控制、被动控制、半主动控制和混合控制[2-4]，如图 1.1 所示。

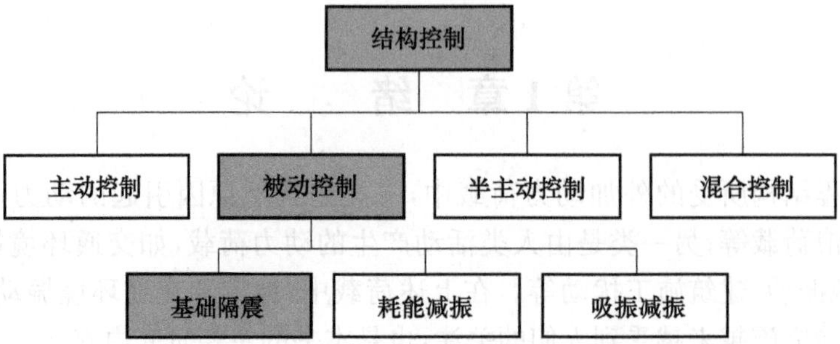

图 1.1 结构控制分类及基础隔震在结构控制策略中的位置

结构减振控制的研究已有至少 40 多年的历史，其中，主动控制是在实时监测结构反应和环境干扰的情况下，采用现代控制理论计算最优控制力，由驱动器在极大外部能量输入下作用于结构上，控制和修正结构的反应；被动控制是在结构的某些部位附加耗能装置或者子系统，或对结构自身某些构件在构造上进行处理，以改变结构体系的动力特性，不需要外部能量的输入即可达到保护结构的目的；半主动控制原理与主动控制类似，仅需要极小的能量来主动调节控制机构系统内部参数，使结构控制处于最优状态；混合控制则是同时采用被动控制和主动控制两种策略的方法。近年来，已有大量关于结构主动控制和半主动控制的理论研究，也有少量的试点工程，它的主要优点是具有良好的适应性，但控制系统结构复杂，造价昂贵，主动控制所需能量在强烈地震作用下无法完全保证，主动控制与半主动控制都依赖于结构响应或环境干扰信息。被动控制不需要外部能量输入，加之具有控制过程不依赖结构响应和外界干扰信息、构造简单、造价低、易于维护等诸多优点，因而受到工程界的广泛关注，成为目前应用开发的热点，许多被动控制技术也日趋成熟，并在实际工程中得到应用。目前常用的被动控制系统有基础隔震、耗能减振和吸振减振等。隔震技术的设计思路简单明确且行之有效，已被工程界广泛接受，本书重点关注基础隔震。有关耗能减振与吸振减振，可参考相关专著[2-4]。

1.1.1 隔震基本原理

传统结构抗震是通过增强结构的抗震性能（强度、刚度、延性）来抵御地震作用，即由结构本身储存和耗散地震能量，这是一种消极的“硬抗”策略。合理的途径是增加减振装置，由减振装置与结构共同储存或消耗地震能量，隔震技术便是其中之一，采取了积极的“以柔克刚”的理念[4]。该技术通过在结构底部或者结构系统出现明显转换的地方设置隔震系统，以减小被隔离结构的地震动能量输入，从而减小被隔离结构的地震动响应，提高建筑物、构筑物及其附属设施的安全性[5,6]。

图 1.2 给出了抗震结构和隔震结构的地震动力响应示意图[7]。由于隔震系统的水平向刚度远远小于上部结构的水平向刚度，地震作用下上部结构的动力响应表现为整体移动，结构变形主要集中在隔震层，上部结构的层间变形非常小。研究表明[4,6]，采用隔震措施的结构其上部结构的加速度响应约为传统抗震结构的 1/5～1/3。因此在地震作用下，应用隔震技术之后，建筑物及其附属设施基本没有破坏；而抗震结构则会有较大的结构变形甚至破坏，造成家具倾翻、门窗开裂、灯具掉落等。

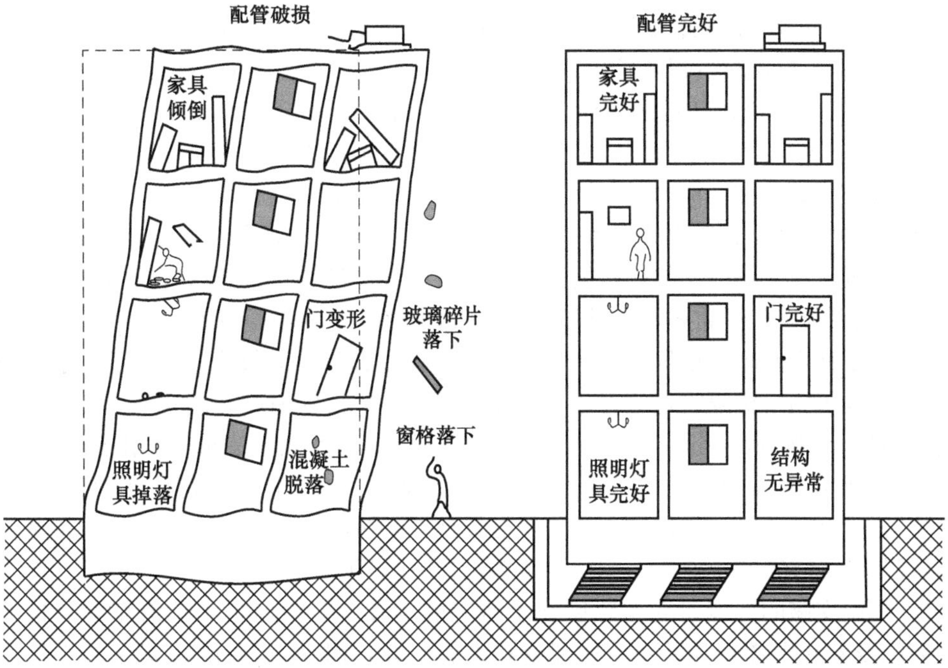

图 1.2 抗震结构和隔震结构的地震动力响应示意图[7]

隔震系统主要包括隔震器和阻尼器。通过增设横向刚度较小的隔震器，有效降低结构系统的特征频率，使其避开地震动的主要频段，从而降低上部结构的地震动响应。但隔震层的设置，导致水平位移增大，需要设置横向阻尼器来吸收地震能量并减小上部结构的位移[8]。隔震器与阻尼器是互相制约的：从降低建筑结构特征频率的角度出发，要求隔震装置的水平刚度尽量小，但同时会增加结构的位移响应；从增加耗能的角度出发，要求阻尼器的阻尼尽量大，但同时会降低隔震效果。实际设计中，应在增大水平位移响应和减小层间作用力响应中间寻求一个平衡。目前常见的隔震器有叠层橡胶支座、摩擦滑移隔震元件、滚动摆、滚珠及滚轴元件，其中以叠层橡胶支座隔震器的应用最广。常见的阻尼器有黏滞阻尼器和滞回阻尼器两种。

1.1.2 隔震技术研究现状

1969 年，南斯拉夫建成了第一座现代隔震建筑，该结构直接用橡胶块支撑上部结构，因此在地震作用下有明显的晃动[9]。为提高纯橡胶的工作性能，法国工程师应用薄钢板层和薄橡胶层交错布置构造了叠层橡胶支座。叠层橡胶支座的问世，极大地促进了隔震技术的应用。20 世纪 70 年代，Charleson 等[10]、Skinner 等[11,12]和 Robinson[13]研发了铅芯叠层橡胶支座，并将其成功应用到新西兰 William Clayton 政府办公大楼。之后，该技术被日本、美国等国家广泛应用。1982 年，日本在一座两层的民用住宅建设中采用了隔震技术，这是日本第一栋现代隔震建筑。1985 年，美国建成的富希尔法律司法中心(Foothill Communities Law and Justice Center)是美国第一栋隔震建筑，同时也是全世界第一座采用高阻尼橡胶支座的隔震建筑。在欧洲，意大利和法国也相继开展了隔震技术研究。1981 年，意大利 Naples 建成的消防站是第一座采用低阻尼橡胶支座的隔震建筑。与此同时，法国学者研究了核电站结构隔震性能。之后，经过多年的系统研究，新西兰、日本、美国、意大利等先后将隔震设计纳入建筑设计指南，这为隔震技术在实际工程中应用提供了技术及理论依据。现代隔震技术在我国起步相对较晚，1993 年广东省汕头市建成了第一栋隔震建筑[14]。唐家祥和刘再华[5]、杨佑发和周福霖[15]、李中锡和周锡元[16]等为将隔震技术引入我国做了很多工作，对隔震建筑的简化分析、隔震支座性能及设计规范的制定奠定了很好的基础。在《建筑抗震设计规范》(GB 50011—2001)中引入了"隔震与消能减振设计"的内容[17]，并且 2010 版《建筑抗震设计规范》(GB 50011—2010)还扩大了隔震设计适用范围[18]。

隔震支座的性能研究是隔震技术研究的基础。美国加州大学伯克利分校的 Kelly 及其合作者开展了一系列理论和试验研究，分析了橡胶隔震支座的工作性能。Koh 和 Kelly[19,20]研究了轴向荷载对隔震支座的性能影响，给出了计算橡胶支座屈服荷载的线弹性近似法。同时，试验研究表明，低形状参数的支座在大变形下水平刚度会增加，这种由于大剪切应变引起的应变极化现象可提高结构在大震作用下的安全性。之后，Koh 和 Kelly[21]进一步给出了一个分析高阻尼橡胶支座稳定性的黏弹性模型。Imbimbo 和 Kelly[22]从理论的角度研究了计入大变形条件下材料硬化对橡胶支座稳定性的影响。另外，隔震橡胶支座通常处于受压状态，但在大震下由于上部结构的倾翻会导致部分支座处于受拉状态。鉴于此，Kelly[23]分析了多层橡胶支座的受拉屈服问题。针对高阻尼橡胶支座和铅芯橡胶支座，Ryan 等[24,25]基于试验研究了轴向荷载对这两种支座性能的影响，试验结果表明：随着轴向荷载的增大，支座水平刚度减小；随着水平向变形的增大，支座竖向刚度减小。同时，该试验对研究计入轴向荷载后橡胶支座动力模型提供了理论支持。此外，Constantinou 等[26,27]和 Mokha 等[28,29]系统地研究了滑移隔震支座、摩擦摆隔震支座的力学性能及理论模型。

隔震系统的静、动力分析其实属于非线性系统的求解问题。从工程应用的角度看,一个可靠的近似计算方法总是具有非常广泛的应用价值。Hwang[30,31]对隔震系统的等效线性化近似方法做了细致的研究,给出了一个铅芯橡胶支座的等效线性模型,并通过对比分析,证实了该等效线性模型可以准确地预测铅芯橡胶支座的非弹性响应。之后,Hwang 等[32]又给出了改进的等效线性模型,并据此分析了铅芯橡胶支座滞回环的等效刚度、屈服力、应变强化率等。数值分析表明,改进的等效线性模型可以较好地用于分析隔震桥梁结构的非线性动力响应。考虑到高阻尼橡胶支座的力学特性与其材料特性紧密相关,Hwang 和 Ku[33]基于振动台试验建立了两个高阻尼橡胶支座的分析模型,并应用这两个分析模型较好地模拟了结构的地震动响应。通过对美国国家高速公路和交通运输协会(American Association of State Highway and Transportation Officials,AASHTO)规范中建议的等效线性化方法的评估,Hwang 和 Sheng[34,35]还给出了一个改进的等效刚度和等效阻尼比计算方法。另外,周锡元和韩淼[36]、周锡元等[37]、苏经宇和韩淼[38]先后研究了隔震橡胶支座、组合橡胶支座的水平刚度特性及其稳态振动反应的简化计算方法。针对橡胶隔震支座,刘文光[39]提出了刚度因子的概念,给出了采用刚度因子计算隔震支座竖向刚度的简化计算公式,阐明了橡胶隔震支座竖向刚度与水平刚度的相关性。

合成橡胶是复杂的黏弹性材料,低温条件下材料刚度约为室温下材料刚度的50～100 倍。通过试验研究,Roeder 等[40,41]测试了低温条件下隔震支座的工作性能,试验表明,低温对橡胶支座刚度的提高与橡胶材料的组分紧密相关。之后,Yura 等[42]和 Yakut 等[43]进一步对足尺的天然橡胶支座和氯丁橡胶支座进行了低温性能测试。该试验考虑了往复受压、往复受剪、荷载率、橡胶组分、温度历史、徐变等因素的影响。结果表明,低温环境下橡胶支座剪切刚度的提高与橡胶组分、温度及时间有关;加载速率、应变幅值、摩擦系数及温度历史对支座的性能有一定的影响;低温环境下的徐变与常温下的徐变明显不同;往复受压、往复受剪应力状态对支座的剪切刚度变化没有影响。此外,高温条件或发生火灾后,隔震支座的工作性能研究同样重要。刘文光等[44,45]研究了建筑隔震结构中天然橡胶支座的温度特性,该研究测试了常温下、100℃恒温老化条件下和高温燃烧条件下隔震支座的性能。

近年来,国内外关于基础隔震技术的研究主要集中在如下几个方面:三维隔震系统、组合隔震系统、基于半主动控制理论的隔震技术、高层结构隔震应用、近断层地震动对隔震的影响、土-结构动力相互作用对隔震的影响等。

1. 三维隔震系统

为了能够有效地阻隔竖向地震动对上部结构的作用,学者们开发了多种三维隔震系统[46-51]。Tajirian 等[52,53]研究了一种可适用于低层建筑的三维隔震支座,并通过一系列的振动台试验，测试了该隔震支座对水平向及竖向地震动的隔离作用。Morishita 等[54]研究了由滚动密封式弹簧与液压系统组合而成的三维隔震系统，提高了结构的安全性，且结构更加经济。熊世树和唐家祥[55]对三种类型的钢丝绳隔震器的三维隔震性能进行了试验研究，该研究考虑了隔震器直径比与其三向刚度、阻尼的关系。赵亚敏等[56-58]设计了一种新型组合式三维隔震支座，该支座由铅芯橡胶支座和蝶形弹簧竖向隔震支座组合而成。振动台性能试验结果表明，该三维隔震系统的水平特性与铅芯橡胶支座类似，竖向特性与组合式蝶形弹簧竖向隔震支座相似。该组合式三维隔震支座具有较高的承载能力，可用于建筑结构的三维隔震。李雄彦和薛素铎等[59-61]提出了一种新型的摩擦-弹簧三维复合隔震支座，建立了概念设计模型，并通过振动台试验，研究了其动力性能。该支座的水平刚度由 Teflon 滑移设备和螺旋弹簧提供，竖向刚度由蝶形弹簧或螺旋弹簧提供[62]。数值分析结果表明，该隔震支座可以有效地减小大跨度空间结构的地震响应。

2. 组合隔震系统

组合隔震系统是将两种或多种隔震基本原件通过串联或并联的方式复合应用。已有的研究表明，通过合理的参数搭配，采用组合隔震系统能收到比单独使用一种隔震器件更好的隔震效果[63-69]。Mostaghel 和 Khodaverdian[70,71]研究了弹性摩擦隔震装置，该隔震装置由摩擦支座与橡胶支座复合而成，可同时提供摩擦力、阻尼力及恢复力。周锡元等[72]探讨了并联和串联基础隔震体系地震反应的基本特征，串联隔震体系地震反应的周期特征和并联体系明显不同，前者以长周期振动为主，后者则以短周期振动为主，它们分别与橡胶垫隔震体系的基本周期和非隔震结构的基本周期有关。刘小煜等[73]研究了由滑板式橡胶支座和普通橡胶支座组合而成的滑移支座，建立了这种组合支座的恢复力模型，并完成了由该组合支座组成的基础隔震体系的时程分析。杨树标[74-76]用时程分析法对砌体结构的摩擦滑移隔震方法、夹层橡胶垫隔震方法及并联复合隔震方法进行了对比分析，同时给出了计算砌体复合隔震结构的简化计算方法。李爱群和毛利军[77]系统研究了典型并联基础隔震结构地震反应的一般特征，探讨了并联基础体系隔震层参数的合理选择问题。吕西林等[78,79]研究了由叠层橡胶支座的黏弹性模型和滑板摩擦隔震支座的黏刚塑性模型组合而成的隔震支座分析模型，并通过三维数值模拟与试验对比，验证了该模型的正确性。

3. 基于半主动控制理论的隔震技术

由于隔震技术是一种被动减振方法，为拓宽隔震技术的应用范围，学者们研究了基于半主动控制理论的隔震技术[80-84]。Ramallo 等[85]应用传统低阻尼支座与半主动阻尼器组成智能隔震器，并通过数值模拟证明了这种隔震技术的有效性。此外，Yoshioka 等[86]和 Ramallo 等[87]还应用两步骤系统确定方法，研究了结构在半主动控制磁流变阻尼器与传统隔震支座共同作用下的地震动响应。Kim 等[88-90]研究了由摩擦摆系统与磁流变阻尼器组成的隔震系统，该隔震系统基于神经模糊控制系统对磁流变阻尼器的阻尼实现控制，同时应用遗传算法对模糊控制系统进行了优化。Ozbulut 和 Hurlebaus[91]研究了由压电摩擦阻尼器和叠层橡胶支座组成的智能隔震系统在模糊逻辑分级控制和自组织模糊逻辑控制方法控制下建筑结构的隔震效果。王焕定等[92]研究了由磁流变阻尼器与普通橡胶支座相结合的智能隔震系统，该系统采用线性二次性最优控制算法、高阶单步控制算法进行控制。此外，还研究完成了不同场地和烈度条件下该智能隔震系统的振动台试验。振动台试验结果表明，该隔震系统能同时减小上部结构的加速度和隔震层的位移。

4. 高层结构隔震应用

自 1998 年开始，隔震技术被逐渐应用到高层、超高层及塔形结构等大高宽比结构系统中，因此，对高层结构隔震的理论和试验研究一直是一个热点问题[93-100]。2003 年，刘文光等[101]提出了一个适用于大高宽比隔震结构体系的转动刚度计算公式，并将其应用到多质点体系计算模型中进行地震反应的简化分析。之后，刘文光等[102,103]又提出了高层结构隔震大高宽比隔震结构体系地震反应分析的单质点、两质点和三质点剪切型简化计算模型，引入高宽比影响系数的概念并给出了相应的计算式。王铁英等[104,105]完成了一个相似比为 5、高宽比为 3.1 的模型结构振动台试验，测试了多个 8 度地震波作用下大高宽比橡胶垫隔震结构的性能。在假定上部结构周期和总基底剪力不变的前提下，付伟庆等[106,107]建立了高层结构隔震的等效简化模型，给出了模型结构参数的计算公式。王曙光等[108]和杜东升等[109]探讨了长周期高层隔震结构的减振效果，提出了隔震层设计的基本原则，给出了控制隔震层设计的基本指标，包括隔震支座的长期面压、极值面压、隔震层偏心率等，并对我国有关规范中隔震设计的相关规定提出了修改建议。Takaoka 等[110]完成了一个小尺度的高层结构隔震振动台测试，并采用时程分析方法预测了高层结构隔震的屈曲破坏。

5. 近断层地震动对隔震的影响

近断层地震动是一种非常复杂的地震动，强烈依赖于断层的破裂过程、断层面上位错的发展过程、滑动方向、滑动速度等[111-113]。有学者质疑隔震结构在近断层地震动作用下的安全性[111,114,115]。基于对近断层地震特性研究，Kelly[116]和 Jangid 等[117]分析了近断层地震动作用下阻尼对不同隔震系统的影响，同时通过对比分析得出法国电力公司(Électricité de France，EDF)的隔震系统更适合于近断层结构隔震。之后，Jangid[118,119]、Bhasker 和 Jangid[120]又分别研究了优化的摩擦摆隔震支座和优化的铅芯橡胶支座在近断层地震动下结构隔震中的应用。针对近断层地震动特点，Panchal和Jangid[121,122]提出了一种可变摩擦摆隔震系统，并通过数值研究说明，该可变摩擦摆隔震系统比传统的摩擦摆隔震系统更适合应用于近断层隔震。Providakis[123,124]不仅系统地分析了近断层地震动作用下附加阻尼对铅芯橡胶支座和摩擦摆隔震系统的影响，还计算了在近断层地震作用下不同铅芯支座隔震系统的地震响应[125]。Lu等[126,127]提出了一种变频摇滚支座，用以阻隔近断层地震动对上部结构的作用，并通过试验研究证明，该变频摇滚支座可以有效地减小近断层地震作用下隔震支座的位移，同时对上部结构也有较好的隔震效果。此外，为了改进隔震结构在近断层地震动作用下的工作性能，有些学者也使用了基于半主动控制的隔震系统[128-131]。

6. 土-结构动力相互作用对隔震的影响

自1971年San Fernando地震以来，土-结构动力相互作用对上部结构动力响应的影响逐渐引起土木工程师的重视[132-140]。Constantinou等[141,142]将整个系统简化为一个单自由度系统进行分析，研究了土-结构相互作用对线弹性单层隔震结构动力响应的影响，同时指出，与非隔震结构相比，隔震结构的土-结构动力相互作用的影响有所降低。Siddiqui和Constantinou[143]进一步将此简化分析方法扩展并应用于多层结构的分析，发现此方法能较准确地计算结构的位移，误差不超过10%；对4层以下的结构还可以较准确地分析底部剪力，但对7层以上结构则需要考虑高阶模态贡献，简化分析方法不考虑高阶影响则高估了底部剪力。Darbre和Wolf[144,145]提出了一种非线性动力计算方法(时-频混合法)，并应用该方法分析了土-结构动力相互作用对核电站结构隔震的影响。假设土体的刚度和阻尼均为常数，Spyrakos等[146]应用简化的土-结构模型，在频域内分析了土-结构相互作用对隔震支座性能的影响。李忠献等[147,148]分析了土与结构的动力相互作用对隔震建筑的影响，指出考虑土与结构的相互作用会降低滑移隔震结构的隔震效果。曾奔等[149]研究了土-结构动力相互作用对楼层响应的影响，指出增加隔震装置并不一定能减小非结构构件的地震响应。基于弹性地基梁理论和波动理论，杜东升等[150]研究了桩-土-结构动力相互作用对高层隔震结构地震响应及非线性损伤的影响。此外，刘伟庆等[96,151]和李昌平等[152]还开展了一系列振动台试验研究，并提出了评估土-结构动力相互作用的简单方法。

虽然结构隔震理论和技术在不断发展，并在工程应用中已取得良好成效，但也暴露出不少问题，例如：①需要增加阻尼器或其他限位装置以减少隔震层的水平位移，这在中、小震时可能引起次生破坏；②建筑场地的覆盖层软而厚时，基础隔震的效果不是十分理想；③主要抵御的是水平地震运动，很少涉及竖向以及竖向和水平向耦合隔震问题，还存在抑制竖向地震动输入效果不佳、支座抗拉性能不足、存在整体失稳问题等[153,154]。因而，仍有必要开发新型隔震系统。

1.2 交通环境振动

环境振动是指特定环境下所有的振动，通常是由许多振动源产生的振动组合，包括交通运输、机械运转、建筑施工及其他人类活动引起的振动等。这些振动位移幅值由几纳米到几微米，振动频率主要集中在0.1～100Hz。一般地，这些环境振动的振幅及能量都较小，影响范围具有局部性，不会像强震那样剧烈，即荷载强度不超过结构承载极限，但有可能使结构产生疲劳破坏，而且这些振动破坏了人与环境的和谐关系，对人们生活与工作环境的影响日益突出，振动与大气污染一样成为一种环境污染，已被列为七大环境公害之一。因此，人们已开始对振动的危害、污染规律、产生原因、传播规律、控制措施及预测评价等展开研究。在众多的振动中，交通环境振动因其反复性、普遍性和长期性等特点备受关注，特别是随着列车运行速度的提高和城市化的快速发展，交通荷载引起的环境振动与噪声问题越来越突出。过去城市建筑群相对稀疏，交通车辆引起的振动对周围环境的影响未受到人们特别的关注，随着城市建设的迅猛发展，城市规模和建筑的密集度都在迅速增长，多层的高架道路、地下铁道、轻轨交通正日益形成一个立体空间交通体系，从地下、地面和空中逐步深入到城市中密集的居民点、商业中心和工业区。例如，北京、上海、广州、东京等大城市，市内的立体交通道路很多已达到5～7层之多。为节省空间和用地，建筑物与交通道路或桥梁靠得越来越近，如图1.3所示，有的高架桥离建筑物的最短距离则小到只有几米，甚至紧挨建筑物；有的甚至会直接骑在建筑顶部；有的从楼内贯穿而过，如重庆地铁2号线和北京轻轨13号线；也有隧道从建筑物底部下穿而过，这在地铁更为常见。这种近距离与建筑接触使振动影响更加明显，已成为必须要面对的问题。

因此，交通环境振动的预测、测试、评估和减振隔振技术已成为当前研究的热点。研究涉及交通工程、结构工程、环境工程的许多研究领域，其理论研究和实际应用前景广阔，对提高城市环境质量、降低振动水平、提高城市居民生活质量、保证建筑物安全等具有重要的社会意义[155]。

1.2.1 交通环境振动的危害

交通环境振动不仅对附近建筑有影响，还对建筑内部的人和物都产生不利影响，其危害主要体现在以下三个方面。

1. 影响建筑的正常使用与安全

虽然交通环境振动不会像地震那样剧烈，但这种振动具有长期性和反复性。这样的小幅振动反复作用同样会对处在振动环境中的建筑造成损害，出现结构构件开裂，以及设备、装饰、门窗玻璃掉落、移位和振裂等，影响建筑的正常使用。例如，在北京西直门附近距铁路约150m处一座5层楼内的居民，当列车通过时可感到室内有较强的振动，门窗和家具的玻璃发出噪声，一段时间后室内家具由于振动而发生了错位[156]。20世纪80年代，北京地铁2号线结合当地历史文化特色，在西直门、东四十条、建国门三座车站内修建了6幅壁画，由当时著名画家绘制，并在瓷砖上放大，贴于车站墙壁，但由于长年列车近距离运行引起的结构振动，部分瓷砖与墙壁间的结合松动，以致脱落[157]。此外，交通环境振动也会影响一些对振动敏感的建筑的使用功能，如古建筑、学校、医院、音乐厅、精密工厂、博物馆和实验室等，这些建筑要求振动尽可能小，甚至是无振的。例如，爱丽丝·塔利音乐厅(Alice Tully Hall)是美国曼哈顿主要的综合艺术表演基地，也是纽约市文化景观的标志性建筑，由于靠近百老汇和城市交通管理局(Metropolitan Transportation Authority,MTA)的地铁系统，交通振动噪声影响了其高质量声环境的使用功能，最终进行了隔振改造。

(a) 紧靠　(b) 横贯　(c) 顶骑　(d) 下穿

图1.3　交通设施紧密靠近或贯穿建筑物(见彩图)

交通环境振动不仅影响建筑的正常使用，严重时还会引起结构的动力疲劳和应力集中，使建筑物结构的强度降低，导致结构产生整体或局部的动力失稳，例如，地基发生不均匀下沉导致墙体开裂或建筑物倾斜破坏等[158-162]，影响结构的安全，尤其是影响古建筑的安全。古建筑是人类文明的宝贵遗产，一旦损坏，不能再生。除自然损耗，由于天灾、战祸及人为损坏，古建筑数量在逐年减少。在捷克，轨道交通线附近的砖石结构古建筑因车辆通过时引起的振动而产生了裂缝，其中，布拉格和哈斯特帕斯等地甚至发生了由于裂缝不断扩大导致古教堂倒塌的恶性事件[156]。

北京地下直径线是连接北京站与北京西站的铁路线，在其中心线两侧 40m 范围内，有北京市重点保护文物北京明城墙遗址、京奉铁路正阳门东车站旧址和全国重点文物保护单位正阳门的城楼和箭楼等古建筑，直径线运营后与既有地铁的叠加振动可能会对这些古建筑文物产生不利影响[163]。随着现代化的进程和城市建设的发展，交通引起的环境振动及其对邻近古建筑物的影响已成为一个重要研究课题。

2. 危害人类的健康和生活环境

人体对振动的感觉是通过感觉器官接收的，如前庭器官、表皮中的末梢神经、肌肉中的肌梭等，通过这些感觉器官，人体可以灵敏地感知各种不同的振动。人对振动的感知程度由振动的频率、强度、持续时间以及人与振动的接触方式等因素决定，但起主要作用的是振动的频率。研究表明，人体能感知的振动频率为 1～1000Hz。对于环境振动，人们所关心的是人体反应特别敏感的 1～80Hz 的振动，这主要是因为人体既是一个生理系统，也是一个机械系统，人体各部位的固有频率集中在这个范围，见表 1.1。当外界激励频率与身体各部分器官固有频率一致或接近时，就会引起器官的共振。因身体内存在阻尼，振幅虽然不会达到无穷大，但能增大 2～3 倍。公路交通的振动频率为 10～30Hz，铁路交通振动频率主要在 100Hz 以内，例如，地铁振动频率主要在 30～80Hz，而公路和铁路引起的环境振动频率在几赫兹到 30Hz[164]。这些频段刚好也是人体各部位固有频率的主要范围，容易因共振而造成身体不适，共振时对器官的影响和危害也是巨大的。

表 1.1 人体各部位固有频率[164,165]

部位	频率/Hz	部位	频率/Hz
头	25	牙床	100～260
肩	4	心	60
肘	16～30	胃	4～7
手掌	50～200	内脏	0.01～20
膝	20	眼球	30～80
脊柱	3～5	胸	4～6

注：由于个体存在差异以及受身体姿势的影响，各部位振动频率有较大差别，表中数值仅供参考。

尽管交通引起的环境振动的振幅不大，也不会对人的身体造成直接伤害，但环境振动一般是长期的。人体对短暂的振动是可以忍受的，而长时间的振动会严重干扰人们的日常生活，使人感到不适和心烦，还会影响、干扰大脑的思维，使人难以集中精力，甚至影响人们的睡眠、休息和学习，对人们的健康造成严重危害。研究表明，振动在 60dB 以下时，对人的睡眠影响较小，但超过 65dB 时，振动对人的睡眠影响很大。北京铁路沿线已经有居民对二次结构噪声的影响提出了投诉；美国纽约地铁车站噪声曾高达 100～115dB，接近人耳的痛阈；莫斯科有 500 余栋居民楼房受到振动和噪声的影响，情况严重的尚需迁居。最近研究表明，30％欧洲国家的居民生活在高于世界卫生组织允许的正常噪声级别的环境之中，约10％的人夜间睡眠受到交通噪声的干扰。振动的影响不仅仅是心理上的，有时还有生理上的，例如，在承受振动时，人的心血管、消化、神经、泌尿及感知系统都会受到影响，从而产生各种不良的生理反应。有报道指出，高架轨道运行造成建筑物振动，引起居民产生心烦和头昏等症状，人们反应日渐强烈，严重者甚至会引起疾病[166]。

3. 不利于精密仪器的使用及贵重文物的保护

交通环境振动会直接导致建筑全局振动而使建筑物内部的物件发生振动，若激励频率与内部物件的固有频率一致或相近，此时即使建筑本身没有明显振动，也可能激起建筑物内部物件的局部振动，其实质也是一种共振反应。这两种振动都有可能使物件的正常功能受到影响，尤其对精密仪器和文物的影响更加值得关注。

首先，振动严重影响建筑内部的精密仪器的使用。目前科技发展日新月异，微细加工及超精密加工、精密仪器仪表、精密测试与装配等技术的发展，对环境振动隔离提出了越来越高的要求。在微机电系统领域，对物体的操作尺度已进入亚微米及纳米级别，对环境和操作平台振动的控制也要求达到纳米级。例如，在感光化学工业领域，彩色胶片乳剂层 14 个涂层总厚度仅 19μm，在涂布过程中要防止微小的振动使得乳剂涂层厚薄不匀，在胶片上产生横纹。在微电子工业领域，出现线宽不到 1μm 的集成电路产品，硅片加工中的光刻工序对微振动的控制要求极为严格。美国 Sandia 实验室已经利用多晶硅面加工技术制造出五层齿轮-棘轮机构的微机械，每层构件的厚度均在 5μm 以下[167]。这样的微机械系统，无论是单个构件的加工还是整个器件的装配及封装，势必要求工作环境的振动位移必须控制在亚微米以下。在精密光学工程领域，光学仪器分辨率的要求越来越高，对振动环境的要求也就越来越严格，例如，扫描共焦显微镜垂直分辨率为几十微米，水平分辨率为亚微米。光学干涉显微镜垂直分辨率为亚纳米至几纳米，水平分辨率为亚微米。扫描电子显微镜垂直分辨率为 0.01μm，水平分辨率为 1nm。原子力显微镜和扫描探针显微镜垂直分辨率和水平分辨率均为亚纳米[168]。环境振动对此类精密仪器的使用有很大的影响，会使这些精密仪器设备产生读数不准、精度下降，使用寿命缩短，甚至不能正常工作等[156,164]。但是，一些交通线路又不得不通过内有高科技精密仪器的建筑，如台湾新干线穿越台南工业科学园[169]，亚特兰大已建成的地铁线路上方拟建医疗建筑[170]，华盛顿大学物理天文实验室楼受到轻轨交通线路的潜在低频影响[171]，北京地铁 4 号线近距离经过北京大学理科试验基地[172]，交通环境振动对精密仪器设备的影响已经成为一个越来越突出的问题。

其次，交通环境振动非常不利于贵重文物展品的保护。文物作为人类历史物质文明的传承和见证，有着无与伦比的象征意义和极高的历史价值。对于大多数文物，都是存放于博物馆内予以保护和供人观赏的，随着城市轨道交通的日益发展，地铁隧道线路不可避免地要通过博物馆建筑附近，如成都地铁 2 号线位于博物馆前天府广场地下，与博物馆地基相距最近只有 20m。而地铁运营所引发的振动，会引起博物馆内浮放物体(文物展品、陈列柜及文物底座等)相应的振动响应；在振动较大时，甚至会发生滑移、摇摆或者倾覆；即使振动激励较小，但长时间的频繁振动也会对文物藏品安全构成威胁[173]，严重时还会直接造成文物的破坏，例如，云南昆明西北玉案山筇竹寺，长期交通振动使得庙内的泥塑罗汉手指断裂[157]。交通振动对文物的影响在一些文化名城尤为突出，必须在交通规划、建设和运营各阶段都引起足够重视。

1.2.2 交通环境振动的控制措施

交通环境振动对人和物都会产生不利影响，因此，必须采取相应措施来减小此类振动带来的危害。如图 1.4 所示，由运行车辆对轨道或路面的冲击作用产生振动，通过承载结构(路基、桥梁墩台及其基础、隧道基础和衬砌等)传递到周围的土层，并经过土层向四周传播，激励附近地下建筑或地面建筑物产生振动并进一步诱发室内人与物的二次振动和噪声，从而对建筑物的结构安全以及建筑物内人们的工作和生活产生影响。交通引起的环境振动作用主要涉及三个系统：由车辆、轨道或路面、承载结构等组成的振源系统；由地面、地下土层和岩层等组成的传播介质；由建筑物、仪器设备、文物和人组成的受振体。它们与交通振动的产生、传播和干扰三个阶段相对应。针对这些阶段，研究者主要从改善交通振源特性、控制振动传播路径和优化受振体的减振措施等方面展开了研究。详细的控制措施论述超出了本书主题范围，在此仅就上述三个方面的研究工作进行简要回顾。

1. 振动产生阶段：改善交通振源特性

交通振动主要来自轮轨系统(或车辆-道路系统)，控制其振动可以从源头上降低系统的振动强度，进而达到减振效果，可从车辆、轨道(或路面)结构及其相互作用等方面加以改善。

首先，可从车辆系统本身采取措施减小振动。例如，汽车的弹性悬挂系统和充气轮胎有助于减小动力水平，也就减小了附近的地面振动。对于列车，日本新干线大量试验研究及调查的结果表明，车辆的总重量(轴重)是引起沿线振动的主要因素，采取轻量化车辆可以缓解振动作用。此外，当列车行进时，会对轨道产生周期性的冲击，其频率等于速度除以轴距，当此频率接近或等于结构固有频率时会发生共振，而合理设计轴距可以避免共振的出现。除此之外，还可采取合理的车辆悬挂系统，使用弹性车轮以及阻尼车轮等措施，来达到减振的目的[174]。但对现有大量车辆进行改造是非常昂贵的，对新设计车辆进行修改则会加大成本，同时还可能遭到一些不愿改变已验证设计的人们的反对。在不改变车辆系统的情况下，可通过控制车辆速度来降低对周围环境的影响。一般来讲，在某个临界速度以内(临界速度一般很高，常见的车辆速度都在临界速度以内)，随着速度的提高，车辆对轨道或路面的动力效应越明显[175]，但降低车辆速度则不利于交通运行。此外，当前的交通系统与各类建筑密集交织在一起，要在所有建筑附近控制车速也是不现实的，它是在某些情况下不得已而采取的措施，如博物馆、实验室、精密工厂附近等。

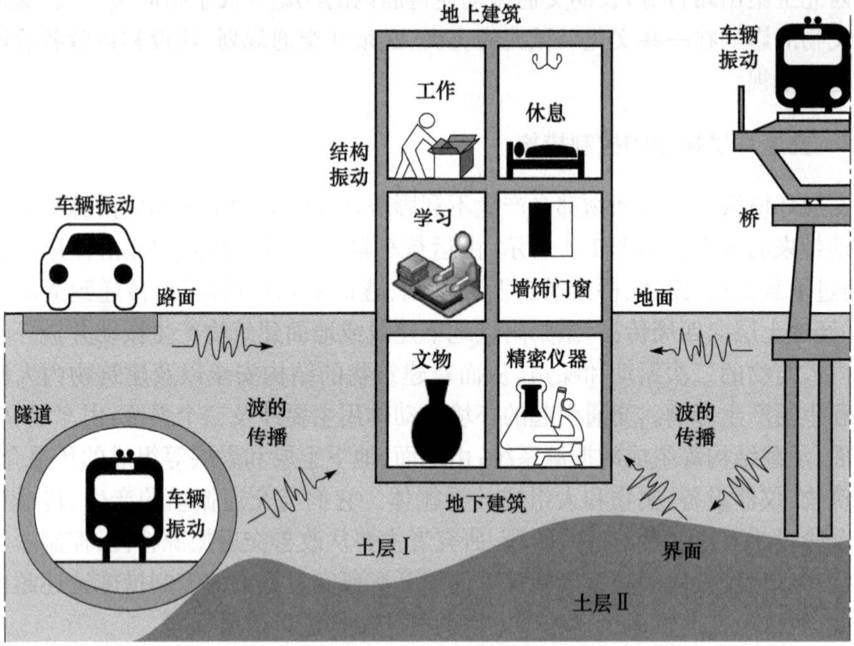

图 1.4　交通引起的环境振动及其传播

其次，可采取措施改善轮轨之间(或车辆-道路之间)的接触。交通振动产生的一个主要原因是道路或者轨道的不平顺，路面不平顺度的标准差每降低 1mm，振动可以降低 3～4dB。因此，对于公路交通，改善道路面层平整性有助于降低振动危害。法国和西班牙将薄沥青磨耗层用于新路的表面层和老路面的养护，应用结果表明其非常适合于交通道路面层的养护。英国也于 20 世纪 90 年代早期铺筑了超薄沥青磨耗层试验路，最初的降噪水平为 3～4dB。在轨道交通中，采取车轮镟修、钢轨打磨可以将轮轨接触面打磨光滑，降低轮轨间作用力，从源头上减小振动强度。车轮出现不圆及扁疤等缺陷或钢轨发生波磨等轮轨表面较为不平顺的情况下，可使振动强度增加 10～15dB[176]。在此基础上，定期镟修车轮，保持车轮踏面光滑，可使得 8～100Hz 内振动水平降低 4～8dB，站台上的振动水平下降 5～15dB，100Hz 以上地面振动可降低 10dB[177]。但车轮镟修及钢轨打磨的设备价格较高,其维护操作费用也较高,而且频繁维护是不现实的[178]。

最后,还可采取措施改善和控制轨道(或路面)结构系统的振动。公路的路面结构层主要有面层、基层和垫层,对不同组成部位可以采取不同的减振措施,例如,采用沥青玛蹄脂碎石路面、橡胶阻尼或多孔结构沥青路面,比普通沥青路面具有更好的减振降噪效果[179,180]。但对于尘土污染比较严重的道路,多孔结构的孔隙容易被堵塞;此外,孔隙率大、强度低、耐久性差,特别是我国道路重载、超载车辆多,多孔结构路面承受不了,影响路面寿命。一般来说,多孔结构路面只适用于行驶轻型车辆快速交通的道路上。对于载重车辆较多且行驶速度较慢的道路,则不适合铺筑多孔性路面。在轨道交通中,与车轮接触的主要是钢轨,控制钢轨的振动具有较好的减振效果,主要措施包括采用重型钢轨、钢轨接头处理及钢轨阻尼处理。例如,重型钢轨因抗弯刚度大,传递给下层结构的冲击小,通过将50kg/m的钢轨更换成60kg/m的钢轨,可降低振动2~4dB[181],但显然提高了成本。考虑到钢轨接头处引起的冲击振动是非接头处的3倍,采用无缝钢轨可减少列车车轮对钢轨接头的冲击振动,振动强度可降低5dB左右[182],但无缝钢轨容易因温度应力引起结构失效,因而不适用于小半径曲线线路。在小半径曲线线路上,可以采用减振接头夹板,石太线减振接头夹板测试结果表明,减振接头夹板的轨底加速度较普通夹板要低50%,减振效果明显[183]。在道岔区段,采用可动心辙叉可消除固定辙叉的有害空间,降低轨道振动[184]。对钢轨还可以添加约束阻尼和钢轨动力吸振器来增加钢轨的阻尼,提高其振动衰减率,更好地耗散列车运行引起的钢轨振动的能量[185,186]。Ho等[187]设计的宽频带有效阻尼钢轨动力吸振器,对钢轨垂直、横向振动速度级的降低量分别为7dB和10dB。此外,还可以对整个轨道结构加以控制,例如,采取合适的道床和轨道结构形式可以增加轨道的弹性并减小振动。采用碎石道床比无砟整体道床可降低振动5~8dB,但维修工作量增大;采用D型可更换弹性整体道床可方便替换,其振动水平比普通板式轨道降低13~16dB。还可对轨道或路面结构的不同部位采取减振措施,如采用减振扣件、弹性垫层、减振垫、减振轨枕、浮置板、道床及路基隔振、隔振高架桥等[164]。此外,合理的隧道结构形式对减振也可起到良好效果。研究表明,隧道埋深越深,对地面的振动影响越小。隧道厚度对隧道振动的影响十分明显,材料相同,隧道厚度加大一倍,隧道壁振动降低5~8dB。

2. 振动传播阶段:控制振动传播途径

交通振源经承载结构与地基传到土中,并由土传到建筑,再由建筑结构传给建筑内部的人与物。对传播途径的控制主要指控制振动在土内的传播,目前采取的控制措施主要是屏障隔振,包括连续屏障和非连续屏障,以此截断、散射、绕射及引导各种应力波。考虑到路面交通引起的振动主要以Rayleigh波的形式进行传播,也就是主要在地面的表层产生振动,因此可以在地表一定深度范围内开挖隔振沟或设置隔离墙，以阻断和反射 Rayleigh 波的传播，这也是连续屏障的主要形式。隔振沟包括明沟和填充沟（填充物可采用膨润土泥浆、锯屑、沙子、粉煤灰及泡沫等），其有效隔振频率不小于 16Hz[188]，即对高频的波隔振效果明显。明沟通常比填充沟的隔振效果好，可以有效地屏蔽较低频的振动，隔振效果也较稳定，平均降幅 6～8dB[189]。隔振沟或隔振墙的隔振效果主要取决于屏障的深度，要求屏障深度要大于 Rayleigh 波波长[190]。然而土体的 Rayleigh 波波长一般较长，有时长达 50～100m，因此在实际使用中受限，非连续屏障应运而生。非连续屏障类似于在连续屏障上进行截断，形成孔列、桩列、板列等，土壤中传播的 Rayleigh 波更容易发生绕射。

Richart 等[191]首次提出使用单排或多排薄壁衬砌的圆形孔作为波屏障的概念。杨先健[192]、何少敏和王贻荪[193]则对非连续屏障的隔振问题进行了理论分析、模型试验和现场试验，证明排桩隔振效果较好。Woods 等[194]在一系列原位试验基础上提出利用一排桩隔振设计的基本准则，并且在其论文中引入振幅衰减系数以度量隔振效果。按照 Woods 提出的准则，排桩的直径需大于或等于被屏蔽波长的 1/6，桩间净距需小于或等于被屏蔽波长的 1/4。也就是说，对于常见的地面低频波，桩直径需达到 3～5m，实际工程难以做到，严重地限制了排桩的应用。高广运等[195]提出了一种小截面、多排孔列或桩列的隔振方法。多排孔列的隔振效果可以与连续屏障的隔振效果相当。通过理论分析和室内外试验研究，在考虑弹性平面波的散射、衍射和吻合效应后，高广运[196]提出了排桩减振的一些实用设计准则，突破了 Woods 等提出的桩直径必须大于被屏蔽波长 1/6 的限制。Kani 和 Hayakawa[197]利用布置在高架桥道路沿线的管桩作为隔振屏障，进行了一系列现场试验以及数值模拟，研究表明，振动在距离振源 25m 远的地面和地下衰减了 5dB。Tsai 等[198]应用三维边界元方法在频域下研究了钢管桩、混凝土空心桩、混凝土实心桩和木桩四种不同形式的排桩屏障效应，研究发现钢管桩的屏蔽效果比混凝土实心桩好，混凝土空心桩刚度过小则会失去屏蔽效果，而对于竖向振动，排桩深度是影响屏蔽效果最主要的因素。吴世明与吴建平[199]对粉煤灰桩进行了现场模型试验，通过对单排、多排粉煤灰桩和连续墙的试验结果分析，证明粉煤灰桩屏障有较好的隔振效果。李志毅等[200]以 Rayleigh 波散射的积分方程为基础，对多排桩屏障的远场被动隔振效果进行了三维分析，指出桩的排数越多，屏障体系的厚度越大，隔振效果越好，多排桩的排距对隔振效果影响较小。类似地，时刚与高广运[201]利用半解析边界元法，研究了饱和土中双排桩的隔振效果，指出双排桩隔振效果要优于单排桩，排间距对隔振效果影响不大，但桩间距对双排桩的隔振效果起控制作用。夏唐代等[202]基于多重散射理论，研究了任意排布桩的屏障效果，并指出为获得较好的隔离效果，桩间距（排间距）应为桩直径的 1.5 倍，若桩间距（排间距）太小将削弱散射效应，此时排桩可以看成一个整体的连续屏障，此外他还指出多排桩对

P波和SV波具有较好的隔振效果。Haupt[203]利用模型试验分析了空沟、混凝土填充墙和一排空心桩的隔振效果，研究表明，隔振效果依赖于屏障的断面积，例如，空沟的隔振效果与沟渠深度有关，空沟深度越大，隔振效果越好。Kellezi[204]通过有限元法，研究了混凝土墙和一排混凝土桩的减振效果，并指出，混凝土墙对振动的衰减可以达到70%，混凝土桩对振动的衰减可以达到50%。

也有不少学者研究了土对排桩隔振效果的影响。Xu等[205]研究发现，在Rayleigh波作用下，排桩在饱和介质中的屏障效果要比在单一介质中的屏障效果好。Liao和Sangrey[206]利用流体中声波传播模型研究了排桩的被动隔振，模型中桩由铝、钢、泡沫塑料和聚苯乙烯制成，并将模型试验中桩与周围介质(水)的纵波阻抗推广应用到实际隔振的桩与周围介质(土)的Rayleigh波阻抗，研究认为，隔振效果取决于桩体与桩周土的相对软硬程度，隔振屏障中软桩比刚桩有效。然而，Boroomand和Kaynia[207,208]分析了匀质土中，在体波入射作用下的桩-土相互作用，并对一排桩用于隔振时的桩间距、入射频率和桩刚度等参数进行了分析，研究表明，刚性桩比柔性桩更有效。实际上，这是相对的，是在他们所用材料范围下的结论。基于周期结构理论的大量研究已得出与此不完全相同的结论，在后续相关章节中将看到，起决定因素的是相对阻抗比，即桩材料和土材料的阻抗比相差越大，隔振效果会越好。也就是说要么用柔性桩，要么用刚性桩，桩最好不要与土的材性相近。Avilés和Sánchez-Sesma[209,210]提出了采用单排刚性桩作为弹性波隔振屏障的设想并进行了研究，得到了匀质、各向同性弹性介质中圆形排桩多次散射问题的二维精确解及三维近似解，并对桩径、桩长和桩间距等参数进行了分析。高广运等[211]将三维直角坐标系下的二次形函数薄层法基本解答代入弹性动力边界积分方程，得到薄层理论下的半解析边界元法，并分析了不同桩长和不同桩-土剪切模量比对排桩隔振效果的影响。陆建飞等[212]利用虚拟桩法和Floquet变换，得到多排桩在波数域中的积分方程解，然后通过Floquet逆变换，进而得到多排桩在空间域中的解。因为仅需在波数域中对多排桩的一个典型单元进行积分求解，计算时间大为减少。而后，他们将该方法和边界元法结合，提出基于Floquet变换的波数域边界元法，并分析了排数和土的弹性模量对周期多排桩的屏障效果的影响，认为多排桩比单排桩有更好的减振效果，而且土的弹性模量越大，排桩能屏蔽的弹性波波长将越长，从而使周期排桩的屏障效果减弱[213]。

此外，近年来，有研究者提出了一些新型隔振措施。Chouw等[214]提出在土层中人工设置一个硬夹层，形成一个有限尺寸的人工基岩进行隔振，并将此命名为波阻板(wave impeding block，WIB)，如图1.5(a)所示。Takemiya和Fujiwara[215]在时域内对此进行了研究，认为WIB能有效地减弱地面振动，WIB的有效宽度与荷载激发产生的波长有关。近年来，Takemiya等[169,216,217]还提出了一种蜂窝型波屏障，既可用于提高桥梁基础的抗震性能，又能用于隔离交通振动，减小振动对周围环境的影响。通过大量的数值分析和原位试验研究,发现在水平简谐荷载作用下,蜂窝型波屏障相比普通排布的排桩,能对 3～5Hz 的低频振动进行有效隔离。Andersen 和 Nielsen[218] 研究了在竖向荷载作用下 WIB 和空沟的减振效果,表明在竖向荷载作用下 WIB 的减振效果不如空沟。Krylov[219] 提出在道路沿线的地表放置较大质量块,如混凝土或者石头,形成质量阻尼器,来散射 Rayleigh 波并耗散其能量,如图 1.5(b) 所示。这种控制方式成本低且易于维护,其还有另外一个功能是可作为环境美化的风景或隔离墙。

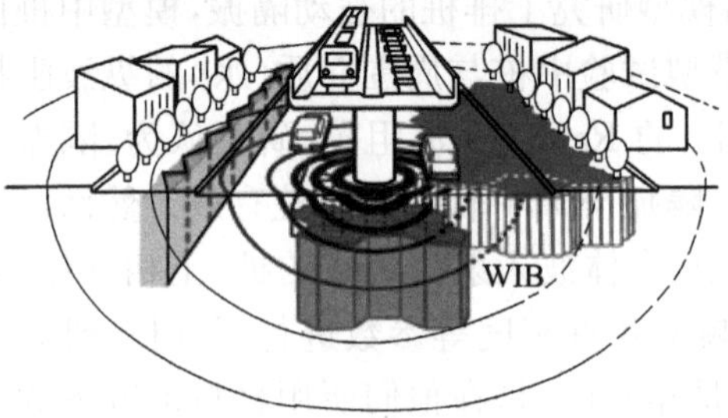

(a) 蜂窝状WIB

(b) 诺丁汉A52公路旁的石头

图 1.5　两种新型隔振减振措施

3. 振动干扰阶段:优化受振体的减振措施

受振体包括建筑及其内部的人与物,目前对受振体的减振控制措施主要还是基础隔振。1.1 节主要针对地震提出了相关隔震措施。交通环境振动与地震的最大区别是频率不同,如表 1.2 所示。交通环境振动的频率相比地震要高得多,而且振动没有地震那么强烈。大多精密仪器和设备对工作环境振动的要求都非常严格,某些特殊的精密仪器要求工作环境的振动级别甚至以 μg 来衡量,这就要求针对这种振动特点及受振体的要求,采取相应的控制措施,但振动隔离的基本力学原理并没有太大差别。因受振体隔振不涉及车体、路面及轨道结构的改变,因此也成为一种受欢迎的措施。

表 1.2　各类振动的频率

振源类型	主要频率范围
地震	≤20Hz
地铁列车	30～80Hz
公路交通	10～30Hz
铁路交通	≤100Hz

对于建筑,可以采用弹簧浮置技术,即将建筑浮置在弹簧上,可以减小振动对建筑的影响,并消除由振动产生的二次噪声。德国 Gerb 公司于 1986 年在柏林建

造了第一座浮置居民楼，整个建筑建立在频率为4Hz的螺旋弹簧上，其后德国的其他地方相继建立了浮置建筑，隔振弹簧的频率都为3～5Hz。在英国曼彻斯特地铁站上就采用此技术建立了音乐厅。在我国，浮置技术不仅用于新建建筑，也用于建筑改造，值得一提的是上海音乐厅和上海交响乐团新音乐厅。上海音乐厅由于距离高架路太近，外部环境嘈杂，于是决定将其平移66.4m，但平移后离地铁1号线更近，为减小地铁振动的干扰，采用了楼板浮置隔离技术，一楼观众席浮置于24个弹簧阻尼隔振器上。改造后的振动测试表明，地铁振动信号经过弹簧浮置系统后衰减达70%，在隔离地铁振动影响上达到了满意的效果。此外，新建的上海交响乐团新音乐厅位于历史风貌保护区，周边多为不可移动的文物建筑和优秀的历史保护建筑，因此音乐厅建筑高度受到限制，2/3以上的工程量需在地下进行。加之周边有三条地铁线通过，其中10号线距离音乐厅最近的地方只有6m，这不仅为施工、更为音效的保证带来了难度。为避免地铁经过时带来的噪声和振感，音乐厅基底安置了300个隔振器，使整个音乐厅仿佛是躺在一张巨大的“席梦思”上的“全浮建筑”，工程于2014年5月通过了声学测试。

对精密仪器或文物古董等室内受振体，被动隔振系统仍然是使用最广泛的微振动控制措施，也就是将弹簧阻尼系统安装于受振体和支承结构之间，或在受振体下设置大质量的台座以改变整个系统的振动特性。被动隔振系统比较成熟，但弹簧阻尼系统不可避免地具有被动隔振的缺陷，整个系统的频率是固定的，需根据振源的主要频率成分及受振体自身振动频率来选择和设计隔振体系参数，而且一旦建成将不能改变。为了将振动降到满足要求的水平，被动装置的频率一般要求很低，这就要求被动装置做得很柔，但这会对设备或文物的静力稳定性造成威胁。为此，近年来，主动控制以及混合控制相继提出。主动隔振技术属于振动主动控制技术的分支之一，它的原理也是在受控系统和振源之间插入隔振元件来削弱振源对受控系统的影响，只不过它所依赖的隔振元件不再是被动隔振系统中的弹簧和阻尼，而是主动驱动器，主动调节满足设计者的要求。不同类型的驱动器由于驱动原理不同而具有各自的特点，其共同点是在控制系统作用下，能够产生较被动隔振元件变形力的变化规律复杂得多的控制力，主动隔振系统的适应性和可调节性大大超过被动隔振系统，因此，主动隔振技术被认为是极具发展潜力的隔振技术。自20世纪50年代以来，许多发达国家都致力于高精度微幅隔振平台系统的研究，早期隔振驱动器采用的大多是气动和液动伺服隔振系统，例如，美国空军于1976年开始研制的用于惯性仪表的精密隔振平台，即气动与电磁支承并用。该平台固有频率为1Hz，转动角速度允许值为0.001rad/min，以转动半径0.1m计算，在平台固有频率处的加速度允许值为3ng[220]。Fujita等[221]利用台体式结构，分别选用压电驱动器和超磁致伸缩驱动器研制了六自由度微振动控制平台，采用8个压电驱动器和6个伺服加速度计构成的测控系统对其进行了主动控制试验研究，结果表明，频率为0.3～100Hz 时，隔振台体的振动加速度可减少到 μg 量级。Nakamura 等[222]采用 8 个超磁致伸缩驱动器和 4 个空气弹簧构成的主被动复合隔振系统，进行了六自由度微振动控制试验研究，试验结果表明，该系统在隔振平台受到冲击后能在 0.05ms 内完成振动的抑制，另外在 3～20Hz 频率时，振动加速度衰减15～20dB。他们在聚焦离子束显微镜的试验表明，采用控制平台减振控制后成像明显清晰，而没有采取控制措施的成像出现了失焦[223]，如图 1.6 所示。晏巨和何晓军[224]研究了一种新型的电磁悬浮隔振技术，利用磁悬浮原理对试验台进行主动振动控制，研究表明电磁悬浮隔振效果好，无谐振峰值，而且能同时兼顾跟踪低频正常运行和迅速衰减高频干扰，跟踪带宽为 3Hz 的有用信号，衰减效果也很好。盖玉先和董申[225]针对自行研制的超精密车床进行了整机隔振研究，采用空气弹簧作为被动隔振元件，电磁驱动器为主动隔振元件，两者相结合对机床垂直方向的隔振进行了复合控制研究，试验结果表明，机床垂直方向的振动加速度由原来的 150μg 降到 0.6μg，具有很好的低频隔振效果。近来，Yang 和 Agrawal[226] 在考虑控制装置和建筑物之间耦合作用的基础上，针对交通振动引起的高科技精密设备微振动控制所采用的各种防护系统的适用性，进行了较为系统的理论研究，这些防护系统包括建筑被动基础隔振、建筑混合基础隔振、被动平台隔振、混合平台隔振、被动能量耗散系统和主动控制系统。研究结果表明，混合平台隔振是满足高科技防振动设计要求的最有效、最可行的减振方法，但在其研究中，以层间相对速度反馈来控制平台的绝对速度造成了两者的不一致。夏禾[164]对三层剪切型建筑物进行模拟和试验，研究了在列车引起的水平振动下精密设备的微振动控制问题，结果表明，只有当隔振基础层的频率非常小时，基础隔振措施才能满足所有类型设备的振动标准，而如此低的频率要求在实际中很难实现或将导致结构产生较大偏移，平台刚度较小时，被动控制平台可有效地减振，混合控制平台能够在较广的平台频率和阻

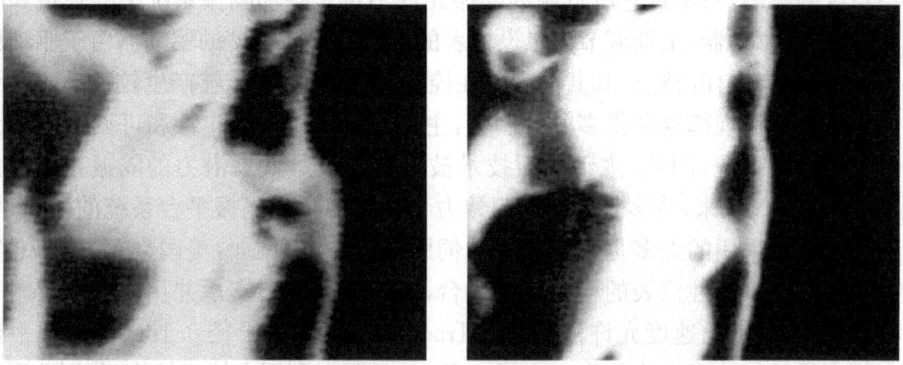

(a) 无控制　　(b) 有控制

图 1.6　聚焦离子束显微镜在减振控制前后的成像对比[223]

尼比范围内实现良好的性能控制，在减小设备的速度响应和平台的偏移量方面都比被动平台具有更好的效果。Xu 等[158]的研究也表明，主动控制平台比被动控制平台和基础隔振效果好，而且稳定性也更高；当采用混合控制措施时效果也不错，能满足精密设备的控制要求[227]。

综上所述，针对交通振动的影响，就振源、传播路径和受振体的控制形成了较为系统的措施，北京交通大学还建立了双层地下隧道实验室，通过与德国 Gerb 公司、日本铁路综合技术研究所的合作，对各种不同轨道结构的减振特性进行了试验研究，成果已经在北京地铁 4 号线、5 号线的减振设计中成功应用[164,228]。尽管有些措施在实践中取得了良好的效果，但由于交通系统面临的环境复杂性和受振体的多样性，如与建筑的距离越来越近、复杂的土质条件、多种振动的耦合等复杂条件，单一的振动控制措施不一定有效，也不一定适合特殊条件下的减振要求，因此，该领域仍是当前研究热点，开发新的隔振减振系统仍有较大需求。

1.3 周期结构概述

自然界总在遵循着某种简单而有规律的重复(不妨称为周期性)，它不仅仅展现了简单美，更因其周期地重复而获得非常独特的物理特性，其中有两个重要的特征，一个是禁带或衰减域，另一个是缺陷态。这些特性为工程结构隔震减振技术的开发带来了新思路。

1.3.1 周期结构的概念及其特性

人们所熟知的半导体，它的原子势场是呈周期性的，电子在半导体中传播时，电子与原子周期势场相互作用使得半导体具有电子禁带，进而能够操控电子的流动，以硅晶体为代表的半导体带来了一次科学技术革命，对人类文明的进步产生了深远的影响[229]。

在光学中，也存在类似的物理现象，例如，人们常常惊叹于蝴蝶翅膀的美丽色彩，其实这些色彩是由其内在的三维周期性微结构决定的。假如用显微镜看蝴蝶的翅膀，会发现成千上万的鳞片系统地、整整齐齐地密排在翅膜上，有些鳞片内含无数彩色的裸粒状色素，这种鳞片的颜色来源与日常所见的各种物质的色彩来源相同，也称为化学色或色素色。但有些种类的蝴蝶翅膀因光源的种类、光向而呈现闪光或变换颜色，这些就被称为物理色或构造色。这种鳞片本身是透明的，但是它的表面有特殊的物理构造，通常具有许多深沟，沟内有密排的周期性构造，使其接收外来光线以后能发生不同的折射、干涉、绕射，有的光被吸收，但有的被反射，反射出的光线因光线种类与方向的不同呈现出不同颜色，也就是说其对特定频率的光具有过滤作用。图 1.7 为蓝闪蝶的翅膀及其周期性微结构。正是蓝闪蝶翅膀具有这种周期性的微结构，使得光的反射率更高，导致反射回来的光的颜色更亮[230,231]。当有捕食者接近时，蓝闪蝶就会快速振动自己的翅膀，产生高强闪光现象来恐吓对方。

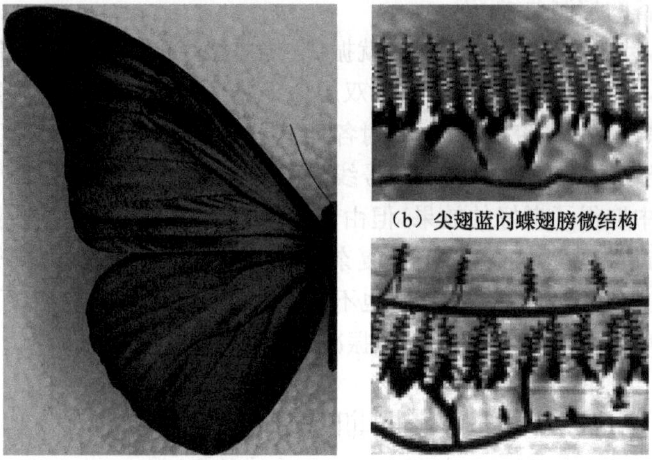

（a）蓝闪蝶翅膀　（b）尖翅蓝闪蝶翅膀微结构　（c）“欢乐女神”蓝闪蝶翅膀微结构

图 1.7　蓝闪蝶的翅膀及其周期性微结构[230]

实际上，在声学中也能发现类似的现象，图 1.8 为位于西班牙马德里的一座 200 年前制作的雕塑——《流动的旋律》。它由许多直径为 2.9cm 的不锈钢空心柱组成，这些钢柱被固定于一个直径为 4m 的圆盘上，在几何上有规律地排布，且呈现出周期性。它由艺术家 Eusebio Sempere 设计，Thomas[232] 和 Martínez-Sala 等[233] 对其进行声学特性研究时发现，某些特定频率的声经雕塑散射后听不到，即不能在

图 1.8　西班牙马德里的一座雕塑——《流动的旋律》[232]

雕塑内传播。

无论是天然的蝴蝶翅膀，还是人造的《流动的旋律》雕塑，它们都是由一些典型的单元在空间中按照一定规律周期性重复排列构造而成的，这就是周期结构。如图 1.9 所示，与上述蝴蝶滤光和雕塑滤声类似，某个特定频率的弹性波在周期性介质中被抑制(左侧)，但在均匀介质中能自由传播(右侧)[234]。固体物理学家把这种存在于无限尺寸的周期结构中、具有抑制某个频段内的波传播的特性称为频率带隙。当传播介质为有限尺寸的周期结构时，波在其带隙内的传播将被抑制或削弱，相应地，周期结构的带隙被称为衰减域，在本书中，下面将不再区分带隙和衰减域这两个概念，统一称为衰减域。

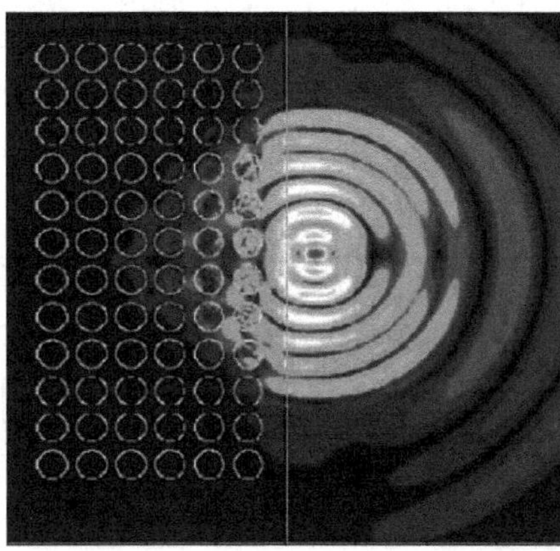

图 1.9 弹性波在周期介质(左侧)和均匀介质(右侧)中传播示意图[234]

周期结构的另一个重要动力特性是缺陷态，即具有缺陷的周期结构对处于衰减域内的波具有局域化作用或者沿缺陷的导波作用。具体来讲，当周期结构存在点缺陷时，衰减域范围内的弹性波只能被局限在点缺陷附近；当周期结构存在线(面)缺陷时，衰减域内的弹性波将沿着线(面)缺陷传播。基于缺陷态特性，可实现特定频率的弹性波沿缺陷态定向传播。图 1.10 显示了线缺陷周期结构的导波作用[235]。

近年来，人们还突破了天然材料的限制，通过人工制造获得具有指定衰减域的周期性功能材料。图 1.11 给出了一个二维新型周期结构及其石墨烯晶体结构原型。区别于由单一材料组成的周期结构，新型周期结构的单元是由不同弹性介质复合而成的。通过对周期结构及其缺陷的设计，可以人为地调控弹性波的流动。随着研究的进一步深入，人们发现周期结构还具有其他一些非常优异并可人工设计的性能，如负折射、负模量、负质量等。正是由于周期结构具有诸多优异特性，因而受到人们越来越多的关注。

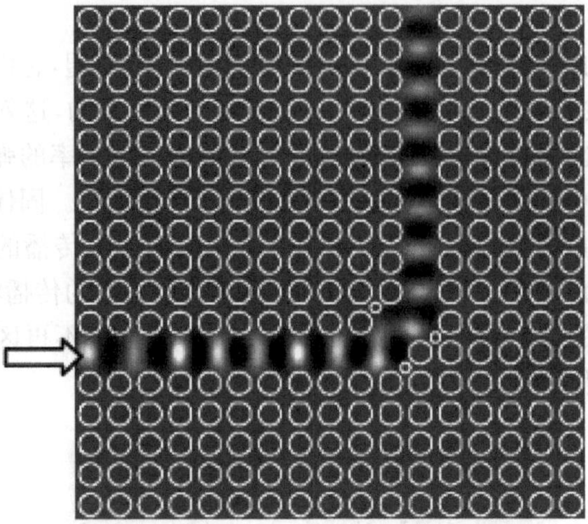

图 1.10　线缺陷周期结构具有定向导波作用[235]

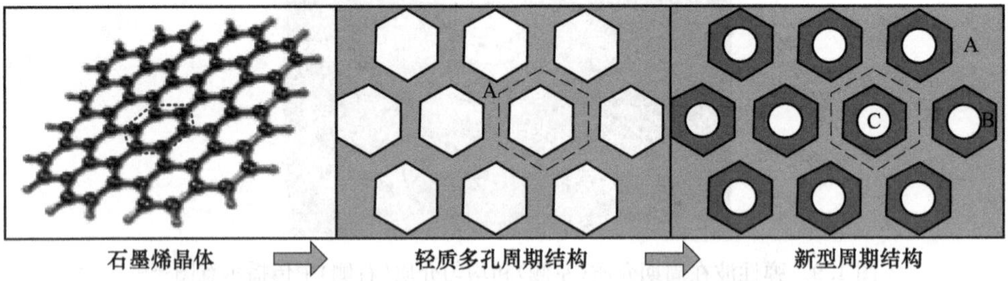

图 1.11　一种新型周期结构及其石墨烯晶体结构原型

1.3.2　周期结构的研究历史与现状

关于周期结构理论的研究可追溯到 19 世纪，1883 年 Floquet[236] 研究了波在周期弹簧振子结构中的传播，Rayleigh[237] 于 1887 年通过研究一维波动方程得出了 Floquet定理的一种形式，同时提出了衰减域的概念。1912 年，Born 和 Huang[238] 应用由两个弹簧振子系统交替布置组成的周期结构，研究了 NaCl 晶格的动力特性。1928 年，Bloch[239] 给出了 Floquet 定理在三维周期结构中的一般形式。1946 年，Brillouin[240] 对波在周期离散结构中的传播问题进行了细致的论述。之后，关于周期结构理论的研究在固体物理学中得到应用和发展[241,242]。随着计算技术水平的提高，周期结构理论开始在连续性结构的波动问题研究中得到应用和发展。尤其是 20 世纪 60 年代，英、美等国学者研究了周期加劲结构在航空航天器、船舶等领域的应用问题。关于周期加劲结构的理论及研究进展，可参见 Mead[243] 的综述。

众所周知，半导体材料中由于周期势场的作用，电子会形成能带结构。利用这一特性，1946 年美国 Bell 实验室的 William Shockley、John Bardeen 和 Walter Brattain 研制出了世界上第一个点接触晶体管，从此人类步入飞速发展的电子时代。1987 年，美国 Bell 实验室的 Yablonovitch 和普林斯顿大学的 John 在研究光波在周期介质中传播问题时，分别提出了“光子晶体”的概念[244,245]。光子晶体结构是由不同折射系数的介质在空间周期性排列而成的一种复合功能结构，该结构对光波具有选择性透过作用，即光子禁带特性。1.3.1 节所提及的蓝闪蝶的翅膀就具有光子晶体结构特征。光子晶体结构的提出为多种新型光波结构的研究开发提供了理论支持，引起了各国学者的关注。光子晶体结构的研究成果于 1998 年和 1999 年连续两年被 *Science* 杂志列入十大研究成果[246]。随后，人们发现，当弹性波在周期弹性复合介质中传播时，也会产生类似的弹性波禁带，这种周期复合介质被称为声子晶体。尽管对弹性波在层状周期介质中传播特性的研究已有近 80 年的历史，但声子晶体概念的提出及对声子晶体相关理论的研究却只有 20 多年的历史。1992 年，Sigalas 和 Economou[247]首次从理论上证实了球形散射体埋入某一种基体材料中形成的三维周期结构中弹性波衰减域的存在。1993 年，Kushwaha 等[248]在研究由镍-铝组成的二维周期结构时，针对弹性波首次提出声子晶体的概念。2000 年，Liu 等[249]研究了一种小尺寸三组元周期材料的低频率局域共振衰减域特性，该研究拓展了周期结构在材料科学及工程科学等领域的应用范围。

根据衰减域的产生机理，周期结构可分为两类：散射型周期结构和局域共振型周期结构[250]。对于散射型周期结构，衰减域内的入射波与反射波相互叠加使得周期结构中没有一个波动模态与该频率相对应，从而波动无法传过周期结构。关于周期结构中散射型衰减域特性，目前已有许多研究成果。Mead[251]研究了波在周期支撑梁中的传播问题和受迫振动问题，同时考虑了无限长周期支撑梁和有限长周期梁的动力响应，结果表明，有限长周期梁的动力响应可以看成无限长周期梁的受迫振动与反向传播波的叠加。Tassilly[252]基于欧拉梁理论，给出了周期梁频散关系的解析分析方法，结果表明，周期梁中的 Floquet 波存在衰减域。Xiang 和 Shi[253,254]采用微分求积法研究了材料和支撑具有周期性的欧拉梁和铁摩辛柯梁中的弯曲波频散关系，并分析了弹性地基对衰减域的影响。之后，Yu 等[255]基于传递矩阵法，给出了弹性地基上周期梁中弯曲波频散关系，并给出复频散关系。Mead 等[256,257]基于虚功原理，研究了波在周期加劲板结构中的传播特性，给出了简化的分析方法，计算了周期板的声辐射能。Sigalas 和 Economou[258]研究了周期薄板结构及厚板结构中弯曲波的频散关系，该研究发现，六边形晶格结构比正方形晶格结构更容易产生衰减域。Wu 等[259,260]研究了在板结构表面布置振子构成的周期结构的衰减域特性及其缺陷态的导波作用。Kushwaha 等[248,261]应用平面波展开法计算了二维二组元镍-铝周期结构的平面内波动频散关系和平面外波动频散关系。应用平面波展开法，Sigalas 和 Economou[262]研究了钢柱在空气中周期性排布形成的周期结构中传播的声波频散关系，同时应用传递矩阵法计算了波在有限周期结构（周期单元的数目有限的周期结构，本书简称为有限周期结构）中的传递特性。Tanaka 等[263]应用有限时域差分法分析了二维周期结构中体波频散关系和面波频散关系，同时考虑了点缺陷对面波的局域化及线缺陷对面波的导波作用。Kafesaki 等[264]研究了三维面心晶格、体心晶格结构中的体波频散关系，从中得到了三维周期结构体波衰减域。另外，Kafesaki 和 Economou[265]应用多重散射法研究了三维流固耦合周期结构的衰减域。

对于局域共振周期结构，衰减域内的弹性波会激发内部散射体的共振模态，散射体的共振模态与基体的行波模态产生强烈的相互作用，使得周期结构的振动沿传播方向不断衰减。Goffaux 和 Sánchez-Dehesa[266]应用变分法分析了二维三组元局域共振周期结构的衰减域特性，同时给出了局域共振型周期结构衰减域的一个简化分析模型。此外，Goffaux 等[267,268]还分析了二维三组元周期结构频率响应函数的非对称特性（Fano 现象）及其产生机理。Hirsekorn 等[269]研究了波在二维局域共振周期结构中的传播特性，并通过试验研究验证了局域共振衰减域的有效性。Hirsekorn 等[270]还基于模态分析法给出了二维三组元局域共振周期结构部分衰减域边界频率的近似计算模型。基于对局域共振衰减域形成机理的分析，Wang 等[271]推导了由四种材料组成的一维层状周期结构的衰减域控制方程，并分析了层状周期结构的局域共振衰减域特性。Wang 等[272]还研究了由橡胶散射体与树脂基体组成的二维二组元周期结构的局域共振衰减域特性。Li 和 Hou[273]应用有限单元法计算了周期结构的面波模态，并提出了应用表面局域共振单元来调节二维周期结构的面波频散关系。

近年来，周期结构还在向智能化的方向发展，应用智能材料可调控周期结构的衰减域。将形状记忆合金周期性地插入杆结构中形成智能周期性结构，Ruzzene 和 Baz[274,275]研究了该结构中轴向压缩波的频散关系，并通过调节温度改变形状记忆合金的弹性模量，进而实现对通频带及衰减域的调节。Chen 等[276]通过试验证实了应用形状记忆合金对周期性杆结构衰减域的调节作用。之后，又研究了将压电材料周期性地插入杆结构形成的智能周期结构中轴向压缩波的可调控性[277]。Laude 等[278]应用平面波展开法计算了二维压电周期结构的面波频散关系。Wu 等[279]研究了由压电材料散射体与各向同性基体材料构成的二维周期结构的体波及面波频散特性。基于 Mindlin 板理论及平面波展开法，Hsu 和 Wu[280]分析了二维压电周期板结构的低阶 Lamb 波频散关系。Pang 等[281,282]分析了由压电材料与压磁材料组合而成的层状周期结构的衰减域特性。Wang 等[283,284]研究了由压磁、压电散射体与弹性体材料组成的二维周期结构的频散关系，分析了晶格参数、力学、电学及磁学参数对衰减域的影响。另外，Wang 等[285,286]还研究了三维压电周期结构的衰减域，分析了压电参数及初始应力参数对衰减域的影响。Rodríguez-

Ramos 等[287]分析了剪切波输入角度、压电材料填充率等对周期性层状压电复合材料的反射及传输效果的影响。

为了考察周期结构衰减域的作用，不少学者开展了相关试验研究。1995 年，Martínez-Sala 等[288]对西班牙马德里的一座《流动的旋律》雕塑进行了声学特性试验，首次证实了周期结构弹性波衰减域的存在性。之后，Martínez-Sala 等[289]又通过试验，研究了道路绿化带的周期性布置可以有效地衰减处于一定频段的环境噪声。Sánchez-Pérez 等[290]通过试验研究，分析了正方形晶格和三角形晶格二维周期结构（固体圆柱散射体周期性排布在空气中）的声波频散关系，并证实了二维流-固周期结构中声学衰减域的存在性。Meseguer 等[291]试验测试了面波在以大理石为基体、空气为散射体的二维半无限周期结构中的传播特性，同时验证了蜂窝晶格和三角形晶格周期结构的衰减域。对于钢柱插入树脂基体中形成的三角形晶格二维周期结构，Vasseur 等[292,293]测试了声波在其中的传播特性，研究发现该结构的实测衰减域与理论预测值符合得较好。Benchabane 等[294]通过试验证实了二维正方形晶格压电周期结构的面波衰减域。Romero-García 等[295]通过试验研究了二维有限周期结构的衰减域特性，实测结果验证了应用平面波展开法计算的频散关系虚数部分结果的正确性。Liu 等[249]研究了由橡胶包裹铅球散射体埋入树脂基体中组成的三维局域共振周期结构的衰减域特性，并提出了局域共振周期结构的概念。Ho 等[296]试验验证了由几种不同局域共振周期结构的单元组合而成的结构具有较宽的衰减域。Yang 等[297]的研究也表明，由几种局域共振周期膜结构组合而成的周期结构可在 50～1000Hz 形成声学衰减域。

此外，基于平面波假设，Goffaux 和 Vigneron[298]研究了正方形截面柱体散射体转动对周期结构衰减域的影响，并提出了两种方法用以克服因较低和较高填充率带来的计算困难。Wen 等[299]应用集中参数法研究了二维周期薄板结构中通频域内波的相位常数面，利用有限元法进一步验证了其分析结果，并讨论了波的方向性传播问题。Yan 和 Wang[300,301]应用小波分析法研究了二维周期结构的体波频散关系和面波频散关系，克服了传统平面波展开法在分析固-液二元周期结构中遇到的不收敛问题，降低了 Gibbs 振荡的影响。Chen 和 Wang[302]引入局部化因子的概念，研究了失谐结构的动力特性，指出采用局部化因子可以表征标准周期结构、随机失谐周期结构、准周期结构等的衰减域；随着失谐程度的增加，在通带范围内局部化因子得到增强，而在衰减域范围内，局部化因子降低。基于有限单元法和拓扑优化理论，Jensen 和 Pedersen[303]对一维、二维二组元周期结构的衰减域进行了优化分析，分别使得周期结构的相邻频率比和频率差达到最大，从周期结构的角度为结构控制带来新的优化措施，即使结构自振频率尽可能远离荷载激励频率。El-Sabbagh 等[304]应用遗传算法研究了周期性 Mindlin 板的衰减域优化问题，使得周期板的基频达到最大，其优化分析建立在整个周期结构上，而不是只分析其中一个典型单元，因而可以施加实际的边界条件。Hussein 和 Frazier[305]讨论了比例阻尼和一般阻尼对周期结构衰减域的影响，并发现了频散曲线的截断(cut-off)和追赶(overtaking)现象。Laude 等[306]采用平面波展开法，研究了二维周期结构的复频散曲线，它由传播波和凋落波组成，分析了 Bloch 波在二维周期结构中的衰减特性，指出了凋落波存在的两种情况。

1.3.3　周期结构隔震减振应用

实际上，在土木工程领域，许多结构都具有周期性，只不过尚未从周期结构的角度进行考虑，因而还没有形成相应的理论用以指导结构设计。例如，承载列车的轨枕、多跨连续梁桥、群桩、加筋桥面板、加筋楼面板、加筋墙面板和周期性墙面等都是周期结构，如图 1.12 所示。这些结构具有力学计算简单、便于标准化生产、便于施工质量和进度控制，以及便于后期维护等优点，上述结构形式在土木工程领域一直有着广泛应用。

(a) 铁轨　(b) 桥梁　(c) 群桩　(d) 建筑

图 1.12　几种常见的周期结构(见彩图)

受固体物理学中关于周期结构衰减域研究的启发，作者于 2007 年提出了设计具有低频衰减域特性的周期结构进行土木工程结构隔震以及交通环境减振的设想，之后利用工程中常用的混凝土、钢材和橡胶等设计了周期性结构，并陆续对一维、二维和三维周期结构的隔震减振方法进行了较系统的研究[253,254,307-327]，程志宝[328]和黄建坤[329]分别对周期基础与周期排桩的动力特性进行了系统的理论研究和试验研究，刘心男[330]对初应力下周期结构的动力特性进行了研究。研究表明：采用周期结构进行隔震、减振，可取得良好效果。图1.13为周期隔震基础和周期屏障的示意图，相关动力特性将在本书后续章节中详细介绍。

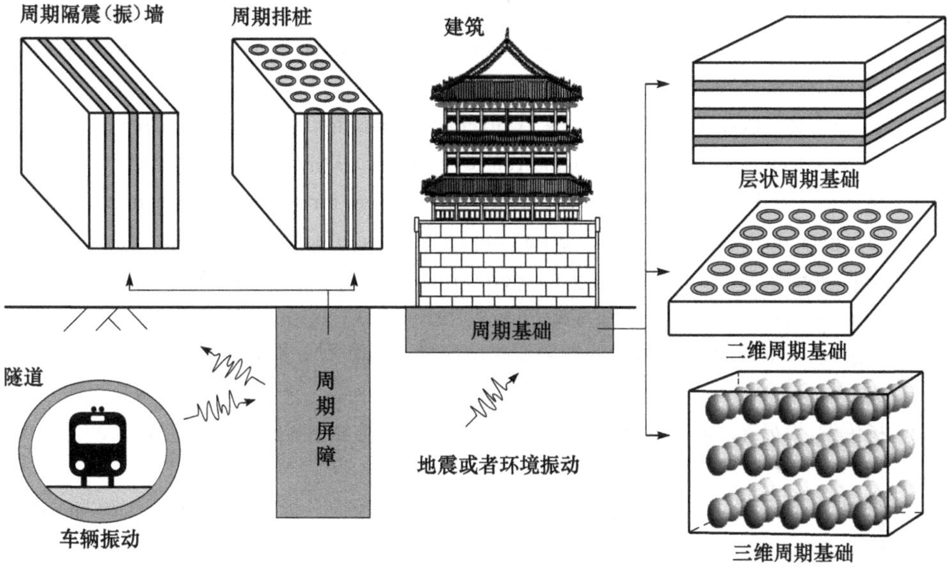

图1.13 周期结构在基础隔震和环境减振中的应用

在土木工程中研究周期结构至少具有如下两方面的价值：①将周期结构理论引入土木工程领域，可丰富并完善目前的结构分析理论，进一步拓展已有工程结构的研究思路；②不仅可以对现有的一些现象给出合理解释，对周期结构的研究还有利于开发新型建筑功能材料，设计新型多功能结构。

参考文献

[1] Yao J T P. Concept of structure control[J]. Journal of Structure Division, ASCE, 1972, 98(7):1567-1574.

[2] 欧进萍. 结构振动控制：主动、半主动和智能控制[M]. 北京：科学出版社，2003.

[3] Soong T T, Dargush G F. Passive Energy Dissipation Systems in Structural Engineering [M]. London: John Wiley & Sons, 1997.

[4] 周福霖. 工程结构减震控制[M]. 北京：地震出版社，1997.

[5] 唐家祥,刘再华. 建筑结构基础隔震[M]. 武汉:华中理工大学出版社,1993.
[6] 党育,杜永峰,李慧. 基础隔震结构设计及施工指南[M]. 北京:中国水利水电出版社,2007.
[7] 李宏男,霍林生. 结构多维减震控制[M]. 北京:科学出版社,2008.
[8] Kunde M C, Jangid R S. Seismic behavior of isolated bridges: A-state-of-the-art review[J]. Electronic Journal of Structural Engineering, 2003, 3(2): 140-169.
[9] Naeim F, Kelly J M. Design of Seismic Isolated Structures: From Theory to Practice[M]. New York: John Wiley & Sons Incorporated, 1999.
[10] Charleson A W, Wright P D, Skinner R I. Wellington central police station, base isolation of an essential facility[C]//Proceedings of Pacific Conference on Earthquake Engineering, Wairakei, New Zealand, 1987: 377-388.
[11] Skinner R I, Beck J L, Bycroft G N. A practical system for isolating structures from earthquake attack[J]. Earthquake Engineering & Structural Dynamics, 1974, 3(3): 297-309.
[12] Skinner R I, Kelly J M, Heine A J. Hysteretic dampers for earthquake-resistant structures [J]. Earthquake Engineering & Structural Dynamics, 1974, 3(3): 287-296.
[13] Robinson W H. Lead-rubber hysteretic bearings suitable for protecting structures during earthquakes[J]. Earthquake Engineering & Structural Dynamics, 1982, 10(4): 593-604.
[14] 徐忠根,周福霖. 我国首栋橡胶垫隔震住宅楼动力分析[J]. 世界地震工程,1996,12(1): 38-42.
[15] 杨佑发,周福霖. 隔震结构地震反应分析的实用计算方法[J]. 世界地震工程,2000,16(1): 72-76.
[16] 李中锡,周锡元. 规则型隔震房屋的自振特性和地震反应分析方法[J]. 地震工程与工程振动,2002,22(2):72-76.
[17] 中华人民共和国住房和城乡建设部. GB 50011—2001 建筑抗震设计规范[S]. 北京:中国建筑工业出版社,2001.
[18] 中华人民共和国住房和城乡建设部. GB 50011—2010 建筑抗震设计规范[S]. 北京:中国建筑工业出版社,2010.
[19] Koh C G, Kelly J M. Effects of Axial Load on Elastomeric Isolation Bearings[R]. Report UCB/EERC-86/12. Los Angeles: Earthquake Engineering Research Center, University of California, 1987.
[20] Koh C G, Kelly J M. A simple mechanical model for elastomeric bearings used in base isolation[J]. International Journal of Mechanical Sciences, 1988, 30(12): 933-943.
[21] Koh C G, Kelly J M. Viscoelastic stability model for elastomeric isolation bearings[J]. Journal of Structural Engineering, 1989, 115(2): 285-302.
[22] Imbimbo M, Kelly J M. Influence of material stiffening on stability of elastomeric bearings at large displacements[J]. Journal of Engineering Mechanics, 1998, 124(9): 1045-1049.
[23] Kelly J M. Tension buckling in multilayer elastomeric bearings[J]. Journal of Engineering Mechanics, 2003, 129(12): 1363-1368.
[24] Ryan K L, Kelly J M, Chopra A K. Experimental observation of axial load effects in isola-

tion bearings[C]//The 13th World Conference on Earthquake Engineering, Vancouver, Canada, 2004.

[25] Ryan K L, Kelly J M, Chopra A K. Nonlinear model for lead-rubber bearings including axial-load effects[J]. Journal of Engineering Mechanics, 2005, 131(12): 1270-1278.

[26] Constantinou M C, Mokha A, Reinhorn A. Teflon bearings in base isolation II: Modeling [J]. Journal of Structural Engineering, 1990, 116(2): 455-474.

[27] Constantinou M C, Caccese J, Harris H G. Frictional characteristics of Teflon-Steel interfaces under dynamic conditions[J]. Earthquake Engineering & Structural Dynamics, 1987, 15(6): 751-759.

[28] Mokha A, Constantinou M C, Reinhorn A M, et al. Experimental study of friction-pendulum isolation system[J]. Journal of Structural Engineering, 1991, 117(4): 1201-1217.

[29] Mokha A, Constantinou M C, Reinhorn A M. Teflon bearings in base isolation I: Testing [J]. Journal of Structural Engineering, 1990, 116(2): 438-454.

[30] Hwang J S. Evaluation of equivalent linear analysis methods of bridge isolation[J]. Journal of Structural Engineering, 1996, 122(8): 972-976.

[31] Hwang J S, Chiou J M. An equivalent linear model of lead-rubber seismic isolation bearings[J]. Engineering Structures, 1996, 18(7): 528-536.

[32] Hwang J S, Chiou J M, Sheng L H, et al. A refined model for base-isolated bridges with bilinear hysteretic bearings[J]. Earthquake Spectra, 1996, 12(2): 245-273.

[33] Hwang J S, Ku S W. Analytical modeling of high damping rubber bearings[J]. Journal of Structural Engineering, 1997, 123(8): 1029-1036.

[34] Hwang J S, Sheng L H. Effective stiffness and equivalent damping of base-isolated bridges [J]. Journal of Structural Engineering, 1993, 119(10): 3094-3101.

[35] Hwang J S, Sheng L H. Equivalent elastic seismic analysis of base-isolated bridges with lead-rubber bearings[J]. Engineering Structures, 1994, 16(3): 201-209.

[36] 周锡元,韩淼. 隔震橡胶支座水平刚度系数的实用计算方法[J]. 建筑科学,1998,14(6):3-8.

[37] 周锡元,韩淼,曾德民,等. 组合橡胶支座及橡胶支座与柱串联系统的水平刚度计算方法[J]. 地震工程与工程振动,1999,19(4):67-75.

[38] 苏经宇,韩淼. 橡胶支座基础隔震建筑地震作用实用计算方法[J]. 振动工程学报,1999,12(2):229-236.

[39] 刘文光. 橡胶隔震支座竖向刚度简化计算法[J]. 地震工程与工程振动,2001,21(4):111-116.

[40] Roeder C W, Stanton J F, Feller T. Low Temperature Behavior and Acceptance Criteria for Elastomeric Bridge Bearings[R]. NCHRP Report 325. Washington D. C.: Transportation Research Board, National Research Council, 1989.

[41] Roeder C W, Stanton J F, Feller T. Low-temperature performance of elastomeric bearings [J]. Journal of Cold Regions Engineering, 1990, 4(3): 113-132.

[42] Yura J A, Kumar A, Yakut A, et al. Elastomeric Bridge Bearings: Recommended Test

Methods[R]. NCHRP Report 449. Washington D. C.: Transportation Research Board, National Research Council, 2001.

[43] Yakut A, Yura J A. Parameters influencing performance of elastomeric bearings at low temperatures[J]. Journal of Structural Engineering, 2002, 128(8): 986-994.

[44] 刘文光,杨巧荣,周福霖. 天然橡胶隔震支座温度相关性能试验研究[J]. 广州大学学报(自然科学版),2002,1(6):51-56.

[45] 刘文光,杨巧荣,周福霖. 建筑用铅芯橡胶隔震支座温度性能研究[J]. 世界地震工程,2003,19(2):39-44.

[46] 熊世树,唐建设,梁波,等. 装有 3dB 的三维隔震建筑的平扭-竖向地震反应分析[J]. 工程抗震与加固改造,2004,5:17-22.

[47] 熊世树,陈金凤,梁波,等. 三维基础隔震结构多维地震反应的非线性分析[J]. 华中科技大学学报(自然科学版),2004,32(12):81-84.

[48] 颜学渊,张永山,王焕定,等. 高层结构三维基础隔震抗倾覆试验研究[J]. 建筑结构学报,2009,30(4):1-8.

[49] 颜学渊,张永山,王焕定,等. 三维隔震抗倾覆结构振动台试验[J]. 工程力学,2010,27(5):91-96.

[50] 孟庆利,林德全,张敏政. 三维隔震系统振动台实验研究[J]. 地震工程与工程振动,2007,27(3):116-120.

[51] 贾俊峰,欧进萍,刘明,等. 新型三维隔震装置力学性能试验研究[J]. 土木建筑与环境工程,2012,34(1):29-34.

[52] Tajirian F F, Kelly J M, Aiken I D, et al. Elastomeric bearings for three-dimensional seismic isolation[C]//1990 ASME PVP Conference, Nashville, USA, 1990: 7-13.

[53] Tajirian F F, Kelly J M, Aiken I D. Seismic isolation for advanced nuclear power stations [J]. Earthquake Spectra, 1990, 6(2): 371-401.

[54] Morishita M, Inoue K, Fujita T. Development of three-dimensional seismic isolation systems for fast reactor application[J]. Journal of Japan Association for Earthquake Engineering, 2004, 4(3): 305-310.

[55] 熊世树,唐家祥. 钢丝绳隔震器三向性能试验研究[J]. 华中理工大学学报,1998,26(2):77-79.

[56] 赵亚敏,苏经宇,周锡元,等. 碟形弹簧竖向隔震结构振动台试验及数值模拟研究[J]. 建筑结构学报,2008,29(6):99-106.

[57] 赵亚敏,苏经宇,周锡元,等. 组合式碟形弹簧竖向隔震支座的设计与性能试验研究[J]. 北京工业大学学报,2009,35(7):892-898.

[58] 赵亚敏,苏经宇,陆鸣. 组合式三维隔震支座力学性能试验研究[J]. 工程抗震与加固改造,2010,32(1):57-62.

[59] 李雄彦,薛素铎. 大跨空间结构隔震技术的现状与新进展(英文)[J]. 空间结构,2010,(4):87-95.

[60] 薛素铎,李雄彦,潘克君. 大跨空间结构隔震支座的应用研究[J]. 建筑结构学报,2010,增

刊 2:56-61.

[61] 李雄彦,薛素铎. 摩擦-碟簧三维复合隔震支座的性能试验研究[J]. 世界地震工程,2011,27(3):1-7.

[62] Li X Y,Xue S D,Cai Y C. Three-dimensional seismic isolation bearing and its application in long span hangars[J]. Earthquake Engineering and Engineering Vibration,2013,12(1):55-65.

[63] 麦敬波,周福霖. 复合隔震体系地震反应分析方法探讨[J]. 广州大学学报(自然科学版),2006,5(3):69-74.

[64] 范夕森,苏小卒,张鑫,等. 组合隔震系统力学性能试验研究[J]. 建筑结构学报,2010,31(2):50-55.

[65] 魏陆顺,周福霖,刘文光. 组合基础隔震在建筑工程中的应用[J]. 地震工程与工程振动,2007,27(2):158-163.

[66] 杨树标,马裕超,李旭光,等. 复合隔震结构模型振动台试验研究[J]. 地震工程与工程振动,2010,30(1):142-146.

[67] 杨树标,马裕超,原朵仙. 复合隔震结构高宽比限值研究[J]. 世界地震工程,2010,26(4):163-166.

[68] 杨树标,裴俊杰,贾剑辉. 结构特征及场地类别对复合隔震结构地震反应的影响[J]. 世界地震工程,2012,28(2):131-135.

[69] 杨树标,孙丰光,马裕超,等. 基于试验的复合隔震结构参数研究[J]. 工程建设与设计,2010,3:23-26.

[70] Mostaghel N,Khodaverdian M. Dynamics of resilient-friction base isolator(R-FBI)[J]. Earthquake Engineering & Structural Dynamics,1987,15(3):379-390.

[71] Mostaghel N,Khodaverdian M. Seismic response of structures supported on R-FBI system[J]. Earthquake Engineering & Structural Dynamics,1988,16(6):839-854.

[72] 周锡元,韩森,李大望,等. 并联和串联基础隔震体系地震反应的某些特征[J]. 工程抗震,1995,12(4):1-5.

[73] 刘小煜,施卫星,徐磊. 组合支座隔震结构及其动力反应分析[J]. 工程力学,2001,S1:154-158.

[74] 杨树标. 砌体复合隔震体系研究[J]. 工程力学,1999,3(3):615-618.

[75] 杨树标. 砌体并联复合隔震体系的隔震性能研究[J]. 工业建筑,2000,30(12):15-17.

[76] 杨树标. 复合隔震结构地震反应的简化计算[J]. 世界地震工程,2001,17(2):65-69.

[77] 李爱群,毛利军. 并联基础隔震体系地震反应特征与隔震层参数的优选[J]. 工程抗震与加固改造,2005,27(2):27-31.

[78] 吕西林,朱玉华,施卫星,等. 组合基础隔震房屋模型振动台试验研究[J]. 土木工程学报,2001,34(2):43-49.

[79] 朱玉华,吕西林. 组合基础隔震系统地震反应分析[J]. 土木工程学报,2004,37(4):76-81.

[80] Lin P Y,Roschke P N,Loh C H. Hybrid base-isolation with magnetorheological damper and fuzzy control[J]. Structural Control and Health Monitoring,2007,14(3):384-405.

[81] Lin P Y, Roschke P N, Loh C H. System identification and real application of the smart magneto-rheological damper[C]//Proceedings of the 2005 IEEE International Symposium on Intelligent Control & 13th Mediterranean Conference on Control and Automation, Limassol, Cyprus, 2005: 989-994.

[82] Shook D A, Roschke P N, Ozbulut O E. Superelastic semi-active damping of a base-isolated structure[J]. Structural Control and Health Monitoring, 2008, 15(5): 746-768.

[83] Shook D A, Lin P Y, Lin T K, et al. A comparative study in the semi-active control of isolated structures[J]. Smart Materials and Structures, 2007, 16(4): 1433.

[84] Shook D A, Roschke P N, Lin P Y, et al. Experimental investigation of super-elastic semi-active damping for seismically excited structures[C]//Proceedings of the 18th Analysis and Computation Specialty Conference, Vancouver, Canada, 2008: 1-10.

[85] Ramallo J C, Johnson E A, Spencer Jr B F. "Smart" base isolation systems[J]. Journal of Engineering Mechanics, 2002, 128(10): 1088-1099.

[86] Yoshioka H, Ramallo J C, Spencer Jr B F. "Smart" base isolation strategies employing magnetorheological dampers[J]. Journal of Engineering Mechanics, 2002, 128(5): 540-551.

[87] Ramallo J C, Yoshioka H, Spencer B F. A two-step identification technique for semiactive control systems[J]. Structural Control and Health Monitoring, 2004, 11(4): 273-289.

[88] Kim H S, Roschke P N, Lin P Y, et al. Neuro-fuzzy model of hybrid semi-active base isolation system with FPS bearings and an MR damper[J]. Engineering Structures, 2006, 28(7): 947-958.

[89] Kim H S, Roschke P N. Fuzzy control of base-isolation system using multi-objective genetic algorithm[J]. Computer-Aided Civil and Infrastructure Engineering, 2006, 21(6): 436-449.

[90] Kim H S, Roschke P N. Design of fuzzy logic controller for smart base isolation system using genetic algorithm[J]. Engineering Structures, 2006, 28(1): 84-96.

[91] Ozbulut O E, Hurlebaus S. Fuzzy control of piezoelectric friction dampers for seismic protection of smart base isolated buildings[J]. Bulletin of Earthquake Engineering, 2010, 8(6): 1435-1455.

[92] 王焕定，付伟庆，张永山，等. 磁流变智能基础隔震系统的试验研究[J]. 同济大学学报(自然科学版)，2006，34(7)：880-885.

[93] 付伟庆，丁琳，陈菲，等. 高层隔震结构模型双向振动台试验研究[J]. 世界地震工程，2006，22(3)：125-130.

[94] 付伟庆，于德湖，刘文光，等. 高层隔震模型结构双向地震反应的数值计算与试验[J]. 振动与冲击，2010，29(5)：114-127.

[95] 李昌平，刘伟庆，王曙光，等. 高层隔震和非隔震结构振动台试验对比[J]. 南京工业大学学报(自然科学版)，2013，35(2)：6-10.

[96] 李昌平，刘伟庆，王曙光，等. 软土地基上高层隔震结构模型振动台试验研究[J]. 建筑结构学报，2013，34(7)：72-78.

[97] 祁皑,商昊江.高层基础隔震结构高宽比限值分析[J].振动与冲击,2011,30(11):272-280.
[98] 商昊江,祁皑.高层隔震结构减震机理探讨[J].振动与冲击,2012,31(4):8-17.
[99] 商昊江,祁皑.高层隔震结构设计方法研究[J].福州大学学报(自然科学版),2012,40(1):107-114.
[100] 商昊江,祁皑,范宏伟.高层隔震结构等效模型研究[J].福州大学学报(自然科学版),2011,39(1):110-119.
[101] 刘文光,闫维明,霍达,等.塔型隔震结构多质点体系计算模型及振动台试验研究[J].土木工程学报,2003,36(5):64-70.
[102] 刘文光,杨巧荣,周福霖.大高宽比隔震结构地震反应的实用分析方法[J].地震工程与工程振动,2004,24(4):115-121.
[103] 刘文光,杨巧荣,周福霖.大高宽比隔震结构地震反应预测理论[J].广州大学学报(自然科学版),2004,3(4):346-350.
[104] 王铁英,王焕定,刘文光,等.大高宽比橡胶垫隔震结构振动台试验研究(1)[J].哈尔滨工业大学学报,2006,38(12):2060-2064.
[105] 王铁英,王焕定,刘文光,等.大高宽比橡胶垫隔震结构振动台试验研究(2)[J].哈尔滨工业大学学报,2007,39(2):196-200.
[106] 付伟庆,刘文光,王建,等.高层隔震结构的等效简化模型研究[J].地震工程与工程振动,2005,25(6):141-145.
[107] 付伟庆,王焕定,丁琳,等.规则型高层隔震结构实用设计方法研究[J].哈尔滨工业大学学报,2007,39(10):1541-1545.
[108] 王曙光,杜东升,刘伟庆.高层建筑结构隔震设计关键问题[J].南京工业大学学报(自然科学版),2009,31(1):71-77.
[109] 杜东升,王曙光,刘伟庆,等.高层隔震结构非线性地震响应分析及设计方法研究[J].防灾减灾工程学报,2010,30(5):550-557.
[110] Takaoka E, Takenaka Y, Nimura A. Shaking table test and analysis method on ultimate behavior of slender baseisolated structure supported by laminated rubber bearings[J]. Earthquake Engineering & Structural Dynamics, 2011, 40(5): 551-570.
[111] Hall J F, Heaton T H, Halling M W, et al. Near-source ground motion and its effects on flexible buildings[J]. Earthquake Spectra, 1995, 11(4): 569-605.
[112] Malhotra P K. Response of buildings to near-field pulse-like ground motions[J]. Earthquake Engineering & Structural Dynamics, 1999, 28(11): 1309-1326.
[113] 刘启方,袁一凡,金星,等.近断层地震动的基本特征[J].地震工程与工程振动,2006,26(1):1-10.
[114] Heaton T H, Hall J F, Wald D J, et al. Response of high-rise and base-isolated buildings to a hypothetical Mw 7.0 blind thrust earthquake[J]. Science, 1995, 267(5195): 206-211.
[115] Ariga T, Kanno Y, Takewaki I. Resonant behaviour of base-isolated high-rise buildings under long-period ground motions[J]. The Structural Design of Tall and Special Build-

ings,2006,15(3):325-338.

[116] Kelly J M. The role of damping in seismic isolation[J]. Earthquake Engineering & Structural Dynamics,1999,28(1):3-20.

[117] Jangid R S,Kelly J M. Base isolation for near-fault motions[J]. Earthquake Engineering & Structural Dynamics,2001,30(5):691-707.

[118] Jangid R S. Optimum friction pendulum system for near-fault motions[J]. Engineering Structures,2005,27(3):349-359.

[119] Jangid R S. Optimum lead-rubber isolation bearings for near-fault motions[J]. Engineering Structures,2007,29(10):2503-2513.

[120] Bhasker Rao P,Jangid R S. Performance of sliding systems under near-fault motions[J]. Nuclear Engineering and Design,2001,203(2):259-272.

[121] Panchal V R,Jangid R S. Variable friction pendulum system for near-fault ground motions[J]. Structural Control and Health Monitoring,2008,15(4):568-584.

[122] Panchal V R,Jangid R S. Variable friction pendulum system for seismic isolation of liquid storage tanks[J]. Nuclear Engineering and Design,2008,238(6):1304-1315.

[123] Providakis C P. Effect of LRB isolators and supplemental viscous dampers on seismic isolated buildings under near-fault excitations[J]. Engineering Structures,2008,30(5):1187-1198.

[124] Providakis C P. Effect of supplemental damping on LRB and FPS seismic isolators under near-fault ground motions[J]. Soil Dynamics and Earthquake Engineering,2009,29(1):80-90.

[125] Providakis C P. Pushover analysis of base-isolated steel—Concrete composite structures under near-fault excitations[J]. Soil Dynamics and Earthquake Engineering,2008,28(4):293-304.

[126] Lu L Y,Lee T Y,Hsu C C. Experimental verification of variable-frequency rocking bearings for near-fault seismic isolation[C]//The 15th World Conference on Earthquake Engineering,Lisbon,Portugal,2012.

[127] Lu L Y,Hsu C C. Experimental study of variable-frequency rocking bearings for near-fault seismic isolation[J]. Engineering Structures,2013,46:116-129.

[128] Nagarajaiah S. Structural control benchmark problem:Smart base isolated building subjected to near fault earthquakes[J]. Structural Control and Health Monitoring,2006,13(2-3):571-572.

[129] Lu L Y,Lin G L. Predictive control of smart isolation system for precision equipment subjected to near-fault earthquakes[J]. Engineering Structures,2008,30(11):3045-3064.

[130] Lu L Y,Lin G L. Improvement of near-fault seismic isolation using a resettable variable stiffness damper[J]. Engineering Structures,2009,31(9):2097-2114.

[131] Lu L Y,Lin G L,Kuo T C. Stiffness controllable isolation system for near-fault seismic isolation[J]. Engineering Structures,2008,30(3):747-765.

[132] Spyrakos C C,Beskos D E. Dynamic response of flexible strip-foundations by boundary and finite elements[J]. Soil Dynamics and Earthquake Engineering,1986,5(2):84-96.

[133] Spyrakos C C,Beskos D E. Dynamic response of rigid strip-foundations by a time-domain

boundary element method[J]. International Journal for Numerical Methods in Engineering,1986,23(8):1547-1565.

[134] Novák M,Henderson P. Base-isolated buildings with soil-structure interaction[J]. Earthquake Engineering & Structural Dynamics,1989,18(6):751-765.

[135] Stehmeyer E H,Rizos D C. Considering dynamic soil structure interaction(SSI)effects on seismic isolation retrofit efficiency and the importance of natural frequency ratio[J]. Soil Dynamics and Earthquake Engineering,2008,28(6):468-479.

[136] 李忠献,田力. 地下爆炸波作用下基底滑移隔震建筑-土-隧道相互作用的动力分析[J]. 工程力学,2004,21(6):56-64.

[137] 李忠献,田力. 地下爆炸波作用下基底滑移隔震大跨结构的动力响应分析[J]. 计算力学学报,2005,22(4):457-464.

[138] 于旭,宰金珉,王志华. 考虑SSI效应的铅芯橡胶支座隔震结构体系振动台模型试验[J]. 南京航空航天大学学报,2010,42(6):786-792.

[139] 于旭,宰金珉,王志华. 铅芯橡胶支座隔震钢框架结构体系振动台模型试验研究[J]. 世界地震工程,2010,26(3):30-36.

[140] 于旭,宰金珉,庄海洋. SSI效应对隔震结构地震响应的影响分析[J]. 南京航空航天大学学报,2011,43(6):846-851.

[141] Constantinou M C. A simplified analysis procedure for base-isolated structures on flexible foundation[J]. Earthquake Engineering & Structural Dynamics,1987,15(8):963-983.

[142] Constantinou M C,Kneifati M C. Dynamics of soil-base-isolated-structure systems[J]. Journal of Structural Engineering,1988,114(1):211-221.

[143] Siddiqui F,Constantinou M C. Simplified analysis method for multistorey base-isolated structures on viscoelastic halfspace[J]. Earthquake Engineering & Structural Dynamics,1989,18(1):63-77.

[144] Darbre G R,Wolf J P. Criterion of stability and implementation issues of hybrid frequency-time-domain procedure for non-linear dynamic analysis[J]. Earthquake Engineering & Structural Dynamics,1988,16(4):569-581.

[145] Darbre G R. Seismic analysis of non-linearly base-isolated soil-structure interacting reactor building by way of the hybrid frequency-time-domain procedure[J]. Earthquake Engineering & Structural Dynamics,1990,19(5):725-738.

[146] Spyrakos C C,Koutromanos I A,Maniatakis C A. Seismic response of base-isolated buildings including soil-structure interaction[J]. Soil Dynamics and Earthquake Engineering,2009,29(4):658-668.

[147] 李忠献,李延涛,王健. 土-结构动力相互作用对基础隔震的影响[J]. 地震工程与工程振动,2003,23(5):180-186.

[148] 李忠献,刘颖,王健. 滑移隔震结构考虑土-结构动力相互作用的动力分析[J]. 工程抗震,2004,4:1-6.

[149] 曾奔,周福霖,徐忠根. 考虑土-结构相互作用的隔震结构楼层反应谱分析(英文)[J]. 科

学技术与工程,2008,8(14):3852-3857.

[150] 杜东升,刘伟庆,王曙光,等. SSI效应对隔震结构的地震响应及损伤影响分析[J]. 土木工程学报,2012,45(5):18-25.

[151] 刘伟庆,李昌平,王曙光,等. 不同土性地基上高层隔震结构振动台试验对比研究[J]. 振动与冲击,2013,32(16):128-151.

[152] 李昌平,刘伟庆,王曙光,等. 土-隔震结构相互作用体系动力特性参数的简化分析方法[J]. 工程力学,2013,30(7):173-179.

[153] 邓长根,何永超. 日本建筑结构隔震减震研究新进展[J]. 世界地震工程,2002,18(3):168-173.

[154] 杨迪雄,李刚,程耿东. 隔震结构的研究概况和主要问题[J]. 力学进展,2003,33(3):302-312.

[155] 翟婉明,赵春发,宋小林,等. 环境振动及其应用前景[J]. 国际学术动态,2012,3:20-22.

[156] 夏禾,曹艳梅. 轨道交通引起的环境振动问题[J]. 铁道科学与工程学报,2004,1(1):44-51.

[157] 魏鹏勃. 城市轨道交通引起的环境振动预测与评估[D]. 北京:北京交通大学,2009.

[158] Xu Y L, Yang Z C, Chen J, et al. Microvibration control platform for high technology facilities subject to traffic-induced ground motion[J]. Engineering Structures, 2003, 25(8):1069-1082.

[159] 崔高航,陶夏新,陈宪麦. 城轨交通引起的环境振动问题综述研究[J]. 地震工程与工程振动,2008,(1):38-43.

[160] 雷晓燕,王全金,圣小珍. 城市轨道交通环境振动与振动噪声研究[J]. 铁道学报,2003,(5):109-113.

[161] 沈莹,郑建国,陈龙珠. 工程结构环境振动影响评价指标研究[J]. 工程抗震与加固改造,2010,32(5):1-7.

[162] 徐建. 建筑振动工程手册[M]. 北京:中国建筑工业出版社,2002.

[163] 李克飞,刘维宁,刘卫丰,等. 交通振动对邻近古建筑的动力影响测试分析[J]. 北京交通大学学报,2011,35(1):79-83.

[164] 夏禾. 交通环境振动工程[M]. 北京:科学出版社,2010.

[165] 董霜,朱元清. 环境振动对人体的影响[J]. 噪声与振动控制,2004,24(3):22-25.

[166] 张向东,高捷,闫维明. 环境振动对人体健康的影响[J]. 环境与健康杂志,2008,25(1):74-76.

[167] Sniegowski J J, de Boer M P. Ic-compatible polysilicon surface micromachining[J]. Annual Review of Materials Science, 2000, 30:299-333.

[168] 李艳秋. 光刻机的演变及今后发展趋势[J]. 微细加工技术,2003,(2):1-5.

[169] Takemiya H. Field vibration mitigation by honeycomb WIB for pile foundations of a high-speed train viaduct[J]. Soil Dynamics and Earthquake Engineering, 2004, 24(1):69-87.

[170] Nelson J T. Recent developments in ground-borne noise and vibration control[J]. Journal of Sound and Vibration, 1996, 193(1):367-376.

[171] Wolf S. Potential low frequency ground vibration (<6.3Hz) impacts from underground

LRT operations[J]. Journal of Sound and Vibration,2003,267(3):651-661.
[172] 刘卫丰,刘维宁,马蒙,等. 地铁列车运行引起的振动对精密仪器的影响研究[J]. 振动工程学报,2012,31(2):130-137.
[173] 王耀峰. 地铁振动对博物馆建筑及文物影响研究[D]. 北京:北京交通大学,2011.
[174] 赵悦,肖新标,关庆华,等. 铁路及城市轨道交通减振措施研究综述[J]. 声学与振动,2013,1(3):20-31.
[175] Xiang H J,Wang J J,Shi Z F,et al. Theoretical analysis of piezoelectric energy harvesting from traffic induced deformation of pavements[J]. Smart Materials and Structures,2013,22(9):950249.
[176] Nelson P M. Transportation Noise Reference Book[M]. London:Butterworths,1987.
[177] Moehren H H. The dynamics of low vibration track[J]. Railway Track and Structures,1991,87(9):39-40.
[178] Hunaidi O,Tremblay M. Traffic-induced building vibrations in Montréal[J]. Canadian Journal of Civil Engineering,1997,24(5):736-753.
[179] 周海生,葛剑敏,吕伟民,等. 阻尼减振式低噪声沥青路面的研究[J]. 上海公路,2003,(S1):78-81.
[180] 王佐民,吕伟民,陈桁,等. 多孔性沥青路面的降噪特性[J]. 噪声与振动控制,1998,(1):36-39.
[181] 许国平. 高速铁路轨道减振降噪技术对策[J]. 铁道工程学报,2004,21(2):26-30.
[182] Lakusic S,Ahac M. Rail traffic noise and vibration mitigation measures in urban areas[J]. Tehnicki Vjesnik-Technical Gazette,2012,19(2):427-435.
[183] 董丙义,刘彬. 钢轨减振接头夹板的研究与应用[J]. 铁道建筑,2004,8:82-83.
[184] Müller R,Nelain B,Nielsen J,et al. Description of the Vibration Generation Mechanism of Turnouts and the Development of Cost Effective Mitigation Measures[R]. RIVAS_UIC_ WP3-3_D3_6_V02. Railway Induced Vibration Abatement Solutions Collaborative Project(RIVAS),International Union of Railways,2013.
[185] Thompson D. Railway Noise and Vibration:Mechanisms,Modelling and Means of Control[M]. Amsterdam:Elsevier,2009.
[186] Molatefi H,Mozafari H,Najafian S. Laboratory test and FEM analysis on a developed continuous rail absorber(CRA)[J]. Journal of Mechanical Science and Technology,2016,30(3):1049-1054.
[187] Ho W,Wong B T,England D. Tuned Mass Damper for Rail Noise Control[M]//Maeda T,Gautier P E,Hanson C E,et al. Notes on Numerical Fluid Mechanics and Multidisciplinary Design. Berlin:Springer-Verlag Berlin,2012:89-96.
[188] Segol G,Lee P C Y,Abel J F. Amplitude reduction of surface waves by trenches[J]. Journal of Engineering Mechanics Division,1978,104(3):621-641.
[189] 罗锟,雷晓燕,刘庆杰. 地屏障在铁路环境振动治理工程中的应用研究[J]. 铁道工程学报,2009,(1):1-6.

[190] Woods R D. Screening of surface waves in soils[J]. Journal of the Soil Mechanics and Foundations Division,1968,94(4):951-979.

[191] Richart F E,Hall J R,Woods R D. Vibrations of Soils and Foundations[M]. Englewood Cliffs,New Jersey:Prentice-Hall,1970.

[192] Yang X J. Ground vibration isolated by soil and pile barriers[C]//The 2nd International Conference on Recent Advances in Geotechnical Earthquake Engineering and Soil Dynamics,St Louis,USA,1991:1557-1562.

[193] 何少敏,王贻荪. 弹性桩排对波的屏蔽作用[C]//首届全国岩土力学与工程青年工作者学术讨论会,杭州,中国,1992:411-414.

[194] Woods R D,Barnett N E,Sagesser R. Holography—A new tool for soil dynamics[J]. Journal of the Geotechnical Engineering Division,1974,100(11):1231-1247.

[195] Gao G Y,Li Z Y,Qiu C,et al. Three-dimensional analysis of rows of piles as passive barriers for ground vibration isolation[J]. Soil Dynamics and Earthquake Engineering,2006,26(11):1015-1027.

[196] 高广运. 非连续屏障地面隔振理论与应用[D]. 杭州:浙江大学,1998.

[197] Kani Y,Hayakawa K. Simulation analysis about effects of a PC wall-pile barrier on reducing ground vibration[C]//Proceedings of the 13th International Offshore and Polar Engineering Conference,Honolulu,USA,2003:1224-1229.

[198] Tsai P H,Feng Z Y,Jen T L. Three-dimensional analysis of the screening effectiveness of hollow pile barriers for foundation-induced vertical vibration[J]. Computers and Geotechnics,2008,35(3):489-499.

[199] 吴世明,吴建平. 利用粉煤灰排桩隔振[C]//中国土木工程学会第五届土力学及基础工程学术会议论文集,北京,中国,1987:308-310.

[200] 李志毅,高广运,邱畅,等. 多排桩屏障远场被动隔振分析[J]. 岩石力学与工程学报,2005,24(21):3990-3995.

[201] 时刚,高广运. 饱和土半解析边界元法及在双排桩被动隔振中的应用[J]. 岩土力学,2010,31(S2):59-64.

[202] Xia T D,Sun M M,Chen C,et al. Analysis on multiple scattering by an arbitrary configuration of piles as barriers for vibration isolation[J]. Soil Dynamics and Earthquake Engineering,2011,31(3):535-545.

[203] Haupt W A. Model test on screening of surface waves[C]//Proceedings of the 10th International Conference in Soil Mechanics and Foundation Engineering,Stockholm,Sweden,1981:215-222.

[204] Kellezi L. Dynamic FE analysis of ground vibrations and mitigation measures for stationary and non-stationary transient source[C]//6th European Conference on Numerical Methods in Geotechnical Engineering,Graz,Austria,2006.

[205] Xu B,Lu J F,Wang J H. Numerical analysis of the isolation of the vibration due to Rayleigh waves by using pile rows in the poroelastic medium[J]. Archive of Applied Mechan-

ics,2010,80(2):123-142.

[206] Liao S,Sangrey D A. Use of piles as isolation barriers[J]. Journal of the Geotechnical Engineering Division,1978,104(9):1139-1152.

[207] Boroomand B,Kaynia A M. Stiffness and damping of closely spaced pile groups[C]//Proceedings of the 5th International Conference on Soil Dynamics and Earthquake Engineering,Karlsruhe,Germany,1991:490-501.

[208] Boroomand B,Kaynia A M. Vibration isolation by an array of piles[C]//Proceedings of the 5th International Conference on Soil Dynamics and Earthquake Engineering,Karlsruhe,Germany,1991:683-691.

[209] Avilés J,Sánchez-Sesma F J. Foundation isolation from vibrations using piles as barriers[J]. Journal of Engineering Mechanics,1988,114(11):1854-1870.

[210] Avilés J,Sánchez-Sesma F J. Piles as barriers for elastic waves[J]. Journal of Geotechnical Engineering,1983,109(9):1133-1146.

[211] 高广运,李佳,李宁,等. 三维层状地基排桩远场被动隔振分析[J]. 岩石力学与工程学报,2013,32(S1):2934-2943.

[212] Lu J F,Jeng D S,Wan J W,et al. A new model for the vibration isolation via pile rows consisting of infinite number of piles[J]. International Journal for Numerical and Analytical Methods in Geomechanics,2013,37(15):2394-2426.

[213] Zhang X,Lu J F. A wavenumber domain boundary element method model for the simulation of vibration isolation by periodic pile rows[J]. Engineering Analysis with Boundary Elements,2013,37(7-8):1059-1073.

[214] Chouw N,Le R S,Chmid G. An approach to reduce foundation vibrations and soil waves using dynamic transmitting behavior of a soil layer[J]. Bauingenieur,1991,66:215-221.

[215] Takemiya H,Fujiwara A. Wave propagation/impediment in a stratum and wave impeding block(WIB)measured for SSI response reduction[J]. Soil Dynamics and Earthquake Engineering,1994,13(1):49-61.

[216] Takemiya H,Shimabuku J. Application of soil-cement columns for better seismic design of bridge piles and mitigation of nearby ground vibration due to traffic[J]. Journal of Structural Engineering,JSCE,2002,48:437-444.

[217] Takemiya H,Chen F,Shimabuku J. Application of WIB for better seismic performance of bridge foundation[C]//Proceedings of the 27 th JSCE Symposium on Earthquake Engineering,Osaka,Japan,2003.

[218] Andersen L,Nielsen S R. Reduction of ground vibration by means of barriers or soil improvement along a railway track[J]. Soil Dynamics and Earthquake Engineering,2005,25(7):701-716.

[219] Krylov V V. Control of traffic-induced ground vibrations by placing heavy masses on the ground surface[J]. Journal of Low Frequency Noise Vibration and Active Control,2007,26(4):311-320.

[220] 李国平. 面向精密仪器设备的主动隔振关键技术研究[D]. 杭州:浙江大学,2010.

[221] Fujita T, Tagawa Y, Kajiwara K, et al. Active 6-DOF micro-vibration control system using piezoelectric actuators[C]//The 3rd International Conference on Adaptive Structures, San Diego, USA, 1992.

[222] Nakamura Y, Nakayama M, Keiji M, et al. Development of active 6-DOF microvibration control system using giant magnetostrictive actuator[C]//Proceeding of SPIE Conference on Smart Systems for Bridges, Structures, and Highways, Newport Beach, USA, 1999.

[223] Nakamura Y, Nakayama M, Kura M, et al. Application of active micro-vibration control system using a giant magnetostrictive actuator[J]. Journal of Intelligent Material Systems and Structures, 2007, 18(11): 1137-1148.

[224] 晏巨,何晓军. 电磁悬浮隔振系统控制方法[J]. 光电工程,1999,26(4):18-22.

[225] 盖玉先,董申. 超精密机床的振动混合控制[J]. 中国机械工程,2000,11(3):289-291.

[226] Yang J N, Agrawal A K. Protective systems for high-technology facilities against microvibration and earthquake[J]. Structural Engineering and Mechanics, 2000, 10(6): 561-567.

[227] Xu Y L, Guo A X. Microvibration control of coupled high tech equipment-building systems in vertical direction [J]. International Journal of Solids and Structures, 2006, 43(21): 6521-6534.

[228] 刘维宁,马蒙. 地铁列车振动环境影响的预测、评估与控制[M]. 北京:科学出版社,2014.

[229] 黄昆,韩汝琦. 半导体物理基础[M]. 北京:科学出版社,1979.

[230] Vukusic P, Sambles J R. Photonic structures in biology[J]. Nature, 2004, 429(6992): 680.

[231] Barrows F P, Bart M H. Photonic structures in biology: A possible blueprint for nanotechnology[J]. Nanomaterials and Nanotechnology, 2014, 4(11): 1-12.

[232] Thomas E L. Applied physics: Bubbly but quiet[J]. Nature, 2009, 462(7276): 990-991.

[233] Martínez-Sala R, Sancho J, Sánchez J V, et al. Sound attenuation by sculpture[J]. Nature, 1995, 378: 241.

[234] Torres M, de Espinosa F R M. Ultrasonic band gaps and negative refraction[J]. Ultrasonics, 2004, 42(1-9): 787-790.

[235] Sun J H, Wu T T. Guided surface acoustic waves in phononic crystal waveguides[C]// IEEE, Ultrasonics Symposium, Vancouver, Canada, 2006: 673-676.

[236] Floquet G. Sur les équations différentielles linéairesà coefficients périodiques[J]. Annales Scientifiques de l'École Normale Supérieure, 1883, 12: 47-88.

[237] Rayleigh L. On the maintenance of vibrations by forces of double frequency, and on the propagation of waves through a medium endowed with a periodic structure[J]. The London, Edinburgh, and Dublin Philosophical Magazine and Journal of Science, 1887, 24(147): 145-159.

[238] Born M, Huang K. Dynamical Theory of Crystal Lattices[M]. Oxford: Clarendon Press

Oxford,1954.
[239] Bloch F. Über die quantenmechanik der elektronen in kristallgittern[J]. Zeitschrift für Physik,1929,52(7):555-600.
[240] Brillouin L. Wave Propagation in Periodic Structures[M]. New York:Dover Publication Incorporated,1946.
[241] Kunin I A. Elastic Media with Microstructure I One-dimensional Models[M]. Berlin:Springer-Verlag,1982.
[242] Kittel C. Introduction to Solid State Physics[M]. New York:Wiley,1996.
[243] Mead D M. Wave propagation in continuous periodic structures:Research contributions from Southampton,1964—1995[J]. Journal of Sound and Vibration,1996,190(3):495-524.
[244] Yablonovitch E. Inhibited spontaneous emission in solid-state physics and electronics[J]. Physical Review Letters,1987,58(20):2059-2062.
[245] John S. Strong localization of photons in certain disordered dielectric superlattices[J]. Physical Review Letters,1987,58(23):2486-2489.
[246] 温熙森. 光子/声子晶体理论与技术[M]. 北京:科学出版社,2006.
[247] Sigalas M M,Economou E N. Elastic and acoustic wave band structure[J]. Journal of Sound and Vibration,1992,158(2):377-382.
[248] Kushwaha M S,Halevi P,Dobrzynski L,et al. Acoustic band structure of periodic elastic composites[J]. Physical Review Letters,1993,71(13):2022-2025.
[249] Liu Z Y,Zhang X X,Mao Y W,et al. Locally resonant sonic materials[J]. Science,2000,289(5485):1734-1736.
[250] 温熙森,温激宏,郁殿龙,等. 声子晶体[M]. 北京:国防工业出版社,2009.
[251] Mead D J. Vibration response and wave propagation in periodic structures[J]. Journal of Engineering for Industry,1971,93(3):783-792.
[252] Tassilly E. Propagation of bending waves in a periodic beam[J]. International Journal of Engineering Science,1987,25(1):85-94.
[253] Xiang H J,Shi Z F. Analysis of flexural vibration band gaps in periodic beams using differential quadrature method[J]. Computers & Structures,2009,87(23):1559-1566.
[254] Xiang H J,Shi Z F. Vibration attenuation in periodic composite Timoshenko beams on Pasternak foundation[J]. Structural Engineering and Mechanics,2011,40(3):373-392.
[255] Yu D L,Wen J H,Shen H J,et al. Propagation of flexural wave in periodic beam on elastic foundations[J]. Physics Letters A,2012,376(4):626-630.
[256] Mead D J,Mallik A K. An approximate theory for the sound radiated from a periodic line-supported plate[J]. Journal of Sound and Vibration,1978,61(3):315-326.
[257] Mead D J,Parthan S. Free wave propagation in two-dimensional periodic plates[J]. Journal of Sound and Vibration,1979,64(3):325-348.
[258] Sigalas M M,Economou E N. Elastic waves in plates with periodically placed inclusions

[J]. Journal of Applied Physics, 1994, 75(6): 2845-2850.

[259] Wu T T, Huang Z G, Tsai T C, et al. Evidence of complete band gap and resonances in a plate with periodic stubbed surface[J]. Applied Physics Letters, 2008, 93(11): 111902.

[260] Wu T C, Wu T T, Hsu J C. Waveguiding and frequency selection of Lamb waves in a plate with a periodic stubbed surface[J]. Physical Review B, 2009, 79(10): 104306.

[261] Kushwaha M S, Halevi P, Martinez G, et al. Theory of acoustic band structure of periodic elastic composites[J]. Physical Review B, 1994, 49(4): 2313-2322.

[262] Sigalas M M, Economou E N. Attenuation of multiple-scattered sound[J]. EPL (Europhysics Letters), 1996, 36(4): 241-246.

[263] Tanaka Y, Tomoyasu Y, Tamura S. Band structure of acoustic waves in phononic lattices: Two-dimensional composites with large acoustic mismatch[J]. Physical Review B, 2000, 62(11): 7387-7392.

[264] Kafesaki M, Sigalas M M, Economou E N. Elastic wave band gaps in 3-D periodic polymer matrix composites[J]. Solid State Communications, 1995, 96(5): 285-289.

[265] Kafesaki M, Economou E N. Multiple-scattering theory for three-dimensional periodic acoustic composites[J]. Physical Review B, 1999, 60(17): 11993-12001.

[266] Goffaux C, Sánchez-Dehesa J. Two-dimensional phononic crystals studied using a variational method: Application to lattices of locally resonant materials[J]. Physical Review B, 2003, 67(14): 144301.

[267] Goffaux C, Sánchez-Dehesa J, Yeyati A L, et al. Evidence of fano-like interference phenomena in locally resonant materials[J]. Physical Review Letters, 2002, 88(22): 225502.

[268] Goffaux C, Sánchez-Dehesa J, Lambin P. Comparison of the sound attenuation efficiency of locally resonant materials and elastic band-gap structures[J]. Physical Review B, 2004, 70(18): 184302.

[269] Hirsekorn M, Delsanto P P, Batra N K, et al. Modelling and simulation of acoustic wave propagation in locally resonant sonic materials[J]. Ultrasonics, 2004, 42(1): 231-235.

[270] Hirsekorn M, Delsanto P P, Leung A C, et al. Elastic wave propagation in locally resonant sonic material: Comparison between local interaction simulation approach and modal analysis[J]. Journal of Applied Physics, 2006, 99(12): 124912.

[271] Wang G, Yu D L, Wen J H, et al. One-dimensional phononic crystals with locally resonant structures[J]. Physics Letters A, 2004, 327(5): 512-521.

[272] Wang G, Wen X S, Wen J H, et al. Two-dimensional locally resonant phononic crystals with binary structures[J]. Physical Review Letters, 2004, 93(15): 154302.

[273] Li Y, Hou Z L. Surface acoustic waves in a two-dimensional phononic crystal slab with locally resonant units[J]. Solid State Communications, 2013, 173: 19-23.

[274] Ruzzene M, Baz A M. Attenuation and localization of wave propagation in periodic rods using shape memory inserts[C]//SPIE's 7th Annual International Symposium on Smart Structures and Materials, Newport Beach, USA, 2000: 389-407.

[275] Ruzzene M, Baz A. Control of wave propagation in periodic composite rods using shape memory inserts[J]. Journal of Vibration and Acoustics, 2000, 122(2): 151-159.

[276] Chen T, Ruzzene M, Baz A. Control of wave propagation in composite rods using shape memory inserts: Theory and experiments[J]. Journal of Vibration and Control, 2000, 6(7): 1065-1081.

[277] Thorp O, Ruzzene M, Baz A. Attenuation and localization of wave propagation in rods with periodic shunted piezoelectric patches[J]. Smart Materials and Structures, 2001, 10(5): 979-989.

[278] Laude V, Wilm M, Benchabane S, et al. Full band gap for surface acoustic waves in a piezoelectric phononic crystal[J]. Physical Review E, 2005, 71(3): 36607.

[279] Wu T T, Hsu Z C, Huang Z G. Band gaps and the electromechanical coupling coefficient of a surface acoustic wave in a two-dimensional piezoelectric phononic crystal[J]. Physical Review B, 2005, 71(6): 64303.

[280] Hsu J C, Wu T T. Calculations of lamb wave band gaps and dispersions for piezoelectric phononic plates using mindlin's theory-based plane wave expansion method[J]. IEEE Transactions on Ultrasonics, Ferroelectrics, and Frequency Control, 2008, 55(2): 431-441.

[281] Pang Y, Liu J X, Wang Y S, et al. Wave propagation in piezoelectric/piezomagnetic layered periodic composites[J]. Acta Mechanica Solida Sinica, 2008, 21(6): 483-490.

[282] Pang Y, Wang Y S, Liu J X, et al. A study of the band structures of elastic wave propagating in piezoelectric/piezomagnetic layered periodic structures[J]. Smart Materials and Structures, 2010, 19(5): 55012.

[283] Wang Y Z, Li F M, Huang W H, et al. Wave band gaps in two-dimensional piezoelectric/piezomagnetic phononic crystals[J]. International Journal of Solids and Structures, 2008, 45(14): 4203-4210.

[284] Wang Y Z, Li F M, Kishimoto K, et al. Elastic wave band gaps in magnetoelectroelastic phononic crystals[J]. Wave Motion, 2009, 46(1): 47-56.

[285] Wang Y Z, Li F M, Kishimoto K, et al. Wave band gaps in three-dimensional periodic piezoelectric structures[J]. Mechanics Research Communications, 2009, 36(4): 461-468.

[286] Wang Y Z, Li F M, Kishimoto K, et al. Band gaps of elastic waves in three-dimensional piezoelectric phononic crystals with initial stress[J]. European Journal of Mechanics-A/Solids, 2010, 29(2): 182-189.

[287] Rodríguez-Ramos R, Calás H, Otero J A, et al. Shear horizontal wave in multilayered piezoelectric structures: Effect of frequency, incidence angle and constructive parameters[J]. International Journal of Solids and Structures, 2011, 48: 2941-2947.

[288] Martínez-Sala R, Sancho J, Sanchez J V, et al. Sound-attenuation by sculpture[J]. Nature, 1995, 378(6554): 241.

[289] Martínez-Sala R, Rubio C, García-Raffi L M, et al. Control of noise by trees arranged like sonic crystals[J]. Journal of Sound and Vibration, 2006, 291(1): 100-106.

[290] Sánchez-Pérez J V, Caballero D, Martinez-Sala R, et al. Sound attenuation by a two-dimensional array of rigid cylinders[J]. Physical Review Letters, 1998, 80(24): 5325-5328.

[291] Meseguer F, Holgado M, Caballero D, et al. Rayleigh-wave attenuation by a semi-infinite two-dimensional elastic-band-gap crystal[J]. Physical Review B, 1999, 59(19): 12169-12172.

[292] Vasseur J O, Deymier P A, Frantziskonis G, et al. Experimental evidence for the existence of absolute acoustic band gaps in two-dimensional periodic composite media[J]. Journal of Physics: Condensed Matter, 1998, 10(27): 6051-6064.

[293] Vasseur J O, Deymier P A, Chenni B, et al. Experimental and theoretical evidence for the existence of absolute acoustic band gaps in two-dimensional solid phononic crystals[J]. Physical Review Letters, 2001, 86(14): 3012-3015.

[294] Benchabane S, Khelif A, Rauch J Y, et al. Evidence for complete surface wave band gap in a piezoelectric phononic crystal[J]. Physical Review E, 2006, 73(6): 65601.

[295] Romero-García V, Sánchez-Pérez J V, Castiñeira-Ibáñez S, et al. Evidences of evanescent Bloch waves in phononic crystals[J]. Applied Physics Letters, 2010, 96(12): 124102.

[296] Ho K M, Cheng C K, Yang Z, et al. Broadband locally resonant sonic shields[J]. Applied Physics Letters, 2003, 83(26): 5566-5568.

[297] Yang Z, Dai H M, Chan N H, et al. Acoustic metamaterial panels for sound attenuation in the 50-1000 Hz regime[J]. Applied Physics Letters, 2010, 96(4): 41906.

[298] Goffaux C, Vigneron J P. Theoretical study of a tunable phononic band gap system[J]. Physical Review B, 2001, 64(7): 75118.

[299] Wen J H, Yu D L, Wang G, et al. The directional propagation characteristics of elastic wave in two-dimensional thin plate phononic crystals[J]. Physics Letters A, 2007, 364(3): 323-328.

[300] Yan Z Z, Wang Y S. Wavelet-based method for calculating elastic band gaps of two-dimensional phononic crystals[J]. Physical Review B, 2006, 74(22): 224303.

[301] Yan Z Z, Wang Y S. Calculation of band structures for surface waves in two-dimensional phononic crystals with a wavelet-based method[J]. Physical Review B, 2008, 78(9): 94306.

[302] Chen A L, Wang Y S. Study on band gaps of elastic waves propagating in one-dimensional disordered phononic crystals[J]. Physica B: Condensed Matter, 2007, 392(1): 369-378.

[303] Jensen J S, Pedersen N L. On maximal eigenfrequency separation in two-material structures: The 1D and 2D scalar cases[J]. Journal of Sound and Vibration, 2006, 289(4): 967-986.

[304] El-Sabbagh A, Akl W, Baz A. Topology optimization of periodic Mindlin plates[J]. Finite Elements in Analysis and Design, 2008, 44(8): 439-449.

[305] Hussein M I, Frazier M J. Band structure of phononic crystals with general damping[J]. Journal of Applied Physics, 2010, 108(9): 93506.

[306] Laude V, Achaoui Y, Benchabane S, et al. Evanescent Bloch waves and the complex band

structure of phononic crystals[J]. Physical Review B,2009,80(9):92301.

[307] Bao J,Shi Z F,Xiang H J. Dynamic responses of a structure with periodic foundations [J]. Jouranal of Engineering Mechanics-ASCE,2012,138(7):761-769.

[308] Cheng Z B,Yan Y Q,Menq F Y,et al. 3D Periodic Foundation-based Structural Vibration Isolation[M]//Ao S I,Gelman L,Hukins D,et al. Lecture Notes in Engineering and Computer Science. Hong Kong:Int Assoc Engineers-Iaeng,2013:1797-1802.

[309] Cheng Z B,Shi Z F. Vibration attenuation properties of periodic rubber concrete panels [J]. Construction and Building Materials,2014,50:257-265.

[310] Cheng Z B,Shi Z F. Influence of parameter mismatch on the convergence of the band structures by using the Fourier expansion method[J]. Composite Structures,2013,106:510-519.

[311] Cheng Z B,Shi Z F. Novel composite periodic structures with attenuation zones[J]. Engineering Structures,2013,56:1271-1282.

[312] Cheng Z B,Shi Z F,Mo Y L,et al. Locally resonant periodic structures with low-frequency band gaps[J]. Journal of Applied Physics,2013,114(0335323).

[313] Huang J K,Shi Z F. Vibration reduction for plane waves by using periodic pile barriers[C]// 2nd International Conference on Railway Engineering:New Technologies of Railway Engineering,Beijing,China,2012.

[314] Huang J K,Shi Z F. Attenuation zones of periodic pile barriers and its application in vibration reduction for plane waves[J]. Journal of Sound and Vibration,2013,332(19):4423-4439.

[315] Huang J K,Shi Z F. Application of periodic theory to rows of piles for horizontal vibration attenuation[J]. International Journal of Geomechanics,2013,13(2):132-142.

[316] Jia G F,Shi Z F. A new seismic isolation system and its feasibility study[J]. Earthquake Engineering and Engineering Vibration,2010,9(1):75-82.

[317] Shi Z F,Cheng Z B,Xiang H J. Seismic isolation foundations with effective attenuation zones[J]. Soil Dynamics and Earthquake Engineering,2014,57:143-151.

[318] Shi Z F,Huang J K. Feasibility of reducing three-dimensional wave energy by introducing periodic foundations[J]. Soil Dynamics and Earthquake Engineering,2013,50:204-212.

[319] Xiang H J,Shi Z F,Wang S J,et al. Periodic materials-based vibration attenuation in layered foundations:Experimental validation[J]. Smart Materials and Structures,2012,21(11):112003.

[320] Xiong C,Shi Z F,Xiang H J. Attenuation of building vibration using periodic foundations [J]. Advances in Structural Engineering,2012,15(8):1375-1388.

[321] Liu X N,Shi Z F,Mo Y L,et al. Effect of initial stress on attenuation zones of layered periodic foundations[J]. Engineering Structures,2016,121:75-84.

[322] Liu X N,Shi Z F,Mo Y L. Comparison of 2D and 3D models for numerical simulation of vibration reduction by periodic pile barriers[J]. Soil Dynamics and Earthquake Engineering,2015,79(A):104-107.

[323] Liu X N, Shi Z F, Xiang H J, et al. Attenuation zones of periodic pile barriers with initial stress[J]. Soil Dynamics and Earthquake Engineering, 2015, 77: 381-390.

[324] Huang J K, Shi Z F. Vibration reduction of plane waves using periodic in-filled pile barriers[J]. Journal of Geotechnical and Geoenvironmental Engineering, 2015, 141 (6): 04015018.

[325] Cheng Z B, Shi Z F. Multi-mass-spring model and energy transmission of one-dimensional periodic structures[J]. IEEE Transactions on Ultrasonics Ferroelectrics and Frequency Control, 2014, 61(5): 739-746.

[326] Liu X N, Shi Z F, Mo Y L. Attenuation zones of initially stressed periodic Mindlin plates on an elastic foundation[J]. International Journal of Mechanical Sciences, 2016, 115-116: 12-23.

[327] Liu X N, Shi Z F, Mo Y L. Effect of initial stress on periodic Timoshenko beams resting on an elastic foundation[J]. Journal of Vibration and Control, 2016, doi: 1077546315624331.

[328] 程志宝. 周期性结构及周期性隔震基础[D]. 北京：北京交通大学，2014.

[329] 黄建坤. 周期性排桩和波屏障在土木工程减振中的应用研究[D]. 北京：北京交通大学，2014.

[330] 刘心男. 几种含初应力周期结构的动力特性研究[D]. 北京：北京交通大学，2016.

第 2 章　周期结构的基本理论

固体物理学中，晶体结构是严格的周期结构。为了研究其动力特性，周期结构理论首先在固体物理学中得到发展。1946 年，Brillouin[1] 研究了波在周期结构中的传播特性。Born 和 Huang[2] 研究了 NaCl 晶体结构的动力特性。到 20 世纪中期，周期结构理论被应用到航空航天器结构的动力特性研究中[3]。1993 年，声子晶体结构的提出进一步发展了周期结构理论[4]，形成了一套较为严密的理论体系。

在土木工程中，各种形式的周期结构已被广泛应用，但应用周期结构理论分析土木工程结构动力特性的工作还很少见到。目前对周期结构的研究，多沿用固体物理学中的基本概念[5-8]。为将周期结构理论合理引入土木工程领域，以及为便于读者更好地理解后续章节的内容，本章对固体物理学中的一些术语尽量采用土木工程语言重新进行解释。此外，本章还介绍弹性体的基本波动理论。

2.1　固体物理基本概念

在固体物理中，最常见的周期结构就是晶体结构。晶体是由原子或者原子团的周期性阵列组成的，如图 2.1 所示，食盐(化学成分 NaCl)就是由 Na^+ 和 Cl^- 在空间中周期性地排列而成。近来人们用具有一定形状的材料(弹性动力学将其称为散射体)来代替晶体中的原子或者原子团，人为地模拟这种周期性，并构造更广义的周期结构。两者的相似性使得固体物理中的一些基本概念及理论在广义的周期结构分析中也适用。

(a) 食盐

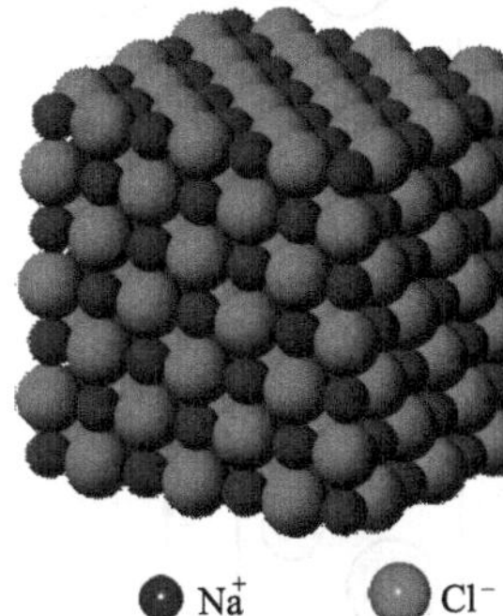

(b) 晶体结构

图 2.1　食盐及其晶体结构

2.1.1　平移周期性

周期结构是由其基本单元，或称基元，按一定规律重复排列而形成的结构形式。当组成周期结构的基元按规律在空间中无限重复时，形成理想周期结构。真实的周期结构不可能是无限大的，但采用无限大结构对于描述波动问题更为方便，而且得到的许多力学特性与有限结构的力学特性相类似。在数学上，这些基元可以抽象为点，又称格点，这些点的集合称为布拉维(Bravais)格子，简称格子。以二维平面问题为例，如图 2.2(a)所示，考虑在一基体中内嵌有两种散射体组成的复合结构，其基元如图 2.2(b)所示，并可抽象为图 2.2(c)所示的点阵格子结构。反过来，把基元放置在每个格点上就能得到周期结构，也就是说周期结构是基元与 Bravais 格子相结合的结果，它们的关系为“周期结构＝物理基元＋几何 Bravais 格子”。Bravais 格子体现了周期结构的几何特征和周期性，任何一个格点在几何上是完全等价的。基元可以含有一个或多个散射体，但所含的散射体必定是不等价的，否则就意味着还可以进一步划分为更小的单元，这是构成基元的必要条件。当基元包含不等价的散射体只有一个时，格子为简单格子，否则为复式格子。

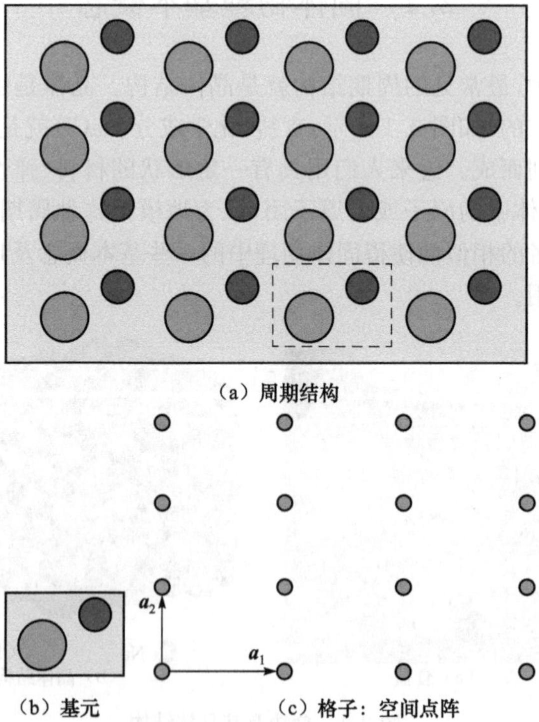

图 2.2　周期结构的形成

当周期结构抽象为上述 Bravais 格子后，就可以采用数学来描述周期结构的周期性。如图 2.2(c)所示的二维格子，以任一格点为原点，沿两个不共线的方向连接最近的格点作矢量 $\boldsymbol{a}_1$ 和 $\boldsymbol{a}_2$，矢量的长度为该方向的格点周期，则任一格点都可以表示为

$$\boldsymbol{R}=n_1\boldsymbol{a}_1+n_2\boldsymbol{a}_2 \tag{2.1}$$

式中，n_1 和 n_2 为整数；矢量 $\boldsymbol{a}_1$ 和 $\boldsymbol{a}_2$ 称为基矢。显然连接任何两个格点的矢量也有式(2.1)的形式，即从任一格点出发，平移 $\boldsymbol{R}$ 后必定得到另一格点，所以 $\boldsymbol{R}$ 又称为格子的平移矢量，$\boldsymbol{R}$ 的端点就是格点。

应当指出，基矢的选择不是唯一的，图 2.3 为几种基矢的取法，其中，四边形 1、2 和 3 中的每对矢量都是基矢，它们所对应四边形的面积是相等的，但四边形 4 中的矢量不是基矢，其中 $\boldsymbol{T}$ 不能通过式(2.1)来表示，且所围成的四边形面积是前面三种四边形面积的 2 倍。

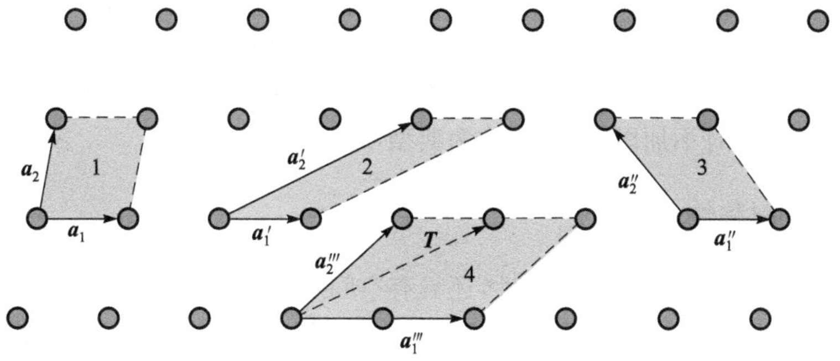

图 2.3　二维格子及其基矢选取

类似地，对于一维问题，需要减掉一个方向的基矢，即任意格点位置可以表示为

$$\boldsymbol{R}=n_1\boldsymbol{a}_1 \tag{2.2}$$

然而，对于三维周期结构，需要增加另一个维度方向的基矢 $\boldsymbol{a}_3$，任意格点位置可以表示为

$$\boldsymbol{R}=n_1\boldsymbol{a}_1+n_2\boldsymbol{a}_2+n_3\boldsymbol{a}_3 \tag{2.3}$$

式中，n_1、n_2 和 n_3 为整数。当 n_1、n_2 和 n_3 取遍所有整数时，式(2.1)～式(2.3)给出的矢量的端点定义了不同维度的空间点阵，也就是完全定义了周期结构的格子，称为正格子，相应地，$\boldsymbol{R}$ 称为正格矢。

2.1.2　原胞与单胞

如图 2.3 所示，如果用基矢为边围成的四边形作为周期结构的结构单元，平行排列可以充满整个结构，相互间既无空隙也无重叠，这样的结构单元在固体物理学

中称为原胞。因为格点都在四边形的顶角上，每个原胞有四个顶角，每个顶角又有四个原胞，所以实际上每个原胞平均只含一个格点。原胞的面积为 $\boldsymbol{a}_1 \cdot \boldsymbol{a}_2$，恰好是每个格点所占的面积，故而对于二维问题，原胞就是面积最小的结构单元；对于三维问题，原胞是体积最小的结构单元，体积为 $\boldsymbol{a}_1 \cdot \boldsymbol{a}_2 \times \boldsymbol{a}_3$；而对于一维问题，原胞是长度最短的结构单元，长度为 $|\boldsymbol{a}_1|$。

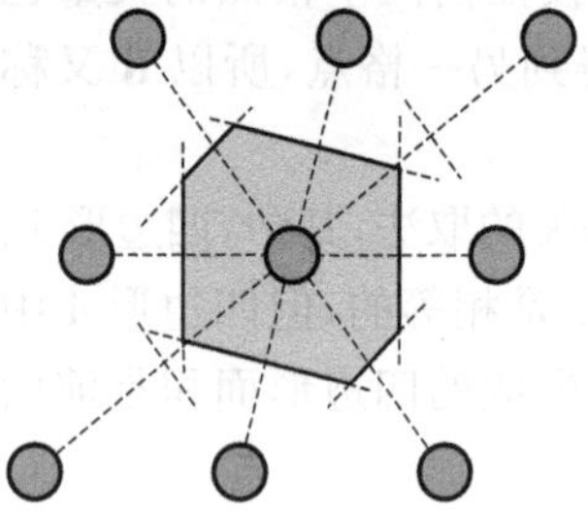

图 2.4 维格纳-赛茨原胞

原胞的选取不是唯一的，根据问题的需要可以有不同的选择，只要它是最小的结构单元即可。如图 2.4 所示的二维格子，以某个格点为中心，作它与邻近格点连线的垂直平分线，由这些线所围成的最小面积的封闭多边形也满足原胞的要求，这种做法得到的原胞称为维格纳-赛茨原胞（Wigner-Seitz 原胞，简称 W-S 原胞），格点位于原胞的中心。除了周期性，周期结构还有自身的对称性。为了同时反映周期性和对称性，有时需要选取更大的结构单元，包含更多的格点，在固体物理学中称为单胞，又称晶胞。在本书中，考虑的都是简单格子，对基元、原胞和单胞（晶胞）有时不加以区分，统称为典型单元。

2.1.3 空间对称性

周期结构不仅具有平移周期性，还具有空间对称性，也就是经过旋转、反演、反映和象转等对称操作后与自身重合。作为周期结构的几何抽象描述，格子点阵也具有对称性，常用点群来描述。由于周期结构具有平移对称性，其空间对称就不能是任意的，只有 32 种不同的类型。反过来，由于周期结构的对称性，要求表征其平移周期性的格子也不能是任意的。对于三维周期结构，满足上述 32 种对称性的格子只有 14 种，按坐标系的性质分为 7 大类；对于二维周期结构，相对来说简单些，只有 4 类共 5 种格子；一维周期结构只有 1 种格子。详细的证明过程可参阅有关晶体物理学和群论方面的教科书[5]。

有时采用最小结构单元原胞来描述周期结构，只能反映其平移周期性，而不能反映出空间对称性，给研究带来不便。为了同时表征周期性和对称性，晶体学给出上述 14 种格子的标准单胞，又称 Bravais 单胞。这些单胞不一定是原胞，格点也不一定都在顶角上，有的在体的中心，有的在面的中心。为了与原胞的基矢区别，这里采用矢量 $\boldsymbol{a}$、$\boldsymbol{b}$、$\boldsymbol{c}$ 来描述 Bravais 单胞，它由相邻角点连接形成，它们的模分别为 a、b、c，表示棱边长，并用 α、β、γ 分别表示 $\boldsymbol{b}$ 与 $\boldsymbol{c}$、$\boldsymbol{c}$ 与 $\boldsymbol{a}$、$\boldsymbol{a}$ 与 $\boldsymbol{b}$ 之间的夹角。表 2.1 和表 2.2 分别给出了三维和二维周期结构及其格子的特征，它们的 Bravais 单胞形状和名称分别如图 2.5 和图 2.6 所示。

表 2.1　三维周期结构及其格子的特征

类别	Bravais 格子	单胞的特征
三斜	简单三斜	$a\neq b\neq c$ $\alpha\neq\beta\neq\gamma\neq 90^\circ$
单斜	简单单斜 底心单斜	$a\neq b\neq c$ $\alpha=\beta=90^\circ\neq\gamma$
正交	简单正交 底心正交 体心正交 面心正交	$a\neq b\neq c$ $\alpha=\beta=\gamma=90^\circ$
四方	简单四方 体心四方	$a=b\neq c$ $\alpha=\beta=\gamma=90^\circ$
三角	三角	$a=b=c$ $\alpha=\beta=\gamma\neq 90^\circ$
六角	六角	$a=b\neq c$ $\alpha=\beta=90^\circ,\gamma=120^\circ$
立方	简单立方 体心立方 面心立方	$a=b=c$ $\alpha=\beta=\gamma=90^\circ$

表 2.2　二维周期结构及其格子的特征

类别	Bravais 格子	单胞的特征
斜方	简单斜方	$a\neq b$ $\gamma\neq 90^\circ$
长方	简单长方 中心长方	$a\neq b$ $\gamma=90^\circ$
正方	简单正方	$a=b$ $\gamma=90^\circ$
六角	六角	$a=b$ $\gamma=120^\circ$

可以看到，凡是中心含有格点的格子，Bravais 单胞与原胞不同。原胞只含有一个格点，但 Bravais 单胞则可能多于一个格点，例如，简单立方格子平均一个单胞只有一个格点，因此它同时也是一种原胞，但体心立方除了顶角有格点，体心处还有一个格点，所以平均每个单胞包含两个格点。体心立方格子每个顶角格点也是相邻另一个单胞的体心，故所有格点都是等价的，如图 2.7(a)所示，它的基矢可以

选为

$$\begin{cases} \boldsymbol{a}_1 = \dfrac{a}{2}(-\boldsymbol{e}_x + \boldsymbol{e}_y + \boldsymbol{e}_z) \\ \boldsymbol{a}_2 = \dfrac{a}{2}(\boldsymbol{e}_x - \boldsymbol{e}_y + \boldsymbol{e}_z) \\ \boldsymbol{a}_3 = \dfrac{a}{2}(\boldsymbol{e}_x + \boldsymbol{e}_y - \boldsymbol{e}_z) \end{cases} \tag{2.4}$$

式中，$\boldsymbol{e}_x$、$\boldsymbol{e}_y$、$\boldsymbol{e}_z$ 为直角坐标系的三个单位矢量；a 为单胞的长度，又称格子常数。单胞的体积为 a^3，含有两个格点，原胞的体积为 $a^3/2$。

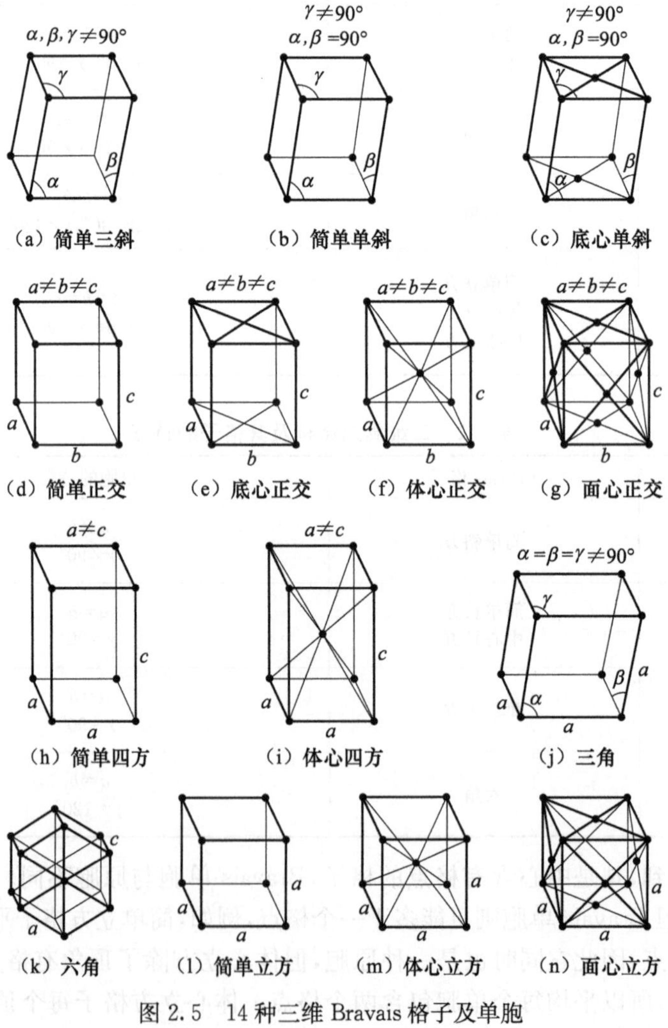

图 2.5　14 种三维 Bravais 格子及单胞

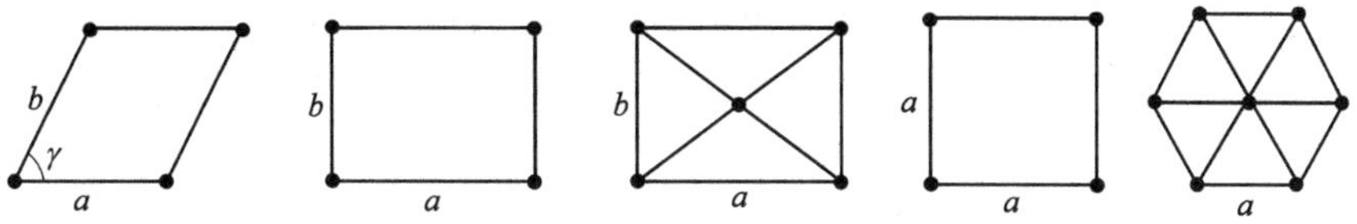

（a）简单斜方　（b）简单长方　（c）中心长方　（d）简单正方　（e）六角

图 2.6　5 种二维 Bravais 格子及单胞

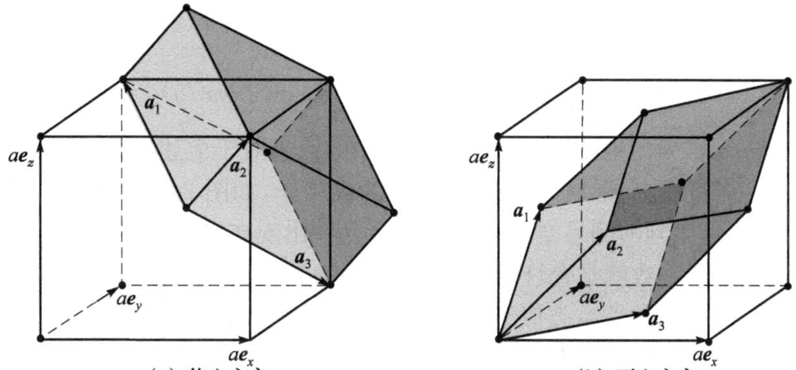

（a）体心立方　（b）面心立方

图 2.7　体心立方与面心立方的单胞与原胞

图 2.7(b)为面心立方的单胞和原胞，单胞的每个面为两个相邻单胞共有，每个面心格点有 1/2 属于一个单胞，而每个顶角格点只有 1/8 属于该单胞，所以平均每个面心立方含有 4 个格点，其基矢可选为

$$\begin{cases} \boldsymbol{a}_1 = \dfrac{a}{2}(\boldsymbol{e}_y + \boldsymbol{e}_z) \\ \boldsymbol{a}_2 = \dfrac{a}{2}(\boldsymbol{e}_x + \boldsymbol{e}_z) \\ \boldsymbol{a}_3 = \dfrac{a}{2}(\boldsymbol{e}_x + \boldsymbol{e}_y) \end{cases} \tag{2.5}$$

单胞的体积为 a^3，原胞的体积为 $a^3/4$。

2.1.4　倒格子

由于周期结构具有周期性，也就是其物理属性 $f(\boldsymbol{r})$（如弹性模量、密度等）在空间中也具有周期性，并应满足：

$$f(\boldsymbol{r}+\boldsymbol{R}) = f(\boldsymbol{r}) \tag{2.6}$$

式中，$\boldsymbol{r}$ 表示空间某点的位置；$\boldsymbol{R}$ 为式(2.1)～式(2.3)定义的平移矢量。这种具有与结构相同周期性的周期函数，为傅里叶分析带来了极大的方便，人们感兴趣的绝大部分周期结构的性质都可与傅里叶分析直接联系起来。

例如图 2.8(a)所示的一维周期结构，由 A、B 两种不同材料排列而成，其周期为 a，它的弹性模量 $E(x)$ 也具有周期 a，如图 2.8(b)所示。将 $E(x)$ 展开为傅里叶级数：

$$E(x)=E_0+\sum_{n>0}\left[C_n\cos(2\pi nx/a)+S_n\sin(2\pi nx/a)\right] \tag{2.7}$$

式中，n 为正整数，C_n 和 S_n 为傅里叶展开系数，它们是实常数。显然，由于三角函数内因子 $2\pi/a$ 的存在，保证了 $E(x)$ 也具有周期 a，即

$$\begin{aligned} E(x+a)&=E_0+\sum_{n>0}\left[C_n\cos(2\pi nx/a+2n\pi)+S_n\sin(2\pi nx/a+2n\pi)\right] \\ &=E_0+\sum_{n>0}\left[C_n\cos(2\pi nx/a)+S_n\sin(2\pi nx/a)\right]=E(x) \end{aligned} \tag{2.8}$$

把系数 $2\pi n/a$ 称为傅里叶空间或倒易空间中的点。对于上述一维问题，可以把所有点画在一条直线上，形成另一种格子，称为倒格子，如图 2.8(c)所示。根据倒格子中的格点，可以判断倒易空间中哪些点会允许出现在级数式(2.7)中，如果与周期结构的倒格子一致就是允许的，倒易空间中的其他点则不被允许。倒易空间中的格点与空间点 x 的关系类似于频率与时间的关系，倒格矢与频率分别刻画的是空间和时间在其倒易空间中的周期性。

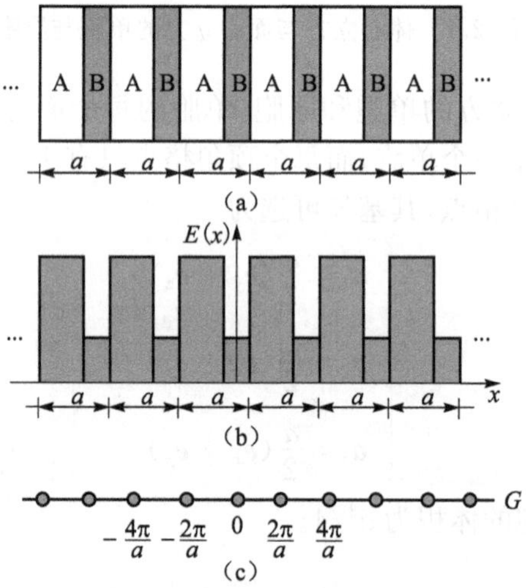

图 2.8　一维周期结构及其倒格子

为了方便，可以将傅里叶级数式(2.7)写成复指数形式：

$$E(x)=\sum_{n}E_n\mathrm{e}^{\mathrm{i}2\pi nx/a} \tag{2.9}$$

式中，$\mathrm{i}=\sqrt{-1}$，n 取遍所有整数(正数、0 和负数)，如果取 $G=2\pi n/a$，则 G 取遍图 2.8(c)所示的所有格点。此时，傅里叶系数 E_n 为复数，为了保证 $E(x)$ 是实数，

要求 E_{-n} 的复共轭 $E_{-n}^{*}=E_n$，不难证明式(2.9)表示的弹性模量是实数，且傅里叶系数为 $E_n=a^{-1}\int_0^a E(x)\mathrm{e}^{-\mathrm{i}2\pi nx/a}\mathrm{d}x$ 。傅里叶级数的三角函数形式和复指数形式本质上是一样的，但复指数形式比较简洁，且只用一个算式计算系数。

可以将上述一维问题推广到三维情况，这时周期结构的物理属性 $E(\boldsymbol{r})$ 是三维空间点 $\boldsymbol{r}=(x,y,z)$ 的函数，此时可将 $E(\boldsymbol{r})$ 展开为三维傅里叶级数：

$$E(\boldsymbol{r})=\sum_{G}E_G\mathrm{e}^{\mathrm{i}\boldsymbol{G}\cdot\boldsymbol{r}} \tag{2.10}$$

$$E_G=V^{-1}\int_V E(\boldsymbol{r})\mathrm{e}^{-\mathrm{i}\boldsymbol{G}\cdot\boldsymbol{r}}\mathrm{d}V \tag{2.11}$$

式中，$\boldsymbol{G}$ 为三维傅里叶空间中的矢量，积分式(2.11)可在任一单元内进行积分，V 为该单元的体积。当 $\boldsymbol{r}$ 变为 $\boldsymbol{r}+\boldsymbol{R}$ 时，要求满足相应的周期性，即

$$E(\boldsymbol{r}+\boldsymbol{R})=\sum_{G}E_G\mathrm{e}^{\mathrm{i}\boldsymbol{G}\cdot(\boldsymbol{r}+\boldsymbol{R})}=E(\boldsymbol{r}) \tag{2.12}$$

则矢量 $\boldsymbol{G}$ 不是任意的，它必须满足：

$$\boldsymbol{G}\cdot\boldsymbol{R}=\boldsymbol{G}\cdot(n_1\boldsymbol{a}_1+n_2\boldsymbol{a}_2+n_3\boldsymbol{a}_3)=2\pi m \tag{2.13}$$

m 为整数，或者要求满足：

$$\boldsymbol{G}\cdot\boldsymbol{a}_j=2\pi m_j,\quad j=1,2,3 \tag{2.14}$$

式中，m_1、m_2、m_3 为整数。满足式(2.14)的 $\boldsymbol{G}$ 可以表示为

$$\boldsymbol{G}=m_1\boldsymbol{b}_1+m_2\boldsymbol{b}_2+m_3\boldsymbol{b}_3 \tag{2.15}$$

式中，$\boldsymbol{b}_l(l=1,2,3)$ 与 $\boldsymbol{a}_j$ 应满足：

$$\boldsymbol{a}_j\cdot\boldsymbol{b}_l=2\pi\delta_{jl}=\begin{cases}2\pi, & j=l\\ 0, & j\neq l\end{cases} \tag{2.16}$$

式(2.16)也可以将 $\boldsymbol{b}_l$ 与 $\boldsymbol{a}_j$ 的关系写为

$$\begin{cases}\boldsymbol{b}_1=2\pi\dfrac{\boldsymbol{a}_2\times\boldsymbol{a}_3}{\boldsymbol{a}_1\cdot(\boldsymbol{a}_2\times\boldsymbol{a}_3)}\\[2ex] \boldsymbol{b}_2=2\pi\dfrac{\boldsymbol{a}_3\times\boldsymbol{a}_1}{\boldsymbol{a}_2\cdot(\boldsymbol{a}_3\times\boldsymbol{a}_1)}\\[2ex] \boldsymbol{b}_3=2\pi\dfrac{\boldsymbol{a}_1\times\boldsymbol{a}_2}{\boldsymbol{a}_3\cdot(\boldsymbol{a}_1\times\boldsymbol{a}_2)}\end{cases} \tag{2.17}$$

以上三个公式的分母实际上相等，其数值表示原胞的体积。对比式(2.15)与式(2.3)，可以发现两者形式相同，都用三个基矢的整数倍线性组合来表示，两组基矢已知一组则另一组完全确定。如前所述，由平移矢量 $\boldsymbol{R}$ 的端点为格点，这些格点构成周期结构的正格子。相应地，由矢量 $\boldsymbol{G}$ 的端点也构成一种格子，称为倒格子，矢量 $\boldsymbol{G}$ 就是倒格子的平移矢量，简称倒格矢，$\boldsymbol{b}_1$、$\boldsymbol{b}_2$、$\boldsymbol{b}_3$ 就是倒格子的基矢，倒格子基矢的定义式(2.17)类似于张量分析中的逆变基矢[9]，但相差一个系数 2π。这样，每个周期结构都有两套格子，即正格子和倒格子。可以发现，正格矢与倒格矢

的关系类似于时间与频率之间的对应关系。正格子和倒格子均用于描述理想周期结构的周期性，不同的是，正格子描述的是周期结构在真实空间的周期性，倒格子描述的是周期结构在傅里叶空间的周期性。式(2.11)实际上是三维傅里叶变换，因此也可以说，倒格子是正格子的傅里叶变换。

对于二维问题，倒格子基矢为 $\boldsymbol{b}_1$ 和 $\boldsymbol{b}_2$，与正格子基矢 $\boldsymbol{a}_1$ 和 $\boldsymbol{a}_2$ 之间的关系为

$$\begin{cases} \boldsymbol{b}_1 = 2\pi \dfrac{\boldsymbol{a}_2 \times \boldsymbol{n}}{\boldsymbol{a}_1 \cdot (\boldsymbol{a}_2 \times \boldsymbol{n})} \\ \boldsymbol{b}_2 = 2\pi \dfrac{\boldsymbol{n} \times \boldsymbol{a}_1}{\boldsymbol{a}_2 \cdot (\boldsymbol{n} \times \boldsymbol{a}_1)} \end{cases} \tag{2.18}$$

式中，$\boldsymbol{n}$ 为该二维平面的法线方向单位矢量。一维问题中两者的关系为

$$\boldsymbol{b}_1 = 2\pi \frac{\boldsymbol{a}_1}{|\boldsymbol{a}_1|^2} \tag{2.19}$$

2.1.5 布里渊区

在倒格子中，取某一格点为原点，作所有倒格矢的垂直平分面，这些面把倒格子空间分割成许多包围原点的多面体，其中离原点最近的多面体区域称为第一布里渊(Brillouin)区，离原点次近的多面体与第一布里渊区表面之间的区域称为第二布里渊区，依此类推可得第三、第四等各个布里渊区。第一布里渊区也就是倒格子中的 W-S 原胞，如图 2.8(c)所示的一维倒格子，其第一布里渊区为$[-\pi/a,\pi/a]$。可以证明对于三维问题，每个布里渊区的体积都相等且等于倒格子原胞的体积，一维与二维问题类似。

由上面的定义可知，布里渊区是由倒格矢 $\boldsymbol{G}$ 的垂直平分面围成的，其界面的方程可以表示为

$$2\boldsymbol{k} \cdot \boldsymbol{G} = G^2 \tag{2.20}$$

式中，G 为矢量 $\boldsymbol{G}$ 的模，即 $G=|\boldsymbol{G}|$，$\boldsymbol{k}$ 是倒格子空间中的矢量，满足式(2.20)的 $\boldsymbol{k}$ 的端点均落在倒格矢 $\boldsymbol{G}$ 的垂直平分面上，只要给定 $\boldsymbol{G}$，由式(2.20)或作图法即可确定相应的布里渊区。式(2.20)除了几何上生动而清晰，它还有着深刻的物理背景。在波的传播理论中，式(2.20)实质上是一个衍射条件[6]，在本书后续章节求解周期结构衰减域时也会多次用到第一布里渊区，故而在此以二维简单正方格子为例，给出求解倒格子和第一布里渊区的过程。二维简单正方格子的基矢为

$$\boldsymbol{a}_1 = a\boldsymbol{e}_x, \quad \boldsymbol{a}_2 = a\boldsymbol{e}_y \tag{2.21}$$

式中，a 为格子常数；$\boldsymbol{e}_x$ 和 $\boldsymbol{e}_y$ 分别为 x 和 y 方向的单位矢量。注意到 $\boldsymbol{e}_y \times \boldsymbol{n} = \boldsymbol{e}_x$，由式(2.18)可求得倒格子基矢为

$$\boldsymbol{b}_1 = 2\pi \frac{\boldsymbol{a}_2 \times \boldsymbol{n}}{\boldsymbol{a}_1 \cdot (\boldsymbol{a}_2 \times \boldsymbol{n})} = 2\pi \frac{a\boldsymbol{e}_y \times \boldsymbol{n}}{a\boldsymbol{e}_x \cdot (a\boldsymbol{e}_y \times \boldsymbol{n})} = 2\pi \frac{a\boldsymbol{e}_x}{a\boldsymbol{e}_x \cdot a\boldsymbol{e}_x} = \frac{2\pi}{a}\boldsymbol{e}_x \tag{2.22}$$

类似地，有

$$\boldsymbol{b}_2=\frac{2\pi}{a}\boldsymbol{e}_y \tag{2.23}$$

于是由式(2.15)可知倒格矢为

$$\boldsymbol{G}=\frac{2\pi}{a}(m_1\boldsymbol{e}_x+m_2\boldsymbol{e}_y) \tag{2.24}$$

当 m_1 与 m_2 取遍所有整数时，由式(2.24)就可以画出倒格子，不难理解由 $\boldsymbol{G}$ 决定的倒格子也是二维的正方格子，格子常数为 $2\pi/a$。求得倒格子后，就可以用作图法进一步给出各布里渊区，如图 2.9 所示。取某一倒格点为原点，作它到所有倒格点连线的垂直平分线，它们将平面划分为许多区域，包含原点的最近封闭区域就是第一布里渊区，其他各区可以按以下方法判断：各区的面积相同；同一区的各部分至少有一个点相连，以保证区域的封闭性；从原点出发穿过 $n-1$ 条平分线后才能进入第 n 区。

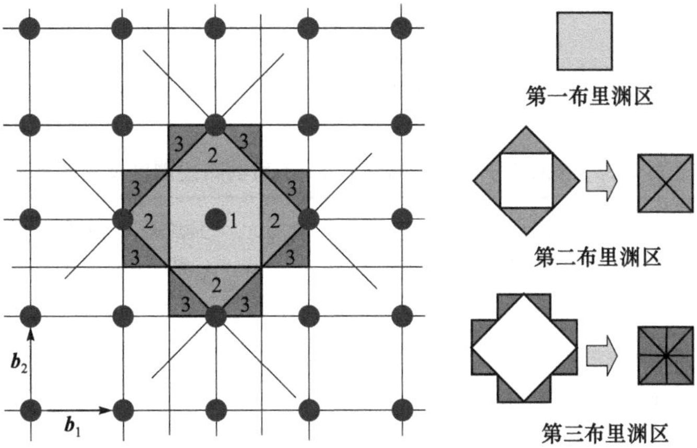

图 2.9　正方格子的布里渊区作图法示意图

倒格子如同周期结构本身一样，也具有周期性。它的周期性可用第一布里渊区来体现，其他区域可以通过第一布里渊区叠加倒格子周期平移矢量，即倒格矢 $\boldsymbol{G}$ 来实现。换句话说，其他布里渊区各区块沿倒格矢 $\boldsymbol{G}$ 进行平移总能拼凑出第一布里渊区，如图 2.9 所示，第二布里渊区最上面的三角区域向下平移 $\boldsymbol{b}_2$，下面的三角形上移 $\boldsymbol{b}_2$，左侧三角形向右平移 $\boldsymbol{b}_1$，右侧三角形向左平移 $\boldsymbol{b}_1$，则可拼凑出第一布里渊区。由此，当在傅里叶空间中考察某个物理特性时，可以只在第一布里渊区进行分析。

此外，周期结构的倒格子还具有对称性，由图 2.9 可以看到每个布里渊区也是围绕原点高度对称的，例如，第一布里渊区就是一个具有四条对称轴和一个对称中心的图形，取第一布里渊区的 1/8，即图 2.10 所示的三角形区域 ΓXM，则第一布里渊区的其他区域可以通过对称操作而获得，该三角区域也被称为不可约布里渊区。由此，利用对称性，当在傅里叶空间中考察某个物理特性时，可以只在不可约布里渊区内进行研究，极大地简化了问题的求解难度，在后续章节中，对此将会有更深刻的解释。不可约布里渊区由几个高对称点控制，且这些点有一些惯用的符号，例如，$\Gamma=(0,0)$、$X=\frac{2\pi}{a}\left(\frac{1}{2},0\right)$、$M=\frac{2\pi}{a}\left(\frac{1}{2},\frac{1}{2}\right)$。为了方便，表 2.3 给出了几种常见格子的第一布里渊区和不可约布里渊区，其他格子的布里渊区也可类似求出，但其布里渊区与格子常数有关且形状不一定是唯一的，有需要的读者可参阅相关文献[5,10]。

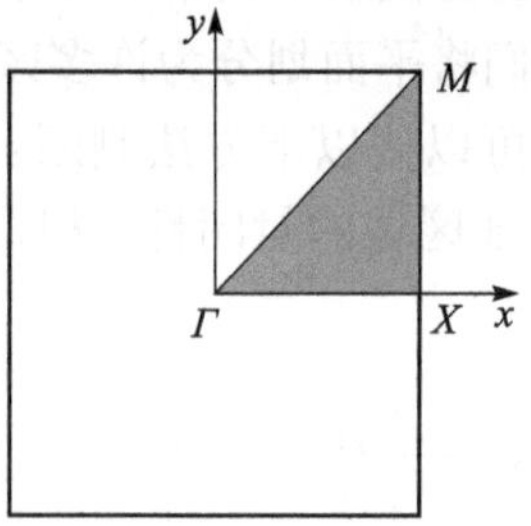

图 2.10 正方格子的第一布里渊区及不可约布里渊区

表 2.3 常见格子的第一布里渊区、不可约布里渊区及对称点

维度	正格子	倒格子	第一布里渊区、不可约布里渊区(阴影)	原胞基矢、倒格子基矢及对称点
一维	直线	直线	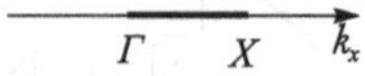	$\boldsymbol{a}_1=a,\boldsymbol{b}_1=\frac{2\pi}{a},\Gamma=0,X=\frac{\pi}{a}$
二维	简单正方	简单正方	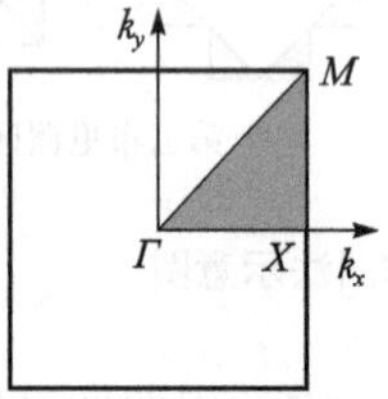	$\boldsymbol{a}_1=a(1,0),\boldsymbol{a}_2=a(0,1),\boldsymbol{b}_1=\frac{2\pi}{a}(1,0),\boldsymbol{b}_2=\frac{2\pi}{a}(0,1)$ $\Gamma=(0,0),X=\frac{\pi}{a}(1,0),M=\frac{\pi}{a}(1,1)$
	简单长方	简单长方	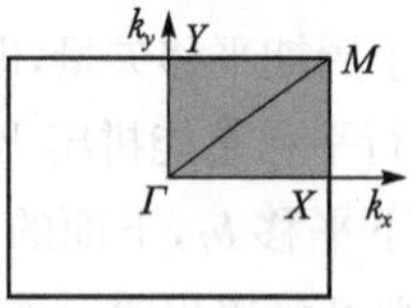	$\boldsymbol{a}_1=(a,0),\boldsymbol{a}_2=(a,b),\boldsymbol{b}_1=2\pi\left(\frac{1}{a},0\right),\boldsymbol{b}_2=2\pi\left(0,\frac{1}{b}\right)$ $\Gamma=(0,0),X=\frac{\pi}{a}(1,0),M=\left(\frac{\pi}{a},\frac{\pi}{b}\right),Y=\frac{\pi}{b}(0,1)$
	六角	六角	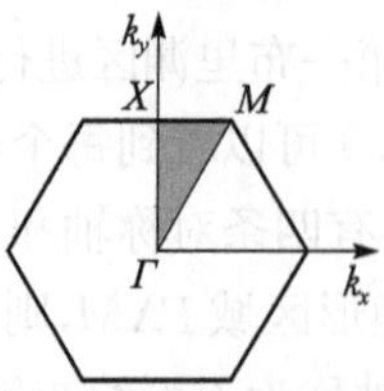	$\boldsymbol{a}_1=a(1,0),\boldsymbol{a}_2=a\left(\frac{1}{2},\frac{\sqrt{3}}{2}\right),\boldsymbol{b}_1=\frac{2\pi}{a}\left(1,-\frac{\sqrt{3}}{3}\right)$ $\boldsymbol{b}_2=\frac{2\pi}{a}\left(0,\frac{2\sqrt{3}}{3}\right),\Gamma=(0,0),X=\frac{\pi}{a}\left(0,\frac{2\sqrt{3}}{3}\right)$ $M=\frac{2\pi}{a}\left(\frac{1}{3},\frac{\sqrt{3}}{3}\right)$

续表

维度	正格子	倒格子	第一布里渊区、不可约布里渊区(阴影)	原胞基矢、倒格子基矢及对称点
三维	简单立方	简单立方	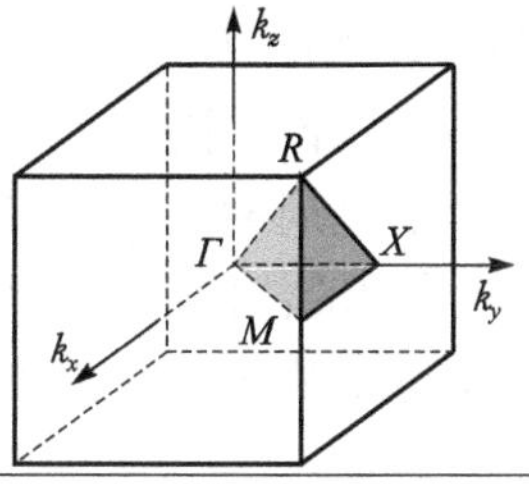	$\boldsymbol{a}_1=a(1,0,0),\boldsymbol{a}_2=a(0,1,0),\boldsymbol{a}_3=a(0,0,1)$ $\boldsymbol{b}_1=\frac{2\pi}{a}(1,0,0),\boldsymbol{b}_2=\frac{2\pi}{a}(0,1,0),\boldsymbol{b}_3=\frac{2\pi}{a}(0,0,1)$ $\Gamma=(0,0,0),X=\frac{\pi}{a}(0,1,0),M=\frac{\pi}{a}(1,1,0)$ $R=\frac{\pi}{a}(1,1,1)$
	简单四方	简单四方	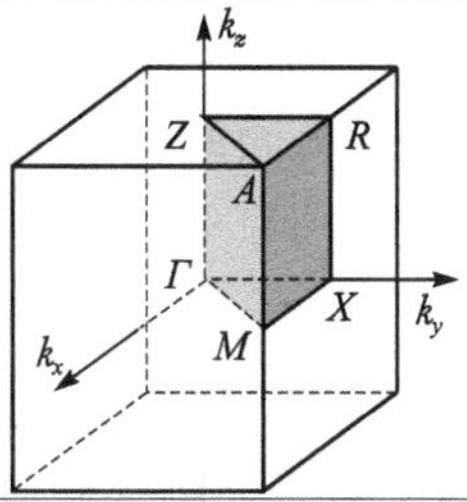	$\boldsymbol{a}_1=a(1,0,0),\boldsymbol{a}_2=a(0,1,0),\boldsymbol{a}_3=c(0,0,1)$ $\boldsymbol{b}_1=\frac{2\pi}{a}(1,0,0),\boldsymbol{b}_2=\frac{2\pi}{a}(0,1,0),\boldsymbol{b}_3=\frac{2\pi}{c}(0,0,1)$ $\Gamma=(0,0,0),X=\left(0,\frac{\pi}{a},0\right),M=\left(\frac{\pi}{a},\frac{\pi}{a},0\right)$ $Z=\left(0,0,\frac{\pi}{c}\right),R=\left(0,\frac{\pi}{a},\frac{\pi}{c}\right),A=\left(\frac{\pi}{a},\frac{\pi}{a},\frac{\pi}{c}\right)$
	简单正交	简单正交	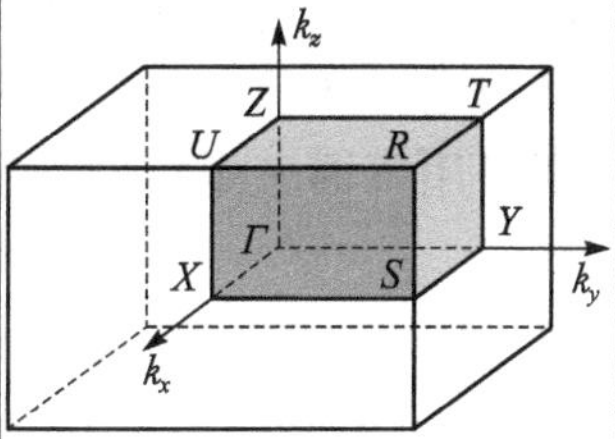	$\boldsymbol{a}_1=a(1,0,0),\boldsymbol{a}_2=b(0,1,0),\boldsymbol{a}_3=c(0,0,1)$ $\boldsymbol{b}_1=\frac{2\pi}{a}(1,0,0),\boldsymbol{b}_2=\frac{2\pi}{b}(0,1,0),\boldsymbol{b}_3=\frac{2\pi}{c}(0,0,1)$ $\Gamma=(0,0,0),X=\left(\frac{\pi}{a},0,0\right),S=\left(\frac{\pi}{a},\frac{\pi}{b},0\right)$ $Y=\left(0,\frac{\pi}{b},0\right),Z=\left(0,0,\frac{\pi}{c}\right),U=\left(\frac{\pi}{a},0,\frac{\pi}{c}\right)$ $R=\left(\frac{\pi}{a},\frac{\pi}{b},\frac{\pi}{c}\right),T=\left(0,\frac{\pi}{b},\frac{\pi}{c}\right)$
	体心立方	面心立方	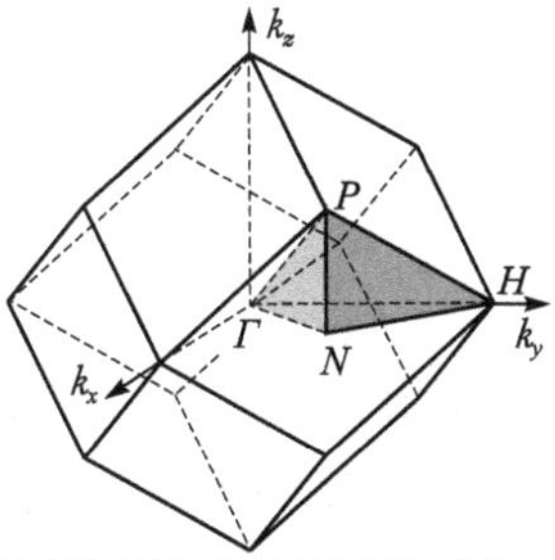	$\boldsymbol{a}_1=\frac{a}{2}(-1,1,1),\boldsymbol{a}_2=\frac{a}{2}(1,-1,1),\boldsymbol{a}_3=\frac{a}{2}(1,1,-1)$ $\boldsymbol{b}_1=\frac{2\pi}{a}(0,1,1),\boldsymbol{b}_2=\frac{2\pi}{a}(1,0,1),\boldsymbol{b}_3=\frac{2\pi}{a}(1,1,0)$ $\Gamma=(0,0,0),H=\frac{\pi}{a}(0,2,0),N=\frac{\pi}{a}(1,1,0)$ $P=\frac{\pi}{a}(1,1,1)$
	面心立方	体心立方	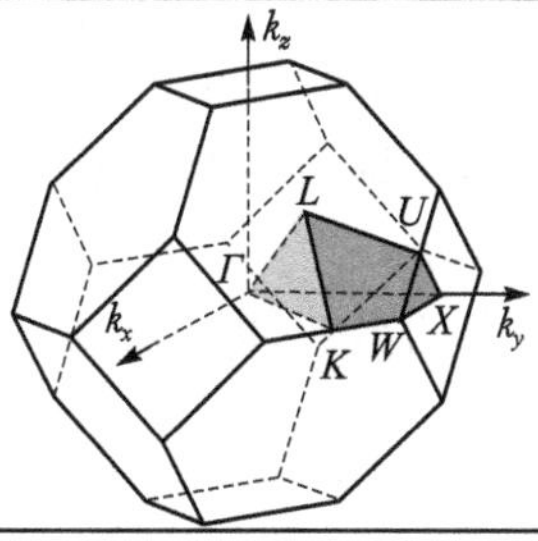	$\boldsymbol{a}_1=\frac{a}{2}(0,1,1),\boldsymbol{a}_2=\frac{a}{2}(1,0,1),\boldsymbol{a}_3=\frac{a}{2}(1,1,0)$ $\boldsymbol{b}_1=\frac{2\pi}{a}(-1,1,1),\boldsymbol{b}_2=\frac{2\pi}{a}(1,-1,1),\boldsymbol{b}_3=\frac{2\pi}{a}(1,1,-1)$ $\Gamma=(0,0,0),X=\frac{\pi}{a}(0,2,0),W=\frac{\pi}{a}(1,2,0)$ $K=\frac{\pi}{a}\left(\frac{3}{2},\frac{3}{2},0\right),L=\frac{\pi}{a}(1,1,1),U=\frac{\pi}{a}\left(\frac{1}{2},2,\frac{1}{2}\right)$

2.2 周期介质中的弹性波

弹性介质中某一点受到外部动力荷载作用时，该点的状态变化会引起周围环境状态的变化，这种状态的变化以波动的形式在弹性介质中进行传播，形成弹性波。由2.1节可知，周期结构的各材料属性在空间上呈周期变化，这是一种周期介质，它比一般均匀介质复杂，因此，弹性波在周期介质中的传播也是一个非常复杂的问题。本节首先介绍弹性波在周期介质中的传播控制方程，然后讨论其传播规律。

2.2.1 弹性动力学基本方程

为方便查阅，在此列出几种常见坐标系下弹性动力问题的基本方程。这些方程在一般教材中均能找到，在此略去推导过程。

1. 直角坐标系

首先考虑三维波动问题。采用张量的指标形式来描述物理量，其指标 $i,j,m,n=1,2,3$ 表示直角坐标系(x_1,x_2,x_3)或(x,y,z)，含有上述指标的物理量表示各坐标方向对应的物理量，默认遵守爱因斯坦求和约定。体积力分量和材料密度分别用 f_i 和 ρ 表示，C_{ijmn} 为材料弹性系数张量，则可用下面三类控制方程来描述三维线弹性介质的动力问题。

几何方程(梯度方程)：

$$\varepsilon_{ij}=\frac{1}{2}(u_{i,j}+u_{j,i}) \tag{2.25}$$

运动方程(散度方程)：

$$\rho\ddot{u}_i=\sigma_{ij,j}+f_i \tag{2.26}$$

本构关系(物理方程)：

$$\sigma_{ij}=C_{ijmn}\varepsilon_{mn} \tag{2.27}$$

式中，$\ddot{u}_i=\partial^2 u_i/\partial t^2$，$t$ 为时间；$(\cdot)_{,i}$中的逗号表示对其后的坐标求偏导，σ_{ij}、ε_{ij} 和 u_i 分别表示应力张量、应变张量和位移向量的分量，它们是待确定的未知状态量。共有15个未知状态量，而上述方程也有15个。为求解上述方程，可将式(2.25)代入式(2.27)，得到用位移表示的应力，然后再代入式(2.26)，则可消去应变与应力，控制方程最终简化为用三个位移分量表示的运动方程，即著名的纳维(Navier)方程：

$$\rho\ddot{u}_i=(C_{ijmn}u_{m,n})_{,j}+f_i \tag{2.28}$$

当材料为各向同性介质时，C_{ijmn} 只有两个独立的系数，即 Lamé 系数 λ 和 μ，此时本构方程为

$$\sigma_{ij}=\lambda\varepsilon_{kk}\delta_{ij}+2\mu\varepsilon_{ij} \tag{2.29}$$

此时式(2.28)的指标形式可进一步简化为

$$\rho\ddot{u}_i=(\lambda u_{j,j})_{,i}+[\mu(u_{i,j}+u_{j,i})]_{,j}+f_i \tag{2.30}$$

以上各方程为指标形式，还可将它们表示成整体形式：

$$\boldsymbol{\varepsilon}=\frac{1}{2}[\nabla\boldsymbol{u}+(\nabla\boldsymbol{u})^{\mathrm{T}}] \tag{2.31}$$

$$\nabla\cdot\boldsymbol{\sigma}+\boldsymbol{f}=\rho\ddot{\boldsymbol{u}} \tag{2.32}$$

$$\boldsymbol{\sigma}=\lambda\cdot\mathrm{tr}(\boldsymbol{\varepsilon})\boldsymbol{I}+2\mu\varepsilon \tag{2.33}$$

$$\rho\ddot{\boldsymbol{u}}=\nabla[(\lambda+2\mu)(\nabla\cdot\boldsymbol{u})]-\nabla\times(\mu\nabla\times\boldsymbol{u}) \tag{2.34}$$

式中，$\mathrm{tr}(\boldsymbol{\varepsilon})=\varepsilon_{kk}$ 为应变张量 $\boldsymbol{\varepsilon}$ 的迹，即体积应变。设坐标单位基矢量为 $\boldsymbol{e}_i(i=1,2,3)$，$\nabla=\boldsymbol{e}_i\partial/\partial x_i$ 是 Hamilton 算子，位移矢量 $\boldsymbol{u}=\boldsymbol{e}_iu_i$，应力张量为 $\boldsymbol{\sigma}=\sigma_{ij}\boldsymbol{e}_i\boldsymbol{e}_j$。

上述方程也可展开成分量形式：

$$\begin{cases}\varepsilon_x=\dfrac{\partial u_x}{\partial x}, & \gamma_{yz}=2\varepsilon_{yz}=\dfrac{\partial u_z}{\partial y}+\dfrac{\partial u_y}{\partial z}\\[2mm] \varepsilon_y=\dfrac{\partial u_y}{\partial y}, & \gamma_{zx}=2\varepsilon_{zx}=\dfrac{\partial u_z}{\partial x}+\dfrac{\partial u_x}{\partial z}\\[2mm] \varepsilon_z=\dfrac{\partial u_z}{\partial z}, & \gamma_{xy}=2\varepsilon_{xy}=\dfrac{\partial u_x}{\partial y}+\dfrac{\partial u_y}{\partial x}\end{cases} \tag{2.35}$$

$$\begin{cases}\dfrac{\partial\sigma_x}{\partial x}+\dfrac{\partial\tau_{yx}}{\partial y}+\dfrac{\partial\tau_{zx}}{\partial z}+f_x=\rho\dfrac{\partial^2u_x}{\partial t^2}\\[2mm] \dfrac{\partial\tau_{xy}}{\partial x}+\dfrac{\partial\sigma_y}{\partial y}+\dfrac{\partial\tau_{zy}}{\partial z}+f_y=\rho\dfrac{\partial^2u_y}{\partial t^2}\\[2mm] \dfrac{\partial\tau_{xz}}{\partial x}+\dfrac{\partial\tau_{yz}}{\partial y}+\dfrac{\partial\sigma_z}{\partial z}+f_z=\rho\dfrac{\partial^2u_z}{\partial t^2}\end{cases} \tag{2.36}$$

$$\begin{cases}\sigma_x=\lambda(\varepsilon_x+\varepsilon_y+\varepsilon_z)+2\mu\varepsilon_x, & \tau_{yz}=\mu\gamma_{yz}\\ \sigma_y=\lambda(\varepsilon_x+\varepsilon_y+\varepsilon_z)+2\mu\varepsilon_y, & \tau_{zx}=\mu\gamma_{zx}\\ \sigma_z=\lambda(\varepsilon_x+\varepsilon_y+\varepsilon_z)+2\mu\varepsilon_z, & \tau_{xy}=\mu\gamma_{xy}\end{cases} \tag{2.37}$$

当忽略体积力时，Navier 波动方程为

$$\begin{aligned}\rho\frac{\partial^2u_x}{\partial t^2}=&\frac{\partial}{\partial x}\left[\lambda\left(\frac{\partial u_x}{\partial x}+\frac{\partial u_y}{\partial y}+\frac{\partial u_z}{\partial z}\right)\right]+\frac{\partial}{\partial x}\left[\mu\left(\frac{\partial u_x}{\partial x}+\frac{\partial u_x}{\partial x}\right)\right]\\&+\frac{\partial}{\partial y}\left[\mu\left(\frac{\partial u_x}{\partial y}+\frac{\partial u_y}{\partial x}\right)\right]+\frac{\partial}{\partial z}\left[\mu\left(\frac{\partial u_x}{\partial z}+\frac{\partial u_z}{\partial x}\right)\right]\end{aligned} \tag{2.38}$$

$$\begin{aligned}\rho\frac{\partial^2u_y}{\partial t^2}=&\frac{\partial}{\partial y}\left[\lambda\left(\frac{\partial u_x}{\partial x}+\frac{\partial u_y}{\partial y}+\frac{\partial u_z}{\partial z}\right)\right]+\frac{\partial}{\partial x}\left[\mu\left(\frac{\partial u_y}{\partial x}+\frac{\partial u_x}{\partial y}\right)\right]\\&+\frac{\partial}{\partial y}\left[\mu\left(\frac{\partial u_y}{\partial y}+\frac{\partial u_y}{\partial y}\right)\right]+\frac{\partial}{\partial z}\left[\mu\left(\frac{\partial u_y}{\partial z}+\frac{\partial u_z}{\partial y}\right)\right]\end{aligned} \tag{2.39}$$

$$\rho\frac{\partial^2u_z}{\partial t^2}=\frac{\partial}{\partial z}\left[\lambda\left(\frac{\partial u_x}{\partial x}+\frac{\partial u_y}{\partial y}+\frac{\partial u_z}{\partial z}\right)\right]+\frac{\partial}{\partial x}\left[\mu\left(\frac{\partial u_z}{\partial x}+\frac{\partial u_x}{\partial z}\right)\right]$$

$$+\frac{\partial}{\partial y}\left[\mu\left(\frac{\partial u_z}{\partial y}+\frac{\partial u_y}{\partial z}\right)\right]+\frac{\partial}{\partial z}\left[\mu\left(\frac{\partial u_z}{\partial z}+\frac{\partial u_z}{\partial z}\right)\right] \tag{2.40}$$

对于均匀材料，系数 λ 和 μ 均为常数，上述方程还可进一步简化为

$$\begin{cases}\rho\dfrac{\partial^2 u_x}{\partial t^2}=\mu\nabla^2 u_x+(\lambda+\mu)\dfrac{\partial}{\partial x}\left(\dfrac{\partial u_x}{\partial x}+\dfrac{\partial u_y}{\partial y}+\dfrac{\partial u_z}{\partial z}\right)\\ \rho\dfrac{\partial^2 u_y}{\partial t^2}=\mu\nabla^2 u_y+(\lambda+\mu)\dfrac{\partial}{\partial y}\left(\dfrac{\partial u_x}{\partial x}+\dfrac{\partial u_y}{\partial y}+\dfrac{\partial u_z}{\partial z}\right)\\ \rho\dfrac{\partial^2 u_z}{\partial t^2}=\mu\nabla^2 u_z+(\lambda+\mu)\dfrac{\partial}{\partial z}\left(\dfrac{\partial u_x}{\partial x}+\dfrac{\partial u_y}{\partial y}+\dfrac{\partial u_z}{\partial z}\right)\end{cases} \tag{2.41}$$

式中，$\nabla^2=\nabla\cdot\nabla=\frac{\partial^2}{\partial x^2}+\frac{\partial^2}{\partial y^2}+\frac{\partial^2}{\partial z^2}$。

其次考虑二维波动问题。假设弹性波只在 xOy 面内传播而与 z 无关，即位移 $\boldsymbol{u}(\boldsymbol{r},t)=\boldsymbol{u}(x,y,t)$，此时式(2.38)～式(2.40)中含对 z 的偏导数的项都为 0，于是得到两组分别独立的方程，即 z 轴方向的位移分量方程和 xOy 面内位移矢量方程，其中 z 方向的位移分量是独立的，称为“Z 模式”，该类问题称为“出平面问题”或“反平面问题”，其控制方程为

$$\rho\frac{\partial^2 u_z}{\partial t^2}=\frac{\partial}{\partial x}\left(\mu\frac{\partial u_z}{\partial x}\right)+\frac{\partial}{\partial y}\left(\mu\frac{\partial u_z}{\partial y}\right) \tag{2.42}$$

xOy 平面内的位移含两个分量，称为“XY 模式”，该类问题称为“平面内问题”，控制方程为

$$\rho\frac{\partial^2 u_x}{\partial t^2}=\frac{\partial}{\partial x}\left[\lambda\left(\frac{\partial u_x}{\partial x}+\frac{\partial u_y}{\partial y}\right)\right]+\frac{\partial}{\partial x}\left[\mu\left(\frac{\partial u_x}{\partial x}+\frac{\partial u_x}{\partial x}\right)\right]+\frac{\partial}{\partial y}\left[\mu\left(\frac{\partial u_x}{\partial y}+\frac{\partial u_y}{\partial x}\right)\right] \tag{2.43}$$

$$\rho\frac{\partial^2 u_y}{\partial t^2}=\frac{\partial}{\partial y}\left[\lambda\left(\frac{\partial u_x}{\partial x}+\frac{\partial u_y}{\partial y}\right)\right]+\frac{\partial}{\partial x}\left[\mu\left(\frac{\partial u_y}{\partial x}+\frac{\partial u_x}{\partial y}\right)\right]+\frac{\partial}{\partial y}\left[\mu\left(\frac{\partial u_y}{\partial y}+\frac{\partial u_y}{\partial y}\right)\right] \tag{2.44}$$

出平面问题与平面内问题是互相解耦的。

最后考虑一维波动问题。假设波只沿一个方向进行传播，不妨假设为沿 x 方向传播，则位移与 y 和 z 无关，即 $\boldsymbol{u}(\boldsymbol{r},t)=\boldsymbol{u}(x,t)$，此时上述方程可进一步解耦为三个独立的方程：

$$\rho\frac{\partial^2 u_x}{\partial t^2}=\frac{\partial}{\partial x}\left[(\lambda+2\mu)\frac{\partial u_x}{\partial x}\right] \tag{2.45}$$

$$\rho\frac{\partial^2 u_y}{\partial t^2}=\frac{\partial}{\partial x}\left(\mu\frac{\partial u_y}{\partial x}\right) \tag{2.46}$$

$$\rho\frac{\partial^2 u_z}{\partial t^2}=\frac{\partial}{\partial x}\left(\mu\frac{\partial u_z}{\partial x}\right) \tag{2.47}$$

上述三个方程全部都是标准的波动方程。

2. 柱坐标系

柱坐标系(r,φ,z)与直角坐标系(x,y,z)的转换关系如下：

$$x=r\cos\varphi,\quad y=r\sin\varphi,\quad z=z \tag{2.48}$$

经坐标转换后，几何方程与运动方程如下：

$$\begin{cases}\varepsilon_r=\dfrac{\partial u_r}{\partial r}, & \gamma_{\varphi z}=\dfrac{\partial u_\varphi}{\partial z}+\dfrac{1}{r}\dfrac{\partial u_z}{\partial \varphi}\\ \varepsilon_\varphi=\dfrac{1}{r}\dfrac{\partial u_\varphi}{\partial \varphi}+\dfrac{u_r}{r}, & \gamma_{rz}=\dfrac{\partial u_r}{\partial z}+\dfrac{\partial u_z}{\partial r}\\ \varepsilon_z=\dfrac{\partial u_z}{\partial z}, & \gamma_{r\varphi}=\dfrac{1}{r}\dfrac{\partial u_r}{\partial \varphi}+\dfrac{\partial u_\varphi}{\partial r}-\dfrac{u_\varphi}{r}\end{cases} \tag{2.49}$$

$$\begin{cases}\dfrac{\partial \sigma_r}{\partial r}+\dfrac{1}{r}\dfrac{\partial \tau_{\varphi r}}{\partial \varphi}+\dfrac{\partial \tau_{zr}}{\partial z}+\dfrac{\sigma_r-\sigma_\varphi}{r}+f_r=\rho\dfrac{\partial^2 u_r}{\partial t^2}\\ \dfrac{\partial \tau_{r\varphi}}{\partial r}+\dfrac{1}{r}\dfrac{\partial \sigma_\varphi}{\partial \varphi}+\dfrac{\partial \tau_{z\varphi}}{\partial z}+\dfrac{2\tau_{r\varphi}}{r}+f_\varphi=\rho\dfrac{\partial^2 u_\varphi}{\partial t^2}\\ \dfrac{\partial \tau_{rz}}{\partial r}+\dfrac{1}{r}\dfrac{\partial \tau_{\varphi z}}{\partial \varphi}+\dfrac{\partial \sigma_z}{\partial z}+\dfrac{\tau_{rz}}{r}+f_z=\rho\dfrac{\partial^2 u_z}{\partial t^2}\end{cases} \tag{2.50}$$

本构方程与式(2.37)形式上没有区别，只需将其中的应力和应变替换成柱坐标系下相应的应力和应变分量即可。据此，忽略体积力，不难得到柱坐标系下均匀材料的 Navier 方程为

$$\begin{cases}\mu\left(\nabla^2 u_r-\dfrac{2}{r^2}\dfrac{\partial u_\varphi}{\partial \varphi}-\dfrac{u_r}{r^2}\right)+(\lambda+\mu)\dfrac{\partial}{\partial r}\left(\dfrac{\partial u_r}{\partial r}+\dfrac{u_r}{r}+\dfrac{1}{r}\dfrac{\partial u_\varphi}{\partial \varphi}+\dfrac{\partial u_z}{\partial z}\right)=\rho\dfrac{\partial^2 u_r}{\partial t^2}\\ \mu\left(\nabla^2 u_\varphi+\dfrac{2}{r^2}\dfrac{\partial u_r}{\partial \varphi}-\dfrac{u_\varphi}{r^2}\right)+(\lambda+\mu)\dfrac{\partial}{\partial \varphi}\left(\dfrac{\partial u_r}{\partial r}+\dfrac{u_r}{r}+\dfrac{1}{r}\dfrac{\partial u_\varphi}{\partial \varphi}+\dfrac{\partial u_z}{\partial z}\right)=\rho\dfrac{\partial^2 u_\varphi}{\partial t^2}\\ \mu\,\nabla^2 u_z+(\lambda+\mu)\dfrac{\partial}{\partial z}\left(\dfrac{\partial u_r}{\partial r}+\dfrac{u_r}{r}+\dfrac{1}{r}\dfrac{\partial u_\varphi}{\partial \varphi}+\dfrac{\partial u_z}{\partial z}\right)=\rho\dfrac{\partial^2 u_z}{\partial t^2}\end{cases} \tag{2.51}$$

式中，算符$\nabla^2=\nabla\cdot\nabla=\dfrac{\partial^2}{\partial r^2}+\dfrac{1}{r}\dfrac{\partial}{\partial r}+\dfrac{1}{r^2}\dfrac{\partial^2}{\partial \varphi^2}+\dfrac{\partial^2}{\partial z^2}$，$\nabla=\dfrac{\partial}{\partial r}\boldsymbol{e}_r+\dfrac{1}{r}\dfrac{\partial}{\partial \varphi}\boldsymbol{e}_\varphi+\dfrac{\partial}{\partial z}\boldsymbol{e}_z$，且$\boldsymbol{e}_r$、$\boldsymbol{e}_\varphi$与$\boldsymbol{e}_z$为柱坐标系下的单位基矢量[11]。利用算符$\nabla^2$和$\nabla$，则柱坐标系下各方程的整体形式与式(2.31)～式(2.34)形式上相同。

3. 球坐标系

直角坐标系(x,y,z)与球坐标系(r,θ,φ)的转换关系为

$$x=r\sin\theta\cos\varphi,\quad y=r\sin\theta\sin\varphi,\quad z=r\cos\theta \tag{2.52}$$

经上述坐标转换后，可得球坐标系下的几何方程与运动方程如下：

$$\begin{cases}\varepsilon_r=\dfrac{\partial u_r}{\partial r}, & \gamma_{\theta\varphi}=\dfrac{1}{r\sin\theta}\dfrac{\partial u_\theta}{\partial\varphi}+\dfrac{\partial u_\varphi}{r\partial\theta}-\dfrac{\cot\theta}{r}u_\varphi\\ \varepsilon_\theta=\dfrac{1}{r}\left(\dfrac{\partial u_\theta}{\partial\theta}+\dfrac{u_r}{r}\right), & \gamma_{\varphi r}=\dfrac{1}{r\sin\theta}\dfrac{\partial u_r}{\partial\varphi}+\dfrac{\partial u_\varphi}{\partial r}-\dfrac{u_\varphi}{r}\\ \varepsilon_\varphi=\dfrac{1}{r\sin\theta}\dfrac{\partial u_\varphi}{\partial\varphi}+\dfrac{\cot\theta}{r}u_\theta+\dfrac{u_r}{r}, & \gamma_{r\theta}=\dfrac{1}{r\sin\theta}\dfrac{\partial u_\varphi}{\partial\varphi}+\dfrac{\partial u_\theta}{\partial r}-\dfrac{u_\theta}{r}\end{cases}\tag{2.53}$$

$$\begin{cases}\dfrac{\partial\sigma_r}{\partial r}+\dfrac{1}{r}\dfrac{\partial\tau_{\theta r}}{\partial\theta}+\dfrac{1}{r\sin\theta}\dfrac{\partial\tau_{\varphi r}}{\partial\varphi}+\dfrac{\cot\theta}{r}\tau_{\theta r}+\dfrac{2\sigma_r-\sigma_\theta-\sigma_\varphi}{r}+f_r=\rho\dfrac{\partial^2u_r}{\partial t^2}\\ \dfrac{\partial\tau_{r\theta}}{\partial r}+\dfrac{1}{r}\dfrac{\partial\tau_{\theta r}}{\partial\theta}+\dfrac{1}{r\sin\theta}\dfrac{\partial\tau_{\varphi\theta}}{\partial\varphi}+\dfrac{3\tau_{r\theta}}{r}+\dfrac{\cot\theta}{r}(\sigma_\theta-\sigma_\varphi)+f_\theta=\rho\dfrac{\partial^2u_\theta}{\partial t^2}\\ \dfrac{\partial\tau_{r\varphi}}{\partial r}+\dfrac{1}{r}\dfrac{\partial\tau_{\theta\varphi}}{\partial\theta}+\dfrac{1}{r\sin\theta}\dfrac{\partial\sigma_\varphi}{\partial\varphi}+\dfrac{3\tau_{r\varphi}}{r}+2\dfrac{\cot\theta}{r}\tau_{\theta\varphi}+f_\varphi=\rho\dfrac{\partial^2u_\varphi}{\partial t^2}\end{cases}\tag{2.54}$$

类似地，球坐标系下的本构方程与式(2.37)形式上也没有区别，只需将其中的应力和应变替换成球坐标系下相应的应力和应变分量即可。将几何方程代入本构方程，然后再代入运动方程，可得球坐标系下用位移表示的控制方程。无体力下均匀材料的 Navier 方程为

$$\begin{cases}\mu\left(\nabla^2u_r-\dfrac{2}{r^2}\dfrac{\partial u_\theta}{\partial\theta}-\dfrac{2}{r^2\sin\theta}\dfrac{\partial u_\varphi}{\partial\varphi}-\dfrac{2\cot\theta}{r^2}u_\theta\right)+(\lambda+\mu)\dfrac{\partial K}{\partial r}=\rho\dfrac{\partial^2u_r}{\partial t^2}\\ \mu\left(\nabla^2u_\theta-\dfrac{2\cot\theta}{r^2\sin\theta}\dfrac{\partial u_\varphi}{\partial\varphi}+\dfrac{2}{r^2}\dfrac{\partial u_r}{\partial\theta}-\dfrac{2}{r^2\sin^2\theta}u_\theta\right)+\dfrac{\lambda+\mu}{r}\dfrac{\partial K}{\partial\theta}=\rho\dfrac{\partial^2u_\theta}{\partial t^2}\\ \mu\left(\nabla^2u_\varphi+\dfrac{2}{r^2\sin\theta}\dfrac{\partial u_r}{\partial\varphi}+\dfrac{2\cot\theta}{r^2\sin\theta}\dfrac{\partial u_\theta}{\partial\varphi}-\dfrac{2}{r^2\sin^2\theta}u_\varphi\right)+\dfrac{\lambda+\mu}{r\sin\theta}\dfrac{\partial K}{\partial r}=\rho\dfrac{\partial^2u_\varphi}{\partial t^2}\end{cases}\tag{2.55}$$

式中，$K=\dfrac{\partial u_r}{\partial r}+\dfrac{2}{r}u_r+\dfrac{1}{r}\dfrac{\partial u_\theta}{\partial\theta}+\dfrac{\cot\theta}{r}u_\theta+\dfrac{1}{r\sin\theta}\dfrac{\partial u_\varphi}{\partial\varphi}$，$\nabla=\dfrac{\partial}{\partial r}\boldsymbol{e}_r+\dfrac{1}{r}\dfrac{\partial}{\partial\theta}\boldsymbol{e}_\theta+\dfrac{\cot\theta}{r}\dfrac{\partial}{\partial\varphi}\boldsymbol{e}_\varphi$，$\nabla^2=\nabla\cdot\nabla=\dfrac{\partial^2}{\partial r^2}+\dfrac{2}{r}\dfrac{\partial}{\partial r}+\dfrac{1}{r^2}\dfrac{\partial^2}{\partial\theta^2}+\dfrac{\cot\theta}{r^2}\dfrac{\partial}{\partial\theta}+\dfrac{1}{r^2\sin^2\theta}\dfrac{\partial^2}{\partial\varphi^2}$，且 $\boldsymbol{e}_r$、$\boldsymbol{e}_\theta$ 与 $\boldsymbol{e}_\varphi$ 为球坐标系下的单位基矢量，其在直角坐标系下的分量参见文献[11]。

2.2.2 弹性波动问题基本概念

为方便描述，本节以均匀介质为例介绍波动的一些基本概念，这些概念有助于理解周期结构中波的传播。

1. 波的分解与基本特性

对于周期介质，Lamé 系数 λ 和 μ 都是空间位置 $\boldsymbol{r}=(x,y,z)$ 的周期函数；对于均匀介质，Lamé 系数 λ 和 μ 是常数。由矢量场公式 $\nabla\times(\nabla\times\boldsymbol{u})=\nabla(\nabla\cdot\boldsymbol{u})-\nabla^2\boldsymbol{u}$，式(2.34)可以进一步简化为

$$\rho\ddot{\boldsymbol{u}}=(\lambda+\mu)\nabla(\nabla\cdot\boldsymbol{u})+\mu\nabla^2\boldsymbol{u} \tag{2.56}$$

式中，$\nabla^2=\frac{\partial^2}{\partial x^2}+\frac{\partial^2}{\partial y^2}+\frac{\partial^2}{\partial z^2}$为 Laplace 算子。上述方程表明三个位移分量是互相耦合的，但经过适当的数学处理可以使其更加简化，从而导出标准的波动方程。对于本问题，通过引入 Helmholtz 分解可实现这一目的。根据 Helmholtz 分解定理可知：对于任意矢量 $\boldsymbol{u}$，如果其散度$\nabla\cdot\boldsymbol{u}$ 和旋度$\nabla\times\boldsymbol{u}$ 存在，则总能找到标量势 ϕ 和矢量势 $\boldsymbol{\psi}$，使得式(2.57)成立[11]：

$$\boldsymbol{u}=\nabla\phi+\nabla\times\boldsymbol{\psi}，且\nabla\cdot\boldsymbol{\psi}=0 \tag{2.57}$$

将式(2.57)代入式(2.56)后有

$$\nabla\left(C_{\mathrm{p}}^2\nabla^2\phi-\frac{\partial^2\phi}{\partial t^2}\right)+\nabla\times\left(C_{\mathrm{s}}^2\nabla^2\boldsymbol{\psi}-\frac{\partial^2\boldsymbol{\psi}}{\partial t^2}\right)=0 \tag{2.58}$$

式中，$C_{\mathrm{p}}=\sqrt{(\lambda+2\mu)/\rho}$和$C_{\mathrm{s}}=\sqrt{\mu/\rho}$称为波的相速度。上述方程成立的充分条件是下列方程成立：

$$C_{\mathrm{p}}^2\nabla^2\phi-\frac{\partial^2\phi}{\partial t^2}=0,\quad C_{\mathrm{s}}^2\nabla^2\boldsymbol{\psi}-\frac{\partial^2\boldsymbol{\psi}}{\partial t^2}=0 \tag{2.59}$$

进一步可以证明，式(2.59)给出的解是完备的[12]，即每一个满足式(2.56)的解都可以写成式(2.57)的形式，并且 ϕ 和 $\boldsymbol{\psi}$ 分别满足式(2.59)的两个方程。显然，求解式(2.59)比求解式(2.56)更简单，因为式(2.59)具有标准的波动方程形式，关于标准波动方程的性质和解已有大量研究成果可以利用，这样就避开了直接求解弹性动力方程的困难，一旦获得两个位移势 ϕ 和 $\boldsymbol{\psi}$，代入式(2.57)即可获得位移。由以上分析可知，位移可表示为两部分：

$$\boldsymbol{u}=\boldsymbol{u}_{\mathrm{p}}+\boldsymbol{u}_{\mathrm{s}} \tag{2.60}$$

式中，$\boldsymbol{u}_{\mathrm{p}}=\nabla\phi$ 以速度 C_{p} 进行传播，$\boldsymbol{u}_{\mathrm{s}}=\nabla\times\boldsymbol{\psi}$ 以速度 C_{s} 进行传播。因为 $C_{\mathrm{p}}>C_{\mathrm{s}}$，所以 $\boldsymbol{u}_{\mathrm{p}}$ 称为初波(primary，P 波)，$\boldsymbol{u}_{\mathrm{s}}$ 称为次波(secondary，S 波)。此外，由矢量分析可知，任意的标量 ϕ 和矢量 $\boldsymbol{\psi}$，恒有$\nabla\times\nabla\phi=0$ 以及$\nabla\cdot(\nabla\times\boldsymbol{\psi})=0$，即

$$\nabla\times\boldsymbol{u}_{\mathrm{p}}=0,\quad \nabla\cdot\boldsymbol{u}_{\mathrm{s}}=0 \tag{2.61}$$

这意味着 $\boldsymbol{u}_{\mathrm{p}}$ 是无旋的，即 P 波不产生旋转变形($\nabla\times\boldsymbol{u}_{\mathrm{p}}$)，只有拉伸与压缩，因此，P 波又称无旋波、膨胀波或压缩波(pressure)；而 $\boldsymbol{u}_{\mathrm{s}}$ 是无源的，表明该部分波引起的体积应变($\nabla\cdot\boldsymbol{u}_{\mathrm{s}}$)为零，即 S 波只产生剪切变形，不产生体积应变，是一种等体积波，故而 S 波又称等容波、剪切波(shear)。这两种波，还有其他一些物理性质，例如，P 波质点振动方向与传播方向是一致的，S 波的质点振动方向(又称偏振方向)与传播方向则是垂直的[13]，因此 P 波又称纵波，S 波又称横波。显然，P 波只有一个偏振方向，但 S 波则可以是在垂直于传播方向的面内许许多多方向中的一个，它的方向不好确定，这就为求解式(2.59)的第二式带来了困难。代表横波的矢量 $\boldsymbol{\psi}$ 有三个分量，并且这三个分量是互相耦合的，并受式(2.57)第二式的限制，因此，只

有两个分量是独立的。这说明可以将 $\boldsymbol{\psi}$ 分解为两部分：一部分沿一个选定的方向，如 $\boldsymbol{e}$，另一部分与第一个方向 $\boldsymbol{e}$ 垂直，所以可进一步将矢量势 $\boldsymbol{\psi}$ 分解为两个标量势 ψ 与 χ 的组合：

$$\boldsymbol{\psi}=\boldsymbol{e}(\varpi\psi)+l\,\nabla\times(\boldsymbol{e}\varpi\chi) \tag{2.62}$$

式中，ϖ 为 $\boldsymbol{e}$ 方向上坐标 ξ_e 的函数，对于直角坐标系可以取 $\varpi=1$，其他坐标系中 ϖ 的取值可参见文献[14]；l 是一个具有长度量纲的因子，如可取为波数的倒数，这样可以保证 ψ 与 χ 的量纲相同。

将式(2.62)代入式(2.59)的第二个方程，有

$$C_s^2\,\nabla^2\psi-\frac{\partial^2\psi}{\partial t^2}=0,\quad C_s^2\,\nabla^2\chi-\frac{\partial^2\chi}{\partial t^2}=0 \tag{2.63}$$

可见势函数 ϕ、ψ 与χ所满足的方程，都是标准形式的标量波动方程，求解这些方程给出势函数，代入式(2.57)即可给出位移：

$$\boldsymbol{u}=\boldsymbol{L}+\boldsymbol{M}+\boldsymbol{N} \tag{2.64}$$

式中，

$$\boldsymbol{L}=\nabla\phi \tag{2.65}$$

$$\boldsymbol{M}=\nabla\times(\boldsymbol{e}\varpi\psi) \tag{2.66}$$

$$\boldsymbol{N}=l\,\nabla\times\nabla\times(\boldsymbol{e}\varpi\chi) \tag{2.67}$$

式中，$\boldsymbol{L}$ 代表 P 波 $\boldsymbol{u}_{\mathrm{p}}$，$\boldsymbol{M}$ 与 $\boldsymbol{N}$ 之和代表 S 波 $\boldsymbol{u}_{\mathrm{s}}$。需要指出的是，这些势函数如果满足其对应的波动方程，即式(2.59)或式(2.63)，则它们对空间坐标变量(x,y,z)或时间 t 的偏导数也满足该波动方程，这说明弹性介质中的应变、应力和质点速度在介质中的传播形式与位移的传播形式相同[15]。

对于二维波动问题，由于“出平面问题”与“平面内问题”是解耦的，因此“出平面问题”只需求解一个标量方程，即式(2.42)，其质点振动方向垂直于波的传播平面，故只有 S 波，偏振方向垂直于传播平面的波又称 SH 波；而“平面内问题”的两个位移分量互相耦合，需求解两个方程，因此既存在 P 波，也存在 S 波，传播平面内的 S 波又称 SV 波。简言之，质点振动方向在传播平面内时为 SV 波，质点振动方向垂直于传播平面时为 SH 波。需要说明的是，平面内问题的两个位移分量是耦合的，对于均匀介质，也可以引入势函数将其转化为标准波动方程。以直角坐标系为例，势函数是 x 与 y 的函数，即 $\phi=\phi(x,y,t)$，$\boldsymbol{\psi}=\boldsymbol{\psi}(x,y,t)=\psi_x\boldsymbol{e}_x+\psi_y\boldsymbol{e}_y+\psi_z\boldsymbol{e}_z$，根据式(2.57)可得

$$u_x=\frac{\partial\phi}{\partial x}+\frac{\partial\psi}{\partial y},\quad u_y=\frac{\partial\phi}{\partial y}-\frac{\partial\psi}{\partial x},\quad u_z=u_z(x,y,t) \tag{2.68}$$

式中，$\psi=\psi_z$，$u_z=\partial\psi_y/\partial x-\partial\psi_x/\partial y$。因为 u_z 由独立的控制方程式(2.42)确定，没必要引入势函数 ψ_x 与 ψ_y，因而对于二维问题，只需引入两个标量势函数 ϕ 与 ψ 即可实现解耦。式(2.68)也可写成矢量形式 $\boldsymbol{u}=\nabla\varphi+\nabla\times(\psi\boldsymbol{e}_z)+u_z\boldsymbol{e}_z$，各波满足如

下标准波动方程：

$$C_{\mathrm{p}}^2\,\nabla^2\phi-\frac{\partial^2\phi}{\partial t^2}=0,\quad C_{\mathrm{s}}^2\,\nabla^2\psi-\frac{\partial^2\psi}{\partial t^2}=0,\quad C_{\mathrm{s}}^2\,\nabla^2 u_z-\frac{\partial^2 u_z}{\partial t^2}=0 \tag{2.69}$$

对于由式(2.45)～式(2.47)描述的一维波动问题，各方程是解耦的，可以单独求解，式(2.45)描述的是 P 波，而式(2.46)和式(2.47)描述的是 S 波。

2. 平面波

在无限大均匀介质中，一维波动方程式(2.45)～式(2.47)可统一写为

$$\frac{\partial^2 u}{\partial t^2}=C^2\,\frac{\partial^2 u}{\partial x^2} \tag{2.70}$$

对于 P 波，由式(2.45)给出，u 为 u_x，$C=C_{\mathrm{p}}=\sqrt{(\lambda+2\mu)/\rho}$为 P 波波速；对于 S 波，由式(2.46)或式(2.47)给出，u 为 u_y(或 u_z)，$C=C_{\mathrm{s}}=\sqrt{\mu/\rho}$为 S 波波速。根据 D'Alembert公式，式(2.70)的解为

$$u(x,t)=f(x-Ct)+g(x+Ct) \tag{2.71}$$

式中，$f(x-Ct)$与 $g(x+Ct)$根据初始条件确定，它们分别表示沿 x 轴正方向和负方向转播的平面波。之所以称为平面波，是因为当函数的宗量取常数时，以 $f(x-Ct)$为例，如 $x-Ct=d$，其中 d 为常数，随着时间的推进，$x=d+Ct$ 确定了一系列平面，这些平面的法线方向与波的传播方向相同，在这些平面上 $f(x-Ct)$的值都相同，即 $f(d)$，也就是说，对于特定时刻，平面上的所有点运动情况均相同。在以波的传播方向为法线的平面上，如果波动方程的一个解为常数，则该解就代表一个平面波。宗量 $x\pm Ct$ 称为波相，同一时刻，波相相同的点所构成的面称为波阵面或波前，因此平面波也可定义为波阵面为平行平面的波动。如果为 P 波，则 u 为 u_x，可以看出其质点振动方向就是 x 方向，即与传播方向一致，这也就是 P 波又称为纵波的原因。当为 S 波时，则 u 为 u_y(或 u_z)，质点振动方向垂直于波的传播方向，因此 S 波又称为横波。

如果平面波不是沿坐标方向进行传播的，而是沿三维空间中任意取定的方向进行传播，就称为三维平面波。三维空间中的平面可以定义为 $\boldsymbol{n}\cdot\boldsymbol{r}=d$，其中 $\boldsymbol{r}=(x,y,z)$代表空间位置，$\boldsymbol{n}=(n_1,n_2,n_3)$为该平面的法线方向，$d$ 是平面到原点的距离。假定该平面是波在 $t=0$ 时刻的位置，波以速度 C 沿法线方向传播，t 时刻平面与原点的距离为 $d+Ct$，即 t 时刻的平面方程为 $\boldsymbol{n}\cdot\boldsymbol{r}=d+Ct$(或反方向传播为 $\boldsymbol{n}\cdot\boldsymbol{r}=d-Ct$)。若令 $f(\boldsymbol{r},t)=f(\boldsymbol{n}\cdot\boldsymbol{r}-Ct)$，通过代入即可证明 $f(\boldsymbol{r},t)$满足以速度 C 传播的三维平面波的波动方程$\nabla^2 f=C^{-2}(\mathrm{d}^2 f/\mathrm{d}t^2)$。宗量($\boldsymbol{n}\cdot\boldsymbol{r}-Ct$)就是三维平面波的波相，即初始扰动位相。二维平面波的情况可以类似定义。

3. 稳态运动与简谐波

采用分离变量法，考虑一维波动问题，假定 $u(x,t)=X(x)T(t)$是式(2.70)的

解，将 $u(x,t)=X(x)T(t)$ 代入式(2.70)可得

$$\frac{\mathrm{d}^2 T}{C^2 T\mathrm{d}t^2}=\frac{\mathrm{d}^2 X}{X\mathrm{d}x^2} \tag{2.72}$$

方程两端变量不同，左端为 t 的函数，右端为 x 的函数，因此方程两端只能是常数，设为 $-k^2$，则上述方程可分离为

$$\frac{\mathrm{d}^2 X}{\mathrm{d}x^2}=-k^2 X \tag{2.73}$$

$$\frac{\mathrm{d}^2 T}{\mathrm{d}t^2}=-\omega^2 T \tag{2.74}$$

式中，$\omega=kC$。式(2.73)与时间 t 无关，也就是它抛开了对时间的依赖，式(2.74)与空间坐标 x 无关，这为处理问题带来方便。式(2.73)和式(2.74)的解为

$$X=A_1\mathrm{e}^{-\mathrm{i}kx}+B_1\mathrm{e}^{\mathrm{i}kx} \tag{2.75}$$

$$T=A_2\mathrm{e}^{-\mathrm{i}\omega t}+B_2\mathrm{e}^{\mathrm{i}\omega t} \tag{2.76}$$

如果 k 可取正或者负，则也可将式(2.75)写为 $X=A_0\mathrm{e}^{\mathrm{i}kx}$。因此，在给定 k 或者 ω 的情况下，式(2.70)分离变量形式的解为

$$u(x,t;k,\omega)=A\mathrm{e}^{\mathrm{i}(kx-\omega t)}+B\mathrm{e}^{\mathrm{i}(kx+\omega t)} \tag{2.77}$$

式(2.77)代表的是一维简谐平面波，反映了波动的时空特性。它含有两个重要参数 k 与 ω，分别描述了空间和时间特征：一方面是空间传播特征，采用 k 或 $\lambda=2\pi/k$ 来描述，k 称为圆波数，表示 2π 长度内分布的完整波形个数，λ 表示空间内一个完整波的长度，又称波长；另一方面是质点随时间的振动特征，采用 ω 与 $T=2\pi/\omega$ 来描述，ω 为圆频率，表示 2π 时间内质点振动的完整往复运动次数，T 表示单个质点完成一个往复振动所需的时间，简称周期。

因为 $\omega=kC$，如果把 ω 看成 k 的函数，式(2.77)也可写为

$$u(x,t;k)=A\mathrm{e}^{\mathrm{i}k(x-Ct)}+B\mathrm{e}^{\mathrm{i}k(x+Ct)} \tag{2.78}$$

式(2.78)包含了分离参数 k，它的取值可以是任意的，故而原一维波动方程式(2.70)的解是上述解的线性叠加，也就是积分：

$$u(x,t)=\int_{-\infty}^{\infty}u(x,t;k)\mathrm{d}k=\int_{-\infty}^{\infty}(A\mathrm{e}^{\mathrm{i}k(x-Ct)}+B\mathrm{e}^{\mathrm{i}k(x+Ct)})\mathrm{d}k \tag{2.79}$$

这说明在某个时刻 t，一个波的空间分布可看成具有不同波数的波成分叠加的结果。

利用傅里叶积分变换的性质，可以证明上述解与式(2.71)是等价的。也可以换个角度来解这个问题，式(2.74)实际上是式(2.70)对空间变量 x 进行傅里叶变换后的结果，即取

$$T(t,k)=\frac{1}{2\pi}\int_{-\infty}^{\infty}u(x,t)\mathrm{e}^{-\mathrm{i}kx}\mathrm{d}x \tag{2.80}$$

则式(2.70)变为式(2.74)，它的解是式(2.76)，对其进行傅里叶逆变换可得

$$u(x,t)=\int_{-\infty}^{\infty}T(t,k)\mathrm{e}^{\mathrm{i}kx}\mathrm{d}k=\int_{-\infty}^{\infty}(A_2\mathrm{e}^{\mathrm{i}k(x-Ct)}+B_2\mathrm{e}^{\mathrm{i}k(x+Ct)})\mathrm{d}k \tag{2.81}$$

它实际上就是式(2.79)，只是待定系数不同，而待定系数不由控制方程决定，需由问题的初值和边值条件确定，因此两者本质上是一致的，殊途同归。

另外，也可以将式(2.73)看成波动方程式(2.70)对时间变量 t 进行傅里叶变换后的结果，然后再对该方程的解式(2.75)进行傅里叶逆变换，也可得到相同的结果。对此可做如下理解，空间中某点 x 的波可看成具有不同频率成分的谐波的叠加。注意到式(2.73)是波动方程对时间从 $-\infty$ 到 $+\infty$ 进行的傅里叶变换，不难理解它的解代表的是稳态解，在时间上没有起点和终点，因此，也将谐波解式(2.77)看成稳态波。

类似于前面关于平面波的讨论，式(2.77)的第一项表示沿 x 正方向传播的平面谐波，第二项表示沿 x 负方向传播的平面谐波，对于三维问题，平面谐波可以写成如下形式：

$$u(\boldsymbol{r},t;\boldsymbol{k},\omega)=A\mathrm{e}^{\mathrm{i}(\boldsymbol{k}\cdot\boldsymbol{r}-\omega t)} \tag{2.82}$$

式中，$\boldsymbol{k}$ 为波矢，它的模表示 2π 长度内分布的完整波形个数，它的方向就是波的传播方向。

4. 相速度、群速度与频散现象

相速度是指相位一定时，即 $kx-\omega t$ 为常数时，相位移动的速度。因为

$$kx-\omega t=常数 \tag{2.83}$$

两边对时间求导，则有

$$C=\frac{\mathrm{d}x}{\mathrm{d}t}=\frac{\omega}{k} \tag{2.84}$$

因此也把 $C=\omega/k$ 称为相速度，它由振动特征参数 ω 与传播特征参数 k 之比进行表征。在式(2.77)或式(2.78)给出的平面谐波中，各频率成分以相同的速度传播，也就是相速度是相等且恒定的。波在传播过程中，质点振动的形式和波的形状都不会发生变化。

假设有一个由不同谐波成分组成的波，各谐波成分的频率不同，在同一初始扰动下进行传播。如果各频率成分的谐波传播的速度不同，初始扰动的形状在传播过程中将发生改变，不同频率成分将分散开来，这称为频散现象，梁中的弯曲波就是频散的，后面的章节将看到周期结构中的波一般都是频散的。由于波的传播本质上是能量的传播，对于给定频率的波动，能量的传播就是振幅的传播，但频散的波的振幅传播速度与相速度不同。为此需要引入新概念来描述能量或者振幅的传播。

类似于式(2.79)，考虑一个波群的初始状态($t=0$)，有

$$u(x,0)=\int_{-\infty}^{\infty}A(k)\mathrm{e}^{\mathrm{i}kx}\mathrm{d}k \tag{2.85}$$

式中，$A(k)$是波群在 $t=0$ 时刻对空间坐标 x 的傅里叶变换，t 时刻的波为

$$u(x,t)=\int_{-\infty}^{\infty}A(k)\mathrm{e}^{\mathrm{i}(kx-\omega t)}\mathrm{d}k \tag{2.86}$$

ω 是 k 的函数，取

$$C_g=\frac{\partial\omega}{\partial k} \tag{2.87}$$

于是在 ω_0 附近将 ω 进行一阶 Tayler 展开 $\omega=\omega_0+(k-k_0)C_g$，式中，$\omega_0=\omega(k_0)$，代入式(2.86)有

$$u(x,t)=\mathrm{e}^{\mathrm{i}(k_0C_g-\omega_0)t}\int_{-\infty}^{\infty}A(k)\mathrm{e}^{\mathrm{i}k(x-C_gt)}\mathrm{d}k \tag{2.88}$$

因为 $\mathrm{e}^{\mathrm{i}(k_0C_g-\omega_0)t}$ 的绝对值为 1，也就是说位移幅值

$$|u(x,t)|=|u(x-C_gt,0)| \tag{2.89}$$

也就是初始时刻位于 $x-C_gt$ 位置处的能量在 t 时刻传到了 x 位置处，意味着能量传播速度为 C_g，如图 2.11 所示，它也是波群的传播速度，称为群速度。

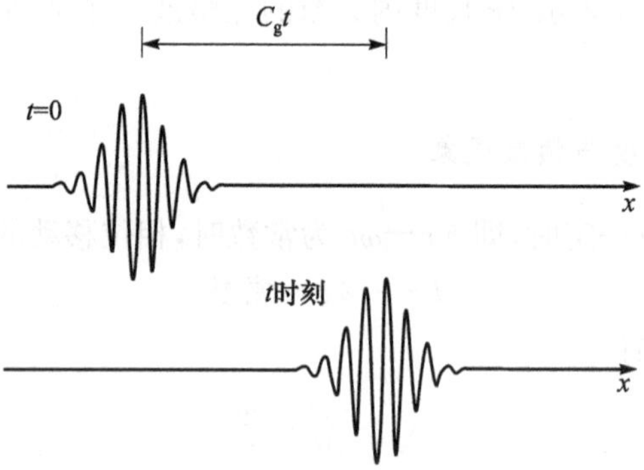

图 2.11 群速度的概念

根据式(2.84)，将 $\omega=kC$ 代入群速度定义式(2.87)，得到群速度与相速度的关系：

$$C_g=C+k\frac{\partial C}{\partial k} \tag{2.90}$$

如果 C 是常数，则群速度与相速度相等。通常将频率与波数的关系曲线称为频散曲线(光学中称为色散曲线，电子学中称为能带结构)，如果两者关系是直线则无频散，如果是曲线则有频散。由式(2.84)和式(2.87)不难看出，曲线切线斜率为群速度，割线斜率为相速度。在上面的讨论中，将频率进行一阶 Tayler 展开，如果频率随波数变化较大，则取一阶展开精度是不够的，必须取高阶，高阶展开部分称为群速度频散。

以上是一维情况，对于高维情况，类似地，相速度和群速度定义如下：

$$\boldsymbol{C}=\frac{\omega}{|\boldsymbol{k}|}\boldsymbol{k},\quad \boldsymbol{C}_g=\nabla_k\omega \tag{2.91}$$

式中，$\nabla_k\omega$ 表示 ω 沿 $\boldsymbol{k}$ 方向上的梯度。

5. 波在界面上的反射与透射

在实际工程中，材料通常既不均匀，也非无限大，而是由各种不同介质共同组成的，且介质之间存在界面。Huygens 原理指出，行进中的波阵面上任一点都可看成新的次波源，而从波阵面上各点发出的许多次波的波阵面所形成的包络面，就是原波在一定时间内所传播到的新波阵面。在均匀介质中每个点的性质都是相同的，波阵面上每一点作为波源振动的性质是一样的，即如果原来是 P 波，波阵面上各点作为波源发出的次波还是 P 波，不会改变成 S 波，类似地，S 波也不会变成 P 波，故而波在传播过程中不会发生波型转换。但是当波传到两种介质的界面时，在界面上要求应力与位移连续。若界面两侧材料属性不同，则应变不同，应力与应变之积为能量密度，这意味着传输到另一介质的能量有可能不会与原有能量相等，从能量守恒的角度看，会有一部分能量反射回来，能量重新分拆后，传输的模式有可能会发生改变，也就是质点的振动不按原有振动模式进行，即波型发生改变。能量穿过界面在相邻介质中传播称为透射波或折射波，而反射回来的能量传输称为反射波。研究表明，不同的波在界面上的传播特征是不同的，当入射波是 P 波(或 SV 波)时，反射波与透射波都有 P 波和 SV 波；当入射波为 SH 波时，反射波与透射波只有 SH 波。

首先来看 P 波与 SV 波在两个半无限大介质的界面上的反射与透射情况，如图 2.12 所示。在 $y>0$ 一侧，材料常数为 λ、μ 与 ρ，相应的弹性波波速为 C_p 与 C_s；在 $y<0$ 一侧，材料常数为 $\tilde{\lambda}$、$\tilde{\mu}$ 与 $\tilde{\rho}$，相应的弹性波波速为 $\tilde{C}_\mathrm{p}$ 与 $\tilde{C}_\mathrm{s}$。假定从 $y>0$ 一侧入射，在此情况下一般有三对波存在，即入射的 P 波与 SV 波、反射的 P 波与 SV 波及透射的 P 波与 SV 波。

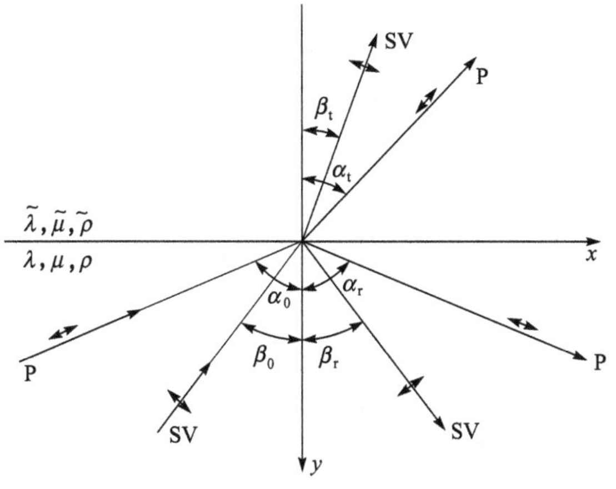

图 2.12　P 波与 SV 波入射

本节只讨论 P 波与 SV 波，所以 $u_z=0$，所有场变量对 z 的导数为零，应变 $\varepsilon_{xz}=\varepsilon_{yz}=0$，应力 $\tau_{zx}=\tau_{zy}=0$，在 $y=0$ 的界面上，P 波与 SV 波相关的位移分量为 u_x 与 u_y，应力分量为 σ_y 与 τ_{xy}。在 $y>0$ 的半空间里，位移由式(2.68)的前两式确定，只考虑平面谐波，前面在给出式(2.70)的谐波解式(2.77)时采用了分离变量法，类似地求解势函数的波动方程式(2.69)，可将入射平面谐波的势函数写为

$$\phi_0=A_0\mathrm{e}^{\mathrm{i}k_\mathrm{p}(\boldsymbol{n}_\mathrm{p}\cdot\boldsymbol{r}-C_\mathrm{p}t)},\quad \psi_0=B_0\mathrm{e}^{\mathrm{i}k_\mathrm{s}(\boldsymbol{n}_\mathrm{s}\cdot\boldsymbol{r}-C_\mathrm{s}t)} \tag{2.92}$$

式中，$\boldsymbol{r}=(x,y)$，$\boldsymbol{n}_\mathrm{p}=(n_{\mathrm{p}1},n_{\mathrm{p}2})=(\sin\alpha_0,-\cos\alpha_0)$ 与 $\boldsymbol{n}_\mathrm{s}=(n_{\mathrm{s}1},n_{\mathrm{s}2})=(\sin\beta_0,-\cos\beta_0)$ 分别为入射 P 波与 SV 波的传播方向。反射波的势函数可写为

$$\phi_\mathrm{r}=A_\mathrm{r}\mathrm{e}^{\mathrm{i}\bar{k}_\mathrm{p}(\bar{\boldsymbol{n}}_\mathrm{p}\cdot\boldsymbol{r}-C_\mathrm{p}t)},\quad \psi_\mathrm{r}=B_\mathrm{r}\mathrm{e}^{\mathrm{i}\bar{k}_\mathrm{s}(\bar{\boldsymbol{n}}_\mathrm{s}\cdot\boldsymbol{r}-C_\mathrm{s}t)} \tag{2.93}$$

式中，$\bar{\boldsymbol{n}}_\mathrm{p}=(\bar{n}_{\mathrm{p}1},\bar{n}_{\mathrm{p}2})=(\sin\alpha_\mathrm{r},\cos\alpha_\mathrm{r})$ 与 $\bar{\boldsymbol{n}}_\mathrm{s}=(\bar{n}_{\mathrm{s}1},\bar{n}_{\mathrm{s}2})=(\sin\beta_\mathrm{r},\cos\beta_\mathrm{r})$ 分别为反射 P 波与 SV 波的传播方向。于是在 $y>0$ 的半空间里，波的势函数为

$$\phi=\phi_0+\phi_\mathrm{r},\quad \psi=\psi_0+\psi_\mathrm{r} \tag{2.94}$$

在界面上要利用位移与应力连续条件，除了要知道位移与势函数的关系式(2.68)，还需要利用几何方程和本构关系给出应力与位移势函数的关系。当前问题有

$$\begin{cases}\varepsilon_x=\dfrac{\partial u_x}{\partial x}=\dfrac{\partial^2\phi}{\partial x^2}+\dfrac{\partial^2\psi}{\partial x\partial y}\\[2mm] \varepsilon_y=\dfrac{\partial u_y}{\partial y}=\dfrac{\partial^2\phi}{\partial y^2}-\dfrac{\partial^2\psi}{\partial x\partial y}\\[2mm] \gamma_{xy}=\dfrac{\partial u_y}{\partial x}+\dfrac{\partial u_x}{\partial y}=2\dfrac{\partial^2\phi}{\partial x\partial y}+\dfrac{\partial^2\psi}{\partial y^2}-\dfrac{\partial^2\psi}{\partial x^2}\end{cases} \tag{2.95}$$

根据式(2.29)，有应力为

$$\sigma_y=\lambda\nabla^2\phi+2\mu\left(\frac{\partial^2\phi}{\partial y^2}-\frac{\partial^2\psi}{\partial x\partial y}\right),\quad \tau_{xy}=\mu\left(2\frac{\partial^2\phi}{\partial x\partial y}+\frac{\partial^2\psi}{\partial y^2}-\frac{\partial^2\psi}{\partial x^2}\right) \tag{2.96}$$

式中，$\nabla^2=\partial^2/\partial x^2+\partial^2/\partial y^2$。为书写方便，记 $\phi_0^\mathrm{e}=\mathrm{e}^{\mathrm{i}k_\mathrm{p}(\boldsymbol{n}_\mathrm{p}\cdot\boldsymbol{r}-C_\mathrm{p}t)}$，$\psi_0^\mathrm{e}=\mathrm{e}^{\mathrm{i}k_\mathrm{s}(\boldsymbol{n}_\mathrm{s}\cdot\boldsymbol{r}-C_\mathrm{s}t)}$，$\phi_\mathrm{r}^\mathrm{e}=\mathrm{e}^{\mathrm{i}\bar{k}_\mathrm{p}(\bar{\boldsymbol{n}}_\mathrm{p}\cdot\boldsymbol{r}-C_\mathrm{p}t)}$，$\psi_\mathrm{r}^\mathrm{e}=\mathrm{e}^{\mathrm{i}\bar{k}_\mathrm{s}(\bar{\boldsymbol{n}}_\mathrm{s}\cdot\boldsymbol{r}-C_\mathrm{s}t)}$。将式(2.94)代入式(2.68)和式(2.96)，可得位移和应力如下：

$$\begin{cases}u_x=\mathrm{i}(k_\mathrm{p}n_{\mathrm{p}1}A_0\phi_0^\mathrm{e}+\bar{k}_\mathrm{p}\bar{n}_{\mathrm{p}1}A_\mathrm{r}\phi_\mathrm{r}^\mathrm{e}+k_\mathrm{s}n_{\mathrm{s}2}B_0\psi_0^\mathrm{e}+\bar{k}_\mathrm{s}\bar{n}_{\mathrm{s}2}B_\mathrm{r}\psi_\mathrm{r}^\mathrm{e})\\ u_y=\mathrm{i}(k_\mathrm{p}n_{\mathrm{p}2}A_0\phi_0^\mathrm{e}+\bar{k}_\mathrm{p}\bar{n}_{\mathrm{p}2}A_\mathrm{r}\phi_\mathrm{r}^\mathrm{e}-k_\mathrm{s}n_{\mathrm{s}1}B_0\psi_0^\mathrm{e}-\bar{k}_\mathrm{s}\bar{n}_{\mathrm{s}1}B_\mathrm{r}\psi_\mathrm{r}^\mathrm{e})\end{cases} \tag{2.97}$$

和

$$\begin{cases}\sigma_y=-k_\mathrm{p}^2(\lambda+2\mu n_{\mathrm{p}2}^2)A_0\phi_0^\mathrm{e}-\bar{k}_\mathrm{p}^2(\lambda+2\mu\bar{n}_{\mathrm{p}2}^2)A_\mathrm{r}\phi_\mathrm{r}^\mathrm{e}\\ \qquad +2\mu(k_\mathrm{s}^2n_{\mathrm{s}1}n_{\mathrm{s}2}B_0\psi_0^\mathrm{e}+\bar{k}_\mathrm{s}^2\bar{n}_{\mathrm{s}1}\bar{n}_{\mathrm{s}2}B_\mathrm{r}\psi_\mathrm{r}^\mathrm{e})\\ \tau_{xy}=-\mu[2k_\mathrm{p}^2n_{\mathrm{p}1}n_{\mathrm{p}2}A_0\phi_0^\mathrm{e}+2\bar{k}_\mathrm{p}^2\bar{n}_{\mathrm{p}1}\bar{n}_{\mathrm{p}2}A_\mathrm{r}\phi_\mathrm{r}^\mathrm{e}\\ \qquad +k_\mathrm{s}^2(n_{\mathrm{s}2}^2-n_{\mathrm{s}1}^2)B_0\psi_0^\mathrm{e}+\bar{k}_\mathrm{s}^2(\bar{n}_{\mathrm{s}2}^2-\bar{n}_{\mathrm{s}1}^2)B_\mathrm{r}\psi_\mathrm{r}^\mathrm{e}]\end{cases} \tag{2.98}$$

类似地，在 $y<0$ 的上半空间里，波的势函数为

$$\phi_t = A_t e^{i\tilde{k}_p(\tilde{\boldsymbol{n}}_p \cdot \boldsymbol{r} - \tilde{C}_p t)}, \quad \psi_t = B_t e^{i\tilde{k}_s(\tilde{\boldsymbol{n}}_s \cdot \boldsymbol{r} - \tilde{C}_s t)} \tag{2.99}$$

式中，$\tilde{\boldsymbol{n}}_p = (\tilde{n}_{p1}, \tilde{n}_{p2}) = (\sin\alpha_t, -\cos\alpha_t)$ 与 $\tilde{\boldsymbol{n}}_s = (\tilde{n}_{s1}, \tilde{n}_{s2}) = (\sin\beta_t, -\cos\beta_t)$ 分别为透射 P 波与 SV 波的传播方向。相应地，可以将在 $y<0$ 的上半空间里的位移和应力写为

$$\begin{cases} \tilde{u}_x = i(\tilde{k}_p \tilde{n}_{p1} A_t \phi_t^e + \tilde{k}_s \tilde{n}_{s2} B_t \psi_t^e) \\ \tilde{u}_y = i(\tilde{k}_p \tilde{n}_{p2} A_t \phi_t^e - \tilde{k}_s \tilde{n}_{s1} B_t \psi_t^e) \end{cases} \tag{2.100}$$

和

$$\begin{cases} \tilde{\sigma}_y = -\tilde{k}_p^2 (\tilde{\lambda} + 2\tilde{\mu}\tilde{n}_{p2}^2) A_t \phi_t^e + 2\tilde{\mu}\tilde{k}_s^2 \tilde{n}_{s1} \tilde{n}_{s2} B_t \psi_t^e \\ \tilde{\tau}_{xy} = -\tilde{\mu}[2\tilde{k}_p^2 \tilde{n}_{p1} \tilde{n}_{p2} A_t \phi_t^e + \tilde{k}_s^2 (\tilde{n}_{s2}^2 - \tilde{n}_{s1}^2) B_t \psi_t^e] \end{cases} \tag{2.101}$$

式中，$\phi_t^e = e^{i\tilde{k}_p(\tilde{\boldsymbol{n}}_p \cdot \boldsymbol{r} - \tilde{C}_p t)}$，$\psi_t^e = e^{i\tilde{k}_s(\tilde{\boldsymbol{n}}_s \cdot \boldsymbol{r} - \tilde{C}_s t)}$。

在界面 $y=0$ 上，有如下连续条件：

$$u_x = \tilde{u}_x, \quad u_y = \tilde{u}_y \tag{2.102}$$

$$\sigma_y = \tilde{\sigma}_y, \quad \tau_{xy} = \tilde{\tau}_{xy} \tag{2.103}$$

把式(2.97)和式(2.100)代入位移连续条件式(2.102)，有

$$k_p n_{p1} A_0 \phi_0^e + \bar{k}_p \bar{n}_{p1} A_r \phi_r^e + k_s n_{s2} B_0 \psi_0^e + \bar{k}_s \bar{n}_{s2} B_r \psi_r^e = \tilde{k}_p \tilde{n}_{p1} A_t \phi_t^e + \tilde{k}_s \tilde{n}_{s2} B_t \psi_t^e \tag{2.104}$$

$$k_p n_{p2} A_0 \phi_0^e + \bar{k}_p \bar{n}_{p2} A_r \phi_r^e - k_s n_{s1} B_0 \psi_0^e - \bar{k}_s \bar{n}_{s1} B_r \psi_r^e = \tilde{k}_p \tilde{n}_{p2} A_t \phi_t^e - \tilde{k}_s \tilde{n}_{s1} B_t \psi_t^e \tag{2.105}$$

注意到 $y=0$ 时，e 指数函数 $\phi_0^e = e^{ik_p(n_{p1}x - C_p t)}$，$\psi_0^e = e^{ik_s(n_{s1}x - C_s t)}$，$\phi_r^e = e^{i\bar{k}_p(\bar{n}_{p1}x - C_p t)}$，$\psi_r^e = e^{i\bar{k}_s(\bar{n}_{s1}x - C_s t)}$，$\phi_t^e = e^{i\tilde{k}_p(\tilde{n}_{p1}x - \tilde{C}_p t)}$，$\psi_t^e = e^{i\tilde{k}_s(\tilde{n}_{s1}x - \tilde{C}_s t)}$ 是 x 和 t 的函数，要求式(2.104)和式(2.105)对任意 x 和 t 都成立，由时间 t 前面的系数相等有

$$k_p C_p = \bar{k}_p C_p = \tilde{k}_p \tilde{C}_p = k_s C_s = \bar{k}_s C_s = \tilde{k}_s \tilde{C}_s = \omega \tag{2.106}$$

这说明入射波、反射波、透射波的频率相等，记为 ω。不难发现：

$$k_p = \bar{k}_p, \quad k_s = \bar{k}_s \tag{2.107}$$

这说明同类型的入射波与反射波波数相同。现由式(2.104)和式(2.105)中 x 前的系数相等有

$$k_p \sin\alpha_0 = k_s \sin\beta_0 = \bar{k}_p \sin\alpha_r = \bar{k}_s \sin\beta_r = \tilde{k}_p \sin\alpha_t = \tilde{k}_s \sin\beta_t = k \tag{2.108}$$

这说明入射波、反射波、透射波在 x 方向的分量相同，记为 k。据此可得

$$\alpha_0 = \alpha_r = \alpha, \quad \beta_0 = \beta_r = \beta \tag{2.109}$$

也就是入射角与反射角相等。综合式(2.106)与式(2.108)有透射波与入射波(或反射波)满足如下 Snell 定理：

$$\frac{C_p}{\sin\alpha} = \frac{C_s}{\sin\beta} = \frac{\tilde{C}_p}{\sin\alpha_t} = \frac{\tilde{C}_s}{\sin\beta_t} = c \tag{2.110}$$

不难发现式(2.110)定义的速度 $c=\omega/k$，c 称为视速度，也就是在 $y=0$ 的界面

上观测波的传播速度相同,都等于 c。由此也表明,此类问题恒有如下沿 x 方向的行波解:

$$\phi=\Phi(y)\mathrm{e}^{\mathrm{i}k(x-ct)},\quad \psi=\Psi(y)\mathrm{e}^{\mathrm{i}k(x-ct)} \tag{2.111}$$

将关系式(2.106)～式(2.110)代入式(2.104)与式(2.105),可消去 x 与 t 的影响,并简化为

$$A_0+A_r-(B_0-B_r)\cot\beta=A_t-B_t\cot\beta_t \tag{2.112}$$

$$(A_0-A_r)\cot\alpha+B_0+B_r=A_t\cot\alpha_t+B_t \tag{2.113}$$

类似地,将关系式(2.106)～式(2.110)代入应力表达式(2.98)和式(2.101),注意到:

$$\begin{aligned}k_p^2(\lambda+2\mu n_{p2}^2)&=\mu k_p^2\left(\frac{\lambda+2\mu}{\mu}-2n_{p1}^2\right)=\mu k_p^2\left(\frac{C_p^2}{C_s^2}-2n_{p1}^2\right)=\mu k_p^2\left(\frac{n_{p1}^2}{n_{s1}^2}-2n_{p1}^2\right)\\&=\mu k_p^2 n_{p1}^2\left(\frac{n_{s2}^2}{n_{s1}^2}-1\right)=\mu k_p^2 n_{p1}^2(\cot^2\beta-1)\end{aligned} \tag{2.114}$$

然后应用应力连续条件式(2.103)可得到下面两个方程:

$$\mu[(1-\cot^2\beta)(A_0+A_r)-2(B_0-B_r)\cot\beta]=\tilde{\mu}[(1-\cot^2\beta_t)A_t-2B_t\cot\beta_t] \tag{2.115}$$

$$\mu[2(A_0-A_r)\cot\alpha+(1-\cot^2\beta)(B_0+B_r)]=\tilde{\mu}[2A_t\cot\alpha_t+(1-\cot^2\beta_t)B_t] \tag{2.116}$$

只要入射波已知,即系数 A_0 与 B_0 确定,则由式(2.112)、式(2.113)、式(2.115)和式(2.116)可确定其他四个系数 A_r、B_r、A_t 与 B_t,也就是反射波与透射波可以确定。为简化求解表达,记 $a=\cot\alpha$、$b=\cot\beta$、$\tilde{a}=\cot\alpha_t$ 和 $\tilde{b}=\cot\beta_t$,根据式(2.110)有

$$\begin{aligned}a&=\sqrt{\left(\frac{c}{C_p}\right)^2-1},\quad b=\sqrt{\left(\frac{c}{C_s}\right)^2-1}\\\tilde{a}&=\sqrt{\left(\frac{c}{\tilde{C}_p}\right)^2-1},\quad \tilde{b}=\sqrt{\left(\frac{c}{\tilde{C}_s}\right)^2-1}\end{aligned} \tag{2.117}$$

则分别以式(2.112)和式(2.115)为一组,式(2.113)与式(2.116)为另一组,不难给出:

$$\begin{cases}A_0+A_r=a_1A_t+b_1B_t\\B_0-B_r=a_2A_t+b_2B_t\\A_0-A_r=a_3A_t+b_3B_t\\B_0+B_r=a_4A_t+b_4B_t\end{cases} \tag{2.118}$$

式中,$a_1=q_0$,$b_1=\tilde{b}\tilde{s}_0$,$a_2=-s_0/b$,$b_2=\tilde{q}_0\tilde{q}\tilde{b}/b$,$a_3=\tilde{q}_0\tilde{a}/a$,$b_3=s_0/a$,$a_4=\tilde{a}\tilde{s}_0$,$b_4=q_0$,且 $q_0=\dfrac{2\mu+\tilde{\mu}(\tilde{b}^2-1)}{\mu(b^2+1)}$,$\tilde{q}_0=\dfrac{2\tilde{\mu}+\mu(b^2-1)}{\mu(b^2+1)}$,$s_0=\dfrac{\mu(b^2-1)-\tilde{\mu}(\tilde{b}^2-1)}{\mu(b^2+1)}$,$\tilde{s}_0=\dfrac{2(\tilde{\mu}-\mu)}{\mu(b^2+1)}$。

如果只有 P 波入射,此时,$B_0=0$,解方程式(2.118)有势函数的反射系数 R_{pp}、R_{sp} 和透射系数 T_{pp}、T_{sp}:

$$R_{pp}=\frac{A_r}{A_0}=\frac{(a_1-a_3)(b_2+b_4)-(a_2+a_4)(b_1-b_3)}{(a_1+a_3)(b_2+b_4)-(a_2+a_4)(b_1+b_3)} \tag{2.119}$$

$$R_{sp}=\frac{B_r}{A_0}=\frac{2(a_4b_2-a_2b_4)}{(a_1+a_3)(b_2+b_4)-(a_2+a_4)(b_1+b_3)} \tag{2.120}$$

$$T_{pp}=\frac{A_t}{A_0}=\frac{2(b_2+b_4)}{(a_1+a_3)(b_2+b_4)-(a_2+a_4)(b_1+b_3)} \tag{2.121}$$

$$T_{sp}=\frac{B_t}{A_0}=\frac{-2(a_2+a_4)}{(a_1+a_3)(b_2+b_4)-(a_2+a_4)(b_1+b_3)} \tag{2.122}$$

这些系数与频率无关。利用叠加原理，可以证明这些关系式对一般的 P 波(不一定是简谐波)也成立。此外，当只有 P 波入射时，一般情况下 A_r、B_r、A_t 与 B_t 都不为零，也就是说反射波和透射波都存在 P 波和 SV 波，波系如图 2.13(a)所示。但特殊情况下，上述系数有可能为零，一种极端情况是当 $R_{pp}=0$ 但 $R_{sp}\neq 0$，则反射波只有 SV 波，说明波型已发生了转换。另一种极端情况是 $R_{pp}\neq 0$ 但 $R_{sp}=0$，即反射波只有 P 波，例如，当 P 波垂直于界面入射时，由于 $\alpha=0$，由式(2.110)可知 $c\to\infty$，再由式(2.117)可知 $a\to c/C_p\to\infty$，$b\to c/C_s\to\infty$，$\bar{a}\to c/\widetilde{C}_p\to\infty$ 以及 $\tilde{b}\to c/\widetilde{C}_s\to\infty$，于是

$$a_1=b_4=\frac{\tilde{\rho}}{\rho},\quad b_2=\frac{C_s}{\widetilde{C}_s},\quad a_3=\frac{C_p}{\widetilde{C}_p},\quad b_1=a_2=b_3=a_4=0 \tag{2.123}$$

进而有

$$R_{pp}=\frac{A_r}{A_0}=\frac{\tilde{\rho}\widetilde{C}_p-\rho C_p}{\tilde{\rho}\widetilde{C}_p+\rho C_p},\quad T_{pp}=\frac{A_t}{A_0}=\frac{2\rho\widetilde{C}_p}{\tilde{\rho}\widetilde{C}_p+\rho C_p},\quad R_{sp}=T_{sp}=0 \tag{2.124}$$

据此有势函数 $\psi_0=\psi_r=\psi_t=0$。求得了上述位移势函数，即可由式(2.68)给出各类波的位移。记入射波位移为 u_{0x} 与 u_{0y}，反射波位移为 u_{rx} 与 u_{ry}，透射波位移为 u_{tx} 与 u_{ty}，则

$$u_{0x}=0,\quad u_{0y}=-\mathrm{i}k_pA_0\phi_0^e=U_{0y}e^{\mathrm{i}(-k_py-\omega t)} \tag{2.125}$$

$$u_{rx}=0,\quad u_{ry}=\mathrm{i}\bar{k}_pA_r\phi_r^e=U_{ry}e^{\mathrm{i}(\bar{k}_py-\omega t)} \tag{2.126}$$

$$u_{tx}=0,\quad u_{ty}=-\mathrm{i}\tilde{k}_pA_t\phi_t^e=U_{ty}e^{\mathrm{i}(-\tilde{k}_py-\omega t)} \tag{2.127}$$

注意到 $k_p=\bar{k}_p=\tilde{k}_p\widetilde{C}_p/C_p$，各位移幅值 U 的比值为

$$\frac{U_{ry}}{U_{0y}}=-\frac{A_r}{A_0}=\frac{\rho C_p-\tilde{\rho}\widetilde{C}_p}{\rho C_p+\tilde{\rho}\widetilde{C}_p},\quad \frac{U_{ty}}{U_{0y}}=\frac{C_pA_t}{\widetilde{C}_pA_0}=\frac{2\rho C_p}{\tilde{\rho}\widetilde{C}_p+\rho C_p} \tag{2.128}$$

以上结果说明 P 波垂直入射时：①没有 SV 波，也就是位移分量 u_x 为零，这一点容易直观想象到；②如果两种介质的阻抗相同，即 $\tilde{\rho}\widetilde{C}_p=\rho C_p$，则 $R_{pp}=0$ 且 $T_{pp}=1$，说明此时没有反射波，好像没有界面存在一样，入射波全部透过界面没有任何变化；③两种材料的阻抗差异越大，反射波越强，如果 $\tilde{\rho}\widetilde{C}_p<\rho C_p$，则 U_{ry} 与 U_{0y} 同号，这时由式(2.125)与式(2.126)可知在界面处反射波与入射波同相位；若 $\tilde{\rho}\widetilde{C}_p>\rho C_p$，则 U_{ry} 与 U_{0y} 异号，说明波从阻抗小的介质入射到阻抗高的介质时，在界面处入射波与反射波有 π 的相位差，称为半波损失，显然透射波没有半波损失，因为各种介质的阻抗总是正的。

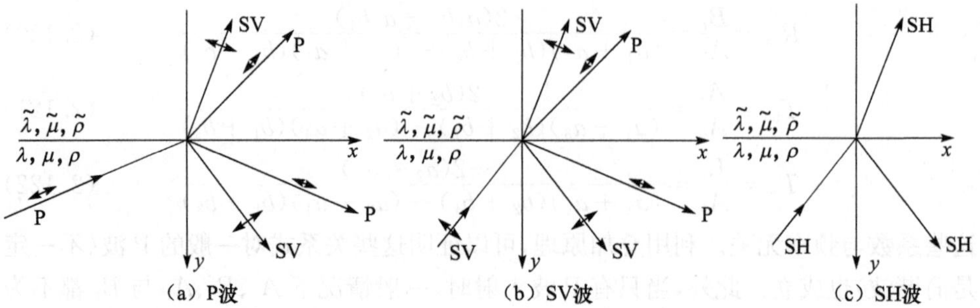

图 2.13　P 波、SV 波与 SH 波的入射、反射与透射

类似地，如果只有 SV 波入射，此时 $A_0=0$，解式(2.118)得势函数的反射系数 R_{ps}、R_{ss} 和透射系数 T_{ps}、T_{ss} 如下：

$$R_{ps}=\frac{A_r}{B_0}=\frac{2(a_3b_1-a_1b_3)}{(a_1+a_3)(b_2+b_4)-(a_2+a_4)(b_1+b_3)} \tag{2.129}$$

$$R_{ss}=\frac{B_r}{B_0}=\frac{(a_2-a_4)(b_1+b_3)-(a_1+a_3)(b_2-b_4)}{(a_1+a_3)(b_2+b_4)-(a_2+a_4)(b_1+b_3)} \tag{2.130}$$

$$T_{ps}=\frac{A_t}{B_0}=\frac{-2(b_1+b_3)}{(a_1+a_3)(b_2+b_4)-(a_2+a_4)(b_1+b_3)} \tag{2.131}$$

$$T_{ss}=\frac{B_t}{A_0}=\frac{2(a_1+a_3)}{(a_1+a_3)(b_2+b_4)-(a_2+a_4)(b_1+b_3)} \tag{2.132}$$

当只有 SV 波入射时，一般情况下反射波和透射波也都包含 P 波和 SV 波，波系如图 2.13(b)所示。结合 P 波入射的情况，说明 P 波和 SV 波一般是耦合的。如果入射波是 SH 波，其控制方程是独立的，见式(2.42)，不难理解，反射波和透射波都只有 SH 波，其波系如图 2.13(c)所示，也可用类似于上述求解过程将相应的反射系数和透射系数求出[15]。需要说明的是，上述系数是势函数的反射与透射系数，不是能量反射和透射系数，但能量反射与透射系数可由上述系数求出[16]。

2.2.3　Bloch 定理

1. Bloch 定理及其应用

Floquet[17]给出了具有周期系数微分方程的一般解，且该解具有特殊形式。Bloch[18]采用量子力学解释金属的导电性时也给出了类似的规律，这就是 Floquet-Bloch 定理，简称 Bloch 定理。该定理指出，周期介质中的波动物理场 $\boldsymbol{u}(\boldsymbol{r},t)$ 可以写成如下形式：

$$\boldsymbol{u}(\boldsymbol{r},t)=\boldsymbol{u}_{\boldsymbol{k}}(\boldsymbol{r})e^{i(\boldsymbol{k}\cdot\boldsymbol{r}-\omega t)} \tag{2.133}$$

式中，$\boldsymbol{k}$ 为波矢；ω 为角频率。此外，一方面，调幅函数 $\boldsymbol{u}_{\boldsymbol{k}}(\boldsymbol{r})$ 具有与正格子相同的周期性，即

$$\boldsymbol{u}_k(\boldsymbol{r}) = \boldsymbol{u}_k(\boldsymbol{r}+\boldsymbol{R}) \tag{2.134}$$

式中，$\boldsymbol{R}$ 为由式(2.1)～式(2.3)定义的平移矢量，满足上述形式的波也称为 Bloch 波。需要说明的是，在周期结构中，不仅位移场是 Bloch 波，周期结构内的应力场和应变场也是 Bloch 波[19]，这一结论不难将位移代入几何方程及物理方程中得到。另一方面，当波矢 $\boldsymbol{k}$ 在倒格子中移动任意一个倒格矢 $\boldsymbol{G}$ 或对其进行对称操作时，所对应的频率不变，即

$$\omega_{\boldsymbol{k}} = \omega_{\boldsymbol{k}+\boldsymbol{G}} \tag{2.135}$$

$$\omega_{\boldsymbol{k}} = \omega_{-\boldsymbol{k}} \tag{2.136}$$

$$\omega_{\alpha\boldsymbol{k}} = \omega_{\boldsymbol{k}} \tag{2.137}$$

式(2.135)说明频率 ω 是周期函数，它是由格子的平移周期性决定的；式(2.136)说明频率 ω 是偶函数，它是时间反演对称性的结果；式(2.137)中的 α 表示格子所属点群的对称操作，即进行对称操作后频率不变，这是由格子的对称性决定的。

利用 Bloch 定理，一方面根据式(2.134)可以将无限大的周期结构压缩到一个单胞上，例如，图 2.14 所示的简单长方格子，长方格子的格矢为 $\boldsymbol{a}_1$ 与 $\boldsymbol{a}_2$，可取图示单胞进行分析。格子常数(单胞边长)分别为 a_1、a_2，但需要考虑相应的边界条件。以位移边界条件为例，设单胞的边界为 A、B、C、D，则 A 边上任意一点(x,y)在 C 边上找到对应的点为$(x+a_1,y)$，由式(2.133)可知两点的位移 $\boldsymbol{u}_A$ 与 $\boldsymbol{u}_C$ 满足：

$$A \rightarrow C:\ \boldsymbol{u}_C = \boldsymbol{u}(x+a_1,y,t) = \mathrm{e}^{\mathrm{i}k_x a_1}\boldsymbol{u}(x,y,t) = \mathrm{e}^{\mathrm{i}k_x a_1}\boldsymbol{u}_A \tag{2.138}$$

在这里平移矢量 $\boldsymbol{R}=1\times\boldsymbol{a}_1+0\times\boldsymbol{a}_2=\boldsymbol{a}_1$。同理 B 边到 D 边的平移矢量 $\boldsymbol{R}=\boldsymbol{a}_2$，故而

$$B \rightarrow D:\ \boldsymbol{u}_D = \boldsymbol{u}(x,y+a_2,t) = \mathrm{e}^{\mathrm{i}k_y a_2}\boldsymbol{u}(x,y,t) = \mathrm{e}^{\mathrm{i}k_y a_2}\boldsymbol{u}_B \tag{2.139}$$

式中，k_x 与 k_y 分别为波矢在 x 和 y 方向的分量。

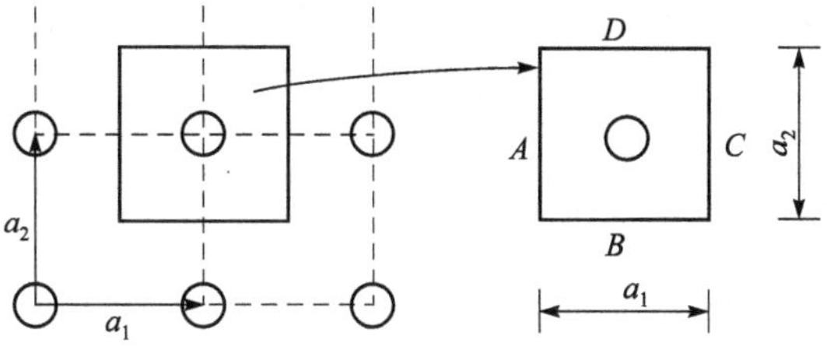

图 2.14　简单长方格子及其单胞

另外，在求解结构频散曲线(频率与波矢之间的关系曲线)时，没有必要取遍所有波矢，根据周期性可以将波矢限定在第一布里渊区，见式(2.135)，这个被限定范围的波矢也称为简约波矢；进一步根据对称性，即式(2.136)及式(2.137)，还可以将波矢限制在不可约布里渊区内，使问题得到极大简化。需要指出的是，这种对称

性的简化是基于格子对称性进行的，所有的基元已经被简化为一个点，而一个点本身是高度对称的，这在固体物理研究中没有问题，因为可以认为原子是高度对称的。但是研究人造周期结构时，如果基元的对称性低于格子的对称性，则不能将波矢只限于不可约布里渊区[20]，而应结合基元本身的对称性考虑，有可能整个第一布里渊区都是不可约的。一般取圆形或方形这样高度对称的散射体，此时基元的对称性较高，从而可使问题得到简化。综上可知，周期性和对称性使得对周期结构的分析无论在真实空间还是倒易空间都得到了简化。

2. Bloch 定理的简单证明

虽然 Bloch 定理给分析带来了极大的方便，其形式也比较简单，但 Bloch 定理的一般性证明却很复杂，相关证明在固体物理教材中可以找到，在此仅以剪切波在一维周期结构中的传播为例来说明这个问题（图 2.8）。剪切波的控制方程见式(2.46)或式(2.47)，为书写方便，略去位移的下标，统一将 y 与 z 方向的位移 u_y 与 u_z 写为 w，即

$$\rho\frac{\partial^2 w}{\partial t^2}=\frac{\partial}{\partial x}\left(\mu\frac{\partial w}{\partial x}\right) \tag{2.140}$$

与一般的弹性动力学问题类似，采用分离变量法，取位移 w 为

$$w(x,t)=w(x)\mathrm{e}^{-\mathrm{i}\omega t} \tag{2.141}$$

式中，$w(x)$是 x 处的位移幅值，将式(2.141)代入式(2.140)，有

$$\frac{\mathrm{d}}{\mathrm{d}x}\left[\mu(x)\frac{\mathrm{d}w(x)}{\mathrm{d}x}\right]+\rho(x)\omega^2 w(x)=0 \tag{2.142}$$

这实际上也是对时间进行傅里叶变换将方程转换至频域，其中材料系数具有周期性，即

$$\mu(x)=\mu(x+a),\quad \rho(x)=\rho(x+a) \tag{2.143}$$

将坐标平移至 $x'=x+a$，频率与坐标平移无关，并注意到 $\mathrm{d}x'=\mathrm{d}x$，则式(2.142)变为

$$\frac{\mathrm{d}}{\mathrm{d}x}\left[\mu(x+a)\frac{\mathrm{d}w(x+a)}{\mathrm{d}x}\right]+\rho(x+a)\omega^2 w(x+a)=0 \tag{2.144}$$

将式(2.143)代入式(2.144)则有

$$\frac{\mathrm{d}}{\mathrm{d}x}\left[\mu(x)\frac{\mathrm{d}w(x+a)}{\mathrm{d}x}\right]+\rho(x)\omega^2 w(x+a)=0 \tag{2.145}$$

这意味着如果 $w(x)$是式(2.142)的解，则 $w(x+a)$也是式(2.142)的解。下面首先证明存在一个与 x 无关的复常数 c 使得式(2.146)成立：

$$w(x+a)=cw(x) \tag{2.146}$$

证明：设二阶方程式(2.142)的两个线性无关的基本解为 $w_1(x)$与 $w_2(x)$，因为 $w_1(x+a)$和 $w_2(x+a)$也是该方程的解，所以它们可以用 $w_1(x)$与 $w_2(x)$进行线性表示，即

$$\begin{cases} w_1(x+a)=c_{11}w_1(x)+c_{12}w_2(x) \\ w_2(x+a)=c_{21}w_1(x)+c_{22}w_2(x) \end{cases} \tag{2.147}$$

式中，c_{ij} 是待定常数。取通解：

$$w(x)=Aw_1(x)+Bw_2(x) \tag{2.148}$$

于是有 $w(x+a)=Aw_1(x+a)+Bw_2(x+a)$，利用式(2.147)的关系，将 $w(x)$ 与 $w(x+a)$ 代入式(2.146)，可得

$$\begin{aligned} w(x+a)&=(Ac_{11}+Bc_{21})w_1(x)+(Ac_{12}+Bc_{22})w_2(x) \\ &=c[Aw_1(x)+Bw_2(x)] \end{aligned} \tag{2.149}$$

欲使式(2.149)成立，则只需取

$$\begin{cases} Ac_{11}+Bc_{21}=cA \\ Ac_{12}+Bc_{22}=cB \end{cases} \tag{2.150}$$

这是关于 A、B 的线性齐次方程，存在非零解的充要条件为

$$\begin{vmatrix} c_{11}-c & c_{21} \\ c_{12} & c_{22}-c \end{vmatrix}=0 \tag{2.151}$$

这是一个二次方程，总能找到它的两个根 c_1、c_2 使得式(2.146)成立，而且它与 x 无关，证明完毕。

显然，式(2.146)可以推广为

$$w(x+na)=c^n w(x),\quad n=0,\pm 1,\pm 2,\cdots \tag{2.152}$$

如果 $|c|>1$，则当 $n\to\infty$，位移将是无界的，因此 $|c|>1$ 是不允许的。类似地，利用 $w(x-na)=c^{-n}w(x)$，若 $|c|<1$，则当 $n\to\infty$，位移也将是无界的，因此 $|c|<1$ 是不允许的，故而平移周期性要求 c 只能是模为 1 的因子，即

$$|c|=1 \tag{2.153}$$

对式(2.146)取模，则有 $|w(x+R)|=|w(x)|$，R 为任意格矢长度，说明平移前后在不同原胞之间的位移幅值相等，但有一个相位差，不妨取 $c=e^{i\theta(R)}$，即 $w(x+R)=e^{i\theta(R)}w(x)$，式中，$\theta(R)$ 是相位角，它与 x 无关，不妨假定它是 R 的函数。若先平移 $R_n=na$，然后平移 $R_m=ma$，则有

$$w(x+R_n+R_m)=e^{i\theta(R_n)}w(x+m)=e^{i[\theta(R_n)+\theta(R_m)]}w(x) \tag{2.154}$$

另外，平移结果与平移先后顺序无关，可以一次平移到位，则有

$$w(x+R_n+R_m)=e^{i[\theta(R_n+R_m)]}w(x) \tag{2.155}$$

比较上述两式，有 $\theta(R_n+R_m)=\theta(R_n)+\theta(R_m)$，说明 $\theta(R)$ 是 R 的线性函数，即 $\theta(R)=k\cdot R+b$，式中，k 代表斜率，b 为截距。注意到如果 $R=0$，则没有平移，此时应当没有相位差，于是有 $b=0$。据此可知：

$$w(x+R)=e^{ik\cdot R}w(x) \tag{2.156}$$

这是位移幅值之间的关系，此时如定义一个新的调幅函数 $w_k(x)=e^{-ik\cdot x}w(x)$，将式(2.156)代入该函数则有

$$w_k(x+R)=\mathrm{e}^{-\mathrm{i}k\cdot(x+R)}w(x+R)=\mathrm{e}^{-\mathrm{i}k\cdot(x+R)}\mathrm{e}^{\mathrm{i}k\cdot R}w(x)=\mathrm{e}^{-\mathrm{i}k\cdot x}w(x)=w_k(x) \tag{2.157}$$

这说明当把式(2.142)的解改用调幅函数表示时:

$$w(x)=w_k(x)\mathrm{e}^{\mathrm{i}(k\cdot x)} \tag{2.158}$$

则调幅函数 $w_k(x)$ 具有式(2.157)所示的周期性且与 k 有关。将式(2.158)代入式(2.141)即得位移 $w(x,t)$ 的表达式。至此,完成了一维情况下 Bloch 定理中式(2.133)和式(2.134)的证明。

接下来,仍以一维周期结构为例,证明式(2.135)成立,即当将 k 在倒格子中平移 $G=2m\pi/a$ 时,频率不变。

将位移幅值式(2.158)代入式(2.142)有如下特征方程:

$$Lw_k(x)-\omega_k^2 w_k(x)=0 \tag{2.159}$$

式中,线性微分算子 $L=\frac{1}{\rho(x)}\left\{-\frac{\mathrm{d}}{\mathrm{d}x}\left[\mu(x)\frac{\mathrm{d}}{\mathrm{d}x}\right]-\mathrm{i}k\left[\mu(x)\frac{\mathrm{d}}{\mathrm{d}x}+\frac{\mathrm{d}\mu(x)}{\mathrm{d}x}+\mu(x)\frac{\mathrm{d}}{\mathrm{d}x}\right]+k^2\mu(x)\right\}$,可见 ω_k^2 为算子 L 的特征值。将 k 在倒格子中移动 $G=2m\pi/a$ 时,取

$$w(x)=w_{k+G}(x)\mathrm{e}^{\mathrm{i}(k+G)\cdot x}=[w_{k+G}(x)\mathrm{e}^{\mathrm{i}G\cdot x}]\mathrm{e}^{\mathrm{i}k\cdot x}=\tilde{w}_{k+G}(x)\mathrm{e}^{\mathrm{i}k\cdot x} \tag{2.160}$$

式中,$\tilde{w}_{k+G}(x)=w_{k+G}(x)\mathrm{e}^{\mathrm{i}G\cdot x}$,利用 $\mathrm{e}^{\mathrm{i}G\cdot R}=1$ 和式(2.157),于是有

$$w_{k+G}(x+R)=\mathrm{e}^{-\mathrm{i}G\cdot(x+R)}w_k(x+R)=\mathrm{e}^{-\mathrm{i}G\cdot x}w_k(x)=w_{k+G}(x) \tag{2.161}$$

进而

$$\tilde{w}_{k+G}(x+R)=w_{k+G}(x+R)\mathrm{e}^{\mathrm{i}G\cdot(x+R)}=w_{k+G}(x)\mathrm{e}^{\mathrm{i}G\cdot x}=\tilde{w}_{k+G}(x) \tag{2.162}$$

所以 $\tilde{w}_{k+G}(x)$ 仍为周期函数,这说明式(2.160)定义的 $w(x)$ 仍满足式(2.142),将其代入式(2.142),有

$$L\tilde{w}_{k+G}(x)-\omega_{k+G}^2\tilde{w}_{k+G}(x)=0 \tag{2.163}$$

这说明 ω_{k+G}^2 仍为算子 L 的特征值,实际上,对比式(2.163)与式(2.159)可以看出,$w_k(x)$ 与 $\tilde{w}_{k+G}(x)$ 满足的微分方程是一样的,应有相同的特征值,即 $\omega_k=\omega_{k+G}$,但特征向量的物理意义不同,分别为调幅函数与调幅函数乘以因子 $\mathrm{e}^{\mathrm{i}G\cdot x}$,证明完毕。式(2.136)和式(2.137)的证明需要更多数学知识,在此从略,感兴趣的读者可以参考固体物理学相关书籍[7]。

2.2.4 周期结构频散曲线及衰减域

周期介质中的频散曲线与均匀介质中的频散曲线具有不同的特征,为了弄清两者的区别,下面以剪切波在均匀介质和一维周期介质中的传播为例予以说明。

1. 剪切波在无限大均匀介质中的传播

均匀介质的材料系数为常数,故由式(2.140)可知均匀介质中的剪切波控制方

程为

$$\rho \frac{\partial^2 w(x,t)}{\partial t^2} = \mu \frac{\partial^2 w(x,t)}{\partial x^2} \tag{2.164}$$

取平面谐波 $w(x,t)=w_0 e^{i(kx-\omega t)}$ 代入式(2.164)，有特征方程：

$$(C_s^2 k^2 - \omega^2) w_0 = 0 \tag{2.165}$$

式中，$C_s=\sqrt{\mu/\rho}$ 为剪切波速。上述方程若有非零解，其系数必须为零，因此有

$$\omega = \pm C_s k \tag{2.166}$$

这说明对任意波数 k，均存在一个频率 ω 与之对应，ω-k 是线性关系，称为无频散，2.2.5 节将看到周期介质中两者的关系是非线性的，称为有频散。由于频率没有负值，式(2.166)的负号仅表示波沿负方向传播。

2. 剪切波在无限大周期介质中的传播

当剪切波在图 2.15 所示的一维周期结构中传播时，因传播介质是非连续的，它将在界面处发生反射、折射与透射，剪切波将受到周期结构的调制，波的形状将受到限制。为简化分析，采用 Bloch 定理，可将无限大结构压缩到一个原胞来分析，即取图示的典型单元进行分析，但需要在单元边界上给定符合 Bloch 波的边界条件。因介质 A 与 B 都是均匀材料，故波在介质 A 和 B 中的传播控制方程与方程式(2.164)一样。采用分离变量法，取 A、B 层中 y 方向的位移分别为 $w_1(x_1,t)=w_1(x_1)e^{-i\omega t}$ 和 $w_2(x_2,t)=w_2(x_2)e^{-i\omega t}$，式中，$x_1$ 与 x_2 分别为图 2.15 所示 A 与 B 层的局部坐标(注意这里不是指坐标 1 和 2 方向)，代入式(2.164)，可得如下方程：

$$C_{s1}^2 \frac{\partial^2 w_1(x_1)}{\partial x_1^2} + \omega^2 w_1(x_1) = 0 \tag{2.167}$$

$$C_{s2}^2 \frac{\partial^2 w_2(x_2)}{\partial x_2^2} + \omega^2 w_2(x_2) = 0 \tag{2.168}$$

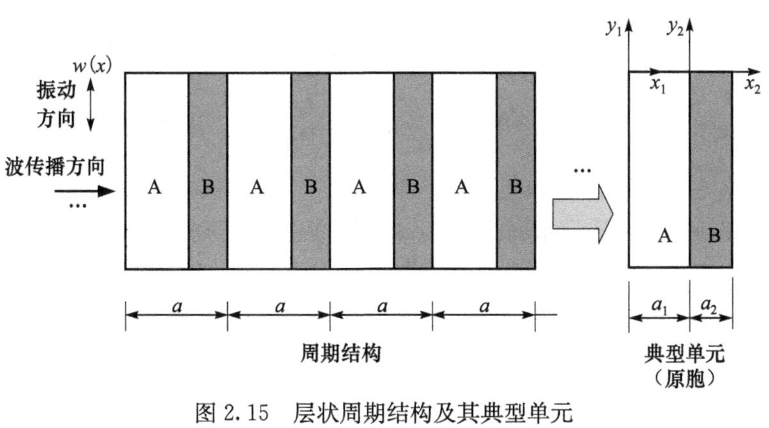

图 2.15　层状周期结构及其典型单元

式中，C_{s1} 和 C_{s2} 分别为 A、B 层的剪切波速。求解上述方程，得

$$w_1(x_1)=A_1\sin\left(\frac{\omega}{C_{s1}}x_1\right)+B_1\cos\left(\frac{\omega}{C_{s1}}x_1\right) \tag{2.169}$$

$$w_2(x_2)=A_2\sin\left(\frac{\omega}{C_{s2}}x_2\right)+B_2\cos\left(\frac{\omega}{C_{s2}}x_2\right) \tag{2.170}$$

式中，A_1、A_2、B_1、B_2 为待定系数。所有位移只是 x 的函数，根据几何关系式(2.25)可得工程剪应变为 $\gamma=2\varepsilon_{12}=\partial w/\partial x$，再利用本构关系 $\tau=\mu\gamma$，可得 A、B 层的剪应力 τ 分别为

$$\tau_1(x)=\frac{\mu_1\omega}{C_{s1}}\left[A_1\cos\left(\frac{\omega}{C_{s1}}x_1\right)-B_1\sin\left(\frac{\omega}{C_{s1}}x_1\right)\right] \tag{2.171}$$

$$\tau_2(x)=\frac{\mu_2\omega}{C_{s2}}\left[A_2\cos\left(\frac{\omega}{C_{s2}}x_2\right)-B_2\sin\left(\frac{\omega}{C_{s2}}x_2\right)\right] \tag{2.172}$$

这样有四个常数 A_1、A_2、B_1、B_2，需由边界条件和连接条件予以确定。首先在 A 与 B 层交界处，位移和剪应力都应当连续，有如下界面连接条件：

$$\begin{cases}w_1(a_1)=w_2(0)\\ \tau_1(a_1)=\tau_2(0)\end{cases} \tag{2.173}$$

根据 Bloch 定理，单元左右侧的位移、剪应力应满足如下关系：

$$\begin{cases}w_1(0)\mathrm{e}^{ika}=w_2(a_2)\\ \tau_1(0)\mathrm{e}^{ika}=\tau_2(a_2)\end{cases} \tag{2.174}$$

式中，a_1 与 a_2 分别为 A 层与 B 层的厚度，格子常数 $a=a_1+a_2$。将式(2.169)～式(2.172)代入式(2.173)和式(2.174)，可得如下代数方程：

$$\begin{bmatrix}\sin\left(\frac{\omega a_1}{C_{s1}}\right) & \cos\left(\frac{\omega a_1}{C_{s1}}\right) & 0 & -1\\ \mu_1 C_{s2}\cos\left(\frac{\omega a_1}{C_{s1}}\right) & -\mu_1 C_{s2}\sin\left(\frac{\omega a_1}{C_{s1}}\right) & -\mu_2 C_{s1} & 0\\ 0 & \mathrm{e}^{ika} & -\sin\left(\frac{\omega a_2}{C_{s2}}\right) & -\cos\left(\frac{\omega a_2}{C_{s2}}\right)\\ \mu_1 C_{s2}\cdot\mathrm{e}^{ika} & 0 & -\mu_2 C_{s1}\cos\left(\frac{\omega a_2}{C_{s2}}\right) & \mu_2 C_{s1}\sin\left(\frac{\omega a_2}{C_{s2}}\right)\end{bmatrix}\begin{bmatrix}A_1\\ B_1\\ A_2\\ B_2\end{bmatrix}=0 \tag{2.175}$$

因为 A_1、A_2、B_1、B_2 不能全部为 0，故有系数矩阵行列式为 0，经简化得到如下频散关系：

$$\cos(ka)=\cos\left(\frac{\omega a_2}{C_{s2}}\right)\cos\left(\frac{\omega a_1}{C_{s1}}\right)-\frac{1}{2}\left(\frac{\mu_2 C_{s1}}{\mu_1 C_{s2}}+\frac{\mu_1 C_{s2}}{\mu_2 C_{s1}}\right)\sin\left(\frac{\omega a_2}{C_{s2}}\right)\sin\left(\frac{\omega a_1}{C_{s1}}\right) \tag{2.176}$$

也可写为

$$\cos(ka)=\cos\left(\frac{\omega a_1}{C_{s1}}\right)\cos\left(\frac{\omega a_2}{C_{s2}}\right)-\frac{1}{2}\left(\frac{\rho_1 C_{s1}}{\rho_2 C_{s2}}+\frac{\rho_2 C_{s2}}{\rho_1 C_{s1}}\right)\sin\left(\frac{\omega a_1}{C_{s1}}\right)\sin\left(\frac{\omega a_2}{C_{s2}}\right) \tag{2.177}$$

由于$|\cos(ka)|\leqslant 1$，这就要求频率 ω 必须满足：

$$\left|\cos\left(\frac{\omega a_2}{C_{s2}}\right)\cos\left(\frac{\omega a_1}{C_{s1}}\right)-\frac{1}{2}\left(\frac{\mu_2 C_{s1}}{\mu_1 C_{s2}}+\frac{\mu_1 C_{s2}}{\mu_2 C_{s1}}\right)\sin\left(\frac{\omega a_2}{C_{s2}}\right)\sin\left(\frac{\omega a_1}{C_{s1}}\right)\right|\leqslant 1 \tag{2.178}$$

如果频率 ω 不能满足该方程，则具有该频率的弹性波不能在该周期性介质中传播，即处于频率衰减域之内。对于均匀介质，有 $C_{s1}=C_{s2}=C_s$，$\mu_1=\mu_2=\mu$，于是式(2.176)变为

$$\cos(ka)=\cos\left(\frac{\omega a_2}{C_s}\right)\cos\left(\frac{\omega a_1}{C_s}\right)-\sin\left(\frac{\omega a_2}{C_s}\right)\sin\left(\frac{\omega a_1}{C_s}\right)=\cos\left(\frac{\omega a}{C_s}\right) \tag{2.179}$$

恒有

$$\omega=\pm C_s(G+k),\quad k\in[-\pi/a,\pi/a] \tag{2.180}$$

成立，式中，$G=2m\pi/a(m=0,\pm1,\pm2,\cdots)$。式(2.180)实质上与式(2.166)没有区别，只不过在式(2.180)中，已将式(2.166)中的 k 叠加一个倒格 G 映射到第一布里渊区内。

采用土木工程中常用的混凝土和橡胶材料构造层状周期性结构，材料参数见表 2.4，混凝土层与橡胶层的厚度均取 $a_1=a_2=0.2\text{m}$。根据式(2.176)可知 ω 与 k 之间是隐函数关系，采用符号计算软件 Maple 的内部 implicitplot 命令可绘制隐函数的曲线，结果如图 2.16 中实线所示，其中频率 $f=\omega/(2\pi)$。假设有一种均匀介质，它的波速 C_s 等于波在周期结构中的平均波速 $\bar{C}_s=a/(a_1/C_{s1}+a_2/C_{s2})$，为了便于直观地比较均匀介质与周期介质的频散曲线，图 2.16 中同时还给出了采用式(2.180)计算得到的均匀介质的 ω 与 k 的关系，如虚线所示。不难看出，该频散曲线可通过将 ω 和 k 的关系曲线直接在布里渊区边界上折叠得到，如图中虚线即将均匀介质的两条关系曲线(式 2.166)在第一布里渊区边界进行折叠得到的。

表 2.4　材料参数

材料	剪切模量 μ/Pa	密度 ρ/(kg/m³)	剪切波速/(m/s)
A-混凝土	9.40×10^9	2400	1979.1
B-橡胶	4.68×10^4	1300	6.0

对比均匀介质和周期介质中的频散曲线可以发现，均匀介质中频率随 k 的变化是连续的，而周期介质中得到的频率在(6.45Hz，15.0Hz)和(17.7Hz，30.0Hz)处出现不连续的带，此即第一与第二频率衰减域。此外，在周期介质中频率与 k 的关系不再是线性关系，即使是同性质的波(对应图中同一分支曲线)，频率与 k 的关系也是曲线，曲线斜率的 2π 倍为群速度，即

$$C_g=\frac{\partial \omega}{\partial k}=2\pi\frac{\partial f}{\partial k} \tag{2.181}$$

可见频散现象在周期结构中是常见的。

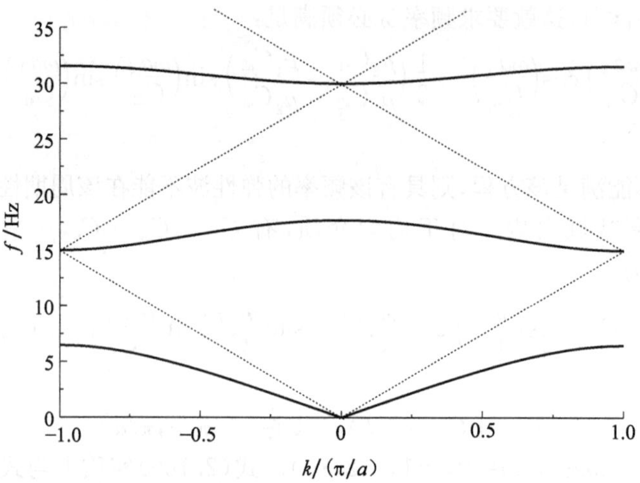

图 2.16 频散曲线(实线为周期材料,虚线为均匀材料)

当 $k\to 0$ 时,波长趋近无限长,远大于周期格子常数 a,此时频率与波数为线性关系,无频散。假设此时的波速为 C_{s0},则当 $k\to 0$ 时有 $\omega=C_{s0}k+O(k)$,将其代入式(2.176),然后两边对 k 求导,并取极限 $k\to 0$,则不难得

$$C_{s0}=\pm\frac{a}{\sqrt{\left(\frac{a_1}{C_{s1}}\right)^2+\left(\frac{a_2}{C_{s2}}\right)^2+2\xi\left(\frac{a_1}{C_{s1}}\frac{a_2}{C_{s2}}\right)}} \tag{2.182}$$

式中,$\xi=\frac{1}{2}\left(\frac{\rho_1 C_{s1}}{\rho_2 C_{s2}}+\frac{\rho_2 C_{s2}}{\rho_1 C_{s1}}\right)$。只要两种材料不同,则有 $\xi>1$,所以一般 $|C_{s0}|<|\overline{C}_s|$。若两种材料的波速差别很大,如$(C_{s1}/C_{s2})\gg 1$,则 $\xi\approx\frac{\rho_1 C_{s1}}{\rho_2 C_{s2}}$,代入式(2.182),并略去小量 a_1/C_{s1},则有

$$C_{s0}\approx\pm C_{s2}\frac{1+(a_1/a_2)}{\sqrt{1+(\rho_1/\rho_2)(a_1/a_2)}} \tag{2.183}$$

在本例中,$a_1=a_2$,$\rho_1\approx 1.85\rho_2$,于是有 $C_{s0}\approx\pm 1.18C_{s2}$,使得在 $k=0$ 附近,该周期结构中的波速略高于较低的波速。从式(2.183)可以看出,若能找到两种材料的速度比和密度比都尽可能大,也就是阻抗比越大,则使得周期结构在 $k=0$ 时的波速越低,也就是斜率越小。从直观看,这样做的结果将会使得第一衰减域的下边缘可能被压低,有利于形成衰减域和降低第一衰减域的起始频率。另外,对于 $a_1=a_2$,

如果能找到两种材料，使得 $C_{s1}/C_{s2} \gg 1$，且 $\rho_1/\rho_2 > 3$，则 $|C_{s0}| < |C_{s2}|$，这说明在 $k=0$附近，可得到比两种材料中较低波速 C_{s2} 还小的波速。

周期结构频散曲线的另一个重要特征是在布里渊区边界上群速度为零，即曲线在这些点的斜率为零。仍以上述一维周期结构为例予以证明。由于 $\omega_k=\omega_{k\pm G}$ 以及 $\omega_k=\omega_{-k}$，为便于表述，将频率写成波数的函数形式，即 $\omega(k)=\omega(k\pm G)$ 以及 $\omega(k)=\omega(-k)$，求导后有

$$\frac{\partial\omega(k)}{\partial k}=\frac{\partial\omega(-k)}{\partial(-k)}=-\frac{\partial\omega(-k)}{\partial k} \tag{2.184}$$

$$\frac{\partial\omega(k)}{\partial k}=\frac{\partial\omega(k\pm G)}{\partial(k\pm G)}=\frac{\partial\omega(k\pm G)}{\partial k} \tag{2.185}$$

也就是说群速度为

$$C_g(k\pm G)=-C_g(-k) \tag{2.186}$$

对于本问题，在布里渊区边界有 $k=\pm 0.5G$（垂直平分线），若将 $k=-0.5G$ 代入式(2.186)有

$$-C_g\left(\frac{1}{2}G\right)=C_g\left(\frac{1}{2}G\right) \tag{2.187}$$

从而 $C_g\left(\frac{1}{2}G\right)=0$，同理将 $k=0.5G$ 代入式(2.186)，可得 $C_g\left(-\frac{1}{2}G\right)=0$，这就证明了在布里渊区边界上群速度等于 0。对于上述一维周期结构，证明较为简单，但该结论可以推广到二维和三维周期结构，并且根据对称性可得，在不可约布里渊区边界法线方向上的群速度也为 0。换句话说，在不可约布里渊区边界上，频率取得极值。因此，如果只为求频率衰减域，只在不可约布里渊区边界上进行计算即可，从而使问题的求解得到简化。

2.2.5　黏弹性人工边界

本书的一个主要内容是关于周期结构的应用，即将周期结构置于建筑结构之下作为隔震层或置于环境振源与建筑之间形成波屏障，为此，需分析弹性波或振动经周期结构后对建筑的影响。在实际应用中，周期结构的几何尺寸是有限的，将其埋置于无限的土介质中，与土相互作用。理想的无限周期结构可以应用 Bloch 定理进行简化分析，但有限尺寸的周期结构则不能利用此简化，加之周期结构与周围土介质的相互作用，既存在周期结构内部的不同材料组分之间的界面，也存在周期结构与土之间的界面，以及周期结构与建筑之间的界面，因此，要给出此类问题的波动解析解几乎是不可能的，为此，借助大型数值分析软件寻求数值解成为主要的求解途径。但是，在采用有限元分析时，需要给定有限的求解域，此时，如何模拟无限的土介质就成为比较棘手的问题。通常的做法是截取有限的求解域，通过施加人工边界条件来模拟无限域与求解域的相互作用。常用的人工边界有刚性边界条

件[21]、透射边界条件[22-24]、黏性边界条件[25,26]、黏弹性边界条件[27-34]、旁轴边界条件[35,36]以及 PML 边界条件[26,37]。本书后续章节主要利用黏弹性边界条件，为此，在此仅对该边界条件予以简单介绍，关于人工边界的详细论述参见文献[38]。

1. 平面内法向黏弹性人工边界[27]

考虑一个柱面 P 波 $u_r(r,t)$，它在均匀介质中传播时，式(2.51)变为如下一维波动方程：

$$\frac{\partial^2 u_r}{\partial t^2}=\frac{\lambda+2\mu}{\rho}\left(\frac{\partial^2 u_r}{\partial r^2}+\frac{1}{r}\frac{\partial u_r}{\partial r}-\frac{u_r}{r^2}\right) \tag{2.188}$$

引入位移势函数 ϕ，设 $u_r=\partial\phi/\partial r$，代入式(2.188)得势函数满足的方程如下：

$$\frac{\partial^2 \phi}{\partial t^2}=C_{\mathrm{p}}^2\left(\frac{\partial^2 \phi}{\partial r^2}+\frac{1}{r}\frac{\partial \phi}{\partial r}\right) \tag{2.189}$$

解此方程得行波解 $\phi(r,t)=r^{-1/2}g(r/C_{\mathrm{p}}-t)$，于是位移可表示为

$$u_r=-\frac{1}{2}r^{-3/2}g\left(\frac{r}{C_{\mathrm{p}}}-t\right)+\frac{1}{C_{\mathrm{p}}}r^{-1/2}g'\left(\frac{r}{C_{\mathrm{p}}}-t\right) \tag{2.190}$$

式中，$\eta=r/C_{\mathrm{p}}-t$，$g(\eta)$为待定函数，由稍后分析可知，在仅需给出黏弹性边界条件时，$g(\eta)$的具体形式不必求出。$g'(\eta)=\mathrm{d}g(\eta)/\mathrm{d}\eta$，可见 $g'(\eta)=C_{\mathrm{p}}^{-1}\partial g(r,t)/\partial r=-\partial g(r,t)/\partial t$。将几何方程代入本构关系有

$$\sigma_r=\lambda(\varepsilon_r+\varepsilon_\varphi)+2\mu\varepsilon_r=(\lambda+2\mu)\frac{\partial u_r}{\partial r}+\lambda\frac{u_r}{r} \tag{2.191}$$

式(2.191)中应力含有位移和应变，如果截取有限尺寸的求解域，则边界处的应力采用式(2.191)显然是不好模拟的，因为在一般的有限元分析程序中以位移作为基本未知量，但第一项包含尚未确定的应变。注意到 g 对 r 的偏导数与对时间 t 的偏导数存在一定关系，故而可将位移对 r 的偏导数转换为对时间 t 的偏导数，然后使分析程序在时间上进行动力积分即可。由 $\partial^2\phi/\partial t^2=r^{-1/2}g''(r/C_{\mathrm{p}}-t)$，结合式(2.189)，可将应力改写为

$$\sigma_r=(\lambda+2\mu)\left(\frac{\partial u_r}{\partial r}+\frac{u_r}{r}\right)-2\mu\frac{u_r}{r}=(\lambda+2\mu)r^{-1/2}g''(r/C_{\mathrm{p}}-t)-2\mu\frac{u_r}{r} \tag{2.192}$$

因此关键是求出 $g''(r/C_{\mathrm{p}}-t)$，注意到：

$$\frac{\partial^2 u_r}{\partial t^2}=-\frac{1}{2}r^{-3/2}g''\left(\frac{r}{C_{\mathrm{p}}}-t\right)+\frac{1}{C_{\mathrm{p}}}r^{-1/2}g'''\left(\frac{r}{C_{\mathrm{p}}}-t\right) \tag{2.193}$$

将式(2.192)两边对时间 t 微分，有

$$\frac{\partial \sigma_r}{\partial t}=-(\lambda+2\mu)r^{-1/2}g'''(r/C_{\mathrm{p}}-t)-\frac{2\mu}{r}\frac{\partial u_r}{\partial t} \tag{2.194}$$

将式(2.192)中的 g'' 和式(2.194)中的 g''' 代入式(2.193)即可消去函数 g，并得

$$\sigma_r + \frac{2r}{C_p}\frac{\partial \sigma_r}{\partial t} = -\frac{2\mu}{r}u_r - \frac{4\mu}{C_p}\frac{\partial u_r}{\partial t} - 2r\rho\frac{\partial^2 u_r}{\partial t^2} \tag{2.195}$$

求解域边界上结点的应力 σ_r 与求解域对边界外无穷域的作用力 f_r 大小相等，方向相反，即 $\sigma_r = -f_r$，于是式(2.195)也可写为

$$f_r + \frac{m}{c}f'_r = ku_r + \frac{mk}{c}\dot{u}_r + m\ddot{u}_r \tag{2.196}$$

式中，$m=2\rho r$，$c=\rho C_p$，$k=2\mu/r$。式(2.196)说明边界外无穷域对边界结点作用力可用图 2.17(a)所示弹簧、阻尼和质量单元组成的力学模型来模拟。对图示元件可建立如下平衡方程：

$$\begin{cases} ku_r + c(\dot{u}_r - \dot{u}_m) = f_r \\ m\ddot{u}_m + c(\dot{u}_m - \dot{u}_r) = 0 \end{cases} \tag{2.197}$$

对第一式求导，并联合第二式消去质量 m 的辅助自由度 u_m，得到的方程与式(2.196)是一样的。因为上面人工边界模型包含一个质量项，此时黏弹性边界单元是一个不稳定系统。Liu 等[28]对质量 m 研究之后认为，将质量 m 忽略，并将端部固定，使模型简化为仅由弹簧和阻尼器并联的黏弹性人工边界单元，如图 2.17(b)所示，该系统依然具有较高的精度。事实上，图 2.17(b)所示模型是图 2.17(a)所示模型在 m 趋于无穷大后的结果，当截断的边界 r 足够大，采用简化模型将越来越趋近真实情况。

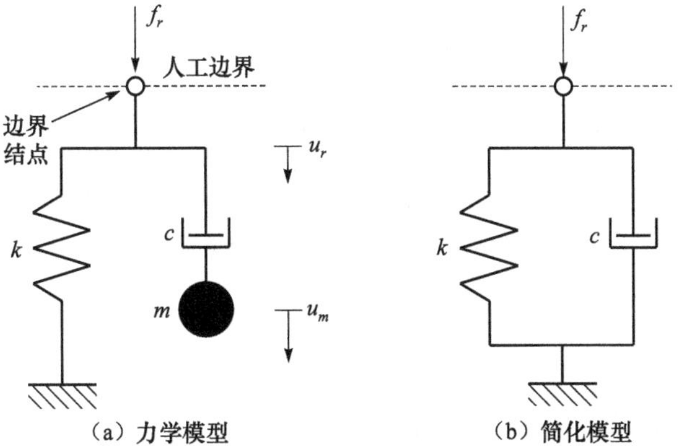

图 2.17 平面内法向黏弹性边界条件

2. 平面内切向黏弹性人工边界[38,39]

柱面 SV 波在介质中传播时的波动方程为

$$\frac{\partial^2 u_\varphi}{\partial^2 t}=\frac{\mu}{\rho}\left(\frac{\partial^2 u_\varphi}{\partial r^2}+\frac{1}{r}\frac{\partial u_\varphi}{\partial r}-\frac{u_\varphi}{r^2}\right) \tag{2.198}$$

类似于柱面P波的推导情况，可得人工边界上切向作用力 $f_\varphi=-\tau_{r\varphi}$ 应满足如下方程：

$$f_\varphi+\frac{2r}{C_s}\frac{\partial f_\varphi}{\partial t}=\frac{5\mu}{2r}u_\varphi+\frac{4\mu}{C_s}\frac{\partial u_\varphi}{\partial t}+2r\rho\frac{\partial^2 u_\varphi}{\partial t^2} \tag{2.199}$$

式(2.199)所描述的应力边界条件也可通过弹簧、阻尼器和质量单元组成的力学模型近似模拟，与图2.17(a)类似，只是将此时的位移和作用力换成切向位移与切向作用力即可。边界弹簧、阻尼与质量系统中应满足的力学平衡方程为

$$\begin{cases}ku_\varphi+c(\dot{u}_\varphi-\dot{u}_m)=f_\varphi\\ m\ddot{u}_m+c(\dot{u}_m-\dot{u}_\varphi)=0\end{cases} \tag{2.200}$$

消去辅助自由度 u_m 有

$$f_\varphi+\frac{m}{c}\frac{\partial f_\varphi}{\partial t}=ku_\varphi+\frac{mk}{c}\frac{\partial u_\varphi}{\partial t}+m\frac{\partial^2 u_\varphi}{\partial t^2} \tag{2.201}$$

此时要使式(2.201)与式(2.199)完全等价，必须有

① $\frac{m}{c}=\frac{2r}{C_s}$； ② $k=\frac{5\mu}{2r}$； ③ $\frac{mk}{c}=\frac{4\mu}{C_s}$； ④ $m=2r\rho$

与P波的情况不同，上述四个条件不能同时满足，只能满足其中三个，因此有如下三种组合：

由①、②和④可得：$k=\frac{5\mu}{2r}$，$c=\rho C_s$，$m=2r\rho$。

由①、③和④可得：$k=\frac{2\mu}{r}$，$c=\rho C_s$，$m=2r\rho$。

由②、③和④可得：$k=\frac{5\mu}{2r}$，$c=\frac{5}{4}\rho C_s$，$m=2r\rho$。

上述三种组合虽然有一定差异，但是计算精度差异不大。同样，该系统也含有一个质量项，因此是一个不稳定的系统。参照前面法向的情况，实际使用时可忽略质量项。

3. 出平面黏弹性人工边界[40]

柱面SH波在介质中传播时的控制方程为

$$\frac{\partial^2 u_z}{\partial t^2}=\frac{\mu}{\rho}\left(\frac{\partial^2 u_z}{\partial r^2}+\frac{1}{r}\frac{\partial u_z}{\partial r}\right) \tag{2.202}$$

类似地，不难得到界面上切向作用力 $f_z=-\tau_{rz}$ 应满足如下方程：

$$f_z=\frac{\mu}{2r}u_z+\rho C_s\frac{\partial u_z}{\partial t} \tag{2.203}$$

式(2.203)所描述的应力边界条件通过弹簧、阻尼器组成的力学模型近似地模拟，

如图 2.17(b)所示，但相应的位移与作用力为 u_z 和 f_z，且模型参数为

$$c=\rho C_s,\quad k=\mu/2r \tag{2.204}$$

可以看出，式(2.203)中不含质量项，出平面问题的黏弹性边界单元是一个稳定的振动结构。

以上给出了三种二维问题黏弹性人工边界，它是以柱面波为基础进行推导的，对于不是柱面波的情况，也可采用柱面 P 波、SV 波和 SH 波分别给出的人工边界模型，来模拟边界外无穷域对求解域的法向作用力、切向作用力和出平面作用力。对于三维问题，一个节点具有 x、y、z 三个方向自由度，因此，一个节点上存在一个法向和两个切向的黏弹性边界。此时，可从三维波动方程出发，通过求解球面 P 波和 S 波，得到相应的应力和位移之间的关系，分别用于模拟法向人工边界条件和切向人工边界条件。其推导过程和二维情况的推导过程类似，在此不再赘述，详细推导可参见文献[28]。多位学者给出了不同二维和三维黏弹性边界条件，见表 2.5，其中下标“n”与“τ”分别表示法向与切向，r_d 代替上面理论推导中的 r，用来表示边界位置。

表 2.5　各种类型的黏弹性边界条件汇总

序号	法向刚度 k_n	法向阻尼 c_n	切向刚度 k_τ	切向阻尼 c_τ	备注	适用维度
1[8,14]	$\frac{4\mu}{r_d}$	ρC_p	$\frac{2\mu}{r_d}$	ρC_s	法向有质量项 $m=\rho r_d$，切向没有质量项，文献[14]使用了振源到边界的最短距离。当参数 r_d 不是取振源至人工边界的最短距离，而是统一取为最长距离时，黏弹性人工边界的模拟精度进一步提高	三维
2[8,22]	$\alpha_n\frac{\mu}{r_d}$	ρC_p	$\alpha_\tau\frac{\mu}{r_d}$	ρC_s	二维问题 $\alpha_n\in[0.8,1.2]$，$\alpha_\tau\in[0.35,0.65]$，推荐取值 $\alpha_n=1$，$\alpha_\tau=0.5$；三维问题 $\alpha_n\in[1.0,2.0]$，$\alpha_\tau\in[0.5,1.0]$，推荐取值 $\alpha_n=4/3$，$\alpha_\tau=2/3$	二维 三维
3[11,23]	$\frac{\lambda+2\mu}{2(1+\alpha)r_d}$	$\beta\rho C_p$	$\frac{\mu}{2(1+\alpha)r_d}$	$\beta\rho C_s$	推荐取值 $\alpha=0.8$，$\beta=1.1$，长度 r_d 可简单地取为近场结构几何中心到该人工边界点所在边界线或面的距离。为保证波动模拟的可靠性，有限元的网格尺寸应该取 $d\approx(1/10\sim1/8)$S 波波长；时间采样间隔最大为 $\Delta t=1/(10f_{max})$	二维
	$\frac{\lambda+2\mu}{(1+\alpha)r_d}$	$\beta\rho C_p$	$\frac{\mu}{(1+\alpha)r_d}$	$\beta\rho C_s$		三维
4[24,25]	$\frac{E}{2r_d}$	ρC_p	$\frac{\mu}{2r_d}$	ρC_s	r_d 是散射源到人工边界的距离。当参数 r_d 不是取坐标原点至人工边界的最短距离，而是统一取为最长距离时，黏弹性人工边界的模拟精度进一步提高	三维

续表

序号	法向刚度 k_n	法向阻尼 c_n	切向刚度 k_τ	切向阻尼 c_τ	备注	适用维度
5[19]	$\frac{2\mu}{r_{\mathrm{d}}}$	$\alpha\rho C_{\mathrm{p}}$	$\frac{2\mu}{r_{\mathrm{d}}}$	$\alpha\rho C_{\mathrm{s}}$	二维平面内法向和切向都有质量项 $m=2\beta\rho r_{\mathrm{d}}$，二维平面外切向无质量项。无量纲参数 α 和 β 对边界条件进行修正，当 $\alpha=\beta=1$ 时，认为是标准边界。三维法向和切向都有质量项 $m=\rho r_{\mathrm{d}}$	二维面内
			$\frac{\mu}{2r_{\mathrm{d}}}$	ρC_{s}		二维面外
	$\frac{4\mu}{r_{\mathrm{d}}}$	ρC_{p}	$\frac{3\mu}{r_{\mathrm{d}}}$	ρC_{s}		三维

2.2.6　波动输入问题

1. 黏弹性边界下波动输入

当采用人工边界包围的有限计算区域时，计算区域内部荷载（内源荷载）作用下，无限域对有限域的作用可以通过上述黏弹性边界模型确定；当在有限计算域以外的外源荷载作用时，如外界地震或者环境振动等，必须处理它们在人工边界上的输入问题。下面主要考虑外源荷载作用的边界输入问题。由于无限域被假定为均匀线弹性介质，可利用叠加原理，在边界上对波场按已知部分和未知部分进行分解，已知部分作为输入波场，未知部分由无限域数值模拟确定。对于外源荷载，通常将波场分解为入射波和散射波，其中，入射波是已知的，散射波需要确定。

以二维问题为例，图 2.18(a)所示为一个二维周期结构置于无限大的土体中。为进行数值分析，必须截取有限尺寸的计算区域。围绕周期结构沿图中虚线进行截取，将周期结构-场地土相互作用系统看成“有限域”和“无限域”两个子结构，如图 2.18(b)所示。对于内部有限域，其动力平衡方程为

$$\begin{bmatrix}\boldsymbol{M}_{\mathrm{ii}} & \boldsymbol{M}_{\mathrm{ib}}\\ \boldsymbol{M}_{\mathrm{ib}}^{\mathrm{T}} & \boldsymbol{M}_{\mathrm{bb}}\end{bmatrix}\begin{Bmatrix}\ddot{\boldsymbol{u}}_{\mathrm{i}}\\ \ddot{\boldsymbol{u}}_{\mathrm{b}}\end{Bmatrix}+\begin{bmatrix}\boldsymbol{C}_{\mathrm{ii}} & \boldsymbol{C}_{\mathrm{ib}}\\ \boldsymbol{C}_{\mathrm{ib}}^{\mathrm{T}} & \boldsymbol{C}_{\mathrm{bb}}\end{bmatrix}\begin{Bmatrix}\dot{\boldsymbol{u}}_{\mathrm{i}}\\ \dot{\boldsymbol{u}}_{\mathrm{b}}\end{Bmatrix}+\begin{bmatrix}\boldsymbol{K}_{\mathrm{ii}} & \boldsymbol{K}_{\mathrm{ib}}\\ \boldsymbol{K}_{\mathrm{ib}}^{\mathrm{T}} & \boldsymbol{K}_{\mathrm{bb}}\end{bmatrix}\begin{Bmatrix}\boldsymbol{u}_{\mathrm{i}}\\ \boldsymbol{u}_{\mathrm{b}}\end{Bmatrix}=\begin{Bmatrix}\boldsymbol{F}_{\mathrm{i}}\\ \boldsymbol{F}_{\mathrm{b}}\end{Bmatrix} \tag{2.205}$$

式中，下标“i”表示周期结构和近场土组成的有限域，“b”表示人为截断的边界，$\boldsymbol{F}_{\mathrm{b}}$ 为无限域（远场土）与有限域（近场土）之间的相互作用力向量，$\boldsymbol{F}_{\mathrm{i}}$ 为直接作用在内部结点上的等效结点荷载向量，对于外源问题 $\boldsymbol{F}_{\mathrm{i}}=0$。$\boldsymbol{M}$、$\boldsymbol{C}$ 和 $\boldsymbol{K}$ 表示质量、阻尼和刚度矩阵。当波传播到周期结构时，会产生散射，因此，边界上的位移包括入射波引起的位移和散射波引起的位移：

$$\boldsymbol{u}_{\mathrm{b}}=\boldsymbol{u}_{\mathrm{b}}^{\mathrm{in}}+\boldsymbol{u}_{\mathrm{b}}^{\mathrm{sc}} \tag{2.206}$$

相应地，无限域与有限域的相互作用力 $\boldsymbol{F}_{\mathrm{b}}$ 也分为两部分，即入射波对有限域的作用力 $\boldsymbol{F}_{\mathrm{b}}^{\mathrm{in}}$ 和散射波对有限域的作用力 $\boldsymbol{F}_{\mathrm{b}}^{\mathrm{sc}}$，也就是 $\boldsymbol{F}_{\mathrm{b}}=\boldsymbol{F}_{\mathrm{b}}^{\mathrm{in}}+\boldsymbol{F}_{\mathrm{b}}^{\mathrm{sc}}$。假设黏弹性边界

足够理想，可以吸收所有的散射波，即说明波到达边界没有发生反射和折射，入射波可以无阻力完全通过。忽略质量项，有 $-\boldsymbol{F}_{\mathrm{b}}^{\mathrm{sc}}=\boldsymbol{K}_{\mathrm{b}}\boldsymbol{u}_{\mathrm{b}}^{\mathrm{sc}}+\boldsymbol{C}_{\mathrm{b}}\dot{\boldsymbol{u}}_{\mathrm{b}}^{\mathrm{sc}}$，式中，$\boldsymbol{K}_{\mathrm{b}}$ 与 $\boldsymbol{C}_{\mathrm{b}}$ 由表 2.5 的黏弹性人工边界模型确定，于是有

$$\boldsymbol{F}_{\mathrm{b}}=\boldsymbol{F}_{\mathrm{b}}^{\mathrm{in}}-\boldsymbol{K}_{\mathrm{b}}\boldsymbol{u}_{\mathrm{b}}^{\mathrm{sc}}-\boldsymbol{C}_{\mathrm{b}}\dot{\boldsymbol{u}}_{\mathrm{b}}^{\mathrm{sc}} \tag{2.207}$$

将式(2.206)代入式(2.207)，有

$$\boldsymbol{F}_{\mathrm{b}}=\boldsymbol{F}_{\mathrm{b}}^{\mathrm{in}}+\boldsymbol{K}_{\mathrm{b}}\boldsymbol{u}_{\mathrm{b}}^{\mathrm{in}}+\boldsymbol{C}_{\mathrm{b}}\dot{\boldsymbol{u}}_{\mathrm{b}}^{\mathrm{in}}-\boldsymbol{K}_{\mathrm{b}}\boldsymbol{u}_{\mathrm{b}}-\boldsymbol{C}_{\mathrm{b}}\dot{\boldsymbol{u}}_{\mathrm{b}}=\boldsymbol{F}_{\mathrm{be}}-\boldsymbol{K}_{\mathrm{b}}\boldsymbol{u}_{\mathrm{b}}-\boldsymbol{C}_{\mathrm{b}}\dot{\boldsymbol{u}}_{\mathrm{b}} \tag{2.208}$$

式中，$\boldsymbol{F}_{\mathrm{be}}=\boldsymbol{F}_{\mathrm{b}}^{\mathrm{in}}+\boldsymbol{K}_{\mathrm{b}}\boldsymbol{u}_{\mathrm{b}}^{\mathrm{in}}+\boldsymbol{C}_{\mathrm{b}}\dot{\boldsymbol{u}}_{\mathrm{b}}^{\mathrm{in}}$，它只与入射波有关，不受波场内散射体的形状影响，因此可通过求解均匀介质中的自由波场获得 $\boldsymbol{F}_{\mathrm{be}}$。将式(2.208)代入式(2.205)，于是有

$$\begin{bmatrix}\boldsymbol{M}_{\mathrm{ii}} & \boldsymbol{M}_{\mathrm{ib}}\\ \boldsymbol{M}_{\mathrm{ib}}^{\mathrm{T}} & \boldsymbol{M}_{\mathrm{bb}}\end{bmatrix}\begin{Bmatrix}\ddot{\boldsymbol{u}}_{\mathrm{i}}\\ \ddot{\boldsymbol{u}}_{\mathrm{b}}\end{Bmatrix}+\begin{bmatrix}\boldsymbol{C}_{\mathrm{ii}} & \boldsymbol{C}_{\mathrm{ib}}\\ \boldsymbol{C}_{\mathrm{ib}}^{\mathrm{T}} & \boldsymbol{C}_{\mathrm{bb}}+\boldsymbol{C}_{\mathrm{b}}\end{bmatrix}\begin{Bmatrix}\dot{\boldsymbol{u}}_{\mathrm{i}}\\ \dot{\boldsymbol{u}}_{\mathrm{b}}\end{Bmatrix}+\begin{bmatrix}\boldsymbol{K}_{\mathrm{ii}} & \boldsymbol{K}_{\mathrm{ib}}\\ \boldsymbol{K}_{\mathrm{ib}}^{\mathrm{T}} & \boldsymbol{K}_{\mathrm{bb}}+\boldsymbol{K}_{\mathrm{b}}\end{bmatrix}\begin{Bmatrix}\boldsymbol{u}_{\mathrm{i}}\\ \boldsymbol{u}_{\mathrm{b}}\end{Bmatrix}=\begin{Bmatrix}\boldsymbol{F}_{\mathrm{i}}\\ \boldsymbol{F}_{\mathrm{be}}\end{Bmatrix} \tag{2.209}$$

式(2.209)所描述的计算模型见图 2.18(c)。因此为实现二维弹性波的精确输入，只需要计算出在自由场下人工边界上每个结点应施加的荷载 $\boldsymbol{F}_{\mathrm{be}}$，然后在边界结点上施加相应的黏弹性边界即可。上述过程可借助有限元软件 ANSYS 完成，用 Combin14 单元来模拟黏弹性边界，并分别在法向和切向上添加 Combin14 单元，该单元不含质量，是一个由弹簧 k 和阻尼 c 并联而成的单元，其单元参数根据表 2.5 进行取值，例如，对于二维黏弹性边界若取表中第 2 项，则连接边界上"结点 I"的 Combin14 单元刚度和阻尼系数为

$$k_n=\alpha_n\frac{\mu}{r_{\mathrm{d}}}L_{\mathrm{I}},\quad c_n=\rho C_{\mathrm{p}}L_{\mathrm{I}},\quad k_\tau=\alpha_\tau\frac{\mu}{r_{\mathrm{d}}}L_{\mathrm{I}},\quad c_\tau=\rho C_{\mathrm{s}}L_{\mathrm{I}} \tag{2.210}$$

式中，L_{I} 为边界上"结点 I 与两相邻结点连线的中点"之间的距离。

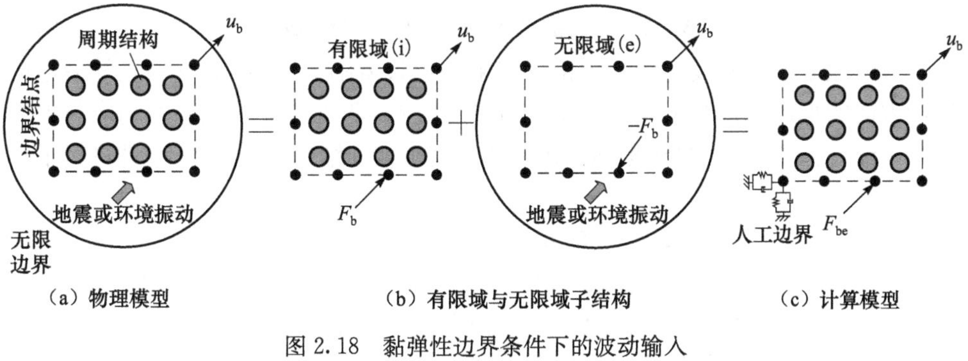

图 2.18　黏弹性边界条件下的波动输入

上面给出了二维问题的波动输入过程，对于三维黏弹性人工边界条件下的波动输入问题，与二维问题类似，其分析思路一致，这里不再赘述，详细推导过程参见文献[20]和[26]。

2. 刚性边界下波动输入

不考虑结构的时间延迟效应，结构在地面运动下的动力学方程为

$$\begin{bmatrix} \boldsymbol{M}_{ss} & \boldsymbol{M}_{sb} \\ \boldsymbol{M}_{sb}^{T} & \boldsymbol{M}_{bb} \end{bmatrix}\begin{Bmatrix} \ddot{\boldsymbol{u}}_{s} \\ \ddot{\boldsymbol{u}}_{b} \end{Bmatrix}+\begin{bmatrix} \boldsymbol{C}_{ss} & \boldsymbol{C}_{sb} \\ \boldsymbol{C}_{sb}^{T} & \boldsymbol{C}_{bb} \end{bmatrix}\begin{Bmatrix} \dot{\boldsymbol{u}}_{s} \\ \dot{\boldsymbol{u}}_{b} \end{Bmatrix}+\begin{bmatrix} \boldsymbol{K}_{ss} & \boldsymbol{K}_{sb} \\ \boldsymbol{K}_{sb}^{T} & \boldsymbol{K}_{bb} \end{bmatrix}\begin{Bmatrix} \boldsymbol{u}_{s} \\ \boldsymbol{u}_{b} \end{Bmatrix}=\begin{Bmatrix} \boldsymbol{F}_{s} \\ \boldsymbol{F}_{b} \end{Bmatrix} \tag{2.211}$$

式中，下标“s”表示结构非支撑处的自由度；“b”表示结构支撑处的自由度，上述各位移均为绝对位移；$\boldsymbol{F}_b$ 表示支撑处的反力；$\boldsymbol{F}_s$ 为直接作用在结构上的力，若只考虑地面运动则 $\boldsymbol{F}_s=0$。有时为了简化分析，可认为地基是刚性的，即结构的响应对地面运动没有影响，此时如果地面运动（$\boldsymbol{u}_b$、$\dot{\boldsymbol{u}}_b$ 和 $\ddot{\boldsymbol{u}}_b$）是已知的，则由式(2.211)中第一部分求出结构位移 $\boldsymbol{u}_s$，并由第二部分求出支撑处的反力 $\boldsymbol{F}_b$，这就是直接求解法。将式(2.211)的第一部分展开有

$$\boldsymbol{M}_{ss}\ddot{\boldsymbol{u}}_s+\boldsymbol{C}_{ss}\dot{\boldsymbol{u}}_s+\boldsymbol{K}_{ss}\boldsymbol{u}_s=\boldsymbol{F}_s-\boldsymbol{M}_{sb}\ddot{\boldsymbol{u}}_b-\boldsymbol{C}_{sb}\dot{\boldsymbol{u}}_b-\boldsymbol{K}_{sb}\boldsymbol{u}_b \tag{2.212}$$

令所有动力项和荷载为 0 的位移记为 $\boldsymbol{u}_s^{qs}$，则有 $\boldsymbol{K}_{ss}\boldsymbol{u}_s^{qs}=-\boldsymbol{K}_{sb}\boldsymbol{u}_b$，即 $\boldsymbol{u}_s^{qs}=-\boldsymbol{K}_{ss}^{-1}\boldsymbol{K}_{sb}\boldsymbol{u}_b$ 表示由支撑的相对位移 $\boldsymbol{u}_b$ 而产生的响应，$\boldsymbol{K}_{ss}\boldsymbol{u}_s^{qs}$ 是为了使结构保持平衡的静内力，称为拟静力。若结构处于线性范围内，则可将结构的位移分解为拟静力响应 $\boldsymbol{u}_s^{qs}$ 和动力响应 $\boldsymbol{u}_s^{d}$，注意到在支撑处没有动力响应，于是位移可利用叠加原理分解为

$$\begin{bmatrix} \boldsymbol{u}_s \\ \boldsymbol{u}_b \end{bmatrix}=\begin{bmatrix} \boldsymbol{u}_s^{qs} \\ \boldsymbol{u}_b \end{bmatrix}+\begin{bmatrix} \boldsymbol{u}_s^{d} \\ 0 \end{bmatrix}=\begin{bmatrix} \boldsymbol{R}\boldsymbol{u}_b \\ \boldsymbol{u}_b \end{bmatrix}+\begin{bmatrix} \boldsymbol{u}_s^{d} \\ 0 \end{bmatrix} \tag{2.213}$$

式中，$\boldsymbol{R}=-\boldsymbol{K}_{ss}^{-1}\boldsymbol{K}_{sb}$ 为影响矩阵。将式(2.213)代入式(2.212)，可得

$$\boldsymbol{M}_{ss}\ddot{\boldsymbol{u}}_s^{d}+\boldsymbol{C}_{ss}\dot{\boldsymbol{u}}_s^{d}+\boldsymbol{K}_{ss}\boldsymbol{u}_s^{d}=\boldsymbol{F}_s-(\boldsymbol{M}_{ss}\boldsymbol{R}+\boldsymbol{M}_{sb})\ddot{\boldsymbol{u}}_b-(\boldsymbol{C}_{ss}\boldsymbol{R}+\boldsymbol{C}_{sb})\dot{\boldsymbol{u}}_b \tag{2.214}$$

如果采用集中质量，则 $\boldsymbol{M}_{sb}=0$；进而进一步假设阻尼矩阵正比于刚度矩阵，或者阻尼矩阵 $\boldsymbol{C}_{ss}$ 与 $\boldsymbol{C}_{sb}$ 很小可以忽略，则式(2.214)可以简化为

$$\boldsymbol{M}_{ss}\ddot{\boldsymbol{u}}_s^{d}+\boldsymbol{C}_{ss}\dot{\boldsymbol{u}}_s^{d}+\boldsymbol{K}_{ss}\boldsymbol{u}_s^{d}=\boldsymbol{F}_s-\boldsymbol{M}_{ss}\boldsymbol{R}\ddot{\boldsymbol{u}}_b \tag{2.215}$$

以上是多点激励下的波动输入理论。如果是一致激励，则边界上每一点的沿地面运动方向的加速度都等于同一地面运动加速度 $\ddot{\boldsymbol{u}}_g$，非支撑点的拟静力响应与地面运动一致，则矩阵 $\boldsymbol{R}$ 相当于把地面运动加速度施加到结构每个结点上，即进行了扩维，则

$$\boldsymbol{M}_{ss}\ddot{\boldsymbol{u}}_s^{d}+\boldsymbol{C}_{ss}\dot{\boldsymbol{u}}_s^{d}+\boldsymbol{K}_{ss}\boldsymbol{u}_s^{d}=\boldsymbol{F}_s-\boldsymbol{M}_{ss}\ddot{\boldsymbol{u}}_g \tag{2.216}$$

由式(2.214)、式(2.215)或者式(2.216)求出 $\boldsymbol{u}_s^{d}$，然后由式(2.213)求出 $\boldsymbol{u}_s$，再由式(2.211)第二部分可求支撑处反力，这种方法称为相对运动法。式(2.216)相当于将地面运动引起的惯性力加在集中质量上，也称为等效荷载法。

相对运动法应用了叠加原理，它无法应用于非线性系统，而且它无法模拟地面运动在传输过程中的变化情况，即无法模拟周期结构的传输特性。为此，人们提出了多种处理地面运动输入的方法，包括大质量法、大刚度法、拉格朗日乘子法等。

大质量法是一种较为简单且普遍的方法，其基本思想是将一个很大的集中质量附加在结构支撑点上，集中质量一般取结构总质量的10^6倍，同时将支撑点作为非支撑点处理，在附加集中质量处解除地面运动方向上的约束，并施加与原地面运动方向一致的力，力的大小假定为$\boldsymbol{P}=\boldsymbol{M}_b\ddot{\boldsymbol{u}}_g$，式中，$\boldsymbol{M}_b$为由大质量组成的对角矩阵，$\ddot{\boldsymbol{u}}_g$为由地面运动加速度组成的矢量，注意它与式(2.216)中的$\ddot{\boldsymbol{u}}_g$的维度不同，于是式(2.211)可改写为

$$\begin{bmatrix}\boldsymbol{M}_{ss} & \boldsymbol{M}_{sb}\\ \boldsymbol{M}_{sb}^{T} & \boldsymbol{M}_{bb}+\boldsymbol{M}_b\end{bmatrix}\begin{Bmatrix}\ddot{\boldsymbol{u}}_s\\ \ddot{\boldsymbol{u}}_b\end{Bmatrix}+\begin{bmatrix}\boldsymbol{C}_{ss} & \boldsymbol{C}_{sb}\\ \boldsymbol{C}_{sb}^{T} & \boldsymbol{C}_{bb}\end{bmatrix}\begin{Bmatrix}\dot{\boldsymbol{u}}_s\\ \dot{\boldsymbol{u}}_b\end{Bmatrix}+\begin{bmatrix}\boldsymbol{K}_{ss} & \boldsymbol{K}_{sb}\\ \boldsymbol{K}_{sb}^{T} & \boldsymbol{K}_{bb}\end{bmatrix}\begin{Bmatrix}\boldsymbol{u}_s\\ \boldsymbol{u}_b\end{Bmatrix}=\begin{Bmatrix}\boldsymbol{F}_s\\ \boldsymbol{M}_b\ddot{\boldsymbol{u}}_g\end{Bmatrix} \tag{2.217}$$

展开有

$$(\boldsymbol{M}_{bb}+\boldsymbol{M}_b)\ddot{\boldsymbol{u}}_b+\boldsymbol{M}_{sb}^{T}\ddot{\boldsymbol{u}}_s+\boldsymbol{C}_{sb}^{T}\dot{\boldsymbol{u}}_s+\boldsymbol{C}_{bb}\dot{\boldsymbol{u}}_b+\boldsymbol{K}_{sb}^{T}\boldsymbol{u}_s+\boldsymbol{K}_{bb}\boldsymbol{u}_b=\boldsymbol{M}_b\ddot{\boldsymbol{u}}_g \tag{2.218}$$

当$\boldsymbol{M}_b$足够大时，式(2.218)中除了含$\boldsymbol{M}_b$的两项，其他项趋于零，于是有$\ddot{\boldsymbol{u}}_b\approx\ddot{\boldsymbol{u}}_g$，此时结构上结点的位移可由式(2.217)中的第一式求得

$$\boldsymbol{M}_{ss}\ddot{\boldsymbol{u}}_s+\boldsymbol{C}_{ss}\dot{\boldsymbol{u}}_s+\boldsymbol{K}_{ss}\boldsymbol{u}_s=\boldsymbol{F}_s-\boldsymbol{M}_{sb}\ddot{\boldsymbol{u}}_g-\boldsymbol{C}_{sb}\dot{\boldsymbol{u}}_g-\boldsymbol{K}_{sb}\boldsymbol{u}_g \tag{2.219}$$

但所求得的位移是结构各点的绝对位移，无法区分拟静力响应和动力响应。以上就是大质量法的基本思路和分析过程。可见大质量法是一种近似方法，如果采用与质量无关的阻尼，这种近似具有较高的精度；但如果采用与质量有关的阻尼，则有较大误差，如取 Rayleigh 阻尼，则各阻尼子矩阵中$\boldsymbol{C}_{bb}=\alpha(\boldsymbol{M}_{bb}+\boldsymbol{M}_b)+\beta\boldsymbol{K}_{bb}$因含有$\boldsymbol{M}_b$也是比较大的，此时式(2.218)可近似为

$$\ddot{\boldsymbol{u}}_b+\alpha\dot{\boldsymbol{u}}_b\approx\ddot{\boldsymbol{u}}_g \tag{2.220}$$

可见，因为$\alpha\dot{\boldsymbol{u}}_b$不是小量，导致$\ddot{\boldsymbol{u}}_b$并不趋近于$\ddot{\boldsymbol{u}}_g$。为消除误差可取地面输入的加速度为$\ddot{\boldsymbol{u}}_g+\alpha\dot{\boldsymbol{u}}_g$，而不是取真实的$\ddot{\boldsymbol{u}}_g$，也就是在式(2.217)中的荷载项取$\boldsymbol{P}=\boldsymbol{M}_b(\ddot{\boldsymbol{u}}_g+\alpha\dot{\boldsymbol{u}}_g)$。不难证明此时满足$\ddot{\boldsymbol{u}}_b\approx\ddot{\boldsymbol{u}}_g$，此方法称为改进的大质量法[41]。

参考文献

[1] Brillouin L. Wave Propagation in Periodic Structures[M]. New York: Dover Publication, 1946.

[2] Born M, Huang K. Dynamical Theory of Crystal Lattices[M]. Oxford: Clarendon Press Oxford, 1954.

[3] Mead D M. Wave propagation in continuous periodic structures: Research contributions from Southampton, 1964—1995[J]. Journal of Sound and Vibration, 1996, 190(3): 495-524.

[4] Kushwaha M S, Halevi P, Dobrzynski L, et al. Acoustic band structure of periodic elastic composites[J]. Physical Review Letters, 1993, 71(13): 2022-2025.

[5] Bradley C J, Cracknel A P. The Mathematical Theory of Symmetry in Solids: Representation Theory for Point Groups and Space Groups[M]. Oxford: Oxford University Press, 1972.
[6] Kittel C. Introduction to Solid State Physics[M]. 8th ed. New York: John Wiley & Sons, 2005.
[7] 黄昆. 固体物理学[M]. 韩汝琦，改编. 北京：高等教育出版社，1988.
[8] 温熙森，温激鸿，郁殿龙，等. 声子晶体[M]. 北京：国防工业出版社，2009.
[9] 黄克智，薛明德，陆明万. 张量分析[M]. 2 版. 北京：清华大学出版社，2003.
[10] Setyawan W, Curtarolo S. High-throughput electronic band structure calculations: Challenges and tools[J]. Computational Materials Science, 2010, 49(2): 299-312.
[11] 王敏中，王炜，武际可. 弹性力学教程(修订版)[M]. 北京：北京大学出版社，2011.
[12] Sternberg E. On the integration of the equation of motion in the classical theory of elasticity[J]. Archive for Rational Mechanics and Analysis, 1960, 6(1): 34-50.
[13] Eringen A C, Suhubi E S. Elastodynamics, Vol 1 Finite Motions[M]. New York: Academic Press, 1975.
[14] 鲍亦兴，毛昭宇. 弹性波的衍射与动应力集中[M]. 北京：科学出版社，1993.
[15] 杨桂通. 弹性动力学[M]. 北京：中国铁道出版社，1988.
[16] Ewing W M, Jardetzky W S, Press F. Elastic Waves in Layered Media[M]. New York: McGraw-Hill, 1957.
[17] Floquet G. Sur les équations différentielles linéaires à coefficients périodiques[J]. Annales de l'École Normale Supérieure, 1883, 12(2): 47-88.
[18] Bloch F. Über die quantenmechanik der elektronen in kristallgittern[J]. Zeitschrift für Physik, 1929, 52(7-8): 555-600.
[19] Hsieh P F, Wu T T, Sun J H. Three-dimensional phononic band gap calculations using the FDTD method and a PC cluster system[J]. IEEE Transactions on Ultrasonics Ferroelectrics and Frequency Control, 2006, 53(1): 148-158.
[20] 董华锋，吴福根，许振龙，等. 二维光子晶体不可约布里渊区及其能带结构的研究[J]. 中国科学(G 辑)，2011，41(6)：775-780.
[21] Naggar M H E, Chehab A G. Vibration barriers for shock-producing equipment[J]. Canadian Geotechnical Journal, 2005, 42(1): 297-306.
[22] Liao Z P, Wong H L. A transmitting boundary for the numerical simulation of elastic wave propagation[J]. International Journal of Soil Dynamics and Earthquake Engineering, 1984, 3(4): 174-183.
[23] 廖振鹏. 法向透射边界条件[J]. 中国科学 (E 辑)，1996，2(26)：185-192.
[24] 廖振鹏，杨柏坡. 频域透射边界[J]. 地震工程与工程振动，1986，4(64)：1-9.
[25] Degrande G, de Roeck G. An absorbing boundary condition for wave propagation in saturated poroelastic media—Part I: Formulation and efficiency evaluation[J]. Soil Dynamics and Earthquake Engineering, 1993, 12(7): 411-421.

[26] Ross M. Modeling Methods for Silent Boundaries in Infinite Media[R]. ASEN 5519-006. Colorado: University of Colorado, 2004.

[27] Deeks A J, Randolph M F. Axisymmetric time-domain transmitting boundaries[J]. Journal of Engineering Mechanics, 1994, 120(1): 25-42.

[28] Liu J B, Du Y X, Du X L, et al. 3D viscous-spring artificial boundary in time domain[J]. Earthquake Engineering and Engineering Vibration, 2006, 5: 93-102.

[29] Liu J B, Li B. A unified viscous-spring artificial boundary for 3-D static and dynamic applications[J]. Science in China Series E, 2005, 48(5): 570-584.

[30] 杜修力，赵密. 一种新的高阶弹簧-阻尼-质量边界：无限域圆柱对称波动问题[J]. 力学学报，2009，41(2)：207-215.

[31] 杜修力，赵密，王进廷. 近场波动模拟的人工应力边界条件[J]. 力学学报，2006，38(1)：49-56.

[32] 刘晶波，谷音，杜义欣. 一致黏弹性人工边界及黏弹性边界单元[J]. 岩土工程学报，2006，28(9)：1070-1075.

[33] 刘晶波，吕彦东. 结构-地基动力相互作用问题分析的一种直接方法[J]. 土木工程学报，1998，31(3)：55-64.

[34] 刘晶波，王振宇，杜修力，等. 波动问题中的三维时域黏弹性人工边界[J]. 工程力学，2005，22(6)：46-51.

[35] Kausel E, Peek R. Dynamic loads in the interior of a layered stratum: An explicit solution [J]. Bulletin of the Seismological Society of America, 1982, 72(5): 1459-1481.

[36] 时刚，高广运，冯世进. 饱和层状地基的薄层法基本解及其旁轴边界[J]. 岩土工程学报，2010，32(5)：664-670.

[37] Sun J H, Wu T T. Propagation of surface acoustic waves through sharply bent two-dimensional phononic crystal waveguides using a finite-difference time-domain method[J]. Physical Review B, 2006, 74(17): 174305.

[38] 杜修力. 工程波动理论与方法[M]. 北京：科学出版社，2009.

[39] 周晨光. 高土石坝地震波动输入机制研究[D]. 大连：大连理工大学，2009.

[40] He X L, Niu Z G. Investigate on dimension effect of dynamic artificial boundaries[C]// Earth and Space 2010: Engineering, Science, Construction, and Operations in Challenging Environments, Honolulu, USA, 2010: 2841-2848.

[41] 周国良，李小军，刘必灯，等. 大质量法在多点激励分析中的应用、误差分析与改进[J]. 工程力学，2011，28(1)：48-54.

第3章 周期结构的频散特性和能量流动特性

3.1 引　言

周期结构对弹性波具有选择性穿透作用，即处于衰减域内的弹性波不能透过周期结构，而处于衰减域外的弹性波可以透过周期结构。波在结构中的传播特性是由结构本身的频散特性控制的，周期结构的滤波特性只是周期结构频散特性的一个重要体现。

为深刻理解周期结构的滤波特性并将之更好地应用于实际工程，本章针对散射型周期结构和局域共振型周期结构，首先给出频散曲线的求解方法，并介绍频散曲线的一些特性及其物理意义。然后在不计材料阻尼及结构耗能情况下，针对图3.1所示均匀结构和周期结构考虑能量输入，通过研究外部输入能量在有限周期结构中的流动特性，解答如下两个问题：①当外部激励的频率处于衰减域范围内时，波动不能够在周期结构中传播，在没有能量耗散的情况下输入的能量流向了哪里？②当外部激励频率处于衰减域范围外时，波动可以传过周期结构，此时周期结构中的能量是如何流动的？

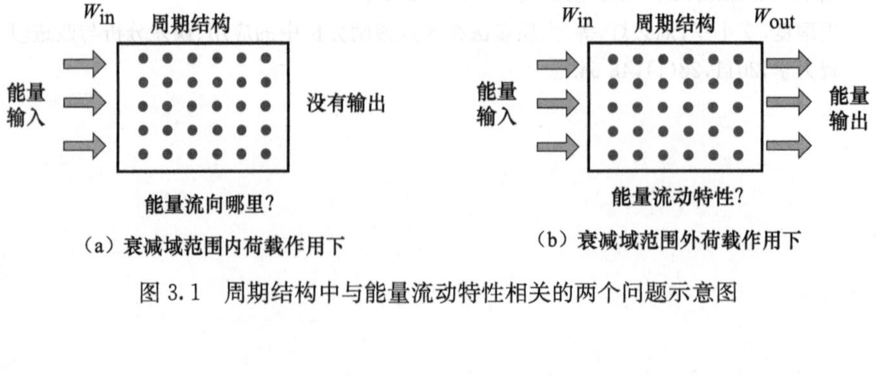

(a) 衰减域范围内荷载作用下　　(b) 衰减域范围外荷载作用下

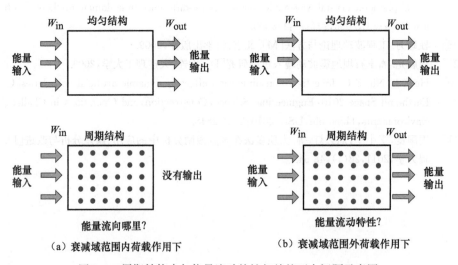

图3.1　周期结构中与能量流动特性相关的两个问题示意图

3.2　周期结构的频散特性

频散特性是结构的一个重要属性，它与结构的构成形式密切相关。散射型周期结构的滤波特性源于不同材料中反射波、折射波与入射波的相互叠加形成的驻波模态；局域共振型周期结构的滤波特性源于子结构系统的局域共振。下面应用弹簧-振子模型分析散射型周期结构和局域共振型周期结构的频散特性。

3.2.1　散射型周期结构——多质点弹簧振子模型

考虑图 3.2(a)所示的一维多质点弹簧振子周期结构中的压缩波问题。典型单元中包含 N 个弹簧振子，第 j 个振子系统的质量为 m_j，刚度为 k_j。设两个振子间距离均为 d，典型单元长度为 $a=Nd$。图 3.2(b)给出了该周期结构的第一布里渊区。

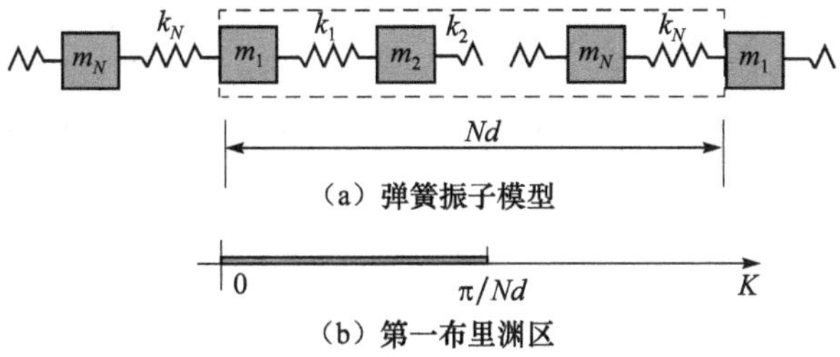

图 3.2　散射型周期结构多质点弹簧振子模型

典型单元中第 j 个振子动力平衡方程为

$$m_j \ddot{\boldsymbol{u}}_j + k_j(\boldsymbol{u}_j - \boldsymbol{u}_{j+1}) + k_{j-1}(\boldsymbol{u}_j - \boldsymbol{u}_{j-1}) = 0 \tag{3.1}$$

式中，$\boldsymbol{u}_j$ 为第 j 个振子的位移；$\ddot{\boldsymbol{u}}_j$ 为该位移对时间的二阶导数。

根据 Bloch 定理，理想周期结构中波具有如下形式的解：

$$\boldsymbol{u}_j = U_j \mathrm{e}^{\mathrm{i}(Kx_j - \omega t)} \tag{3.2}$$

式中，U_j 为第 j 个质量的振动幅值；K 为波数；x_j 为第 j 个质量的位置；ω 为振动频率；$\mathrm{i}=\sqrt{-1}$；t 为时间参数。

将式(3.2)代入式(3.1)并化简有

$$-\omega^2 m_j U_j + k_j(U_j - U_{j+1}\mathrm{e}^{\mathrm{i}Ka}) + k_{j-1}(U_j - U_{j-1}\mathrm{e}^{-\mathrm{i}Ka}) = 0 \tag{3.3}$$

式中，$j=1,2,\cdots,N$。同时根据典型单元的平移对称性可得

$$U_{N+j} = U_j \tag{3.4}$$

将式(3.4)代入式(3.3)，可得如下频散方程：

$$(\boldsymbol{\Omega}(K) - \omega^2 \boldsymbol{I})\boldsymbol{U} = \boldsymbol{0} \tag{3.5}$$

式中，$\boldsymbol{\Omega}(K)$是$N\times N$阶方阵；$\boldsymbol{I}$是$N\times N$阶单位矩阵；$\boldsymbol{U}$是系统位移幅值向量。

对任意给定的波数K，求解式(3.5)可以得到系统的特征值ω。波矢取遍第一布里渊区，可得理想散射型周期结构的频散关系。

首先从均匀结构系统出发，分析散射型周期结构的频散特性。当典型单元仅含一个弹簧振子时，该系统为均匀结构，其频散方程满足[1]：

$$\omega^2 = 2\omega_{10}^2[1-\cos(Ka)],\quad \omega_{10}^2 = \frac{k_1}{m_1} \tag{3.6}$$

当典型单元包含两个弹簧振子时，频散方程[式(3.5)]满足[2]：

$$\omega_j^2(K) = 0.5\{\gamma + (-1)^j\sqrt{\gamma^2 - 8\omega_{10}^2\omega_{20}^2[1-\cos(Ka)]}\}$$

$$\gamma = \frac{(m_1+m_2)(k_1+k_2)}{m_1 m_2}$$

$$\omega_{j0}^2 = \frac{k_j}{m_j},\quad j=1,2 \tag{3.7}$$

图3.3给出了N分别取1、2、4、5四种情况下该类周期结构的频散曲线。表3.1给出了这四种周期结构的单元参数。当$N=1$时，周期结构为均匀系统，频散关系中没有衰减域，如图3.3(a)所示，频率为0～10.07Hz的波都可以在该系统中传播。频率大于10.07Hz的波动，由于波长远小于典型单元长度，因此波动不能传播。

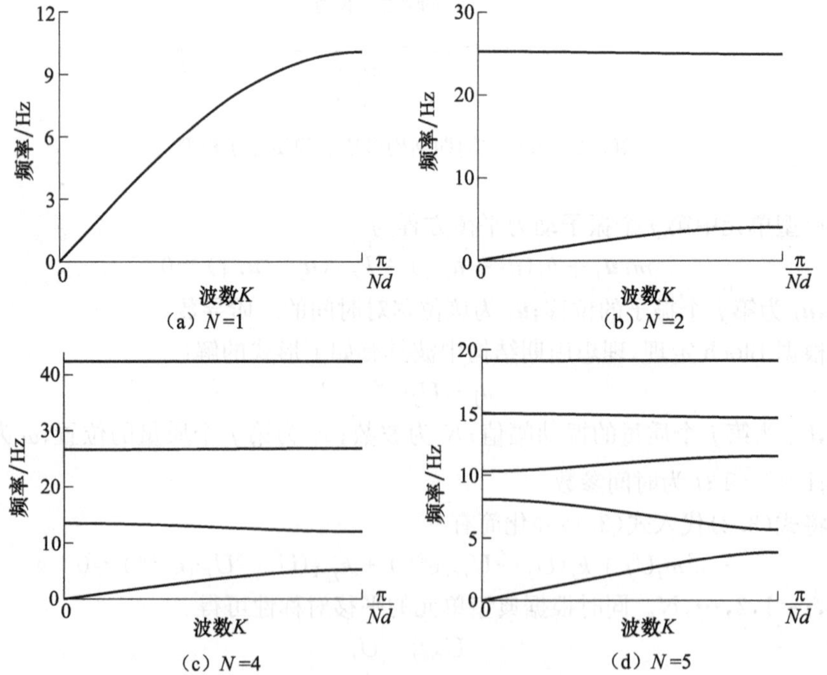

图3.3 多质点弹簧振子模型的频散曲线

表 3.1　不同弹簧振子系统的参数

单元振子数 N	质量参数/kg	刚度参数/(kN/m)
1	$m_1=1$	$k_1=1$
2	$m_1=1, m_2=0.05$	$k_1=1, k_2=0.2$
3[3]	$m_1=1, m_2=4, m_3=8$	$k_1=k_2=k_3=3$
4[4]	$m_1=2m_2=2m_3=m_4=3.98$	$k_1=k_4=70.9\times10^6$ $k_2=k_3=5.28\times10^6$
5	$m_1=m_2=m_3=m_4=m_5=1$	$k_1=1, k_2=2, k_3=3$ $k_4=4, k_5=5$

当 $N=2$ 时，如图 3.3(b)所示，4.06～24.94Hz 没有波动形式存在，该频域为衰减域。根据两个振子振动情况的差异，固体物理学将第一通频域定义为声学分支，第二通频域定义为光学分支[5]。当 $N\geqslant2$ 时，频散关系中通频域与衰减域交替排布。当典型单元中包含 N 个振子时，频散曲线包含 N 个通频域，且 N 个通频域被 $N-1$ 个衰减域隔开[3]。图 3.3(c)和图 3.3(d)分别给出了 $N=4$ 和 $N=5$ 两种情况下的频散曲线。

3.2.2　局域共振型周期结构——主子结构模型

对局域共振型周期结构，可建立主结构-子结构弹簧振子分析模型，如图 3.4 所示。主结构弹簧振子系统为 m_0-k_0，子结构弹簧振子系统为 m_1-k_1，主结构相邻两个振子间距为 d。

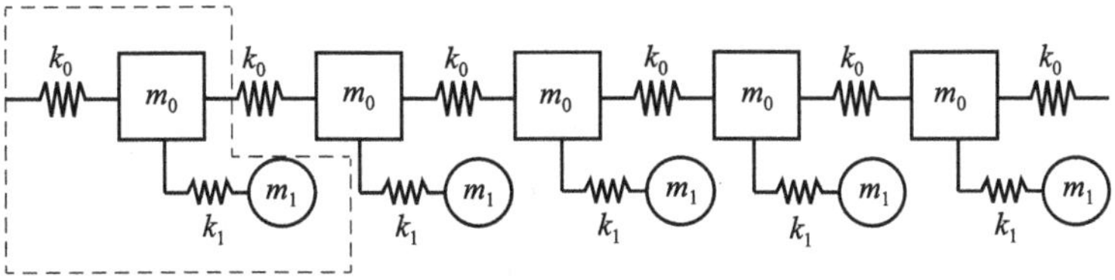

图 3.4　局域共振型周期结构示意图

第 j 个典型单元动力平衡方程为

$$\begin{cases} m_0\ddot{\boldsymbol{u}}_0^j + k_0(2\boldsymbol{u}_0^j - \boldsymbol{u}_0^{j-1} - \boldsymbol{u}_0^{j+1}) + k_1(\boldsymbol{u}_0^j - \boldsymbol{u}_1^j) = 0 \\ m_1\ddot{\boldsymbol{u}}_1^j + k_1(\boldsymbol{u}_1^j - \boldsymbol{u}_0^j) = 0 \end{cases} \tag{3.8}$$

周期性边界条件可表示为

$$\boldsymbol{u}_0^{j-1} = \boldsymbol{u}_0^j \mathrm{e}^{-\mathrm{i}Kd}, \quad \boldsymbol{u}_0^{j+1} = \boldsymbol{u}_0^j \mathrm{e}^{\mathrm{i}Kd} \tag{3.9}$$

根据 Bloch 定理，理想周期结构系统的解满足：

$$\boldsymbol{u}^j = U^j \mathrm{e}^{\mathrm{i}(Kx^j - \omega t)} \tag{3.10}$$

式中，U^j 为第 j 个质量的振动幅值；x^j 为第 j 个质量的位置；ω 为圆频率；K 为波数。

将式(3.9)和式(3.10)代入式(3.8)，可得

$$\begin{cases}-\omega^2 m_0 U_0^j + 2[1-\cos(Kd)]k_0 U_0^j + k_1(U_0^j - U_1^j) = 0 \\ -\omega^2 m_1 U_1^j + k_1(U_1^j - U_0^j) = 0\end{cases} \tag{3.11}$$

式(3.11)若存在非奇异解，需满足：

$$m_0 m_1 \omega^4 - \{2k_0 m_1[1-\cos(Kd)] + k_1(m_0+m_1)\}\omega^2 + 2k_0 k_1[1-\cos(Kd)] = 0 \tag{3.12}$$

求解式(3.12)可得

$$\omega^2 = \frac{2[1-\cos(Kd)]k_0 m_1 + k_1(m_0+m_1)}{2m_0 m_1} \pm \frac{\sqrt{\{2[1-\cos(Kd)]k_0 m_1 + k_1(m_0+m_1)\}^2 - 8k_0 k_1 m_0 m_1[1-\cos(Kd)]}}{2m_0 m_1} \tag{3.13}$$

取 $m_0=1\text{kg}$，$k_0=1\text{kN/m}$，$m_1=0.5\text{kg}$，$k_1=0.2\text{kN/m}$，图 3.5 给出了该局域共振型周期结构的频散关系。频散关系存在两条通频带，两条通频带间(3.1～3.9Hz)不存在频散曲线，此即该局域共振型周期结构的衰减域。

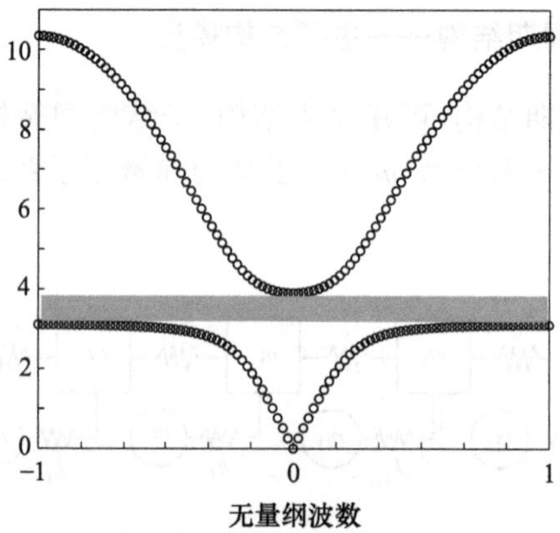

图 3.5 局域共振型周期结构的频散曲线

为便于讨论结构参数对频散曲线的影响，引入如下参数：

$$\omega_0 = \sqrt{\frac{k_0}{m_0}}, \quad \omega_{10} = \sqrt{\frac{k_1}{m_1}}, \quad \bar{\theta} = \frac{m_1}{m_0} \tag{3.14}$$

并将其代入式(3.13)，得

$$\omega^2 = \frac{2[1-\cos(Kd)]\omega_0^2 + \omega_{10}^2(1+\bar{\theta})}{2} \pm \sqrt{\left\{\frac{2[1-\cos(Kd)]\omega_0^2 + \omega_{10}^2(1+\bar{\theta})}{2}\right\}^2 - 2\omega_0^2\omega_{10}^2[1-\cos(Kd)]} \tag{3.15}$$

由式(3.15)可知，ω_0、ω_{10}、$\bar{\theta}$ 是影响频散关系的三个主要参数。

实际设计中，假设主结构系统固定，可通过设计子结构的刚度和质量来调节衰减域。取 $k_0=1\text{kN/m}$，$m_0=1\text{kg}$，$k_1=0.2\text{kN/m}$，图 3.6 给出了子结构质量对频散关系的影响。为对比分析，图中还给出了由主结构弹簧振子构成的均匀结构的频散关系(圆圈)及子结构的特征频率(虚线)。

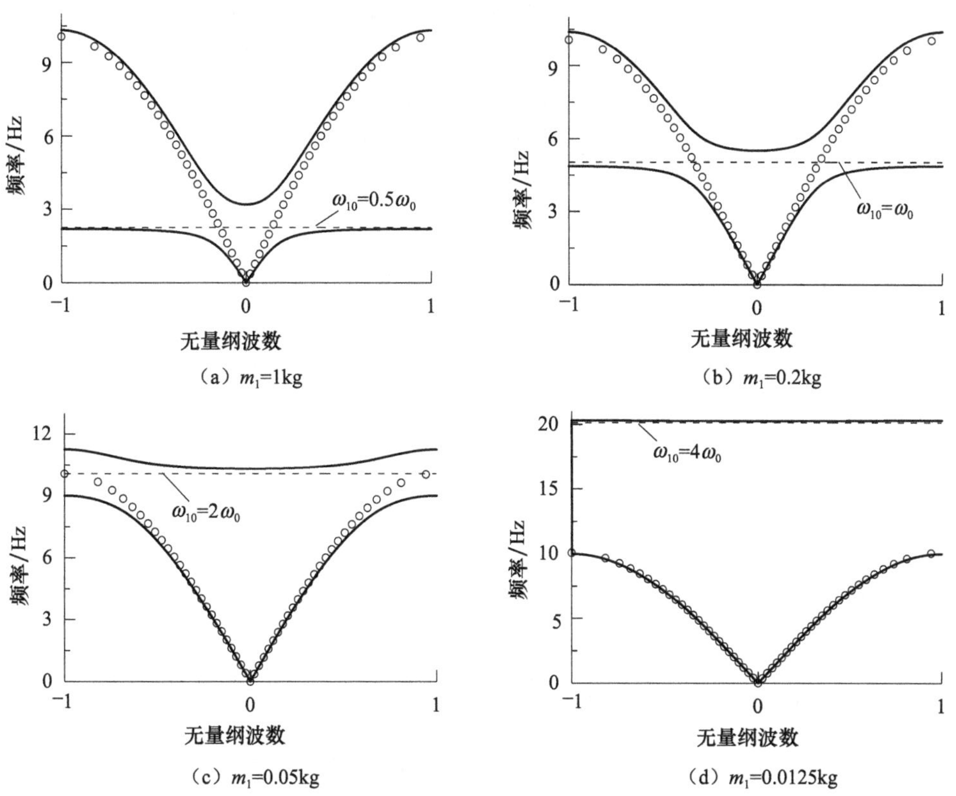

图 3.6　不同局域共振型周期结构的频散曲线

由式(3.6)可知，由主结构弹簧振子构成的均匀结构，其最大特征频率为 $2\omega_0$。由图 3.6 可见，当子结构特征频率 $\omega_{10}<2\omega_0$ 时，在子结构系统的局域共振作用下，主结构的频散关系被分割为两部分，衰减域集中在子结构的特征频率附近；当子结构特征频率 $\omega_{10}>2\omega_0$ 时，第一条频散曲线与主结构的频散曲线接近，且由于子结构与主结构的相互作用，在子结构的共振频率附近形成第二条频散曲线。当子结构特征频率 $\omega_{10}=2\omega_0$ 时，系统的特征频率介于以上两种情况之间。从工程结构应用的角度看，子结构特征频率 $\omega_{10}<2\omega_0$ 的情况更加具有应用价值。

上述为典型单元中仅含有一个子结构的情况，下面考虑典型单元中含有 N 个子结构的情况，如图 3.7 所示。

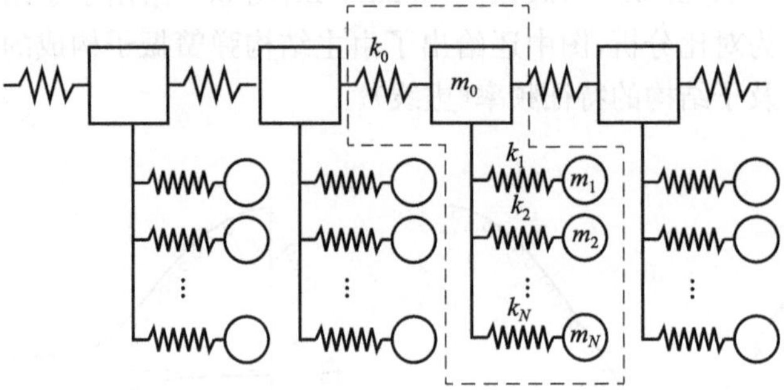

图 3.7　含有多个子结构的局域共振型周期结构

对图 3.7 所示含有多个子结构的局域共振型周期结构，第 j 个单元的动力平衡方程为

$$\begin{cases} m_0\ddot{\boldsymbol{u}}_0^j + k_0(2\boldsymbol{u}_0^j - \boldsymbol{u}_0^{j-1} - \boldsymbol{u}_0^{j+1}) + k_1(\boldsymbol{u}_0^j - \boldsymbol{u}_1^j) + \cdots + k_N(\boldsymbol{u}_0^j - \boldsymbol{u}_N^j) = 0 \\ m_1\ddot{\boldsymbol{u}}_1^j + k_1(\boldsymbol{u}_1^j - \boldsymbol{u}_0^j) = 0 \\ \quad\vdots \\ m_N\ddot{\boldsymbol{u}}_N^j + k_N(\boldsymbol{u}_N^j - \boldsymbol{u}_0^j) = 0 \end{cases} \tag{3.16}$$

应用 Bloch 定理及周期边界条件可得如下频散方程：

$$(\boldsymbol{\Omega}(K) - \omega^2\boldsymbol{I})\boldsymbol{U} = \boldsymbol{0} \tag{3.17}$$

式中，$\boldsymbol{I}$ 为单位矩阵；$\boldsymbol{\Omega}(K)$ 满足

$$\boldsymbol{\Omega}(K) = \begin{bmatrix} 2[1-\cos(Kd)]\dfrac{k_0}{m_0} + \dfrac{k_1}{m_0} + \cdots + \dfrac{k_N}{m_0} & -\dfrac{k_1}{m_0} & \cdots & -\dfrac{k_N}{m_0} \\ -\dfrac{k_1}{m_1} & \dfrac{k_1}{m_1} & \cdots & 0 \\ \vdots & \vdots & & \vdots \\ -\dfrac{k_N}{m_N} & 0 & \cdots & \dfrac{k_N}{m_N} \end{bmatrix} \tag{3.18}$$

对于任意给定的波数 K，求解矩阵 $\boldsymbol{\Omega}(K)$ 所对应的特征值，可得频散曲线。图 3.8 分别给出了 $N=2$ 和 $N=4$ 时的频散曲线。由于子结构的局域共振，主结构的频散曲线被子结构的局域共振所分割，在子结构特征频率附近形成局域共振衰减域。

（a）$m_1=m_2=0.5\text{kg}$,　　　　　　（b）$m_1=m_2=2m_3=2m_4=0.5\text{kg}$,
$k_1=4k_2=200\text{kN/m}$　　　　　　　　$k_1=4k_2=0.5k_3=k_4=200\text{kN/m}$

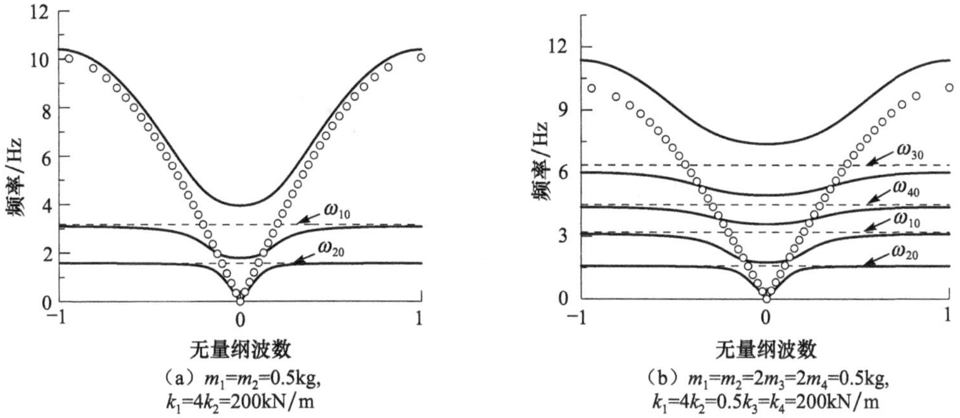

图 3.8　含多个子结构的局域共振型周期结构频散曲线

3.3　周期结构的衰减域

衰减域是周期结构的一个重要特性,本节将以散射型周期结构为例来说明衰减域的几个重要特性。

3.3.1　频散曲线的一致性关系

首先由频散方程式(3.7)可得

$$\omega_1^2\omega_2^2=2\omega_{10}^2\omega_{20}^2(1-\cos(Ka))\tag{3.19}$$

对比式(3.6)和式(3.19),可引入如下关系式:

$$\begin{cases}\zeta=1-\cos(Ka)\\ A_N=\omega_1^2\times\omega_2^2\times\cdots\times\omega_N^2\\ A_{N0}=\omega_{10}^2\times\omega_{20}^2\times\cdots\times\omega_{N0}^2\end{cases}\tag{3.20}$$

将式(3.19)扩展到一般情况,可得频散关系的一致性方程:

$$A_N/A_{N0}=2\zeta\tag{3.21}$$

式(3.21)给出了周期结构与均匀结构频散特性的内在关系,揭示了周期结构与均匀结构频散关系的一致性。从物理上看,如果将周期结构的典型单元视为一个虚拟单元,那么由该虚拟单元构成的结构为一个虚拟均匀结构[6,7]。图 3.9 给出了该虚拟均匀结构波数与参数 ζ 的关系。

根据式(3.21),进而可知衰减域边界频率存在如下关系:

$$\begin{cases}\omega_1\times\omega_2\times\cdots\times\omega_N=0, & Ka=0\\ \omega_1\times\omega_2\times\cdots\times\omega_N=2\omega_{10}\times\omega_{20}\times\cdots\times\omega_{N0}, & Ka=\pi\end{cases}\tag{3.22}$$

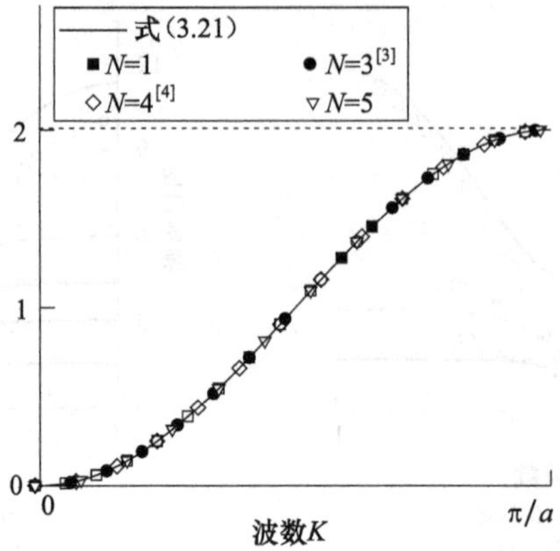

图 3.9 波数 K 与 ζ 的关系

当 $Ka=0$ 时,式(3.22)容易理解。因为系统第一阶频率 $\omega_1=0$,这种情况对应于理想周期结构的刚体平移,高阶频率对应于周期结构任意两个相邻单元振动模态一致的情况。当 $Ka=\pi$ 时,对于均匀系统,相邻两个振子以相同的幅值进行反相位振动,系统的"静定"对应于相邻两个振子的中间点。类似于均匀系统,对于非均匀系统,$Ka=\pi$ 对应相邻的两个虚拟单元以相同的幅值进行反相位振动。

3.3.2 衰减域边界频率

衰减域的边界频率是散射型周期结构频散关系的重要参数。根据 Bloch 定理,第 j 个质子的振动与其初始位置 x_j 相关。对任意一个周期结构,波动从第 j 个振子传到第 $j+N$ 个振子时这两个振子质点的位移有如下关系:

$$u_{j+N}/u_j=U_{j+N}/U_j\mathrm{e}^{\mathrm{i}[K(x_{j+N}-x_j)]} \tag{3.23}$$

将式(3.4)代入式(3.23)可得

$$u_{j+N}/u_j=\mathrm{e}^{\mathrm{i}Ka} \tag{3.24}$$

式(3.24)表明,经过一个周期之后,两个质子之间的振动相位差为 Ka。当 $Ka=0$ 时,相隔一个周期的两个质子振动相位差为 0,即两者的振动形式一致;当 $Ka=\pi$ 时,相隔一个周期的两个质子振动反相。

基于上述分析,可建立如图 3.10 所示的计算散射型周期结构衰减域边界频率的分析模型。与周期结构的典型单元模型不同,在单元的两侧施加了周期边界条件。模型的左边界位移幅值为 U_N,右边界位移幅值为 U_1。当单元左侧的位移 u_N 与经过一个周期之后的位移 u_N 同相位时,对应于 $Ka=0$ 的情况,称为同相态;当左边界位移 u_N 与经过一个周期之后的位移 u_N 反相位时,对应于 $Ka=\pi$ 的情况,称为反相态。基于上述模型,应用模态法即可得出衰减域边界频率。以 $N=5$ 为例,表 3.2 给出了 $Ka=\pi$ 时边界频率对应的振动模态。

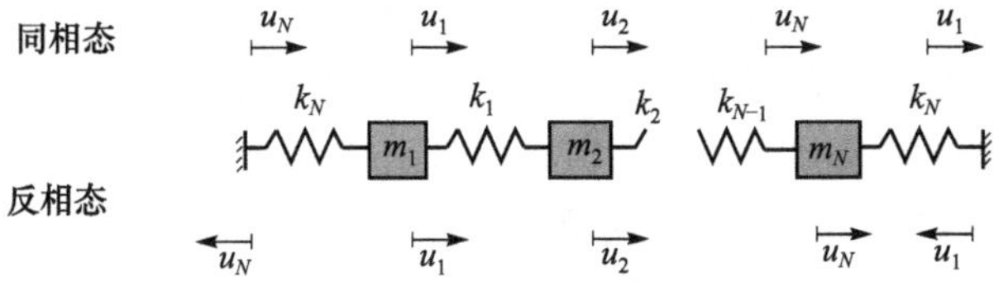

图 3.10　散射型周期结构衰减域边界频率计算模型

表 3.2　在 $N=5$ 和 $Ka=\pi$ 时,衰减域边界频率所对应的振动模态

模态数	特征频率/Hz	模态				
		m_1	m_2	m_3	m_4	m_5
1	3.8761	−0.447	0.189	0.451	0.537	0.521
2	5.6640	−0.447	−0.741	−0.418	−0.027	0.275
3	11.5254	−0.447	0.625	−0.478	−0.378	0.193
4	14.5980	0.447	0.141	−0.606	0.595	0.244
5	19.1537	0.447	−0.067	0.161	−0.463	0.745

Jensen[4]提出了确定第一衰减域边界频率的一种近似计算方法,该方法假设第一衰减域边界频率振动模态对应于单元中某质子处于静止状态,在静止质子处施加固定边界可计算边界频率。图 3.11 给出了 Jensen 所研究的第一衰减域边界振动模态,可以看出,衰减域下边界对应于典型单元中第三个质子的模态位移接近于 0 的情况,衰减域的上边界对应于典型单元中第一个质子的模态位移接近于 0 的情况。因此,基于该模型,可近似求出相应典型单元第一衰减域的边界频率。

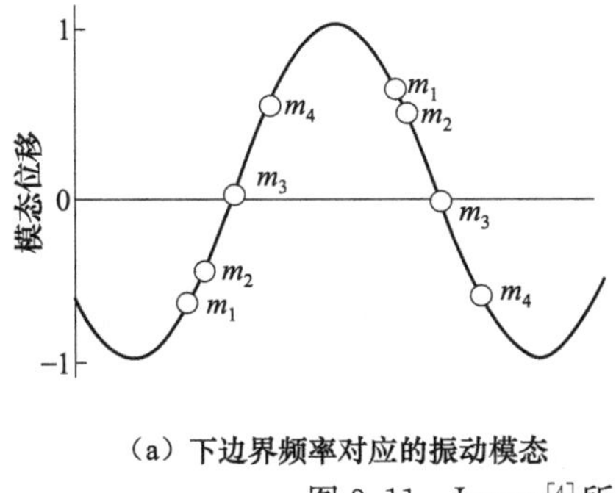

(a) 下边界频率对应的振动模态

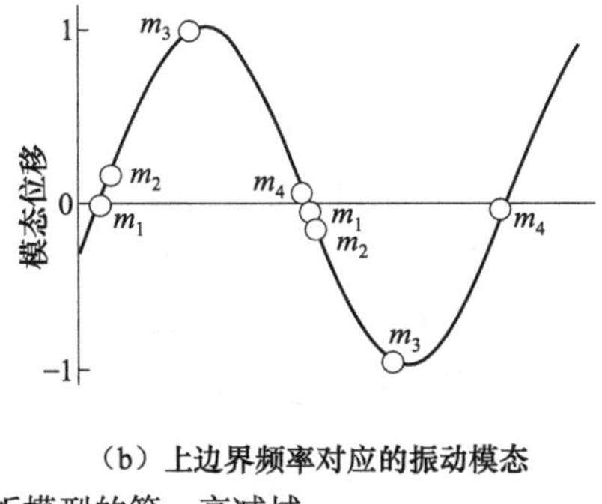

(b) 上边界频率对应的振动模态

图 3.11　Jensen[4]所分析模型的第一衰减域

但由于假设存在局限性,Jensen 建议的方法并不具有一般性。如表 3.2 所示,第一衰减域下边界频率对应的振动模态中没有一个质子的振动位移接近于 0。以 $N=3$ 为例,温激宏[3]给出了第一衰减域下边界频率和上边界频率分别为 3.39Hz 和 5.30Hz。不难验证,该模型上、下边界频率所对应的振动模态的位移同样不满足 Jensen 的假设。此外,Jensen 建议方法的另一个不足就是,当典型单元中的振子数较多时计算量会很大。相比较,图 3.10 所给的计算模型,即通过对弹簧振子系统施加周期边界条件，使得计算更为简便有效。

与散射型周期结构类似，图 3.12 建立了带有周期边界的局域共振型周期结构衰减域边界频率计算模型。与图 3.10 不同，图 3.12 对模型作了进一步简化。$Ka=0$ 的情况下，主结构单元与左右两侧结构振动同相位，故可以简化为主结构质量与子结构系统的自由振动问题，如图 3.12(a)所示；$Ka=\pi$ 的情况下，主结构单元与左右两侧结构振动反相，根据对称性可知，主结构的“静点”为相邻两个弹簧中点，故可将带有周期边界条件的模型简化为带固定边界的模型，如图 3.12(b)所示。求两个简化模型的特征频率，即可得到衰减域的边界频率。

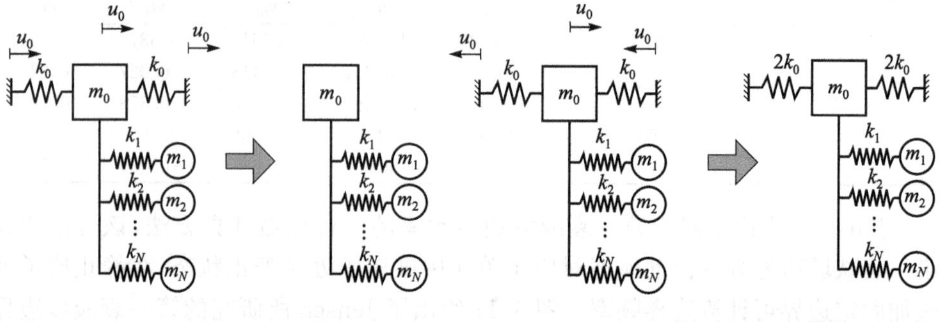

(a) 上边界频率计算模型　　(b) 下边界频率计算模型

图 3.12　局域共振型周期结构衰减域边界频率计算模型

对于 $N=1$ 的情况，仅存在一个局域共振衰减域。衰减域的边界频率可以由式(3.15)确定：

$$\begin{cases}\omega_{\mathrm{L}}^2=\dfrac{4\omega_0^2+\omega_{10}^2(1+\bar{\theta})}{2}-\sqrt{\left[\dfrac{4\omega_0^2+\omega_{10}^2(1+\bar{\theta})}{2}\right]^2-4\omega_0^2\omega_{10}^2}, & Ka=\pi\\ \omega_{\mathrm{U}}^2=\omega_{10}^2(1+\bar{\theta}), \quad Ka=0\end{cases}\tag{3.25}$$

式中，下标 L 和 U 为 Lower 和 Upper 的简写。

基于对局域共振型衰减域边界频率所对应的模态分析，王刚等[8]提出了衰减域边界频率的近似计算式：

$$\omega_{\mathrm{L}}^2=\omega_{10}^2,\quad \omega_{\mathrm{U}}^2=\omega_{10}^2(1+\bar{\theta})\tag{3.26}$$

对比式(3.25)和式(3.26)可知，王刚等[8]对衰减域上边界频率的近似与解析解一致，但对衰减域下边界频率的近似与解析解存在误差；且不难验证，当子结构的刚度和质量均较大时，误差会增大。

3.4　有限周期结构的动力特性

频散特性是理想周期结构(具有无限周期性的结构)的重要特性，而实际工程中周期结构不可能具有无限的周期性，因此，工程中有限周期结构的动力特性与理想周期结构的动力特性还有所差别。

3.4.1　频率响应函数

考虑图 3.13 所示的一维有限周期结构，周期结构左端施加简谐位移荷载，右端为自由端。从图中可见，该结构的典型单元由五种材料构成。采用前述离散弹簧振子模型($N=5$)进行分析，并假设有限周期结构包含 M 个单元。有限周期结构的右端为自由端，左端施加如下简谐位移荷载：

$$\boldsymbol{u}_{\mathrm{I}}=U_{\mathrm{I}}\sin(\omega t) \tag{3.27}$$

式中，$U_{\mathrm{I}}=0.01\mathrm{m}$ 为简谐位移的幅值。

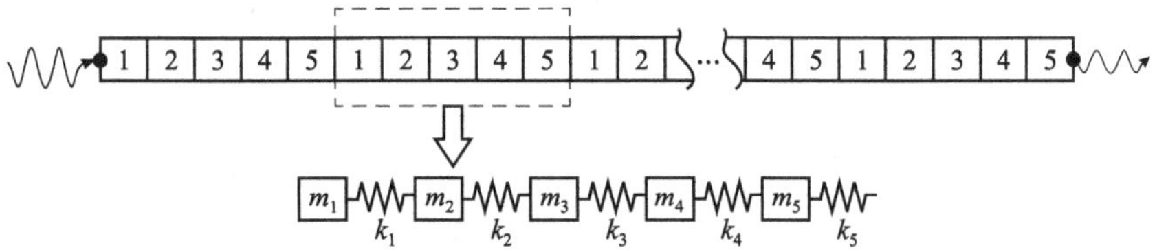

图 3.13　有限周期结构及其简化单元模型

有限周期结构系统的动力平衡方程为

$$\begin{cases} m_1\ddot{\boldsymbol{u}}_1+k_1(\boldsymbol{u}_1-\boldsymbol{u}_2)=0 \\ m_2\ddot{\boldsymbol{u}}_2+k_2(\boldsymbol{u}_2-\boldsymbol{u}_3)+k_1(\boldsymbol{u}_2-\boldsymbol{u}_1)=0 \\ m_3\ddot{\boldsymbol{u}}_3+k_3(\boldsymbol{u}_3-\boldsymbol{u}_4)+k_2(\boldsymbol{u}_3-\boldsymbol{u}_2)=0 \\ \vdots \\ m_{MN-1}\ddot{\boldsymbol{u}}_{MN-1}+k_{MN-1}(\boldsymbol{u}_{MN-1}-\boldsymbol{u}_{MN})+k_{MN-2}(\boldsymbol{u}_{MN-1}-\boldsymbol{u}_{MN-2})=0 \\ m_{MN}\ddot{\boldsymbol{u}}_{MN}+k_{MN-1}(\boldsymbol{u}_{MN}-\boldsymbol{u}_{MN-1})=0 \end{cases} \tag{3.28}$$

或

$$\boldsymbol{M}\ddot{\boldsymbol{u}}+\boldsymbol{\Omega}\boldsymbol{u}=\boldsymbol{0} \tag{3.29}$$

求解式(3.29)的稳态响应，可将式(3.29)写为

$$(\boldsymbol{\Omega}-\omega^2\boldsymbol{M})\boldsymbol{u}=\boldsymbol{0} \tag{3.30}$$

式(3.30)的展开形式为

$$-\omega^2\begin{bmatrix}\boldsymbol{M}_{\mathrm{I}} & 0 & 0 \\ 0 & \boldsymbol{M}_{\mathrm{D}} & 0 \\ 0 & 0 & \boldsymbol{M}_{\mathrm{O}}\end{bmatrix}\begin{Bmatrix}\boldsymbol{u}_{\mathrm{I}} \\ \boldsymbol{u}_{\mathrm{D}} \\ \boldsymbol{u}_{\mathrm{O}}\end{Bmatrix}+\begin{bmatrix}\boldsymbol{\Omega}_{\mathrm{I}} & \boldsymbol{\Omega}_{\mathrm{ID}} & \boldsymbol{\Omega}_{\mathrm{IO}} \\ \boldsymbol{\Omega}_{\mathrm{DI}} & \boldsymbol{\Omega}_{\mathrm{D}} & \boldsymbol{\Omega}_{\mathrm{DO}} \\ \boldsymbol{\Omega}_{\mathrm{OI}} & \boldsymbol{\Omega}_{\mathrm{OD}} & \boldsymbol{\Omega}_{\mathrm{O}}\end{bmatrix}\begin{Bmatrix}\boldsymbol{u}_{\mathrm{I}} \\ \boldsymbol{u}_{\mathrm{D}} \\ \boldsymbol{u}_{\mathrm{O}}\end{Bmatrix}=\begin{Bmatrix}\boldsymbol{0}_{\mathrm{I}} \\ \boldsymbol{0}_{\mathrm{D}} \\ \boldsymbol{0}_{\mathrm{O}}\end{Bmatrix} \tag{3.31}$$

式中，下标 I、D、O 分别代表输入端、内部区域、输出端；$\boldsymbol{\Omega}$ 和 $\boldsymbol{M}$ 分别为刚度矩阵和质量矩阵。

由式(3.31)可求得输出端的位移 $\boldsymbol{u}_{\mathrm{O}}$。定义频率响应函数如下：

$$\mathrm{FRF}=20\lg\left(\mathrm{abs}\left(\frac{U_{\mathrm{O}}}{U_{\mathrm{I}}}\right)\right) \tag{3.32}$$

式中，U_{I} 和 U_{O} 分别为输入端和输出端的位移幅值。式(3.32)可用于讨论有限周期结构中振动的传输特性。

以表 3.1 中 $N=5$ 所示情况为例，与此相对应的理想周期结构的频散曲线如图 3.3(d)所示。从图中可以得到 4 个衰减域分别为：3.9～5.7Hz、8.1～10.3Hz、11.5～14.6Hz、14.9～19.1Hz。进一步取有限周期结构的单元数为 $M=10$，图 3.14 给出了该有限周期结构的频率响应函数。可以看出，当激励频率 $f=0$(静力荷载)时，输出端的位移与输入端的位移大小相等，对应的频率响应函数值为 0；当激励频率处于衰减域范围内时，频率响应函数的值小于 0，这意味着输出端的位移幅值小于输入端的位移幅值，即周期结构输入端的动力荷载会得到较大的衰减。

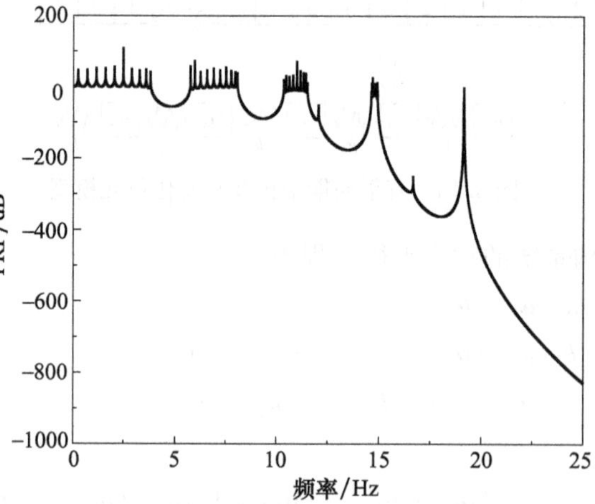

图 3.14　有限周期结构($M=10$)的频率响应函数

3.4.2　理想周期结构和有限周期结构

理想周期结构含有无限个典型单元，其频散关系描述了该结构中不同模态的波动传输特性；有限周期结构含有有限个典型单元，其频率响应函数同样描述了该结构对振动和波动的传输特性。可以想象，当有限周期结构所含的典型单元数目趋于无穷时，有限周期结构的频率响应函数所表达的传输特性必然与理想周期结构的频散关系所表达的传输特性趋于一致。

式(3.5)和式(3.17)分别给出了散射型和局域共振型理想周期结构的频散方程，该方程是关于频率(波动时域特征)与波数(波动空间域特征)的隐函数。求解频散方程有两种思路，一是给定波数，求解频率；二是给定频率，求解波数。在 3.2 节的分析中，采用了给定波数求解频率的方法。当采用给定频率求解波数时，可方便地求解不同频率波动在理想周期结构中的传输特性[9]。具体求解时,波数在复数域内求解,因此波数可写为 $K=\alpha+\mathrm{i}\beta$。其中,α 为波数的实数部分,该部分反映一个典型单元之后波动相位变化,也称为相位因子;β 为波数的虚数部分,该部分反映一个典型单元之后波动幅值衰减程度,也称为衰减系数。

图 3.15 给出了不同周期数下衰减系数随频率的变化。从图中可以看出,理想周期结构衰减域范围内,有限周期结构的衰减系数均大于 0,即衰减域范围内外部波/振动在有限周期结构中会得到衰减。同时,随着有限周期结构周期数的增加,有限周期结构衰减系数逐渐逼近理想周期结构的衰减系数。需要特别说明的是,有限周期结构的共振频率被理想周期结构的衰减域分割成几个簇,每一簇共振频率对应理想周期结构的一个通频域。由此可以看出,周期结构对波/振动阻隔作用与结构动力响应分析在频域上的分析是一致的。

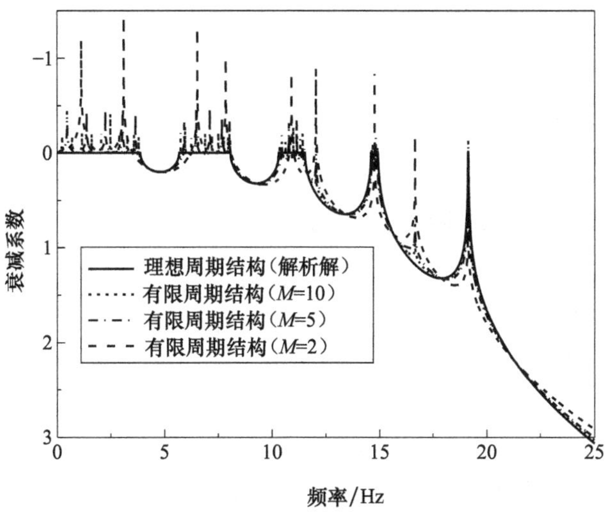

图 3.15　不同周期数下衰减系数随频率的变化(见彩图)

3.5　周期结构的能量流动特性

考虑右端为自由端的一维有限周期结构,采用图 3.2 所示模型,每个单元含 N 个弹簧振子,取 M 个有限周期单元进行分析。为研究结构中的能量流动特性,在左端施加如式(3.27)所示的简谐荷载,此时系统的初始动能 D_0 为

$$D_0=\frac{1}{2}m_1U_1^2\omega^2 \tag{3.33}$$

应用 Newmark-β 法,可以求得与该位移荷载相对应的力荷载 $F(t)$,从而可得该激励作用下的功率 $P_e(t)$ 为

$$P_e(t)=F(t)\dot{u}_1(t) \tag{3.34}$$

对功率按时间积分可得外部激励输入给系统的总能量为

$$W_e = \int_0^t P_e \mathrm{d}t \tag{3.35}$$

输入系统的总能量 W_e 可分为振子的动能 D_j 和弹簧系统的势能 S_j 两部分。在任意时刻，这两部分的能量可表示为

$$\begin{cases} D_j = \dfrac{1}{2} m_j \dot{u}_j^2, & j=1,2,\cdots,NM \\ S_j = \dfrac{1}{2} k_j (u_j - u_{j+1})^2, & j=1,2,\cdots,NM-1 \end{cases} \tag{3.36}$$

第 j 个弹簧振子系统中的总能量(其中 $S_{NM}=0$)为

$$W_j = D_j + S_j, \quad j=1,2,\cdots,NM \tag{3.37}$$

由此可得能量沿传播路径的分布。

另外，相对于初始时刻，弹簧振子系统在任意时刻的能量改变值 W_c 为

$$W_c = W_t - D_0 = \sum_{j=1}^{NM} W_j - D_0 \tag{3.38}$$

式中，W_t 为系统的总能量。

在不考虑阻尼的情况下，能量守恒定理可检验计算结果的正确性，即

$$W_c = W_e \tag{3.39}$$

3.5.1 散射型周期结构的能量流动特性

对于散射型周期结构，考虑结构中含有的单元数为 $M=5$。每个周期单元由两个弹簧振子系统组成即 $N=2$，相关参数如表 3.1 所示。

引入如下无量纲参数：

$$\tilde{\omega} = \frac{\omega}{\omega_{20}}, \quad \widetilde{W}_e = \frac{W_e}{D_0}, \quad \widetilde{W}_j = \frac{W_j}{D_0} \tag{3.40}$$

则该周期结构的无量纲衰减域为 0.4037～2.4773。

首先，在衰减域内以无量纲的频率 $\tilde{\omega}=2.2$ 为例，图 3.16 给出了 0.1s 内外部激励输入系统的功和系统的能量改变，可见满足能量守恒定律。

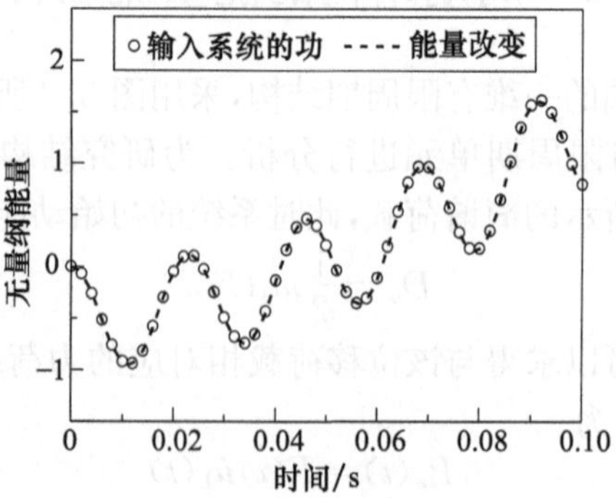

图 3.16 系统的能量守恒

其次，考虑外部激励的频率处于衰减域外，如取无量纲的频率参数为 $\bar{\omega}=0.3$，计算外部激励输入系统的能量、系统中的能量分布及有限周期系统的能量输出。图 3.17 给出了输入功的时间历程，可以看出，输入功随时间呈周期性变化。假设能量的交换周期为 T_g($T_g\approx14$s)，可以验证能量的交换周期远远大于简谐荷载的周期。另外，无量纲输入功的值远大于 1，这意味着简谐位移荷载向周期弹簧振子系统输入的能量远远大于系统初始时刻的能量。

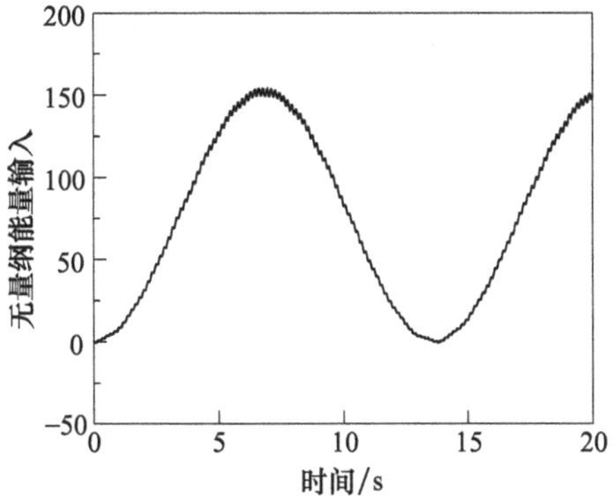

图 3.17　衰减域范围外激励作用下输入功的时间历程

为进一步分析能量在周期系统与外部激励之间的流动，图 3.18 给出了外部力 $F(t)$ 和作用点的速度 $v_1(t)$ 随时间的变化。可以看出，在 0～7s 内，荷载与作用点的速度同相位，外部激励不断向系统输入能量；在 7～14s 内，荷载与其作用点的速度反相位，外部激励不断向系统输入负功。

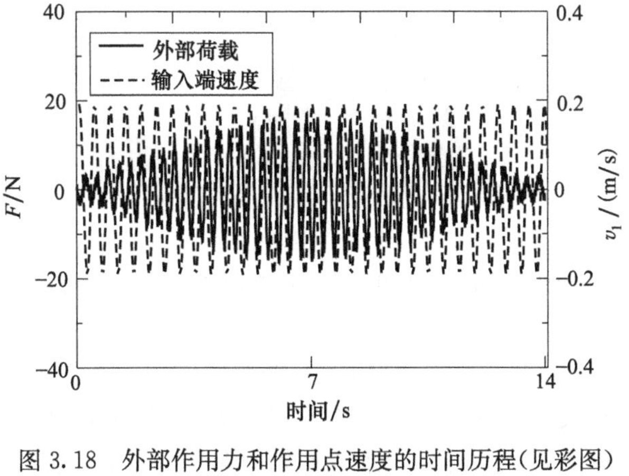

图 3.18　外部作用力和作用点速度的时间历程(见彩图)

图 3.19 给出了 $t=7$s 和 $t=14$s 时周期系统中振子的能量分布，同时给出各振子在振动过程中的最大能量值。$t=7$s 时，除最后一个振子系统，其他振子系统的

能量值均大于 1；$t=14$s 时，各个振子系统的能量值均小于 1。此现象对应输入系统能量的周期性变化。图 3.20 给出了系统自由端的能量输出时间历程及其包络，可见能量传过了该周期结构。

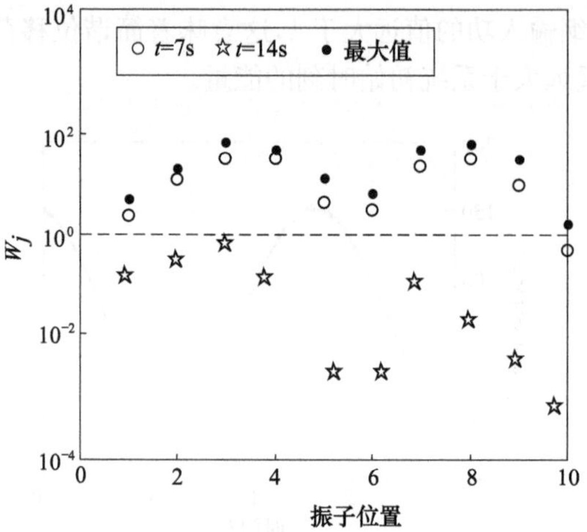

图 3.19 不同时刻系统的能量分布

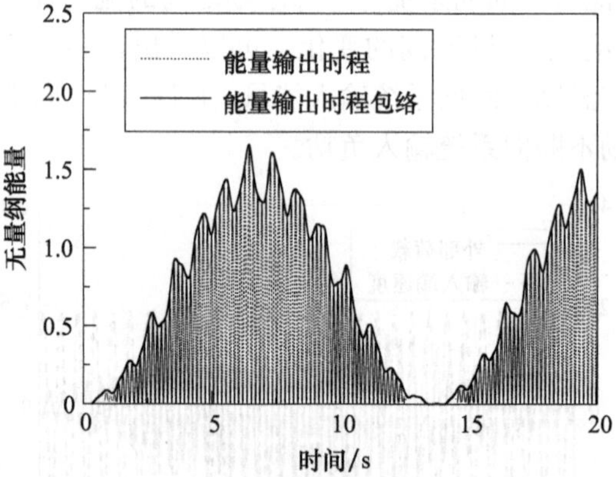

图 3.20 衰减域范围外荷载作用下弹簧振子系统自由端的能量输出

下面以 $\bar{\omega}=0.5$ 为例，分析衰减域内简谐荷载作用下外部激励输入系统的功、系统中能量的分布及能量输出特性。图 3.21 给出了外部激励输入功的时间历程。与图 3.17 不同，输入系统的功小于系统初始时刻的动能，这意味着外部激励输入系统的功非常有限。能量交换周期 $T_g=0.1$s，其值约为外部激励振动周期的一半($T=0.199$s)。

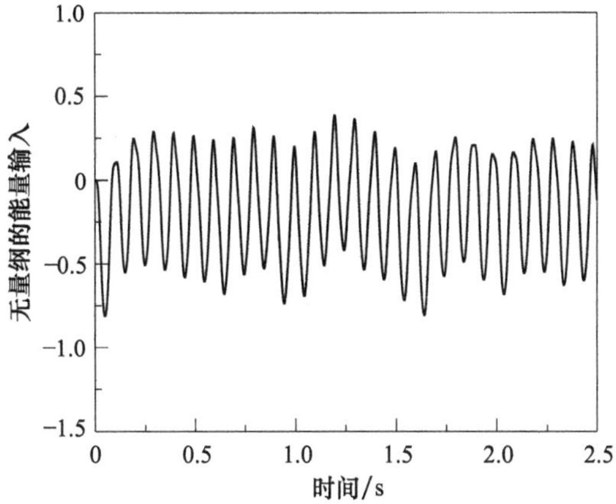

图 3.21　激励在衰减域范围内时输入系统功的时间历程

图 3.22 给出了外部荷载与作用点速度的时间历程。可以看出，外部荷载 $F(t)$ 与输入点的速度 $v_1(t)$ 有相同的周期。同时，外部荷载相位落后输入点速度相位约 $T/4$。在$(0,T/4)$段外部荷载对系统做负功，抵消掉绝大部分的系统初始动能；在之后的$(T/4,T/2)$段外部荷载向系统输入能量，输入的能量约等于系统的初始动能；以此往复。因此，外部激励输入周期系统的能量非常有限，且主要集中在输入端的几个振子系统。

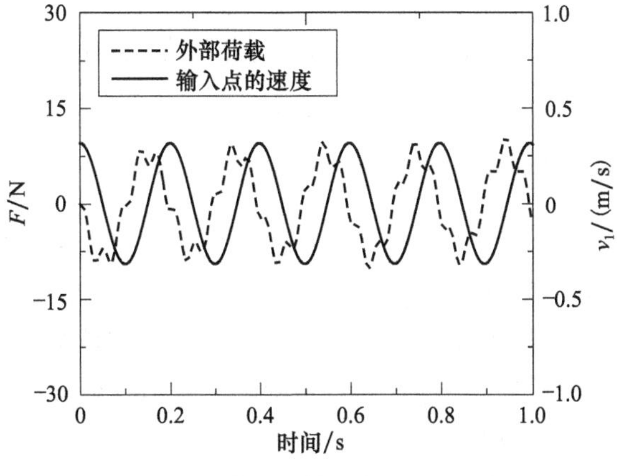

图 3.22　外部激励和作用点速度的时间历程

图 3.23 给出了振子最大能量沿传播路径的分布。可以看出，各个弹簧振子的最大能量沿传播路径呈指数衰减，经过两个周期之后，最大能量衰减至 10%。图 3.24 给出了系统自由端的能量输出。可以看出，当激励频率在衰减域范围内时，周期结构自由端输出的能量远远小于系统的初始动能。

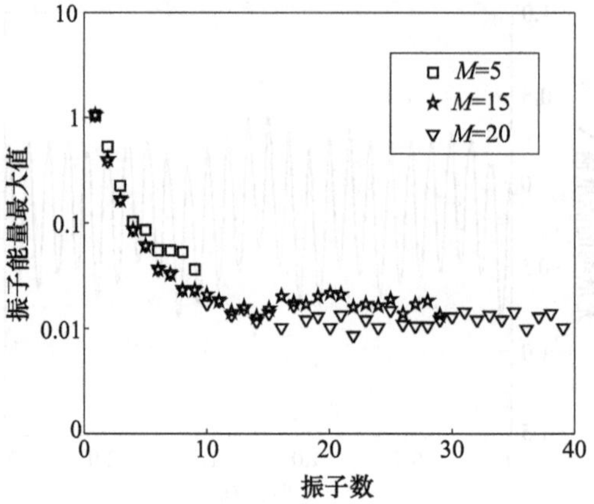

图 3.23　弹簧振子系统中能量最大值的分布

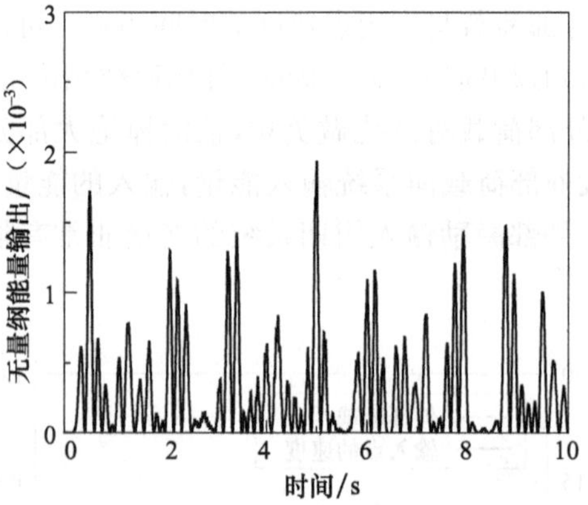

图 3.24　激励频率在衰减域范围内时弹簧振子系统自由端能量输出

综上分析，当激励频率处于通频域内时，能量不仅可以流入周期结构，而且可以传过周期结构；输入系统的能量在时空上呈现周期性；外部激励与系统之间的能量交换远大于系统的初始动能。当激励的频率处于衰减域范围内时，能量不能流入周期结构，更不能传过周期结构；输入系统的能量沿传播方向呈指数衰减；外部激励与系统之间的能量交换非常有限，且局限在输入端。

3.5.2　局域共振型周期结构的能量流动特性

对有限周期局域共振型结构，同样取由 5 个典型单元组成且典型单元中包含两个弹簧振子系统的周期结构进行研究。主结构系统的参数为 $m_0=1\text{kg}$，$k_0=1.0\text{kN/m}$；附属子结构的结构参数为 $m_{10}=0.2\text{kg}$，$k_{10}=0.05\text{kN/m}$。

简谐位移荷载施加在周期结构的左端，而周期结构的右端为自由端。根据式(3.25)，计算可得衰减域为(0.9934～1.0954)ω_{10}。下面主要考察主结构的总能量和子结构的总能量的变化规律。

首先，输入频率为 0.705ω_{10} 的简谐位移，分析通频带内局域共振周期结构中的能量流动特性。图 3.25 给出了外部荷载输入系统功的时间历程和主结构系统中总能量的时间历程。可以看出，在通频域内，外部输入的能量主要分布在主结构系统中，同时输入系统的功存在时间周期性，且外部简谐位移荷载的周期远小于能量交换的周期。相比于结构初始时刻的动能，输入系统的功远大于 1，这意味着外部激励在主结构系统内输入了较大的能量。

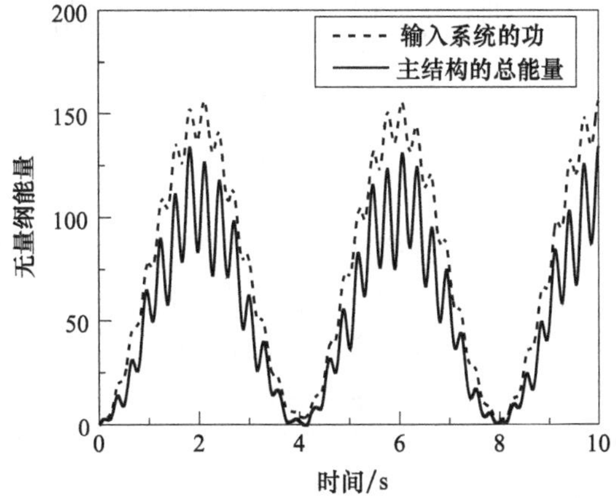

图 3.25　通频带内荷载输入系统的功与主结构的总能量时间历程

图 3.26 给出了各个振子的无量纲位移响应(参考值为输入位移幅值 U_{In})。可以看出，周期结构的振动沿传播方向呈现空间周期分布。图 3.27 给出了周期结构自由端的能量输出。可以看出，无量纲的能量值远大于 1，说明在通频域内的简谐位移荷载作用下，能量不仅可以流入周期结构，而且可以传过周期结构。

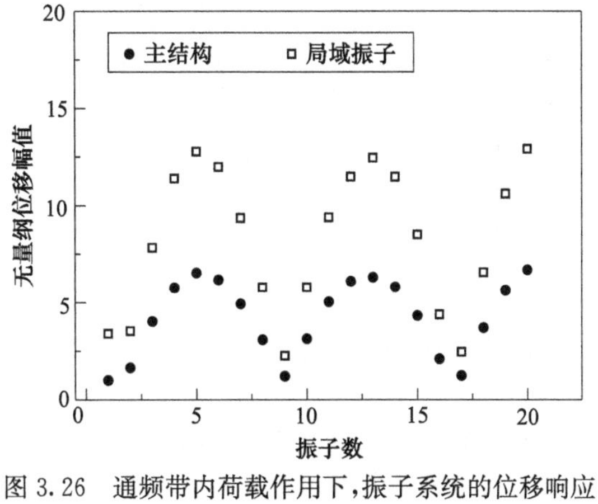

图 3.26　通频带内荷载作用下，振子系统的位移响应

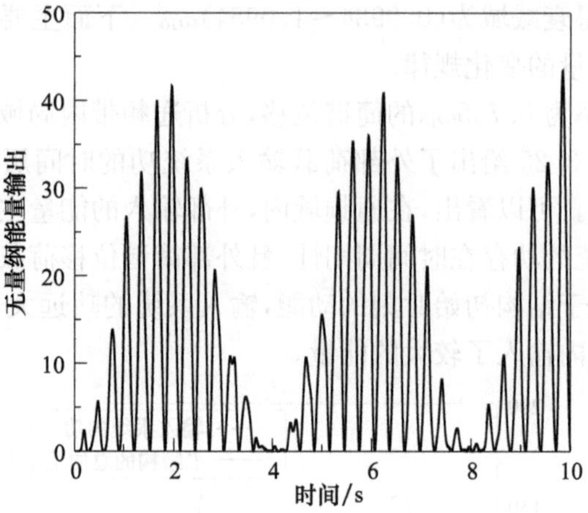

图 3.27　局域共振型周期结构自由端能量输出

综上分析可见，外部激励的频率在通频带内时，外部激励向局域共振周期结构输入了较大的能量，且绝大部分的能量存在于主结构系统中；能量在时间和空间上呈周期性分布；能量不仅可以输入周期结构，而且可以传过周期结构。

类似于通频带内的激励作用，考虑激励频率 $1.005\omega_{10}$ 处于衰减域内时，能量在周期结构中的传播特性。图 3.28 给出了外部荷载输入功的时间历程和子结构中能量的时间历程。对比图 3.25 可知，在衰减域范围内，外部激励输入的能量主要集中在子结构系统中，这也正是局域共振周期结构的衰减域机理。

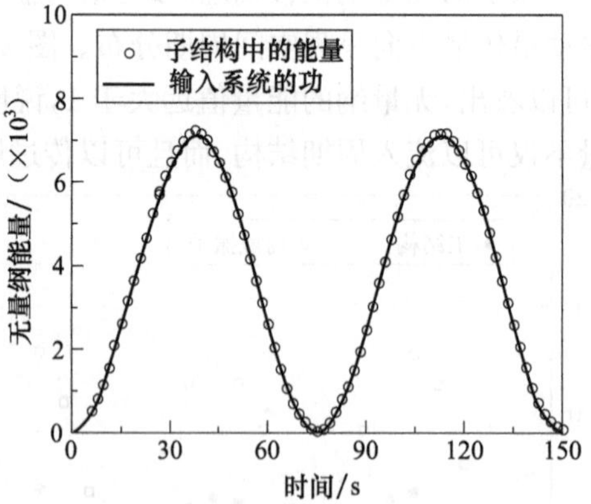

图 3.28　激励频率在衰减域内时输入系统的功和子结构系统中的能量时间历程

图 3.29 给出了振子能量最大值沿传播方向的分布。需要说明的是，图中纵坐标为相对能量值，参照标准为第一个单元的最大能量值。可以看出，当外部激励频

率处于衰减域范围内时，输入系统的能量沿传播方向呈指数衰减。经过 2～3 个典型单元后，无论主结构还是子结构的振动都有较大的衰减。

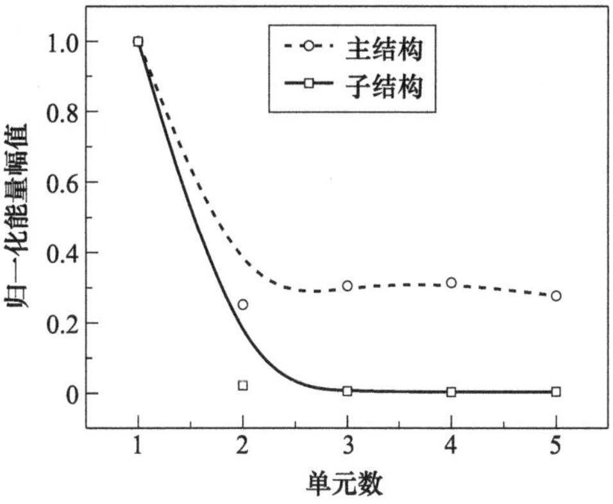

图 3.29　荷载频率处于衰减域内时局域共振型周期结构中的能量分布

比较激励频率在衰减域范围内、外两种情况下的能量分布特性，可以看出，对于局域共振型周期结构，通频域内振动能量主要集中在主结构中，能量可以传过主结构系统；衰减域中振动能量被局限在子结构系统中，主结构中的能量沿传播方向不断衰减；通频域内能量沿传播方向呈周期性分布，衰减域内能量沿传播方向呈指数衰减。通频域内振动能量不仅可以输入周期结构，而且可以传过周期结构；衰减域内能量主要局限在子结构中，不能传过主结构系统。对比局域共振型周期结构与散射型周期结构可以发现，在散射型周期结构中，衰减域产生于振子之间的相互作用；在局域共振型周期结构中，衰减域产生于子结构系统的局域共振。

参考文献

[1] Brillouin L. Wave Propagation in Periodic Structures[M]. New York: Dover Publication, 1946.

[2] Hussein M I, Frazier M J. Band structure of phononic crystals with general damping[J]. Journal of Applied Physics, 2010, 108(9): 93506.

[3] 温激宏. 声子晶体振动带隙及减振特性研究[D]. 北京：国防科学技术大学，2005.

[4] Jensen J S. Phononic band gaps and vibrations in one-and two-dimensional mass—Spring structures[J]. Journal of Sound and Vibration, 2003, 266(5): 1053-1078.

[5] Born M, Huang K. Dynamical Theory of Crystal Lattices[M]. Oxford: Clarendon Press Oxford, 1954.

[6] 程志宝. 周期性结构及周期性隔震基础[D]. 北京：北京交通大学，2014.

[7] Cheng Z B, Shi Z F. Multi-mass-spring model and energy transmission of one-dimensional

periodic structures[J]. IEEE Transactions on Ultrasonics Ferroelectrics and Frequency Control,2014,61(5):739-746.

[8] Wang G,Wen X S,Wen J,et al. Two-dimensional locally resonant phononic crystals with binary structures[J]. Physical Review Letters,2004,93(15):154302.

[9] Mead D M. Wave propagation in continuous periodic structures:Research contributions from southampton,1964—1995[J]. Journal of Sound and Vibration,1996,190(3):495-524.

第4章 周期结构频散特性分析方法

周期结构的一个重要特性就是其衰减域特性，由前面的分析可知，周期结构的衰减域可通过求解其频散曲线获得。现有的周期结构衰减域计算方法主要有传递矩阵(transfer-matrix，TM)法[1]、平面波展开(plane wave expansion，PWE)法[2,3]、多重散射理论(multiple scattering theory，MST)[4-8]、有限时域差分(finite difference time domain，FDTD)法[9,10]、有限单元法(finite element method，FEM)[11-13]及微分求积法[14,15]等。前三种方法是半解析半数值方法，后三种方法则是纯数值方法，这些方法有优点也有缺点，下面将逐一介绍。

4.1 传递矩阵法

传递矩阵法是一种解析方法，应用传递矩阵法求解周期结构中某一种波动形式的频散特性时包括四步：第一步，首先给出弹性波在单一均匀介质中状态量的通解，该通解含有待定系数，且不同材料区域的待定系数不同；第二步，利用通解给出单层边界状态量的传递矩阵；第三步，利用连续条件建立典型单元的传递矩阵；第四步，利用边界已知条件建立特征方程并求解。现仍以类似图2.15所示的层状周期结构中的剪切波为例，对传递矩阵法进行说明。

4.1.1 特征方程的建立

1. 求均匀介质中的通解

层状周期结构每层都为均匀介质，假设每个典型单元由N种不同的材料层组成，沿周期方向传播的剪切波，在每层均匀介质中的通解见式(2.169)～式(2.172)，即第n层的位移与剪应力为

$$u_n(x_n)=A_n\sin\left(\frac{\omega}{C_{sn}}x_n\right)+B_n\cos\left(\frac{\omega}{C_{sn}}x_n\right) \tag{4.1}$$

$$\tau_n(x_n)=\frac{\mu_n\omega}{C_{sn}}\left[A_n\cos\left(\frac{\omega}{C_{sn}}x_n\right)-B_n\sin\left(\frac{\omega}{C_{sn}}x_n\right)\right] \tag{4.2}$$

式中，x_n为第n层的局部坐标；A_n与B_n为待定系数，各系数的下标n表示第n层。记状态函数向量为$\boldsymbol{Z}_n(x_n)=[u_n(x_n),\tau_n(x_n)]^{\mathrm{T}}$，待定系数向量为$\boldsymbol{\psi}_n=[A_n,B_n]^{\mathrm{T}}$，于是式(4.1)和式(4.2)可以写成矩形式：

$$\boldsymbol{Z}_n(x_n)=\boldsymbol{H}_n(x_n)\boldsymbol{\psi}_n \tag{4.3}$$

式中，

$$\boldsymbol{H}_n(x_n)=\begin{bmatrix}\sin\left(\dfrac{\omega}{C_{sn}}x_n\right) & \cos\left(\dfrac{\omega}{C_{sn}}x_n\right)\\ \dfrac{\mu_n\omega}{C_{sn}}\cos\left(\dfrac{\omega}{C_{sn}}x_n\right) & -\dfrac{\mu_n\omega}{C_{sn}}\sin\left(\dfrac{\omega}{C_{sn}}x_n\right)\end{bmatrix} \tag{4.4}$$

2. 建立单层状态量的传递矩阵

在第 n 层左端，即 $x_n=0$ 处，有左端状态量 $\boldsymbol{Z}_n^{\mathrm{L}}$：

$$\boldsymbol{Z}_n^{\mathrm{L}}\equiv\boldsymbol{Z}_n(0)=\boldsymbol{H}_n(0)\boldsymbol{\psi}_n \tag{4.5}$$

在第 n 层右端，即 $x_n=a_n$ 处，有右端状态量 $\boldsymbol{Z}_n^{\mathrm{R}}$：

$$\boldsymbol{Z}_n^{\mathrm{R}}=\boldsymbol{Z}_n(a_n)=\boldsymbol{H}_n(a_n)\boldsymbol{\psi}_n \tag{4.6}$$

由式(4.5)和式(4.6)消去待定系数向量 $\boldsymbol{\psi}_n$，可得第 n 层左、右两端状态量所满足的关系：

$$\boldsymbol{Z}_n^{\mathrm{R}}=\boldsymbol{T}_n\boldsymbol{Z}_n^{\mathrm{L}} \tag{4.7}$$

式中，$\boldsymbol{T}_n$ 为单层传递矩阵，且有

$$\boldsymbol{T}_n=\boldsymbol{H}_n(a_n)\left[\boldsymbol{H}_n(0)\right]^{-1} \tag{4.8}$$

3. 应用连续条件建立典型单元的传递矩阵

第 n 层右端与第 $n+1$ 层左端状态量应相等，对于本问题为位移和剪应力应连续，可得

$$\boldsymbol{Z}_{n+1}^{\mathrm{L}}=\boldsymbol{Z}_n^{\mathrm{R}} \tag{4.9}$$

典型单元有 N 层，则每层的状态量可以一直传递下去，即

$$\boldsymbol{Z}_N^{\mathrm{R}}=\boldsymbol{T}_N\boldsymbol{Z}_N^{\mathrm{L}}=\boldsymbol{T}_N\boldsymbol{Z}_{N-1}^{\mathrm{R}}=\boldsymbol{T}_NT_{N-1}\boldsymbol{Z}_{N-1}^{\mathrm{L}}=\cdots=(\boldsymbol{T}_N\boldsymbol{T}_{N-1}\cdots\boldsymbol{T}_1)\boldsymbol{Z}_1^{\mathrm{L}} \tag{4.10}$$

简记典型单元右端与左端的状态量分别为 $\boldsymbol{Z}^{\mathrm{R}}=\boldsymbol{Z}_N^{\mathrm{R}}$ 和 $\boldsymbol{Z}^{\mathrm{L}}=\boldsymbol{Z}_1^{\mathrm{R}}$，于是典型单元两端状态量的关系可简写为

$$\boldsymbol{Z}^{\mathrm{R}}=\boldsymbol{T}(\omega)\boldsymbol{Z}^{\mathrm{L}} \tag{4.11}$$

式中，典型单元传递矩阵 $\boldsymbol{T}(\omega)=\boldsymbol{T}_N\boldsymbol{T}_{N-1}\cdots\boldsymbol{T}_1$ 为频率 ω 的函数。

4. 利用边界条件建立特征方程

式(4.11)共两个方程，但两端状态量共四个未知数，因此不能求解，为此必须考虑边界条件。由 Bloch 定理，有

$$\boldsymbol{Z}^{\mathrm{R}}=\mathrm{e}^{\mathrm{i}ka}\boldsymbol{Z}^{\mathrm{L}} \tag{4.12}$$

式中，k 为波数；a 为典型单元长度。由式(4.11)和式(4.12)，有

$$\left[\boldsymbol{T}(\omega)-\mathrm{e}^{\mathrm{i}ka}\boldsymbol{I}\right]\boldsymbol{Z}^{\mathrm{L}}=0 \tag{4.13}$$

式中，$\boldsymbol{I}$ 为单位矩阵，上述方程若有非零解，必须满足下列特征方程：

$$|\boldsymbol{T}(\omega)-\mathrm{e}^{\mathrm{i}ka}\boldsymbol{I}|=0 \tag{4.14}$$

求解此方程即可得到周期结构的频散曲线。由式(4.13)解出典型单元左侧状态量，然后由各层传递矩阵求每层两侧的状态量，进而由式(4.5)或式(4.6)求出系数向量 $\boldsymbol{\psi}_n$，再由式(4.3)即可判断相应的变形形状，即模态。

4.1.2 频散特性分析与计算

式(4.14)可以直接求解，也可以进一步简化，然后再求解。从前面的分析可知，$\boldsymbol{T}(\omega)$是 2×2 的矩阵，令 $\lambda=\mathrm{e}^{\mathrm{i}ka}$，由式(4.14)可知 λ 是 $\boldsymbol{T}(\omega)$的特征值，其特征方程也可写为

$$\lambda^2-I_1(\omega)\lambda+I_2(\omega)=0 \tag{4.15}$$

式中，$I_1(\omega)$与 $I_2(\omega)$为矩阵 $\boldsymbol{T}(\omega)$的不变量[16]，即 $I_1(\omega)=\mathrm{tr}(\boldsymbol{T}(\omega))=T_{11}+T_{22}$，$I_2(\omega)=|\boldsymbol{T}(\omega)|$。由式(4.4)可知：

$$|\boldsymbol{H}_n(x_n)|=-\frac{\mu_n\omega}{C_{sn}}\left[\sin^2\left(\frac{\omega}{C_{sn}}x_n\right)+\cos^2\left(\frac{\omega}{C_{sn}}x_n\right)\right]=-\frac{\mu_n\omega}{C_{sn}} \tag{4.16}$$

所以由式(4.8)可得

$$|\boldsymbol{T}_n|=|\boldsymbol{H}_n(x_n)|\,|\boldsymbol{H}_n(0)|^{-1}=-\frac{\mu_n\omega}{C_{sn}}\left(-\frac{\mu_n\omega}{C_{sn}}\right)^{-1}=1 \tag{4.17}$$

于是典型单元传递矩阵的行列式 $I_2(\omega)=|\boldsymbol{T}(\omega)|=|\boldsymbol{T}_N|\,|\boldsymbol{T}_{N-1}|\cdots|\boldsymbol{T}_1|=1$。进而式(4.15)可以改写为

$$\lambda+\lambda^{-1}=I_1(\omega) \tag{4.18}$$

注意到 $\lambda+\lambda^{-1}=\mathrm{e}^{\mathrm{i}ka}+\mathrm{e}^{-\mathrm{i}ka}=2\cos(ka)$，进而得到如下简单的特征方程：

$$\cos(ka)=\frac{1}{2}I_1(\omega) \tag{4.19}$$

为求解式(4.19)，一方面可以给定波数 k，代入式(4.19)求出相应的 ω；另一方面，给定每一个 ω，若 $|I_1(\omega)|>2$，则频率处于衰减域内，否则总能求解上述方程，给出相应的波数 k，或者直接采用 Maple 隐函数绘图命令 implicitplot 给出频散曲线。其他情况下的传递矩阵法与上述过程类似。如果典型单元只有两层，那么式(4.19)就是式(2.176)，并且在图 2.16 中给出了频散曲线。

4.1.3 有限层状周期结构的传输特性

考虑频率处于衰减域内时有限周期结构的振动传输特性。注意到 $I_2(\omega)=1$，于是由式(4.15)得到两个特征根为

$$\lambda_{1,2}=\frac{I_1(\omega)\pm\sqrt{[I_1(\omega)]^2-4}}{2} \tag{4.20}$$

首先，当频率为实数时，代表可传播的波，所以对于可传播的波，必有 $I_1(\omega)=$

$\mathrm{tr}(T(\omega))$是实数。另外，当频率处于衰减域内时，必有$|I_1(\omega)|>2$。把$|I_1(\omega)|>2$代入式(4.20)，可知两个特征根必然都是实数，进而由维达关系式$\lambda_1\lambda_2=1$可知两个根必然同号且互为倒数。若两者都为正，此时$I_1(\omega)=\lambda_1+\lambda_2>2$，由式(4.20)可知必然有一个根大于1。由$\lambda_1\lambda_2=1$可知必有一个根使得$0<\lambda<1$。同理，若两者都为负，则必有一个根使得$-1<\lambda<0$。总之，若频率$\omega$处于衰减域内，总存在典型单元传递矩阵$\boldsymbol{T}(\omega)$的一个特征根，使得

$$0<|\lambda|<1 \tag{4.21}$$

而另一个根使得

$$|\lambda|>1 \tag{4.22}$$

因两特征根不相等，且不等于0，所以存在一个由特征向量组成的可逆矩阵$\boldsymbol{Q}$，将典型单元传递矩阵对角化：

$$\boldsymbol{Q}^{-1}\boldsymbol{T}(\omega)\boldsymbol{Q}=\begin{bmatrix}\lambda_1 & 0\\ 0 & \lambda_2\end{bmatrix} \tag{4.23}$$

现考虑一个在周期方向上含有M个典型单元的有限长层状周期结构，在结构左端输入一个状态量$\boldsymbol{Z}^{\mathrm{in}}$，则在结构右端的输出状态量$\boldsymbol{Z}^{\mathrm{out}}$为

$$\boldsymbol{Z}^{\mathrm{out}}=[\boldsymbol{T}(\omega)]^M\boldsymbol{Z}^{\mathrm{in}} \tag{4.24}$$

将式(4.23)代入式(4.24)，并展开为

$$\begin{bmatrix}u^{\mathrm{out}}\\ \tau^{\mathrm{out}}\end{bmatrix}=\boldsymbol{Q}\begin{bmatrix}\lambda_1^M & 0\\ 0 & \lambda_2^M\end{bmatrix}\boldsymbol{Q}^{-1}\begin{bmatrix}u^{\mathrm{in}}\\ \tau^{\mathrm{in}}\end{bmatrix} \tag{4.25}$$

现考虑有限周期结构的边界条件，在此以悬臂的周期结构为例，即其右端自由，左端固定，然后给左端一个位移激励u_0^{in}，即边界条件为

$$u^{\mathrm{in}}=u_0^{\mathrm{in}},\quad \tau^{\mathrm{out}}=0 \tag{4.26}$$

将上述边界条件代入式(4.25)，并消去τ^{in}可得

$$u^{\mathrm{out}}=\frac{Q}{Q_{11}Q_{22}\lambda_2^M-Q_{12}Q_{21}\lambda_1^M}u_0^{\mathrm{in}} \tag{4.27}$$

式中，Q为$\boldsymbol{Q}$的行列式值，即$Q=|\boldsymbol{Q}|$，Q_{ij}为$\boldsymbol{Q}$中对应的元素，一般不为零。考虑到λ_1与λ_2的绝对值一个大于1，一个小于1，所以当周期数$M\to\infty$时，式(4.27)分母中的两项必有一项趋于0，另一项趋于无穷大，因此极限$\lim\limits_{M\to\infty}u^{\mathrm{out}}=0$。由此可见，若频率处于衰减域内，振动是逐步衰减的，且经历过足够多的周期后，振动将衰减至零。

综上可见，传递矩阵法的关键在于传递矩阵，通常只能沿一个方向进行传递，因此该方法常被用于分析一维周期结构，如周期梁、周期杆及一维层状周期结构，该方法不易用于研究二维及三维周期结构的波动频散关系。

4.2 平面波展开法

由于周期结构是空间的周期函数，因此可以将材料系数和 Bloch 波的调幅函

数都展开为傅里叶级数，将弹性波动方程在倒易空间中以平面波进行展开，即可获得特征方程，该方法称为平面波展开法。平面波展开法是应用最广的周期结构频散关系计算方法[6]。由于其基本理论比较简单，因此被广泛用于研究各种形式的周期结构（光栅结构、光子晶体、声子晶体）的频散特性[3,17]。

4.2.1　平面波展开法的基本原理

由式(2.10)可知，周期材料系数 $\lambda(\boldsymbol{r})$、$\mu(\boldsymbol{r})$以及 $\rho(\boldsymbol{r})$按傅里叶级数展开，可统一写为

$$f(\boldsymbol{r})=\sum_{\boldsymbol{G}_1} f_{\boldsymbol{G}_1}\mathrm{e}^{\mathrm{i}\boldsymbol{G}_1\cdot\boldsymbol{r}} \tag{4.28}$$

式中，$f=\lambda,\mu$ 或 ρ，$\boldsymbol{r}=[x,y,z]^{\mathrm{T}}$，$\boldsymbol{G}_1$ 为倒格矢。为了区别上述材料系数的展开，采用倒格矢 $\boldsymbol{G}_2$ 将式(2.133)中的周期函数 $\boldsymbol{u}_k(\boldsymbol{r})$展开成傅里叶级数：

$$\boldsymbol{u}_k(\boldsymbol{r})=\sum_{\boldsymbol{G}_2}\boldsymbol{u}_{\boldsymbol{k},\boldsymbol{G}_2}\mathrm{e}^{\mathrm{i}\boldsymbol{G}_2\cdot\boldsymbol{r}} \tag{4.29}$$

由式(2.133)可得位移如下：

$$\boldsymbol{u}(\boldsymbol{r},t)=\mathrm{e}^{-\mathrm{i}\omega t}\sum_{\boldsymbol{G}_2}\boldsymbol{u}_{\boldsymbol{k},\boldsymbol{G}_2}\mathrm{e}^{\mathrm{i}(\boldsymbol{k}+\boldsymbol{G}_2)\cdot\boldsymbol{r}} \tag{4.30}$$

这是一个矢量表达式，含有三个方程，$\boldsymbol{u}_{\boldsymbol{k},\boldsymbol{G}_2}=[u^x_{k,G_2},u^y_{k,G_2},u^z_{k,G_2}]^{\mathrm{T}}$。式(4.30)也是平面波的展开形式，平面波展开法因此得名。将式(4.28)及式(4.30)代入式(2.38)，可以得到式(2.38)的左边为

$$\begin{aligned}\rho\frac{\partial^2 u_x}{\partial t^2}&=-\omega^2\Big(\sum_{\boldsymbol{G}_1}\rho_{\boldsymbol{G}_1}\mathrm{e}^{\mathrm{i}\boldsymbol{G}_1\cdot\boldsymbol{r}}\Big)\Big(\sum_{\boldsymbol{G}_2}u^x_{k,\boldsymbol{G}_2}\mathrm{e}^{\mathrm{i}(\boldsymbol{k}+\boldsymbol{G}_2)\cdot\boldsymbol{r}}\Big)\mathrm{e}^{-\mathrm{i}\omega t}\\&=-\omega^2\Big(\sum_{\boldsymbol{G}_1}\sum_{\boldsymbol{G}_2}\rho_{\boldsymbol{G}_1}u^x_{\boldsymbol{k},\boldsymbol{G}_2}\mathrm{e}^{\mathrm{i}(\boldsymbol{k}+\boldsymbol{G}_1+\boldsymbol{G}_2)\cdot\boldsymbol{r}}\Big)\mathrm{e}^{-\mathrm{i}\omega t}\end{aligned} \tag{4.31}$$

在式(4.31)的合并中利用了公式 $\Big(\sum\limits_m a_m\Big)\Big(\sum\limits_n b_n\Big)=\sum\limits_m\sum\limits_n(a_m b_n)$，并且利用了 $\mathrm{e}^{\mathrm{i}\boldsymbol{G}_1\cdot\boldsymbol{r}}$ 和 $\mathrm{e}^{\mathrm{i}(\boldsymbol{k}+\boldsymbol{G}_2)\cdot\boldsymbol{r}}$ 都是标量的事实。式(2.38)的右边较为复杂，包含很多项，但有一个共同的特征是位移对坐标求一次导后再乘以一个材料系数，然后再对坐标求导。注意到 $\dfrac{\partial\mathrm{e}^{\mathrm{i}(\boldsymbol{k}+\boldsymbol{G}_2)\cdot\boldsymbol{r}}}{\partial x_n}=\mathrm{i}(\boldsymbol{k}+\boldsymbol{G}_2)_n\mathrm{e}^{\mathrm{i}(\boldsymbol{k}+\boldsymbol{G}_2)\cdot\boldsymbol{r}}$，且

$$\begin{aligned}\frac{\partial}{\partial x_m}f(\boldsymbol{r})\frac{\partial u_j(\boldsymbol{r},t)}{\partial x_n}&=\frac{\partial}{\partial x_m}\Big(\sum_{\boldsymbol{G}_1}f_{\boldsymbol{G}_1}\mathrm{e}^{\mathrm{i}\boldsymbol{G}_1\cdot\boldsymbol{r}}\Big)\Big[\frac{\partial}{\partial x_n}\mathrm{e}^{-\mathrm{i}\omega t}\sum_{\boldsymbol{G}_2}u^j_{\boldsymbol{k},\boldsymbol{G}_2}\mathrm{e}^{\mathrm{i}(\boldsymbol{k}+\boldsymbol{G}_2)\cdot\boldsymbol{r}}\Big]\\&=\mathrm{e}^{-\mathrm{i}\omega t}\frac{\partial}{\partial x_m}\Big(\sum_{\boldsymbol{G}_1}f_{\boldsymbol{G}_1}\mathrm{e}^{\mathrm{i}\boldsymbol{G}_1\cdot\boldsymbol{r}}\Big)\Big[\sum_{\boldsymbol{G}_2}u^j_{\boldsymbol{k},\boldsymbol{G}_2}\mathrm{i}(\boldsymbol{k}+\boldsymbol{G}_2)_n\mathrm{e}^{\mathrm{i}(\boldsymbol{k}+\boldsymbol{G}_2)\cdot\boldsymbol{r}}\Big]\\&=\mathrm{i}\mathrm{e}^{-\mathrm{i}\omega t}\frac{\partial}{\partial x_m}\Big[\sum_{\boldsymbol{G}_1}\sum_{\boldsymbol{G}_2}f_{\boldsymbol{G}_1}u^j_{\boldsymbol{k},\boldsymbol{G}_2}(\boldsymbol{k}+\boldsymbol{G}_2)_n\mathrm{e}^{\mathrm{i}(\boldsymbol{k}+\boldsymbol{G}_1+\boldsymbol{G}_2)\cdot\boldsymbol{r}}\Big]\end{aligned}$$

$$=-e^{-i\omega t}\sum_{G_1}\sum_{G_2}e^{i(k+G_1+G_2)\cdot r}f_{G_1}u^j_{k,G_2}(k+G_2)_n(k+G_1+G_2)_m \tag{4.32}$$

式中，$m,n,j=(x,y,z)$或者$(1,2,3)$；$(k+G_2)_n$为$(k+G_2)$的第n个分量。

根据式(4.32)，式(2.38)的右边第一项可以写为

$$\frac{\partial}{\partial x}\left[\lambda\left(\frac{\partial u_x}{\partial x}+\frac{\partial u_y}{\partial y}+\frac{\partial u_z}{\partial z}\right)\right]$$

$$=-e^{-i\omega t}\sum_{G_1}\sum_{G_2}e^{i(k+G_1+G_2)\cdot r}\lambda_{G_1}\left[\sum_j u^j_{k,G_2}(k+G_2)_j\right](k+G_1+G_2)_x \tag{4.33}$$

类似地，式(2.38)的右边后三项可以写为

$$\frac{\partial}{\partial x}\left[\mu\left(\frac{\partial u_x}{\partial x}+\frac{\partial u_x}{\partial x}\right)\right]+\frac{\partial}{\partial y}\left[\mu\left(\frac{\partial u_x}{\partial y}+\frac{\partial u_y}{\partial x}\right)\right]+\frac{\partial}{\partial z}\left[\mu\left(\frac{\partial u_x}{\partial z}+\frac{\partial u_z}{\partial x}\right)\right]$$

$$=-e^{-i\omega t}\sum_{G_1}\sum_{G_2}e^{i(k+G_1+G_2)\cdot r}\mu_{G_1}\{[u^x_{k,G_2}(k+G_2)_x+u^x_{k,G_2}(k+G_2)_x](k+G_1+G_2)_x$$

$$+[u^x_{k,G_2}(k+G_2)_y+u^y_{k,G_2}(k+G_2)_x](k+G_1+G_2)_y$$

$$+[u^x_{k,G_2}(k+G_2)_z+u^z_{k,G_2}(k+G_2)_x](k+G_1+G_2)_z\}$$

$$=-e^{-i\omega t}\sum_{G_1}\sum_{G_2}e^{i(k+G_1+G_2)\cdot r}\mu_{G_1}\left[u^x_{k,G_2}\sum_l(k+G_2)_l(k+G_1+G_2)_l\right.$$

$$\left.+(k+G_2)_x\sum_j u^j_{k,G_2}(k+G_1+G_2)_j\right] \tag{4.34}$$

式中，$l=x,y,z$。

将式(4.31)、式(4.33)和式(4.34)代入式(2.38)并消去$e^{-i\omega t}$，得

$$\omega^2\left(\sum_{G_1}\sum_{G_2}e^{i(k+G_1+G_2)\cdot r}\rho_{G_1}u^x_{k,G_2}\right)$$

$$=\sum_{G_1}\sum_{G_2}e^{i(k+G_1+G_2)\cdot r}\left\{\mu_{G_1}\left[\sum_l(k+G_2)_l(k+G_1+G_2)_l\right]u^x_{k,G_2}\right.$$

$$+\sum_j\left[\lambda_{G_1}(k+G_2)_j(k+G_1+G_2)_x\right.$$

$$\left.\left.+\mu_{G_1}(k+G_2)_x(k+G_1+G_2)_j\right]u^j_{k,G_2}\right\} \tag{4.35}$$

上述方程左右两边都含有因子$e^{i(k+G_1+G_2)\cdot r}$，它是空间坐标的函数，而且位于求和符号内，不能直接消去，如果能消去变量，则为求解带来方便。为此，在方程的两边同时乘以$e^{-i(k+G_3)\cdot r}$，然后在整个典型单元V上积分。由于求和符号可以与积分符号交换，于是有

$$\omega^2\left(\sum_{G_1}\sum_{G_2}\int_V e^{i(G_1+G_2-G_3)\cdot r}dV\rho_{G_1}u^x_{k,G_2}\right)$$

$$=\sum_{G_1}\sum_{G_2}\int_V e^{i(G_1+G_2-G_3)\cdot r}dV\left\{\mu_{G_1}\left[\sum_l(k+G_2)_l(k+G_1+G_2)_l\right]u^x_{k,G_2}\right.$$

$$+\sum_{j}\Big[\lambda_{\boldsymbol{G}_1}(\boldsymbol{k}+\boldsymbol{G}_2)_j(\boldsymbol{k}+\boldsymbol{G}_1+\boldsymbol{G}_2)_x$$

$$+\mu_{\boldsymbol{G}_1}(\boldsymbol{k}+\boldsymbol{G}_2)_x(\boldsymbol{k}+\boldsymbol{G}_1+\boldsymbol{G}_2)_j\Big]u^j_{\boldsymbol{k},\boldsymbol{G}_2}\Big\} \tag{4.36}$$

方程两边都含有下面的积分项 $\int_V \mathrm{e}^{\mathrm{i}(\boldsymbol{G}_1+\boldsymbol{G}_2-\boldsymbol{G}_3)\cdot \boldsymbol{r}}\mathrm{d}V$，取 $\boldsymbol{G}=\boldsymbol{G}_1+\boldsymbol{G}_2-\boldsymbol{G}_3$，由典型单元的周期性边界条件及三角函数的正交性有

$$\int_V \mathrm{e}^{\mathrm{i}\boldsymbol{G}\cdot\boldsymbol{r}}\mathrm{d}V=V\delta_{\boldsymbol{G}},\quad \delta_{\boldsymbol{G}}=\begin{cases}1, & \boldsymbol{G}=0\\ 0, & \boldsymbol{G}\neq 0\end{cases} \tag{4.37}$$

式中，V 为典型单元体积。$\boldsymbol{G}=0$ 时不难理解式(4.37)成立，下面来证明 $\boldsymbol{G}\neq 0$ 时式(4.37)中的积分为 0。

记

$$\boldsymbol{G}=m_1\boldsymbol{b}_1+m_2\boldsymbol{b}_2+m_3\boldsymbol{b}_3$$

式中，m_1、m_2、m_3 为整数；$\boldsymbol{b}_1$、$\boldsymbol{b}_2$、$\boldsymbol{b}_3$ 为倒格子的基矢。

记正格子基矢为 $\boldsymbol{a}_1$、$\boldsymbol{a}_2$ 和 $\boldsymbol{a}_3$，并将 $\boldsymbol{r}$ 写成

$$\boldsymbol{r}=r_1\boldsymbol{e}_1+r_2\boldsymbol{e}_2+r_3\boldsymbol{e}_3$$

式中，$\boldsymbol{e}_i=\boldsymbol{a}_i/a_i$ 为正格子单位基矢量，且 $a_i=|\boldsymbol{a}_i|$；r_1、r_2、r_3 为 $\boldsymbol{r}$ 在正格子基矢组成的坐标系上的坐标，在典型单元内 $r_i\in[0,a_i]$。

$$\mathrm{d}V=\alpha\mathrm{d}r_1\mathrm{d}r_2\mathrm{d}r_3$$

式中，$\alpha=\boldsymbol{e}_1\cdot(\boldsymbol{e}_2\times\boldsymbol{e}_3)$。

利用 $\boldsymbol{b}_j\cdot\boldsymbol{e}_k=\boldsymbol{b}_j\cdot\boldsymbol{a}_k/a_k=\delta_{jk}/a_k$(不求和)，于是有

$$\begin{aligned}\int_V \mathrm{e}^{\mathrm{i}\boldsymbol{G}\cdot\boldsymbol{r}}\mathrm{d}V&=\alpha\int_0^{a_1}\int_0^{a_2}\int_0^{a_3}\mathrm{e}^{\mathrm{i}2\pi(m_1r_1/a_1+m_2r_2/a_2+m_3r_3/a_3)}\mathrm{d}r_1\mathrm{d}r_2\mathrm{d}r_3\\ &=\alpha\int_0^{a_1}\mathrm{e}^{\mathrm{i}2\pi(m_1r_1/a_1)}\mathrm{d}r_1\int_0^{a_2}\mathrm{e}^{\mathrm{i}2\pi(m_2r_2/a_2)}\mathrm{d}r_2\int_0^{a_3}\mathrm{e}^{\mathrm{i}2\pi(m_3r_3/a_3)}\mathrm{d}r_3\end{aligned} \tag{4.38}$$

只要 m_1、m_2、m_3 中的一项不为零，则 $\boldsymbol{G}\neq 0$，不妨假设 $m_1\neq 0$，此时必然有 $\int_0^{a_1}\mathrm{e}^{\mathrm{i}2\pi(m_1r_1/a_1)}\mathrm{d}r_1=\dfrac{a_1}{\mathrm{i}2\pi m_1}(\mathrm{e}^{\mathrm{i}2\pi m_1}-1)=0$，所以式(4.38)积分等于 0，证明完毕 。

式(4.37)说明积分 $\int_V \mathrm{e}^{\mathrm{i}(\boldsymbol{G}_1+\boldsymbol{G}_2-\boldsymbol{G}_3)\cdot\boldsymbol{r}}\mathrm{d}V=V\delta_{\boldsymbol{G}_1,\boldsymbol{G}_3-\boldsymbol{G}_2}$，即当且仅当 $\boldsymbol{G}_1=\boldsymbol{G}_3-\boldsymbol{G}_2$ 时积分才不等于 0。将其代入式(4.36)，式中对 $\boldsymbol{G}_1$ 的求和只留下 $\boldsymbol{G}_1=\boldsymbol{G}_3-\boldsymbol{G}_2$ 时的项，将 $\boldsymbol{G}_1$ 换成 $\boldsymbol{G}_3-\boldsymbol{G}_2$，于是对每个 $\boldsymbol{G}_3$ 都有下面方程成立：

$$\begin{aligned}\omega^2\Big(\sum_{\boldsymbol{G}_2}\rho_{\boldsymbol{G}_3-\boldsymbol{G}_2}u^x_{\boldsymbol{k},\boldsymbol{G}_2}\Big)=\sum_{\boldsymbol{G}_2}\Big\{&\mu_{\boldsymbol{G}_3-\boldsymbol{G}_2}\Big[\sum_l(\boldsymbol{k}+\boldsymbol{G}_2)_l(\boldsymbol{k}+\boldsymbol{G}_3)_l\Big]u^x_{\boldsymbol{k},\boldsymbol{G}_2}\\ &+\sum_j\Big[\lambda_{\boldsymbol{G}_3-\boldsymbol{G}_2}(\boldsymbol{k}+\boldsymbol{G}_2)_j(\boldsymbol{k}+\boldsymbol{G}_3)_x\\ &+\mu_{\boldsymbol{G}_3-\boldsymbol{G}_2}(\boldsymbol{k}+\boldsymbol{G}_2)_x(\boldsymbol{k}+\boldsymbol{G}_3)_j\Big]u^j_{\boldsymbol{k},\boldsymbol{G}_2}\Big\}\end{aligned} \tag{4.39}$$

类似地，只需将式中的 x 换成 y 与 z，即可将式(2.39)和式(2.40)转换如下：

$$\omega^2\Big(\sum_{\boldsymbol{G}_2}\rho_{\boldsymbol{G}_3-\boldsymbol{G}_2}u^y_{\boldsymbol{k},\boldsymbol{G}_2}\Big)=\sum_{\boldsymbol{G}_2}\Big\{\mu_{\boldsymbol{G}_3-\boldsymbol{G}_2}\Big[\sum_l(\boldsymbol{k}+\boldsymbol{G}_2)_l(\boldsymbol{k}+\boldsymbol{G}_3)_l\Big]u^y_{\boldsymbol{k},\boldsymbol{G}_2}+\sum_j\Big[\lambda_{\boldsymbol{G}_3-\boldsymbol{G}_2}(\boldsymbol{k}+\boldsymbol{G}_2)_j(\boldsymbol{k}+\boldsymbol{G}_3)_y+\mu_{\boldsymbol{G}_3-\boldsymbol{G}_2}(\boldsymbol{k}+\boldsymbol{G}_2)_y(\boldsymbol{k}+\boldsymbol{G}_3)_j\Big]u^j_{\boldsymbol{k},\boldsymbol{G}_2}\Big\} \tag{4.40}$$

$$\omega^2\Big(\sum_{\boldsymbol{G}_2}\rho_{\boldsymbol{G}_3-\boldsymbol{G}_2}u^z_{\boldsymbol{k},\boldsymbol{G}_2}\Big)=\sum_{\boldsymbol{G}_2}\Big\{\mu_{\boldsymbol{G}_3-\boldsymbol{G}_2}\Big[\sum_l(\boldsymbol{k}+\boldsymbol{G}_2)_l(\boldsymbol{k}+\boldsymbol{G}_3)_l\Big]u^z_{\boldsymbol{k},\boldsymbol{G}_2}+\sum_j\Big[\lambda_{\boldsymbol{G}_3-\boldsymbol{G}_2}(\boldsymbol{k}+\boldsymbol{G}_2)_j(\boldsymbol{k}+\boldsymbol{G}_3)_z+\mu_{\boldsymbol{G}_3-\boldsymbol{G}_2}(\boldsymbol{k}+\boldsymbol{G}_2)_z(\boldsymbol{k}+\boldsymbol{G}_3)_j\Big]u^j_{\boldsymbol{k},\boldsymbol{G}_2}\Big\} \tag{4.41}$$

上述三个方程含有两个倒格矢 $\boldsymbol{G}_2$ 和 $\boldsymbol{G}_3$，其中，$\boldsymbol{G}_2$ 是在将位移展开成傅里叶级数时引入的，$\boldsymbol{G}_3$ 实质上是将材料系数展开成傅里叶级数时而引入的另外一个倒格矢($\boldsymbol{G}_3=\boldsymbol{G}_1+\boldsymbol{G}_2$)，写成 $\boldsymbol{G}_3$ 更加简化。在傅里叶级数中，两个倒格矢 $\boldsymbol{G}_2$ 和 $\boldsymbol{G}_3$ 本应取无穷多个，即取遍整个倒格矢空间，但计算量太大，而且也没有必要，在此只要取足够多个使求解收敛即可。假设 $\boldsymbol{G}_2$ 和 $\boldsymbol{G}_3$ 都取 N 个，将第 n 个 $\boldsymbol{G}_2$ 和 $\boldsymbol{G}_3$ 分别表示为 $\boldsymbol{G}_2^n$ 和 $\boldsymbol{G}_3^n$，则系数 $u^x_{\boldsymbol{k},\boldsymbol{G}_2}$、$u^y_{\boldsymbol{k},\boldsymbol{G}_2}$ 和 $u^z_{\boldsymbol{k},\boldsymbol{G}_2}$ 都含有 N 个量，将其排列成向量的形式：

$$\boldsymbol{u}^i_{\boldsymbol{k},\boldsymbol{G}_2}=[u^i_{\boldsymbol{k},\boldsymbol{G}_2^1},u^i_{\boldsymbol{k},\boldsymbol{G}_2^2},\cdots,u^i_{\boldsymbol{k},\boldsymbol{G}_2^N}]^{\mathrm{T}} \tag{4.42}$$

式中，$i=x,y,z$。注意到在材料系数的傅里叶级数系数中，除了含有 $\boldsymbol{G}_2$，还含有 $\boldsymbol{G}_3$，因此每个系数含有 $N\times N$ 个量，为方便书写，将密度的傅里叶级数系数 $\rho_{\boldsymbol{G}_3-\boldsymbol{G}_2}$ 写成 $N\times N$ 的矩阵形式：

$$\boldsymbol{\rho}_{\boldsymbol{G}_3,\boldsymbol{G}_2}=\begin{bmatrix}\rho_{\boldsymbol{G}_3^1-\boldsymbol{G}_2^1} & \rho_{\boldsymbol{G}_3^1-\boldsymbol{G}_2^2} & \cdots & \rho_{\boldsymbol{G}_3^1-\boldsymbol{G}_2^N}\\ \rho_{\boldsymbol{G}_3^2-\boldsymbol{G}_2^1} & \rho_{\boldsymbol{G}_3^2-\boldsymbol{G}_2^2} & \cdots & \rho_{\boldsymbol{G}_3^2-\boldsymbol{G}_2^N}\\ \vdots & \vdots & & \vdots\\ \rho_{\boldsymbol{G}_3^N-\boldsymbol{G}_2^1} & \rho_{\boldsymbol{G}_3^N-\boldsymbol{G}_2^2} & \cdots & \rho_{\boldsymbol{G}_3^N-\boldsymbol{G}_2^N}\end{bmatrix} \tag{4.43}$$

于是，可将式(4.39)～式(4.41)写成如下矩阵形式：

$$\omega^2\begin{bmatrix}\boldsymbol{\rho}_{\boldsymbol{G}_3,\boldsymbol{G}_2} & 0 & 0\\ 0 & \boldsymbol{\rho}_{\boldsymbol{G}_3,\boldsymbol{G}_2} & 0\\ 0 & 0 & \boldsymbol{\rho}_{\boldsymbol{G}_3,\boldsymbol{G}_2}\end{bmatrix}\begin{bmatrix}\boldsymbol{u}^x_{\boldsymbol{k},\boldsymbol{G}_2}\\ \boldsymbol{u}^y_{\boldsymbol{k},\boldsymbol{G}_2}\\ \boldsymbol{u}^z_{\boldsymbol{k},\boldsymbol{G}_2}\end{bmatrix}=\begin{bmatrix}\boldsymbol{K}_{xx} & \boldsymbol{K}_{xy} & \boldsymbol{K}_{xz}\\ \boldsymbol{K}_{yx} & \boldsymbol{K}_{yy} & \boldsymbol{K}_{yz}\\ \boldsymbol{K}_{zx} & \boldsymbol{K}_{zy} & \boldsymbol{K}_{zz}\end{bmatrix}\begin{bmatrix}\boldsymbol{u}^x_{\boldsymbol{k},\boldsymbol{G}_2}\\ \boldsymbol{u}^y_{\boldsymbol{k},\boldsymbol{G}_2}\\ \boldsymbol{u}^z_{\boldsymbol{k},\boldsymbol{G}_2}\end{bmatrix} \tag{4.44}$$

式中，$\boldsymbol{K}_{ij}(i,j=x,y,z)$是 $N\times N$ 的矩阵，它的第 m 行、第 n 列元素 $\boldsymbol{K}_{ij}^{mn}$ 为

$$\boldsymbol{K}_{ij}^{mn}=\mu_{\boldsymbol{G}_3^m-\boldsymbol{G}_2^n}\sum_{l}(\boldsymbol{k}+\boldsymbol{G}_2^n)_l(\boldsymbol{k}+\boldsymbol{G}_3^m)_l\delta_{ij}$$

$$+\mu_{\boldsymbol{G}_3^m-\boldsymbol{G}_2^n}(\boldsymbol{k}+\boldsymbol{G}_2^n)_i(\boldsymbol{k}+\boldsymbol{G}_3^m)_j+\lambda_{\boldsymbol{G}_3^m-\boldsymbol{G}_2^n}(\boldsymbol{k}+\boldsymbol{G}_2^n)_j(\boldsymbol{k}+\boldsymbol{G}_3^m)_i \tag{4.45}$$

它是波矢 $\boldsymbol{k}$ 的函数,式(4.44)也可简写为

$$[\boldsymbol{K}(\boldsymbol{k})-\omega^2\boldsymbol{M}]\boldsymbol{u}_{\boldsymbol{k},\boldsymbol{G}_2}=0 \tag{4.46}$$

当每给定一个波矢 $\boldsymbol{k}$ 时,求解上述方程即可给出频率 ω,进而可以绘制频散曲线并求得衰减域。

上面就是三维周期结构的平面波展开法的基本思路和原理,二维和一维周期结构的平面波展开法与上述过程类似,只需将维度降低即可。该方法的实质就是对控制方程中的材料系数和位移进行傅里叶级数展开,由于材料是给定的,因此材料系数的傅里叶级数系数是确定的,而位移是待求的,由位移的傅里叶级数系数不能全为 0,进而可以给出特征方程。

4.2.2　傅里叶系数与结构函数

下面计算材料系数的傅里叶级数展开式(4.28)中的系数 $f_{\boldsymbol{G}}$(为书写方便,略去下标 1)。由式(2.11)有

$$f_{\boldsymbol{G}}=V^{-1}\int_V f(\boldsymbol{r})\mathrm{e}^{-\mathrm{i}\boldsymbol{G}\cdot\boldsymbol{r}}\mathrm{d}V \tag{4.47}$$

为了说明如何计算上述积分,不妨假设周期结构由两种材料 A 和 B 组成,其中 A 为散射体,B 为基体,这样的结构称为二组元周期结构。在典型单元内分别占据区域 V_A 和 V_B,则 $V=V_A+V_B$。在三维周期结构中,同时采用 V_A 和 V_B 表示体积;在二维中,代表各自区域及面积,在一维中代表各自区域及长度。在每种单一材料区域内材料系数 $f(\boldsymbol{r})$ 为常数,设分别为 f_A 和 f_B。

当 $\boldsymbol{G}=0$ 时,有

$$f_0=V^{-1}\int_V f(\boldsymbol{r})\mathrm{d}V=V^{-1}(f_AV_A+f_BV_B)=f_AF+f_B(1-F) \tag{4.48}$$

式中,F 为填充率(filling fraction),表示散射体在典型单元内占据的比例,即 $F=V_A/V$。

当 $\boldsymbol{G}\neq 0$ 时,注意到 $V=V_A+V_B$ 和式(4.37),于是有

$$\begin{aligned}f_{\boldsymbol{G}}&=V^{-1}\left(f_A\int_{V_A}\mathrm{e}^{-\mathrm{i}\boldsymbol{G}\cdot\boldsymbol{r}}\mathrm{d}V+f_B\int_{V_B}\mathrm{e}^{-\mathrm{i}\boldsymbol{G}\cdot\boldsymbol{r}}\mathrm{d}V\right)\\&=V^{-1}(f_A-f_B)\int_{V_A}\mathrm{e}^{-\mathrm{i}\boldsymbol{G}\cdot\boldsymbol{r}}\mathrm{d}V+V^{-1}f_B\int_V\mathrm{e}^{-\mathrm{i}\boldsymbol{G}\cdot\boldsymbol{r}}\mathrm{d}V\\&=V^{-1}(f_A-f_B)\int_{V_A}\mathrm{e}^{-\mathrm{i}\boldsymbol{G}\cdot\boldsymbol{r}}\mathrm{d}V\end{aligned} \tag{4.49}$$

定义函数 $P(\boldsymbol{G})$ 为

$$P(\boldsymbol{G})=FV_A^{-1}\int_{V_A}\mathrm{e}^{-\mathrm{i}\boldsymbol{G}\cdot\boldsymbol{r}}\mathrm{d}V \tag{4.50}$$

它仅由散射体形状和填充率决定，而与典型单元形状及各材料属性无关，因此 $P(\boldsymbol{G})$ 也称为结构函数。于是材料系数的傅里叶级数系数 $f_{\boldsymbol{G}}$ 可以写为

$$f_{\boldsymbol{G}}=\begin{cases}f_A F+f_B(1-F)\equiv\overline{f}\\(f_A-f_B)P(\boldsymbol{G})\equiv(\Delta f)P(\boldsymbol{G})\end{cases} \tag{4.51}$$

类似于二组元周期结构，若周期结构由三种材料 A、B、C 组成，称为三组元周期结构，假设 C 为基体。类似地，可以得到

$$f_{\boldsymbol{G}}=\begin{cases}f_A F_A+f_B F_B+F_C(1-F_A-F_B)\equiv\overline{f}, & \boldsymbol{G}=0\\(f_A-f_C)P_A(\boldsymbol{G})+(f_B-f_C)P_B(\boldsymbol{G}), & \boldsymbol{G}\neq 0\end{cases} \tag{4.52}$$

式中，$P_A(\boldsymbol{G})=F_A V_A^{-1}\int_{V_A}\mathrm{e}^{-\mathrm{i}\boldsymbol{G}\cdot\boldsymbol{r}}\mathrm{d}V$；$P_B(\boldsymbol{G})=F_B V_B^{-1}\int_{V_B}\mathrm{e}^{-\mathrm{i}\boldsymbol{G}\cdot\boldsymbol{r}}\mathrm{d}V$；$F_A=V_A/V$；$F_B=V_B/V$。

接下来对结构函数式(4.50)进行积分，首先取一个定义在散射体区域上的单位函数 $\prod(\boldsymbol{r})$：

$$\prod(\boldsymbol{r})=\begin{cases}1, & \boldsymbol{r}\in V_A\\0, & \boldsymbol{r}\notin V_A\end{cases} \tag{4.53}$$

它的标准傅里叶变换为

$$p(\boldsymbol{g})=\int_{\Omega}\prod(\boldsymbol{r})\mathrm{e}^{-\mathrm{i}(2\pi\boldsymbol{g}\cdot\boldsymbol{r})}\mathrm{d}\Omega \tag{4.54}$$

式中，Ω 为整个欧氏空间。可以看出结构函数本质上由函数 $\prod(\boldsymbol{r})$ 的傅里叶变换决定，只是为了方便研究波动问题，使 $\boldsymbol{G}$ 与波矢量纲相同，故积分式(2.11)没有系数 2π，导致式(4.50)没有系数 2π。不同的散射体对应着不同的定义域，当定义域 V_A 较规则时，若能找到标准傅里叶变换 $p(\boldsymbol{g})$，则结构函数可以给出：

$$P(\boldsymbol{G})=FV_A^{-1}p(\boldsymbol{g})\Big|_{\boldsymbol{g}=\boldsymbol{G}/2\pi} \tag{4.55}$$

实际上，直接对式(4.50)积分并不难，若没有解析解也可以进行数值积分。当 $\boldsymbol{G}=0$ 时，显然 $P(\boldsymbol{G})=F$ 表示填充率。当 $\boldsymbol{G}\neq 0$ 时，下面给出几种典型散射体结构函数的解析解。

1. 球形散射体

考虑一个半径为 r_0 的球形散射体，采用球坐标系，如图 4.1 所示。显然球形散射体的结构函数不取决于坐标系的选择，不失一般性，为了方便，取 $\boldsymbol{G}$ 所在方向为坐标系的 z 轴正方向，于是 $\boldsymbol{G}\cdot\boldsymbol{r}=Gr\cos\theta$，式中，$G$ 为矢量 $\boldsymbol{G}$ 的模。进一步有

$$
\begin{aligned}
P(\boldsymbol{G}) &= FV_A^{-1}\int_0^{r_0}\int_0^{2\pi}\int_0^{\pi} \mathrm{e}^{-\mathrm{i}Gr\cos\theta} r^2 \sin\theta \mathrm{d}\theta \mathrm{d}\varphi \mathrm{d}r \\
&= FV_A^{-1} 2\pi\int_0^{r_0} r\mathrm{d}r\int_0^{\pi} \mathrm{e}^{\mathrm{i}G(-r\cos\theta)}\mathrm{d}(-r\cos\theta) \\
&= FV_A^{-1} 4\pi\int_0^{r_0} \frac{\sin(Gr)}{G} r\mathrm{d}r \\
&= 3F(Gr_0)^{-3}[\sin(Gr_0) - Gr_0\cos(Gr_0)]
\end{aligned} \tag{4.56}
$$

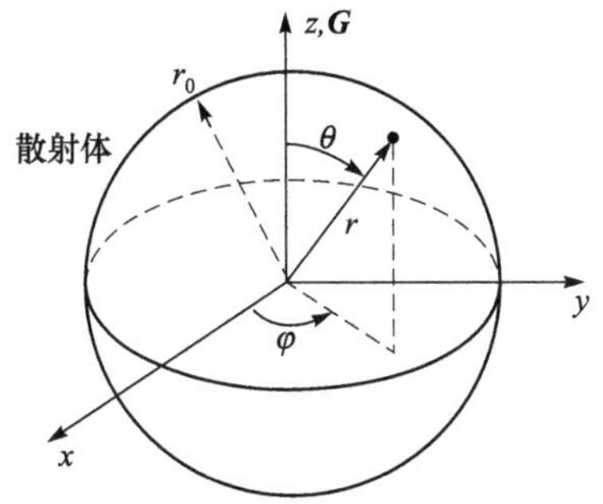

图 4.1　原点位于散射体中心的球坐标系

2. 圆形散射体

与球形散射体结构函数的求解类似，对于二维周期结构，如果散射体为高对称的圆形时，也可得到较为简单的结构函数。不妨以 $\boldsymbol{G}$ 所在方向为坐标系 x 轴的正方向，不难得到

$$
P(\boldsymbol{G}) = \frac{F}{\pi r_0^2}\int_0^{r_0} r\mathrm{d}r\int_0^{2\pi} \mathrm{e}^{-\mathrm{i}Gr\cos(\theta)}\mathrm{d}\theta = 2F\frac{\mathrm{J}_1(Gr_0)}{Gr_0} \tag{4.57}
$$

式中，r_0 为散射体的半径；J_1 为第一类 Bessel 函数。

3. 长方形散射体

在二维周期结构中，如果散射体是长方形，此时不能像上述两类散射体那样随意将矢量 $\boldsymbol{G}$ 的方向绑定在坐标轴上，因为它的对称性较低，此时 $\boldsymbol{G}$ 的方向对结构函数也有影响。如图 4.2 所示，考虑一个边长为 $2l_x$ 和 $2l_y$ 的长方形，以长方形中心为原点，两个边为坐标轴方向，建立坐标系，坐标单位基矢量为 $\boldsymbol{e}_x$ 和 $\boldsymbol{e}_y$，进一步将 $\boldsymbol{G}$ 写为 $\boldsymbol{G}=G_x\boldsymbol{e}_x+G_y\boldsymbol{e}_y$。长方形内任意一点可表示为 $\boldsymbol{r}=x\boldsymbol{e}_x+y\boldsymbol{e}_y$，于是有 $\boldsymbol{G}\cdot\boldsymbol{r}=G_xx+G_yy$，进而有

$$
P(\boldsymbol{G}) = \frac{F}{4l_xl_y}\int_{-l_x}^{l_x} \mathrm{e}^{-\mathrm{i}G_xx}\mathrm{d}x\int_{-l_y}^{l_y} \mathrm{e}^{-\mathrm{i}G_yy}\mathrm{d}y = \begin{cases} F\dfrac{\sin(G_yl_y)}{G_yl_y}, & G_x=0, G_y\neq 0 \\ F\dfrac{\sin(G_xl_x)}{G_xl_x}, & G_x\neq 0, G_y=0 \\ F\dfrac{\sin(G_xl_x)}{G_xl_x}\dfrac{\sin(G_yl_y)}{G_yl_y}, & G_xG_y\neq 0 \end{cases} \tag{4.58}
$$

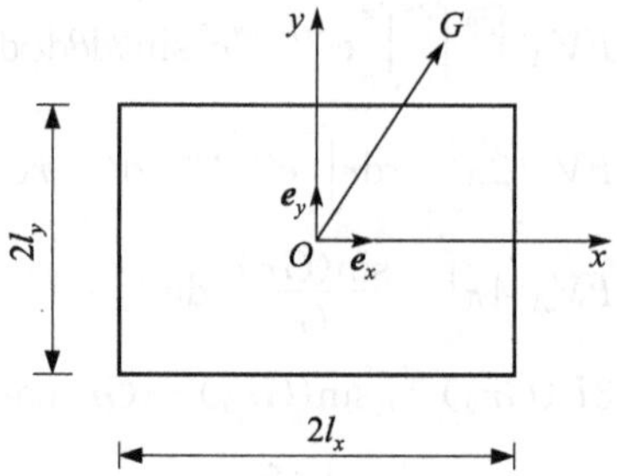

图 4.2 长方形散射体

4. 长方体散射体

与二维中的长方形散射体类似，对于三条边长分别为 $2l_x$、$2l_y$ 和 $2l_z$ 的长方体散射体，若 $\boldsymbol{G}=G_x\boldsymbol{e}_x+G_y\boldsymbol{e}_y+G_z\boldsymbol{e}_z$，则

$$P(\boldsymbol{G})=F\frac{\sin(G_xl_x)}{G_xl_x}\frac{\sin(G_yl_y)}{G_yl_y}\frac{\sin(G_zl_z)}{G_zl_z},\quad G_xG_yG_z\neq0 \tag{4.59}$$

当 G_x、G_y、G_z 中的任意一个为零时，对式(4.59)取极限即可。

5. 椭圆形散射体

傅里叶变换的相似性表明[18]：若函数 $f(\boldsymbol{r})$ 的傅里叶变换为 $F(\boldsymbol{g})$，则对任意拉伸线性变换 $\boldsymbol{A}$ 有 $f(\boldsymbol{A}\boldsymbol{r})$ 的傅里叶变换：$|\boldsymbol{A}|^{-1}F(\boldsymbol{A}^{-\mathrm{T}}\boldsymbol{g})$。

考虑一单位圆 $x^2+y^2=1$，进行如下线性拉伸变换：

$$\begin{bmatrix}x'\\y'\end{bmatrix}=\begin{bmatrix}1/a & 0\\0 & 1/b\end{bmatrix}\begin{bmatrix}x\\y\end{bmatrix} \tag{4.60}$$

即可得到一个椭圆散射体的边界方程如下：

$$\frac{(x')^2}{a^2}+\frac{(y')^2}{b^2}=1 \tag{4.61}$$

式中，a 与 b 为椭圆的两半轴长。上述变换可简记为 $\boldsymbol{r}'=\boldsymbol{A}\boldsymbol{r}$，且 $\boldsymbol{A}=\mathrm{diag}(1/a,1/b)$。当散射体为单位圆时，即单位函数式(4.53)的定义域为单位圆（半径 $r_0=1$），不难根据式(4.57)给出单位圆散射体的结构函数，然后根据傅里叶变换的相似性，可给出椭圆散射体的结构函数：

$$P(\boldsymbol{G})=2F\frac{\pi\cdot1^2}{\pi\cdot ab}\left[ab\cdot\frac{\mathrm{J}_1(\sqrt{(aG_x)^2+(bG_y)^2}\cdot1)}{\sqrt{(aG_x)^2+(bG_y)^2}\cdot1}\right]=2F\frac{\mathrm{J}_1(G')}{G'} \tag{4.62}$$

式中，$G'=|\boldsymbol{A}^{-\mathrm{T}}\boldsymbol{G}|=\sqrt{(aG_x)^2+(bG_y)^2}$，即矢量 $\boldsymbol{G}$ 进行压缩变换 $\boldsymbol{A}^{-\mathrm{T}}=\mathrm{diag}(a,b)$ 后的模，式(4.62)括号“[]”内的表达式是根据傅里叶变换的相似性给出的。

6. 椭球散射体

类似于椭圆散射体在二维周期结构中的情况，当三维周期结构中的散射体为如下椭球体时，有

$$\frac{x^2}{a^2}+\frac{y^2}{b^2}+\frac{z^2}{c^2}=1 \tag{4.63}$$

式中，a、b、c 为椭球的三个半轴长。不难根据傅里叶变换的相似性及式(4.56)的结果，给出椭球散射体的结构函数：

$$P(\boldsymbol{G})=3F\,(G')^{-3}[\sin(G')-G'\cos(G')] \tag{4.64}$$

式中，$G'=\sqrt{(aG_x)^2+(bG_y)^2+(cG_z)^2}$。

4.2.3　平面波展开法的收敛性及改进

虽然平面波展开法比较简单，应用也很广，但当材料参数性能差异较大时，该方法存在收敛性较差的问题[5,19-22]。针对此问题，Lalanne 和 Morris[23]通过变换方程形式，然后再应用平面波展开法，发现可显著提高该方法的收敛性。Li[24,25]进一步给出了该方法能改进收敛性的数学基础，即从数学的角度指出传统方法材料系数乘积在界面处存在间断点，而变换系数后可使材料系数与应变的乘积具有连续性，并进一步指出这种连续性的物理意义是应力持续。Shen 和 He[26]、Cao 等[20]将此方法应用于光子晶体和声子晶体，数值结果表明此方法可准确计算其频散关系，且有较好的收敛性。

从数学上看，平面波展开法是将弹性波动方程中的弹性参数、位移的本征函数等物理参数在倒格矢空间进行傅里叶展开，取有限项级数代入控制方程，从而将波动方程转换为频散方程的数学过程。这个数学过程主要包含两个数学近似：第一，对单一函数的傅里叶近似，如材料参数、位移场参数；第二，对两个函数乘积函数的傅里叶系数近似。下面将研究这两个近似对收敛性的影响，然后给出改进的平面波展开法。

1. 单一函数的傅里叶近似

傅里叶收敛定理指出[27]，若可积函数 $f(x)$ 满足 Dirichlet 收敛性条件，则函数 $f(x)$ 的傅里叶级数收敛，即如果点 x 是原函数 $f(x)$ 的连续点，当项数 N 趋于无穷时，傅里叶级数的有限项和函数 $f_N(x)$ 收敛于 $f(x)$；如果 x 是跳跃型间断点（左右极限 $f(x-0)$ 与 $f(x+0)$ 都存在但不相等的点），则和函数收敛于 $[f(x-0)+f(x+0)]/2$。值得注意的是，$f_N(x)$ 在跳跃型间断点附近存在 Gibbs 振荡现象，即以振荡方式接近收敛值，Gibbs 振荡严重影响其导数的收敛性，有时甚至导致计算结果发散[28-30]。

周期结构中材料参数(密度、弹性常数)及结构响应(位移、应力、应变)等都是关于位置的周期函数,如材料参数、应变在界面上存在跳跃型间断点,而在平面波展开法中,从式(4.33)和式(4.34)看出含有材料参数 λ、μ 和应变 $\partial u/\partial x$ 等的导数项,当材料参数差异较大时,会导致平面波展开法的收敛性很差,甚至无法收敛。下面从两个具体的例子来分析单一函数傅里叶近似的收敛性问题及其影响参数。

1) Gibbs 振荡

考虑一个存在跳跃型间断点的函数 $f(x)$ 和一个连续函数 $g(x)$,两者及其傅里叶级数的有限项和函数 $f_N(x)$ 和 $g_N(x)$ 为

$$\begin{cases} f(x)=\begin{cases} S, & |x|\leqslant\bar{\alpha} \\ 1, & \bar{\alpha}<|x|\leqslant 1 \end{cases}, & f(x)\approx f_N(x)=\sum_{n=-N}^{n=+N}F_n\mathrm{e}^{\mathrm{i}nx} \\ g(x)=\begin{cases} -10x, & -1\leqslant x<0 \\ 10x, & 0\leqslant x\leqslant 1 \end{cases}, & g(x)\approx g_N(x)=\sum_{n=-N}^{n=+N}G_n\mathrm{e}^{\mathrm{i}nx} \end{cases} \tag{4.65}$$

式中,S 和 $\bar{\alpha}$ 为无量纲参数;N 为有限项和函数的项数;F_n 和 G_n 为函数 $f(x)$ 和 $g(x)$ 的傅里叶系数。取 $S=10$、$\bar{\alpha}=0.5$,当 $N=29$ 时,图 4.3 给出了函数 $f(x)$ 和 $g(x)$ 及其有限项和函数 $f_N(x)$ 和 $g_N(x)$ 的曲线。从图中可见,由于跳跃型间断点的存在,$f_N(x)$ 的精度较差。主要表现在如下两个方面:第一,在间断点附近存在峰值较大的振荡,即所谓的 Gibbs 振荡;第二,在间断点附近,$f_N(x)$ 的收敛性仍受影响,其值仍在精确值附近波动。与 $f_N(x)$ 不同,$g_N(x)$ 的精度较高,它与原连续函数 $g(x)$ 几乎重合。

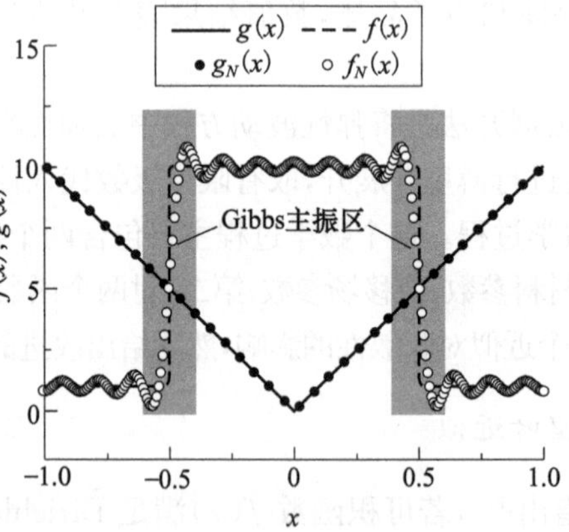

图 4.3　周期函数 $f(x)$ 和 $g(x)$ 及其傅里叶级数有限项和函数

对于含跳跃型间断点的周期函数 $f(x)$,设 $f_N(x)$ 在间断点 x_j 左侧和右侧距离间断点最近的峰值分别为 f^{L} 和 f^{R},这两个峰值一般比其他峰值大,因而两者描述了局部误差。间断点附近 Gibbs 主振荡区域为 $D_j=\{x\,|\,x^{\mathrm{L}}<x<x^{\mathrm{R}}\}$,式中,$x^{\mathrm{L}}$ 和 x^{R} 分别为"左峰值 f^{L} 往左"和"右峰值 f^{R} 往右"第一个使 $f_N(x)$ 与 $f(x)$ 相等的点,故而 Gibbs 区域相当于左、右各半个振荡波"波长",区域长度为 $L_{\mathrm{G}}(x_j)=x^{\mathrm{R}}-$

x^{L}。在此引入两个误差参数 $\bar{\varepsilon}$ 和 ε_{G}，分别定义为

$$\begin{cases} \bar{\varepsilon} = \int \left| \dfrac{f_N(x) - f(x)}{f(x)} \right| \mathrm{d}x \times 100\% \\ \varepsilon_{\mathrm{G}} = \max\limits_{x,j} \left(\dfrac{|f_N(x) - f(x)|}{\Delta f_j} \right) \times 100\% \end{cases} \tag{4.66}$$

式中，Δf_j 为间断点 x_j 处左右极限之差的绝对值 $|f(x_j+0)-f(x_j-0)|$。可以看出，$\bar{\varepsilon}$ 是平均相对误差，其大小用来反映整体精度；ε_{G} 是 Gibbs 区域内的最大相对误差，其大小代表局部精度。

当 $S=10$、$\bar{\alpha}=0.5$ 时，考虑到对称性，取 $x=0.5$ 附近 Gibbs 主振荡区域为研究对象。误差参数（$\bar{\varepsilon}$ 和 ε_{G}）随项数 N 的变化如图 4.4(a)所示，随着级数项数 N 的增大，$f_N(x)$逐渐逼近函数 $f(x)$，且在 N 较小时（如 N 小于 40），误差 $\bar{\varepsilon}$ 减小较快，这表明有限项和函数的精度主要由低阶项来控制。$f_N(x)$的最大相对误差 ε_{G} 在 N 较小时减小也较快，但之后趋于一常数，表明 Gibbs 振荡峰值不会随着 N 的增大而一直减小下去。图 4.4(b)给出了 Gibbs 主振荡区域宽度 L_{G} 及振荡区域的左右边界 x_0^{L} 和 x_0^{R} 随 N 的变化趋势。可以看出，随着 N 的增大，Gibbs 主振荡区域的左右边界对称趋近于间断点，Gibbs 主振荡区域宽度 L_{G} 趋近于 0。随着项数的增多，虽然 Gibbs 振荡不会消失，但其影响范围逐渐减小，和函数 $f_N(x)$逐渐逼近精确解。因此，和函数误差参数与 Gibbs 主振荡区域宽度是影响整体计算精度的控制参数。

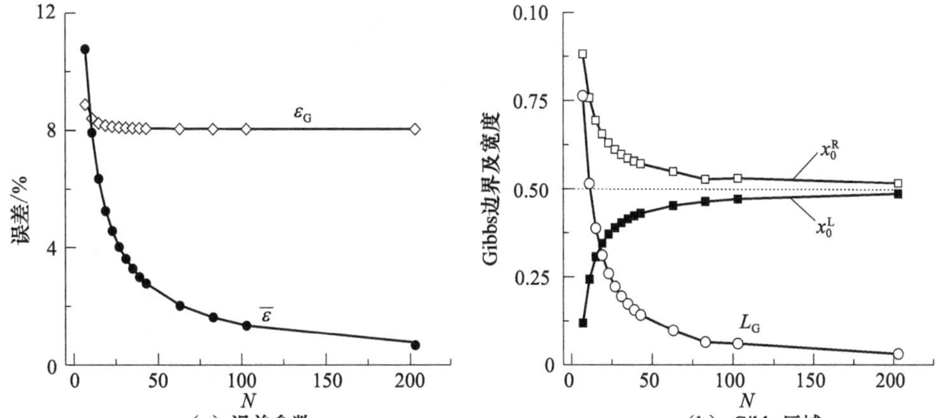

（a）误差参数　　（b）Gibbs区域

图 4.4　误差参数和 Gibbs 区域随和函数项数的变化

2）误差参数分析

应用平面波展开法分析弹性波在周期结构中传播时，材料参数和几何参数的不连续都会影响收敛性。函数 $f(x)$的两个无量纲参数 S 和 $\bar{\alpha}$ 可分别代表材料参数差异和填充率。下面分析无量纲参数 S 和 $\bar{\alpha}$ 对单一函数傅里叶展开误差参数的

影响。

取和函数的项数 $N=29$，图 4.5 给出了当 $\bar{\alpha}=0.5$ 时，误差参数和 Gibbs 主振荡区域随参数 S 的变化。可见在 $S\in(0.1,10)$ 时，误差参数 $\bar{\varepsilon}$ 随着 S 的变化改变较快；但是当材料差异较大时，即 $S\to 0$ 或 $S\to\infty$ 时，误差参数值 $\bar{\varepsilon}$ 趋于一个稳定值。这意味着材料参数比值过大或过小，都会使得有限项和函数误差增大。图 4.5(b) 说明材料参数比值 S 对 Gibbs 主振荡区宽度及振荡峰值无影响。

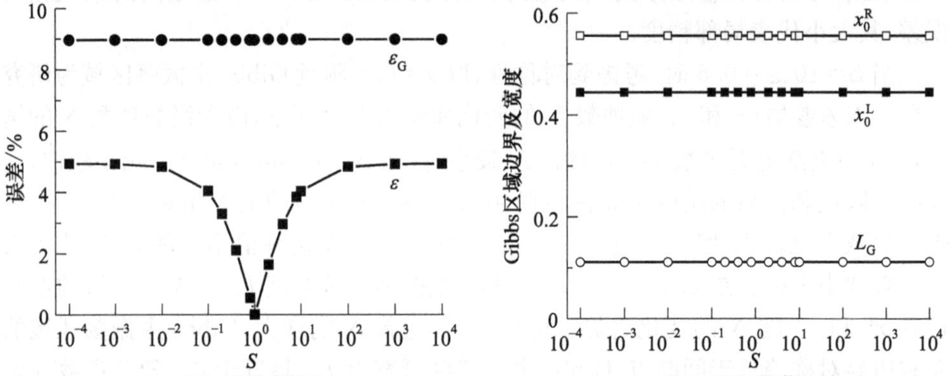

(a) 误差参数　　(b) Gibbs振荡区域

图 4.5　误差参数和 Gibbs 振荡区域随参数 S 的变化

取和函数的项数 $N=29$，图 4.6 给出了 $S=10$ 时，Gibbs 主振荡区最大误差 ε_G 和 Gibbs 主振荡区域随参数 $\bar{\alpha}$ 的变化。由图 4.6(a) 可知，Gibbs 主振荡区内的相对误差最大值在 $\bar{\alpha}\in(0.1,0.9)$ 时较稳定，但随 $\bar{\alpha}$ 的继续增大或减小，误差急剧增大。同时，由图 4.6(b) 可知，Gibbs 振荡区域宽度几乎不随 $\bar{\alpha}$ 的变化而变化。由此可见，在填充率过大或过小时，Gibbs 主振荡区域内的误差急剧增大，从而影响计算的收敛性。

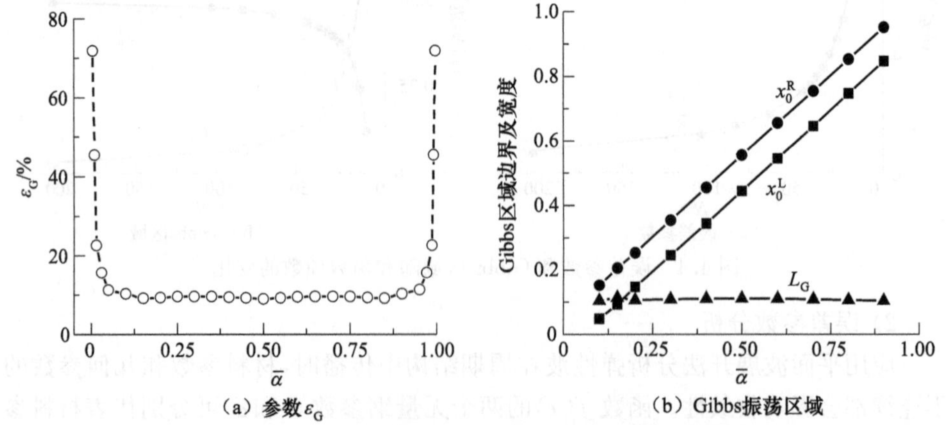

(a) 参数 ε_G　　(b) Gibbs振荡区域

图 4.6　参数 ε_G 和 Gibbs 振荡区域随参数 $\bar{\alpha}$ 的变化

取 $S=10$、$N=29$，图 4.7(a)给出了 $\bar{\alpha}=0.01,0.5,0.99$ 时函数 $f(x)$ 及 $f_N(x)$ 在 $-1\leqslant x\leqslant 1$ 的变化。图 4.7(b)则给出了在 $x=0.99$ 间断点附近不同 N 下 $f(x)$ 和 $f_N(x)$ 的变化。可以看出，$\bar{\alpha}$ 过小或过大(两种材料几何参数比值过小或过大)，都会由于 Gibbs 振荡而影响有限项和函数在局部的精度，从而降低整体的收敛性。

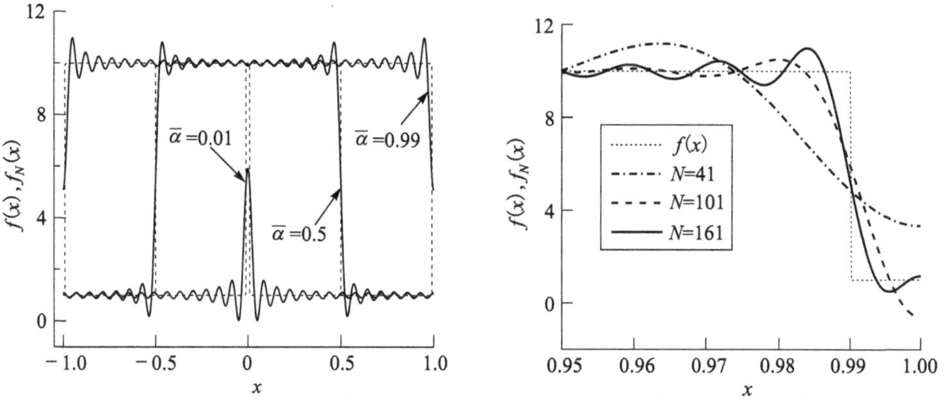

(a) 不同 $\bar{\alpha}$ 下函数 $f(x)$ 和 $f_N(x)$ 的变化　　(b) 间断点附近的 $f(x)$ 和 $f_N(x)$

图 4.7　函数 $f(x)$ 及 $f_N(x)$ 随 x 的变化

由以上分析可知，含有跳跃型间断点的周期函数的傅里叶展开收敛性差。收敛性差的原因主要表现在两个方面，一是误差平均值较大，二是 Gibbs 主振荡区域内误差较大。傅里叶级数有限项和函数项数越多计算精度越高，同时 Gibbs 振荡范围越小，但是 Gibbs 振荡峰值并不会减小。由于 Gibbs 振荡的存在，几何参数过大或过小会严重影响有限项和函数的收敛性。

2. 乘积函数的傅里叶近似

在应用平面波展开法求解周期结构的频散关系时，通常需要对两个函数的乘积进行傅里叶近似，如式(4.33)和式(4.34)中含有材料参数 λ、μ 及其与应变 $\partial u/\partial x$ 等的乘积。尽管材料参数或者应变在交界面上都不连续，但两者的乘积代表的是应力，应力在交界面上是连续的。下面从数学原理上讨论单个函数不连续但两个函数乘积连续的傅里叶近似的收敛性。

1) 基本原理

假设有两个分段连续光滑的有界周期函数 $f(x)$ 和 $g(x)$，其乘积为 $h(x)=f(x)g(x)$。若点 x_j 是函数 $f(x)$ 和 $g(x)$ 的跳跃型间断点，且其乘积 $h(x)$ 在该点满足：

$$h(x_j-0)=h(x_j+0) \tag{4.67}$$

则称点 x_j 为函数 $f(x)$ 和 $g(x)$ 的“互补间断点”。

乘积函数 $h(x)$ 的傅里叶级数展开如下：

$$h(x)=\sum_{n=-\infty}^{n=+\infty}H_n e^{inx}=\lim_{N=\infty}h_N(x),\quad h_N(x)=\sum_{n=-N}^{n=+N}H_n e^{inx} \tag{4.68}$$

式中，H_n 为函数 $h(x)$ 的傅里叶系数。需要指出的是，在实际计算中，通常乘积函数 $h(x)$ 为未知函数，例如，平面波展开法中材料参数是已知的，但位移是待求的，故两者的乘积是未知的，也就是不能直接求系数 H_n。一个朴素的想法是通过函数 $f(x)$ 和 $g(x)$ 的傅里叶系数 F_n 和 G_n 来表示 H_n，理论上是可行的，例如，通过

$$\sum_{n=-\infty}^{n=+\infty}H_n e^{inx}=\Big(\sum_{n=-\infty}^{n=+\infty}F_n e^{inx}\Big)\Big(\sum_{n=-\infty}^{n=+\infty}G_n e^{inx}\Big) \tag{4.69}$$

整理相应项的系数可以得到三者之间的关系，但是这样必须有无限多项 F_n 和 G_n 才能精确给出 H_n，而在实际计算中，这是不现实的，一般都只取有限项进行计算，此时得到的只能是 H_n 的近似值 $\widetilde{H}_n$。构造如下函数：

$$\tilde{h}_N(x)=\sum_{n=-N}^{n=+N}\widetilde{H}_n e^{inx} \tag{4.70}$$

那么能否给出 F_n、G_n 与 $\widetilde{H}_n$ 三者之间的关系表达式，假若给出了它们之间的关系，但当 $N\to\infty$ 时，上述近似函数 $\widetilde{H}_n$ 会收敛于 H_n 吗？若如此，则有限项和函数 $\tilde{h}_N(x)$ 能够收敛于 $h_N(x)$。Laurent 定理[31]及其逆形式[22]对此给出了答案，分下面三种情况，前两种情况可实现收敛，而且可实现一致收敛[24,25]，一致收敛将对提高求导运算的稳定性非常有帮助；第三种情况则为非一致收敛。

第一种情况(一致收敛)：当 $f(x)$ 和 $g(x)$ 没有相同的跳跃型间断点时，根据 Laurent 定理[31]，$h(x)$ 的近似傅里叶系数可取为

$$\widetilde{H}_n=\sum_{m=-M}^{m=+M}[F]_{nm}G_m=\sum_{m=-M}^{m=+M}F_{n-m}G_m \tag{4.71}$$

此时当 $M,N\to\infty$ 时，$\tilde{h}_N(x)$ 一致收敛于 $h(x)$。式中，$[F]$ 是一个矩阵，它的第 n 行第 m 列的元素 $[F]_{nm}$ 等于 $f(x)$ 的傅里叶系数 F_{n-m}，所以当 $M=N$ 时，它是一个 $(2N+1)\times(2N+1)$ 的 Toeplitz 矩阵，具体如下：

$$[F]=\begin{bmatrix} F_0 & F_1 & F_2 & \cdots & F_{2N} \\ F_{-1} & F_0 & F_1 & \cdots & F_{2N-1} \\ F_{-2} & F_{-1} & F_0 & \cdots & F_{2N-2} \\ \vdots & \vdots & \vdots & & \vdots \\ F_{-2N} & F_{-(2N-1)} & F_{-(2N-2)} & \cdots & F_0 \end{bmatrix} \tag{4.72}$$

第二种情况(一致收敛)：记 $f(x)$ 的周期为 T，C 为 $[0,T)$ 的一个子集，$\overline{C}$ 为 C 在 $[0,T)$ 中的补集，C 和 $\overline{C}$ 可以为空集。如果 $h(x)$ 的所有间断点都是可去间断点，且 $1/f(x)\neq 0$，并满足下列条件之一：①$\mathrm{Re}(1/f)$ 在周期 $[0,T)$ 内不变号，在 C 中 $\mathrm{Re}(1/f)\neq 0$ 且在 $\overline{C}$ 中 $\mathrm{Im}(1/f)$ 不变号；②$\mathrm{Im}(1/f)$ 在周期 $[0,T)$ 内不变号，在 C

中 $\mathrm{Im}(1/f)\neq 0$ 且在 $\overline{C}$ 中 $\mathrm{Re}(1/f)$ 不变号。则根据 Laurent 定理的逆形式[22]，近似的傅里叶系数可取为

$$\widetilde{H}_n=\sum_{m=-M}^{m=+M}[\overline{F}]_{nm}^{-1}G_m \tag{4.73}$$

此时当 $M,N\to\infty$ 时，$\tilde{h}_N(x)$ 也一致收敛于 $h(x)$。式中，$[\overline{F}]_{nm}=\overline{F}_{n-m}$，$\overline{F}_n$ 表示函数 $1/f(x)$ 的傅里叶系数，$[\overline{F}]$ 也是 Toeplitz 矩阵，同时 $[\overline{F}]_{nm}^{-1}$ 代表矩阵 $[\overline{F}]$ 的逆矩阵的第 (n,m) 个元素。由于 Toeplitz 矩阵的逆矩阵不一定是 Toeplitz 矩阵，对此要特别注意。

第三种情况(Gibbs 振荡)：当 $f(x)$ 和 $g(x)$ 有相同的跳跃型间断点时，按式(4.71)给出的有限项傅里叶级数的和函数在该共同间断点处局部不收敛，且间断点附近存在 Gibbs 振荡现象。此外，当 $f(x)$ 和 $g(x)$ 的间断点不是互补间断点时，则按式(4.73)给出的有限项傅里叶级数的和函数在该间断点局部不收敛，且存在 Gibbs 振荡现象。

如果采用通俗一点的语言描述，上述三种情况实际上说明这样一个事实：当 $f(x)$ 和 $g(x)$ 没有相同的跳跃型间断点时，其乘积的傅里叶系数可由式(4.71)计算，并且所给出的有限项和函数一致收敛；当 $f(x)$ 和 $g(x)$ 所有的间断点都是互补间断点时，按式(4.73)定义的有限项和函数也能一致收敛；当 $f(x)$ 和 $g(x)$ 有相同的但不是互补的跳跃型间断点时，按式(4.71)或式(4.73)计算其乘积的傅里叶系数，则所给的有限项和函数存在 Gibbs 振荡。

2) 算例分析

为了清楚地表示近似的乘积函数的有限项和函数的收敛性，下面给出两个算例。

【算例 1】 函数 $f(x)$ 由式(4.65)定义，并取 $S=10$，$\bar{\alpha}=0.5$，$g(x)$ 定义为

$$g(x)=\begin{cases}-2x, & -1\leqslant x<-\bar{\alpha}\\ 1, & -\bar{\alpha}\leqslant x\leqslant\bar{\alpha}\\ 2x, & \bar{\alpha}<x\leqslant 1\end{cases} \tag{4.74}$$

可以看出，函数 $f(x)$ 在点 $x=\pm\bar{\alpha}$ 处不连续；函数 $g(x)$ 为连续函数。这种情况满足第一种一致收敛情况的条件。取 $N=29$，图 4.8(a)给出了函数 $f(x)$ 和 $g(x)$ 乘积函数的傅里叶级数有限项和函数以及近似的有限项和函数。同时，图 4.8(b)给出了有限项和函数的平均误差随项数 N 的变化。应用 Laurent 定理之后近似的有限项和函数一致收敛于准确的有限项和函数。相比应用逆形式的情况，应用 Laurent 定理计算的收敛性更好。同时，即使应用了 Laurent 定理，在近似有限项和函数的不连续点处存在 Gibbs 振荡，因为函数 $h(x)$ 在间断点处存在跳跃。

【算例 2】 如果 $g(x)$ 定义为

$$g(x)=\begin{cases}-2x+1, & -1\leqslant x<-\bar{\alpha}\\ 0.2, & -\bar{\alpha}\leqslant x\leqslant\bar{\alpha}\\ 2x+1, & \bar{\alpha}<x\leqslant 1\end{cases}\tag{4.75}$$

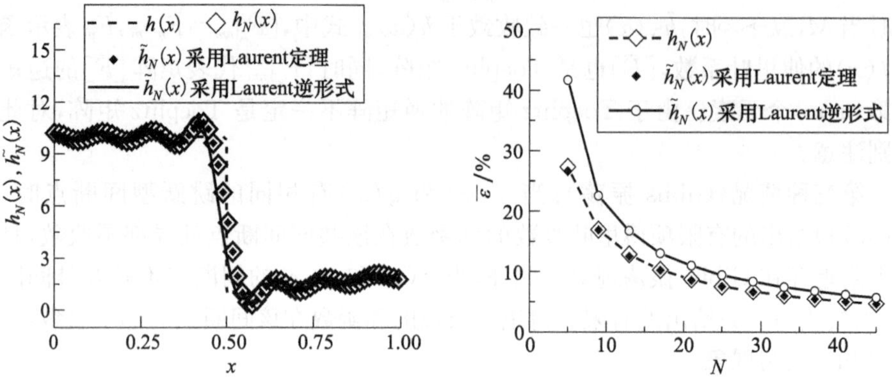

(a) N=29 时有限项和函数　　(b) 有限项和函数误差随N的变化

图 4.8　没有共同间断点时有限项和函数及其误差的变化

则函数 $f(x)$和 $g(x)$及其乘积函数 $h(x)$满足第二种一致性收敛条件。同样，图 4.9(a)给出了近似的有限项和函数以及准确的有限项和函数。图 4.9(b)给出了有限项和函数的平均误差。可以看出，采用 Laurent 定理的逆形式时，近似的有限项和函数一致收敛于准确的有限项和函数。但是，如果应用 Laurent 定理展开，则近似的有限项和函数在互补间断点处收敛性较差，这就是第三种情况。

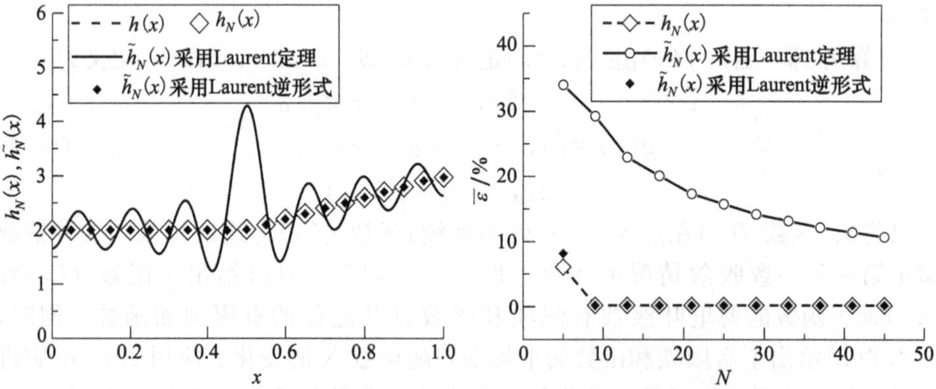

(a) N=29 时有限项和函数　　(b) 有限项和函数误差随N的变化

图 4.9　只有互补间断点时有限项和函数及其误差的变化

从以上两个算例可以看出，合理计算乘积函数的有限项和函数可以避免使其非一致收敛，从而提高计算的收敛性。

3. 平面波展开法的改进

1）基本公式

仍以剪切波在层状周期结构中的传播为例，其控制方程见式(2.140)，即

$$\rho\frac{\partial^2 w}{\partial t^2}=\frac{\partial}{\partial x}\left(\mu\frac{\partial w}{\partial x}\right) \tag{4.76}$$

式中，μ是剪切模量；$\partial w/\partial x$是剪切应变。对于周期结构，μ和$\partial w/\partial x$都是分段连续光滑的周期函数，在散射体和基体交界面处存在跳跃型间断点，即材料属性和应变都不连续，但传统平面波展开法仍采用了Laurent定理式(4.71)的形式进行展开，这正是第三种情况，在局部会出现误差，这也是传统平面波展开法收敛性差的一个主要原因。但注意到$\tau=\mu\partial w/\partial x$是剪应力，它在交界面处是连续的，也就是说交界面处的间断点为互补间断点，这正好符合上述讨论中的第二种情况，故而采用Laurent定理逆形式式(4.73)对方程右侧进行傅里叶展开，则有望提高平面波展开法的收敛性。对式(4.76)应用Laurent定理的逆形式展开，因为是一维问题，矢量运算变成标量运算，于是有

$$\omega^2\sum_{G_2}\left[\frac{1}{\rho}\right]^{-1}_{G_3,G_2}w_{k,G_2}=\sum_{G_2}\left[\frac{1}{\mu}\right]^{-1}_{G_3,G_2}(k+G_2)(k+G_3)w_{k,G_2} \tag{4.77}$$

注意到式(4.76)的左侧ρ与$\partial^2 w/\partial t^2$相乘并不连续，也就是两者在材料交界面上的间断点不是互补的，因此从减少计算量的角度看，没有必要采用Laurent定理的逆形式展开，保留传统平面波展开法的做法，于是有

$$\omega^2\sum_{G_2}\rho_{G_3-G_2}w_{k,G_2}=\sum_{G_2}\left[\frac{1}{\mu}\right]^{-1}_{G_3,G_2}(k+G_2)(k+G_3)w_{k,G_2} \tag{4.78}$$

称式(4.78)给出的平面波展开法为改进的平面波展开法，以下计算将基于此方程进行。

2）算例分析

采用表2.4给出的参数，此时填充率$\bar{\alpha}=0.5$代表混凝土层厚度与典型单元厚度的比值，同时取$N=13$，表4.1给出了应用解析的TM、PWE及逆形式的改进平面波展开(improved plane wave expansion，IPWE)法计算得到的第一和第四衰减域，其中，LBF(lower bound frequency)、UBF(upper bound frequency)和WAZ(width of the attenuation zone)分别代表衰减域下边界频率、上边界频率和衰减域宽度，误差$=100\%\times|\text{PWE(或IPWE)}-\text{TM}|/\text{TM}$。结果表明，应用IPWE收敛速度比应用PWE收敛速度快。图4.10给出了第一衰减域下边界频率所对应的稳态应变分布。可以看出，在$N=13$时应用IPWE计算的结果与$N=200$时应用PWE计算的结果精度相差无几。

表 4.1 三种不同计算方法所得衰减域

衰减域		TM	PWE				IPWE	
			$N=200$	误差/%	$N=13$	误差/%	$N=13$	误差/%
第一衰减域	LBF	6.454	6.483	0.443	6.970	7.995	6.454	0
	UBF	15.004	15.191	1.246	18.380	22.501	15.004	0
	WAZ	8.550	8.708	1.853	11.410	33.450	8.550	0
第四衰减域	LBF	46.078	46.633	1.204	56.078	21.702	46.086	0.017
	UBF	60.014	60.765	1.251	75.333	25.526	60.028	0.023
	WAZ	13.936	14.132	1.406	19.255	38.167	13.942	0.043

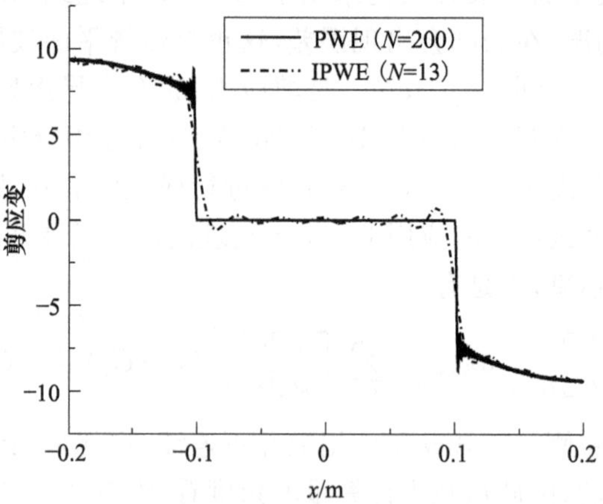

图 4.10 第一衰减域下边界频率所对应的稳态应变分布

下面讨论材料参数和几何参数对衰减域计算收敛性的影响。首先,取第一衰减域为研究对象,图 4.11 给出了密度比 S_ρ 对第一衰减域下边界频率收敛性的影响。密度比定义为 $S_\rho=\rho_{混凝土}/\rho_{橡胶}$,其表征材料密度差异。在应用 PWE 计算时,误差随着密度比的增大而增大;应用 IPWE 计算的结果基本不随材料密度比变化而改变。两种方法对方程左侧的处理是一样的,但对方程右侧的处理方式则不同,PWE 采用 Laurent 定理,而 IPWE 采用 Laurent 定理的逆形式。由此可见,密度差异不是 PWE 产生误差的主要影响因素,而是因为方程右侧应力不存在间断点,按 Laurent 定理展开成傅里叶级数时局部不收敛,并存在 Gibbs 振荡,进而在进一步对应力求导时导致了 PWE 更大的误差。当应力按 Laurent 定理的逆形式展开时,即采用 IPWE,则误差得到了极大的改善。

与密度差异类似,定义剪切模量比 $S_\mu=\mu_{混凝土}/\mu_{橡胶}$,其表征材料参数的差异。图 4.12 给出了剪切模量比对第一衰减域下边界频率收敛性的影响。可以看出,PWE 计算的结果收敛性较差。$S_\mu=1$ 时,应用 PWE 和 IPWE 计算的结果一致。$S_\mu=1$ 意味着不存在剪切模量差异,但密度差异仍存在,再次说明,密度差异对收敛性的影响不大。$S_\mu \to 0$ 或 $S_\mu \to \infty$ 时，PWE 的误差迅速增大。可见，剪切模量对 PWE 收敛性的影响与方程右侧应力项的收敛性直接相关。

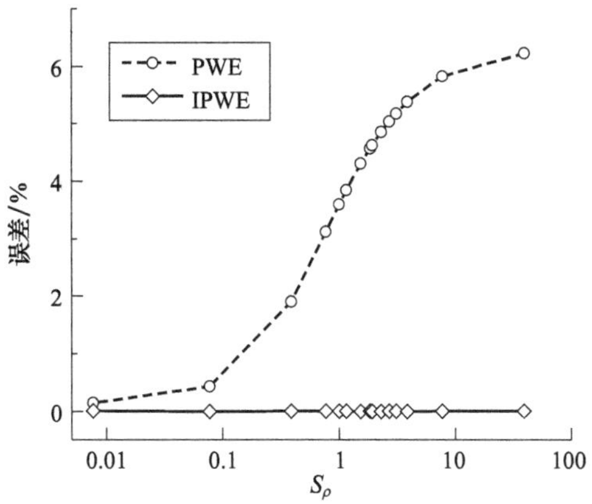

图 4.11　密度比对第一衰减域下边界频率收敛性的影响

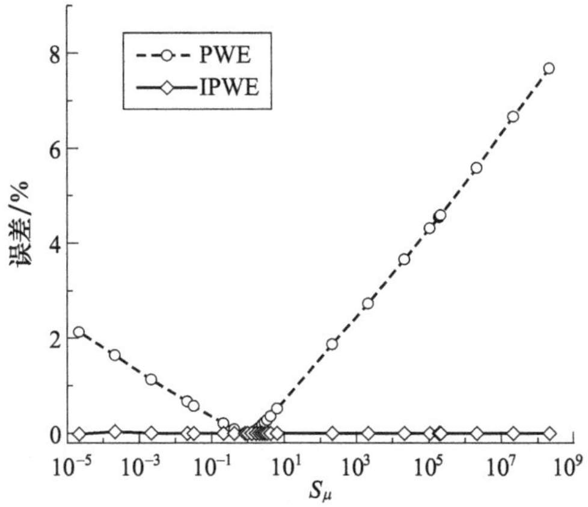

图 4.12　剪切模量比对第一衰减域下边界频率收敛性的影响

图 4.13 研究了填充率 $\bar{\alpha}$ 对第三衰减域上边界收敛性的影响。可以看出，PWE 与 IPWE 计算精度差很多。需要说明的是，当填充率过大时，即使应用逆形式计算，误差也会急剧增大。取 $\bar{\alpha}=0.975$，图 4.14(a)给出了密度函数的有限项和函数 $\rho_N(x)$。在项数 N 较小的情况下，Gibbs 振荡在局部叠加，从而导致计算的结果精度较差。图 4.14(b)给出了应用逆形式计算的第三阶衰减域上边界频率对应的位移模态。对比图 4.14(a)可以发现，在 $N=101$ 时，$\rho_N(x)$在相邻的两个间断点处的 Gibbs 振荡主区域不再重合，此时计算的边界频率的误差为 0.44%，这说明材料填充率对收敛性的影响主要由 Gibbs 振荡控制。

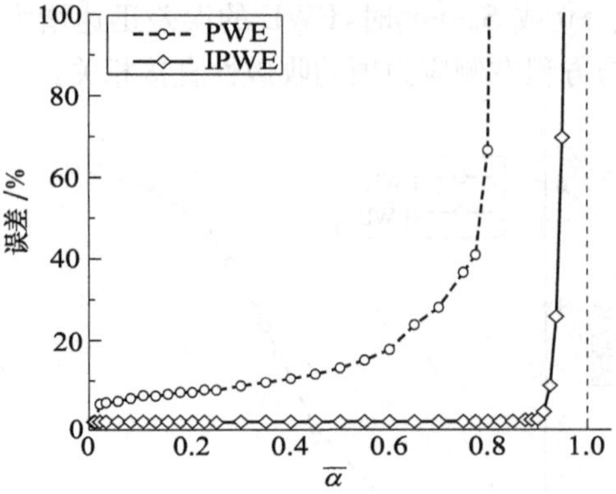

图 4.13　填充率对第三衰减域上边界收敛性的影响

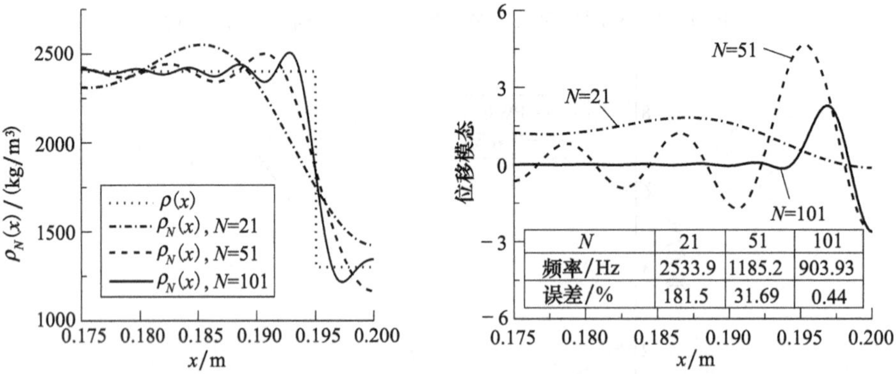

（a）密度函数的有限项和函数　　（b）位移模态

图 4.14　$\overline{\alpha}$=0.975 时密度函数的有限项和函数和
第三阶衰减域上边界频率对应的位移模态

总之，材料参数差异对收敛性的影响与合理采用 Laurent 定理及其逆形式相关，但是几何参数差异对收敛性的影响则主要与 Gibbs 振荡有关。实际计算分析中，应采用合理的傅里叶展开式，以便计算结果快速收敛。

综上分析可以发现，平面波展开法非常直观简单，易于编程实现，能处理各种形状的散射体，具有较大的适应性，但该方法不能处理无序系统。此外，因为该方法基于傅里叶级数展开，收敛速度较慢，尤其是当材料参数差异较大、填充率过高或过低时收敛性更难以控制；尽管可以按 Laurent 定理的逆形式对控制方程的某些项进行改进，但不能完全消除方程中所有项的不连续性，导致 Gibbs 振荡而无法消除该方法收敛性差的固有特性。

4.3 多重散射理论

多重散射理论(multiple scattering theory,MST)源于 KKR(Korringa,Kohn,Rostoker)方法,虽然它最初起源于经典波(包括声波)的研究,但 KKR 方法主要用于电子能带结构的计算[32,33]。随后,基于 KKR 方法的基本原理,MST 方法已被应用于电磁波领域,并成功用于光子晶体的频散关系分析[34]。该方法在弹性波领域中的应用也有多年历史,主要用于多散射体和周期散射体中的弹性波分析。随着声子晶体的出现,该方法已被成功用于周期介质中对弹性波频散关系的求解[4,5,8]。

4.3.1 基本思路

多重散射法是将入射波和散射波先按基本解系进行展开,再通过散射体的界面连续条件建立典型单元内每个散射体的入射波与散射波的关系,继而利用周期结构的 Bloch 定理求典型单元外其他散射体的散射波。按基本解系进行展开时,在球面坐标系中基本解为球波函数,在柱坐标系中则为柱波函数。散射体外的波场存在自洽关系,如图 4.15 所示,即某个指定散射体 i 外的入射波包括两部分:一部分为结构外部入射到该散射体的入射波,另外一部分为所有其他散射体 $j(j\neq i)$ 散射到散射体 i 的散射波。据此可建立一个关于入射波展开系数的方程,进而可以求解。如果只为了计算频散关系,则不用考虑外部入射波,利用此方程非零解的条件建立特征方程进行求解即可。

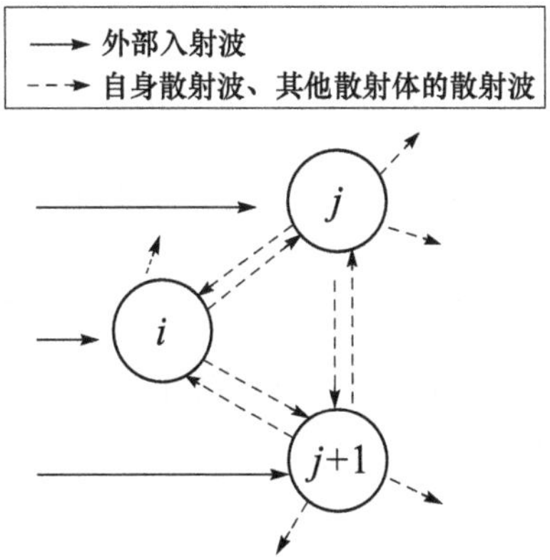

图 4.15 散射体外波场的自洽关系

4.3.2 三维多重散射理论

1. 球坐标系下波在均匀介质中传播基本解[35]

只考虑球形散射体,如图 4.1 所示,将直角坐标系(x,y,z)转换到球坐标系

(r,θ,φ)，则标准波动方程式(2.59)或式(2.63)可以统一写为

$$\nabla^2 f=\frac{1}{r^2}\frac{\partial}{\partial r}\left(r^2\frac{\partial f}{\partial r}\right)+\frac{1}{r^2\sin\theta}\frac{\partial}{\partial\theta}\left(\sin\theta\frac{\partial f}{\partial\theta}\right)+\frac{1}{r^2\sin^2\theta}\frac{\partial^2 f}{\partial\varphi^2}=\frac{1}{C^2}\frac{\partial^2 f}{\partial t^2} \tag{4.79}$$

式中，f 代表位移势函数 ϕ、ψ 或 χ；C 为 P 波或 S 波的波速，也就是对 ϕ 有 $C=C_p$，对 ψ 或 χ 有 $C=C_s$。将稳态 $f(r,\theta,\varphi,t)=f(r,\theta,\varphi)\mathrm{e}^{-\mathrm{i}\omega t}$ 代入式(4.79)有

$$\frac{1}{r^2}\frac{\partial}{\partial r}\left(r^2\frac{\partial f}{\partial r}\right)+\frac{1}{r^2\sin\theta}\frac{\partial}{\partial\theta}\left(\sin\theta\frac{\partial f}{\partial\theta}\right)+\frac{1}{r^2\sin^2\theta}\frac{\partial^2 f}{\partial\varphi^2}+\frac{\omega^2}{C^2}f=0 \tag{4.80}$$

采用分离变量法，取 $f(r,\theta,\varphi)=f_1(r)f_2(\theta)f_3(\varphi)$，代入式(4.80)有

$$\frac{1}{r^2}\frac{\mathrm{d}^2 f_1}{\mathrm{d}r^2}+2r\frac{\mathrm{d}f_1}{\mathrm{d}r}+(k^2r^2-p^2)f_1=0 \tag{4.81}$$

$$\frac{1}{\sin\theta}\frac{\mathrm{d}}{\mathrm{d}\theta}\left(\sin\theta\frac{\mathrm{d}f_2}{\mathrm{d}\theta}\right)+\left(p^2-\frac{q^2}{\sin^2\theta}\right)f_2=0 \tag{4.82}$$

$$\frac{\mathrm{d}^2 f_3}{\mathrm{d}\varphi^2}+q^2 f_3=0 \tag{4.83}$$

式中，p、q 是分离变量常数；$k=\omega/C$ 为圆波数。

求解式(4.83)有 $f_3(\varphi)=\mathrm{e}^{\pm\mathrm{i}q\varphi}$，这个解必须是单值的，所以 $f_3(\varphi)$ 是关于 φ 的以 2π 为周期的函数，故而 q 必须是整数，记为 $f_3(\varphi)=\mathrm{e}^{\mathrm{i}m\varphi}$，$m=0,\pm1,\pm2,\cdots$。

设 $p=l(l+1)$，令 $\xi=\cos\theta$，则式(4.82)变为

$$(1-\xi^2)\frac{\mathrm{d}^2 f_2}{\mathrm{d}\xi^2}-2\xi\frac{\mathrm{d}f_2}{\mathrm{d}\xi}+\left[l(l+1)-\frac{m^2}{1-\xi^2}\right]f_2=0 \tag{4.84}$$

这就是连带 Legendre 方程[36]，其解为连带 Legendre 函数 $P_l^m(\xi)$，收敛时要求 l 为整数，故有

$$f_2(\theta)=P_l^m(\cos\theta) \tag{4.85}$$

设 $f_1(r)=\frac{1}{\sqrt{kr}}R(r)$，则式(4.81)可变换为半阶 Bessel 方程：

$$r^2\frac{\mathrm{d}^2R}{\mathrm{d}r^2}+r\frac{\mathrm{d}R}{\mathrm{d}r}+\left[k^2r^2-\left(l+\frac{1}{2}\right)^2\right]R=0 \tag{4.86}$$

其解为径向函数 $\sigma_{l+1/2}(kr)$，可以是 Bessel 函数 $\mathrm{J}_{l+1/2}(kr)$、$\mathrm{Y}_{l+1/2}(kr)$ 或 Hankel 函数 $\boldsymbol{H}_{l+1/2}^{(1)}(kr)$、$\boldsymbol{H}_{l+1/2}^{(2)}(kr)$ 中的任何一个，具体选哪一个合适，取决于所考虑的物理问题。于是

$$f_1(r)=\frac{1}{\sqrt{kr}}\sigma_{l+1/2}(kr) \tag{4.87}$$

综上，有式(4.79)的一个解为

$$f(r,\theta,\varphi,t)=\frac{1}{\sqrt{kr}}\sigma_{l+1/2}(kr)\mathrm{P}_l^m(\cos\theta)\mathrm{e}^{\mathrm{i}m\varphi}\mathrm{e}^{-\mathrm{i}\omega t} \tag{4.88}$$

此即球波函数。无论 m 与 n 取何值，式(4.88)都是式(4.79)的解，故而其通解应

该是所有球波函数的线性叠加，也就是说位移势函数可以表示为

$$\phi=\sum_{m,l}A_{lm}\mathrm{q}_l(kr)\mathrm{Y}_{lm}(\hat{r})\mathrm{e}^{-\mathrm{i}\omega t} \tag{4.89}$$

$$\psi=\sum_{m,l}B_{lm}\mathrm{q}_l(kr)\mathrm{Y}_{lm}(\hat{r})\mathrm{e}^{-\mathrm{i}\omega t} \tag{4.90}$$

$$\chi=\sum_{m,l}C_{lm}\mathrm{q}_l(kr)\mathrm{Y}_{lm}(\hat{r})\mathrm{e}^{-\mathrm{i}\omega t} \tag{4.91}$$

式中，A_{lm}、B_{lm}和 C_{lm}为待定系数，由具体问题决定。$\mathrm{q}_l(kr)$为球 Bessel 函数，即 $\mathrm{q}_l(kr)=\sqrt{\frac{\pi}{2kr}}\sigma_{l+1/2}(kr)$，它实际上是$\sqrt{\pi/2}\,f_1(r)$，因子$\sqrt{\pi/2}$是为了后续运算的简化而引入的。$\mathrm{q}_l(kr)$与 $\sigma_{l+1/2}(kr)$相对应，也包含四类函数，分别为 $\mathrm{j}_l(kr)$、$\mathrm{y}_l(kr)$、$\mathrm{h}_l^{(1)}(kr)$和 $\mathrm{h}_l^{(2)}(kr)$。$\mathrm{Y}_{lm}(\hat{r})$为球谐函数，$\mathrm{Y}_{lm}(\hat{r})=\sqrt{\left(\frac{2l+1}{4\pi}\right)\frac{(l-m)!}{(l+m)!}}\mathrm{P}_l^m(\cos\theta)\mathrm{e}^{\mathrm{i}m\varphi}$，式中，$\hat{\boldsymbol{r}}$ 为定义在单位球面上的单位矢量，代表(θ,φ)，它在笛卡儿坐标系中的分量为$(\sin\theta\cos\varphi,\sin\theta\sin\varphi,\cos\theta)$。球谐函数是经过正则化的函数，它具有正交归一特性[37]

$$\int_0^{\pi}\int_0^{2\pi}\mathrm{Y}_{lm}^*\mathrm{Y}_{l'm'}\sin\theta\mathrm{d}\theta\mathrm{d}\varphi=\delta_{ll'}\delta_{mm'} \tag{4.92}$$

式中，Y_{lm}^*为 Y_{lm}的共轭复数，且 $\mathrm{Y}_{lm}^*=(-1)^m\mathrm{Y}_{l,-m}$。

将位移势函数代入式(2.43)即可获得采用球波函数的级数和表示的位移通解。虽然在推导级数展开式(4.89)～式(4.91)时，它们都有特定的物理意义，这些展开式也可以看成一个类似于傅里叶级数展开的纯数学问题，只是在傅里叶展开中基函数是三角函数，而在上述表达式中是球波函数，球波函数是完备的基函数。

本节所考虑的是球形散射体，为了方便利用在球面上的边界条件，将位移按球波函数展开是比较方便的。由上面的分析可知球 Bessel 函数 $\mathrm{q}_l(kr)$一共有四类函数，对一个球形散射体，如何选择 $\mathrm{q}_l(kr)$则必须根据这四类函数的一些性质和所考虑的问题来进行判断。一方面，当 $kr\to0$ 时，$\mathrm{j}_l(kr)$为有限值，但 $\mathrm{y}_l(kr)$为无穷大。注意到 $\mathrm{h}_l^{(1,2)}(kr)=\mathrm{j}_l(kr)\pm\mathrm{i}\mathrm{y}_l(kr)$的虚部也为无穷大，所以如果求解区域包含球心$(r=0)$，必须取 $\mathrm{j}_l(kr)$才能得到有限值，即在 r 较小的地方采用 $\mathrm{j}_l(kr)$展开能更快收敛[38]，通常将入射波按 $\mathrm{j}_l(kr)$展开。另一方面，当 $kr\to\infty$时有[39]

$$\mathrm{j}_l(kr)\to\frac{1}{kr}\sin\left(kr-\frac{l\pi}{2}\right),\quad \mathrm{y}_l(kr)\to\frac{1}{kr}\cos\left(kr-\frac{l\pi}{2}\right) \tag{4.93}$$

$$\mathrm{h}_l^{(1)}(kr)\to\frac{1}{\mathrm{i}kr}\mathrm{e}^{\mathrm{i}\left(kr-\frac{l\pi}{2}\right)},\quad \mathrm{h}_l^{(2)}(kr)\to\frac{\mathrm{i}}{kr}\mathrm{e}^{-\mathrm{i}\left(kr-\frac{l\pi}{2}\right)} \tag{4.94}$$

可见采用 $\mathrm{j}_l(kr)$或 $\mathrm{y}_l(kr)$时式(4.88)表示驻波，而采用 $\mathrm{h}_l^{(1)}(kr)$和 $\mathrm{h}_l^{(2)}(kr)$时分别表示沿 r 向外扩散的波和向内汇聚的波[35]。此外，为了满足 Sommerfeld 辐射条件，即 $r\to\infty$处只有散射波而没有入射波[37]，散射波必须采用 $\mathrm{h}_l^{(1)}(kr)$进行展开。

将式(4.89)～式(4.91)中的 $q_l(kr)$ 取为 $j_l(kr)$ 和 $h_l^{(1)}(kr)$，并代入式(2.64)则分别得到入射波和散射波。在球坐标系中，式(2.67)中可取 $\varpi=r$，省略时间因子 $e^{-i\omega t}$，并整理后得到总的位移场为

$$\boldsymbol{u}(\boldsymbol{r})=\sum_{lm\sigma}\left[a_{lm\sigma}\mathbf{J}_{lm\sigma}(\boldsymbol{r})+b_{lm\sigma}\mathbf{H}_{lm\sigma}(\boldsymbol{r})\right] \tag{4.95}$$

式中，$a_{lm\sigma}$ 与 $b_{lm\sigma}$ 为待定系数，矢量 $\boldsymbol{r}=(r,\theta,\varphi)$，函数 $\mathbf{J}_{lm\sigma}(\boldsymbol{r})$ 定义如下：

$$\mathbf{J}_{lm1}(\boldsymbol{r})=\frac{1}{\alpha}\nabla\left[j_l(\alpha r)Y_{lm}(\hat{\boldsymbol{r}})\right] \tag{4.96}$$

$$\mathbf{J}_{lm2}(\boldsymbol{r})=\frac{1}{\sqrt{l(l+1)}}\nabla\times\left[\boldsymbol{r}j_l(\beta r)Y_{lm}(\hat{\boldsymbol{r}})\right] \tag{4.97}$$

$$\mathbf{J}_{lm3}(\boldsymbol{r})=\frac{1}{\sqrt{l(l+1)}\beta}\nabla\times\nabla\times\left[\boldsymbol{r}j_l(\beta r)Y_{lm}(\hat{\boldsymbol{r}})\right] \tag{4.98}$$

为书写方便，省略 $h_l^{(1)}(kr)$ 的上标(1)，以下简写为 $h_l(kr)$。函数 $\mathbf{H}_{lm\sigma}(\boldsymbol{r})$ 定义为

$$\mathbf{H}_{lm1}(\boldsymbol{r})=\frac{1}{\alpha}\nabla\left[h_l(\alpha r)Y_{lm}(\hat{\boldsymbol{r}})\right] \tag{4.99}$$

$$\mathbf{H}_{lm2}(\boldsymbol{r})=\frac{1}{\sqrt{l(l+1)}}\nabla\times\left[\boldsymbol{r}h_l(\beta r)Y_{lm}(\hat{\boldsymbol{r}})\right] \tag{4.100}$$

$$\mathbf{H}_{lm3}(\boldsymbol{r})=\frac{1}{\sqrt{l(l+1)}\beta}\nabla\times\nabla\times\left[\boldsymbol{r}h_l(\beta r)Y_{lm}(\hat{\boldsymbol{r}})\right] \tag{4.101}$$

式中，$\alpha=\omega/C_p$ 和 $\beta=\omega/C_s$ 分别为纵波和横波的圆波数。$\sigma=1$ 代表纵波，$\sigma=2,3$ 代表横波。当 $\sigma=1,2,3$ 时，$\mathbf{J}$ 与 $\mathbf{H}$ 各自表示三个矢量函数，它们与式(2.64)中的 $\boldsymbol{L}$、$\boldsymbol{M}$、$\boldsymbol{N}$ 没有本质区别，只是 $\mathbf{J}$ 与 $\mathbf{H}$ 经过了正则化处理。在式(4.95)中，当 $a_{lm\sigma}=0$ 时 $\boldsymbol{u}(\boldsymbol{r})$ 表示散射波 $\boldsymbol{u}^{sc}(\boldsymbol{r})$；而当 $b_{lm\sigma}=0$ 时，$\boldsymbol{u}(\boldsymbol{r})$ 表示入射波 $\boldsymbol{u}^{in}(\boldsymbol{r})$。

2. 单球散射及连续条件

将一个散射球置于无限均匀介质中，当入射波传到散射球时，一部分波被散射，另一部分波受到球表面折射并在球内形成驻波。记基体为介质 1，散射体为介质 2，由式(4.95)可知球外的波分为入射波和散射波，并可以表示为

$$\boldsymbol{u}^{(1)}(\boldsymbol{r})=\sum_{lm\sigma}\left[a_{lm\sigma}\mathbf{J}_{lm\sigma}^{(1)}(\boldsymbol{r})+b_{lm\sigma}\mathbf{H}_{lm\sigma}^{(1)}(\boldsymbol{r})\right] \tag{4.102}$$

而在球内只有折射波，因为包含 $\boldsymbol{r}=0$ 的点，只能表示为

$$\boldsymbol{u}^{(2)}(r)=\sum_{lm\sigma}c_{lm\sigma}\mathbf{J}_{lm\sigma}^{(2)}(\boldsymbol{r}) \tag{4.103}$$

将上述位移场代入几何方程式(2.31)，然后再代入本构方程式(2.33)有应力 $\boldsymbol{\sigma}$ 为

$$\boldsymbol{\sigma}^{(i)}(\boldsymbol{r})=\lambda^{(i)}\left[\nabla\cdot\boldsymbol{u}^{(i)}(\boldsymbol{r})\right]\boldsymbol{I}+\mu^{(i)}\left[\nabla\boldsymbol{u}^{(i)}(\boldsymbol{r})+(\nabla\boldsymbol{u}^{(i)}(\boldsymbol{r}))^{\mathrm{T}}\right] \tag{4.104}$$

式中，上标 $i=1,2$ 表示介质 1 和介质 2。在球体表面法矢量为 $\boldsymbol{e}_r$，于是球体表面有

应力矢量 $\boldsymbol{t}$ 为

$$\boldsymbol{t}^{(i)}(\boldsymbol{r})=\boldsymbol{e}_r\cdot\boldsymbol{\sigma}^{(i)}(\boldsymbol{r})=\lambda^{(i)}[\nabla\cdot\boldsymbol{u}^{(i)}(\boldsymbol{r})]\boldsymbol{e}_r+\mu^{(i)}\left[\boldsymbol{e}_r\times(\nabla\times\boldsymbol{u}^{(i)}(\boldsymbol{r}))+2\frac{\partial\boldsymbol{u}^{(i)}(\boldsymbol{r})}{\partial\boldsymbol{e}_r}\right] \tag{4.105}$$

设球的半径为 r_0，则在球面上位移与应力连续条件为

$$\boldsymbol{u}^{(1)}(\boldsymbol{r})\big|_{r=r_0}=\boldsymbol{u}^{(2)}(\boldsymbol{r})\big|_{r=r_0} \tag{4.106}$$

$$\boldsymbol{t}^{(1)}(\boldsymbol{r})\big|_{r=r_0}=\boldsymbol{t}^{(2)}(\boldsymbol{r})\big|_{r=r_0} \tag{4.107}$$

记 $\boldsymbol{A}=\{a_{lm\sigma}\}$、$\boldsymbol{B}=\{b_{lm\sigma}\}$、$\boldsymbol{C}=\{c_{lm\sigma}\}$，将式(4.102)和式(4.103)代入式(4.105)求得球面上的应力矢量，然后将位移和应力矢量代入上述连续条件并利用球谐函数的正交性，分别得到关于系数 $\boldsymbol{A}$、$\boldsymbol{B}$、$\boldsymbol{C}$ 的两组线性方程组，进一步消去 $\boldsymbol{C}$，则有 $\boldsymbol{A}$ 与 $\boldsymbol{B}$ 的关系如下：

$$\boldsymbol{B}=\boldsymbol{T}\boldsymbol{A} \tag{4.108}$$

式中，$\boldsymbol{T}=\{t_{lm\sigma l'm'\sigma'}\}$为转换矩阵。式(4.108)说明对于给定的每个散射体，通过 $\boldsymbol{T}$ 矩阵即可由入射波给出散射波。关于 $\boldsymbol{T}$ 矩阵的详细推导过程参见文献[40]～[42]。

3. 坐标转换与加法定理

以上所有公式和结论均是基于散射球中心建立坐标系给出的，是一个局部坐标系。而周期结构内含有多个散射球，某个散射球的散射波会成为另外其他球的入射波，这需要进行坐标转换才能在同一坐标系中进行运算。如图 4.16 所示，P 点在两个坐标系中的位置矢量分别为 $\boldsymbol{r}$ 和 $\boldsymbol{r}'$，连接两坐标系原点的矢量为 $\boldsymbol{R}$，则有 $\boldsymbol{r}'=\boldsymbol{r}+\boldsymbol{R}$。在展开式(4.95)中包含两类函数，即 $\mathrm{j}_l(kr)\mathrm{Y}_{lm}(\hat{\boldsymbol{r}})$ 和 $\mathrm{h}_l(kr)\mathrm{Y}_{lm}(\hat{\boldsymbol{r}})$，$\mathbf{H}$ 与 $\mathbf{J}$ 可由这两类函数的微分运算得到，可见它们的坐标转换对各类波的坐标转换至关重要。对任意 $\mathrm{q}_l(kr)=\mathrm{j}_l(kr)$、$\mathrm{y}_l(kr)$、$\mathrm{h}_l^{(1)}(kr)$ 和 $\mathrm{h}_l^{(2)}(kr)$，有如下加法定理[37,43]：

$$\mathrm{q}_l(kr')\mathrm{Y}_{lm}(\hat{\boldsymbol{r}}')=\begin{cases}\displaystyle\sum_{l'm'}\mathrm{j}_{l'}(kr)\mathrm{Y}_{l'm'}(\hat{\boldsymbol{r}})S_{lm,l'm'}^{k}(\boldsymbol{R}), & r<R\\ \displaystyle\sum_{l'm'}\mathrm{q}_{l'}(kr)\mathrm{Y}_{l'm'}(\hat{\boldsymbol{r}})\hat{S}_{lm,l'm'}^{k}(\boldsymbol{R}), & r>R\end{cases} \tag{4.109}$$

式中，$S_{lm,l'm'}^{k}(\boldsymbol{R})$ 和 $\hat{S}_{lm,l'm'}^{k}(\boldsymbol{R})$ 为分离矩阵，也称为标量波结构常数，其定义如下：

$$S_{lm,l'm'}^{k}(\boldsymbol{R})=\sum_{l''}4\pi i^{(l'+l''-l)}\mathrm{q}_{l''}(kR)\mathrm{Y}_{l'',m-m'}(\hat{\boldsymbol{R}})C_{l'm'l''m-m'}^{lm} \tag{4.110}$$

$$\hat{S}_{lm,l'm'}^{k}(\boldsymbol{R})=\sum_{l''}4\pi i^{(l'+l''-l)}\mathrm{j}_{l''}(kR)\mathrm{Y}_{l'',m-m'}(\hat{\boldsymbol{R}})C_{l'm'l''m-m'}^{lm} \tag{4.111}$$

可见，当 $\mathrm{q}_l(kr)=\mathrm{j}_l(kr)$时有 $S_{lm,l'm'}^{k}(\boldsymbol{R})=\hat{S}_{lm,l'm'}^{k}(\boldsymbol{R})$。系数 $C_{l'm'l''m-m'}^{lm}$ 为

$$C_{l'm'l''m-m'}^{lm}=(-1)^m\sqrt{\frac{(2l+1)(2l'+1)(2l''+1)}{4\pi}}\begin{pmatrix}l & l' & l''\\0 & 0 & 0\end{pmatrix}\begin{pmatrix}l & l' & l''\\-m & m' & m-m'\end{pmatrix} \tag{4.112}$$

式中，$\begin{pmatrix} j_1 & j_2 & j_3 \\ m_1 & m_2 & m_3 \end{pmatrix}$为 Wigner3-$j$ 符号，它与 Clebsch-Gordan 系数 C_g 有如下换算关系[44]：

$$\begin{pmatrix} j_1 & j_2 & j_3 \\ m_1 & m_2 & m_3 \end{pmatrix}=(-1)^{j_1-j_2-m_3}(2j_3+1)^{-1/2}C_g(j_1m_1j_2m_2 \mid j_3-m_3) \tag{4.113}$$

式中，当$-m_3=m_1+m_2$且$j_1+j_2\geqslant j_3\geqslant|j_1-j_2|$，式(4.113)才不为零。正因为非零系数都存在$-m_3=m_1+m_2$这个关系，故 Clebsch-Gordan 系数也常简写成$C_g(j_1j_2j_3,m_1m_2)$，两种写法不同，但其定义是一样的[44,45]。

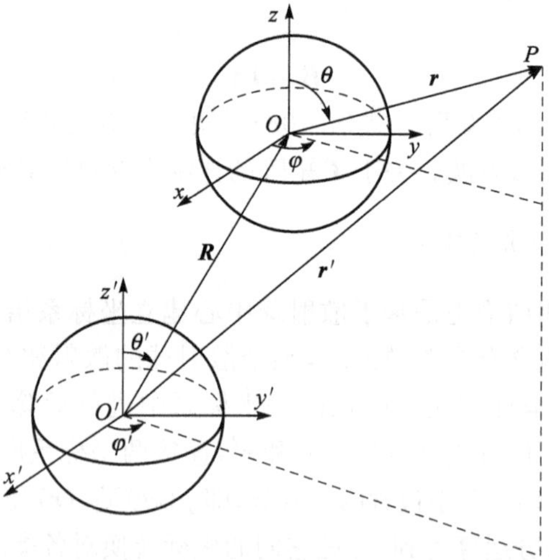

图 4.16　球坐标系下的坐标转换

周期结构的每个散射球是不会互相重叠的，在每个散射球的近场总有$r<R$成立。利用标量球波函数的加法定理式(4.109)，可以证明[5,46,47]，对于矢量球波函数 **J** 与 **H**，当$r<R$时，有如下加法定理成立：

$$\mathbf{H}_{lm\sigma}(\boldsymbol{r}')=\sum_{l'm'\sigma'}G_{lm\sigma l'm'\sigma'}(\boldsymbol{R})\mathbf{J}_{l'm'\sigma'}(\boldsymbol{r}) \tag{4.114}$$

式中，$G_{lm\sigma l'm'\sigma'}(\boldsymbol{R})$为矢量波结构常数，定义如下：

$$G_{lm\sigma l'm'\sigma'}(\boldsymbol{R})=\begin{cases} S^{\alpha}_{lm,l'm'}(\boldsymbol{R}), & \sigma=\sigma'=1 \\ \sum\limits_{\mu}C_g(l1l,m-\mu\mu)S^{\beta}_{lm,l'm'}(\boldsymbol{R})C_g(l'1l',m'-\mu\mu), & \sigma=\sigma'=2,3 \\ -\mathrm{i}\sqrt{\dfrac{2l'+1}{l'+1}}\sum\limits_{\mu}C_g(l1l,m-\mu\mu)S^{\beta}_{lm,l'm'}(\boldsymbol{R})C_g(l'1l',m'-\mu\mu), & \\ & \sigma\neq\sigma';\sigma,\sigma'\neq 1 \end{cases} \tag{4.115}$$

当 σ 与 σ' 不满足上述条件时，$G_{lm\sigma l'm'\sigma'}(\boldsymbol{R})=0$。

4. 自洽关系与特征方程

对于周期结构中的第 i 个球（散射体），由式（4.95）可知其入射波和散射波可以表示为

$$\boldsymbol{u}_i^{\text{in}}(\boldsymbol{r}_i)=\sum_{lm\sigma}a_{lm\sigma}^i\mathbf{J}_{lm\sigma}^i(\boldsymbol{r}_i) \tag{4.116}$$

$$\boldsymbol{u}_i^{\text{sc}}(\boldsymbol{r}_i)=\sum_{lm\sigma}b_{lm\sigma}^i\mathbf{H}_{lm\sigma}^i(\boldsymbol{r}_i) \tag{4.117}$$

根据入射波场的自洽关系，球 i 的入射波包括两部分，一部分是外部入射波：

$$\boldsymbol{u}_i^{\text{in}(0)}(\boldsymbol{r}_i)=\sum_{lm\sigma}a_{lm\sigma}^{i(0)}\mathbf{J}_{lm\sigma}^i(\boldsymbol{r}_i) \tag{4.118}$$

另一部分是除了球 i 以外的所有其他球 $j\,(j\neq i)$ 的散射波，即

$$\boldsymbol{u}_i^{\text{in}}(\boldsymbol{r}_i)-\boldsymbol{u}_i^{\text{in}(0)}(\boldsymbol{r}_i)=\sum_{j\neq i}\sum_{l''m''\sigma''}b_{l''m''\sigma''}^j\mathbf{H}_{l''m''\sigma''}^j(\boldsymbol{r}_j) \tag{4.119}$$

式中，$\boldsymbol{r}_i$ 和 $\boldsymbol{r}_j$ 分别表示以球 i 和球 j 中心为坐标原点时，空间同一点 $\boldsymbol{r}$ 的位置矢量。可见式（4.119）含有多个坐标系，左边以球 i 中心为坐标原点，右边以球 j 中心为坐标原点。记球 i 和球 j 中心位置矢量分别为 $\boldsymbol{R}_i$ 和 $\boldsymbol{R}_j$，则 $\boldsymbol{r}_j=\boldsymbol{r}_i+\boldsymbol{R}_i-\boldsymbol{R}_j$，利用球坐标系下的加法定理，即式（4.114），可得

$$\mathbf{H}_{l''m''\sigma''}^j(\boldsymbol{r}_i+\boldsymbol{R}_i-\boldsymbol{R}_j)=\sum_{lm\sigma}G_{l''m''\sigma''lm\sigma}^{ij}\mathbf{J}_{lm\sigma}^i(\boldsymbol{r}_i) \tag{4.120}$$

式中，$G_{l''m''\sigma''lm\sigma}^{ij}=G_{l''m''\sigma''lm\sigma}(\boldsymbol{R}_i-\boldsymbol{R}_j)$。由式（4.108）可知：

$$b_{l''m''\sigma''}^j=\sum_{l'm'\sigma'}t_{l''m''\sigma''l'm'\sigma'}^j a_{l'm'\sigma'}^j \tag{4.121}$$

将式（4.116）、式（4.118）、式（4.120）和式（4.121）代入式（4.119）有

$$\sum_{lm\sigma}\left[a_{lm\sigma}^i-\sum_{j\neq i}\sum_{l''m''\sigma''}\sum_{l'm'\sigma'}t_{l''m''\sigma''l'm'\sigma'}^j a_{l'm'\sigma'}^j G_{l''m''\sigma''lm\sigma}^{ij}\right]\mathbf{J}_{lm\sigma}^i(\boldsymbol{r}_i)=\sum_{lm\sigma}a_{lm\sigma}^{i(0)}\mathbf{J}_{lm\sigma}^i(\boldsymbol{r}_i) \tag{4.122}$$

式（4.122）对散射球 i 附近每一点都成立，故而每一项 $\mathbf{J}_{lm\sigma}^i(\boldsymbol{r}_i)$ 的系数应相等，于是有

$$a_{lm\sigma}^i-\sum_{j\neq i}\sum_{l''m''\sigma''}\sum_{l'm'\sigma'}t_{l''m''\sigma''l'm'\sigma'}^j a_{l'm'\sigma'}^j G_{l''m''\sigma''lm\sigma}^{ij}=a_{lm\sigma}^{i(0)} \tag{4.123}$$

进行指标替换有

$$a_{lm\sigma}^i=\sum_{jl'm'\sigma'}\delta_{ij}\delta_{ll'}\delta_{mm'}\delta_{\sigma\sigma'}a_{l'm'\sigma'}^j \tag{4.124}$$

将式（4.124）代入式（4.123）有

$$\sum_{jl'm'\sigma'}\left[\delta_{ij}\delta_{ll'}\delta_{mm'}\delta_{\sigma\sigma'}-(1-\delta_{ij})\sum_{l''m''\sigma''}t_{l''m''\sigma''l'm'\sigma'}^j G_{l''m''\sigma''lm\sigma}^{ij}\right]a_{l'm'\sigma'}^j=a_{lm\sigma}^{i(0)} \tag{4.125}$$

这就是多重散射理论的最终方程。对于有限周期结构，通过求解式（4.125）即可给出外部扰动下每个散射球外的总入射波，并通过式（4.121）和式（4.117）可求每个

散射球的总散射波，进而可求整个结构的波场分布和传输特性。该结构无外界扰动时，式(4.125)有非零解，必须有如下特征方程成立：

$$\left|\delta_{ij}\delta_{ll'}\delta_{mm'}\delta_{\sigma\sigma'}-(1-\delta_{ij})\sum_{l''m''\sigma''}t^{j}_{l''m''\sigma''l'm'\sigma'}G^{ij}_{l''m''\sigma''lm\sigma}\right|=0 \tag{4.126}$$

可以看到，在上述特征方程中，表征整个体系几何结构特征的是 $G_{lm\sigma l'm'\sigma'}(\boldsymbol{R}')$，对于周期结构，散射体的周期排列只与 $G_{lm\sigma l'm'\sigma'}(\boldsymbol{R}')$ 有关，考虑到周期结构应满足 Bloch 定理：

$$G_{lm\sigma l'm'\sigma'}(\boldsymbol{R}'+\boldsymbol{R})=\mathrm{e}^{\mathrm{i}\boldsymbol{k}\cdot\boldsymbol{R}}G_{lm\sigma l'm'\sigma'}(\boldsymbol{R}') \tag{4.127}$$

式中，$\boldsymbol{R}'=\boldsymbol{R}_i-\boldsymbol{R}_j$ 为两散射球的相对位置矢量，$\boldsymbol{R}$ 为格矢。式(4.127)说明不同典型单元中各散射球的结构常数可以表示为某个指定典型单元中对应的散射球的结构常数乘以 Bloch 相移因子 $\mathrm{e}^{\mathrm{i}\boldsymbol{k}\cdot\boldsymbol{R}}$。所以没有必要对每个散射球都求结构常数，只需求一个典型单元内各散射球的结构常数即可，典型单元外的其他散射球可以通过式(4.127)进行构建。用 s 和 s' 表示典型单元内不同的散射球，将式(4.127)代入式(4.126)后有

$$\left|\delta_{ss'}\delta_{ll'}\delta_{mm'}\delta_{\sigma\sigma'}-\sum_{l''m''\sigma''}t^{s'}{}_{l''m''\sigma''l'm'\sigma'}G^{ss'}_{l''m''\sigma''lm\sigma}(\boldsymbol{k})\right|=0 \tag{4.128}$$

式中，

$$G^{ss'}_{l''m''\sigma''lm\sigma}(\boldsymbol{k})=\sum_{R}G_{l''m''\sigma''lm\sigma}(\boldsymbol{R}_s-\boldsymbol{R}_{s'}-\boldsymbol{R})\mathrm{e}^{\mathrm{i}\boldsymbol{k}\cdot\boldsymbol{R}} \tag{4.129}$$

式中，$\boldsymbol{R}$ 取遍整个格子，并在 $\boldsymbol{R}=0$ 时要求 $s\neq s'$。

如果典型单元内只有一个散射球 s，则式(4.128)可进一步简化为

$$\left|\delta_{ll'}\delta_{mm'}\delta_{\sigma\sigma'}-\sum_{l''m''\sigma''}t^{s}_{l''m''\sigma''l'm'\sigma'}G_{l''m''\sigma''lm\sigma}(\boldsymbol{k})\right|=0 \tag{4.130}$$

式中，

$$G_{l''m''\sigma''lm\sigma}(\boldsymbol{k})=\sum_{\boldsymbol{R}}G_{l''m''\sigma''lm\sigma}(-\boldsymbol{R})\mathrm{e}^{\mathrm{i}\boldsymbol{k}\cdot\boldsymbol{R}} \tag{4.131}$$

对 $\boldsymbol{R}\neq0$ 的所有格点求和。

4.3.3　二维多重散射理论

1. 柱坐标系下波在均匀介质中传播基本解[35]

只考虑柱形散射体，类似于球坐标系下波在均匀介质中传播通解的求解过程，采用势函数与分离变量法，在柱坐标系(r,φ,z)下，假设位移势函数 $f(r,\varphi,z,t)=f(r,\varphi,z)\mathrm{e}^{-\mathrm{i}\omega t}$，式中，$f$ 代表位移势函数 ϕ、ψ 或 χ，则标准波动方程式(2.59)或式(2.63)可以转化为如下 Helmholtz 方程：

$$\frac{1}{r}\frac{\partial}{\partial r}\left(r\frac{\partial f}{\partial r}\right)+\frac{1}{r^2}\frac{\partial^2 f}{\partial\varphi^2}+\frac{\partial^2 f}{\partial z^2}+\frac{\omega^2}{C^2}\varphi=0 \tag{4.132}$$

式中，C 为 P 波或 S 波的波速，也就是对 ϕ 有 $C=C_p$，对 ψ 或 χ 有 $C=C_s$。采用分离变量法，取 $f(r,\varphi,z)=f_1(r)f_2(\varphi)f_3(z)$，代入式(4.132)有

$$\frac{1}{r^2}\frac{\mathrm{d}^2 f_1}{\mathrm{d}r^2}+r\frac{\mathrm{d}f_1}{\mathrm{d}r}+(k^2r^2-v^2)f_1=0 \tag{4.133}$$

$$\frac{\mathrm{d}^2 f_2}{\mathrm{d}\varphi^2}+v^2 f_2=0 \tag{4.134}$$

$$\frac{\mathrm{d}^2 f_3}{\mathrm{d}z^2}+\gamma^2 f_3=0 \tag{4.135}$$

式中，v 与 γ 为分离变量常数，$k^2=\omega^2/C^2-\gamma^2$。求解式(4.134)与式(4.135)可得 $f_2=\mathrm{e}^{\pm \mathrm{i}v\varphi}$，$f_3=\mathrm{e}^{\pm \mathrm{i}\gamma z}$。考虑到单值条件，要求 v 必须为整数，于是 $f_2=\mathrm{e}^{\mathrm{i}n\varphi}$，$n=0$，$\pm1$，$\pm2$，…。$v$ 为整数 n 时，式(4.133)的解为柱函数 $\sigma_n(kr)$，它可以是 Bessel 函数 $\mathrm{J}_n(kr)$ 与 $\mathrm{Y}_n(kr)$，或 Hankel 函数 $\mathbf{H}^{(1)}(kr)$ 与 $\mathbf{H}^{(2)}(kr)$，如何选择柱函数取决于问题的物理性质。故而势函数可以表示为

$$f(r,\varphi,z,t)=\sigma_n(kr)\mathrm{e}^{\mathrm{i}n\varphi}\mathrm{e}^{-\mathrm{i}(\omega t\pm\gamma z)} \tag{4.136}$$

虽然分离变量常数满足关系式 $k^2=\omega^2/C^2-\gamma^2$，但 k 和 γ 仍可看成沿 r 方向和 z 方向的传播常数，它们不是事先给出的，必须由问题的边界条件确定。在二维周期结构中，如果只考虑波在 xOy 平面内传播，其波动控制方程见式(2.49)～式(2.51)，则势函数与 z 无关，此时 $\gamma=0$，于是 $k=\omega/C$ 为普通意义下的圆波数。相应地，$f(r,\varphi,t)=\sigma_n(kr)\mathrm{e}^{\mathrm{i}n\varphi}\mathrm{e}^{-\mathrm{i}\omega t}$，取 $\sigma_n(kr)$ 为 $\mathrm{J}_n(kr)$ 和 $\mathrm{H}_n^{(1)}(kr)$，并代入式(2.64)，则分别得到入射波和散射波。在柱坐标系中，在式(2.67)中可取 $\varpi=1$，记 z 方向单位矢量为 $\boldsymbol{e}_z$，省略时间因子 $\mathrm{e}^{-\mathrm{i}\omega t}$，整理后得到弹性波为

$$\boldsymbol{u}(\boldsymbol{r})=\sum_{n\sigma}[a_{n\sigma}\mathbf{J}_{n\sigma}(\boldsymbol{r})+b_{n\sigma}\mathbf{H}_{n\sigma}(\boldsymbol{r})] \tag{4.137}$$

式中，$a_{n\sigma}$ 与 $b_{n\sigma}$ 为待定系数；矢量 $\boldsymbol{r}=(r,\varphi)$；函数 $\mathbf{J}_{n\sigma}(\boldsymbol{r})$ 定义如下：

$$\mathbf{J}_{n1}(\boldsymbol{r})=\nabla[\mathrm{J}_n(\alpha r)\mathrm{e}^{\mathrm{i}n\varphi}] \tag{4.138}$$

$$\mathbf{J}_{n2}(\boldsymbol{r})=\nabla\times[\boldsymbol{e}_z\mathrm{J}_n(\beta r)\mathrm{e}^{\mathrm{i}n\varphi}] \tag{4.139}$$

$$\mathbf{J}_{n3}(\boldsymbol{r})=\frac{1}{\beta}\nabla\times\nabla\times[\boldsymbol{e}_z\mathrm{J}_n(\beta r)\mathrm{e}^{\mathrm{i}n\varphi}] \tag{4.140}$$

为书写方便，省略 $\mathrm{H}_n^{(1)}(kr)$ 的上标(1)，以下简写为 $\mathbf{H}_n(kr)$，函数 $\mathbf{H}_{n\sigma}(\boldsymbol{r})$ 定义为

$$\mathbf{H}_{n1}(\boldsymbol{r})=\nabla[\mathrm{H}_n(\alpha r)\mathrm{e}^{\mathrm{i}n\varphi}] \tag{4.141}$$

$$\mathbf{H}_{n2}(\boldsymbol{r})=\nabla\times[\boldsymbol{e}_z\mathrm{H}_n(\beta r)\mathrm{e}^{\mathrm{i}n\varphi}] \tag{4.142}$$

$$\mathbf{H}_{n3}(\boldsymbol{r})=\frac{1}{\beta}\nabla\times\nabla\times[\boldsymbol{e}_z\mathrm{H}_n(\beta r)\mathrm{e}^{\mathrm{i}n\varphi}] \tag{4.143}$$

式中，$\alpha=\omega/C_p$，$\beta=\omega/C_s$ 分别为纵波和横波的圆波数。$\sigma=1$ 代表纵波，$\sigma=2,3$ 代表横波。在式(4.137)中，当 $a_{n\sigma}=0$ 时，$\boldsymbol{u}(\boldsymbol{r})$ 表示散射波 $\boldsymbol{u}^{\mathrm{sc}}(\boldsymbol{r})$；而当 $b_{n\sigma}=0$ 时，$\boldsymbol{u}(\boldsymbol{r})$ 表示入射波 $\boldsymbol{u}^{\mathrm{in}}(\boldsymbol{r})$。

2. 单柱散射及连续条件

将一个散射圆柱体置于无限均匀介质中，记基体为介质 1，散射圆柱为介质 2，由式(4.137)可知柱外的波分为入射波和散射波，并可以表示为

$$\boldsymbol{u}^{(1)}(\boldsymbol{r})=\sum_{n\sigma}\left[a_{n\sigma}\mathbf{J}_{n\sigma}^{(1)}(\boldsymbol{r})+b_{n\sigma}\mathbf{H}_{n\sigma}^{(1)}(\boldsymbol{r})\right] \tag{4.144}$$

而在柱内只有折射波，因为包含 $\boldsymbol{r}=0$ 的点，只能表示为

$$\boldsymbol{u}^{(2)}(\boldsymbol{r})=\sum_{n\sigma}c_{n\sigma}\mathbf{J}_{n\sigma}^{(2)}(\boldsymbol{r}) \tag{4.145}$$

将上述位移场代入几何方程式(2.31)，然后再代入本构方程式(2.33)，得应力 $\boldsymbol{\sigma}$ 为

$$\boldsymbol{\sigma}^{(i)}(\boldsymbol{r})=\lambda^{(i)}\left[\nabla\cdot\boldsymbol{u}^{(i)}(\boldsymbol{r})\right]\boldsymbol{I}+\mu^{(i)}\left[\nabla\boldsymbol{u}^{(i)}(\boldsymbol{r})+(\nabla\boldsymbol{u}^{(i)}(\boldsymbol{r}))^{\mathrm{T}}\right] \tag{4.146}$$

式中，上标 $i=1,2$ 表示介质 1 和介质 2。在柱体表面法矢量为 $\boldsymbol{e}_r$，于是柱体表面有应力矢量 $\boldsymbol{t}$ 为

$$\boldsymbol{t}^{(i)}(\boldsymbol{r})=\boldsymbol{e}_r\cdot\boldsymbol{\sigma}^{(i)}(\boldsymbol{r})=\lambda^{(i)}\left[\nabla\cdot\boldsymbol{u}^{(i)}(\boldsymbol{r})\right]\boldsymbol{e}_r+\mu^{(i)}\left[\boldsymbol{e}_r\times(\nabla\times\boldsymbol{u}^{(i)}(\boldsymbol{r}))+2\frac{\partial\boldsymbol{u}^{(i)}(\boldsymbol{r})}{\partial\boldsymbol{e}_r}\right] \tag{4.147}$$

设柱的半径为 r_0，则在柱面上位移与应力连续条件为

$$\boldsymbol{u}^{(1)}(\boldsymbol{r})\big|_{r=r_0}=\boldsymbol{u}^{(2)}(\boldsymbol{r})\big|_{r=r_0} \tag{4.148}$$

$$\boldsymbol{t}^{(1)}(\boldsymbol{r})\big|_{r=r_0}=\boldsymbol{t}^{(2)}(\boldsymbol{r})\big|_{r=r_0} \tag{4.149}$$

记 $\boldsymbol{A}=\{a_{n\sigma}\}$，$\boldsymbol{B}=\{b_{n\sigma}\}$，$\boldsymbol{C}=\{c_{n\sigma}\}$。将式(4.144)和式(4.145)代入式(4.147)，求得柱面上的应力矢量，然后将位移和应力矢量代入上述连续条件，分别得到关于系数 $\boldsymbol{A}$、$\boldsymbol{B}$、$\boldsymbol{C}$ 的两组线性方程组，进一步消去 $\boldsymbol{C}$，则有 $\boldsymbol{A}$ 与 $\boldsymbol{B}$ 的如下关系：

$$\boldsymbol{B}=\boldsymbol{T}\boldsymbol{A} \tag{4.150}$$

式中，$\boldsymbol{T}=\{t_{n\sigma n'\sigma'}\}$为转换矩阵，式(4.150)说明对于给定的每个散射体，通过 $\boldsymbol{T}$ 矩阵即可由入射波给出散射波。关于 $\boldsymbol{T}$ 矩阵的详细推导过程参见文献[8]。

3. 坐标转换与加法定理

由式(4.138)～式(4.143)可以看出，在柱坐标系下，主要涉及两类标量函数的坐标转换，即 $\mathrm{J}_n(\alpha r)\mathrm{e}^{\mathrm{i}n\varphi}$ 和 $\mathrm{H}_n(\alpha r)\mathrm{e}^{\mathrm{i}n\varphi}$。记 $\boldsymbol{r}'=\boldsymbol{r}+\boldsymbol{R}$，柱坐标系下标量波函数也存在如下加法定理[37,43]：

$$\sigma_n(\alpha r')\mathrm{e}^{\mathrm{i}n\varphi'}=\begin{cases}\sum\limits_{n'}\mathrm{J}_{n'}(kr)\mathrm{e}^{\mathrm{i}n\varphi}S_{n,n'}^{k}(\boldsymbol{R}), & r<R\\ \sum\limits_{n'}\sigma_{n'}(kr)\mathrm{e}^{\mathrm{i}n\varphi}\hat{S}_{n,n'}^{k}(\boldsymbol{R}), & r>R\end{cases} \tag{4.151}$$

式中，$\sigma_n(kr)$为 $\mathrm{J}_n(kr)$或 $\mathrm{H}_n^{(1)}(kr)$；φ、φ'和 $\hat{\varphi}$ 分别为 $\boldsymbol{r}$、$\boldsymbol{r}'$和 $\boldsymbol{R}$ 对应的辐角。$S_{n,n'}^{k}(\boldsymbol{R})$ 和 $\hat{S}_{n,n'}^{k}(\boldsymbol{R})$为分离矩阵，也称为柱坐标系的标量波结构常数，其定义如下：

$$S_{n,n'}^{k}(\boldsymbol{R})=\sigma_{n-n'}(kR)\mathrm{e}^{\mathrm{i}(n-n')\hat{\varphi}} \tag{4.152}$$

$$\hat{S}_{n,n'}^{k}(\boldsymbol{R})=\mathrm{J}_{n-n'}(kR)\mathrm{e}^{\mathrm{i}(n-n')\hat{\varphi}} \tag{4.153}$$

可见，当 $\sigma_n(kr)=\mathrm{J}_n(kr)$时有 $S_{n,n'}^{k}(\boldsymbol{R})=\hat{S}_{n,n'}^{k}(\boldsymbol{R})$。周期结构的每个散射圆柱是不会互相重叠的，在每个圆柱的近场总有 $r<R$ 成立。利用标量柱波函数的加法定理即式(4.151)可以证明[8]，对于矢量柱波函数 $\mathbf{J}$ 与 $\mathbf{H}$，当 $r<R$ 时，有如下加法定理成立：

$$\mathbf{H}_{n\sigma}(\boldsymbol{r}')=\sum_{n'\sigma'}G_{n\sigma n'\sigma'}(\boldsymbol{R})\mathbf{J}_{n'\sigma'}(\boldsymbol{r}) \tag{4.154}$$

式中，$G_{n\sigma n'\sigma'}(\boldsymbol{R})$为柱坐标系下矢量波结构常数，定义如下：

$$G_{n\sigma n'\sigma'}(\boldsymbol{R})=\begin{cases}S_{n,n'}^{\alpha}(\boldsymbol{R}), & \sigma=\sigma'=1\\ S_{n,n'}^{\beta}(\boldsymbol{R}), & \sigma=\sigma'=2,3\end{cases} \tag{4.155}$$

当 σ 与 σ' 不满足上述条件时，$G_{n\sigma n'\sigma'}(\boldsymbol{R})=0$。

4. 自洽关系与特征方程

对于周期结构中的第 i 根圆柱(散射体)，由式(4.137)可知其入射波和散射波可以表示为

$$\boldsymbol{u}_i^{\mathrm{in}}(\boldsymbol{r}_i)=\sum_{n\sigma}a_{n\sigma}^{i}\mathbf{J}_{n\sigma}^{i}(\boldsymbol{r}_i) \tag{4.156}$$

$$\boldsymbol{u}_i^{\mathrm{sc}}(\boldsymbol{r}_i)=\sum_{n\sigma}b_{n\sigma}^{i}\mathbf{H}_{n\sigma}^{i}(\boldsymbol{r}_i) \tag{4.157}$$

根据入射波场的自洽关系，柱 i 的入射波包括两部分，一部分是外部入射波：

$$\boldsymbol{u}_i^{\mathrm{in}(0)}(\boldsymbol{r}_i)=\sum_{n\sigma}a_{n\sigma}^{i(0)}\mathbf{J}_{n\sigma}^{i}(\boldsymbol{r}_i) \tag{4.158}$$

另一部分是除了柱 i 以外的所有其他柱 $j\,(j\neq i)$的散射波，即

$$\boldsymbol{u}_i^{\mathrm{in}}(\boldsymbol{r}_i)-\boldsymbol{u}_i^{\mathrm{in}(0)}(\boldsymbol{r}_i)=\sum_{j\neq i}\sum_{n''\sigma''}b_{n''\sigma''}^{j}\mathbf{H}_{n''\sigma''}^{j}(\boldsymbol{r}_j) \tag{4.159}$$

式中，$\boldsymbol{r}_i$ 和 $\boldsymbol{r}_j$ 分别表示以柱 i 和 j 中心为坐标原点时，平面内同一点 $\boldsymbol{r}$ 的位置矢量。可见式(4.159)含有多个坐标系，左边以柱 i 中心为坐标原点，右边以柱 j 中心为坐标原点。记柱 i 和 j 中心位置矢量分别为 $\boldsymbol{R}_i$ 和 $\boldsymbol{R}_j$，则 $\boldsymbol{r}_j=\boldsymbol{r}_i+\boldsymbol{R}_i-\boldsymbol{R}_j$，利用柱坐标系下的加法定理式(4.154)可得

$$\mathbf{H}_{n''\sigma''}^{j}(\boldsymbol{r}_i+\boldsymbol{R}_i-\boldsymbol{R}_j)=\sum_{n\sigma}G_{n''\sigma''n\sigma}^{ij}\mathbf{J}_{n\sigma}^{i}(\boldsymbol{r}_i) \tag{4.160}$$

式中，$G_{n''\sigma''n\sigma}^{ij}=G_{n''\sigma''n\sigma}(\boldsymbol{R}_i-\boldsymbol{R}_j)$。由式(4.150)可知：

$$b_{n''\sigma''}^{j}=\sum_{n'\sigma'}t_{n''\sigma''n'\sigma'}^{j}a_{n'\sigma'}^{j} \tag{4.161}$$

将式(4.156)、式(4.158)、式(4.160)和式(4.161)代入式(4.159)有

$$\sum_{n\sigma}\left[a_{n\sigma}^{i}-\sum_{j\neq i}\sum_{n''\sigma''}\sum_{n'\sigma'}t_{n''\sigma''n'\sigma'}^{j}a_{n'\sigma'}^{j}G_{n''\sigma''n\sigma}^{ij}\right]\mathbf{J}_{n\sigma}^{i}(\boldsymbol{r}_i)=\sum_{n\sigma}a_{n\sigma}^{i(0)}\mathbf{J}_{n\sigma}^{i}(\boldsymbol{r}_i) \tag{4.162}$$

对散射圆柱 i 附近每一点都成立，故而每一项 $\mathbf{J}_{n\sigma}^{i}(\boldsymbol{r}_i)$的系数应相等，于是有

$$a_{n\sigma}^{i}-\sum_{j\neq i}\sum_{n''\sigma''}\sum_{n'\sigma'}t_{n''\sigma''n'\sigma'}^{j}a_{n'\sigma'}^{j}G_{n''\sigma''n\sigma}^{ij}=a_{n\sigma}^{i(0)} \tag{4.163}$$

进行指标替换有

$$a_{n\sigma}^{i}=\sum_{jn'\sigma'}\delta_{ij}\delta_{nn'}\delta_{\sigma\sigma'}a_{n'\sigma'}^{j} \tag{4.164}$$

将式(4.164)代入式(4.163)有

$$\sum_{jn'\sigma'}\left[\delta_{ij}\delta_{nn'}\delta_{\sigma\sigma'}-(1-\delta_{ij})\sum_{n''\sigma''}t_{n''\sigma''n'\sigma'}^{j}G_{n''\sigma''n\sigma}^{ij}\right]a_{n'\sigma'}^{j}=a_{n\sigma}^{i(0)} \tag{4.165}$$

这就是二维平面问题多重散射理论的最终方程。对于有限周期结构，通过求解式(4.165)即可给出外部扰动下每个散射柱外的总入射波，并通过式(4.161)和式(4.157)可求每个散射球的总散射波，进而可求整个结构的波场分布和传输特性。该结构无外界扰动时，式(4.165)有非零解，必须有如下特征方程成立：

$$\left|\delta_{ij}\delta_{nn'}\delta_{\sigma\sigma'}-(1-\delta_{ij})\sum_{n''\sigma''}t_{n''\sigma''n'\sigma'}^{j}G_{n''\sigma''n\sigma}^{ij}\right|=0 \tag{4.166}$$

可以看出，在上述特征方程中，表征整个体系几何结构特征的是 $G_{n\sigma n'\sigma'}(\boldsymbol{R}')$，对于周期结构，散射体的周期排列只与 $G_{n\sigma n'\sigma'}(\boldsymbol{R}')$有关，考虑到周期结构应满足 Bloch 定理：

$$G_{n\sigma n'\sigma'}(\boldsymbol{R}'+\boldsymbol{R})=\mathrm{e}^{\mathrm{i}\boldsymbol{k}\cdot\boldsymbol{R}}G_{n\sigma n'\sigma'}(\boldsymbol{R}') \tag{4.167}$$

式中，$\boldsymbol{R}'=\boldsymbol{R}_i-\boldsymbol{R}_j$ 为两散射柱的相对位置矢量，$\boldsymbol{R}$ 为格矢。式(4.167)说明不同典型单元中各散射柱的结构常数可以表示为某个指定典型单元中对应的散射柱的结构常数乘以 Bloch 相移因子 $\mathrm{e}^{\mathrm{i}\boldsymbol{k}\cdot\boldsymbol{R}}$。所以没有必要对每个散射柱都求结构常数，只需求一个典型单元内各散射柱的结构常数即可，典型单元外的其他散射柱可以通过式(4.167)进行构建。用 s 和 s'表示典型单元内不同的散射柱，将式(4.167)代入式(4.166)后有

$$\left|\delta_{ss'}\delta_{nn'}\delta_{\sigma\sigma'}-\sum_{n''\sigma''}t_{n''\sigma''n'\sigma'}^{s'}G_{n''\sigma''n\sigma}^{ss'}(\boldsymbol{k})\right|=0 \tag{4.168}$$

式中，

$$G_{n''\sigma''n\sigma}^{ss'}(\boldsymbol{k})=\sum_{\boldsymbol{R}}G_{n''\sigma''n\sigma}(\boldsymbol{R}_s-\boldsymbol{R}_s{}'-\boldsymbol{R})\mathrm{e}^{\mathrm{i}\boldsymbol{k}\cdot\boldsymbol{R}} \tag{4.169}$$

式中，$\boldsymbol{R}$ 取遍整个格子，并在 $\boldsymbol{R}=0$ 时要求 $s\neq s'$。

如果典型单元内只有一个散射柱 s，则上述方程可进一步简化为

$$\left|\delta_{nn'}\delta_{\sigma\sigma'}-\sum_{n''\sigma''}t_{n''\sigma''n'\sigma'}^{s}G_{n''\sigma''n\sigma}(\boldsymbol{k})\right|=0 \tag{4.170}$$

式中，

$$G_{n''\sigma''n\sigma}(\boldsymbol{k})=\sum_{\boldsymbol{R}}G_{n''\sigma''n\sigma}(-\boldsymbol{R})\mathrm{e}^{\mathrm{i}\boldsymbol{k}\cdot\boldsymbol{R}} \tag{4.171}$$

对 $\boldsymbol{R}\neq 0$ 的所有格点求和。

4.3.4　有限结构层间多重散射理论

1. 基本理论

图 4.17 为一有限厚度层状周期结构的平面简图，散射体为球体。在 xOy 平面内，各球形散射体位于如下格子的格点上：

$$\boldsymbol{R}_n = n_1\boldsymbol{a}_1 + n_2\boldsymbol{a}_2 \tag{4.172}$$

式中，$\boldsymbol{a}_1$ 与 $\boldsymbol{a}_2$ 为格子基矢；n_1 和 n_2 是整数；z 轴垂直于该平面，在 z 方向上为有限尺寸。一个平面波入射到该体系上，图 4.18 给出了典型层及层上、下表面可能存在的波示意图。

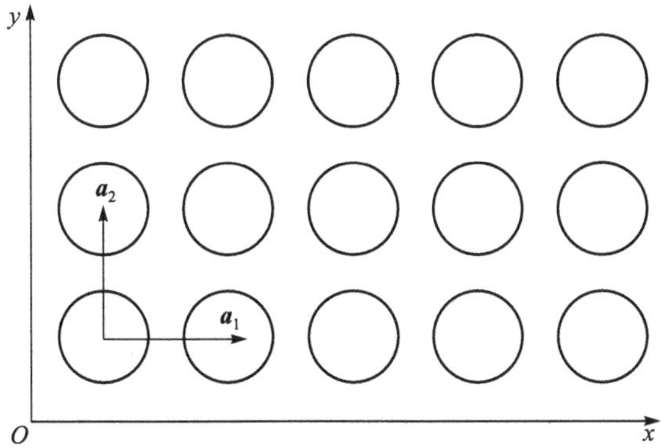

图 4.17　有限厚度层状周期结构平面简图

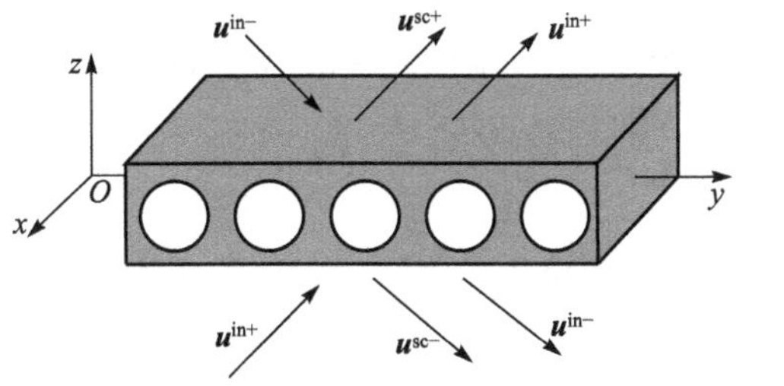

图 4.18　有限厚度层状周期结构的典型层及层上、下表面可能存在的波示意图

由散射体向上和向下入射的 P 波分别记为 $\boldsymbol{u}_\alpha^{\text{in}+}(\boldsymbol{r})$ 与 $\boldsymbol{u}_\alpha^{\text{in}-}(\boldsymbol{r})$，S 波分别记为 $\boldsymbol{u}_\beta^{\text{in}+}(\boldsymbol{r})$ 与 $\boldsymbol{u}_\beta^{\text{in}-}(\boldsymbol{r})$，式中，“+”和“−”分别表示传播方向向上和向下，下标 α 与 β 表示 P 波与 S 波，并记 α 与 β 分别为 P 波与 S 波的圆波数，则可以将层外入射到该层的入射波按平面波展开如下：

$$\boldsymbol{u}_\alpha^{\text{in}\pm}(\boldsymbol{r}) = \sum_{\boldsymbol{g}} \boldsymbol{u}_{\alpha g}^{\text{in}\pm}(\boldsymbol{r}) = \sum_{\boldsymbol{g}} \boldsymbol{U}_{\alpha g}^{\text{in}\pm} \mathrm{e}^{\mathrm{i}\boldsymbol{k}_{\alpha g}^{\pm}\cdot\boldsymbol{r}}, \quad \boldsymbol{U}_{\alpha g}^{\text{in}\pm} \times \boldsymbol{k}_{\alpha g}^{\pm} = 0 \tag{4.173}$$

$$\boldsymbol{u}_{\beta}^{\mathrm{in}\pm}(\boldsymbol{r})=\sum_{g}\boldsymbol{u}_{\beta g}^{\mathrm{in}\pm}(\boldsymbol{r})=\sum_{g}\boldsymbol{U}_{\beta g}^{\mathrm{in}\pm}\mathrm{e}^{\mathrm{i}\boldsymbol{k}_{\beta g}^{\pm}\cdot\boldsymbol{r}},\quad \boldsymbol{U}_{\beta g}^{\mathrm{in}\pm}\times\boldsymbol{k}_{\beta g}^{\pm}=0 \tag{4.174}$$

$$\boldsymbol{k}_{\alpha g}^{\pm}=(\boldsymbol{k}_{\parallel}+\boldsymbol{g},\pm k_{\alpha g}^{z}) \tag{4.175}$$

$$\boldsymbol{k}_{\beta g}^{\pm}=(\boldsymbol{k}_{\parallel}+\boldsymbol{g},\pm k_{\beta g}^{z}) \tag{4.176}$$

式中,$\boldsymbol{g}$ 为面内倒格矢;$\boldsymbol{k}_{\parallel}$ 为面内布里渊区中的简约波矢;$\boldsymbol{k}_{\parallel}+\boldsymbol{g}$ 构成了波矢在整个面内的分量。P 波与 S 波波矢的面外分量为 $k_{\alpha g}^{z}=\sqrt{\alpha^{2}-|\boldsymbol{k}_{\parallel}+\boldsymbol{g}|^{2}}$ 和 $k_{\beta g}^{z}=\sqrt{\beta^{2}-|\boldsymbol{k}_{\parallel}+\boldsymbol{g}|^{2}}$。入射波是 P 波与 S 波的叠加,即

$$\boldsymbol{u}^{\mathrm{in}}(\boldsymbol{r})=\boldsymbol{u}_{\alpha}^{\mathrm{in}\pm}(\boldsymbol{r})+\boldsymbol{u}_{\beta}^{\mathrm{in}\pm}(\boldsymbol{r})=\sum_{sg}\left[\boldsymbol{u}_{\alpha g}^{\mathrm{ins}}(\boldsymbol{r})+\boldsymbol{u}_{\beta g}^{\mathrm{ins}}(\boldsymbol{r})\right] \tag{4.177}$$

式中,s 表示"+"和"−"。将层外入射到该层的入射波按球面波展开有

$$\boldsymbol{u}^{\mathrm{in}}(\boldsymbol{r})=\sum_{lm\sigma}a_{lm\sigma}\mathbf{J}_{lm\sigma}(\boldsymbol{r}) \tag{4.178}$$

或者按 P 波与 S 波分别表示如下:

$$\boldsymbol{u}_{\alpha}^{\mathrm{in}}(\boldsymbol{r})=\sum_{lm}a_{lm1}\mathbf{J}_{lm1}(\boldsymbol{r}) \tag{4.179}$$

$$\boldsymbol{u}_{\beta}^{\mathrm{in}}(\boldsymbol{r})=\sum_{lm}\left[a_{lm2}\mathbf{J}_{lm2}(\boldsymbol{r})+a_{lm3}\mathbf{J}_{lm3}(\boldsymbol{r})\right] \tag{4.180}$$

无论是按平面波展开还是按球面波展开,两者表示的都是同一入射波,通过式(4.177)和式(4.178)可以找到展开系数之间的转换关系如下[5]:

$$a_{lm1}=\sum_{sg}\boldsymbol{U}_{\alpha g}^{\mathrm{ins}}\cdot\boldsymbol{A}_{lm1}^{gs},\quad a_{lm2}=\sum_{sg}\boldsymbol{U}_{\beta g}^{\mathrm{ins}}\cdot\boldsymbol{A}_{lm2}^{gs},\quad a_{lm3}=\sum_{sg}\boldsymbol{U}_{\beta g}^{\mathrm{ins}}\cdot\boldsymbol{A}_{lm3}^{gs} \tag{4.181}$$

转换系数为

$$\boldsymbol{A}_{lm1}^{gs}=\alpha^{-1}4\pi\mathrm{i}^{l-1}(-1)^{m}Y_{l-m}(\hat{\boldsymbol{k}}_{\alpha g}^{s})\boldsymbol{k}_{\alpha g}^{s} \tag{4.182}$$

$$\begin{aligned}\boldsymbol{A}_{lm1}^{gs}=\frac{4\pi\mathrm{i}^{l+1}(-1)^{m+1}}{\sqrt{l(l+1)}}\{&[M_{l}^{m}Y_{l-(m+1)}(\hat{\boldsymbol{k}}_{\beta g}^{s})+N_{l}^{m}Y_{l-(m-1)}(\hat{\boldsymbol{k}}_{\beta g}^{s})]\boldsymbol{e}_{x}\\&+\mathrm{i}[M_{l}^{m}Y_{l-(m+1)}(\hat{\boldsymbol{k}}_{\beta g}^{s})-N_{l}^{m}Y_{l-(m-1)}(\hat{\boldsymbol{k}}_{\beta g}^{s})]\boldsymbol{e}_{y}-mY_{l-(m+1)}(\hat{\boldsymbol{k}}_{\beta g}^{s})\boldsymbol{e}_{z}\}\end{aligned} \tag{4.183}$$

$$\boldsymbol{A}_{lm3}^{gs}=\beta^{-1}\boldsymbol{k}_{\beta g}^{s}\times\boldsymbol{A}_{lm2}^{gs} \tag{4.184}$$

式中,$\boldsymbol{e}_{x}$、$\boldsymbol{e}_{y}$、$\boldsymbol{e}_{z}$ 为各坐标轴单位基矢量;$M_{l}^{m}=0.5\sqrt{(l-m)(l+m+1)}$;$N_{l}^{m}=0.5\sqrt{(l+m)(l-m+1)}$。

在单层内的总散射波可表示为层内各散射体 i 的散射波之和,由式(4.95)可知:

$$\boldsymbol{u}^{\mathrm{sc}}(\boldsymbol{r})=\sum_{ilm\sigma}b_{lm\sigma}^{i}\boldsymbol{H}_{lm\sigma}^{i}(\boldsymbol{r}_{i}) \tag{4.185}$$

利用 Bloch 定理,可将面内各散射体的散射场表示为原点处散射体的散射场乘以相移因子得到,于是式(4.185)可以表示为

$$\boldsymbol{u}^{\mathrm{sc}}(\boldsymbol{r})=\sum_{lm\sigma}b^{0}_{lm\sigma}\sum_{\boldsymbol{R}}\mathrm{e}^{\mathrm{i}\boldsymbol{k}_{\parallel}\cdot\boldsymbol{R}}\mathbf{H}_{lm\sigma}(\boldsymbol{r}-\boldsymbol{R}) \tag{4.186}$$

为书写方便已省略 $\mathbf{H}$ 的上标“0”。下面将致力于建立入射到该层的入射波[式(4.178)]与本层的散射波[式(4.186)]之间的关系。

为此，记 $\boldsymbol{A}=\{a_{lm\sigma}\}$，$\boldsymbol{B}=\{b^{0}_{lm\sigma}\}$，首先给出 $\boldsymbol{A}$ 与 $\boldsymbol{B}$ 之间的关系。考虑原点处的散射体，它的一部分入射波为本层其他散射体散射到该球的散射波，即式(4.186)中 $\boldsymbol{R}\neq 0$，利用式(4.186)和式(4.114)，可知其他球的总散射波，即其他球入射到本球的入射波为

$$\boldsymbol{u}^{\mathrm{in}'}(\boldsymbol{r})=\sum_{l'm'\sigma'}b^{0}_{l'm'\sigma'}\sum_{\boldsymbol{R}\neq 0}\mathrm{e}^{\mathrm{i}\boldsymbol{k}_{\parallel}\cdot\boldsymbol{R}}\sum_{lm\sigma}G_{l'm'\sigma'lm\sigma}(-\boldsymbol{R})\mathbf{J}_{lm\sigma}(\boldsymbol{r})\equiv\sum_{lm\sigma}a'_{lm\sigma}\mathbf{J}_{lm\sigma}(\boldsymbol{r}) \tag{4.187}$$

记

$$G^{\mathrm{Tr}}_{l'm'\sigma'lm\sigma}(\boldsymbol{k}_{\parallel})=\sum_{\boldsymbol{R}\neq 0}\mathrm{e}^{\mathrm{i}\boldsymbol{k}_{\parallel}\cdot\boldsymbol{R}}G_{l'm'\sigma'lm\sigma}(-\boldsymbol{R}) \tag{4.188}$$

则系数 $a'_{lm\sigma}$ 可表示为

$$a'_{lm\sigma}=\sum_{l'm'\sigma'}b^{0}_{l'm'\sigma'}G^{\mathrm{Tr}}_{l'm'\sigma'lm\sigma}(\boldsymbol{k}_{\parallel}) \tag{4.189}$$

简记为 $\boldsymbol{A}'=\boldsymbol{G}^{\mathrm{Tr}}(\boldsymbol{k}_{\parallel})\boldsymbol{B}$。原点处的散射体的另一部分入射波为外部入射到该层的入射波[式(4.178)]，于是总入射波为 $\sum\limits_{lm\sigma}(a_{lm\sigma}+a'_{lm\sigma})\mathbf{J}_{lm\sigma}(\boldsymbol{r})$，散射波可由总入射波确定，根据式(4.108)，可得

$$b_{lm\sigma}=\sum_{l'm'\sigma'}t_{m\sigma l'm'\sigma'}(a_{lm\sigma}+a'_{lm\sigma}) \tag{4.190}$$

写成矩阵形式为 $\boldsymbol{B}=\boldsymbol{T}(\boldsymbol{A}+\boldsymbol{A}')=\boldsymbol{T}[\boldsymbol{A}+\boldsymbol{G}^{\mathrm{Tr}}(\boldsymbol{k}_{\parallel})\boldsymbol{B}]$，进而可知：

$$\boldsymbol{B}=\boldsymbol{Z}\boldsymbol{A} \tag{4.191}$$

式中，$\boldsymbol{Z}=[\boldsymbol{I}-\boldsymbol{T}\boldsymbol{G}^{\mathrm{Tr}}(\boldsymbol{k}_{\parallel})]^{-1}\boldsymbol{T}=\{Z_{lm\sigma l'm'\sigma'}\}$。

将式(4.186)后半部分按平面波的形式展开如下：

$$\sum_{\boldsymbol{R}}\mathrm{e}^{\mathrm{i}\boldsymbol{k}_{\parallel}\cdot\boldsymbol{R}}\mathbf{H}_{lm1}(\boldsymbol{r}-\boldsymbol{R})=\sum_{\boldsymbol{g}}\boldsymbol{B}^{gs}_{lm1}\mathrm{e}^{\mathrm{i}\boldsymbol{k}^{s}_{\alpha g}\cdot\boldsymbol{r}} \tag{4.192}$$

$$\sum_{\boldsymbol{R}}\mathrm{e}^{\mathrm{i}\boldsymbol{k}_{\parallel}\cdot\boldsymbol{R}}\mathbf{H}_{lm2}(\boldsymbol{r}-\boldsymbol{R})=\sum_{\boldsymbol{g}}\boldsymbol{B}^{gs}_{lm2}\mathrm{e}^{\mathrm{i}\boldsymbol{k}^{s}_{\beta g}\cdot\boldsymbol{r}} \tag{4.193}$$

$$\sum_{\boldsymbol{R}}\mathrm{e}^{\mathrm{i}\boldsymbol{k}_{\parallel}\cdot\boldsymbol{R}}\mathbf{H}_{lm3}(\boldsymbol{r}-\boldsymbol{R})=\sum_{\boldsymbol{g}}\boldsymbol{B}^{gs}_{lm3}\mathrm{e}^{\mathrm{i}\boldsymbol{k}^{s}_{\beta g}\cdot\boldsymbol{r}} \tag{4.194}$$

式中，当 $z>0$ 时的散射波 s 为“+”，$z<0$ 时的散射波 s 为“−”。记 $S=\boldsymbol{a}_1\cdot\boldsymbol{a}_2$ 为平面内典型单元的面积。可以证明式(4.192)～式(4.194)的展开系数为

$$\boldsymbol{B}^{gs}_{lm1}=\frac{2\pi}{S}\frac{(-\mathrm{i})^{l+1}}{\alpha^2}\frac{Y_{lm}(\hat{\boldsymbol{k}}^{s}_{\alpha g})}{k^{\alpha}_{zg}}\boldsymbol{k}^{s}_{\alpha g} \tag{4.195}$$

$$\boldsymbol{B}^{gs}_{lm2}=\frac{2\pi}{S}\frac{(-\mathrm{i})^{l+1}}{\beta\sqrt{l(l+1)}}\frac{1}{k^{\beta}_{zg}}\{[M^{m}_{l}Y_{l(m+1)}(\hat{\boldsymbol{k}}^{s}_{\beta g})+N^{m}_{l}Y_{l(m-1)}(\hat{\boldsymbol{k}}^{s}_{\beta g})]\boldsymbol{e}_x$$

$$-\mathrm{i}[M_l^m Y_{l(m+1)}(\hat{\boldsymbol{k}}_{\beta g}^s)-N_l^m Y_{l(m-1)}(\hat{\boldsymbol{k}}_{\beta g}^s)]\boldsymbol{e}_y+mY_{lm}(\hat{\boldsymbol{k}}_{\beta g}^s)\boldsymbol{e}_x\} \tag{4.196}$$

$$\boldsymbol{B}_{lm3}^{gs}=\beta^{-1}\boldsymbol{k}_{\beta g}^s\times\boldsymbol{B}_{lm2}^{gs} \tag{4.197}$$

将式(4.192)～式(4.194)代入式(4.186)可得

$$\boldsymbol{u}^{\mathrm{sc},s}(\boldsymbol{r})=\sum_{\boldsymbol{g}}[\boldsymbol{U}_{\alpha g}^{\mathrm{sc},s}\mathrm{e}^{\mathrm{i}\boldsymbol{k}_{\alpha g}^s\cdot\boldsymbol{r}}+\boldsymbol{U}_{\beta g}^{\mathrm{sc},s}\mathrm{e}^{\mathrm{i}\boldsymbol{k}_{\beta g}^s\cdot\boldsymbol{r}}] \tag{4.198}$$

式中，

$$\boldsymbol{U}_{\alpha g}^{\mathrm{sc},s}=\sum_{lm}b_{lm1}\boldsymbol{B}_{lm1}^{gs},\quad \boldsymbol{U}_{\beta g}^{\mathrm{sc},s}=\sum_{lm}(b_{lm2}\boldsymbol{B}_{lm2}^{gs}+b_{lm3}\boldsymbol{B}_{lm3}^{gs}) \tag{4.199}$$

至此，入射波和散射波都已经展开成平面波的形式，即式(4.173)、式(4.174)和式(4.198)，并已经找到两者球面波展开系数之间的关系式(4.191)，以及各自平面波展开与球面波展开系数之间的关系，入射波见式(4.181)，散射波见式(4.199)。利用这些关系，不难找到入射波和散射波的平面波展开系数之间的关系。为此，将式(4.181)代入式(4.191)，然后再代入式(4.199)可得

$$\begin{cases}\boldsymbol{U}_{\alpha g}^{\mathrm{sc},s}=\sum\limits_{s'\boldsymbol{g}'}(\boldsymbol{M}_{\alpha g\alpha g'}^{ss'}\cdot\boldsymbol{U}_{\alpha g'}^{\mathrm{ins}'}+\boldsymbol{M}_{\alpha g\beta g'}^{ss'}\cdot\boldsymbol{U}_{\beta g'}^{\mathrm{ins}'})\\ \boldsymbol{U}_{\beta g}^{\mathrm{sc},s}=\sum\limits_{s'\boldsymbol{g}'}(\boldsymbol{M}_{\beta g\alpha g'}^{ss'}\cdot\boldsymbol{U}_{\alpha g'}^{\mathrm{ins}'}+\boldsymbol{M}_{\beta g\beta g'}^{ss'}\cdot\boldsymbol{U}_{\beta g'}^{\mathrm{ins}'})\end{cases} \tag{4.200}$$

式中，

$$\boldsymbol{M}_{\alpha g\alpha g'}^{ss'}=\sum_{lml'm'}\boldsymbol{B}_{lm1}^{gs}Z_{lm1l'm'1}\boldsymbol{A}_{l'm'1}^{g's'} \tag{4.201}$$

$$\boldsymbol{M}_{\alpha g\beta g'}^{ss'}=\sum_{lml'm'}(\boldsymbol{B}_{lm1}^{gs}Z_{lm1l'm'2}\boldsymbol{A}_{l'm'2}^{g's'}+\boldsymbol{B}_{lm1}^{gs}Z_{lm1l'm'3}\boldsymbol{A}_{l'm'3}^{g's'}) \tag{4.202}$$

$$\boldsymbol{M}_{\beta g\alpha g'}^{ss'}=\sum_{lml'm'}(\boldsymbol{B}_{lm2}^{gs}Z_{lm2l'm'1}+\boldsymbol{B}_{lm3}^{gs}Z_{lm3l'm'1})\boldsymbol{A}_{l'm'1}^{g's'} \tag{4.203}$$

$$\begin{aligned}\boldsymbol{M}_{\beta g\beta g'}^{ss'}=&\sum_{lml'm'}[(\boldsymbol{B}_{lm2}^{gs}Z_{lm2l'm'2}+\boldsymbol{B}_{lm3}^{gs}Z_{lm3l'm'2})\boldsymbol{A}_{l'm'2}^{g's'}\\&+(\boldsymbol{B}_{lm2}^{gs}Z_{lm2l'm'3}+\boldsymbol{B}_{lm3}^{gs}Z_{lm3l'm'3})\boldsymbol{A}_{l'm'3}^{g's'}]\end{aligned} \tag{4.204}$$

对 $\boldsymbol{g}$ 的展开取 N 项，记列阵

$$\boldsymbol{U}_k^{\mathrm{sc},s}=[\boldsymbol{U}_{kg_1}^{\mathrm{sc},s},\boldsymbol{U}_{kg_2}^{\mathrm{sc},s},\cdots,\boldsymbol{U}_{kg_N}^{\mathrm{sc},s}]^{\mathrm{T}},\quad \boldsymbol{U}_k^{\mathrm{ins}}=[\boldsymbol{U}_{kg_1}^{\mathrm{ins}},\boldsymbol{U}_{kg_2}^{\mathrm{ins}},\cdots,\boldsymbol{U}_{kg_N}^{\mathrm{ins}}]^{\mathrm{T}} \tag{4.205}$$

式中，$k=\alpha,\beta$，则式(4.200)可写成如下矩阵形式：

$$\begin{bmatrix}\boldsymbol{U}_\alpha^{\mathrm{sc}+}\\ \boldsymbol{U}_\beta^{\mathrm{sc}+}\end{bmatrix}=\begin{bmatrix}\boldsymbol{M}_{\alpha\alpha}^{++} & \boldsymbol{M}_{\alpha\beta}^{++}\\ \boldsymbol{M}_{\beta\alpha}^{++} & \boldsymbol{M}_{\beta\beta}^{++}\end{bmatrix}\begin{bmatrix}\boldsymbol{U}_\alpha^{\mathrm{in}+}\\ \boldsymbol{U}_\beta^{\mathrm{in}+}\end{bmatrix}+\begin{bmatrix}\boldsymbol{M}_{\alpha\alpha}^{+-} & \boldsymbol{M}_{\alpha\beta}^{+-}\\ \boldsymbol{M}_{\beta\alpha}^{+-} & \boldsymbol{M}_{\beta\beta}^{+-}\end{bmatrix}\begin{bmatrix}\boldsymbol{U}_\alpha^{\mathrm{in}-}\\ \boldsymbol{U}_\beta^{\mathrm{in}-}\end{bmatrix} \tag{4.206}$$

$$\begin{bmatrix}\boldsymbol{U}_\alpha^{\mathrm{sc}-}\\ \boldsymbol{U}_\beta^{\mathrm{sc}-}\end{bmatrix}=\begin{bmatrix}\boldsymbol{M}_{\alpha\alpha}^{-+} & \boldsymbol{M}_{\alpha\beta}^{-+}\\ \boldsymbol{M}_{\beta\alpha}^{-+} & \boldsymbol{M}_{\beta\beta}^{-+}\end{bmatrix}\begin{bmatrix}\boldsymbol{U}_\alpha^{\mathrm{in}+}\\ \boldsymbol{U}_\beta^{\mathrm{in}+}\end{bmatrix}+\begin{bmatrix}\boldsymbol{M}_{\alpha\alpha}^{--} & \boldsymbol{M}_{\alpha\beta}^{--}\\ \boldsymbol{M}_{\beta\alpha}^{--} & \boldsymbol{M}_{\beta\beta}^{--}\end{bmatrix}\begin{bmatrix}\boldsymbol{U}_\alpha^{\mathrm{in}-}\\ \boldsymbol{U}_\beta^{\mathrm{in}-}\end{bmatrix} \tag{4.207}$$

式中，

$$\boldsymbol{M}_{kk'}^{ss'}=\begin{bmatrix} M_{kg_1k'g_1}^{ss'} & M_{kg_1k'g_2}^{ss'} & \cdots & M_{kg_1k'g_{N-1}}^{ss'} & M_{kg_1k'g_N}^{ss'} \\ M_{kg_2k'g_1}^{ss'} & M_{kg_2k'g_2}^{ss'} & \cdots & M_{kg_2k'g_{N-1}}^{ss'} & M_{kg_2k'g_N}^{ss'} \\ \vdots & \vdots & & \vdots & \vdots \\ M_{kg_{N-1}k'g_1}^{ss'} & M_{kg_{N-1}k'g_2}^{ss'} & \cdots & M_{kg_{N-1}k'g_{N-1}}^{ss'} & M_{kg_{N-1}k'g_N}^{ss'} \\ M_{kg_Nk'g_1}^{ss'} & M_{kg_Nk'g_2}^{ss'} & \cdots & M_{kg_Nk'g_{N-1}}^{ss'} & M_{kg_Nk'g_N}^{ss'} \end{bmatrix} \tag{4.208}$$

利用矩阵 $\boldsymbol{M}_{kk'}^{ss'}$，由入射到层上的入射波即可获得该层的散射波。

2. 传输特性

为了计算传输特性，需要分别获得层上、下表面的波场，式(4.206)与式(4.207)的坐标原点是定义在层中心的($z=0$)，取 $\boldsymbol{r}=\boldsymbol{r}_0+\boldsymbol{a}_3/2,\boldsymbol{r}=\boldsymbol{r}_0-\boldsymbol{a}_3/2$，式中，$\boldsymbol{a}_3$ 为厚度方向上的格矢，并将 $\boldsymbol{r}_0$ 限定在层中心平面上，则由式(4.173)、式(4.174)和式(4.198)可分别得到层上、下表面的波为

$$\boldsymbol{u}_{\text{top}}^{\text{in}\pm}=\sum_g\left[(\boldsymbol{U}_{\alpha g}^{\text{in}\pm}\mathrm{e}^{\mathrm{i}\boldsymbol{k}_{\alpha g}^{\pm}\cdot\boldsymbol{a}_3/2})\mathrm{e}^{\mathrm{i}\boldsymbol{k}_{\alpha g}^{\pm}\cdot\boldsymbol{r}_0}+(\boldsymbol{U}_{\beta g}^{\text{in}\pm}\mathrm{e}^{\mathrm{i}\boldsymbol{k}_{\beta g}^{\pm}\cdot\boldsymbol{a}_3/2})\mathrm{e}^{\mathrm{i}\boldsymbol{k}_{\beta g}^{\pm}\cdot\boldsymbol{r}_0}\right] \tag{4.209}$$

$$\boldsymbol{u}_{\text{bot}}^{\text{in}\pm}=\sum_g\left[(\boldsymbol{U}_{\alpha g}^{\text{in}\pm}\mathrm{e}^{-\mathrm{i}\boldsymbol{k}_{\beta g}^{\pm}\cdot\boldsymbol{a}_3/2})\mathrm{e}^{\mathrm{i}\boldsymbol{k}_{\alpha g}^{\pm}\cdot\boldsymbol{r}_0}+(\boldsymbol{U}_{\beta g}^{\text{in}\pm}\mathrm{e}^{-\mathrm{i}\boldsymbol{k}_{\beta g}^{\pm}\cdot\boldsymbol{a}_3/2})\mathrm{e}^{\mathrm{i}\boldsymbol{k}_{\beta g}^{\pm}\cdot\boldsymbol{r}_0}\right] \tag{4.210}$$

$$\boldsymbol{u}_{\text{top}}^{\text{sc}+}=\sum_g\left[(\boldsymbol{U}_{\alpha g}^{\text{sc}+}\mathrm{e}^{\mathrm{i}\boldsymbol{k}_{\alpha g}^{+}\cdot\boldsymbol{a}_3/2})\mathrm{e}^{\mathrm{i}\boldsymbol{k}_{\alpha g}^{+}\cdot\boldsymbol{r}_0}+(\boldsymbol{U}_{\beta g}^{\text{sc}+}\mathrm{e}^{\mathrm{i}\boldsymbol{k}_{\beta g}^{+}\cdot\boldsymbol{a}_3/2})\mathrm{e}^{\mathrm{i}\boldsymbol{k}_{\beta g}^{+}\cdot\boldsymbol{r}_0}\right] \tag{4.211}$$

$$\boldsymbol{u}_{\text{bot}}^{\text{sc}-}=\sum_g\left[(\boldsymbol{U}_{\alpha g}^{\text{sc}-}\mathrm{e}^{-\mathrm{i}\boldsymbol{k}_{\alpha g}^{-}\cdot\boldsymbol{a}_3/2})\mathrm{e}^{\mathrm{i}\boldsymbol{k}_{\alpha g}^{-}\cdot\boldsymbol{r}_0}+(\boldsymbol{U}_{\beta g}^{\text{sc}-}\mathrm{e}^{-\mathrm{i}\boldsymbol{k}_{\beta g}^{-}\cdot\boldsymbol{a}_3/2})\mathrm{e}^{\mathrm{i}\boldsymbol{k}_{\beta g}^{-}\cdot\boldsymbol{r}_0}\right] \tag{4.212}$$

可见，展开系数乘以相应的因子 $\mathrm{e}^{\mathrm{i}\boldsymbol{k}_{kg}^{s}\cdot(s\boldsymbol{a}_3/2)}$ 即获得上、下表面的平面波展开系数，此时波场可统一映射到 $z=0$ 的平面内。式中，$\boldsymbol{u}_{\text{top}}^{\text{in}-}$ 为上表面向下的入射波，$\boldsymbol{u}_{\text{top}}^{\text{in}+}$ 为上表面向上的入射波，即从下侧入射但没有被散射掉的入射波残余；$\boldsymbol{u}_{\text{top}}^{\text{sc}+}$ 为上表面向上的散射波；$\boldsymbol{u}_{\text{bot}}^{\text{in}+}$ 为下表面向上的入射波，$\boldsymbol{u}_{\text{bot}}^{\text{in}-}$ 为下表面向下的入射波残余；$\boldsymbol{u}_{\text{bot}}^{\text{sc}-}$ 为下表面向下的散射波。采用式(4.205)的列阵形式，并记 $\hat{\boldsymbol{E}}_k^s=\mathrm{diag}[\mathrm{e}^{\mathrm{i}\boldsymbol{k}_{kg_1}^{-}\cdot(s\boldsymbol{a}_3/2)},\mathrm{e}^{\mathrm{i}\boldsymbol{k}_{kg_2}^{-}\cdot(s\boldsymbol{a}_3/2)},\cdots,\mathrm{e}^{\mathrm{i}\boldsymbol{k}_{kg_N}^{-}\cdot(s\boldsymbol{a}_3/2)}]$，$\widetilde{\boldsymbol{E}}_k^s=\mathrm{diag}[\mathrm{e}^{\mathrm{i}\boldsymbol{k}_{kg_1}^{+}\cdot(s\boldsymbol{a}_3/2)},\mathrm{e}^{\mathrm{i}\boldsymbol{k}_{kg_2}^{+}\cdot(s\boldsymbol{a}_3/2)},\cdots,\mathrm{e}^{\mathrm{i}\boldsymbol{k}_{kg_N}^{+}\cdot(s\boldsymbol{a}_3/2)}]$，以及 $\boldsymbol{E}_k^s=\mathrm{diag}[\mathrm{e}^{\mathrm{i}\boldsymbol{k}_{kg_1}^{s}\cdot(s\boldsymbol{a}_3/2)},\mathrm{e}^{\mathrm{i}\boldsymbol{k}_{kg_2}^{s}\cdot(s\boldsymbol{a}_3/2)},\cdots,\mathrm{e}^{\mathrm{i}\boldsymbol{k}_{kg_N}^{s}\cdot(s\boldsymbol{a}_3/2)}]$，则上、下表面不同方向的波展开系数如下：

$$\begin{bmatrix}\boldsymbol{U}_{\alpha,\text{top}}^{-}\\ \boldsymbol{U}_{\beta,\text{top}}^{-}\end{bmatrix}=\begin{bmatrix}\hat{\boldsymbol{E}}_{\alpha}^{+} & 0\\ 0 & \hat{\boldsymbol{E}}_{\beta}^{+}\end{bmatrix}\begin{bmatrix}\boldsymbol{U}_{\alpha}^{\text{in}-}\\ \boldsymbol{U}_{\beta}^{\text{in}-}\end{bmatrix} \tag{4.213}$$

$$\begin{bmatrix}\boldsymbol{U}_{\alpha,\text{top}}^{+}\\ \boldsymbol{U}_{\beta,\text{top}}^{+}\end{bmatrix}=\begin{bmatrix}\widetilde{\boldsymbol{E}}_{\alpha}^{+} & 0\\ 0 & \widetilde{\boldsymbol{E}}_{\beta}^{+}\end{bmatrix}\left(\begin{bmatrix}\boldsymbol{U}_{\alpha}^{\text{sc}+}\\ \boldsymbol{U}_{\beta}^{\text{sc}+}\end{bmatrix}+\begin{bmatrix}\boldsymbol{U}_{\alpha}^{\text{in}+}\\ \boldsymbol{U}_{\beta}^{\text{in}+}\end{bmatrix}\right) \tag{4.214}$$

$$\begin{bmatrix}\boldsymbol{U}_{\alpha,\text{bot}}^{-}\\ \boldsymbol{U}_{\beta,\text{bot}}^{-}\end{bmatrix}=\begin{bmatrix}\hat{\boldsymbol{E}}_{\alpha}^{-} & 0\\ 0 & \hat{\boldsymbol{E}}_{\beta}^{-}\end{bmatrix}\left(\begin{bmatrix}\boldsymbol{U}_{\alpha}^{\text{sc}-}\\ \boldsymbol{U}_{\beta}^{\text{sc}-}\end{bmatrix}+\begin{bmatrix}\boldsymbol{U}_{\alpha}^{\text{in}-}\\ \boldsymbol{U}_{\beta}^{\text{in}-}\end{bmatrix}\right) \tag{4.215}$$

$$\begin{bmatrix} \boldsymbol{U}_{\alpha,\text{bot}}^{+} \\ \boldsymbol{U}_{\beta,\text{bot}}^{+} \end{bmatrix} = \begin{bmatrix} \widetilde{\boldsymbol{E}}_{\alpha}^{-} & 0 \\ 0 & \widetilde{\boldsymbol{E}}_{\beta}^{-} \end{bmatrix} \begin{bmatrix} \boldsymbol{U}_{\alpha}^{\text{in}+} \\ \boldsymbol{U}_{\beta}^{\text{in}+} \end{bmatrix} \tag{4.216}$$

将关系式(4.206)、式(4.207)、式(4.213)和式(4.216)代入式(4.214)和式(4.215),于是可得

$$\begin{bmatrix} \boldsymbol{U}_{\alpha,\text{top}}^{+} \\ \boldsymbol{U}_{\beta,\text{top}}^{+} \end{bmatrix} = \begin{bmatrix} \boldsymbol{Q}_{\alpha\alpha}^{++} & \boldsymbol{Q}_{\alpha\beta}^{++} \\ \boldsymbol{Q}_{\beta\alpha}^{++} & \boldsymbol{Q}_{\beta\beta}^{++} \end{bmatrix} \begin{bmatrix} \boldsymbol{U}_{\alpha,\text{bot}}^{+} \\ \boldsymbol{U}_{\beta,\text{bot}}^{+} \end{bmatrix} + \begin{bmatrix} \boldsymbol{Q}_{\alpha\alpha}^{+-} & \boldsymbol{Q}_{\alpha\beta}^{+-} \\ \boldsymbol{Q}_{\beta\alpha}^{+-} & \boldsymbol{Q}_{\beta\beta}^{+-} \end{bmatrix} \begin{bmatrix} \boldsymbol{U}_{\alpha,\text{top}}^{-} \\ \boldsymbol{U}_{\beta,\text{top}}^{-} \end{bmatrix} \tag{4.217}$$

$$\begin{bmatrix} \boldsymbol{U}_{\alpha,\text{bot}}^{-} \\ \boldsymbol{U}_{\beta,\text{bot}}^{-} \end{bmatrix} = \begin{bmatrix} \boldsymbol{Q}_{\alpha\alpha}^{-+} & \boldsymbol{Q}_{\alpha\beta}^{-+} \\ \boldsymbol{Q}_{\beta\alpha}^{-+} & \boldsymbol{Q}_{\beta\beta}^{-+} \end{bmatrix} \begin{bmatrix} \boldsymbol{U}_{\alpha,\text{bot}}^{+} \\ \boldsymbol{U}_{\beta,\text{bot}}^{+} \end{bmatrix} + \begin{bmatrix} \boldsymbol{Q}_{\alpha\alpha}^{--} & \boldsymbol{Q}_{\alpha\beta}^{--} \\ \boldsymbol{Q}_{\beta\alpha}^{--} & \boldsymbol{Q}_{\beta\beta}^{--} \end{bmatrix} \begin{bmatrix} \boldsymbol{U}_{\alpha,\text{top}}^{-} \\ \boldsymbol{U}_{\beta,\text{top}}^{-} \end{bmatrix} \tag{4.218}$$

式中,$\boldsymbol{Q}_{kk'}^{ss'} = \boldsymbol{E}_{k}^{s}(\boldsymbol{M}_{kk'}^{ss'} + \boldsymbol{I}\delta_{kk'}\delta_{ss'})\boldsymbol{E}_{k'}^{s'}$。$\boldsymbol{Q}$ 矩阵建立了上、下表面各波之间的关系,它是一个无量纲的系数矩阵。表面上要么是向下要么是向上传播的波,故而可以建立两个状态量为

$$\boldsymbol{U}_{\text{top}} = \begin{bmatrix} \boldsymbol{U}^{+} \\ \boldsymbol{U}^{-} \end{bmatrix}_{\text{top}} = \begin{bmatrix} \boldsymbol{U}_{\alpha,\text{top}}^{+} \\ \boldsymbol{U}_{\beta,\text{top}}^{+} \\ \boldsymbol{U}_{\alpha,\text{top}}^{-} \\ \boldsymbol{U}_{\beta,\text{top}}^{-} \end{bmatrix}, \quad \boldsymbol{U}_{\text{bot}} = \begin{bmatrix} \boldsymbol{U}^{+} \\ \boldsymbol{U}^{-} \end{bmatrix}_{\text{bot}} = \begin{bmatrix} \boldsymbol{U}_{\alpha,\text{bot}}^{+} \\ \boldsymbol{U}_{\beta,\text{bot}}^{+} \\ \boldsymbol{U}_{\alpha,\text{bot}}^{-} \\ \boldsymbol{U}_{\beta,\text{bot}}^{-} \end{bmatrix} \tag{4.219}$$

且两者之间的关系为

$$\boldsymbol{U}_{\text{top}} = \boldsymbol{T}_{\text{one}}\boldsymbol{U}_{\text{bot}} \tag{4.220}$$

式中,$\boldsymbol{T}_{\text{one}}$为单层的传递矩阵。根据式(4.217)和式(4.218)不难得到

$$\boldsymbol{T}_{\text{one}} = \begin{bmatrix} \boldsymbol{Q}^{++} - \boldsymbol{Q}^{+-}[\boldsymbol{Q}^{--}]^{-1}\boldsymbol{Q}^{-+} & \boldsymbol{Q}^{+-}[\boldsymbol{Q}^{--}]^{-1} \\ -[\boldsymbol{Q}^{--}]^{-1}\boldsymbol{Q}^{-+} & [\boldsymbol{Q}^{--}]^{-1} \end{bmatrix} \tag{4.221}$$

式中,

$$\boldsymbol{Q}^{ss'} = \begin{bmatrix} \boldsymbol{Q}_{\alpha\alpha}^{ss'} & \boldsymbol{Q}_{\alpha\beta}^{ss'} \\ \boldsymbol{Q}_{\beta\alpha}^{ss'} & \boldsymbol{Q}_{\beta\beta}^{ss'} \end{bmatrix} \tag{4.222}$$

至此,已建立了单层的传递关系,如果周期结构含有多层,类似于传递矩阵法,可利用各层之间的连续关系将状态量一直传递下去,再利用整个结构上、下表面的边界条件,即可由入射波$\boldsymbol{U}^{\text{in}}$得出相应的透射波$\boldsymbol{U}^{\text{t}}$和反射波$\boldsymbol{U}^{\text{r}}$,它们包含横波和纵波成分,分别记为$\boldsymbol{U}_{\alpha}^{\text{in}}$、$\boldsymbol{U}_{\beta}^{\text{in}}$、$\boldsymbol{U}_{\alpha}^{\text{t}}$、$\boldsymbol{U}_{\beta}^{\text{t}}$、$\boldsymbol{U}_{\alpha}^{\text{r}}$和$\boldsymbol{U}_{\beta}^{\text{r}}$。进而能量传输率 T 和反射率 R 为

$$T(R) = \frac{\sum\limits_{g}\left[(\lambda+2\mu)\boldsymbol{U}_{\alpha g}^{t(r)} \cdot \boldsymbol{U}_{\alpha g}^{t(r)*}k_{\alpha g}^{z} + \mu\boldsymbol{U}_{\beta g}^{t(r)} \cdot \boldsymbol{U}_{\beta g}^{t(r)*}k_{\beta g}^{z}\right]}{\sum\limits_{g}\left[(\lambda+2\mu)\boldsymbol{U}_{\alpha g}^{\text{in}} \cdot \boldsymbol{U}_{\alpha g}^{\text{in}*}k_{\alpha g}^{z} + \mu\boldsymbol{U}_{\beta g}^{\text{in}} \cdot \boldsymbol{U}_{\beta g}^{\text{in}*}k_{\beta g}^{z}\right]} \tag{4.223}$$

由能量守恒定律可知,被系统吸收的能量吸收率为 $\xi = 1 - T - R$。

综上,可以看出多重散射法理论较为复杂,而且只能处理几种典型的散射体,必须知道相应散射体的波函数及其加法定理,如圆柱、球体等,但它也有几个主要的优点:一是不仅可以计算周期结构的频散曲线,也可以计算无序结构的频散曲

线;二是该方法具有收敛速度快且精度高的优点;三是能较容易地处理弹性失配的问题,即可以处理固体与液体、固体与气体组成的周期结构。层间多重散射法是在面内应用多重散射法,而在面外方向上利用传递矩阵法,是两种方法的结合,它能较方便地计算传输率和反射率。多重散射法能扩充到多组元散射体的情况,详细参见文献[4]。

4.4　时域有限差分法

时域有限差分法是从有限差分法发展而来的一种数值算法,它由 Yee[48] 于 1966 年提出,并广泛应用于电磁波动问题[49,50]和弹性波动问题[51]。近年来,该方法也被应用于周期结构频散特性的分析,包括光子晶体[52-54]和声子晶体[55-57]。本节从 FDTD 的基本原理出发,介绍其在分析周期结构频散特性与传输特性中的应用。

4.4.1　基本原理

由第 2 章可知,在波动方程中涉及位移以及应力等物理量对空间和时间的偏导数,而且直接求解波动方程有诸多困难,特别是对较为复杂的结构,很难给出解析解,必须借助于数值方法。采用数值方法就涉及离散问题,以一维位移函数 $u(x,t)$为例,下面推导 FDTD 的离散形式。将 $u(x,t)$在坐标 x 两侧附近进行 Taylor 展开:

$$u(x+\Delta x,t)=u(x,t)+\Delta x\frac{\partial u(x,t)}{\partial x}+\frac{1}{2}\Delta x^2\frac{\partial^2 u(x,t)}{\partial x^2}+\frac{1}{6}\Delta x^3\frac{\partial^3 u(x,t)}{\partial x^3}+O(\Delta x^4) \tag{4.224}$$

$$u(x-\Delta x,t)=u(x,t)-\Delta x\frac{\partial u(x,t)}{\partial x}+\frac{1}{2}\Delta x^2\frac{\partial^2 u(x,t)}{\partial x^2}-\frac{1}{6}\Delta x^3\frac{\partial^3 u(x,t)}{\partial x^3}+O(\Delta x^4) \tag{4.225}$$

式中,Δx 为网格长度;$O(\Delta x^4)$为截断误差。将上述两式相减得

$$u(x+\Delta x,t)-u(x-\Delta x,t)=2\Delta x\frac{\partial u(x,t)}{\partial x}+O(\Delta x^3) \tag{4.226}$$

从而有

$$\frac{\partial u(x,t)}{\partial x}=\frac{u(x+\Delta x,t)-u(x-\Delta x,t)}{2\Delta x}+O(\Delta x^2) \tag{4.227}$$

当网格长度 Δx 足够小时,$O(\Delta x^2)$是高阶小量,可以略去,进而有

$$\frac{\partial u(x,t)}{\partial x}\approx D_x u=\frac{u(x+\Delta x,t)-u(x-\Delta x,t)}{2\Delta x} \tag{4.228}$$

式中，D_x 为差分算子。这样位移函数的一阶导数即可采用差分来近似，即表示为两个点的位移 $u(x+\Delta x,t)$ 和 $u(x-\Delta x,t)$ 的差商。

将式(4.224)与式(4.225)相加，整理可得

$$\frac{\partial^2 u(x,t)}{\partial x^2} \approx D_{xx}u = \frac{u(x+\Delta x,t)+u(x-\Delta x,t)-2u(x,t)}{\Delta x^2} \tag{4.229}$$

因此，位移函数的二阶导数也可以近似表示成三个点位移的差商形式，截断误差也是 $O(\Delta x^2)$。

类似地，位移函数对时间 t 的偏导数也可表示为上述差商形式：

$$\frac{\partial u(x,t)}{\partial t} \approx D_t u = \frac{u(x,t+\Delta t)-u(x,t-\Delta t)}{2\Delta t} \tag{4.230}$$

$$\frac{\partial^2 u(x,t)}{\partial t^2} \approx D_{tt}u = \frac{u(x,t+\Delta t)+u(x,t-\Delta t)-2u(x,t)}{\Delta t^2} \tag{4.231}$$

式中，Δt 为时间步长；截断误差也为 $O(\Delta t^2)$。

将空间求解域和时间均划分为网格离散系统，形成如下网格点：

$$\begin{cases} x = x_j = j\Delta x, & j=0,\pm 1,\pm 2,\cdots \\ t = t_n = n\Delta t, & n=0,1,2,\cdots \end{cases} \tag{4.232}$$

则格点为 (x_j,t_n)，此时把各点的位移简记为 $u(x_j,t_n)=u(j,n)$，式(4.228)可简写为

$$D_x u = \frac{u(j+1,n)-u(j-1,n)}{2\Delta x} \tag{4.233}$$

其他高阶微分也可类似标记。

在上述差分形式中，$D_x u = [u(j+1,n)-u(j-1,n)]/(2\Delta x)$，即以点 x_j 为中心向前和向后取两个点进行差商运算得到，称为中心差分格式。也可取 $D_x u = [u(j+1,n)-u(j,n)]/\Delta x$，称为向前差分格式，或者取 $D_x u = [u(j,n)-u(j-1,n)]/\Delta x$，称为向后差分格式。一般来说，不同的差分格式具有不同的截断误差。

以上是位移对空间坐标 x 和时间 t 的偏导数，如果是二维或者三维问题，对其他坐标的偏导数也可相似地求出。将上述各阶偏导数代入波动方程、边界条件和初始条件，则可将连续偏微分方程初边值问题离散化为一系列点上未知位移的代数方程，进而可以采用计算机进行求解。

4.4.2　波动方程离散化

对于各向同性均匀介质，可以直接对波动方程式(2.41)进行差分离散。但是对于周期结构，如果采用均匀介质的波动方程，则还需要在两种材料的交界面上应用连续条件，给差分带来不便。一种常用的方法是将几何方程式(2.35)代入本构方程式(2.37)，并与平衡方程式(2.36)联立构成两组关于位移与应力的耦合方程。以直角坐标系为例，无体力时这两组方程为

$$
\begin{cases}
\rho \dfrac{\partial^2 u_x}{\partial t^2} = \dfrac{\partial \sigma_x}{\partial x} + \dfrac{\partial \tau_{yx}}{\partial y} + \dfrac{\partial \tau_{zx}}{\partial z} \\
\rho \dfrac{\partial^2 u_y}{\partial t^2} = \dfrac{\partial \tau_{xy}}{\partial x} + \dfrac{\partial \sigma_y}{\partial y} + \dfrac{\partial \tau_{zy}}{\partial z} \\
\rho \dfrac{\partial^2 u_z}{\partial t^2} = \dfrac{\partial \tau_{xz}}{\partial x} + \dfrac{\partial \tau_{yz}}{\partial y} + \dfrac{\partial \sigma_z}{\partial z}
\end{cases}
\tag{4.234}
$$

以及

$$
\begin{cases}
\sigma_x = \lambda\left(\dfrac{\partial u_x}{\partial x} + \dfrac{\partial u_y}{\partial y} + \dfrac{\partial u_z}{\partial z}\right) + 2\mu \dfrac{\partial u_x}{\partial x} \\
\sigma_y = \lambda\left(\dfrac{\partial u_x}{\partial x} + \dfrac{\partial u_y}{\partial y} + \dfrac{\partial u_z}{\partial z}\right) + 2\mu \dfrac{\partial u_y}{\partial y} \\
\sigma_z = \lambda\left(\dfrac{\partial u_x}{\partial x} + \dfrac{\partial u_y}{\partial y} + \dfrac{\partial u_z}{\partial z}\right) + 2\mu \dfrac{\partial u_z}{\partial z} \\
\tau_{yz} = \tau_{zy} = \mu\left(\dfrac{\partial u_z}{\partial y} + \dfrac{\partial u_y}{\partial z}\right) \\
\tau_{zx} = \tau_{xz} = \mu\left(\dfrac{\partial u_z}{\partial x} + \dfrac{\partial u_x}{\partial z}\right) \\
\tau_{xy} = \tau_{yx} = \mu\left(\dfrac{\partial u_y}{\partial x} + \dfrac{\partial u_x}{\partial y}\right)
\end{cases}
\tag{4.235}
$$

对上述方程离散时，可以采用交错网格的差分格式，它是指把位移和应力分别定义于不同网格上的网格系统，如图 4.19 所示。该方法能够很好地处理波动方程中的应力与位移耦合关系。相应地，位移与应力的导数就分别采用不同网格上的差商表示。定义差分算符 D_x、D_y 和 D_z 如下：

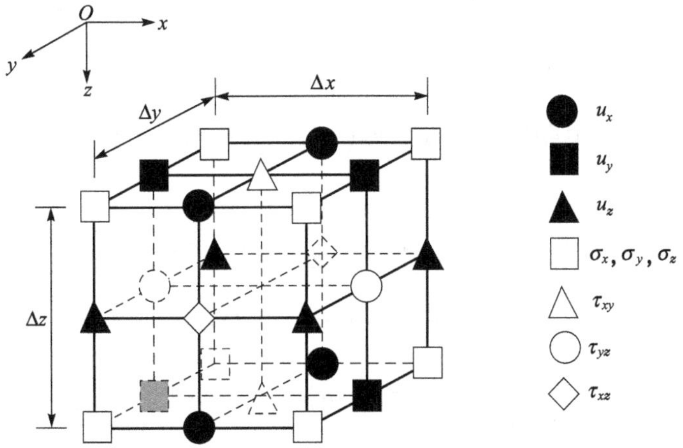

图 4.19　交错网格

$$D_x u(i,j,l,n) = \frac{1}{\Delta x}\left[u\left(i+\frac{1}{2},j,l,n\right) - u\left(i-\frac{1}{2},j,l,n\right)\right] \tag{4.236}$$

$$D_y u(i,j,l,n) = \frac{1}{\Delta y}\left[u\left(i,j+\frac{1}{2},l,n\right) - u\left(i,j-\frac{1}{2},l,n\right)\right] \tag{4.237}$$

$$D_z u(i,j,l,n) = \frac{1}{\Delta z}\left[u\left(i,j,l+\frac{1}{2},n\right) - u\left(i,j,l-\frac{1}{2},n\right)\right] \tag{4.238}$$

考虑时间上的二阶差分格式如下：

$$D_{tt} u(i,j,l,n) = \frac{u(i,j,l,n+1) + u(i,j,l,n-1) - 2u(i,j,l,n)}{\Delta t^2} \tag{4.239}$$

在上述网格中，i,j,l 表示空间网格指标，n 表示时间网格指标。

将上述离散格式代入式(4.235)，得 n 时刻的应力如下，它由 n 时刻的位移完全确定：

$$\begin{aligned}\sigma_x(i,j,l,n) =& \lambda(i,j,l)\left\{\frac{1}{\Delta x}\left[u_x\left(i+\frac{1}{2},j,l,n\right) - u_x\left(i-\frac{1}{2},j,l,n\right)\right]\right.\\ &+\frac{1}{\Delta y}\left[u_y\left(i,j+\frac{1}{2},l,n\right) - u_y\left(i,j-\frac{1}{2},l,n\right)\right]\\ &\left.+\frac{1}{\Delta z}\left[u_z\left(i,j,l+\frac{1}{2},n\right) - u_z\left(i,j,l-\frac{1}{2},n\right)\right]\right\}\\ &+2\mu(i,j,l)\frac{1}{\Delta x}\left[u_x\left(i+\frac{1}{2},j,l,n\right) - u_x\left(i-\frac{1}{2},j,l,n\right)\right]\end{aligned} \tag{4.240}$$

$$\begin{aligned}\sigma_y(i,j,l,n) =& \lambda(i,j,l)\left\{\frac{1}{\Delta x}\left[u_x\left(i+\frac{1}{2},j,l,n\right) - u_x\left(i-\frac{1}{2},j,l,n\right)\right]\right.\\ &+\frac{1}{\Delta y}\left[u_y\left(i,j+\frac{1}{2},l,n\right) - u_y\left(i,j-\frac{1}{2},l,n\right)\right]\\ &\left.+\frac{1}{\Delta z}\left[u_z\left(i,j,l+\frac{1}{2},n\right) - u_z\left(i,j,l-\frac{1}{2},n\right)\right]\right\}\\ &+2\mu(i,j,l)\frac{1}{\Delta y}\left[u_y\left(i,j+\frac{1}{2},l,n\right) - u_y\left(i,j-\frac{1}{2},l,n\right)\right]\end{aligned} \tag{4.241}$$

$$\begin{aligned}\sigma_z(i,j,l,n) =& \lambda(i,j,l)\left\{\frac{1}{\Delta x}\left[u_x\left(i+\frac{1}{2},j,l,n\right) - u_x\left(i-\frac{1}{2},j,l,n\right)\right]\right.\\ &+\frac{1}{\Delta y}\left[u_y\left(i,j+\frac{1}{2},l,n\right) - u_y\left(i,j-\frac{1}{2},l,n\right)\right]\\ &\left.+\frac{1}{\Delta z}\left[u_z\left(i,j,l+\frac{1}{2},n\right) - u_z\left(i,j,l-\frac{1}{2},n\right)\right]\right\}\\ &+2\mu(i,j,l)\frac{1}{\Delta z}\left[u_z\left(i,j,l+\frac{1}{2},n\right) - u_z\left(i,j,l-\frac{1}{2},n\right)\right]\end{aligned} \tag{4.242}$$

$$\tau_{yz}\left(i,j+\frac{1}{2},l+\frac{1}{2},n\right)=\mu\left(i,j+\frac{1}{2},l+\frac{1}{2}\right)\times\left\{\frac{1}{\Delta y}\left[u_z\left(i,j+1,l+\frac{1}{2},n\right)-u_z\left(i,j,l+\frac{1}{2},n\right)\right]+\frac{1}{\Delta z}\left[u_y\left(i,j+\frac{1}{2},l+1,n\right)-u_y\left(i,j+\frac{1}{2},l,n\right)\right]\right\} \tag{4.243}$$

$$\tau_{zx}\left(i+\frac{1}{2},j,l+\frac{1}{2},n\right)=\mu\left(i+\frac{1}{2},j,l+\frac{1}{2}\right)\times\left\{\frac{1}{\Delta x}\left[u_z\left(i+1,j,l+\frac{1}{2},n\right)-u_z\left(i,j,l+\frac{1}{2},n\right)\right]+\frac{1}{\Delta z}\left[u_x\left(i+\frac{1}{2},j,l+1,n\right)-u_x\left(i+\frac{1}{2},j,l,n\right)\right]\right\} \tag{4.244}$$

$$\tau_{xy}\left(i+\frac{1}{2},j+\frac{1}{2},l,n\right)=\mu\left(i+\frac{1}{2},j+\frac{1}{2},l\right)\times\left\{\frac{1}{\Delta x}\left[u_y\left(i+1,j+\frac{1}{2},l,n\right)-u_y\left(i,j+\frac{1}{2},l,n\right)\right]+\frac{1}{\Delta y}\left[u_x\left(i+\frac{1}{2},j+1,l,n\right)-u_x\left(i+\frac{1}{2},j,l,n\right)\right]\right\} \tag{4.245}$$

将上述差分格式代入式(4.234)，可以得到($n+1$)时刻的位移，它由 n 时刻的位移和应力以及($n-1$)时刻的位移确定：

$$\begin{aligned}u_x\left(i+\frac{1}{2},j,l,n+1\right)=&2u_x\left(i+\frac{1}{2},j,l,n\right)-u_x\left(i+\frac{1}{2},j,l,n-1\right)\\&+\frac{\Delta t^2}{\rho\left(i+\frac{1}{2},j,l\right)}\left\{\frac{1}{\Delta x}\left[\sigma_x(i+1,j,l,n)-\sigma_x(i,j,l,n)\right]\right.\\&+\frac{1}{\Delta y}\left[\tau_{yx}\left(i+\frac{1}{2},j+\frac{1}{2},l,n\right)-\tau_{yx}\left(i+\frac{1}{2},j-\frac{1}{2},l,n\right)\right]\\&\left.+\frac{1}{\Delta z}\left[\tau_{zx}\left(i+\frac{1}{2},j,l+\frac{1}{2},n\right)-\tau_{zx}\left(i+\frac{1}{2},j,l-\frac{1}{2},n\right)\right]\right\}\end{aligned} \tag{4.246}$$

$$\begin{aligned}u_y\left(i,j+\frac{1}{2},l,n+1\right)=&2u_y\left(i,j+\frac{1}{2},l,n\right)-u_y\left(i,j+\frac{1}{2},l,n-1\right)\\&+\frac{\Delta t^2}{\rho\left(i,j+\frac{1}{2},l\right)}\left\{\frac{1}{\Delta y}\left[\sigma_y(i,j+1,l,n)-\sigma_y(i,j,l,n)\right]\right.\end{aligned}$$

$$+\frac{1}{\Delta x}\left[\tau_{xy}\left(i+\frac{1}{2},j+\frac{1}{2},l,n\right)-\tau_{xy}\left(i-\frac{1}{2},j+\frac{1}{2},l,n\right)\right]$$
$$+\frac{1}{\Delta z}\left[\tau_{zy}\left(i,j+\frac{1}{2},l+\frac{1}{2},n\right)-\tau_{zy}\left(i,j+\frac{1}{2},l-\frac{1}{2},n\right)\right]\Bigg\} \tag{4.247}$$

$$u_z\left(i,j,l+\frac{1}{2},n+1\right)=2u_z\left(i,j,l+\frac{1}{2},n\right)-u_z\left(i,j,l+\frac{1}{2},n-1\right)$$
$$+\frac{\Delta t^2}{\rho\left(i,j,l+\frac{1}{2}\right)}\Bigg\{\frac{1}{\Delta z}[\sigma_z(i,j,l+1,n)-\sigma_z(i,j,l,n)]$$
$$+\frac{1}{\Delta x}\left[\tau_{xz}\left(i+\frac{1}{2},j,l+\frac{1}{2},n\right)-\tau_{xz}\left(i-\frac{1}{2},j,l+\frac{1}{2},n\right)\right]$$
$$+\frac{1}{\Delta y}\left[\tau_{yz}\left(i,j+\frac{1}{2},l+\frac{1}{2},n\right)-\tau_{yz}\left(i,j-\frac{1}{2},l+\frac{1}{2},n\right)\right]\Bigg\} \tag{4.248}$$

观察上述方程，不难发现在这种网格中，三个位移分量与六个应力分量分别差半个网格，形成交错网格结构。可根据式(4.240)～式(4.245)，利用当前时刻的位移计算出当前时刻各应力节点的应力，然后代入式(4.246)～式(4.248)，计算出下一时刻各位移节点的位移。如此往复即可将所有时刻的位移与应力求出。

4.4.3 初始条件

作为一种时域方法，FDTD必须在给定初始条件下才能进行求解，一种初始条件是在任意节点施加如下单位位移扰动[9,55]：

$$u_i(x_0,y_0,z_0,0)=\delta_{xx_0}\delta_{yy_0}\delta_{zz_0},\quad i=x,y,z \tag{4.249}$$

式中，(x_0,y_0,z_0)为任意点，这种初始条件能包含比较宽频率范围内的扰动。考虑到在周期结构中，任何扰动经历足够长时间的传播后将逐步接近Bloch波的形式，因此，如果能给定一个近似满足Bloch波的初始条件，就可以代替此前很长一段时间内的波场演化，这就是第二种初始条件，即Bloch初始条件[57]：

$$\begin{cases}\boldsymbol{u}(\boldsymbol{r},0)=\boldsymbol{C}_0\sum\limits_{\boldsymbol{G}}|\boldsymbol{k}+\boldsymbol{G}|\,\mathrm{e}^{\mathrm{i}(\boldsymbol{k}+\boldsymbol{G})\cdot\boldsymbol{r}}\\ \boldsymbol{u}(\boldsymbol{r},\Delta t)=\boldsymbol{D}_0\sum\limits_{\boldsymbol{G}}|\boldsymbol{k}+\boldsymbol{G}|\,\mathrm{e}^{\mathrm{i}(\boldsymbol{k}+\boldsymbol{G})\cdot\boldsymbol{r}-\mathrm{i}|\boldsymbol{k}+\boldsymbol{G}|C\Delta t}\end{cases} \tag{4.250}$$

式中，$\boldsymbol{C}_0$与$\boldsymbol{D}_0$为任意矢量常数；$\boldsymbol{k}$为波矢；$\boldsymbol{G}$为倒格矢；C为基体波速。实际上，该初始条件就是幅值任意的给定波矢$\boldsymbol{k}$所对应的Bloch波的平面波展开形式，它只是近似Bloch波即可，因此不必取太多的平面波数目。

4.4.4 边界条件

数值方法的求解区域必须是有限的，FDTD也必须限制在一个特定空间范围内进行求解。在边界点上的位移,其差分格式要求利用边界外的点进行差商,而这些点是未知的,因此在计算区域边界上要进行处理。针对不同的问题,通常采取两种不同的方法,一种是引进吸收边界来模拟无限大吸声区域[58],常用于计算有限尺寸周期结构的传输特性;另一种是采取周期边界条件[55,57],常用于分析无限大周期结构的频散特性,以下主要介绍周期边界条件。

根据 Bloch 定理,可取一个典型单元进行分析,设典型单元两对应边的平移矢量是 $\boldsymbol{R}$,则位移与应力满足如下 Bloch 周期条件:

$$\boldsymbol{u}(\boldsymbol{r}+\boldsymbol{R},t)=\mathrm{e}^{\mathrm{i}\boldsymbol{k}\cdot\boldsymbol{R}}\boldsymbol{u}(\boldsymbol{r},t) \tag{4.251}$$

$$\boldsymbol{\sigma}(\boldsymbol{r}+\boldsymbol{R},t)=\mathrm{e}^{\mathrm{i}\boldsymbol{k}\cdot\boldsymbol{R}}\boldsymbol{\sigma}(\boldsymbol{r},t) \tag{4.252}$$

以简单正交格子为例,若格子常数为 a_1、a_2 和 a_3,波矢对应的分量为 k_x、k_y 与 k_z,则上述周期边界条件在各个边界上的离散形式如下。

1. 垂直于 x 轴的两边上

$$u_x\left(-\frac{1}{2},j,l,n\right)=\mathrm{e}^{\mathrm{i}k_xa_1}u_x\left(a_1-\frac{1}{2},j,l,n\right) \tag{4.253}$$

$$u_y\left(0,j+\frac{1}{2},l,n\right)=\mathrm{e}^{\mathrm{i}k_xa_1}u_y\left(a_1,j+\frac{1}{2},l,n\right) \tag{4.254}$$

$$u_z\left(0,j,l+\frac{1}{2},n\right)=\mathrm{e}^{\mathrm{i}k_xa_1}u_z\left(a_1,j,l+\frac{1}{2},n\right) \tag{4.255}$$

$$\sigma_x(0,j,l,n)=\mathrm{e}^{\mathrm{i}k_xa_1}\sigma_x(a_1,j,l,n) \tag{4.256}$$

$$\tau_{xy}\left(-\frac{1}{2},j+\frac{1}{2},l,n\right)=\mathrm{e}^{\mathrm{i}k_xa_1}\tau_{xy}\left(a_1-\frac{1}{2},j+\frac{1}{2},l,n\right) \tag{4.257}$$

$$\tau_{xz}\left(-\frac{1}{2},j,l+\frac{1}{2},n\right)=\mathrm{e}^{\mathrm{i}k_xa_1}\tau_{xz}\left(a_1-\frac{1}{2},j,l+\frac{1}{2},n\right) \tag{4.258}$$

2. 垂直于 y 轴的两边上

$$u_x\left(i+\frac{1}{2},0,l,n\right)=\mathrm{e}^{\mathrm{i}k_ya_2}u_x\left(i+\frac{1}{2},a_2,l,n\right) \tag{4.259}$$

$$u_y\left(i,-\frac{1}{2},l,n\right)=\mathrm{e}^{\mathrm{i}k_ya_2}u_y\left(i,a_2-\frac{1}{2},l,n\right) \tag{4.260}$$

$$u_z\left(i,0,l+\frac{1}{2},n\right)=\mathrm{e}^{\mathrm{i}k_ya_2}u_z\left(i,a_2,l+\frac{1}{2},n\right) \tag{4.261}$$

$$\sigma_y(i,0,l,n)=\mathrm{e}^{\mathrm{i}k_ya_2}\sigma_y(i,a_2,l,n) \tag{4.262}$$

$$\tau_{xy}\left(i+\frac{1}{2},-\frac{1}{2},l,n\right)=\mathrm{e}^{\mathrm{i}k_ya_2}\tau_{xy}\left(i+\frac{1}{2},a_2-\frac{1}{2},l,n\right) \tag{4.263}$$

$$\tau_{yz}\left(i,-\frac{1}{2},l+\frac{1}{2},n\right)=\mathrm{e}^{\mathrm{i}k_ya_2}\tau_{yz}\left(i,a_2-\frac{1}{2},l+\frac{1}{2},n\right) \tag{4.264}$$

3. 垂直于 z 轴的两边上

$$u_x\left(i+\frac{1}{2},j,0,n\right)=\mathrm{e}^{\mathrm{i}k_z a_3}u_x\left(i+\frac{1}{2},j,a_3,n\right) \tag{4.265}$$

$$u_y\left(i,j+\frac{1}{2},0,n\right)=\mathrm{e}^{\mathrm{i}k_z a_3}u_y\left(i,j+\frac{1}{2},a_3,n\right) \tag{4.266}$$

$$u_z\left(i,j,-\frac{1}{2},n\right)=\mathrm{e}^{\mathrm{i}k_z a_3}u_z\left(i,j,a_3-\frac{1}{2},n\right) \tag{4.267}$$

$$\sigma_z(i,j,0,n)=\mathrm{e}^{\mathrm{i}k_z a_3}\sigma_x(i,j,a_3,n) \tag{4.268}$$

$$\tau_{xz}\left(i+\frac{1}{2},j,-\frac{1}{2},n\right)=\mathrm{e}^{\mathrm{i}k_z a_3}\tau_{xz}\left(i+\frac{1}{2},j,a_3-\frac{1}{2},n\right) \tag{4.269}$$

$$\tau_{yz}\left(i,j+\frac{1}{2},-\frac{1}{2},n\right)=\mathrm{e}^{\mathrm{i}k_z a_3}\tau_{yz}\left(i,j+\frac{1}{2},a_3-\frac{1}{2},n\right) \tag{4.270}$$

4.4.5 频散曲线

在一个典型单元内构建上述网格并施加相应的初始条件与周期边界条件后，即可求解时域下的波动问题。每给定一个波矢，就能构建相应的初始条件和周期边界条件，并给出每个时间步及该波矢下的波动数值解。通过离散傅里叶变换即可将该时间序列转换至频域，产生峰值时所对应的频率即该波矢对应的特征频率，取遍不可约布里渊区边界上的所有波矢，即可求出全部特征频率，将这些特征频率连接起来即得频散曲线。

在此有三点需要指出：一是在进行离散傅里叶变换时，需要将频率为零的成分去除掉，也就是减去静载作用下的位移[59]；二是没必要进行严格的离散傅里叶变换，在此只是为了寻找特征频率，也就是找出产生峰值的频率；三是不需要对整个典型单元内的点的时间序列分别进行傅里叶变换，可以随机取几百个点，将其叠加[60]。综上，可采用如下变换：

$$u_m(\omega)=\sum_{i,j,l}\left|\sum_{n=0}^{N_t}\left[u_m(i,j,l,n)-\frac{1}{n}\sum_{k=0}^{n}u_m(i,j,l,k)\right]\mathrm{e}^{-\mathrm{i}n\omega\Delta t}\Delta t\right| \tag{4.271}$$

式中，$m=x,y,z$；N_t 为总时间步。

4.4.6 算法稳定性与实用离散方法

采用 FDTD 计算频散曲线时，需要保证差分格式的相容性、收敛性和稳定性。相容性是指采取差分格式将微分方程离散后，随着网格和时间步长趋近于零时，离散方程与微分方程之差趋于零，即方程的截断误差为零。收敛性是指离散方程的解趋近于原微分方程的解。稳定性则是指计算过程中误差传递控制的能力，计算过程中，如果网格上已知位移足够精确，则后续差商的精度可以得到保证；反之，如果这些已知位移含有误差，则下一步计算误差等于已知误差的代数和。因此，误差在每一时间步和每一层网格之间传递，甚至被放大。如果存在某个正数，使得所有待求量的误差都小于该正数，则称差分格式具有稳定性。Lax 等价定理指出[51]，给定一个适定的线性初值问题，如果逼近该问题的差分格式是相容的，那么差分格式的收敛性和稳定性互为充要条件。因此，研究稳定性对波动方程的有限差分法具有重要意义。差分格式的稳定性分析方法主要有傅里叶级数法、矩阵分析法和能量法等多种方法。

可以证明[51]，对于均匀各向同性介质，当满足如下两个条件时，弹性波动方程的差分离散具有稳定性：

$$\Delta t\sqrt{\frac{1}{\Delta x^2}+\frac{1}{\Delta y^2}+\frac{1}{\Delta z^2}}\leqslant\frac{1}{C_{\mathrm{p}}},\quad \Delta t\sqrt{\frac{1}{\Delta x^2}+\frac{1}{\Delta y^2}+\frac{1}{\Delta z^2}}\leqslant\frac{1}{C_{\mathrm{s}}}\tag{4.272}$$

由于 P 波波速 C_{p} 大于 S 波波速 C_{s}，因此第一个条件更严格，是差分格式必须满足的。对于周期结构，可以采用如下更严格的稳定性条件：

$$\Delta t\sqrt{\frac{1}{\Delta x^2}+\frac{1}{\Delta y^2}+\frac{1}{\Delta z^2}}\leqslant\frac{1}{C_{\max}}\tag{4.273}$$

式中，$C_{\max}$为计算区域内各组分材料对应波速的最大值。

上述条件是算法稳定性条件，接下来考虑如何确定空间网格 Δx、Δy、Δz 和时间步长 Δt。它们的选取不是任意的，就算满足稳定性条件，也并不意味着满足精度的要求。考虑波的最小波长为 $\lambda_{\min}$（最高频率即截断频率对应的波长），要模拟 $\lambda_{\min}$长度内正弦波的一个完整周期的形状，至少需要 4 个点且中间的两个点要不同相，也就是网格尺寸不大于 $\lambda_{\min}/4$ 是模拟波长为 $\lambda_{\min}$的最低条件。根据经验，对于 FDTD 方法，通常可以取：

$$\max(\Delta x,\Delta y,\Delta z)\leqslant\frac{1}{10}\lambda_{\min}\tag{4.274}$$

一旦确定了空间网格尺寸，就可以根据稳定性条件式(4.273)确定时间步长 Δt。

综上，时域有限差分法是一种数值方法，在这种方法中，按差分格式逐步推演而得到波动解。因为是离散的网格系统，与连续介质存在较大差异，不可避免地出现数值频散现象。随着网格尺寸与时间步长的减小而数值频散会降低，但不能无限制降低，因此存在截止频率。数值频散引起的误差在高频时较为显著，低频时可以忽略。此外，虽然已给出 FDTD 稳定性条件，然而在实际计算与分析中，这一方法的稳定性不如弱形式的有限元法。尽管 FDTD 存在着这些不足，但它的基本原理较为简单，具有较为广泛的适用性，能模拟非均匀介质、各向异性和非线性等情况。此外，它直接在时域内进行计算，可以模拟整个时间历程内清晰的物理图像，若需要频域信息只需进行傅里叶变换即可。最后，该方法适合并行计算，尤其是在三维周期结构的模拟中需要较大内存和较高的数据处理能力，FDTD 的并行程序可以使相关分析在高性能计算机上进行。需要指出的是，如果只是为了计算频散曲线，也可以将控制方程转至频域后再采用有限差分法进行分析，这种方法称为频域有限差分法(frequency domain finite difference,FDFD)。

4.5　有限单元法

有限单元法简称有限元法,是目前最常用的数值分析方法,它具有通用性和有效性等多个特点,受到使用者的青睐。由于有限元法以严格的数学理论作为基础,自20世纪50年代开始,发展至今已渐趋成熟,并有通用有限元分析软件可以利用,如COMSOL Multiphysics、ANSYS等。关于有限元法的具体原理和分析步骤,已有许多著作[61,62]论述,在此不再重复。本节主要介绍如何采用有限元法分析周期结构的频散曲线,与一般结构自振分析的区别在于周期边界条件的施加。因为有限元分析必须在有限求解域进行,通常选取的是一个典型单元,同时施加相应的周期边界条件。然而,周期边界条件涉及相位因子,它含有复数,这为分析带来了极大的不便。根据如何处理复边界条件,可将目前的主要分析方法分为两类:一类是基于复数运算的有限元法,直接采用复边界条件;另一类是将复边界条件进行适当转化,从而可以采用实数边界条件进行运算,并可借助通用有限元分析软件进行分析。下面将对这两种方法逐一介绍。

4.5.1　基于复数运算的有限元法

以简单长方二维周期结构为例,其中散射体为圆柱,典型单元如图4.20所示。取典型单元进行分析,角点为C_1、C_2、C_3和C_4,边界为A、B、C和D,格子常数为a_1和a_2。对其划分网格,通过标准有限元分析过程,可建立如下代数方程:

$$(\boldsymbol{K}-\omega^2\boldsymbol{M})\boldsymbol{U}=\boldsymbol{F} \tag{4.275}$$

式中,$\boldsymbol{K}$为刚度矩阵;$\boldsymbol{M}$为质量矩阵;$\boldsymbol{U}$为所有节点位移向量;$\boldsymbol{F}$为节点荷载向量。

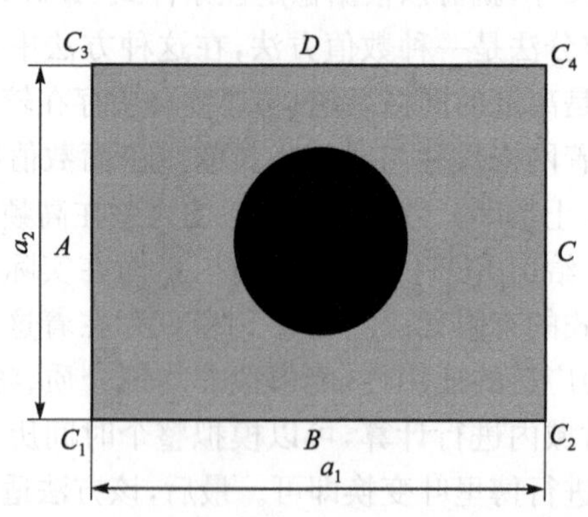

图4.20　长方二维周期结构典型单元及其边界

设典型单元内部节点位移为$\boldsymbol{U}_I$,角点位移为$\boldsymbol{U}_{C_1}$、$\boldsymbol{U}_{C_2}$、$\boldsymbol{U}_{C_3}$和$\boldsymbol{U}_{C_4}$,各边界位移

为 $\boldsymbol{U}_A$、$\boldsymbol{U}_B$、$\boldsymbol{U}_C$ 和 $\boldsymbol{U}_D$，各位移包含 x 与 y 方向分量，根据 Bloch 定理，边界和角点位移满足如下关系：

$$\boldsymbol{U}_C = \mathrm{e}^{\mathrm{i}k_x a_1}\boldsymbol{U}_A,\quad \boldsymbol{U}_D = \mathrm{e}^{\mathrm{i}k_y a_2}\boldsymbol{U}_B \tag{4.276}$$

以及

$$\boldsymbol{U}_{C_2} = \mathrm{e}^{\mathrm{i}k_x a_1}\boldsymbol{U}_{C_1},\quad \boldsymbol{U}_{C_3} = \mathrm{e}^{\mathrm{i}k_y a_2}\boldsymbol{U}_{C_1},\quad \boldsymbol{U}_{C_4} = \mathrm{e}^{\mathrm{i}k_x a_1}\mathrm{e}^{\mathrm{i}k_y a_2}\boldsymbol{U}_{C_1} = \mathrm{e}^{\mathrm{i}k_x a_1+\mathrm{i}k_y a_2}\boldsymbol{U}_{C_1} \tag{4.277}$$

边界上相邻典型单元之间具有相互作用力，在边界上作用力也满足上述类似关系。根据作用力与反作用力原理，上述关系中应差一负号，即

$$\boldsymbol{F}_C = -\mathrm{e}^{\mathrm{i}k_x a_1}\boldsymbol{F}_A,\quad \boldsymbol{F}_D = -\mathrm{e}^{\mathrm{i}k_y a_2}\boldsymbol{F}_B \tag{4.278}$$

以及

$$\boldsymbol{F}_{C_2} = -\mathrm{e}^{\mathrm{i}k_x a_1}\boldsymbol{F}_{C_1},\quad \boldsymbol{F}_{C_3} = -\mathrm{e}^{\mathrm{i}k_y a_2}\boldsymbol{F}_{C_1},\quad \boldsymbol{F}_{C_4} = (-\mathrm{e}^{\mathrm{i}k_x a_1})(-\mathrm{e}^{\mathrm{i}k_y a_2})\boldsymbol{F}_{C_1} = \mathrm{e}^{\mathrm{i}k_x a_1+\mathrm{i}k_y a_2}\boldsymbol{F}_{C_1} \tag{4.279}$$

用 $\boldsymbol{F}_I$ 表示作用于内部节点的力，在模态分析中无内部节点力，即 $\boldsymbol{F}_I$ 为零，只有相邻典型单元给所选定典型单元的作用力，均在典型单元边界上。

选取 $\boldsymbol{U}_A$、$\boldsymbol{U}_B$、$\boldsymbol{U}_{C_1}$ 和 $\boldsymbol{U}_I$ 为基本未知节点位移 $\boldsymbol{U}_\mathrm{R}$，即缩减的节点位移，只要 $\boldsymbol{U}_\mathrm{R}$ 求出，则全域内的节点位移都能求出。记

$$\boldsymbol{U} = \begin{bmatrix} \boldsymbol{U}_A \\ \boldsymbol{U}_B \\ \boldsymbol{U}_{C_1} \\ \boldsymbol{U}_I \\ \boldsymbol{U}_C \\ \boldsymbol{U}_D \\ \boldsymbol{U}_{C_2} \\ \boldsymbol{U}_{C_3} \\ \boldsymbol{U}_{C_4} \end{bmatrix},\quad \boldsymbol{P}_\mathrm{U} = \begin{bmatrix} \boldsymbol{I}_1 & 0 & 0 & 0 \\ 0 & \boldsymbol{I}_2 & 0 & 0 \\ 0 & 0 & \boldsymbol{I}_3 & 0 \\ 0 & 0 & 0 & \boldsymbol{I}_4 \\ \mathrm{e}^{\mathrm{i}k_x a_1}\boldsymbol{I}_1 & 0 & 0 & 0 \\ 0 & \mathrm{e}^{\mathrm{i}k_y a_2}\boldsymbol{I}_2 & 0 & 0 \\ 0 & 0 & \mathrm{e}^{\mathrm{i}k_x a_1}\boldsymbol{I}_3 & 0 \\ 0 & 0 & \mathrm{e}^{\mathrm{i}k_y a_2}\boldsymbol{I}_3 & 0 \\ 0 & 0 & \mathrm{e}^{\mathrm{i}(k_x a_1+k_y a_2)}\boldsymbol{I}_3 & 0 \end{bmatrix} \tag{4.280}$$

以及

$$\boldsymbol{F} = \begin{bmatrix} \boldsymbol{F}_A \\ \boldsymbol{F}_B \\ \boldsymbol{F}_{C_1} \\ \boldsymbol{0} \\ \boldsymbol{F}_C \\ \boldsymbol{F}_D \\ \boldsymbol{F}_{C_2} \\ \boldsymbol{F}_{C_3} \\ \boldsymbol{F}_{C_4} \end{bmatrix},\quad \boldsymbol{P}_\mathrm{F} = \begin{bmatrix} \boldsymbol{I}_1 & 0 & 0 & 0 \\ 0 & \boldsymbol{I}_2 & 0 & 0 \\ 0 & 0 & \boldsymbol{I}_3 & 0 \\ 0 & 0 & 0 & 0 \\ -\mathrm{e}^{\mathrm{i}k_x a_1}\boldsymbol{I}_1 & 0 & 0 & 0 \\ 0 & -\mathrm{e}^{\mathrm{i}k_y a_2}\boldsymbol{I}_2 & 0 & 0 \\ 0 & 0 & -\mathrm{e}^{\mathrm{i}k_x a_1}\boldsymbol{I}_3 & 0 \\ 0 & 0 & -\mathrm{e}^{\mathrm{i}k_y a_2}\boldsymbol{I}_3 & 0 \\ 0 & 0 & \mathrm{e}^{\mathrm{i}(k_x a_1+k_y a_2)}\boldsymbol{I}_3 & 0 \end{bmatrix} \tag{4.281}$$

式中，$\boldsymbol{I}_i(i=1,2,3,4)$为单位矩阵。

利用周期边界条件，不难给出全部位移$\boldsymbol{U}$与基本未知节点位移$\boldsymbol{U}_{\mathrm{R}}$的关系：

$$\boldsymbol{U}=\boldsymbol{P}_{\mathrm{U}}\boldsymbol{U}_{\mathrm{R}}=\boldsymbol{P}_U\begin{bmatrix}\boldsymbol{U}_A\\ \boldsymbol{U}_B\\ \boldsymbol{U}_{C_1}\\ \boldsymbol{U}_I\end{bmatrix} \tag{4.282}$$

类似地，节点力向量与缩减的节点力向量满足如下关系：

$$\boldsymbol{F}=\boldsymbol{P}_{\mathrm{F}}\boldsymbol{F}_{\mathrm{R}}=\boldsymbol{P}_F\begin{bmatrix}\boldsymbol{F}_A\\ \boldsymbol{F}_B\\ \boldsymbol{F}_{C_1}\\ \boldsymbol{0}\end{bmatrix} \tag{4.283}$$

将式(4.282)与式(4.283)代入式(4.275)，可得

$$(\boldsymbol{K}_{\mathrm{R}}-\omega^2\boldsymbol{M}_{\mathrm{R}})\boldsymbol{U}_{\mathrm{R}}=\boldsymbol{P}_{\mathrm{U}}^{\mathrm{H}}\boldsymbol{P}_{\mathrm{F}}\boldsymbol{F}_{\mathrm{R}} \tag{4.284}$$

式中，$\boldsymbol{K}_{\mathrm{R}}=\boldsymbol{P}_{\mathrm{U}}^{\mathrm{H}}\boldsymbol{K}\boldsymbol{P}_{\mathrm{U}}$，$\boldsymbol{M}_{\mathrm{R}}=\boldsymbol{P}_{\mathrm{U}}^{\mathrm{H}}\boldsymbol{M}\boldsymbol{P}_{\mathrm{U}}$，上标“H”表示复共轭转置。不难验证$\boldsymbol{P}_{\mathrm{U}}^{\mathrm{H}}\boldsymbol{P}_{\mathrm{F}}=0$，该方程要有非零解，必须有

$$|\boldsymbol{K}_{\mathrm{R}}-\omega^2\boldsymbol{M}_{\mathrm{R}}|=0 \tag{4.285}$$

式中，$\boldsymbol{K}_{\mathrm{R}}$与$\boldsymbol{M}_{\mathrm{R}}$都含有波矢，且是复数矩阵。

因为$\boldsymbol{K}$与$\boldsymbol{M}$均为对称矩阵，所以$\boldsymbol{K}_{\mathrm{R}}$与$\boldsymbol{M}_{\mathrm{R}}$都是 Hermite 矩阵，即$\boldsymbol{K}_{\mathrm{R}}^{\mathrm{H}}=\boldsymbol{K}_{\mathrm{R}}$，$\boldsymbol{M}_{\mathrm{R}}^{\mathrm{H}}=\boldsymbol{M}_{\mathrm{R}}$。对于定解问题，两者必须还是正定的或半正定的(当波矢$\boldsymbol{k}=0$时为半正定)。尽管两者都是复数，但不难证明由式(4.285)求出的频率ω全是实数。在此以正定的矩阵$\boldsymbol{K}_{\mathrm{R}}$与$\boldsymbol{M}_{\mathrm{R}}$为例进行证明，半正定的情况类似。假设$\boldsymbol{M}_{\mathrm{R}}$为正定 Hermite 矩阵，故存在可逆矩阵$\boldsymbol{P}$，使得$\boldsymbol{M}_{\mathrm{R}}$单位化，即$\boldsymbol{P}^{\mathrm{H}}\boldsymbol{M}_{\mathrm{R}}\boldsymbol{P}=\boldsymbol{I}$，且$\boldsymbol{P}^{\mathrm{H}}\boldsymbol{K}_{\mathrm{R}}\boldsymbol{P}$为正定 Hermite 矩阵[16]，故而$|\boldsymbol{P}^{\mathrm{H}}\boldsymbol{K}_{\mathrm{R}}\boldsymbol{P}-\lambda\boldsymbol{I}|=0$的特征根$\lambda$全部是正的，也就是$|\boldsymbol{P}^{\mathrm{H}}\boldsymbol{K}_{\mathrm{R}}\boldsymbol{P}-\lambda\boldsymbol{P}^{\mathrm{H}}\boldsymbol{M}_{\mathrm{R}}\boldsymbol{P}|=|\boldsymbol{P}^{\mathrm{H}}||\boldsymbol{K}_{\mathrm{R}}-\lambda\boldsymbol{M}_{\mathrm{R}}||\boldsymbol{P}|=0$的根$\lambda$全部是正的，因为$|\boldsymbol{P}|$不等于 0，所以$|\boldsymbol{K}_{\mathrm{R}}-\lambda\boldsymbol{M}_{\mathrm{R}}|=0$，且它的根$\lambda$全部是正的，相应地，频率$\omega=\sqrt{\lambda}$全是正实数。如果$\boldsymbol{K}_{\mathrm{R}}$与$\boldsymbol{M}_{\mathrm{R}}$都是半正定 Hermite 矩阵，类似地，可以证明频率$\omega=\sqrt{\lambda}$全是非负实数。

根据式(4.285)给定一个波矢$\boldsymbol{k}$，就可以求出相应的频率，进而当波矢$\boldsymbol{k}$取遍不可约布里渊区时，即可获得周期结构的频散曲线。需要说明的是，尽管目前商业有限元软件很多，但能处理复数运算的有限元软件不多，COMSOL Multiphysics 是为数不多的一款，它可以直接添加 Bloch 周期边界条件，并方便地进行周期结构的模态分析和求解频散曲线。

4.5.2 基于通用有限元软件的频散曲线分析

由于周期边界条件含有复数，但一般通用有限元软件只能处理实数，因此有必要将复数转换到实数空间以便正确求解。Åberg 和 Gudmundson[13] 给出了基本思路，将位移表示为复数形式：

$$\boldsymbol{u}(\boldsymbol{r},t)=\boldsymbol{u}_m(\boldsymbol{r})\mathrm{e}^{-\mathrm{i}\omega t} \tag{4.286}$$

式中，$\boldsymbol{r}$ 为空间位置矢量，周期性边界条件为

$$\boldsymbol{u}_m(\boldsymbol{r})=\boldsymbol{u}_m(\boldsymbol{r}+\boldsymbol{R})\mathrm{e}^{-\mathrm{i}\boldsymbol{k}\cdot\boldsymbol{R}} \tag{4.287}$$

式中，$\boldsymbol{k}$ 为波矢；$\boldsymbol{R}$ 为格矢。此式说明位移 $\boldsymbol{u}_m(\boldsymbol{r})$ 是复数，但很少有有限元软件能处理式(4.287)，为此将 $\boldsymbol{u}_m(\boldsymbol{r})$ 写成实部和虚部：

$$\boldsymbol{u}_m(\boldsymbol{r})=\boldsymbol{u}_m^{\mathrm{Re}}(\boldsymbol{r})+\mathrm{i}\boldsymbol{u}_m^{\mathrm{Im}}(\boldsymbol{r}) \tag{4.288}$$

式中，上标 Re 和 Im 表示实部和虚部。将式(4.288)代入式(4.287)，分离实部和虚部，有如下关系：

$$\boldsymbol{u}_m^{\mathrm{Re}}(\boldsymbol{r})=\boldsymbol{u}_m^{\mathrm{Re}}(\boldsymbol{r}+\boldsymbol{R})\cos(\boldsymbol{k}\cdot\boldsymbol{R})+\boldsymbol{u}_m^{\mathrm{Im}}(\boldsymbol{r}+\boldsymbol{R})\sin(\boldsymbol{k}\cdot\boldsymbol{R}) \tag{4.289}$$

$$\boldsymbol{u}_m^{\mathrm{Im}}(\boldsymbol{r})=\boldsymbol{u}_m^{\mathrm{Im}}(\boldsymbol{r}+\boldsymbol{R})\cos(\boldsymbol{k}\cdot\boldsymbol{R})-\boldsymbol{u}_m^{\mathrm{Re}}(\boldsymbol{r}+\boldsymbol{R})\sin(\boldsymbol{k}\cdot\boldsymbol{R}) \tag{4.290}$$

也就是说，位移实部和虚部之间满足上述关系式，若能分别建立实部位移场和虚部位移场并分别予以求解，则只需满足式(4.289)和式(4.290)的约束条件即可。将式(4.288)代入式(4.286)，展开后得到真实的位移幅值为

$$|\boldsymbol{u}(\boldsymbol{r},t)|=|\boldsymbol{u}_m(\boldsymbol{r})|\,|\mathrm{e}^{-\mathrm{i}\omega t}|=|\boldsymbol{u}_m(\boldsymbol{r})|=\sqrt{(\boldsymbol{u}_m^{\mathrm{Re}})^2+(\boldsymbol{u}_m^{\mathrm{Im}})^2} \tag{4.291}$$

也就是说，位移幅值是实部与虚部位移的平方和。

上述过程可在通用有限元软件中实现，具体做法是在软件中建立两个完全一样的典型单元，并采用同样的网格，分别用来模拟实部和虚部位移求解域，然后在两套网格的边界节点上逐点施加约束方程，即式(4.289)和式(4.290)。考虑一个简单正方二维周期结构，格子常数 $a_1=a_2=a$，则实部和虚部网格的有限元分析模型与边界约束方程如图 4.21 所示，其中下标 R、L、T、B 分别表示右、左、上和下边的位移。每给定一个波矢 $\boldsymbol{k}$，就能由模态分析给出所需的频率。需要说明的是，由于有两套完全相同的网格，计算得到的频率将有重复，需隔一个频率进行跳跃选取，即选择奇数阶或偶数阶频率。也就是说如果想要 n 阶频率，就必须求解 $2n$ 阶模态。

有限单元法的优点是可以借助既有软件进行分析，而且非常稳定，对各种形状的散射体均能进行求解，对复杂的周期结构也能较方便地进行建模与分析，具有普适性。但是，作为一种纯数值方法，它与 FDTD 一样，在频率较高时，分析的精度不够，虽然可以通过细化网格来解决，但当网格进行细化时，计算效率就大大降低。

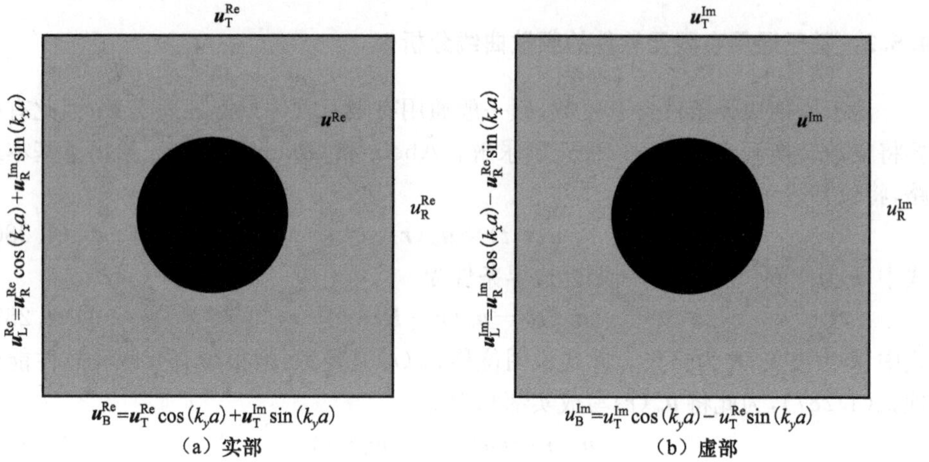

图 4.21　双网格及边界约束方程

4.6　微分求积法

微分求积法(differential quadrature method,DQM)由 Bellman 等[63,64]在1971年提出,该方法具有高精度和易于编程等特点,在各领域均有应用。Bert 及其合作者连续就此方法在力学中的应用发表了一系列文章,推动了其在结构模态、结构谐响应和瞬态响应分析中的应用[65]。为解决不规则区域和材料不连续等问题,DQM 与几何坐标变换以及区域分解技术相结合,微分求积元法(differential quadrature element method,DQEM)应运而生[66,67]。Xiang 和 Shi[14,15]将 DQM 引入周期结构的求解,结果表明,该方法在计算周期结构频散曲线和分析周期结构传输特性时都具有非常高的精度和计算效率。

4.6.1　微分求积法基本原理

微分求积法的基本思想与 Gauss 积分类似,也就是一个函数的积分可由函数在 Gauss 点的值与权系数求积,并进行代数叠加而得。在微分求积法中,将函数的微分表示成离散点函数值乘以权系数的代数和,从而可将微分方程转化为代数方程。

在数学上,可利用插值函数 $f_N(x)$ 逼近任意函数 $f(x)$:

$$f(x)\approx f_N(x)=\sum_{j=1}^{N}c_j r_j(x) \tag{4.292}$$

式中,c_j 为常数;$r_j(x)$为已知函数。根据 $r_j(x)$的不同,$f_N(x)$可以是代数多项式、Lagrange 插值函数、Hermite 插值函数、Newton 插值函数、Legendre 多项式及

Chebyshev 多项式等。若 $f(x)$是周期函数，还可以采用三角函数作为 $r_j(x)$。无论采用何种插值函数，一个良好的函数逼近，其最基本的特性是使 $f_N(x)$在插值节点 $x_j(j=1,2,\cdots,N)$上等于函数值，即

$$f(x_j)=f_N(x_j) \tag{4.293}$$

利用上述 N 个方程即可求出系数 c_j。

显然，当 N 较大时求解 c_j 并不太方便，如果采用 Lagrange 插值函数，则可方便地给出 c_j，即取

$$r_j(x)=l_j(x)=\frac{R_N(x)}{(x-x_j)R'_N(x_j)} \tag{4.294}$$

式中，$R_N(x)=(x-x_1)(x-x_2)\cdots(x-x_N)=\prod_{i=1}^{N}(x-x_i)$；$R'_N(x_j)=\prod_{i=1,i\neq j}^{N}(x_j-x_i)$。不难验证 $l_j(x_j)=1$，且当 $i\neq j$ 时，$l_j(x_i)=0$。此时满足式(4.293)的插值函数为

$$f_N(x)=\sum_{j=1}^{N}l_j(x)f(x_j) \tag{4.295}$$

可见系数 c_j 刚好就是函数在点 x_j 的值，即 $c_j=f(x_j)$。也就是说函数 $f(x)$可以采用函数值与 Lagrange 插值基函数求积再叠加进行近似。

类似地，函数 $f(x)$在点 $x_i(i=1,2,\cdots,N)$的第 r 阶导数，也可通过权系数与函数值求积后再叠加表示为

$$\frac{\mathrm{d}^r f(x_i)}{\mathrm{d}x^r}\approx\sum_{j=1}^{N}C_{ij}^{(r)}f(x_j) \tag{4.296}$$

微分求积法因此而得名。可见只要权系数 $C_{ij}^{(r)}$ 确定，函数的导数在各离散点的值就可以采用函数值本身来表示，进而可以将微分方程转化为在离散点上函数值的代数方程。确定 $C_{ij}^{(r)}$ 系数的一种方法是将 $r_j(x)$作为试函数，即令 $f(x)=r_j(x)$，代入式(4.296)，当 i 与 j 从 1 取到 N 时，可以建立 $N\times N$ 个方程，从而可以确定系数 $C_{ij}^{(r)}$。另外一种确定 $C_{ij}^{(r)}$ 的直接方法是将式(4.295)代入式(4.296)，则 $C_{ij}^{(r)}=\mathrm{d}^r l_j(x_i)/\mathrm{d}x^r$，这实际上就是在第一种方法中以 $l_j(x)$作为试函数的特例，它由 Quan 和 Chang[68,69]提出，并经 Shu[66]一般化后给出如下高阶递推公式：

$$C_{ij}^{(r)}=\begin{cases}r\left(C_{ii}^{(r-1)}C_{ij}^{(1)}-\dfrac{C_{ij}^{(r-1)}}{x_i-x_j}\right), & i\neq j\\ -\displaystyle\sum_{j=1,j\neq i}^{N}C_{ij}^{(r)}, & i=j\end{cases} \tag{4.297}$$

式中，$i,j=1,2,\cdots,N$；$r=1,2,\cdots,N-1$，且第一阶系数为

$$C_{ij}^{(1)}=\frac{R'_N(x_i)}{(x_i-x_j)R'_N(x_j)} \tag{4.298}$$

可见，只要离散点选定后，即可确定全部权系数，这是采用 Lagrange 插值函数

带来的便利，它可以先选点后构造插值函数。当然也可以采用其他插值函数，如代数多项式、Newton 插值函数、Legendre 多项式及 Chebyshev 多项式。Shu[66]已经证明，以其他多项式插值函数作为试函数计算所得的 $C_{ij}^{(r)}$ 是一样的，即 $C_{ij}^{(r)}$ 不依赖于试函数的选择，但如果试函数不是多项式插值函数，如三角函数，则仿照上面的过程进行计算即可。需要说明的是，如果采用 Legendre 多项式以及 Chebyshev 多项式，离散点是固定的，即先选择插值函数后确定离散点，这不够灵活，因此一般在 DQM 中不太常用。另外一种常用的插值函数是 Hermite 插值函数，因插值函数中包含了函数的微分（在结构分析中相当于转角自由度、曲率等），这种方法用于处理高阶微分方程的边界条件比较有利[70-72]。

以上是一维情况，对于二维情况也可类似地构建微分求积法则。考虑一个含两个自变量的函数 $f(x,y)$，并在 x 和 y 方向上将求解域离散成 $N_x \times N_y$ 个网格点，相应地取

$$f(x,y_k)=\sum_{l=1}^{N_x} l_l(x) f(x_l,y_k) \tag{4.299}$$

$$f(x_l,y)=\sum_{k=1}^{N_y} g_k(y) f(x_l,y_k) \tag{4.300}$$

式中，$g_k(y)$ 为由 y 方向上离散点构造的 Lagrange 插值基函数，其构造方法与式(4.294)类似。进一步有

$$f(x,y)=\sum_{l=1}^{N_x}\sum_{k=1}^{N_y} l_l(x) g_k(y) f(x_l,y_k) \tag{4.301}$$

从而有各阶偏导数如下：

$$\frac{\partial^{(n+m)} f(x_i,y_j)}{\partial x^n \partial y^m}=\sum_{l=1}^{N_x}\sum_{k=1}^{N_y} C_{il}^{(n)} \overline{C}_{jk}^{(m)} f(x_l,y_k) \tag{4.302}$$

式中，$\overline{C}_{jk}^{(m)}$ 为 y 方向上的权系数，$\overline{C}_{jk}^{(m)}=\mathrm{d}^m g_k(y_j)/\mathrm{d}y^m$，仍可采用式(4.297)进行计算，只需将其中 x 方向离散点换成 y 方向离散点即可。有时为了书写方便，也将 $f(x_l,y_k)$ 简记为 f_{lk}，对于动力问题，只需在上述各式中，增加时间函数，例如：

$$f(x,y,t)=\sum_{l=1}^{N_x}\sum_{k=1}^{N_y} l_l(x) g_k(y) f_{lk}(t) \tag{4.303}$$

尽管在使用求积法则时对离散点的选取是自由的，但显然不同的离散方法对求解精度会有一定影响。通常在微分求积法中，采用 Gauss-Lobatto-Chebyshev 点可获得较高精度。若求解区域为$[-a,a]\times[-b,b]$，则可取

$$\begin{cases}\xi_i=\dfrac{x_i}{a}=-\cos\dfrac{\pi(i-1)}{N_x-1}, & i=1,2,\cdots,N_x\\[2ex] \eta_j=\dfrac{y_j}{b}=-\cos\dfrac{\pi(j-1)}{N_y-1}, & j=1,2,\cdots,N_y\end{cases} \tag{4.304}$$

式中，ξ 与 η 为 x 与 y 方向上的无量纲坐标，可见，采用这种方法得到的离散点是不均匀分布的。

另一种不均匀的离散方法是采用 Gauss-Lobatto-Legendre 点[73]。考虑一维问题，离散点 $\xi_1=-1$，$\xi_N=1$，其余中间点 $\xi_i(i=2,3,\cdots,N-1)$ 是下面方程的解：

$$\frac{\mathrm{d}P_{N-1}(\xi)}{\mathrm{d}(\xi)}=0 \tag{4.305}$$

式中，$P_{N-1}(\xi)$ 是 $N-1$ 阶 Legendre 多项式。采用 Gauss-Lobatto-Legendre 点在求函数的积分时非常方便，对任意函数 $f(\xi)$ 有如下求积法则：

$$\int_{-1}^{1} f(\xi)\mathrm{d}\xi=\sum_{i=1}^{N} w_i f(\xi_i) \tag{4.306}$$

式中，权系数 w_i 具有如下表达式：

$$w_1=w_N=\frac{2}{N(N-1)},\quad w_i=\frac{2}{N(N-1)\left[P_{N-1}(\xi_i)\right]^2} \tag{4.307}$$

式中，$i=2,3,\cdots,N-1$。对于二维问题，离散为 $N_x\times N_y$ 个点，则

$$\int_{-1}^{1}\int_{-1}^{1} f(\xi,\eta)\mathrm{d}\xi\mathrm{d}\eta=\sum_{i=1}^{N_x}\sum_{j=1}^{N_y} w_i w_j f(\xi_i,\eta_j) \tag{4.308}$$

η_j 的求法与 ξ_i 的求法类似。

由以上分析可以看出，DQM 是一种全局近似的方法，而且要求函数全局连续，但在实际应用中会碰到材料乃至几何形状不连续的情况，此时可以采用 DQEM，即根据材料和几何形状的不连续性将求解区域划分为若干个子区域，然后对每个区域应用 DQM，区域与区域之间应用连接条件将不同区域拼装起来进而得到整个区域的离散控制方程。也就是将区域分解技术与 DQM 相结合，这种方法就是 DQEM。如果直接对控制方程进行离散，则为强形式的 DQEM，如果采用弱形式的控制方程，则称为弱形式 DQEM。

4.6.2　强形式微分求积元法

考虑一个简单长方格子且散射体为长方形的周期结构，其典型单元如图 4.22 所示。下面以该周期结构的平面内问题为例说明强形式 DQEM 的求解过程。

1. 单元划分

根据材料的不连续性，将典型单元划分为 9 个单元，如图 4.22(a)所示。对每个边长分别为 $2L_x$ 和 $2L_y$ 的矩形单元，均可根据如下变换，将其转换为正方形计算域，如图 4.22(b)所示。

$$\xi=\frac{x-x_1}{L_x}-1,\quad \eta=\frac{y-y_1}{L_y}-1 \tag{4.309}$$

式中，(x_1,y_1) 为单元左下方的角点坐标。

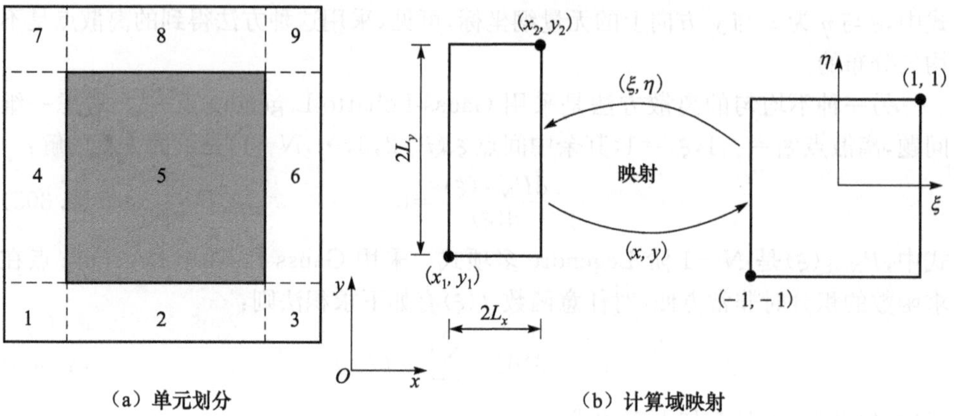

图 4.22 单元划分与计算域映射

2. 控制方程离散

对每一个单元,其材料都是均匀的,在第 2 章已经给出了平面内问题的控制方程,见式(2.43)和式(2.44)。为方便书写,沿 x 与 y 方向的位移分别用 u 与 v 表示,则有

$$\rho\frac{\partial^2 u}{\partial t^2}=(\lambda+2\mu)\frac{\partial^2 u}{\partial x^2}+\mu\frac{\partial^2 u}{\partial y^2}+(\lambda+\mu)\frac{\partial^2 v}{\partial x\partial y} \tag{4.310}$$

$$\rho\frac{\partial^2 v}{\partial t^2}=(\lambda+2\mu)\frac{\partial^2 v}{\partial y^2}+\mu\frac{\partial^2 v}{\partial x^2}+(\lambda+\mu)\frac{\partial^2 u}{\partial x\partial y} \tag{4.311}$$

经式(4.309)的变换可得

$$\frac{\lambda+2\mu}{L_x^2}\frac{\partial^2 u}{\partial\xi^2}+\frac{\mu}{L_y^2}\frac{\partial^2 u}{\partial\eta^2}+\frac{\lambda+\mu}{L_xL_y}\frac{\partial^2 v}{\partial\xi\partial\eta}=\rho\ddot{u} \tag{4.312}$$

$$\frac{\lambda+2\mu}{L_y^2}\frac{\partial^2 v}{\partial\eta^2}+\frac{\mu}{L_x^2}\frac{\partial^2 v}{\partial\xi^2}+\frac{\lambda+\mu}{L_xL_y}\frac{\partial^2 u}{\partial\xi\partial\eta}=\rho\ddot{v} \tag{4.313}$$

根据式(4.304)将计算域进行离散,并有位移在离散点上的各阶导数如下:

$$\frac{\partial^r}{\partial\xi^r}\{u,v\}\bigg|_{\xi=\xi_i,\eta=\eta_j}=\sum_{k=1}^{N_x}C_{ik}^{(r)}\{u_{kj},v_{kj}\} \tag{4.314}$$

$$\frac{\partial^r}{\partial\eta^r}\{u,v\}\bigg|_{\xi=\xi_i,\eta=\eta_j}=\sum_{m=1}^{N_y}\overline{C}_{jm}^{(r)}\{u_{im},v_{im}\} \tag{4.315}$$

$$\frac{\partial^2}{\partial\xi\partial\eta}\{u,v\}\bigg|_{\xi=\xi_i,\eta=\eta_j}=\sum_{k=1}^{N_x}\sum_{m=1}^{N_y}C_{ik}^{(1)}\overline{C}_{jm}^{(1)}\{u_{km},v_{km}\} \tag{4.316}$$

式中,$\{u_{kj},v_{kj}\}=\{u(\xi_k,\eta_j),v(\xi_k,\eta_j)\}$,将式(4.314)～式(4.316)代入式(4.312)和式(4.313),可将控制方程离散化为

$$\frac{\lambda^e+2\mu^e}{(L_x^e)^2}\sum_{k=1}^{N_x}C_{ik}^{(2)}u_{kj}^e+\frac{\mu^e}{(L_y^e)^2}\sum_{m=1}^{N_y}\overline{C}_{im}^{(2)}u_{mj}^e+\frac{\lambda^e+\mu^e}{L_x^eL_y^e}\sum_{k=1}^{N_x}\sum_{m=1}^{N_y}C_{ik}^{(1)}\overline{C}_{jm}^{(1)}v_{km}^e=\rho^e\ddot{u}_{ij}^e \tag{4.317}$$

$$\frac{\lambda^e+2\mu^e}{(L_y^e)^2}\sum_{m=1}^{N_y}\overline{C}_{im}^{(2)}v_{mj}^e+\frac{\mu^e}{(L_x^e)^2}\sum_{k=1}^{N_x}C_{ik}^{(2)}v_{kj}^e+\frac{\lambda^e+\mu^e}{L_x^eL_y^e}\sum_{k=1}^{N_x}\sum_{m=1}^{N_y}C_{ik}^{(1)}\overline{C}_{jm}^{(1)}u_{km}^e=\rho^e\ddot{v}_{ij}^e \tag{4.318}$$

式中，上标“e”表示第 e 个单元。也可将上述两个方程整理成矩阵形式：

$$\boldsymbol{M}^e\ddot{\boldsymbol{d}}^e+\boldsymbol{K}^e\boldsymbol{d}^e=\boldsymbol{0} \tag{4.319}$$

这就是单元的平衡方程，$\boldsymbol{K}^e$ 与 $\boldsymbol{M}^e$ 为系数矩阵，由权系数、材料参数和几何参数确定；$\boldsymbol{d}^e$ 为单元位移列向量：

$$\boldsymbol{d}^e=[u_{11}^e,v_{11}^e,u_{12}^e,v_{12}^e,\cdots,u_{N_xN_y}^e,v_{N_xN_y}^e]^{\mathrm{T}} \tag{4.320}$$

将所有单元上的节点位移依序进行整体编号，并引入整体位移向量：

$$\boldsymbol{d}=[u_1,v_1,u_2,v_2,\cdots,u_N,v_N]^{\mathrm{T}} \tag{4.321}$$

则可将单元平衡方程进行组装形成整体平衡方程如下：

$$\boldsymbol{M}\ddot{\boldsymbol{d}}+\boldsymbol{K}\boldsymbol{d}=\boldsymbol{0} \tag{4.322}$$

3. 连接条件与边界条件

应力可由位移的微分表示如下：

$$\sigma_x=(\lambda+2\mu)\frac{\partial u}{\partial x}+\lambda\frac{\partial v}{\partial y},\quad \sigma_y=(\lambda+2\mu)\frac{\partial v}{\partial y}+\lambda\frac{\partial u}{\partial x},\quad \tau_{xy}=\mu\left(\frac{\partial u}{\partial y}+\frac{\partial v}{\partial x}\right) \tag{4.323}$$

采用 DQM 法则离散后为

$$\begin{cases}(\sigma_x^e)_{ij}=\dfrac{\lambda^e+2\mu^e}{L_x^e}\displaystyle\sum_{k=1}^{N_x}C_{ik}^{(1)}u_{kj}^e+\dfrac{\lambda^e}{L_y^e}\sum_{m=1}^{N_y}\overline{C}_{jm}^{(1)}v_{im}^e\\(\sigma_y^e)_{ij}=\dfrac{\lambda^e+2\mu^e}{L_y^e}\displaystyle\sum_{m=1}^{N_y}\overline{C}_{jm}^{(1)}v_{im}+\dfrac{\lambda^e}{L_x^e}\sum_{k=1}^{N_x}C_{ik}^{(1)}u_{kj}^e\\(\sigma_{xy}^e)_{ij}=\dfrac{\mu^e}{L_y^e}\displaystyle\sum_{m=1}^{N_y}\overline{C}_{jm}^{(1)}u_{im}^e+\dfrac{\mu^e}{L_x^e}\sum_{k=1}^{N_x}C_{ik}^{(1)}v_{kj}^e\end{cases} \tag{4.324}$$

如图 4.23 所示，典型单元内部应力的连续条件分如下两种情况。

1）两单元 e_1 与 e_2 连接

若连接面垂直于 x 轴，如图 4.23(a)所示，则应力连续条件为

$$(\sigma_x^{e_1})_{N_x,j}=(\sigma_x^{e_2})_{1,j},\quad (\tau_{xy}^{e_1})_{N_x,j}=(\tau_{xy}^{e_2})_{1,j} \tag{4.325}$$

类似地，若连接面垂直于 y 轴，如图 4.23(b)所示，则应力连续条件为

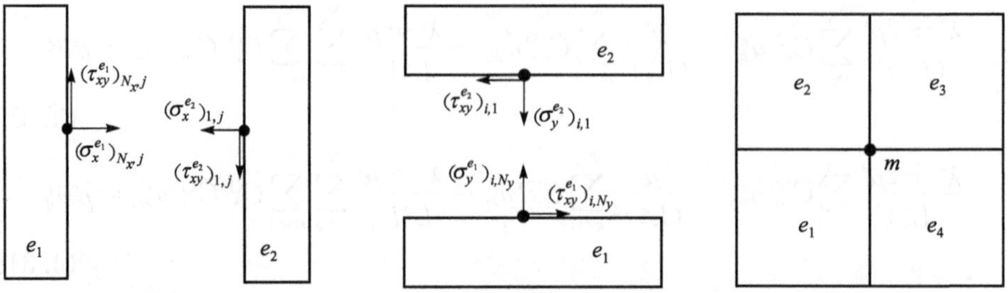

（a）两单元连接面垂直于x轴　　（b）两单元连接面垂直于y轴　　（c）四单元连接

图 4.23　单元与单元的连接

$$(\sigma_y^{e_1})_{i,N_y}=(\sigma_y^{e_2})_{i,1},\quad (\tau_{xy}^{e_1})_{i,N_y}=(\tau_{xy}^{e_2})_{i,1} \tag{4.326}$$

2）四单元连接

如图 4.23(c)所示，单元 e_1、e_2、e_3 和 e_4 共用节点 m，则可取

$$\begin{cases}(\sigma_x^{e_1})_{N_x,N_y}+(\sigma_x^{e_2})_{N_x,1}=(\sigma_x^{e_3})_{1,1}+(\sigma_x^{e_4})_{1,N_y}\\(\tau_{xy}^{e_1})_{N_x,N_y}+(\tau_{xy}^{e_2})_{N_x,1}=(\tau_{xy}^{e_3})_{1,1}+(\tau_{xy}^{e_4})_{1,N_y}\end{cases} \tag{4.327}$$

或

$$\begin{cases}(\sigma_y^{e_1})_{N_x,N_y}+(\sigma_y^{e_4})_{1,N_y}=(\sigma_y^{e_2})_{N_x,1}+(\sigma_y^{e_3})_{1,1}\\(\tau_{xy}^{e_1})_{N_x,N_y}+(\tau_{xy}^{e_4})_{1,N_y}=(\tau_{xy}^{e_2})_{N_x,1}+(\tau_{xy}^{e_3})_{1,1}\end{cases} \tag{4.328}$$

下面考虑典型单元边界上的边界条件，如图 4.24 所示。周期常数分别为 a_1 与 a_2，根据 Bloch 定理，应力与位移应满足 Bloch 边界条件。

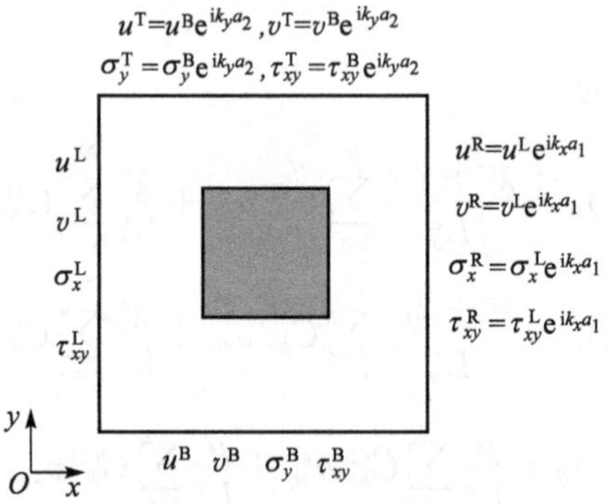

图 4.24　周期边界条件

左、右两边对应的点应满足：

$$u^{\mathrm{R}}=u^{\mathrm{L}}\mathrm{e}^{\mathrm{i}k_x a_1},\quad v^{\mathrm{R}}=v^{\mathrm{L}}\mathrm{e}^{\mathrm{i}k_x a_1},\quad \sigma_x^{\mathrm{R}}=\sigma_x^{\mathrm{L}}\mathrm{e}^{\mathrm{i}k_x a_1},\quad \tau_{xy}^{\mathrm{R}}=\tau_{xy}^{\mathrm{L}}\mathrm{e}^{\mathrm{i}k_x a_1} \tag{4.329}$$

上、下两边对应的点应满足：

$$u^{\mathrm{T}}=u^{\mathrm{B}}\mathrm{e}^{\mathrm{i}k_y a_2},\quad v^{\mathrm{T}}=v^{\mathrm{B}}\mathrm{e}^{\mathrm{i}k_y a_2},\quad \sigma_y^{\mathrm{T}}=\sigma_y^{\mathrm{B}}\mathrm{e}^{\mathrm{i}k_y a_2},\quad \tau_{xy}^{\mathrm{T}}=\tau_{xy}^{\mathrm{B}}\mathrm{e}^{\mathrm{i}k_y a_2} \tag{4.330}$$

在边界上如果两个单元共用一个节点，且该节点位于典型单元左右两个边上，不妨认为右边界上共用节点的单元为 e_1 和 e_2，左边界上对应的共用节点的单元为 e_3 和 e_4，则应满足：

$$\begin{cases} u_{N_x,N_y}^{e_1}\,(=u_{N_x,1}^{e_2}) = u_{1,N_y}^{e_4}\,\mathrm{e}^{\mathrm{i}k_x a_1}\,(=u_{1,1}^{e_3}\,\mathrm{e}^{\mathrm{i}k_x a_1}) \\ v_{N_x,N_y}^{e_1}\,(=v_{N_x,1}^{e_2}) = v_{1,N_y}^{e_4}\,\mathrm{e}^{\mathrm{i}k_x a_1}\,(=v_{1,1}^{e_3}\,\mathrm{e}^{\mathrm{i}k_x a_1}) \\ (\sigma_x^{e_1})_{N_x,N_y} + (\sigma_x^{e_2})_{N_x,1} = [(\sigma_x^{e_4})_{1,N_y} + (\sigma_x^{e_3})_{1,1}]\mathrm{e}^{\mathrm{i}k_x a_1} \\ (\tau_x^{e_1})_{N_x,N_y} + (\tau_x^{e_2})_{N_x,1} = [(\tau_x^{e_4})_{1,N_y} + (\tau_x^{e_3})_{1,1}]\mathrm{e}^{\mathrm{i}k_x a_1} \end{cases} \tag{4.331}$$

对于上下边界也可类似地处理共用节点的情况。

4. 频散特性

将离散格式式(4.324)代入连接条件和边界条件式(4.325)～式(4.331)，利用这些条件替换平衡方程式(4.322)中对应节点所在的行，即可获得如下方程：

$$\boldsymbol{M}\ddot{\boldsymbol{d}} + \boldsymbol{K}(k_x, k_y)\boldsymbol{d} = \boldsymbol{0} \tag{4.332}$$

取 $\boldsymbol{d}=\boldsymbol{d}_0\mathrm{e}^{-\mathrm{i}\omega t}$，则有

$$\boldsymbol{K}(k_x, k_y)\boldsymbol{d}_0 = \omega^2\boldsymbol{M}\boldsymbol{d}_0 \tag{4.333}$$

每给定一个波矢(k_x, k_y)，即可由上述方程求出频率 ω。据此，可以绘制出频散曲线。

4.6.3　弱形式微分求积元法

在 4.6.2 节中，采用的是强形式的 DQM，它直接对微分方程进行离散，但这种强形式 DQM 的系数矩阵是不对称的，这与基于弱形式的有限单元法不同。在线性有限元中，刚度矩阵和质量矩阵都是对称的，这为提高存储与运算效率提供了便利。从力学上看，有限元刚度矩阵或质量矩阵对称性来源于功的互等定理；从数学上看，该对称性来源于微分方程的弱形式。为此，仿照有限元法的做法，Chen 等[74]、Striz 等[75]、Zhong 和 Yu[73,76] 以及 Xing 和 Liu[77] 相继提出了弱形式的 DQM，也称为弱形式求积元法(weak form quadrature element method，WFQEM)通过不断改进，该方法既保留了 DQM 的高精度，又引入了 FEM 的灵活性，而且对于处理高阶微分方程(如 Euler 梁与薄板的控制方程就是高阶微分方程)的边界条件更加灵活。下面仍以 4.6.2 节中的平面内问题为例，介绍弱形式微分求积元法。

1. 弱形式控制方程

根据第 2 章的基本理论，平面内问题的控制方程如下。

平衡方程：

$$\frac{\partial\sigma_x}{\partial x}+\frac{\partial\tau_{xy}}{\partial y}=\rho\frac{\partial^2 u}{\partial t^2},\quad \frac{\partial\tau_{xy}}{\partial x}+\frac{\partial\sigma_y}{\partial y}=\rho\frac{\partial^2 v}{\partial t^2} \tag{4.334}$$

几何方程：

$$\varepsilon_x=\frac{\partial u}{\partial x},\quad \varepsilon_y=\frac{\partial v}{\partial y},\quad \gamma_{xy}=\frac{\partial v}{\partial x}+\frac{\partial u}{\partial y} \tag{4.335}$$

记 $\boldsymbol{u}=(u,v)^{\mathrm{T}}$，$\boldsymbol{\varepsilon}=(\varepsilon_x,\varepsilon_y,\gamma_{xy})^{\mathrm{T}}$，则式(4.335)可以简记为 $\boldsymbol{\varepsilon}=\boldsymbol{L}\boldsymbol{u}$，式中，$\boldsymbol{L}$ 为微分算子矩阵：

$$\boldsymbol{L}=\begin{bmatrix}\dfrac{\partial}{\partial x} & 0\\ 0 & \dfrac{\partial}{\partial y}\\ \dfrac{\partial}{\partial y} & \dfrac{\partial}{\partial x}\end{bmatrix} \tag{4.336}$$

本构关系：

$$\begin{bmatrix}\sigma_x\\ \sigma_y\\ \tau_{xy}\end{bmatrix}=\begin{bmatrix}\lambda+2\mu & \lambda & 0\\ \lambda & \lambda+2\mu & 0\\ 0 & 0 & \mu\end{bmatrix}\begin{bmatrix}\varepsilon_x\\ \varepsilon_y\\ \gamma_{xy}\end{bmatrix} \tag{4.337}$$

简记为 $\boldsymbol{\sigma}=\boldsymbol{D}\boldsymbol{\varepsilon}$，式中，$\boldsymbol{\sigma}=(\sigma_x,\sigma_y,\tau_{xy})^{\mathrm{T}}$。可以看出，将式(4.335)代入式(4.337)，然后再代入式(4.334)，所得到的正是用位移表示的强形式平衡方程式(4.310)和式(4.311)。下面给出推导弱形式控制方程的两种基本方法。

1) 方法 1：由 Hamilton 变分原理进行推导

考虑单位厚度，则动能为

$$T=\frac{1}{2}\int_S\rho\dot{\boldsymbol{u}}^{\mathrm{T}}\dot{\boldsymbol{u}}\mathrm{d}S=\frac{1}{2}\int_S\rho(\dot{u}^2+\dot{v}^2)\mathrm{d}x\mathrm{d}y \tag{4.338}$$

变形势能为

$$U=\frac{1}{2}\int_S\boldsymbol{\varepsilon}^{\mathrm{T}}\boldsymbol{\sigma}\mathrm{d}x\mathrm{d}y \tag{4.339}$$

不考虑体力和阻尼，边界上的外力 $\boldsymbol{t}$ 做功为

$$W=\int_{\partial S}\boldsymbol{u}^{\mathrm{T}}\boldsymbol{t}\mathrm{d}S \tag{4.340}$$

式中，S 为求解区域；∂S 为求解区域边界；$\boldsymbol{t}$ 为表面外荷载向量。

由 Hamilton 原理有

$$\delta\int_{t_1}^{t_2}(T+W-U)\mathrm{d}t=0 \tag{4.341}$$

对第一项有

$$\delta\int_{t_1}^{t_2}T\mathrm{d}t=\int_{t_1}^{t_2}\int_S\rho\delta\dot{\boldsymbol{u}}^{\mathrm{T}}\dot{\boldsymbol{u}}\mathrm{d}S\mathrm{d}t$$

$$
\begin{aligned}
&=\int_S \rho\int_{t_1}^{t_2}\left[\frac{\mathrm{d}}{\mathrm{d}t}(\delta\boldsymbol{u}^{\mathrm{T}}\dot{\boldsymbol{u}})-\delta\boldsymbol{u}^{\mathrm{T}}\ddot{\boldsymbol{u}}\right]\mathrm{d}t\mathrm{d}S \\
&=\int_S \rho(\delta\boldsymbol{u}^{\mathrm{T}}\dot{\boldsymbol{u}})\Big|_{t_1}^{t_2}\mathrm{d}S-\int_{t_1}^{t_2}\int_S\rho\delta\boldsymbol{u}^{\mathrm{T}}\ddot{\boldsymbol{u}}\mathrm{d}S\mathrm{d}t
\end{aligned}
\tag{4.342}
$$

由于$\delta\boldsymbol{u}\big|_{t=t_1}=\delta\boldsymbol{u}\big|_{t=t_2}=0$,所以式(4.342)为

$$
\delta\int_{t_1}^{t_2}T\mathrm{d}t=-\int_{t_1}^{t_2}\int_S\rho\delta\boldsymbol{u}^{\mathrm{T}}\ddot{\boldsymbol{u}}\mathrm{d}S\mathrm{d}t \tag{4.343}
$$

注意到几何方程 $\boldsymbol{\varepsilon}=\boldsymbol{L}\boldsymbol{u}$ 和本构关系 $\boldsymbol{\sigma}=\boldsymbol{D}\boldsymbol{\varepsilon}$,于是式(4.341)的第三项为

$$
\begin{aligned}
\delta\int_{t_1}^{t_2}U\mathrm{d}t&=\int_{t_1}^{t_2}\int_S\delta\boldsymbol{\varepsilon}^{\mathrm{T}}\boldsymbol{D}\boldsymbol{\varepsilon}\,\mathrm{d}S\mathrm{d}t \\
&=\int_{t_1}^{t_2}\int_S(\boldsymbol{L}\delta\boldsymbol{u})^{\mathrm{T}}\boldsymbol{D}(\boldsymbol{L}\boldsymbol{u})\mathrm{d}S\mathrm{d}t
\end{aligned}
\tag{4.344}
$$

此时,将式(4.340)、式(4.343)和式(4.344)代入 Hamilton 方程式(4.341),则 Hamilton 方程代表的是弱形式的用位移表示的平衡方程:

$$
\int_{t_1}^{t_2}\left[\int_S\rho\delta\boldsymbol{u}^{\mathrm{T}}\ddot{\boldsymbol{u}}\mathrm{d}S+\int_S(\boldsymbol{L}\delta\boldsymbol{u})^{\mathrm{T}}\boldsymbol{D}(\boldsymbol{L}\boldsymbol{u})\mathrm{d}S-\int_{\partial S}\delta\boldsymbol{u}^{\mathrm{T}}\boldsymbol{t}\mathrm{d}S\right]\mathrm{d}t=0 \tag{4.345}
$$

它与强形式的式(4.310)和式(4.311)是等价的,这在一般的有限元书籍中均有论述。

2) 方法 2:取控制方程的等效积分弱形式

将式(4.310)乘以 δu,式(4.311)乘以 δv,然后加起来再进行积分,显然有

$$
\begin{aligned}
&\int_S\left\{\left[\rho\frac{\partial^2 u}{\partial t^2}-(\lambda+2\mu)\frac{\partial^2 u}{\partial x^2}-\mu\frac{\partial^2 u}{\partial y^2}-(\lambda+\mu)\frac{\partial^2 v}{\partial x\partial y}\right]\delta u\right. \\
&\left.+\left[\rho\frac{\partial^2 v}{\partial t^2}-(\lambda+2\mu)\frac{\partial^2 v}{\partial y^2}-\mu\frac{\partial^2 v}{\partial x^2}-(\lambda+\mu)\frac{\partial^2 u}{\partial x\partial y}\right]\delta v\right\}\mathrm{d}S=0
\end{aligned}
\tag{4.346}
$$

式中,惯性项为

$$
I_0=\int_S\left[\rho\frac{\partial^2 u}{\partial t^2}\delta u+\rho\frac{\partial^2 v}{\partial t^2}\delta v\right]\mathrm{d}S=\int_S\rho\delta\boldsymbol{u}^{\mathrm{T}}\ddot{\boldsymbol{u}}\mathrm{d}S \tag{4.347}
$$

将式(4.346)中含 δu 非惯性项部分记为 I_1,即

$$
\begin{aligned}
I_1&=\int_S\left[(\lambda+2\mu)\frac{\partial^2 u}{\partial x^2}+\mu\frac{\partial^2 u}{\partial y^2}+(\lambda+\mu)\frac{\partial^2 v}{\partial x\partial y}\right]\delta u\,\mathrm{d}x\mathrm{d}y \\
&=\int_S\delta u\left\{\left[(\lambda+2\mu)\frac{\partial^2 u}{\partial x^2}+\lambda\frac{\partial^2 v}{\partial x\partial y}\right]+\mu\left(\frac{\partial^2 u}{\partial y^2}+\frac{\partial^2 v}{\partial x\partial y}\right)\right\}\mathrm{d}x\mathrm{d}y \\
&=\int_S\delta u\left\{\frac{\partial}{\partial x}\left[(\lambda+2\mu)\frac{\partial u}{\partial x}+\lambda\frac{\partial v}{\partial y}\right]+\frac{\partial}{\partial y}\left[\mu\left(\frac{\partial u}{\partial y}+\frac{\partial v}{\partial x}\right)\right]\right\}\mathrm{d}x\mathrm{d}y \\
&=-\int_S\left\{\delta\left(\frac{\partial u}{\partial x}\right)\left[(\lambda+2\mu)\frac{\partial u}{\partial x}+\lambda\frac{\partial v}{\partial y}\right]+\delta\left(\frac{\partial u}{\partial y}\right)\left[\mu\left(\frac{\partial u}{\partial y}+\frac{\partial v}{\partial x}\right)\right]\right\}\mathrm{d}x\mathrm{d}y
\end{aligned}
$$

$$+\int_{\partial S}\delta u\left\{\left[(\lambda+2\mu)\frac{\partial u}{\partial x}+\lambda\frac{\partial v}{\partial y}\right]n_x+\left[\mu\left(\frac{\partial u}{\partial y}+\frac{\partial v}{\partial x}\right)\right]n_y\right\}\mathrm{d}S \tag{4.348}$$

运算中最后一步利用了分部积分，注意到：

$$t_x=\sigma_x n_x+\tau_{xy}n_y=\left[(\lambda+2\mu)\frac{\partial u}{\partial x}+\lambda\frac{\partial v}{\partial y}\right]n_x+\left[\mu\left(\frac{\partial u}{\partial y}+\frac{\partial v}{\partial x}\right)\right]n_y \tag{4.349}$$

所以

$$I_1=-\int_S\left\{\delta\left(\frac{\partial u}{\partial x}\right)\left[(\lambda+2\mu)\frac{\partial u}{\partial x}+\lambda\frac{\partial v}{\partial y}\right]+\delta\left(\frac{\partial u}{\partial y}\right)\left[\mu\left(\frac{\partial u}{\partial y}+\frac{\partial v}{\partial x}\right)\right]\right\}\mathrm{d}x\mathrm{d}y+\int_{\partial S}\delta u\cdot t_x\mathrm{d}S \tag{4.350}$$

将式(4.346)中含 δv 非惯性项部分记为 I_2，类似地有

$$I_2=-\int_S\left\{\delta\left(\frac{\partial v}{\partial y}\right)\left[(\lambda+2\mu)\frac{\partial v}{\partial y}+\lambda\frac{\partial u}{\partial x}\right]+\delta\left(\frac{\partial v}{\partial x}\right)\left[\mu\left(\frac{\partial u}{\partial y}+\frac{\partial v}{\partial x}\right)\right]\right\}\mathrm{d}x\mathrm{d}y+\int_{\partial S}\delta v\cdot t_y\mathrm{d}S \tag{4.351}$$

式中，

$$t_y=\sigma_y n_y+\tau_{xy}n_x=\left[(\lambda+2\mu)\frac{\partial v}{\partial y}+\lambda\frac{\partial u}{\partial x}\right]n_y+\left[\mu\left(\frac{\partial u}{\partial y}+\frac{\partial v}{\partial x}\right)\right]n_x \tag{4.352}$$

由式(4.346)有 $I_0-I_1-I_2=0$，整理后写成矩阵形式有

$$\int_S\rho\delta\boldsymbol{u}^{\mathrm{T}}\ddot{\boldsymbol{u}}\mathrm{d}S+\int_S(\boldsymbol{L}\delta\boldsymbol{u})^{\mathrm{T}}\boldsymbol{D}(\boldsymbol{L}\boldsymbol{u})\mathrm{d}S-\int_{\partial S}\delta\boldsymbol{u}^{\mathrm{T}}\boldsymbol{t}\mathrm{d}S=0 \tag{4.353}$$

这是式(4.310)和式(4.311)的弱形式，实际上是 D'Alembert-Lagrange 原理，即动力问题的虚功方程，而在式(4.345)中采用的是 Hamilton 原理，因为在式(4.345)中的时间 t_1 与 t_2 是任意给定的，所以它与式(4.353)实际上是等价的。方法 1 更加注重力学概念，从能量变分原理出发给出弱形式的控制方程；方法 2 直接从强形式的控制方程出发，进行数学演化而得，因此更加强调数学运算。在强形式的 DQM 中，只要给定一个微分方程就能采用 DQM 法则进行离散。同样，根据方法 2，只要有一个微分方程，就能给出其对应的弱形式。

2. 弱形式方程离散

因为上述两种方法给出的弱形式实质上等价，所以接下来只对式(4.353)进行离散。类似于强形式离散过程，将图 4.22 中的每一个单元采用式(4.309)转换至计算域，然后将计算域进行离散。在每一个离散点上对式(4.353)应用 DQM 法则。由式(4.303)可知位移可进行如下近似：

$$\boldsymbol{u}(\xi,\eta,t)=\sum_{l=1}^{N_x}\sum_{k=1}^{N_y}l_l(\xi)g_k(\eta)\boldsymbol{u}_{lk}(t)=\sum_{i=1}^{n}\boldsymbol{N}_i\boldsymbol{d}_i^e=\boldsymbol{N}\boldsymbol{d}^e \tag{4.354}$$

式中,n 为单元离散点(节点)总数,合并下标 lk 为单元节点 i,且 $i=k+(l-1)\times N_y$ 为单元节点编号,节点位移向量 $\boldsymbol{d}_i^e=(u_{lk},v_{lk})^{\mathrm{T}}=(u_i,v_i)^{\mathrm{T}}$,单元位移向量 $\boldsymbol{d}^e=[(\boldsymbol{d}_1^e)^{\mathrm{T}},(\boldsymbol{d}_2^e)^{\mathrm{T}},\cdots,(\boldsymbol{d}_n^e)^{\mathrm{T}}]^{\mathrm{T}}$,形函数矩阵 $\boldsymbol{N}$ 如下:

$$\boldsymbol{N}=[\boldsymbol{N}_1,\boldsymbol{N}_2,\cdots,\boldsymbol{N}_n]=\begin{bmatrix} N_1 & 0 & N_2 & 0 & \cdots & N_n & 0 \\ 0 & N_1 & 0 & N_2 & \cdots & 0 & N_n \end{bmatrix} \tag{4.355}$$

式中,子阵 $\boldsymbol{N}_i=\mathrm{diag}(N_i,N_i)$,元素 $N_i=l_l(\xi)g_k(\eta)$,于是有式(4.353)的第一项为

$$\int_S \rho\delta\boldsymbol{u}^{\mathrm{T}}\ddot{\boldsymbol{u}}\mathrm{d}S=\int_{-1}^{1}\int_{-1}^{1}\rho(\boldsymbol{N}\delta\boldsymbol{d}^e)^{\mathrm{T}}(\boldsymbol{N}\ddot{\boldsymbol{d}}^e)J\,\mathrm{d}\xi\mathrm{d}\eta=(\delta\boldsymbol{d}^e)^{\mathrm{T}}\boldsymbol{M}^e\ddot{\boldsymbol{d}}^e \tag{4.356}$$

式中,$J=L_xL_y$。应变为

$$\boldsymbol{\varepsilon}=\boldsymbol{L}\boldsymbol{u}=\boldsymbol{L}\boldsymbol{N}\boldsymbol{d}^e=\boldsymbol{B}\boldsymbol{d}^e \tag{4.357}$$

式中,节点应变矩阵 $\boldsymbol{B}$ 为

$$\boldsymbol{B}=[\boldsymbol{B}_1,\boldsymbol{B}_2,\cdots,\boldsymbol{B}_N]=\begin{bmatrix} \dfrac{\partial N_1}{\partial x} & 0 & \dfrac{\partial N_2}{\partial x} & 0 & \cdots & \dfrac{\partial N_n}{\partial x} & 0 \\ 0 & \dfrac{\partial N_1}{\partial y} & 0 & \dfrac{\partial N_2}{\partial y} & \cdots & 0 & \dfrac{\partial N_n}{\partial y} \\ \dfrac{\partial N_1}{\partial y} & \dfrac{\partial N_1}{\partial x} & \dfrac{\partial N_2}{\partial y} & \dfrac{\partial N_2}{\partial x} & \cdots & \dfrac{\partial N_n}{\partial y} & \dfrac{\partial N_n}{\partial x} \end{bmatrix} \tag{4.358}$$

式中,$\boldsymbol{B}_i=\boldsymbol{L}\boldsymbol{N}_i$,且

$$\frac{\partial N_i}{\partial x}=\frac{g_k(\eta)}{L_x}\frac{\partial l_l(\xi)}{\partial\xi},\quad \frac{\partial N_i}{\partial y}=\frac{l_l(\xi)}{L_y}\frac{\partial g_k(\eta)}{\partial\eta} \tag{4.359}$$

式(4.353)的第二项为

$$\int_S(\boldsymbol{L}\delta\boldsymbol{u})^{\mathrm{T}}\boldsymbol{D}(\boldsymbol{L}\boldsymbol{u})\mathrm{d}S=(\delta\boldsymbol{d}^e)^{\mathrm{T}}\int_{-1}^{1}\int_{-1}^{1}\boldsymbol{B}^{\mathrm{T}}\boldsymbol{D}\boldsymbol{B}J\,\mathrm{d}\xi\mathrm{d}\eta\boldsymbol{d}^e=(\delta\boldsymbol{d}^e)^{\mathrm{T}}\boldsymbol{K}^e\boldsymbol{d}^e \tag{4.360}$$

于是式(4.353)写为

$$(\delta\boldsymbol{d}^e)^{\mathrm{T}}(\boldsymbol{M}^e\ddot{\boldsymbol{d}}^e+\boldsymbol{K}^e\boldsymbol{d}^e-\boldsymbol{F}^e)=0 \tag{4.361}$$

对任意的 $\delta\boldsymbol{d}^e$,式(4.361)都成立,必须有

$$\boldsymbol{M}^e\ddot{\boldsymbol{d}}^e+\boldsymbol{K}^e\boldsymbol{d}^e=\boldsymbol{F}^e \tag{4.362}$$

式中,单元质量矩阵 $\boldsymbol{M}^e$、单元刚度矩阵 $\boldsymbol{K}^e$ 与单元荷载向量 $\boldsymbol{F}^e$ 分别如下:

$$\boldsymbol{M}^e=\int_{-1}^{1}\int_{-1}^{1}\rho\boldsymbol{N}^{\mathrm{T}}\boldsymbol{N}J\,\mathrm{d}\xi\mathrm{d}\eta,\quad \boldsymbol{K}^e=\int_{-1}^{1}\int_{-1}^{1}\boldsymbol{B}^{\mathrm{T}}\boldsymbol{D}\boldsymbol{B}J\,\mathrm{d}\xi\mathrm{d}\eta,\quad \boldsymbol{F}^e=\int_{\partial S}\boldsymbol{N}^{\mathrm{T}}\boldsymbol{t}\mathrm{d}s \tag{4.363}$$

可以看出,单元质量矩阵 $\boldsymbol{M}^e$ 和单元刚度矩阵 $\boldsymbol{K}^e$ 都是对称的。至此,离散形式的单元平衡方程已经建立。从形式上讲,弱形式 DQM 与 p 形式的 FEM 并无不

同，两者的主要区别在于如何计算式(4.363)。FEM 在计算刚度矩阵时先将形函数对坐标求导，给出显式的 $\boldsymbol{B}$ 矩阵，然后再对式(4.363)进行数值积分，如 Gauss 积分、Newton-Cotes 积分等，积分点与网格离散点(单元上的节点)无关，离散点的选择是任意的，因此 FEM 较为灵活。但需要注意的是，在计算 $\boldsymbol{B}$ 矩阵时应用了微分，此微分是在以离散点进行插值而得到的函数上进行操作的，微分计算的精度与离散点和插值函数的选取有关。DQM 方法采取的是不均匀的离散点，它经过了适当的优化，这种离散方式的精度相对较高，且不需要划分太多的单元。在 DQM 中，计算 $\boldsymbol{B}$ 矩阵时应用的微分运算通过微分求积法则进行。在弱形式的 DQM 中，有两种常用方法可对式(4.363)进行积分，一种是积分点与离散点相同，另一种方法是积分点与离散点不同。

1) 方法 1：积分点与离散点相同[73,76,77]

一方面，要提高积分精度，则积分点不能随意取值；另一方面，要提高微分精度，离散点不能随意取值。通常采用式(4.304)所给的 Gauss-Lobatto-Chebyshev 点可获得较高的微分运算精度，但是如果积分点与之一致，积分权系数不好确定。一种折中的办法是离散点和积分点都采取式(4.305)所给的 Gauss-Lobatto-Legendre 点。此时应用数值积分式(4.308)可对式(4.363)进行简化，记 $\boldsymbol{M}^0=\boldsymbol{N}^{\mathrm{T}}\boldsymbol{N}$，则与节点 i、j 对应的子矩阵为 $\boldsymbol{M}_{ij}^0=\boldsymbol{N}_i\boldsymbol{N}_j$，根据求积法则式(4.308)，单元质量矩阵 $\boldsymbol{M}^e$ 的子块 $\boldsymbol{M}_{ij}^e$ 为

$$\boldsymbol{M}_{ij}^e=\rho J\sum_{l=1}^{N_x}\sum_{k=1}^{N_y}w_l w_k\boldsymbol{M}_{ij}^0(\xi_l,\eta_k)=\rho J\sum_{s=1}^{n}w_s^0\boldsymbol{M}_{ij}^0(\boldsymbol{r}_s) \tag{4.364}$$

式中，$w_s^0=w_l w_k$ 和 $\boldsymbol{r}_s=(\xi_l,\eta_k)$ 分别代表单元节点 s 的权系数和位置坐标。由于

$$\boldsymbol{M}_{ij}^0(\boldsymbol{r}_s)=\boldsymbol{N}_i(\boldsymbol{r}_s)\boldsymbol{N}_j(\boldsymbol{r}_s)=\delta_{is}\delta_{js}\boldsymbol{I}_{2\times2} \tag{4.365}$$

因此单元质量矩阵 $\boldsymbol{M}^e$ 的子块 $\boldsymbol{M}_{ij}^e=\rho Jw_i^0\boldsymbol{I}_{2\times2}$ 是对角阵。于是整个单元质量矩阵 $\boldsymbol{M}^e$ 为

$$\boldsymbol{M}^e=\rho J\cdot\mathrm{diag}(w_1^0,w_1^0,w_2^0,w_2^0,\cdots,w_n^0,w_n^0) \tag{4.366}$$

类似地，记 $\boldsymbol{K}^0=\boldsymbol{B}^{\mathrm{T}}\boldsymbol{D}\boldsymbol{B}$，它在节点 i、j 对应的子块为 $\boldsymbol{K}_{ij}^0=\boldsymbol{B}_i^{\mathrm{T}}\boldsymbol{D}\boldsymbol{B}_j$。根据 Gauss-Lobatto 求积法则，单元刚度矩阵 $\boldsymbol{K}^e$ 的子块为

$$\boldsymbol{K}_{ij}^e=J\sum_{s=1}^{n}w_s^0\boldsymbol{K}_{ij}^0(\boldsymbol{r}_s)=J\sum_{s=1}^{n}w_s^0\boldsymbol{B}_i^{\mathrm{T}}(\boldsymbol{r}_s)\boldsymbol{D}\boldsymbol{B}_j(\boldsymbol{r}_s) \tag{4.367}$$

式中，子应变矩阵为

$$\boldsymbol{B}_i(\boldsymbol{r}_s)=\begin{bmatrix}\dfrac{\partial N_i(\boldsymbol{r}_s)}{\partial x} & 0\\ 0 & \dfrac{\partial N_i(\boldsymbol{r}_s)}{\partial y}\\ \dfrac{\partial N_i(\boldsymbol{r}_s)}{\partial y} & \dfrac{\partial N_i(\boldsymbol{r}_s)}{\partial x}\end{bmatrix} \tag{4.368}$$

记单元节点 i 为 (ξ_p,η_q)，节点 s 为 (ξ_l,η_k)，应用微分求积法则，式中有关项可表示为

$$\begin{cases}\dfrac{\partial N_i(\boldsymbol{r}_s)}{\partial x}=\dfrac{g_q(\eta_k)}{L_x}\dfrac{\partial l_p(\xi_l)}{\partial \xi}=\dfrac{\delta_{kq}}{L_x}C_{lp}^{(1)}\\ \dfrac{\partial N_i(\boldsymbol{r}_s)}{\partial y}=\dfrac{l_p(\xi_l)}{L_y}\dfrac{\partial g_q(\eta_k)}{\partial \eta}=\dfrac{\delta_{lp}}{L_y}\overline{C}_{kq}^{(1)}\end{cases}\tag{4.369}$$

这说明，当节点 i 与 s 不属于同一行的离散点时第一式为零，i 与 s 不属于同一列的离散点时第二式为零，也就是说在式(4.367)中计算 $\boldsymbol{B}_i(\boldsymbol{r}_s)$ 时，s 只需取 i 所在的行与列，计算 $\boldsymbol{B}_j(\boldsymbol{r}_s)$ 时 s 只需取 j 所在的行与列。换句话说，当 i 与 j 不同时，需要对两行两列进行求和；当 i 与 j 相同时，只取节点所在的行与列进行求和即可。

2) 方法 2：积分点与离散点不同[78]

在方法 1 中积分点与网格离散点一致，使得在对刚度矩阵进行数值积分时，很容易获得积分点上 $\boldsymbol{B}$ 矩阵的值，如式(4.368)所示。在数值积分中，将网格离散点作为积分点并不是最佳选择，实际上，在对式(4.363)进行数值积分时可以使积分点与网格离散点不同，但这带来一定的困难，主要在于当进行高阶插值时，求 $\boldsymbol{B}$ 矩阵在积分点上的值不太容易，因为需要先确定形函数的微分 $\boldsymbol{LN}$。微分求积法在求微分运算时非常方便，因此，可以考虑如式(4.368)所示应用微分求积法计算 $\boldsymbol{LN}$。取 S 个积分点为 $\hat{\boldsymbol{r}}_s(s=1,2,\cdots,S)$，根据式(4.367)，单元刚度矩阵子块如下：

$$\boldsymbol{K}_{ij}^e=J\sum_{s=1}^{S}w_s^0\boldsymbol{K}_{ij}^0(\hat{\boldsymbol{r}}_s)=J\sum_{s=1}^{S}w_s^0\boldsymbol{B}_i^{\mathrm{T}}(\hat{\boldsymbol{r}}_s)\boldsymbol{D}\boldsymbol{B}_j(\hat{\boldsymbol{r}}_s)\tag{4.370}$$

式中，$\boldsymbol{B}_i(\hat{\boldsymbol{r}}_s)$ 形式上与式(4.368)一样，仍记单元节点 i 为 (ξ_p,η_q)，积分点 s 为 $(\hat{\xi}_l,\hat{\eta}_k)$，对于正方形积分区域，高精度的积分点必对称分布，不妨认为 $l=1,2,\cdots,S_1$；$k=1,2,\cdots,S_2$；$S=S_1\times S_2$。在计算 $\boldsymbol{B}_i(\hat{\boldsymbol{r}}_s)$ 各元素的值时不能采用式(4.369)，式中第二个等号不成立，但式中第一个等号仍成立，故而只需知道如何计算 $\partial l_p(\hat{\xi}_l)/\partial\xi$ 和 $\partial g_q(\hat{\eta}_k)/\partial\eta$ 就能给出 $\boldsymbol{B}_i(\hat{\boldsymbol{r}}_s)$ 的值。为了能利用 DQM 在计算微分中的便利性，以 $\partial l_p(\hat{\xi}_l)/\partial\xi$ 为例进行说明。将 Lagrange 插值基函数 $l_p(\xi)$ 在积分点上再次进行插值近似：

$$l_p(\xi)=\sum_{m=1}^{S_1}\hat{l}_m(\xi)l_p(\hat{\xi}_m)=\sum_{m=1}^{S_1}\hat{l}_m(\xi)l_{pm}\tag{4.371}$$

式中，$l_{pm}=l_p(\hat{\xi}_m)$，$\hat{l}_m(\xi)$ 是建立在积分点上的 Lagrange 插值基函数：

$$\hat{l}_m(\xi)=\prod_{h=1,h\neq m}^{S_1}\frac{\xi-\hat{\xi}_h}{\hat{\xi}_m-\hat{\xi}_h}\tag{4.372}$$

于是有

$$\left.\frac{\partial l_p(\xi)}{\partial\xi}\right|_{\xi=\hat{\xi}_l}=\sum_{m=1}^{S_1}\left.\frac{\partial\hat{l}_m(\xi)}{\partial\xi}\right|_{\xi=\hat{\xi}_l}l_{pm}=\sum_{m=1}^{S_1}\hat{C}_{lm}^{(1)}l_{pm}\tag{4.373}$$

式中，$\hat{C}_{lm}^{(1)}$ 为 ξ 方向上的微分求积系数，计算公式与式(4.297)相同，只需将离散点坐标换成积分点坐标即可。类似地，在 η 方向上有如下导数近似：

$$\left.\frac{\partial g_q(\eta)}{\partial \eta}\right|_{\eta=\eta_k}=\sum_{m=1}^{S_2}\left.\frac{\partial \hat{g}_m(\eta)}{\partial \eta}\right|_{\eta=\eta_k} g_{qm}=\sum_{m=1}^{S_2}\hat{\bar{C}}_{km}^{(1)} g_{qm} \tag{4.374}$$

式中，$\hat{\bar{C}}_{km}^{(1)}=\partial \hat{g}_m(\hat{\eta}_k)/\partial \eta$，且

$$\hat{g}_m(\eta)=\prod_{h=1,h\neq m}^{S_2}\frac{\eta-\hat{\eta}_h}{\hat{\eta}_m-\hat{\eta}_h} \tag{4.375}$$

将导数值式(4.373)与式(4.374)代入式(4.369)有

$$\begin{cases}\dfrac{\partial N_i(\hat{\boldsymbol{r}}_s)}{\partial x}=\dfrac{g_q(\eta_k)}{L_x}\dfrac{\partial l_p(\hat{\xi}_l)}{\partial \xi}=\dfrac{g_{qk}}{L_x}\displaystyle\sum_{m=1}^{S_1}\hat{C}_{lm}^{(1)} l_{pm} \\ \dfrac{\partial N_i(\hat{\boldsymbol{r}}_s)}{\partial y}=\dfrac{l_p(\xi_l)}{L_y}\dfrac{\partial g_q(\hat{\eta}_k)}{\partial \eta}=\dfrac{l_{pl}}{L_y}\displaystyle\sum_{m=1}^{S_2}\hat{\bar{C}}_{km}^{(1)} g_{qm}\end{cases} \tag{4.376}$$

将式(4.376)代入式(4.368)即可得到 $\boldsymbol{B}_i(\hat{\boldsymbol{r}}_s)$，进而根据式(4.370)可计算刚度矩阵 $\boldsymbol{K}^e$。关于单元质量矩阵 $\boldsymbol{M}^e$ 的计算方法则较为简单，不涉及微分运算，可直接在积分点上进行积分：

$$\boldsymbol{M}_{ij}^e=\rho J\sum_{s=1}^{S} w_s^0 \boldsymbol{M}_{ij}^0(\hat{\boldsymbol{r}}_s)=\rho J\sum_{s=1}^{S} w_s^0 \boldsymbol{N}_i(\hat{\boldsymbol{r}}_s)\boldsymbol{N}_j(\hat{\boldsymbol{r}}_s) \tag{4.377}$$

无论采用上述两种方法中的哪一种，均可应用微分求积法给出单元刚度矩阵 $\boldsymbol{K}^e$ 和质量矩阵 $\boldsymbol{M}^e$，与有限元法类似，按照对号入座的方式即可将单元刚度矩阵(或单元质量矩阵)集成到总体刚度矩阵(或质量矩阵)中。处理边界荷载与 4.5.1 节类似，它对周期结构的频散曲线没有影响。对于频散曲线，求解方法与 4.5.1 节和 4.6.2 节强形式的 DQM 相同，在此不再赘述。

需要说明的是，如果采用方法 1 进行数值积分，则弱形式的 DQM 与 Kudela 等[79]提出的有限元法相似；如果采用方法 2 进行数值积分，则弱形式的 DQM 与 p 形式的 FEM 类似。

4.6.4 复杂周期结构的处理

前面分析的周期结构，其典型单元与散射体都比较规则。若典型单元或散射体具有不规则形状，则需要将不规则的物理区域转换为规则的计算区域，然后再应用 DQM 法则。以二维情况为例，如图 4.25 所示，可将典型单元划分为若干个不规则单元，每个单元可以看成带曲边的四边形，由四个角点控制，类似于坐标转换式(4.309)。设如下变换将其转换至正方形计算区域。

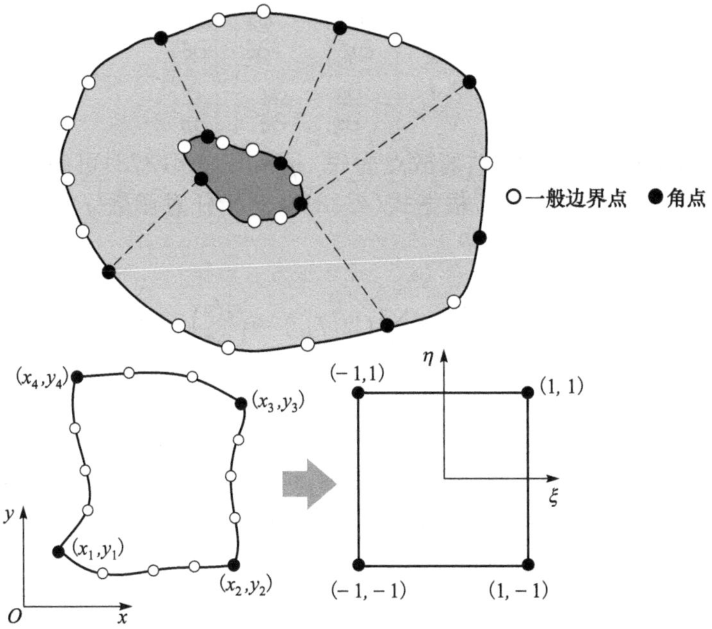

图 4.25　物理区域的单元划分及转换

$$\begin{cases} x = x(\xi,\eta) = \sum_k N_k(\xi,\eta) x_k \\ y = y(\xi,\eta) = \sum_k N_k(\xi,\eta) y_k \end{cases} \tag{4.378}$$

式中，x 与 y 是定义在物理区域的空间坐标，ξ 与 η 是定义在标准正方形计算区域的坐标，$-1\leqslant\xi,\eta\leqslant 1$。$(x_k, y_k)$为边界上的点，$N_k(\xi,\eta)$与这些边界点的选取及分布有关，只要边界上的点确定，则 $N_k(\xi,\eta)$就可以确定下来。大多有限元书籍中均给出了 $N_k(\xi,\eta)$的具体表达式[61]，这种转换方式与有限元中的 Serendipity 单元转换相同。

根据求导的链式法则有

$$\begin{pmatrix} \dfrac{\partial}{\partial \xi} \\ \dfrac{\partial}{\partial \eta} \end{pmatrix} = \begin{bmatrix} \dfrac{\partial x}{\partial \xi} & \dfrac{\partial y}{\partial \xi} \\ \dfrac{\partial x}{\partial \eta} & \dfrac{\partial y}{\partial \eta} \end{bmatrix} \begin{pmatrix} \dfrac{\partial}{\partial x} \\ \dfrac{\partial}{\partial y} \end{pmatrix} = \boldsymbol{J} \begin{pmatrix} \dfrac{\partial}{\partial x} \\ \dfrac{\partial}{\partial y} \end{pmatrix} \tag{4.379}$$

式中，$\boldsymbol{J}=\partial(x,y)/\partial(\xi,\eta)$为 Jacobi 矩阵。其行列式值为

$$|\boldsymbol{J}| = \frac{\partial x}{\partial \xi}\frac{\partial y}{\partial \eta} - \frac{\partial x}{\partial \eta}\frac{\partial y}{\partial \xi} \tag{4.380}$$

求解式(4.379)可得

$$\begin{Bmatrix} \dfrac{\partial}{\partial x} \\ \dfrac{\partial}{\partial y} \end{Bmatrix} = \frac{1}{|\boldsymbol{J}|} \begin{bmatrix} \dfrac{\partial y}{\partial \eta} & -\dfrac{\partial y}{\partial \xi} \\ -\dfrac{\partial x}{\partial \eta} & \dfrac{\partial x}{\partial \xi} \end{bmatrix} \begin{Bmatrix} \dfrac{\partial}{\partial \xi} \\ \dfrac{\partial}{\partial \eta} \end{Bmatrix} \tag{4.381}$$

对标准计算区域进行离散，离散点为(ξ_i,η_j)，由式(4.378)可确定它所对应的原物理区域的点，设为(x_i,y_j)，根据式(4.381)，对于任意函数$f(x,y)$，则有如下离散关系：

$$\begin{cases} \left(\dfrac{\partial f}{\partial x}\right)_{ij} = \dfrac{1}{|\boldsymbol{J}|_{ij}}\left[\left(\dfrac{\partial y}{\partial \eta}\right)_{ij}\left(\sum\limits_{k=1}^{N_x} C_{ik}^{(1)} f_{kj}\right) - \left(\dfrac{\partial y}{\partial \xi}\right)_{ij}\left(\sum\limits_{m=1}^{N_y} \overline{C}_{jm}^{(1)} f_{im}\right)\right] \\ \left(\dfrac{\partial f}{\partial y}\right)_{ij} = \dfrac{1}{|\boldsymbol{J}|_{ij}}\left[\left(\dfrac{\partial x}{\partial \xi}\right)_{ij}\left(\sum\limits_{m=1}^{N_y} \overline{C}_{jm}^{(1)} f_{im}\right) - \left(\dfrac{\partial x}{\partial \eta}\right)_{ij}\left(\sum\limits_{k=1}^{N_x} C_{ik}^{(1)} f_{kj}\right)\right] \end{cases} \tag{4.382}$$

类似地，继续对一阶导数应用链式法则，可以求高阶导数并离散化。将各阶导数代入强形式或弱形式的控制方程，即可将复杂周期结构的控制方程离散化为代数方程。

4.6.5 有限周期结构的传输特性

对于有限尺寸的周期结构，在每个典型单元上应用DQM，并在典型单元之间应用连接条件，在边界上将周期边界条件替换为有限结构的真实边界条件，包括边界上的输入激励，即可给出有限结构的瞬态动力响应。对时间积分的处理可以采用DQM法则将函数对时间的导数进行离散，也可以采用一般动力学中的积分方法，如Newmark-β法、Houbolt法及Wilson-θ法等[80]。作为一种数值方法，DQM在模拟有限周期结构的传输特性方面不存在任何困难[14]。

综上，以多项式为插值函数的强形式微分求积法实质上与高阶有限差分法是等价的，只不过微分求积法在离散点的选择上更加自由[81]，实际上弱形式DQM与FEM也具有相似之处。由于兼具了各种方法的优点，DQM不仅能计算周期结构的频散曲线，也可以计算周期结构的传输特性，不受散射体形状的限制，具有很高的灵活性和普适性。

在本章中，仅给出了三种半解析方法和三种数值方法，但周期结构分析方法远不止这六种，近年来各国学者提出了周期结构的频散特性分析的许多其他方法，包括集中质量(lamped mass，LM)法[82]、小波分析法(wavelet method，WM)[83]及变分方法(variational method，VM)[84]等，在此不再做详细介绍。

参考文献

[1] Yu D L, Wen J H, Zhao H G, et al. Vibration reduction by using the idea of phononic crys-

tals in a pipe-conveying fluid[J]. Journal of Sound and Vibration,2008,318(1-2):193-205.

[2] Hou Z L,Assouar B M. Modeling of Lamb wave propagation in plate with two-dimensional phononic crystal layer coated on uniform substrate using plane-wave-expansion method[J]. Physics Letters A,2008,372(12):2091-2097.

[3] Kushwaha M S,Halevi P,Martinez G,et al. Theory of acoustic band structure of periodic elastic composites[J]. Physical Review B,1994,49(4):2313-2322.

[4] Sainidou R,Stefanou N,Psarobas I E,et al. A layer-multiple-scattering method for phononic crystals and heterostructures of such[J]. Computer Physics Communications,2005,166(3):197-240.

[5] Liu Z,Chan C T,Sheng P,et al. Elastic wave scattering by periodic structures of spherical objects:Theory and experiment[J]. Physical Review B,2000,62(4):2446-2457.

[6] Kafesaki M, Economou E N. Multiple-scattering theory for three-dimensional periodic acoustic composites[J]. Physical Review B,1999,60(17):11993-12001.

[7] Psarobas I E, Stefanou N, Modinos A. Scattering of elastic waves by periodic arrays of spherical bodies[J]. Physical Review B,2000,62(1):278-291.

[8] Mei J,Liu Z Y,Shi J,et al. Theory for elastic wave scattering by a two-dimensional periodical array of cylinders:An ideal approach for band-structure calculations[J]. Physical Review B,2003,67(24):245107.

[9] Tanaka Y,Tomoyasu Y,Tamura S. Band structure of acoustic waves in phononic lattices: Two-dimensional composites with large acoustic mismatch[J]. Physical Review B,2000, 62(11):7387-7392.

[10] Gauthier R C,Mnaymneh K. photonic band gap properties of 12-fold quasi-crystal determined through FDTD analysis[J]. Optics Express,2005,13(6):1985-1998.

[11] Langlet P, Hladky-Hennion A C,Decarpigny J N. Analysis of the propagation of plane acoustic waves in passive periodic materials using the finite element method[J]. The Journal of the Acoustical Society of America,1995,98(5):2792-2800.

[12] Khelif A,Aoubiza B,Mohammadi S,et al. Complete band gaps in two-dimensional phononic crystal slabs[Z]. 2006,74(4):046610.

[13] Åberg M,Gudmundson P. The usage of standard finite element codes for computation of dispersion relations in materials with periodic microstructure[J]. The Journal of the Acoustical Society of America,1997,102(4):2007-2013.

[14] Xiang H J,Shi Z F. Analysis of flexural vibration band gaps in periodic beams using differential quadrature method[J]. Computers & Structures,2009,87(23):1559-1566.

[15] Xiang H J, Shi Z F. Vibration attenuation in periodic composite Timoshenko beams on Pasternak foundation[J]. Structural Engineering and Mechanics,2011,40(3):373-392.

[16] 史荣昌,魏丰. 矩阵分析[M]. 2版. 北京:北京理工大学出版社,2005.

[17] Kushwaha M S,Halevi P,Dobrzynski L,et al. Acoustic band structure of periodic elastic composites[J]. Physical Review Letters,1993,71(13):2022-2025.

[18] Bracewell R N. Fourier Transform and Its Applications[M]. 3rd ed. Boston: McGraw-Hill, 1999.

[19] Andrianov I V, Awrejcewicz J, Danishevs-Kyy V V, et al. Wave propagation in periodic composites: Higher-order asymptotic analysis versus plane-wave expansions method[J]. Journal of Computational and Nonlinear Dynamics, 2011, 6(1): 11015.

[20] Cao Y J, Hou Z L, Liu Y Y. Convergence problem of plane-wave expansion method for phononic crystals[J]. Physics Letters A, 2004, 327(2): 247-253.

[21] Sözüer H S, Haus J W, Inguva R. Photonic bands: Convergence problems with the plane-wave method[J]. Physical Review B, 1992, 45(24): 13962-13972.

[22] Li L F, Haggans C W. Convergence of the coupled-wave method for metallic lamellar diffraction gratings[J]. Journal of the Optical Society of America A, 1993, 10(6): 1184-1189.

[23] Lalanne P, Morris G M. Highly improved convergence of the coupled-wave method for TM polarization[J]. Journal of the Optical Society of America A, 1996, 13(4): 779-784.

[24] Li L. Use of Fourier series in the analysis of discontinuous periodic structures[J]. Journal of the Optical Society of America A, 1996, 13(9): 1870-1876.

[25] Li L. Mathematical Reflections on the Fourier Modal Method in Grating Theory[M]//Bao G, Cowsar L, Masters W. Mathematical Modeling in Optical Science. Philadelphia: Society for Industrial and Applied, 2001: 111-139.

[26] Shen L, He S. Analysis for the convergence problem of the plane-wave expansion method for photonic crystals[J]. Journal of the Optical Society of America A, 2002, 19(5): 1021-1024.

[27] 同济大学数学教研室. 高等数学(下册)[M]. 4 版. 北京：高等教育出版社，2004：293-314.

[28] Adcock B. Gibbs phenomenon and its removal for a class of orthogonal expansions[J]. BIT Numerical Mathematics, 2011, 51(1): 7-41.

[29] Babuška I, Osborn J E. Numerical treatment of eigenvalue problems for differential equations with discontinuous coefficients[J]. Mathematics of Computation, 1978, 32(144): 991-1023.

[30] Gottlieb D, Shu C W. On the Gibbs phenomenon and its resolution[J]. SIAM Review, 1997, 39(4): 644-668.

[31] Zygmund A. Trigonometric Series[M]. Cambridge: Cambridge University Press, 2002.

[32] Butler W H, Gonis A, Zhang X G. Multiple-scattering theory for space-filling cell potentials[J]. Physical Review B, 1992, 45(20): 11527-11541.

[33] Zhang X G, Butler W H. Multiple-scattering theory with a truncated basis set[J]. Physical Review B, 1992, 46(12): 7433-7447.

[34] Wang X D, Zhang X G, Yu Q L, et al. Multiple-scattering theory for electromagnetic waves [J]. Physical Review B, 1993, 47(8): 4161-4167.

[35] 鲍亦兴，毛昭宇. 弹性波的衍射与动应力集中[M]. 北京：科学出版社，1993.

[36] 王竹溪，郭敦仁. 特殊函数论[M]. 北京：科学出版社，1964.

[37] Martin P A. Multiple Scattering: Interaction of Time-Harmonic Waves with N Obstacles [M]. Cambridge: Cambridge University Press, 2006.

[38] Jin J M. Theory and Computation of Electromagnetic Fields[M]. New Jersey: John Wiley & Sons, 2010.

[39] Bell W W. Special Functions for Scientists and Engineers[M]. London: D. Van Nostrand Company, 1968.

[40] Liu Z P, Cai L W. Three-dimensional multiple scattering of elastic waves by spherical inclusions[J]. Journal of Vibration and Acoustics-Transactions of the ASME, 2009, 131(6): 610056.

[41] Waterman P C. Matrix theory of elastic wave scattering. II. A new conservation law[J]. Journal of the Acoustical Society of America, 1978, 63(5): 1320-1325.

[42] Waterman P C. Matrix theory of elastic wave scattering[J]. Journal of the Acoustical Society of America, 1976, 60(3): 567-580.

[43] Chew W C. Waves and Fields in Inhomogeneous Media[M]. New York: IEEE Press, 1995.

[44] 曾谨言. 量子力学[M]. 卷 I, 5 版. 北京:科学出版社, 2013.

[45] Rose M E. Elementary Theory of Angular Momentum[M]. New York: John Wiley Sons Incorporated, 1957.

[46] Liu Z P. Three-Dimensional Multiple Scattering of Elastic Waves by Spherical Inclusions [D]. Manhattan: Kansas State University, 2007.

[47] Varadan V V, Lakhtakia A, Varadan V K. Field Representations and Introduction to Scattering[M]. New York: North-Holland, 1991.

[48] Yee K S. Numerical solution of initial boundary value problems involving Maxwell's equations in isotropic media[J]. IEEE Transactions on Antennas and Propagation, 1966, 14(3): 302-307.

[49] Taflove A, Hagness S C. Computational Electrodynamics—The Finite-Difference Time-Domain Method[M]. 3rd ed. Boston: Artech House, 2005.

[50] 高本庆. 时域有限差分法[M]. 北京:国防工业出版社, 1995.

[51] 孙卫涛. 弹性波动方程的有限差分数值方法[M]. 北京:清华大学出版社, 2009.

[52] Seo M K, Song G H, Hwang I K, et al. Nonlinear dispersive three-dimensional finite-difference time-domain analysis for photonic-crystal lasers[J]. Optics Express, 2005, 13(24): 9645-9651.

[53] Liu S B, Hong W, Yuan N C. Finite-difference time-domain analysis of unmagnetized plasma photonic crystals[J]. International Journal of Infrared and Millimeter Waves, 2006, 27(3): 403-423.

[54] Baba T, Matsumoto T, Echizen M. Finite difference time domain study of high efficiency photonic crystal superprisms[J]. Optics Express, 2004, 12(19): 4608-4613.

[55] Hsieh P F, Wu T T, Sun J H. Three-dimensional phononic band gap calculations using the FDTD method and a PC cluster system[J]. IEEE Transactions on Ultrasonics, Ferroelectrics, and Frequency Control, 2006, 53(1): 148-158.

[56] Sun J H, Wu T T. Propagation of acoustic waves in phononic-crystal plates and waveguides

using a finite-difference time-domain method[J]. Physical Review B, 2007, 76(10): 104304.

[57] Cao Y J, Hou Z L, Liu Y Y. Finite difference time domain method for band-structure calculations of two-dimensional phononic crystals[J]. Solid State Communications, 2004, 132(8): 539-543.

[58] Sigalas M M, Garcla N. Theoretical study of three dimensional elastic band gaps with the finite-difference time-domain method[J]. Journal of Applied Physics, 2000, 87(6): 3122-3125.

[59] Ward A J, Pendry J B. Calculating photonic Green's functions using a nonorthogonal finite-difference time-domain method[J]. Physical Review B, 1998, 58(11): 7252-7259.

[60] Qiu M, He S L. A nonorthogonal finite-difference time-domain method for computing the band structure of a two-dimensional photonic crystal with dielectric and metallic inclusions [J]. Journal of Applied Physics, 2000, 87(12): 8268-8275.

[61] Zienkiewicz O C, Taylor R L, Zhu J Z. The Finite Element Method: Its Basis and Fundamentals[M]. 7th ed. New York: Butterworth-Heinemann, 2013.

[62] 王勖成. 有限单元法[M]. 北京：清华大学出版社，2003.

[63] Bellman R, Casti J. Differential quadrature and long-term integration[J]. Journal of Mathematical Analysis and Applications, 1971, 34(2): 235-238.

[64] Bellman R, Kashef B G, Casti J. Differential quadrature: A technique for the rapid solution of nonlinear partial differential equations[J]. Journal of Computational Physics, 1972, 10(1): 40-52.

[65] Bert C W, Malik M. Differential quadrature method in computational mechanics: A review [J]. Applied Mechanics Reviews, 1996, 49(1): 1-28.

[66] Shu C. Differential Quadrature and Its Application in Engineering[M]. London: Springer, 2000.

[67] Chen C N. Discrete Element Analysis Methods of Generic Differential Quadratures[M]. New York: Springer, 2006.

[68] Quan J R, Chang C T. New insights in solving distributed system equations by the quadrature method—Ⅰ. Analysis[J]. Computers & Chemical Engineering, 1989, 13(7): 779-788.

[69] Quan J R, Chang C T. New insights in solving distributed system equations by the quadrature method—Ⅱ. Numerical experiments[J]. Computers & Chemical Engineering, 1989, 13(9): 1017-1024.

[70] Cheng J Q, Wang B, Du S Y. A theoretical analysis of piezoelectric/composite laminate with larger-amplitude deflection effect, Part II: Hermite differential quadrature method and application[J]. International Journal of Solids and Structures, 2005, 42(24-25): 6181-6201.

[71] Liu G R, Wu T Y. Application of generalized differential quadrature rule in Blasius and Onsager equations[J]. International Journal for Numerical Methods in Engineering, 2001,

52(9):1013-1027.

[72] Liu G R, Wu T Y. Vibration analysis of beams using the generalized differential quadrature rule and domain decomposition[J]. Journal of Sound and Vibration, 2001, 246(3): 461-481.

[73] Zhong H Z, Yu T. A weak form quadrature element method for plane elasticity problems [J]. Applied Mathematical Modelling, 2009, 33(10): 3801-3814.

[74] Chen W L, Striz A G, Bert C W. High-accuracy plane stress and plate elements in the quadrature element method[J]. International Journal of Solids and Structures, 2000, 37(4): 627-647.

[75] Striz A G, Chen W L, Bert C W. Free vibration of plates by the high accuracy quadrature element method[J]. Journal of Sound and Vibration, 1997, 202(5): 689-702.

[76] Zhong H Z, Yu T. Flexural vibration analysis of an eccentric annular Mindlin plate[J]. Archive of Applied Mechanics, 2007, 77(4): 185-195.

[77] Xing Y F, Liu B. High-accuracy differential quadrature finite element method and its application to free vibrations of thin plate with curvilinear domain[J]. International Journal for Numerical Methods in Engineering, 2009, 80(13): 1718-1742.

[78] Jin C H, Wang X W, Ge L Y. Novel weak form quadrature element method with expanded Chebyshev nodes[J]. Applied Mathematics Letters, 2014, 34: 51-59.

[79] Kudela P, Krawczuk M, Ostachowicz W. Wave propagation modelling in 1D structures using spectral finite elements[J]. Journal of Sound and Vibration, 2007, 300(1-2): 88-100.

[80] Clough R W, Penzien J. Dynamics of Structures[M]. 3rd ed. Berkeley: Computers & Structures, 2003.

[81] Shu C, Chew Y T. On the equivalence of generalized differential quadrature and highest order finite difference scheme[J]. Computer Methods in Applied Mechanics and Engineering, 1998, 155(3-4): 249-260.

[82] 温熙森，温激宏，郁殿龙，等. 声子晶体[M]. 北京：国防工业出版社，2009.

[83] 闫志忠，汪越胜. 一维声子晶体弹性波带隙计算的小波方法[J]. 中国科学(G 辑)，2007，37(4)：544-551.

[84] Goffaux C, Sánchez-Dehesa J. Two-dimensional phononic crystals studied using a variational method: Application to lattices of locally resonant materials[J]. Physical Review B, 2003, 67(14): 144301.

第5章　层状周期结构的动力特性及层状周期性隔震基础

5.1　引　言

层状周期结构是最简单的周期结构形式，在声子晶体理论被提出之前，已有不少学者研究层状周期结构的动力特性。Gupta[1]分析了层状周期结构中P波和S波在长波极限和短波极限状况下所对应的平均波速，进而又定量分析了层状周期结构中体波模态的频散特性。基于层状周期结构的频散关系，Lee和Yang[2]研究了层状周期结构衰减域边界频率所对应的波动模态，并给出了衰减域边界频率的简化计算模型。Delph等[3-5]对由两种材料组成的理想层状周期结构中剪切波的频散特性进行了较深入的分析，并探讨了频散曲线的物理意义。之后，Delph等又在平面应变状态下对周期结构波动问题的频散特性进行了理论和数值分析。通过理论推导，Camley等[6]研究了几种层状周期结构的频散特性，讨论了无限周期结构体波模态及有限层状周期结构中面波模态的传播特性。假设层状周期结构中不同介质的位移场为其相应中面位移的线性叠加，同时通过引入位移连续性条件模拟不同层之间的动力相互作用，Sun等[7]基于等效刚度理论，分析了层状周期结构的体波频散特性。基于微观弹性结构理论，Delph和Herrmann[8]给出了一种层状复合结构频散关系的近似计算方法，与其他近似方法相比，该方法可近似模拟层状周期结构衰减域的衰减系数。Zhao等[9]对由有限个典型单元组成的一维层状周期结构的声波传输特性进行了理论和试验研究。Wang等[10]对比分析了两组分和四组分一维层状周期结构的频散特性，并进一步研究了层状周期结构频散关系中的局域共振衰减域。通过引入局域化参数，Chen和Wang[11]研究了含随机缺陷态的层状周期结构中平面内和出平面波的频散特性。

本章介绍一维层状周期结构的动力特性，主要内容包括：从数学物理方程角度出发，建立一维层状周期结构衰减域控制方程，从物理上阐述衰减域的产生机理；系统分析材料参数和几何参数对衰减域边界频率及最大衰减因子的影响；给出衰减域边界频率的显式表达式；介绍有限周期结构的动力特性；开展层状周期性隔震基础隔震特性的数值模拟和振动台试验研究。

5.2　理想层状周期结构及衰减域

5.2.1　理想层状周期结构

如图 5.1 所示，考虑一维理想层状周期结构由两种各向同性线弹性材料沿 z 方向无限交替排列而成。为简化分析，假设两种材料在 xOy 平面内为无穷大，两种材料在界面上黏结完好，且不考虑材料的阻尼耗能。沿 z 方向传播的弹性波，可以解耦为一个 P 波和两个 S 波，其中 P 代表压缩波；S_x 和 S_y 分别代表质点沿 x 和 y 方向振动的剪切波。不失一般性，以 xOz 平面内沿 z 方向传播沿 x 方向振动的剪切波 S_x 为对象，分析层状周期结构中波的频散特性。对于压缩波(P 波)和剪切波(S_y)，可做类似分析。两种材料的厚度分别为 a_1 和 a_2，典型单元的总厚度为$a=a_1+a_2$。

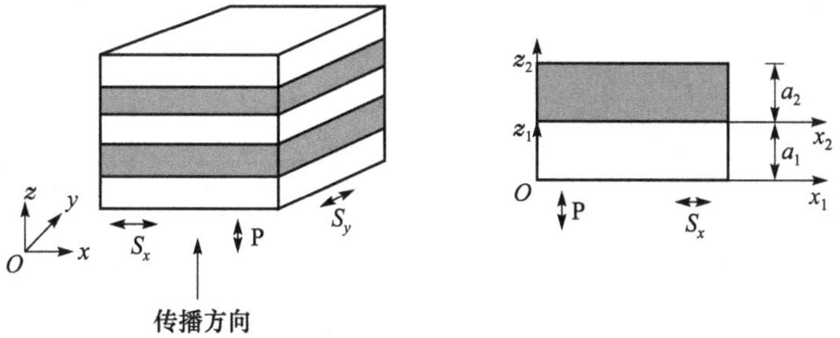

(a) 一维层状周期结构模型　　(b) 典型单元

图 5.1　一维理想层状周期结构模型及其典型单元

用 u 表示物质点沿 x 方向的位移，ρ为材料密度，μ 为材料的剪切模量，则剪切波(S_x 波)在均匀材料中传播的控制方程为

$$\mu\frac{\partial^2 u}{\partial z^2}=\rho\frac{\partial^2 u}{\partial t^2} \tag{5.1}$$

对控制方程采用分离变量法进行求解，可得局部坐标系下两种材料的位移与剪应力解。根据两种材料之间的连续性边界条件和典型单元的周期性边界条件，可得该周期结构的频散方程，详见 2.4 节。尤其针对由两种材料组成的周期结构，可将频散方程简化为式(2.176)。

对于均匀材料，有 $C_{s1}=C_{s2}=C_s$，$\mu_1=\mu_2=\mu$，频散方程式(2.176)可退化为$\omega=kC_s$。频率与波数之间为线性关系，意味着均匀材料中剪切波满足线性频散关系。这对应于线弹性、小变形假定下理想弹性体在宏观层面的长波极限假设[12]。对于周期结构，频散方程 $F(\omega,k)$ 在实空间中有解的情况对应通频域，在实空间无解的情况对应衰减域。通频域中波动可在周期结构中传播，而衰减域内波动则不能在周期结构中传播。

5.2.2 衰减域特性分析

采用土木工程中常用的混凝土和橡胶材料构造层状周期结构，材料参数见表 2.4，混凝土的密度为 $2400 kg/m^3$，混凝土层与橡胶层的厚度均取为 0.2m。采用符号计算软件 Maple 得到频散关系，如图 5.2 所示。计算发现，存在两个衰减域 6.57～15.01Hz 和 17.81～30.01Hz。这两个衰减域处于低频段范围，为周期结构用于工程结构的隔震减振提供了可能。

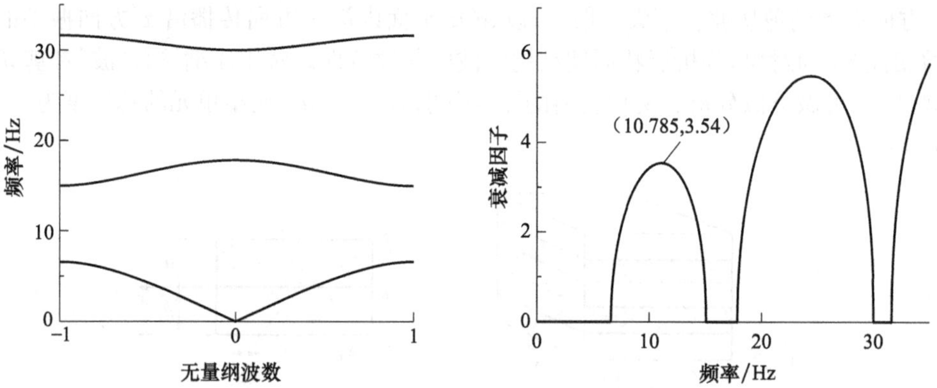

(a) 频散关系　　(b) 衰减因子

图 5.2 层状周期结构的频散关系和衰减因子

频率与波矢的函数关系称为频散关系。对于任意波动，频率与复数波矢具有一一对应的关系，即一个波矢对应一种波动特征。对于层状周期结构，在无阻尼情况下复数波矢只可能是纯虚数或者纯实数，其中纯虚数对应衰减波，纯实数对应稳态行波。因此，复数波矢可用如下标量波数形式表示：

$$k=\alpha+i\beta \tag{5.2}$$

式中，α 和 β 为相位因子和衰减因子，分别对应通频域范围内波动形式和衰减域范围内波的衰减程度。对前述混凝土和橡胶组成的层状周期结构，衰减因子随频率的变化关系如图 5.2(b)所示。可以看出，在衰减域范围内，衰减因子关于衰减域中心频率大致对称，第一衰减域中心衰减因子为 3.54，衰减域边界对应的衰减因子为零。

对于频散方程式(2.176)，由于在实数范围内 $\|\cos(ka)\|\leqslant 1$，因此，要求频率满足不等式(2.178)。需要说明的是，式(2.178)是关于频率 ω 与层状周期结构参数(几何参数和物理参数)的隐式三角不等式，可以用来判定频率是否处于衰减域范围内。如果频率 ω 满足上述不等式，说明频率满足实数域内的三角函数关系，即

这种波动形式存在，该频率处于通频带内，弹性波可以在周期结构中传播；如果频率 ω 不满足上述不等式，说明频率不满足实数域内的三角函数关系，即这种波动形式不存在，频率处于衰减域内，弹性波不能传过周期结构。

从数学上讲，$\cos(ka)$ 是关于波数 k 的偶函数，所以频散曲线必然关于 $x=0$ 对称。同时，由于 $k=0$，$\omega=0$ 满足频散方程式(2.176)，故频散曲线必然经过原点。从物理上讲，原点对应于结构刚体移动，即相对静态。式(2.176)两边对 k 求导可得

$$-a\sin(ka)=-\left[\frac{a_2}{C_{s2}}\sin\left(\frac{\omega a_2}{C_{s2}}\right)\cos\left(\frac{\omega a_1}{C_{s1}}\right)+\frac{a_1}{C_{s1}}\cos\left(\frac{\omega a_2}{C_{s2}}\right)\sin\left(\frac{\omega a_1}{C_{s1}}\right)\right]\frac{d\omega}{dk}$$
$$-0.5\xi\left[\frac{a_2}{C_{s2}}\cos\left(\frac{\omega a_2}{C_{s2}}\right)\sin\left(\frac{\omega a_1}{C_{s1}}\right)+\frac{a_1}{C_{s1}}\sin\left(\frac{\omega a_2}{C_{s2}}\right)\cos\left(\frac{\omega a_1}{C_{s1}}\right)\right]\frac{d\omega}{dk} \tag{5.3}$$

式中，$\xi=\dfrac{\mu_2C_{s1}}{\mu_1C_{s2}}+\dfrac{\mu_1C_{s2}}{\mu_2C_{s1}}$。

令

$$T=-\left[\frac{a_2}{C_{s2}}\sin\left(\frac{\omega a_2}{C_{s2}}\right)\cos\left(\frac{\omega a_1}{C_{s1}}\right)+\frac{a_1}{C_{s1}}\cos\left(\frac{\omega a_2}{C_{s2}}\right)\sin\left(\frac{\omega a_1}{C_{s1}}\right)\right]$$
$$-0.5\xi\left[\frac{a_2}{C_{s2}}\cos\left(\frac{\omega a_2}{C_{s2}}\right)\sin\left(\frac{\omega a_1}{C_{s1}}\right)+\frac{a_1}{C_{s1}}\sin\left(\frac{\omega a_2}{C_{s2}}\right)\cos\left(\frac{\omega a_1}{C_{s1}}\right)\right]$$

则可将式(5.3)改写为

$$a\sin(ka)=T\frac{d\omega}{dk} \tag{5.4}$$

当 $d\omega/dk=0$ 时，频散曲线取极值，即

$$\sin(ka)=0 \tag{5.5}$$

满足式(5.5)的解可表示为 $k=0,\pm\pi/a,\pm2\pi/a,\pm3\pi/a,\cdots$，这说明极值点对应于布里渊区的边界点。根据波矢的平移对称性，衰减域边界频率计算只需要考虑第一布里渊区边界，即 $k=0,\pm\pi/a$。弹性波动理论指出[13]，$C_g=d\omega/dk$ 为群速度，代表波动能量的传输速度。由此可见，频散曲线上的边界点对应于波动能量传输速度为零的情况。在衰减域范围内，由于不存在实波矢，即没有相应的波动模态，能量同样不能传播。

将第一布里渊区边界 $k=0,\pm\pi/a$ 代入频散方程式(2.176)，得边界频率控制方程：

$$\cos\left(\frac{\omega a_2}{C_{s2}}\right)\cos\left(\frac{\omega a_1}{C_{s1}}\right)-0.5\xi\sin\left(\frac{\omega a_2}{C_{s2}}\right)\sin\left(\frac{\omega a_1}{C_{s1}}\right)=\pm1 \tag{5.6}$$

式中，“+1”和“−1”分别对应偶数阶衰减域边界和奇数阶衰减域边界。式(5.5)和式(5.6)等价，也可称为衰减域边界控制方程。从物理上讲，波数 k 代表沿波的行进方向单位长度内波的个数，a 为单元长度，ka 代表一个单元内行进波的个数。由

式(5.5)可得 $ka=m\pi$,表明一个单元内行波的相位变化为 π 的整数倍,即半波的整数倍。

5.3 参数分析

为有效抑制低频宽带的地震动,通常希望衰减域的起始频率尽可能低,同时衰减域宽度尽可能宽。特别是第一衰减域的起始频率越低、第一衰减域的宽度越宽,对结构隔震减振越有利。此外,也希望衰减域能够尽可能包含某些特殊频率,如结构的前几阶特征频率,以防结构产生共振。另外,由于衰减域内波的衰减受控于衰减因子,因此希望衰减因子要尽可能大。为此,下面分别讨论周期结构的物理参数和几何参数对衰减域边界频率及最大衰减因子的影响。

5.3.1 衰减域边界频率

由层状周期结构的频散关系图 5.2 可知,要降低第一衰减域的起始频率,频散曲线从原点出发就要尽可能增加缓慢,也就是频散曲线的初始斜率($\bar{c}$)应尽可能小。将频散曲线在原点处的切线方程 $\omega=\bar{c}k$ 代入频散方程式并求极限,可得初始斜率表达式为

$$\bar{c}=\frac{a}{\sqrt{[(a_1/C_{s1})^2+(a_2/C_{s2})^2+\xi(a_1/C_{s1})(a_2/C_{s2})]}} \tag{5.7}$$

下面据此研究物理参数和几何参数对衰减域边界频率的影响。

1. 几何参数影响

将式(5.7)对 a_1 或 a_2 求导可得如下不等式:

$$\mathrm{d}\bar{c}/\mathrm{d}a_1<0,\quad \mathrm{d}\bar{c}/\mathrm{d}a_2<0 \tag{5.8}$$

可见,当材料的物理属性(密度和剪切模量)不变时,随着单元组分材料厚度的增大,原点处的群速度减小,即第一衰减域的起始频率降低。针对第一衰减域,图 5.3 给出了混凝土厚度和橡胶厚度单独变化时,LBF 和 WAZ 的变化趋势。可以看出,LBF 和 WAZ 随着橡胶层厚度的增加同时减小;LBF 随着混凝土层厚度的增加减小,但 WAZ 随着混凝土层厚度的增加会增加。

2. 材料参数影响

另外,从频散方程中可以看出,影响衰减域的两个物理参数分别是 ξ 和 C_s。ξ 为两种材料波阻抗的差异,C_s 为材料的剪切波速。若将两者当成两个独立参数分析,可得

$$\begin{cases} d\bar{c}/dC_{s1} > 0 \\ d\bar{c}/dC_{s2} > 0 \\ d\bar{c}/d\xi < 0 \end{cases} \tag{5.9}$$

由式(5.9)可知，随着剪切波波速增大，原点处的群速度不断增大，衰减域起始频率增大；同时随着两种材料波阻抗比值的增大，原点处的群速度减小，衰减域起始频率降低。图 5.4 给出了材料剪切波速对第一衰减域的影响。可以看出，第一衰减域宽度 WAZ 随着材料剪切波速的增加几乎呈线性增加，而第一衰减域起始频率 LBF 随着材料剪切波速的增加缓慢变大。图 5.5 给出了第一衰减域起始频率和衰减域宽度随 ξ 的变化，不难看出，LBF 随着 ξ 的增加而快速减小；相反，WAZ 随着 ξ 的增加快速增加。

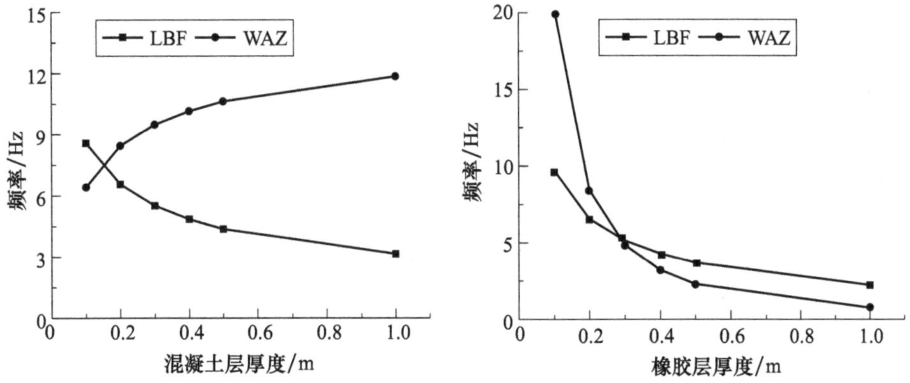

(a) 混凝土层厚度的影响　　(b) 橡胶层厚度的影响

图 5.3　混凝土层厚度和橡胶层厚度对第一衰减域的影响

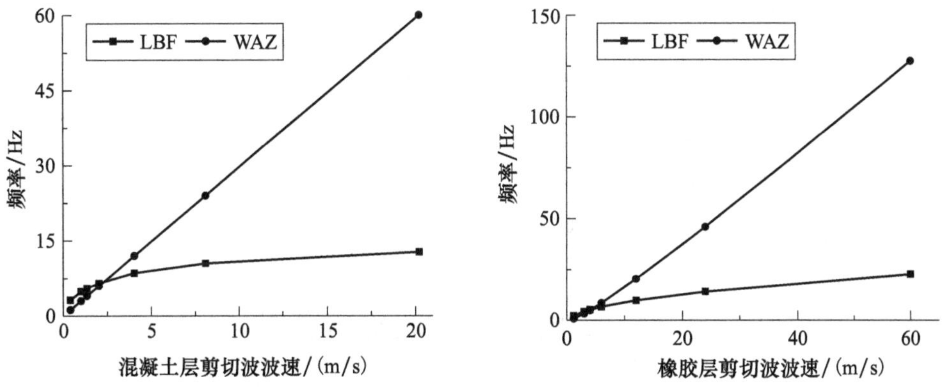

(a) 混凝土层剪切波速的影响　　(b) 橡胶层剪切波速的影响

图 5.4　材料剪切波速对第一衰减域的影响

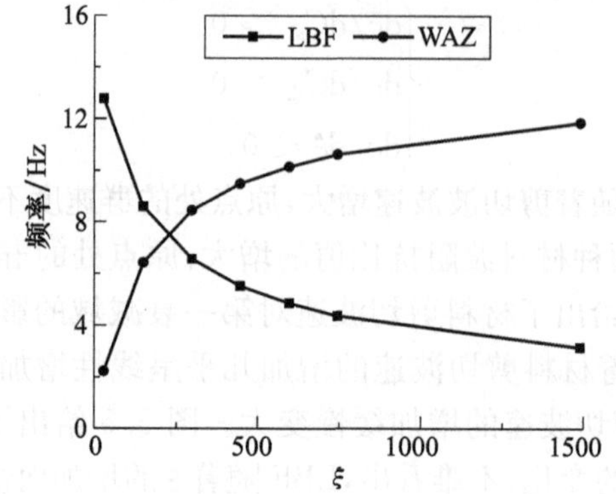

图 5.5 第一衰减域起始频率和衰减域宽度随 ξ 的变化

5.3.2 最大衰减因子

利用层状周期结构抑制波的传播，通常希望衰减域内的波能够被充分过滤，因此希望有大的衰减因子。图 5.6 给出了不同材料厚度及波阻抗比对最大衰减因子的影响。不难看出，在其他参数不变的情况下，随着混凝土层厚度的增大，衰减因子最大值总是在减小；随着橡胶层厚度的增大，衰减因子最大值先增大后减小，但总体变化幅度不大。衰减因子最大值随着材料波阻抗比值系数的增大而增大。

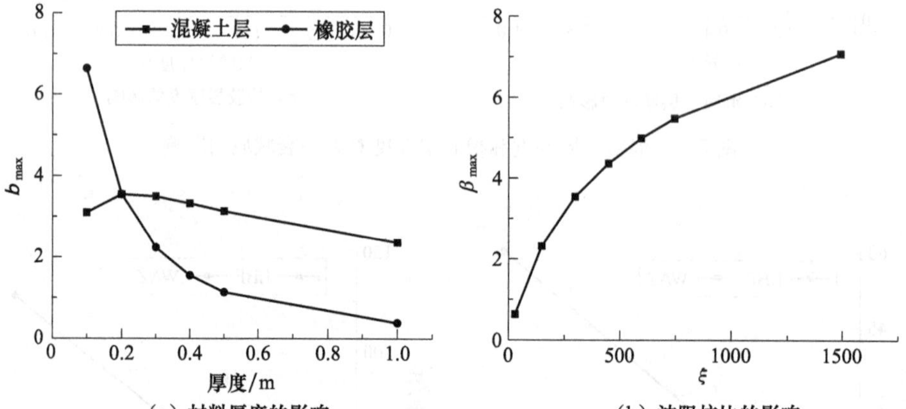

(a) 材料厚度的影响　　(b) 波阻抗比的影响

图 5.6 材料厚度和波阻抗比对最大衰减因子的影响

5.4 衰减域的近似确定方法

LBF 和 WAZ 是衰减域的两个重要设计参数。基于频散方程式(2.176)计算衰减域，需要计算第一布里渊区内所有波矢所对应的频率以得出频散曲线，进而找到衰减域。从工程应用角度看，衰减域计算理论复杂且费时。如果能给出 LBF 和 WAZ 的显式表达式，对工程设计将带来极大的便利。为此，下面建立衰减域边界频率的显式表达式。

考虑由材料 1 和材料 2 组成的层状周期结构，材料 2 为波阻抗较小的材料。两种材料的厚度分别为 a_1 和 a_2，两种材料的密度分别为 ρ_1 和 ρ_2。引入参数[14,15]：

$$\chi=\pi\frac{f_{\mathrm{Inp}}}{f_0},\quad f_{\mathrm{Inp}}=\frac{\omega}{2\pi},\quad f_0=0.5\frac{C_{s2}}{a_2},\quad \bar{a}=\frac{a_1}{a_2},\quad \bar{\rho}=\frac{\rho_1}{\rho_2},\quad \tilde{\alpha}=0.5\bar{\rho}\,\bar{a} \tag{5.10}$$

式中，f_{Inp}为输入波的频率；f_0 为材料 2 的一阶特征频率；χ 为相对频率参数；$\bar{\rho}$ 为两种材料的密度比；$\bar{a}$ 为两种材料的厚度比；C_{s2}为材料 2 的剪切波波速；$\tilde{\alpha}$ 为两种材料密度比与厚度比乘积的一半，该参数可近似表示两种材料的差异。

将上述参数代入频散方程式(2.176)并简化可得

$$\cos(ka)\approx\cos\chi-\tilde{\alpha}\chi\sin\chi \tag{5.11}$$

由 5.2 节分析可知，衰减域的边界频率对应于 $\cos(ka)=-1$。式(5.11)的第一个根对应于第一衰减域的起始频率。Sackman 等[16]给出了第一衰减域起始频率的两个近似：

$$\chi_{\mathrm{L}}=\begin{cases}\pi(1-2\tilde{\alpha}), & \text{对于小的 }\tilde{\alpha}\\ \sqrt{2/\tilde{\alpha}}, & \text{对于大的 }\tilde{\alpha}\end{cases} \tag{5.12}$$

可以验证，式(5.12)适用于 $\tilde{\alpha}$ 较大的情况；对于其他情况，会带来较大误差。同时，式(5.12)仅适用于定性分析，不能应用到实际设计。为此，将式(5.12)修改为：当 $\tilde{\alpha}\geqslant 4$ 时，采用式(5.12)中的第二式；当 $\tilde{\alpha}\leqslant 0.04$ 时，引入三阶泰勒展开项；当 $0.04<\tilde{\alpha}<4$ 时，则采用对数坐标下的线性近似，可得

$$\chi_{\mathrm{L}}=\begin{cases}\pi-2\left[\tilde{\alpha}\pi+\dfrac{(\tilde{\alpha}\pi)^3}{3}\right], & \tilde{\alpha}\leqslant 0.04\\ -1.087\lg\tilde{\alpha}+1.36, & 0.04<\tilde{\alpha}<4\\ \sqrt{2/\tilde{\alpha}}, & \tilde{\alpha}\geqslant 4\end{cases} \tag{5.13}$$

图 5.7 给出了不同情况下第一衰减域相关特征的近似。对比研究，图中计算了 Cao 等[17]应用平面波展开法所研究的层状周期结构模型。可以看出，式(5.13)可以较好地给出第一衰减域下边界的近似。随着材料差异参数的增大(尤其是当 $\tilde{\alpha}>4$ 时)，第一衰减域下边界不断减小。

由于混凝土与橡胶的波阻抗参数差异较大，因此波动将主要集中在波阻抗较小的材料中，波阻抗大的材料可以简化为一个集中质量。因此，第一衰减域的上边界对应于 $\chi_{\mathrm{U}}=\pi$，从而，第一衰减域的宽度可以表示为

$$\Delta\chi=\begin{cases}2\left[\tilde{\alpha}\pi+\dfrac{(\tilde{\alpha}\pi)^3}{3}\right], & \tilde{\alpha}\leqslant 0.04\\ \pi+1.087\lg\tilde{\alpha}-1.36, & 0.04<\tilde{\alpha}<4\\ \pi-\sqrt{2/\tilde{\alpha}}, & \tilde{\alpha}\geqslant 4\end{cases}\tag{5.14}$$

如图 5.7 所示,式(5.14)可以较好地预测第一衰减域的宽度。

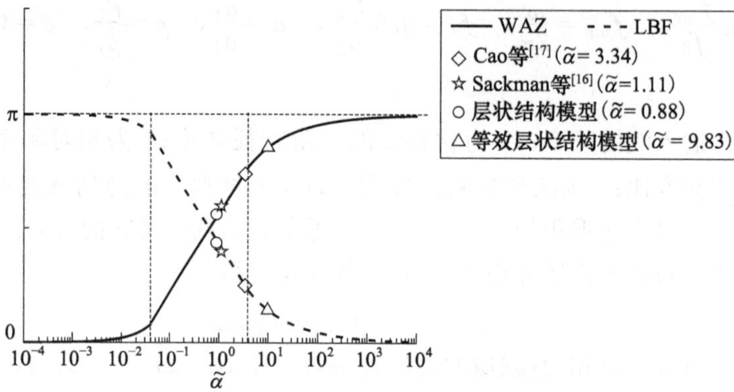

图 5.7　第一衰减域起始频率和衰减域宽度的近似计算

综上分析,式(5.13)和式(5.14)给出了第一衰减域起始频率及衰减域宽度与材料参数差异的显式关系,由于避免了求解频散曲线的复杂计算,极大地简化了分析。

5.5　有限周期结构的动力特性

工程中周期结构的几何尺寸通常都是有限的,研究有限周期结构的动力特性,有助于将衰减域特性应用到工程结构的隔震减振设计中。在研究有限周期结构的动力特性时,通常借助大型数值分析软件。下面以平面尺寸(xOy 面内)为 8m×8m 的层状周期结构为例,采用 ANSYS10.0 有限元分析软件,对其谐响应和时程响应进行数值模拟。

5.5.1　谐响应分析

周期结构由 10 层混凝土层和 9 层橡胶层交替排列组成,混凝土层和橡胶层的厚度均为 0.2m,形成 9 个典型单元($M=9$)。对模型底部所有节点,约束 y 方向和 z 方向的位移,仅沿 x 方向施加幅值为 δ 且频率为 0～35Hz 的简谐位移荷载,频率间隔为 0.1Hz,计算周期结构在不同频率下的稳态响应。图 5.8(a)给出了经过 2 个和 4 个典型单元后的位移参数频率响应函数(frequency response function, FRF),其中,纵坐标 $\text{FRF}=20\lg(\delta/\delta_o)$,$\delta$ 为输出点位移幅值。可以看出,有限周期结构存在明显的衰减域和通过域。衰减域的大致范围是 6.6～15.2Hz 和 18.1～31.9Hz，与本书给出的衰减域理论值一致。

图 5.8(b)给出了输入 10.785Hz 的简谐荷载激励时，层状周期结构的瞬态响应与稳态响应，同时还给出了该频率所对应的周期结构的理论解。图 5.8 中，理论解由衰减因子计算而得；瞬态响应计算时，在层状周期结构底部施加频率为 10.785Hz 的单频简谐荷载，计算 0～5s 内层状周期结构的动力响应(已验证 5s 以后层状周期结构的动力响应基本稳定)，给出层状周期结构沿传播方向的位移幅值；稳态响应计算采用谐响应计算得到层状周期结构的位移幅值。可以看出，有限周期结构中振动幅值沿 z 轴变化的数值解与理想周期结构中振动幅值沿 z 轴变化的理论解完全吻合。此外，在不计入瞬态效应的情况下，在衰减域中的振动主要集中在前 1～2 个周期范围内，经过 2 个周期之后振动的幅值减小到 5%左右；计入瞬态效应后衰减幅度略有减小，在顶层自由边界处存在鞭梢放大效应，但经过 3 个周期后振动仍然可以衰减到 20%左右，鞭梢效应的影响并不大。

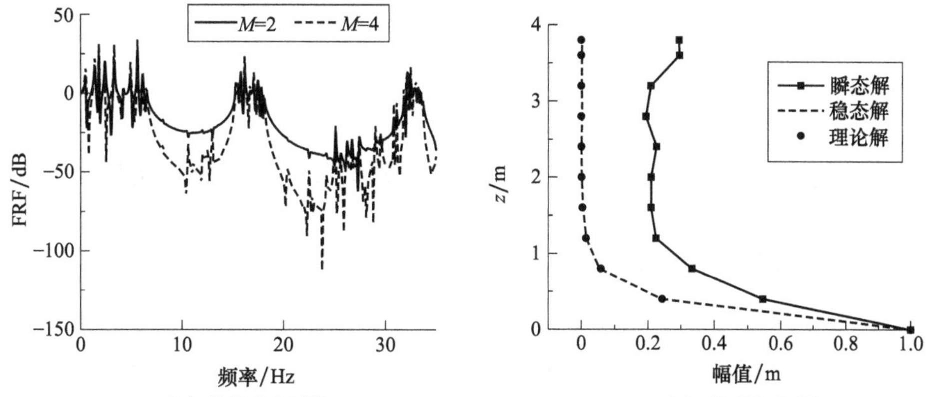

(a) 位移响应函数　　(b) 衰减关系对比

图 5.8　位移响应函数和衰减关系对比

5.5.2　时程响应分析

谐响应分析结果表明，衰减域内振动的传播主要集中在前 2～3 个周期内，瞬态效应及自由边界影响有限。为此，下面对含 4 个典型单元的层状周期结构在第一衰减域内组合频率激励作用下结构的响应进行数值模拟。设归一化的组合频率位移时程可表示为[18]

$$\begin{cases} u(t)=\dfrac{1}{u_{\max}}\sum\limits_{j=1}^{N}u_j\sin(2\pi f_j t+\phi_j), \quad j=1,2,\cdots,40 \\ f_j\in(6.565,15.005)\text{Hz} \end{cases} \tag{5.15}$$

式中，单频位移幅值 u_j 为(0,1)之间的随机数；相位 ϕ_j 为(0,2π)之间的随机数；u_{max}为组合位移时程的最大值。同样约束底部每个节点 y 方向和 z 方向位移，而沿 x 方向输入如式(5.15)所示的组合位移时程，时间步长取 $\Delta t=0.005s$。

图 5.9 给出了前 5s 内层状周期结构顶部的位移响应。可以看出，外部激励经过四个周期的传播后，减小了80%以上。

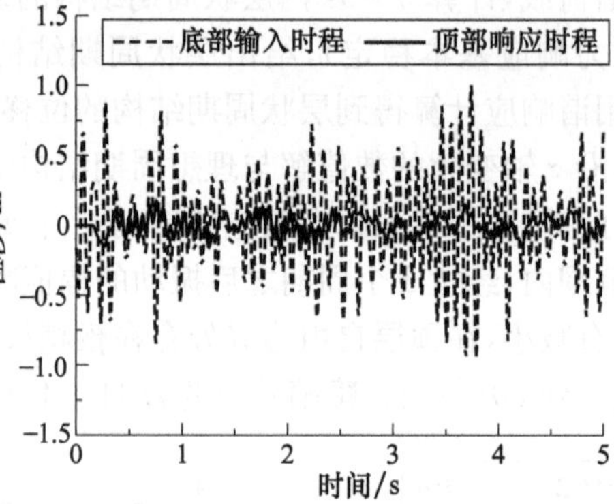

图 5.9 具有 4 个典型单元的层状周期结构顶部位移时程响应

5.6 层状周期隔震基础隔震效果的数值模拟

5.6.1 层状周期隔震基础模型

采用 ANSYS 数值分析软件，对分别置于层状周期基础和纯混凝土基础上的三层钢框架结构的动力响应进行数值模拟，以研究该周期隔震基础的隔震性能。层状周期基础由三层混凝土与两层橡胶组成，如图 5.10 所示。每层厚度均为 0.2m，平面尺寸为 1m×1m，材料参数见表 2.4。钢框架柱尺寸为 0.06m×0.06m，梁截面尺寸为 0.03m×0.06m；梁、柱截面为矩形空心截面，其中横截面钢板厚 0.0032m；楼板厚 0.003m。框架平面尺寸为 0.6m×0.6m，层高为 0.3m。上部钢框架每层配重 20kg。数值模拟中，梁、柱结构采用 Beam188 单元，楼面板采用 Shell63 单元，基础采用 Solid45 实体单元。基础中混凝土层与橡胶层通过 Vglue 命令实现完全黏结。同时，由于 Beam188 单元的每个节点具有 6 个自由度，而实体单元每一点仅有 3 个自由度，因此需要增加三个约束方程来实现柱与实体基础的弹性连接。

5.6.2 数值模拟结果

首先，在周期基础底部所有节点沿 x 方向施加幅值为 δ_0 的简谐位移荷载，同时固定基础底部所有节点沿 y 方向和 z 方向的自由度，图 5.11(a)给出了钢框架顶部 A 点的位移频率响应函数。在频率响应函数图中，纵坐标 0 点代表 A 点的位移幅值与输入点的位移幅值相等。因此负的 FRF 值表示经过周期基础之后，上部结构的动力响应得到衰减。从图中可以看出，在周期基础的两个衰减域6.57～15.01Hz 和 17.81～30.01Hz，置于周期基础之上的结构响应得到很大衰减。

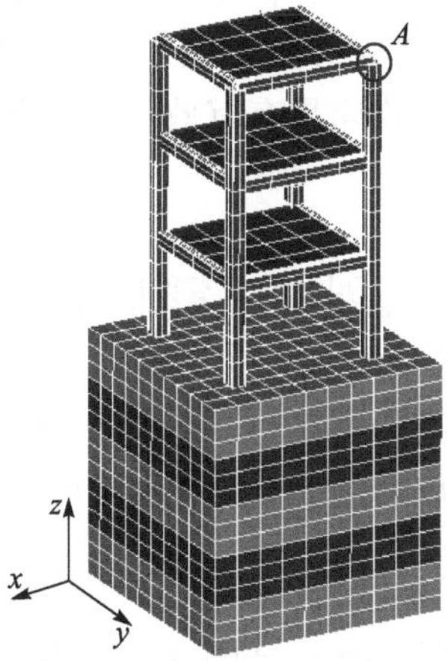

图 5.10　有限单元模型

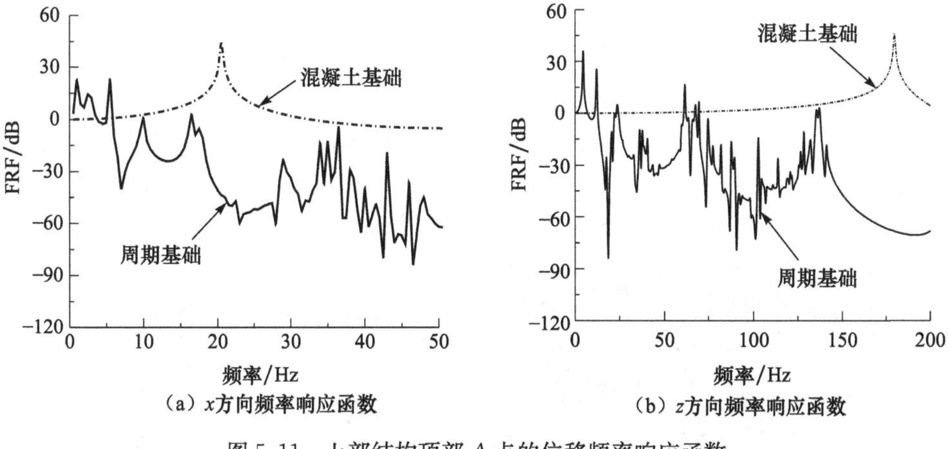

图 5.11　上部结构顶部 A 点的位移频率响应函数

由结构动力学中模态叠加法可知，上部结构的动力响应主要是由前几阶模态的共振产生的。尤其对刚度较大的结构，基频的模态参与系数可以达到 90%以上。从频率响应函数图 5.11(a)可以看出，上部结构的第一阶特征频率(x 方向振动模态)落在周期基础的第二衰减域范围内。由于衰减域滤掉了该频段的外部激励，因此有效地降低了上部结构的动力响应。由此不难看出，周期基础的衰减域，一方面可以减小地震动向上部结构输入能量；另一方面，可以有效抑制上部结构的共振响应。固定基础底部所有节点 x 方向和 y 方向的自由度，同时在基础底部所有节点施加沿 z 方向的简谐位移荷载，以研究周期基础对竖向振动的阻隔效果。通过理论计算可得，当 P 波入射到该层状周期基础时，前两个衰减域分别为 25.0～57.2Hz 和 67.9～114.3Hz。从位移频率响应函数曲线图 5.11(b)可以看出，在衰减域范围内，上部结构的动力响应得到有效抑制。综合分析可以看出，层状周期基础对沿竖向传播的剪切波和压缩波均具有有效的阻隔作用，因此有望据此进行多维隔震[19]。

5.7　层状周期隔震基础试验研究

真实地震动中包含多种频率成分，且大部分能量集中在主频段内。隔震基础的隔震性能还需通过试验进行测试。下面测试在台湾地震研究中心完成[19]。

5.7.1　试验模型

为测试周期隔震基础的隔震效果，制作两个同样的三层钢框架，钢框架的信息同 5.6.1 节所述。在试验中，将一个钢框架直接固定在振动台上，另一个钢框架固定在层状周期隔震基础上，如图 5.12 所示。图 5.13 给出了层状周期隔震基础的细部构造。混凝土层按照构造配置 3 号钢筋，钢筋的间距在混凝土层为 0.15m，混凝土层上下表面分别布置一层钢筋网，两层钢筋之间通过闭合箍筋连接。橡胶层布置 9 个孔，便于模型制作及移动定位。底部混凝土层中，3 号钢筋的间距为 0.25m，上下表面分别布置一层钢筋网，两层钢筋之间通过闭合箍筋连接。橡胶层与混凝土层之间通过胶水黏结，胶水的抗拉强度和抗剪强度分别大于 1MPa 和 6MPa，用以保证混凝土与橡胶之间有足够的黏结力。

(a)

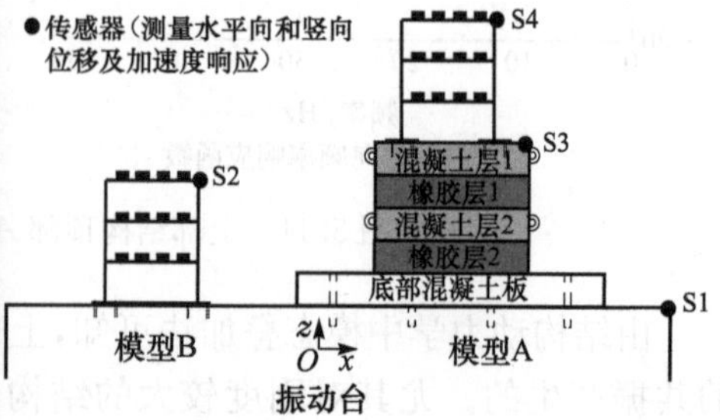

(b)

图 5.12　层状周期隔震基础振动台试验

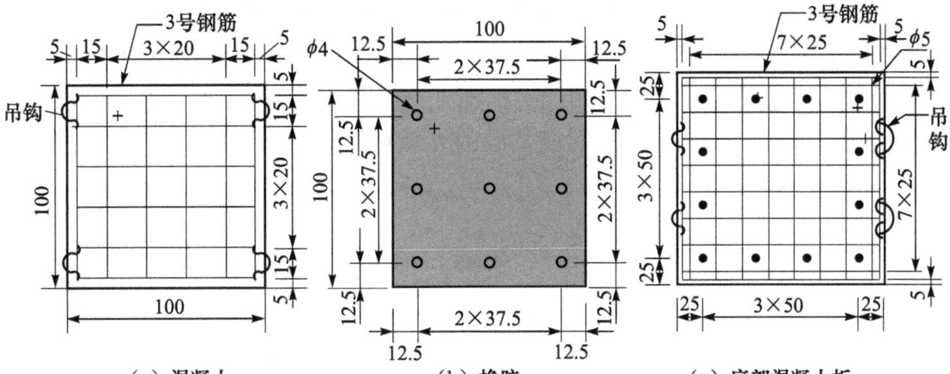

（a）混凝土　（b）橡胶　（c）底部混凝土板

图 5.13　层状周期隔震基础细部构造图(单位:cm)

测试数据通过加速度传感器和位移传感器(linear variable differential transforms,LVDT)获取,加速度传感器和位移传感器的布置方式见图 5.12,其中参考框架用于安置位移传感器。

5.7.2　测试内容

为充分了解周期隔震基础的隔震效果,测试内容包含如下三方面:环境振动测试、地震动测试和单频响应测试,相关测试项目见表 5.1。对于环境振动测试,激振主频为 50Hz,主要由振动台的动力引擎产生;对于地震动测试,选择 PEER Ground Database 的 1975 Oroville 地震记录,并将地震动的水平向和竖向测试峰值加速度(peak ground acceleration,PGA)调整为 0.418g 和 0.212g,即原始地震记录峰值加速度的 2 倍;对于单频响应测试,振动台施加一个 6Hz 固定频率、0.1cm 振动幅值的正弦波位移激励。地震动测试和谐响应测试分别采用加速度控制和位移控制。

表 5.1　测试项目

测试种类	输入激励	控制算法	输入方向		峰值加速度/g	幅值/cm	频率/Hz
环境振动测试	环境振动	—	水平向(x)		—	—	—
地震测试	1975 Oroville 地震记录	加速度控制	双向	水平向(x)	0.418	—	—
				竖向	0.212	—	—
单频响应测试	正弦波	位移控制	单向	水平向(x)	—	0.1	6

5.7.3　测试结果

首先,对上述两个模型在环境振动激励下的动力性能进行测试。环境振动主要来自于振动台发动机引擎的振动及实验室内振动的水平分量(x 方向),该环境振动的主频为 50Hz[19]。经验证，该频率处于层状周期基础的第四阶衰减域内。图 5.14 给出了钢框架顶层的水平向加速度响应。测试结果表明，置于周期基础之上的结构顶层峰值加速度为 0.003g，远小于直接置于振动台上的结构顶层峰值加速度 0.046g。由此可见，周期基础的衰减域可以抑制主频处于其中的环境振动。

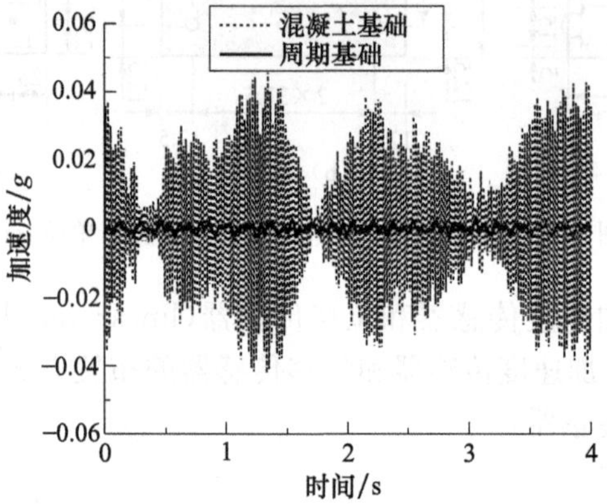

图 5.14　环境振动激励下结构顶层的加速度响应

其次，对上述两个模型在实际地震动输入下的响应进行测试。在进行振动台试验时，由于模型在平面内对称，为此，振动台仅在一个水平方向（x 方向）输入 1975 Oroville 地震加速度记录[20]。图 5.15 为该地震动加速度记录及其傅里叶谱，不难看出，该地震动的主频 18.1Hz 位于该层状周期隔震基础的第二衰减域范围内。图 5.16(a)给出了两个钢框架顶层的水平加速度响应。可见，在有层状周期隔震基础的情况下，上部结构的加速度响应减小了近 50%。图 5.16(b)给出了两个钢框架顶层竖向（z 方向）振动的位移响应，可以看出，有周期基础时，上部结构的竖向位移响应幅值最大减小了 15.9%。

以上两个试验表明，当激励频率处于周期隔震基础的衰减域内时，周期隔震基础对振动的传播具有很好的抑制作用。为充分了解周期隔震基础的特性，通过振动台沿 x 方向施加一频率为 6Hz 的简谐位移荷载，进一步测试激励频率处于周期隔震基础衰减域范围外时上部结构的动力响应。图 5.17 给出了钢框架顶层与底部间的沿 x 方向的相对位移响应。可以看出，在频率处于衰减域范围外的激励作用下，周期隔震基础对振动并未起到抑制作用，相反，响应还略有放大。因此，在实际设计时，应使周期隔震基础的衰减域尽可能覆盖地震动的主频段。

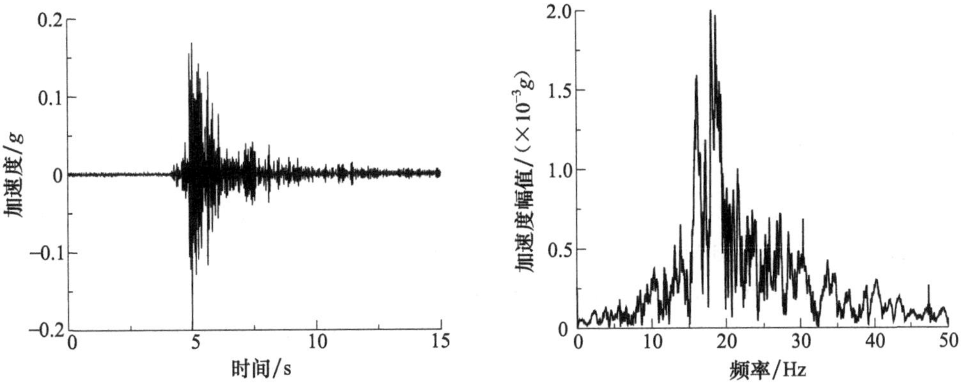

（a）加速度记录　（b）傅里叶谱

图 5.15　1975 Oroville 地震加速度记录及其傅里叶谱

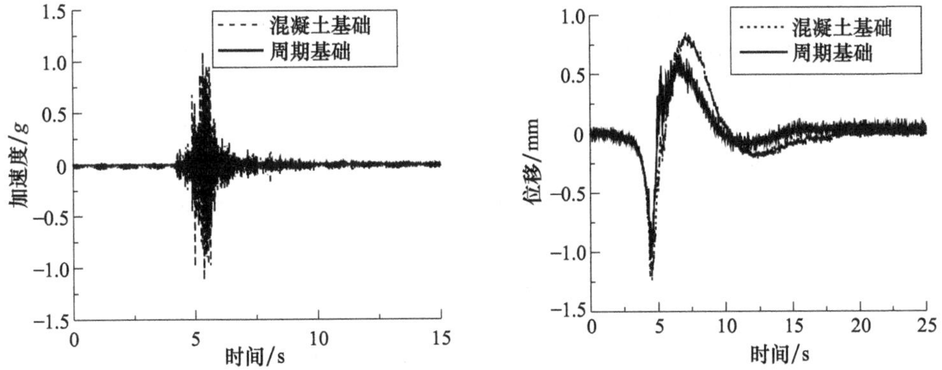

（a）水平向加速度响应　（b）竖向位移响应

图 5.16　钢框架顶层水平向加速度响应和竖向位移响应

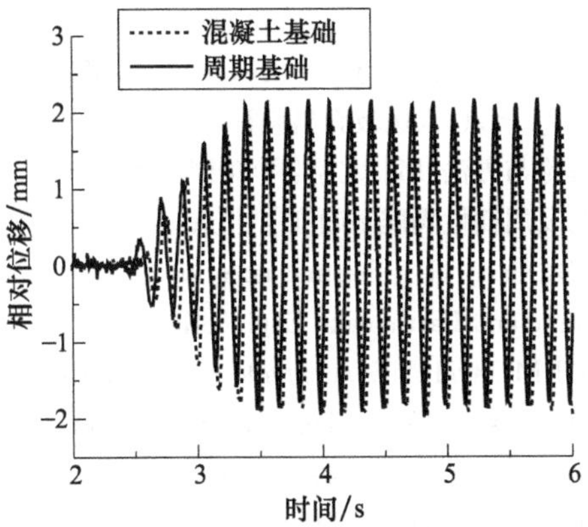

图 5.17　衰减域范围外简谐位移激励下钢框架结构的响应

参考文献

[1] Gupta I N. Dispersion on body waves in layered media[J]. Geophysics, 1965, 31(4): 821-823.

[2] Lee E H, Yang W H. On waves in composite materials with periodic structure[J]. SIAM Journal on Applied Mathematics, 1973, 25(3): 492-499.

[3] Delph T J, Herrmann G, Kaul R K. Harmonic wave propagation in a periodically layered, infinite elastic body: Antiplane strain[J]. Journal of Applied Mechanics, 1978, 45(2): 343-349.

[4] Delph T J, Herrmann G, Kaul R K. Harmonic wave propagation in a periodically layered, infinite elastic body: Plane strain, analytical results[J]. Journal of Applied Mechanics, 1979, 46(1): 113-119.

[5] Delph T J, Herrmann G, Kaul R K. Harmonic wave propagation in a periodically layered, infinite elastic body: Plane strain, numerical results[J]. Journal of Applied Mechanics, 1980, 47(3): 531-537.

[6] Camley R E, Djafari-Rouhani B, Dobrzynski L, et al. Transverse elastic waves in periodically layered infinite and semi-infinite media[J]. Physical Review B, 1983, 27(12): 7318-7329.

[7] Sun C T, Achenbach J D, Herrmann G. Continuum theory for a laminated medium[J]. Journal of Applied Mechanics, 1968, 35(3): 467-475.

[8] Delph T J, Herrmann G. An effective dispersion theory for layered composites[J]. Journal of Applied Mechanics, 1983, 50: 157-164.

[9] Zhao D G, Wang W G, Liu Z Y, et al. Peculiar transmission property of acoustic waves in a one-dimensional layered phononic crystal[J]. Physica B: Condensed Matter, 2007, 390(1): 159-166.

[10] Wang G, Yu D L, Wen J H, et al. One-dimensional phononic crystals with locally resonant structures[J]. Physics Letters A, 2004, 327(5): 512-521.

[11] Chen A L, Wang Y S. Study on band gaps of elastic waves propagating in one-dimensional disordered phononic crystals[J]. Physica B: Condensed Matter, 2007, 392(1): 369-378.

[12] 黄昆. 固体物理学[M]. 北京：人民教育出版社，1979.

[13] 杜修力. 工程波动理论与方法[M]. 北京：科学出版社，2009.

[14] 程志宝. 周期性结构及周期性隔震基础[D]. 北京：北京交通大学，2014.

[15] Shi Z F, Cheng Z B, Xiang H J. Seismic isolation foundations with effective attenuation zones[J]. Soil Dynamic and Earthquake Engineering, 2014, 57: 143-151.

[16] Sackman J L, Kelly J M, Javid A E. A layered notch filter for high-frequency dynamic isolation[J]. Journal of Pressure Vessel Technology, 1989, 111(1): 17-24.

[17] Cao Y J, Hou Z L, Liu Y Y. Convergence problem of plane-wave expansion method for phononic crystals[J]. Physics Letters A, 2004, 327(2-3): 247-253.

[18] 程志宝，石志飞，向宏军. 层状周期结构动力衰减域特性研究[J]. 振动与冲击，2013，(9)：

178-182.

[19] Xiang H J, Shi Z F, Wang S J, et al. Periodic materials-based vibration attenuation in layered foundations: Experimental validation[J]. Smart Materials and Structures, 2012, 21: 11200311.

[20] PEER. Peer Ground Motion Database[EB/OL]. http://peer.berkeley.edu/peer_ground_motion_database[2016-1-20].

第 6 章　二维周期结构的动力特性及其隔震应用

6.1 引　　言

二维周期结构对沿平面内传播的面内波和面外波均具有选择性透过作用。1993 年，Kushwaha 等[1-3]参照光子晶体的研究提出了声子晶体的概念，并应用平面波展开法，得到二维散射型周期结构中弹性波的频散关系。几乎同时，Sigalas 和 Economou[4,5]应用平面波展开法得到了二维流-流、固-固声子晶体结构的频散关系。相比于求解光子晶体结构中光波的频散关系，声子晶体结构中频散关系的求解要复杂得多，这主要是因为光波是横波，而弹性波在声子晶体结构中为耦合波(压缩波与剪切波耦合)。应用平面波展开法计算二维声子晶体周期结构的收敛性较差，尤其对流-固耦合系统。针对平面波展开法收敛性差的问题，Tanaka 等[6]提出应用 FDTD 来分析周期性流-流、流-固、固-固结构的频散特性。Vasseur 等[7]通过试验研究了二维固-固周期结构的频散特性。Bragg 散射型周期结构的衰减域频段较高，要实现低频段衰减域需单元尺寸较大。2000 年，Liu 等[8]引入局域共振(local-resonant)型声子晶体的概念，这种结构可以在较小尺寸下实现低频衰减域。Goffaux 等[9]利用变分法得到了二维局域共振型声子晶体的频散关系，并分析了有限结构传输函数的 Fano 现象。

近年来，有不少探索二维周期结构工程应用的研究工作。Redondo 等[10,11]应用有限时域差分法研究了二维周期结构声学衰减域，并探索了将二维周期结构应用于室内降噪领域的可行性。Li 和 Chen[12]提出了一种计算二维三组元局域共振型周期结构材料等效密度的近似方法，并从试验的角度验证了将这种局域共振单元掺入纤维增强混凝土材料中来设计新型降噪混凝土的可行性。通过组合具有不同衰减域的局域共振型周期结构，Ho 等[13]试验研究了获得较宽衰减域的途径。该研究表明，应用周期结构来设计降噪材料优于传统的降噪方法。此外，利用周期结构的衰减域设计周期隔震基础的设想被提出，并从数值模拟的角度研究了其可行性[14]。

本章介绍二维周期结构的衰减域特性，并探索二维周期结构衰减域在土木工程中应用的可行性。首先，研究有、无配筋情况下二维混凝土周期结构的衰减域特性；其次，数值模拟二维有限周期结构的动力特性，探索二维周期基础在核电站结构基础隔震中应用的可行性；最后，对二维周期隔震基础的隔震性能进行试验研究。

6.2　二维周期结构及其衰减域

二维周期结构是由组成其的典型单元在空间沿两个方向无限排列组合而成的结构。假设单元周期布置的两个方向分别对应笛卡儿坐标系的 x_1 和 x_2，则二维周期结构中沿平面内传播的波可以分解为平面内波动和出平面波动。平面内波动是由 P 波与 SV 波相互耦合而成的混合波，出平面波动为 SH 波。

假设材料为均匀的线弹性材料，在不计阻尼的情况下，二维周期结构中传播的面内弹性波的模态满足如下波动方程：

$$\rho(\boldsymbol{r})\frac{\partial^2 u_j}{\partial t^2}=\frac{\partial}{\partial x_j}\left[\lambda(\boldsymbol{r})\frac{\partial u_l}{\partial x_l}\right]+\frac{\partial}{\partial x_l}\left[\mu(\boldsymbol{r})\left(\frac{\partial u_l}{\partial x_j}+\frac{\partial u_j}{\partial x_l}\right)\right] \tag{6.1}$$

式中，$j,l=1,2$；$\rho(\boldsymbol{r})$为材料密度函数；$\lambda(\boldsymbol{r})$和 $\mu(\boldsymbol{r})$为材料的拉梅参数函数。

拉梅参数可用杨氏模量和泊松比表示如下：

$$\lambda=\frac{\upsilon E}{(1+\upsilon)(1-2\upsilon)},\quad \mu=\frac{E}{2(1+\upsilon)} \tag{6.2}$$

为方便施加周期边界条件，采用 COMSOL Multiphysics 有限元软件计算周期结构的频散关系。根据 Bloch 定理，式(6.1)的解可表示为

$$\boldsymbol{u}(\boldsymbol{r},t)=\mathrm{e}^{\mathrm{i}(\boldsymbol{K}\cdot\boldsymbol{r}-\omega t)}\boldsymbol{u}_{\boldsymbol{K}}(\boldsymbol{r}) \tag{6.3}$$

式中，$\boldsymbol{K}$ 为波矢；ω 为频率；$\boldsymbol{u}_{\boldsymbol{K}}(\boldsymbol{r})$满足：

$$\boldsymbol{u}_{\boldsymbol{K}}(\boldsymbol{r})=\boldsymbol{u}_{\boldsymbol{K}}(\boldsymbol{r}+\boldsymbol{R}) \tag{6.4}$$

式中，$\boldsymbol{R}$ 为典型单元格矢。对于正方形单元有 $\boldsymbol{R}=a(\boldsymbol{a}_x,\boldsymbol{a}_y)$，$a$ 为正方形边长，$\boldsymbol{a}_j$ 为单元格矢的基矢。

将式(6.4)代入式(6.3)可得周期边界条件：

$$\boldsymbol{u}(\boldsymbol{r}+\boldsymbol{R},t)=\mathrm{e}^{\mathrm{i}\boldsymbol{K}\cdot\boldsymbol{R}}\boldsymbol{u}(\boldsymbol{r},t) \tag{6.5}$$

应用式(6.5)，可将理想周期结构的频散关系求解问题转换为具有周期边界条件的典型单元的特征值求解问题：

$$\mathbb{F}(\omega,\boldsymbol{K})=0 \tag{6.6}$$

式(6.6)即频散方程。随着波矢 $\boldsymbol{K}$ 取遍倒格矢空间的第一简约布里渊区的边界，求解频散方程即可得频散关系。在频散关系中，某些频段不存在与其对应的波矢，此频段即衰减域。

6.3　完全衰减域

6.3.1　高对称周期结构

应用混凝土、橡胶和钢材分别构造如图 6.1 所示的 Bragg 散射型和局域共振

型两种周期结构，材料参数见表 6.1。由于单元在平面内高度对称，第一布里渊区被压缩在 Γ-X-M 范围，即沿任意角度入射的波总能在 Γ-X-M 范围内找到与之对应的波矢。由高对称单元构成的周期结构，称为高对称周期结构。对图 6.1 所示周期结构，假设在面外方向的尺寸为无限大，计算中采用平面应变模型。应用 COMSOL Multiphysics 有限元软件，求解频散方程的前十阶特征曲线。

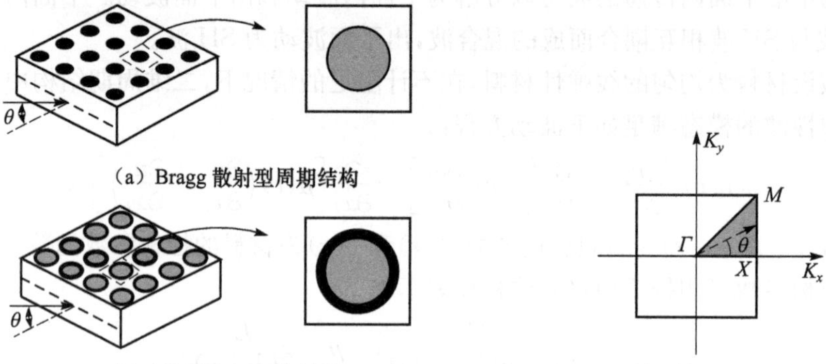

（a）Bragg 散射型周期结构

（b）局域共振型周期结构

（c）第一简约布里渊区

图 6.1　两种周期结构模型及其第一简约布里渊区

表 6.1　材料参数

材料	杨氏模量 E/Pa	泊松比 υ	密度 ρ/(kg/m^3)
橡胶	1.37×10^{5}	0.463	1300
钢材	2.09×10^{11}	0.275	7890
混凝土	3.00×10^{10}	0.2	2500

6.3.2　散射型周期结构的完全衰减域

对于图 6.1(a)所示的 Bragg 散射型二维周期结构，结构由基体和散射体两部分构成。基体采用橡胶，形状为正方形；散射体采用混凝土（RC 型）或钢材（RS 型），形状为圆形。取典型单元尺寸 a＝1.0m，图 6.2 给出了散射体半径分别为 r_c＝0.3m 和 r_c＝0.4m 时 RC 型周期结构的频散关系。对比可见，r_c＝0.3m 时没有衰减域；r_c＝0.4m 时第三阶特征曲线与第四阶特征曲线间，即 10.03～11.12Hz 没有波矢与频率相对应，即此范围为完全衰减域，意味着此频段的波在该周期结构中沿任意方向均不能传播。

图 6.3 给出了散射体半径及典型单元尺寸对第三阶特征曲线与第四阶特征曲线间衰减域的影响。图中衰减域的边界频率及宽度分别用 LBF、UBF 和 WAZ 代表。可以发现，散射体材料种类及半径对衰减域均有显著影响。例如，取典型单元尺寸 a=1.0m 时，对于 RC 型周期结构，散射体半径处于 0.35～0.48m 时在第三

阶特征曲线与第四阶特征曲线间存在衰减域，且当 r_c＝0.44m 时该衰减域宽度达到最大值 1.30Hz；对于 RS 型周期结构，散射体半径处于 0.15～0.498m 时在第三阶特征曲线与第四阶特征曲线间存在衰减域，且当 r_c＝0.465m 时该衰减域宽度达到最大值 6.33Hz。此外，从图 6.3 可以看出，当典型单元常数不变时，衰减域的上、下边界均随着散射体半径的增大而增大，同时衰减域的宽度随着散射体半径的增大先增大后减小。图 6.4 给出了单元尺寸 a＝1.0m 时，由第三阶特征曲线与第四阶特征曲线形成的衰减域宽度取得最大值时周期结构的频散关系。从图中还可以看出，除第三阶特征曲线与第四阶特征曲线间的衰减域，这两种周期结构在 20Hz 以下仍存在其他衰减域，这些衰减域对低频振动传播仍具有一定的抑制作用。

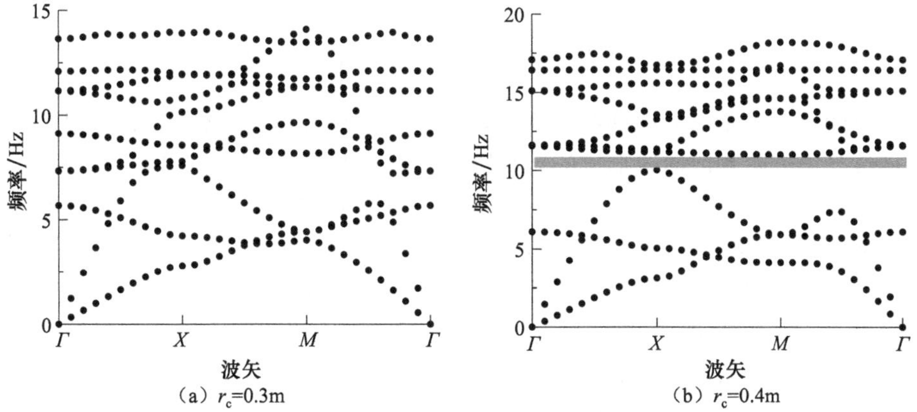

图 6.2　RC 型周期结构 a＝1.0m 时的频散关系

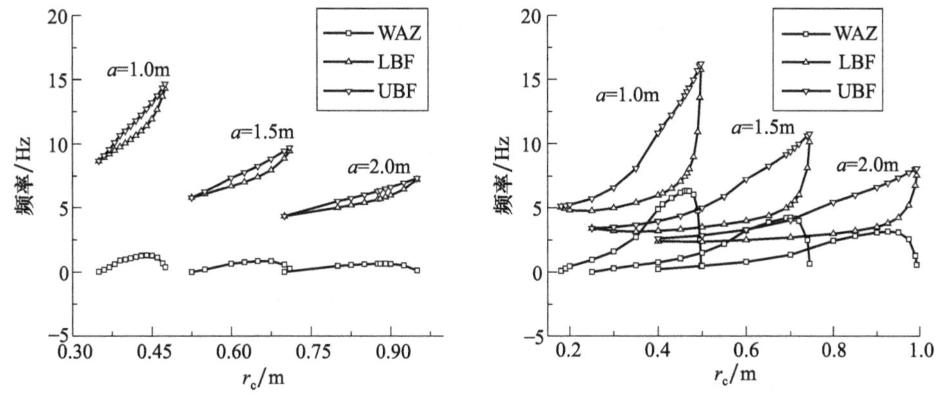

图 6.3　散射体半径及典型单元尺寸对第三阶特征曲线与第四阶特征曲线间衰减域的影响

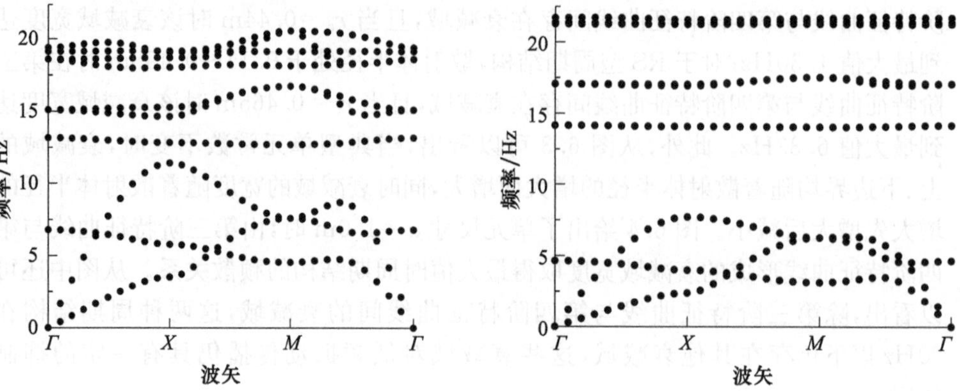

（a）RC型r_c=0.44m　（b）RS型r_c=0.465m

图 6.4　a=1.0m 时，第三阶特征曲线与第四阶特征曲线间衰减域取得最大宽度时周期结构的频散关系

以图 6.4 中 RC 型周期结构为例，图 6.5 给出了混凝土材料参数对第四阶频散曲线与第五阶频散曲线形成的衰减域的影响。由图 6.5(a)可以看出，混凝土弹性模量从 20GPa 增加到 50GPa 的过程中，该衰减域的边界频率几乎没有变化，不难验证，这一现象同样适用于其他衰减域。由此说明，在工程中可以忽略常用混凝土弹性模量对 RC 型周期结构衰减域的影响。从图 6.5(b)可以看出，随着混凝土密度从 1000kg/m³ 增加到 3500kg/m³，第四阶频散曲线与第五阶频散曲线间衰减域的起始频率降低且衰减域宽度增大。这意味着对于 RC 型周期结构，采用密度较大的混凝土材料有利于形成低频宽带的衰减域。

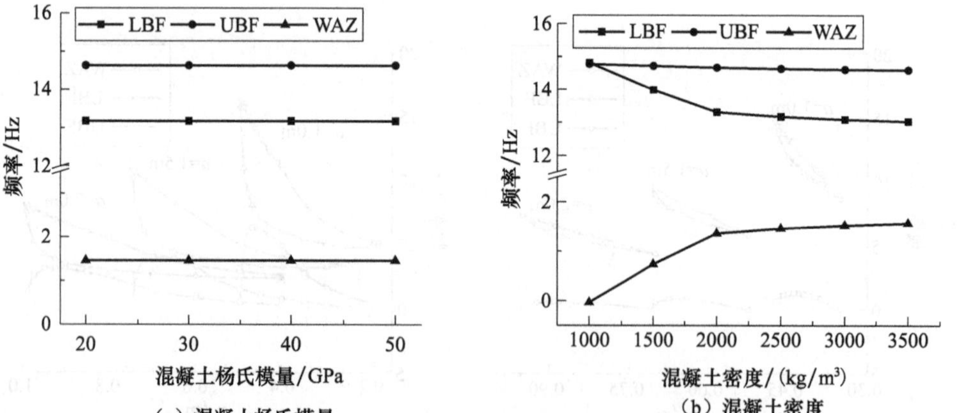

（a）混凝土杨氏模量　（b）混凝土密度

图 6.5　材料参数对 RC 型周期结构频散关系中第四阶频散曲线与第五阶频散曲线间衰减域的影响

6.3.3　局域共振型周期结构的完全衰减域

对图6.1(b)所示的局域共振型二维周期结构，圆形散射体与基体间橡胶包裹层厚度记为t_r。取基体材料为混凝土，考虑散射体为混凝土(CRC型)或钢材(CRS型)组成的两种周期结构。图6.6给出了$r_c=0.7\text{m}$、$t_r=0.2\text{m}$及$a=2.0\text{m}$时这两种周期结构的频散关系。与Bragg散射型周期结构的频散关系不同，局域共振型周期结构的衰减域由其内部振子的局域振动来控制。以CRC型周期结构为例，第一衰减域下边界频率7.22Hz对应于典型单元四边固支系统的第二阶特征模态，第一衰减域上边界频率10.16Hz对应于典型单元四边自由系统的第五阶特征模态。与Bragg散射型周期结构的频散关系相比，局域共振型周期结构的频散曲线与波矢的关联性不大。除在Γ附近较小范围内随波矢的变化而变化，其他部分几乎为平直线。

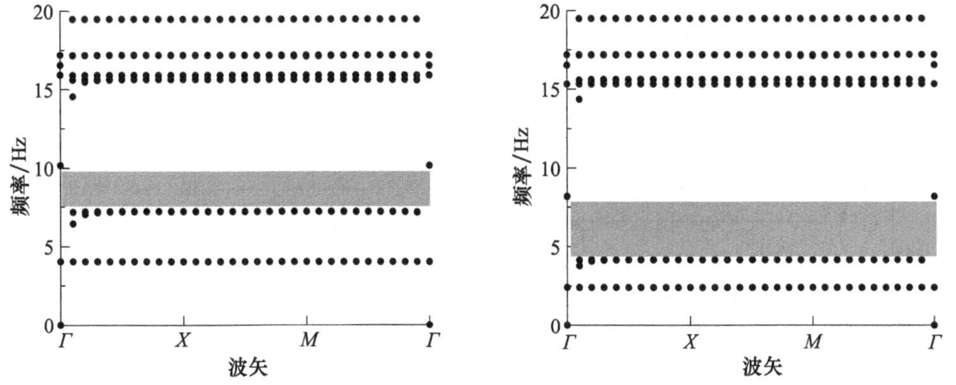

(a) CRC型　　(b) CRS型

图6.6　两种局域共振型周期结构的频散关系($r_c=0.7\text{m}$、$t_r=0.2\text{m}$、$a=2.0\text{m}$)

以CRS型周期结构为例，研究几何参数r_c、t_r和a对第三阶频散曲线和第四阶频散曲线间衰减域的影响。研究发现，衰减域的下边界由芯体半径和包裹层厚度控制，与周期常数无关，图6.7(a)给出了不同散射体半径下衰减域下边界频率随包裹层厚度的变化。与此不同，衰减域的上边界频率与上述三个几何参数均有关。取包裹层厚度$t_r=0.05\text{m}$，图6.7(b)给出了不同周期常数下衰减域上边界频率随散射体半径的变化规律。从图中可以看出，当包裹层厚度和周期常数恒定时，衰减域的上边界存在极小值，且极小值点所对应的芯体半径随着周期常数的增大而增大。包裹层厚度一定时，衰减域的下边界频率随着芯体半径的增大不断减小，衰减域上边界频率先减小后增大；且上边界频率在达到极小值之前减小速度小于下边界频率的减小速度，所以衰减域的宽度随着芯体半径的增大不断增大。

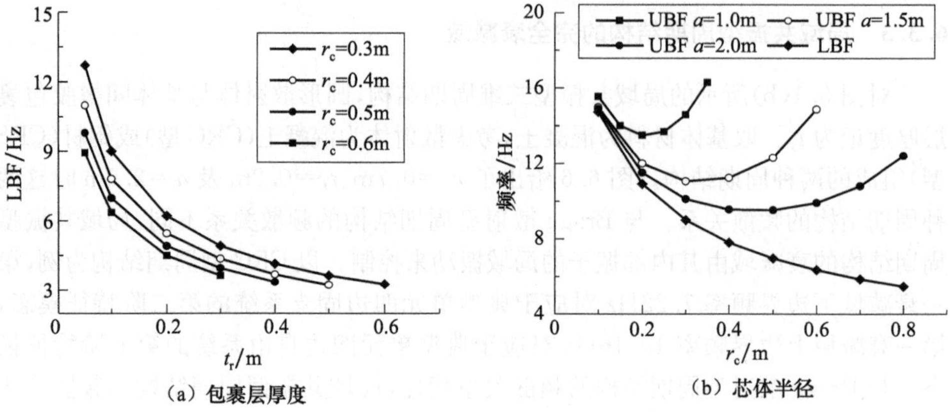

图 6.7 几何参数对衰减域边界频率的影响

以 CRC 型周期结构为例，图 6.8 给出了混凝土材料参数对第三阶频散曲线与第四阶频散曲线间衰减域的影响。从图 6.8(a)可以看出，混凝土的杨氏模量对该衰减域的影响可以忽略。从图 6.8(b)可以看出，随着混凝土密度的增加，该衰减域的上、下边界频率均减小，但衰减域宽度变化不大。

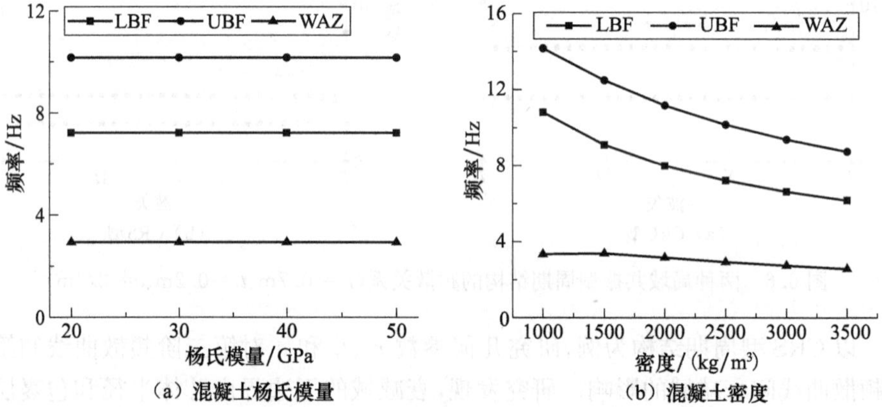

图 6.8 混凝土材料参数对 CRC 型周期结构第三阶频散曲线与第四阶频散曲线间衰减域的影响

6.4 方向性衰减域

6.4.1 非高对称周期结构

6.3 节介绍的周期结构，其典型单元具有高度对称性(沿中心对称轴旋转 90°

之后与原来的单元完全重合),而周期结构的完全衰减域对任意方向的波动均具有抑制作用。实际上,地震动在不同方向的频率组分有差异,因此采用对称性高的典型单元设计周期基础并没有太大必要。因此,有必要研究二维周期结构的方向性衰减域,即某一个方向上某一种波动模态所对应的衰减域[15,16]。

如图 6.9 所示,考虑矩形单元含有任意形式的散射体。由于单元体为矩形,倒格矢空间中的第一布里渊区也为矩形;同时由于散射体非规则形式,则第一简约布里渊区为 Γ-X-M-Y-Γ。由非高对称单元构成的周期结构统称非高对称周期结构。

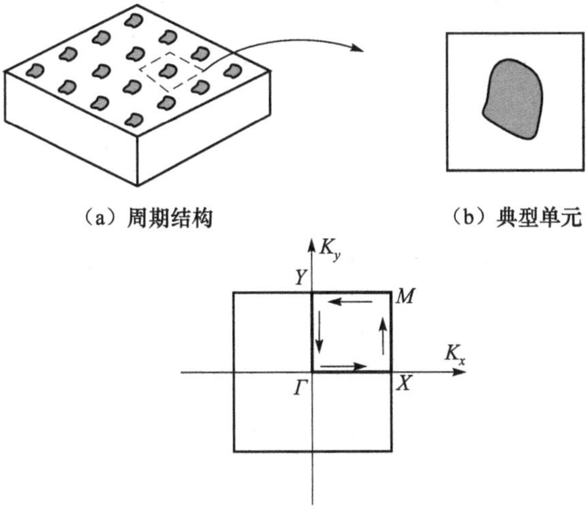

(a) 周期结构　(b) 典型单元

(c) 第一布里渊区

图 6.9　含任意形式散射体的矩形典型单元及其第一简约布里渊区

从物理上看,可将二维周期结构的波矢写为

$$K=(K_x,K_y)=K(\hat{e}_x,\hat{e}_y) \tag{6.7}$$

式中,K 为波矢的标量属性,又称波数,代表 2π 长度内的周期数,即波动模态;$(\hat{e}_x,\hat{e}_y)$为波矢的矢量属性,满足 $\|\hat{e}_x\|^2+\|\hat{e}_y\|^2=1$,代表波的传播方向。由此可将图 6.9 所示的第一简约布里渊区分为四段:$X\to M$([0°, 45°])、$M\to Y$([45°, 90°])、$Y\to\Gamma$(90°)和 $\Gamma\to X$(0°)。$Y\to\Gamma$ 段(或 $\Gamma\to X$ 段)频散曲线所对应的波动模态有相同的传播方向和不同的波动形式,因此,这两段频散曲线类似于一维周期结构的频散曲线;$X\to M$(或 $M\to Y$)段频散曲线所对应的波动模态有类似的波动形式和不同的传播方向,因此,这两段频散曲线对应于该方向上频散曲线的边界频率。

6.4.2　散射型周期结构的方向性衰减域

基体采用 RC 型材料,针对 Bragg 散射型周期结构,分析其方向衰减域。对于正方形(a=1.0m)基体中含圆形散射体(r_c=0.4m)形成的典型单元,图 6.10 给出了该周期结构的频散关系。由于散射体与基体具有高对称性，频散曲线关于波矢M对称。此外，从图中可以看出，对于散射型周期结构中沿不同方向传播的波，散射体与基体的相互作用差别较大，故频散曲线与波矢变化紧密相关。

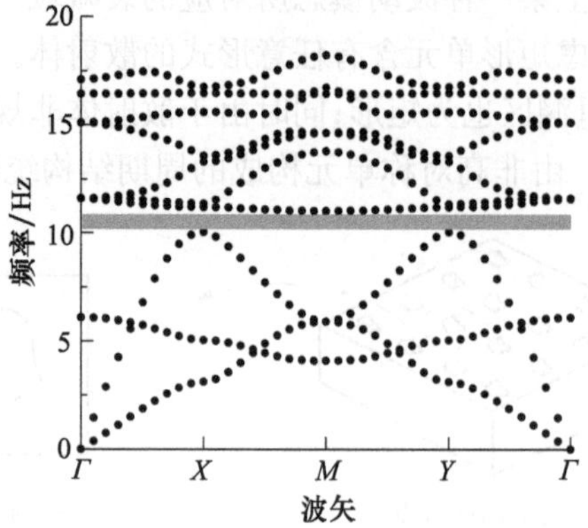

图 6.10 RC 型周期结构的频散关系($r_c=0.4\text{m}, a=1.0\text{m}$)

图 6.11 给出了矩形基体中含矩形散射体形成的典型单元，下面分析散射体及基体不同形式对$\Gamma \to X$方向衰减域的影响。取典型单元沿x方向的单元长度为1.0m，矩形散射体的尺寸为$l_x \times l_y$，散射体包裹层在y轴上的厚度为t_y。图 6.12 给出了$t_y=0.1\text{m}$、$l_y=0.3\text{m}$、$l_x=0.8\text{m}$时，周期结构的频散关系。可以看出，由于散射体结构和基体结构不具有高对称性，频散关系不再关于波矢M对称。同时，周期结构不存在完全衰减域。但在$\Gamma \to X$方向上，在12.05～15.12Hz 不存在波动模态，即处于该频段的任意形式面内波动不能沿$\Gamma \to X$方向传播，这种衰减域称为方向性衰减域。

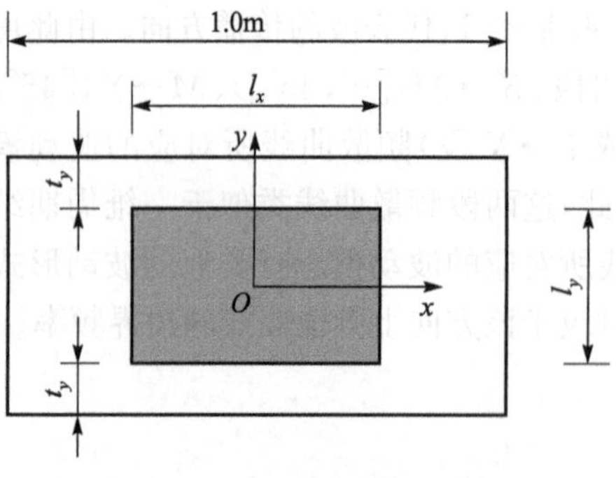

图 6.11 矩形基体中含矩形散射体形成的典型单元

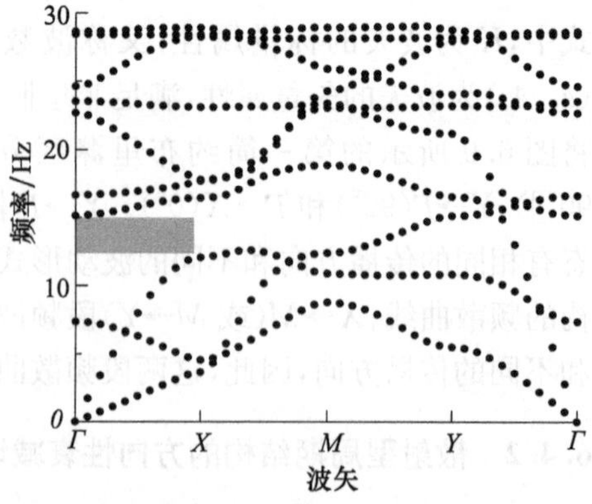

图 6.12 周期结构的频散关系与方向性衰减域($t_y=0.1\text{m}$、$l_y=0.3\text{m}$、$l_x=0.8\text{m}$)

对如图 6.11 所示的典型单元，下面研究矩形散射体几何参数对图 6.12 中方向性衰减域的影响。取散射体 x 方向的尺寸 $l_x=0.8\text{m}$ 及 $t_y=0.1\text{m}$ 为常数，图 6.13 给出了散射体尺寸 l_y 与该方向性衰减域的关系。由图可见，在 l_y 从 0.6m 减小到 0.2m 的过程中，衰减域的边界频率变化很小。需要说明的是，该衰减域的频率变化虽然很小，但随着 l_y 的变化，该衰减域不断移动。图 6.14 给出了 $l_x=0.5\text{m}$、$l_y=0.3\text{m}$ 时典型单元的频散关系。对比图 6.12，图 6.14 中存在两个 $\Gamma\to X$ 方向衰减域。图 6.12 中方向性衰减域在第三条与第四条频散曲线之间，但图 6.14 中该方向性衰减域移动至第四条与第五条频散曲线之间。典型单元与散射体的其他几何尺寸不变，取 $l_y=0.3\text{m}$，图 6.15 给出了第四条频散曲线和第五条频散曲线间方向衰减域随散射体尺寸 l_x 的变化。当 $l_x=0.6\text{m}$ 时，该衰减域的宽度达到最大值。因此，若仅关注 $\Gamma\to X$ 方向上的衰减域，应用非高对称典型单元比高对称典型单元有利于节省材料。

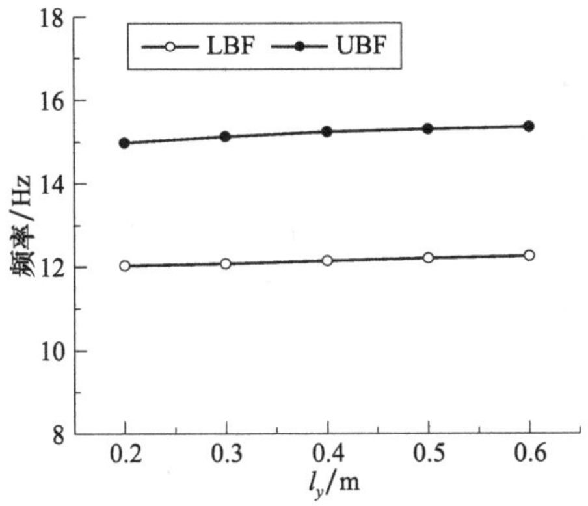

图 6.13　散射体尺寸 l_y 对 $\Gamma\to X$ 方向衰减域的影响

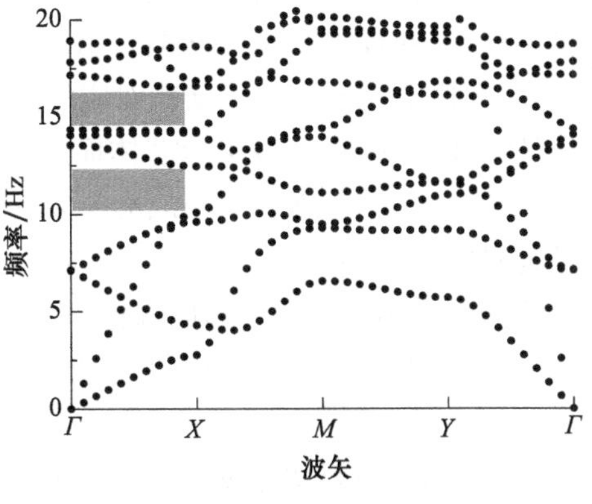

图 6.14　周期结构的频散关系($t_y=0.1\text{m}$、$l_y=0.3\text{m}$、$l_x=0.5\text{m}$)

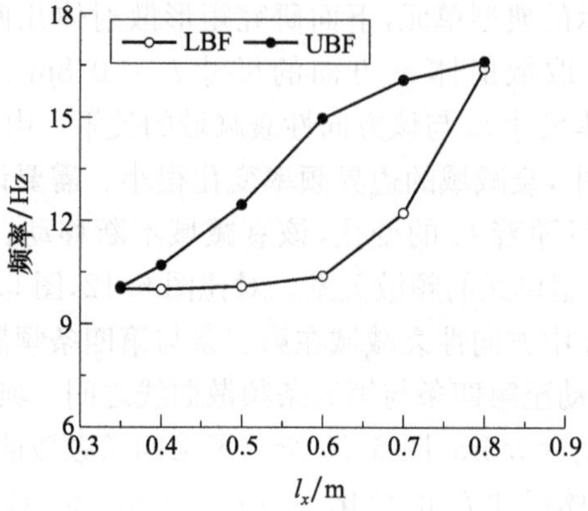

图 6.15 散射体尺寸 l_x 对第四条与第五条频散曲线间 $\Gamma \to X$ 方向衰减域的影响(l_y=0.3m)

6.4.3 局域共振型周期结构方向性衰减域

局域共振型周期结构的衰减域与其内部振子的共振模态直接相关,因此,可根据内部振子的振动模态来判定局域共振型周期结构的方向性衰减域。定义某一方向上的振动模态为:内部振子沿该方向的模态位移远大于另一方向上的模态位移。基于该定义可对局域共振型周期结构的频散关系进行连线,即基于模态的频散关系。从基于模态的频散关系中,可以找到局域共振型周期结构的方向性衰减域[17]。下面针对芯体和基体均为混凝土的局域共振型周期结构,即 CRC 型周期结构,介绍其频散关系和衰减域。

对由橡胶包裹混凝土圆柱埋入正方形混凝土基体中心形成的周期结构,图 6.16 给出了典型单元尺寸为 a=1.0m、r_c=0.35m 和 t_r=0.1m 时的频散关系。与图 6.6 不同,图 6.16 给出了不同曲线所对应的波动模态。可以看出,转动模态是一个孤立的模态。在第三条与第四条频散曲线之间存在一个衰减域。由于典型单元在面内两个主方向对称,该衰减域既是内部振子沿 x 方向振动所对应的波动模态的衰减域,同时也是内部振子沿 y 方向振动所对应的波动模态的衰减域。

对图 6.17 所示的矩形基体中埋有包裹矩形芯体而形成的非高对称局域共振型周期结构,图 6.18 给出了 t_r=0.1m、b_x=0.6m、b_y=0.3m、a_y=0.7m 时该周期结构的频散关系。由于典型单元在两个主方向的结构形式不一致,内部振子沿 x 方向的振动与沿 y 方向的振动也不再相同。与内部振子沿 x 方向振动模态相对应的波动模态的衰减域为 14.74~18.84Hz,与内部振子沿 y 方向振动模态相对应的衰减域为 19.81~24.71Hz。

取橡胶包裹层厚度 t_r=0.1m、散射体宽度 b_x=0.6m、基体混凝土在 y 方向的厚度 c_y=0.1m,图 6.19 给出了该周期结构方向衰减域随单元高度 a_y 的变化。当

$a_y=1.0\text{m}$ 时，单元在两个主方向上的尺寸相同，所以两个方向衰减域的边界相等。随着单元高度的减小，与内部振子沿 y 方向振动模态相对应的衰减域的边界频率不断上升，衰减域的宽度不断减小；同时，与内部振子沿 x 方向振动模态相对应的衰减域的边界频率变化相对减小。由此可见，可设计周期结构实现不同方向的衰减域，在减小周期结构尺寸的情况下达到相应的衰减域要求。

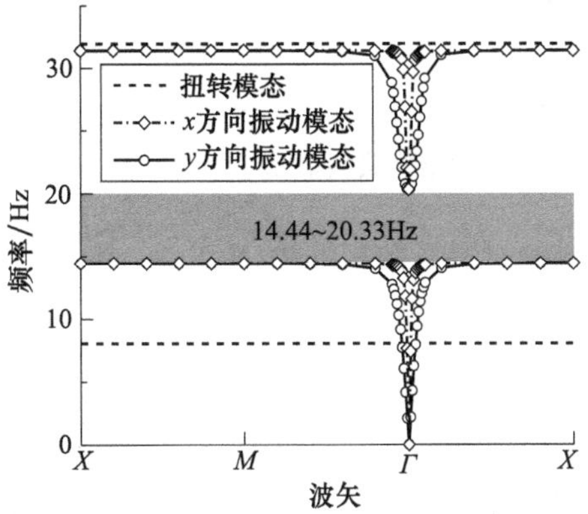

图 6.16　CRC 型周期结构频散关系($a=1.0\text{m}$、$r_c=0.35\text{m}$、$t_r=0.1\text{m}$)(见彩图)

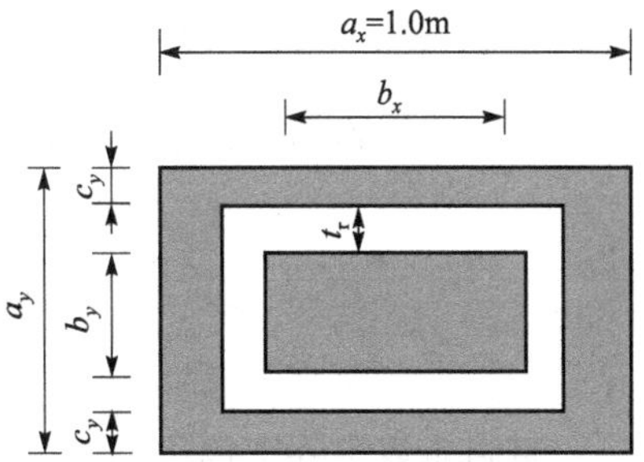

图 6.17　矩形基体中埋有包裹矩形芯体而形成的非高对称局域共振型典型单元

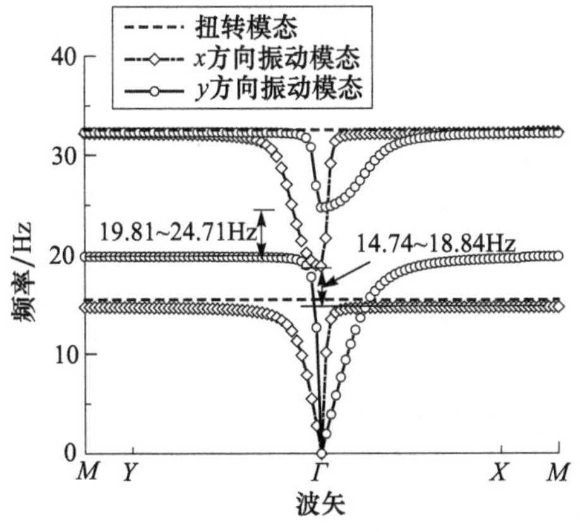

图 6.18　局域共振型周期结构的频散关系($t_r=0.1\text{m}$、$b_x=0.6\text{m}$、$b_y=0.3\text{m}$、$a_y=0.7\text{m}$)(见彩图)

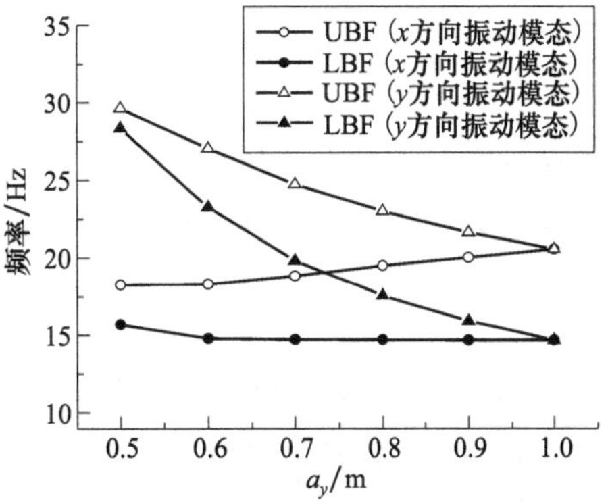

图 6.19　单元高度对局域共振型方向衰减域的影响

6.5　混凝土配筋对衰减域的影响

6.5.1　材料等效

在实际工程中混凝土通常都配置有钢筋。针对 CRC 型局域共振型周期结构，下面分析配筋对衰减域的影响。仅考虑钢筋在混凝土中正交布置的情况，其他情况可做类似讨论。此时，钢筋混凝土可简化为一种正交异性均匀材料[18]。图 6.20 为配筋情况下周期结构典型单元示意图，其中坐标轴与正交布置的钢筋方向一致。

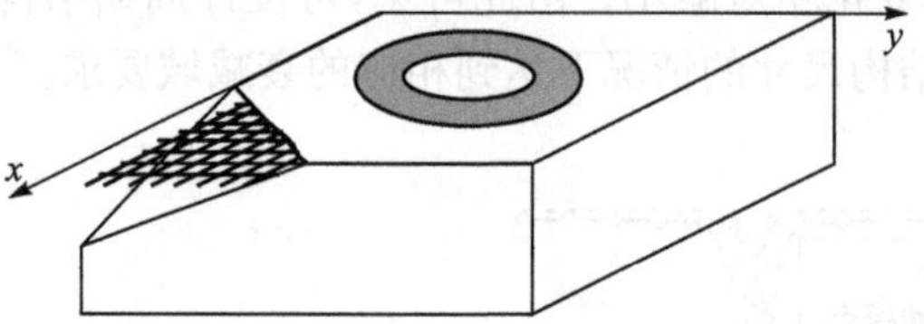

图 6.20　混凝土配筋时局域共振型周期结构典型单元

由复合材料力学性能可知，正交异性材料的材料系数矩阵为

$$C=\begin{bmatrix} E_x/(1-\upsilon_{xy}\upsilon_{yx}) & E_y\upsilon_{xy}/(1-\upsilon_{xy}\upsilon_{yx}) & 0 \\ E_x\upsilon_{yx}/(1-\upsilon_{xy}\upsilon_{yx}) & E_y/(1-\upsilon_{xy}\upsilon_{yx}) & 0 \\ 0 & 0 & G_{xy} \end{bmatrix} \tag{6.8}$$

材料系数矩阵中包含五个待定参数 E_x、E_y、υ_{xy}、υ_{yx}、G_{xy}。这些参数需要由钢材及混凝土材料的材料参数来确定。假设钢材与橡胶均为各向同性线弹性材料，且钢筋在两个方向上均匀布置。忽略一个方向钢筋对另一个方向的作用，可得

$$\begin{cases} E_x=(1-\gamma_x)E_{\mathrm{m}}+\gamma_x E_{\mathrm{f}} \\ E_y=(1-\gamma_y)E_{\mathrm{m}}+\gamma_y E_{\mathrm{f}} \end{cases} \tag{6.9}$$

式中，γ_x 和 γ_y 分别为 x 和 y 方向上的面积配筋率；E_{f} 和 E_{m} 分别为钢材与混凝土的弹性模量。在本部分的分析中，下标 f 和 m 分别代表纤维和基体材料。与弹性模量参数相类似，可以得到正交异性材料的泊松比参数：

$$\begin{cases} \upsilon_{xy}=\gamma_x\upsilon_{\mathrm{f}}+\upsilon_{\mathrm{m}}(1-\gamma_x) \\ \upsilon_{yx}=\gamma_y\upsilon_{\mathrm{f}}+\upsilon_{\mathrm{m}}(1-\gamma_y) \end{cases} \tag{6.10}$$

式中，υ_{xy} 代表 x 方向单位应力作用下 y 方向的应变与 x 方向应变的比值；υ_{yx} 含义类似；υ_{f} 和 υ_{m} 分别为钢材与混凝土的泊松比。

根据 Maxwell 定理[19]，正交异性材料的泊松比参数满足：

$$E_x\upsilon_{xy}=E_y\upsilon_{yx} \tag{6.11}$$

式(6.10)和式(6.11)不能同时满足。为了简化分析，考虑到钢筋沿不同方向的配筋率存在差异，计算中将应用式(6.10)求解泊松比受配筋影响较大的一个，另一个泊松比参数按 Maxwell 定理计算。

根据复合材料力学性能，等效正交异性材料的面内剪切模量可表示为

$$G_{xy}=\frac{G_{\mathrm{f}}G_{\mathrm{m}}}{G_{\mathrm{f}}\gamma_{\mathrm{f}}+G_{\mathrm{m}}(1-\gamma_{\mathrm{f}})},\quad \gamma_{\mathrm{f}}=\min(\gamma_x,\gamma_y) \tag{6.12}$$

式中，G_f 和 G_m 分别为纤维增强材料和混凝土材料的剪切模量。

除弹性参数，等效密度参数是影响频散关系的重要参数。等效密度参数为

$$\rho' = \rho_m(1-\gamma_x-\gamma_y)+\rho_f(\gamma_x+\gamma_y) \tag{6.13}$$

实际应用中，钢筋的配筋量需由其受力状况来确定。在下面的计算中，周期基础中配筋率的配筋范围将类比于厚板结构确定为[20] 0.15%～5%。同时，考虑极限配筋状况，x 方向的配筋率取为 0.15%，y 方向的配筋率取为 5%。表 6.2 给出了等效材料参数。

表 6.2　钢筋混凝土材料的等效参数

配筋率	E_x/Pa	E_y/Pa	υ_{xy}	υ_{yx}	G_{xy}/Pa	ρ'/(kg/m³)
γ_x=0.15% γ_y=5%	3.2765×10^{10}	4.1325×10^{10}	0.2038	0.1673	1.4132×10^{10}	2778

6.5.2　配筋影响分析

为对比分析，建立两个模型。模型 1 中基体材料取为钢筋混凝土，芯体材料取为素混凝土；模型 2 中基体材料和芯体材料均取为钢筋混凝土，且芯体与基体的配筋率及布置方向相同。典型单元的尺寸为 a=2.0m、r_c=0.7m、t_r=0.2m。表 6.3 给出了这两个模型的前三个衰减域的边界频率。对比无配筋情况可知，配筋对衰减域的影响非常小。在工程计算要求的精度范围内，可以忽略配筋对衰减域的影响。因此，在实际计算中，可以将钢筋混凝土简化为各向同性的均匀材料，这为工程应用提供了极大方便。

表 6.3　考虑配筋时周期结构的衰减域

(a=2.0m、r_c=0.7m、t_r=0.2m、γ_x=0.15%、γ_y=5%)

模型	AZ-1/Hz			AZ-2/Hz			AZ-3/Hz		
	LBF	UBF	WAZ	LBF	UBF	WAZ	LBF	UBF	WAZ
1	7.22	9.96	2.74	15.63	15.90	0.27	15.90	16.42	0.52
2	6.87	9.70	2.82	15.63	15.82	0.19	15.82	16.42	0.60

6.6　有限周期结构的动力特性

衰减域是理想周期结构的动力特性，而实际工程结构的几何尺寸都是有限的，因此有必要了解二维有限周期结构的动力特性。下面分别介绍 Bragg 散射型和局域共振型有限周期结构的动力特性。

6.6.1　分析模型

周期结构的模型如图 6.21 所示。RC 型周期结构单元尺寸为 $a=1.0\text{m}$，$r_c=0.4\text{m}$；CRC 型周期结构单元尺寸为 $a=2.0\text{m}$，$r_c=0.7\text{m}$，$t_r=0.2\text{m}$。采用有限元软件 ANSYS10.0 进行分析，并采用平面应变单元 Plane82 建模。计算中在周期结构的左侧施加幅值为 δ_0 的简谐位移荷载，输出结构上各点位移响应的幅值 δ，频率响应函数定义为[14] $\text{FRF}=20\lg(\delta/\delta_0)$。为了消除离散性，采用结构右侧所有点响应的平均值来定义平均频率响应函数(averaged frequency response function，AFRF)。

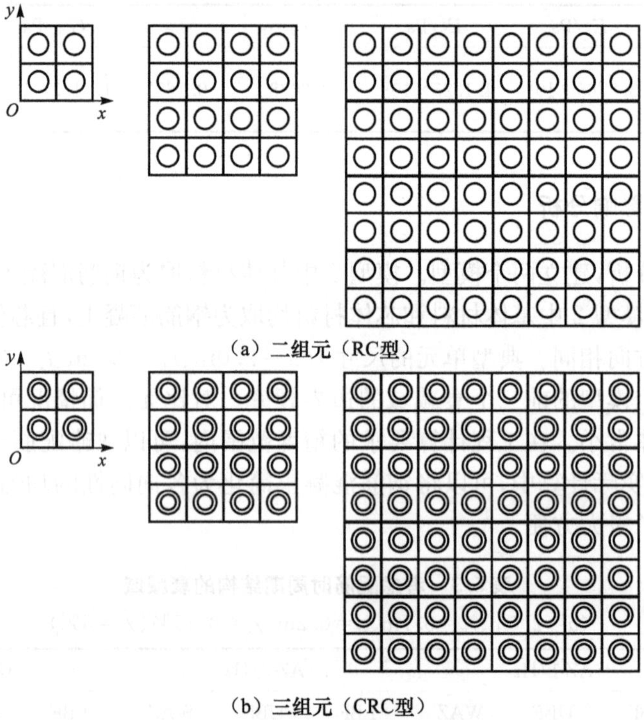

图 6.21　两种有限周期结构模型

6.6.2　数值计算结果

将二维周期结构的周期数分别取为 $M=2,4,8$，图 6.22 给出了散射型周期结构沿 x 方向传输的平均频率响应函数。图中阴影部分代表理想周期结构的衰减域，不难看出，频率响应函数在第一和第二衰减域内有明显的衰减。衰减域在有限周期结构周期数为 $M=2$ 时已可辨识，随着周期数的增加，频率响应函数在衰减域边界处的斜率变大。为进一步说明 RC 型周期结构的衰减性，图 6.23 给出了激励频率分别取处于衰减域范围外(10.01Hz)和衰减域范围内(12.04Hz)时有限周期结构($M=8$)的振动形式。从图 6.23 可见，外部激励处于衰减域范围外时，振动可传过周期结构；外部激励处于衰减域范围内时，振动经过前几个单元之后即得到较大衰减，从而不能传过周期结构。

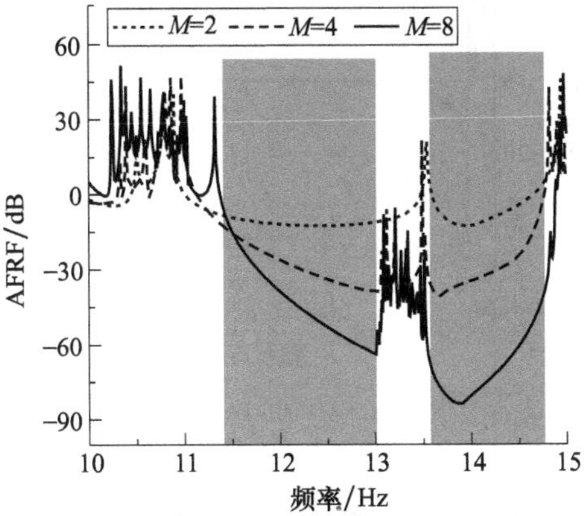

图 6.22　RC 型有限周期结构沿 x 方向的平均频率响应函数

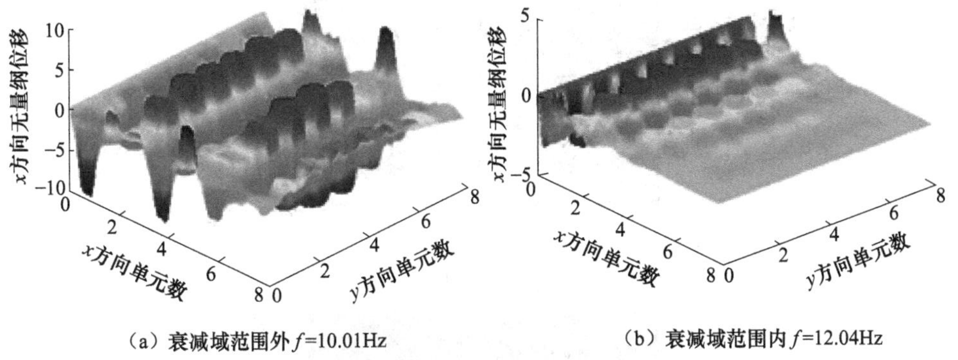

图 6.23　RC 型有限周期结构单频稳态位移响应(见彩图)

对于 CRC 型周期结构，图 6.24 给出了有限周期结构沿 x 方向的平均频率响应函数。在第一衰减域范围内，频率响应函数存在较大的衰减。随着有限周期结构单元数的增加，衰减越来越明显。同时，与二组元周期结构的传递函数不同，三组元周期结构的传递函数在衰减中存在较大的非对称性，即 Fano 现象[9]。在第一衰减域开始的区域存在较大的衰减，之后衰减逐渐减小。图 6.25 给出了激励频率处于衰减域范围外(7.03Hz)和衰减域范围内(7.23Hz)时的位移幅值分布。可以看出，处于衰减域范围外的单频荷载激励作用下，内部振子沿传播方向的振动逐渐放大；相反，处于衰减域范围内的单频荷载激励作用下，内部振子沿传播方向的振动逐渐减小。经过 3～5 个周期之后，结构的振动得到较大的抑制。

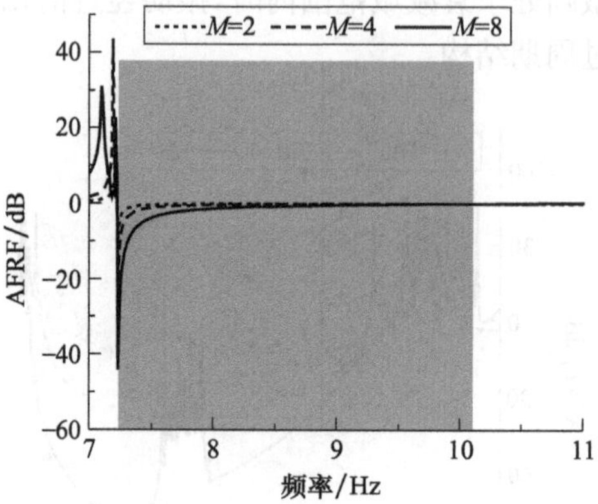

图 6.24　三组元(CRC 型)有限周期结构 x 方向的平均频率响应函数

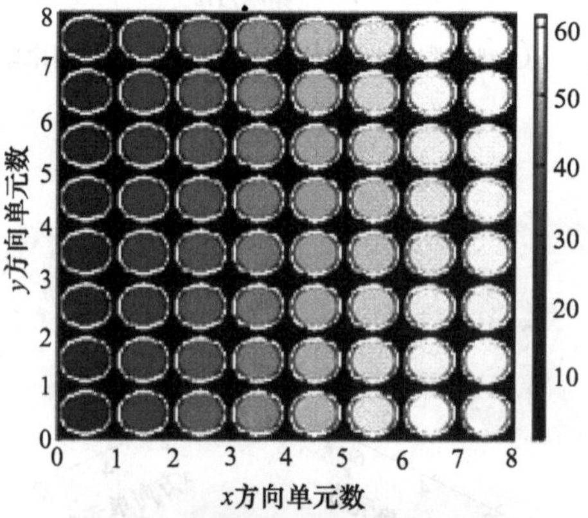

(a) 衰减域范围外 f=7.03Hz

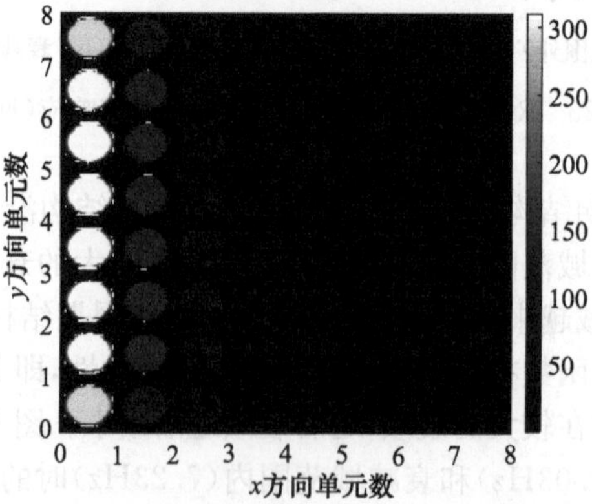

(b) 衰减域范围内 f=7.23Hz

图 6.25　CRC 型有限周期结构的单频稳态位移响应

6.7　二维周期隔震基础的数值模拟

6.7.1　二维高对称周期隔震基础

图 6.26 给出了分别采用混凝土基础和采用三组元周期隔震基础的核电站结构示意图及其简化分析模型，下面考察三组元周期结构的衰减域对地震动传输的抑制作用。

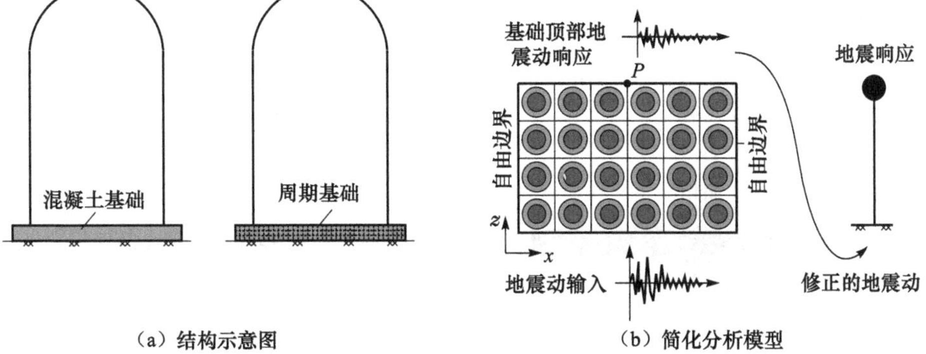

图 6.26　采用不同基础的核电结构示意图及其简化分析模型

核电站结构的特征频率为 3～10Hz[21-23]。为简化分析，采用梁-集中质量模型模拟，如图 6.26(b)所示。集中质量为 65000t，混凝土梁的截面及其惯性矩分别为 $A_S=405m^2$ 和 $I=0.68\times10^6 m^4$，梁高 60m。梁-集中质量模型的第一阶特征频率为 7.71Hz(竖直方向)，第二阶特征频率 7.96Hz(水平方向)。

周期基础采用 CRC 型典型单元，其中单元尺寸为 $a=2.0m$、$r_c=0.7m$、$t_r=0.2m$。该高对称周期结构的完全衰减域为 7.22～10.16Hz。为简化分析，周期基础采用 6×4 个单元。忽略上部结构与基础的相互作用，可将梁-集中质量模型与基础模型单独分析。不计入周期基础与土的相互作用，在基础的左右边界施加自由边界条件。

应用大质量法，将地震动加速度记录施加在基础底部。从 PEER 地震动网站获取 1984 年的 Bishop(Rnd-Val)地震记录 MCG-UP(竖向)和 MCG-360(水平向)，并将其分别施加于基础底部的竖向和水平向，这两个地震动记录的主频分别为 8.18Hz 和 8.32Hz。为了突出周期结构衰减域对地震动的抑制效果，计算中将不计入阻尼因素。基础顶部 P 点的加速度响应将作为上部结构(梁-集中质量系统)的输入来模拟上部结构的地震动响应。为了对比，原始的地震动记录将作为无隔震情况下(混凝土基础)上部结构的输入。

在周期基础底部沿 x 方向输入 Bishop MCG-360 地震记录，图 6.27 给出了基础顶部 P 点的水平向加速度响应及位移响应。从图中可知，周期基础顶部的加速度峰值降低了 80%以上。目前应用的传统隔震技术，如高阻尼橡胶支座、铅芯橡胶支座或摩擦摆支座，均可以有效地降低上部结构的地震动水平响应。但由于传统隔震支座的水平刚度较小，故通常产生较大的水平位移，给工程应用带来较大的不便。应用周期隔震基础的情况下，不仅可以降低上部结构的加速度响应，同时可以减小基础顶部的位移响应。此外，传统的隔震技术不能够用于降低上部结构的竖向地震动响应。在周期基础底部输入 Bishop MCG-UP 地震记录，图 6.28 给出了 P 点的竖向加速度响应及位移响应。不难看出，周期基础顶部沿竖向的加速度响应及位移响应均有较大衰减。

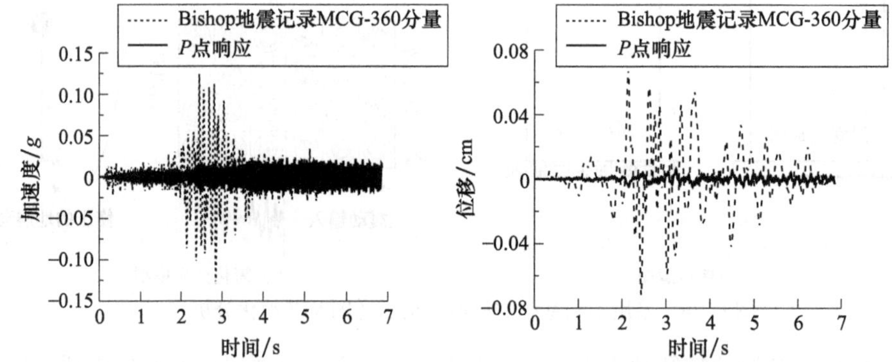

（a）加速度响应　　（b）位移响应

图 6.27　周期基础底部沿水平向输入 Bishop MCG-360 地震记录时，基础顶部 P 点的水平向动力响应

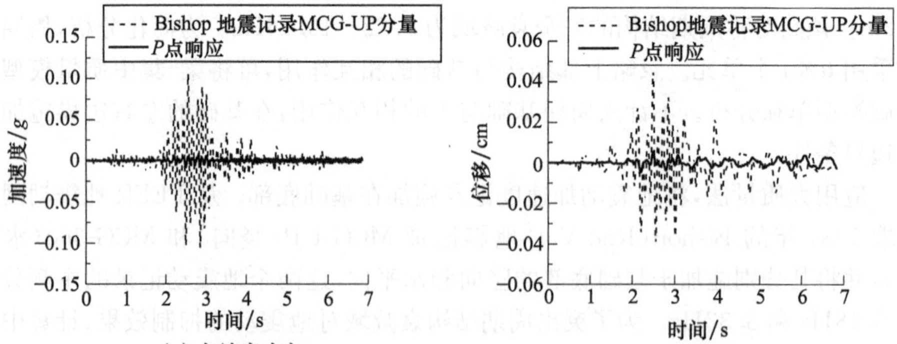

（a）加速度响应　　（b）位移响应

图 6.28　周期基础底部沿竖向输入 Bishop MCG-UP 地震记录时，基础顶部 P 点的竖向动力响应

将 P 点的地震动响应作为上部结构的地震动输入，对比分析应用周期基础和钢筋混凝土基础两种情况下上部结构的地震动响应。如图 6.29 和图 6.30 所示，应用周期基础的情况下，上部结构的加速度响应和位移响应都远远小于应用传统钢筋混凝土基础时上部结构的响应。

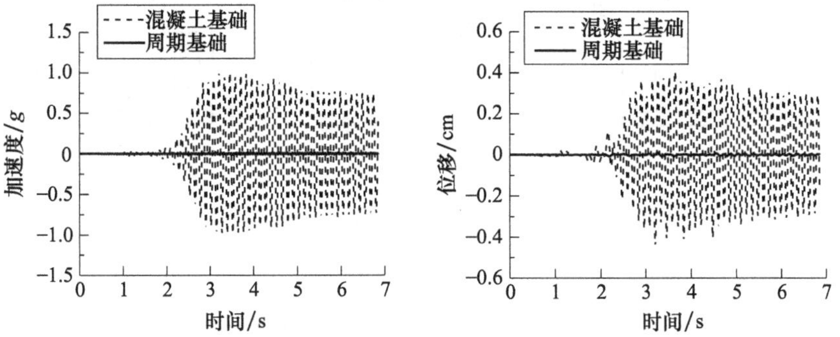

(a) 加速度响应　　　　(b) 位移响应

图 6.29　有、无周期基础情况下，上部结构的水平向动力响应

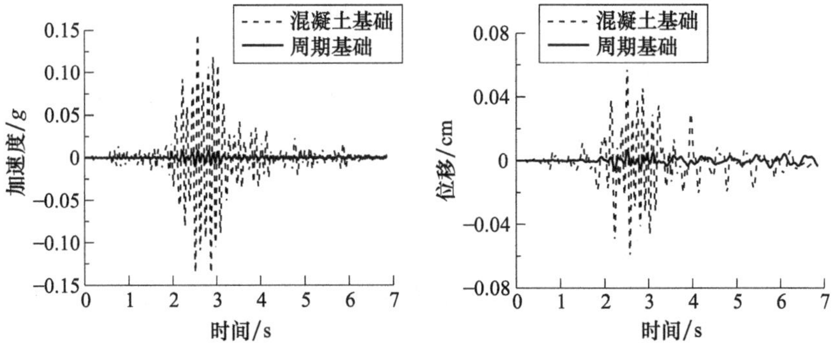

(a) 加速度响应　　　　(b) 位移响应

图 6.30　有、无周期基础情况下，上部结构的竖向动力响应

6.7.2　二维非高对称周期隔震基础

采用非高对称典型单元有利于减小周期隔震基础的尺寸。图 6.31 给出了两种非高对称周期结构典型单元示意图。与图 6.17 不同，典型单元的柔性连接没有充满，但这两个单元的橡胶用量与图 6.17 所示典型单元橡胶用量相等。两种单元的混凝土基体尺寸均为 1.0m×0.5m，芯体尺寸为 0.7m×0.3m。芯体采用钢材，柔性连接层为橡胶。基于模态的频散关系，可得两种周期结构频散关系如图 6.32 所示。对于单元 1，与内部振子沿 x 方向振动相对应波动模态的衰减域为 4.08～9.59Hz，与内部振子沿 y 方向振动相对应波动模态的衰减域为 14.39～33.69Hz；对

于单元 2,与内部振子沿 x 方向振动相对应波动模态的衰减域为 7.96～18.12Hz,与内部振子沿 y 方向振动模态相对应波动模态的衰减域为 5.52～12.25Hz。

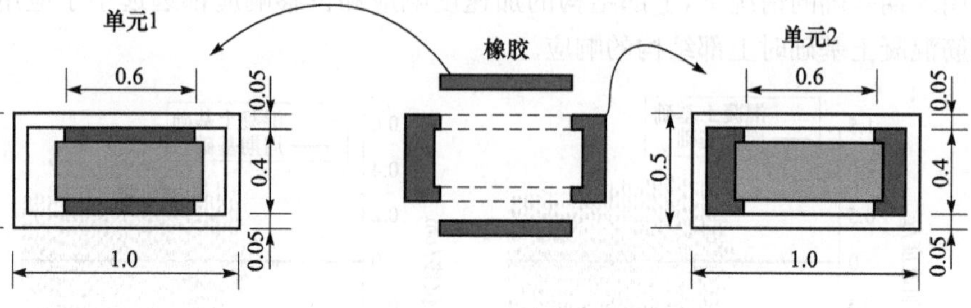

图 6.31 非高对称典型单元(单位:m)

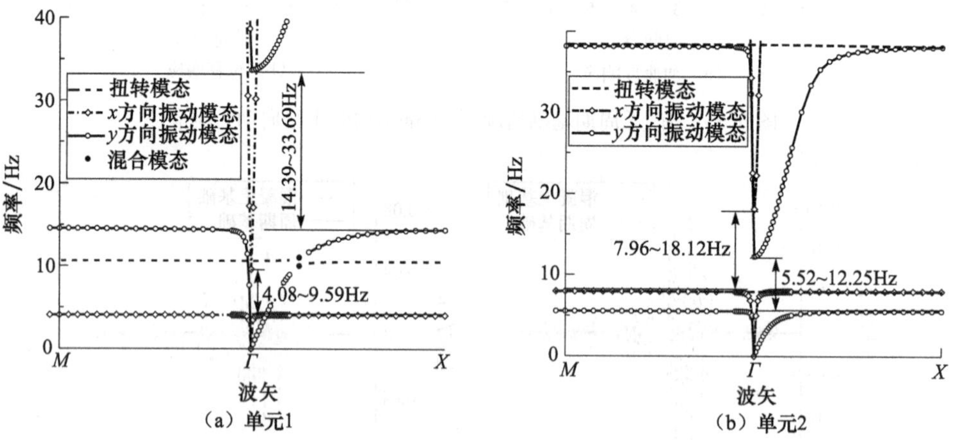

图 6.32 两种非高对称周期结构的频散关系

为获得较宽的衰减域,将上述两个非高对称典型单元复合形成周期隔震基础,如图 6.33 所示,周期隔震基础沿厚度方向有三个典型单元。为了突出周期基础的衰减域滤波作用,数值计算分为两步:第一步是将地震动输入基础底部,计算基础的响应;第二步是将基础顶部 P 点的响应作为滤波后的地震动输入上部结构,进而计算上部结构的动力响应。为对比分析,原始的地震动记录将作为无隔震情况下(混凝土基础)上部结构的输入。

应用大质量法,将地震动加速度记录施加在基础底部。计算中采用三个不同地震动加速度记录:Anza-1980、Imperial Valley-1979 和 Loma Prieta-1989。这三个地震记录分别对应于三种不同的场地类别,即硬土、中硬土和软土。对于每个地震动,选取水平向和竖向两个地震记录(表 6.4)。

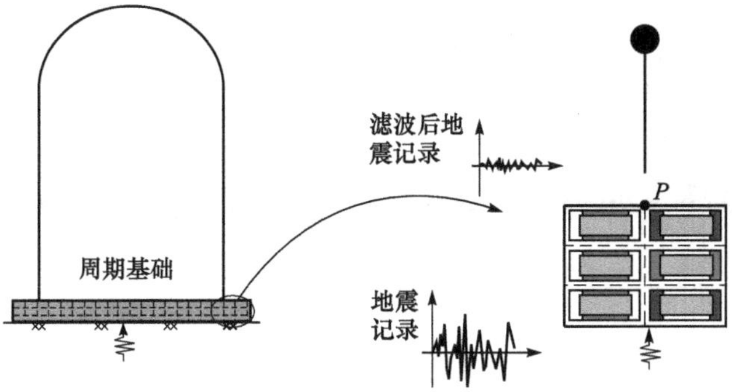

图 6.33　具有方向性衰减域的二维复合周期隔震基础及其简化分析模型

表 6.4　三种场地条件下的地震动记录[24]

场地类别	地震(记录站)	震级(时间)	记录/分量(PGA/g)
硬土	Anza(Anza Fire Station)	4.9(1980.02.25)	Anza/AZF315(0.037)
			Anza/AZF-UP(0.066)
中硬土	Imperial Valley (Superstition Mtn Camera)	7.3(1979.11.12)	Impvall/H-Sup-045(0.109)
			Impvall/H-Sup-Up(0.077)
软土	Loma Prieta (Alameda Naval Air Stn Hanger)	7.1(1989.10.18)	Lomap/NAS180(0.268)
			Lomap/NAS-UP(0.061)

首先,分析周期基础对水平向地震动的抑制作用。忽略基础与土周边的相互作用,在基础的左右两边施加自由边界。在基础底部沿竖直方向施加固定边界,并沿水平方向分别施加地震记录 Anza/AZF315、Impvall/H-Sup-045 和 Lomap/NAS180,输出基础顶部 P 点的响应。图 6.34 给出了不同地震动作用下基础顶部 P 点沿水平向的加速度响应和位移响应。可以看出,经过周期基础之后地震动的峰值有明显的减小,这意味着周期基础滤去了地震动的很大一部分能量。对于传统隔震技术,由于上部结构与基础之间的隔震系统水平刚度较小,地震动作用下上部结构通常会产生较大的水平位移。而对于周期隔震基础,由图 6.34 给出的基础底部与顶部的位移可以看出,周期基础不仅可以减小上部结构的加速度响应,而且可以降低上部结构的位移响应。

其次,将地震动记录的三个竖向分量分别施加在基础底部,约束基础底部沿水平方向的位移,并将基础左、右两侧设置为自由边界。分析周期隔震基础对竖直方向地震动的抑制作用。图 6.35 给出了基础顶部的加速度响应和位移响应。可以看出,经过周期基础之后,基础顶部的加速度响应和位移响应都远小于基础底部的输入。传统隔震技术对竖向地震动的隔震效果较差,而周期隔震基础却对竖向地震动具有较好的抑制作用。

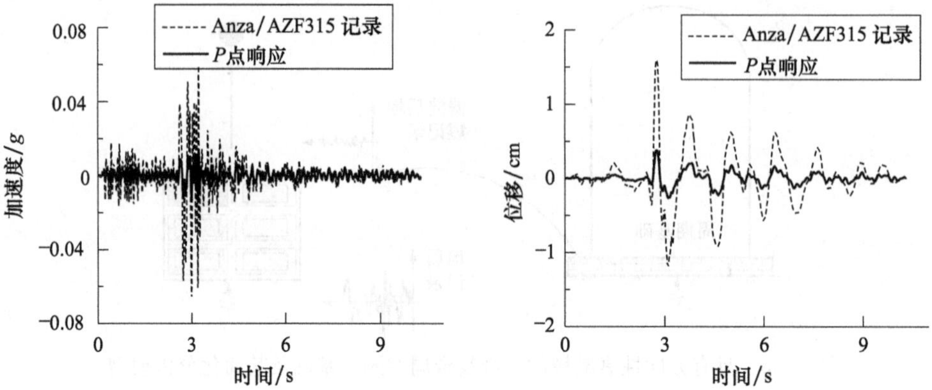

（a）Anza/AZF315

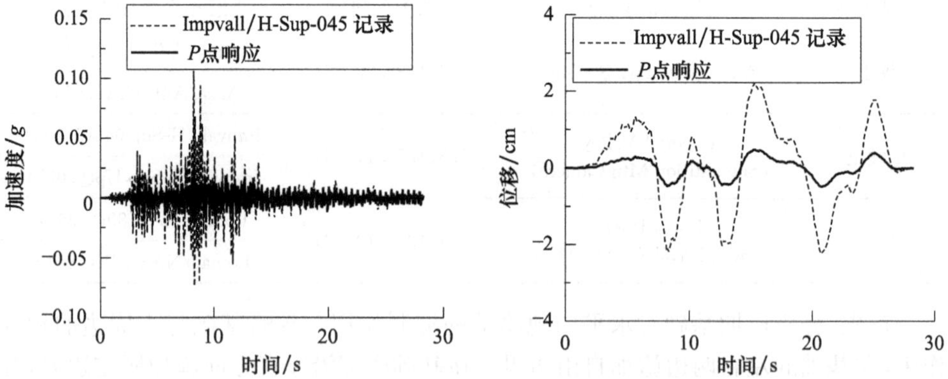

（b）Impvall/H-Sup-045

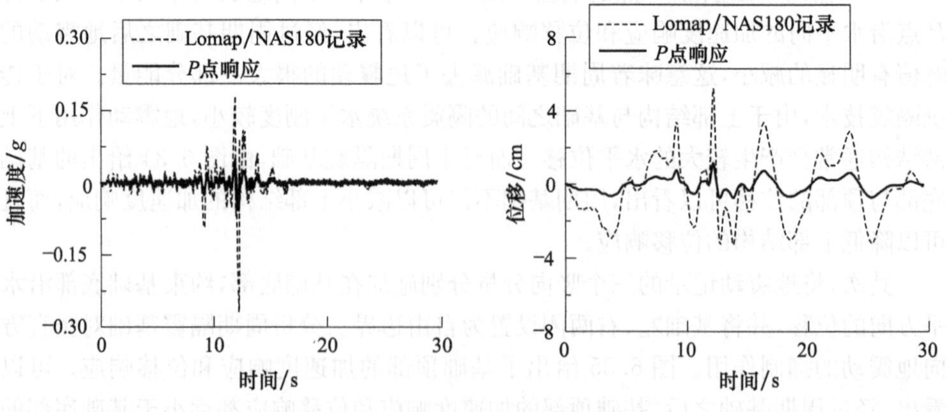

（c）Lomap/NAS180

图 6.34　不同地震动作用下，周期基础上部 P 点沿水平向的加速度响应和位移响应

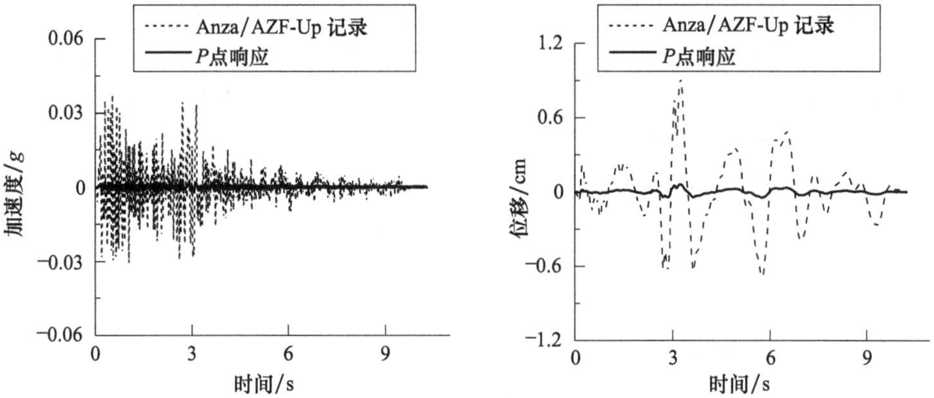

(a) Anza/AZF-UP

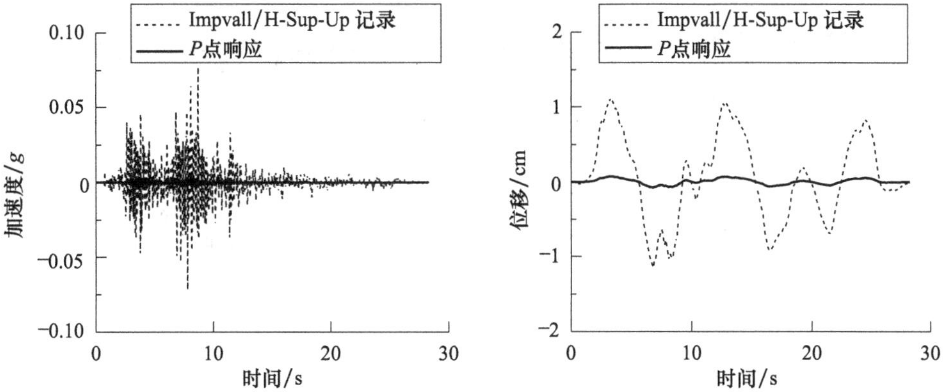

(b) Impvall/H-Sup-UP

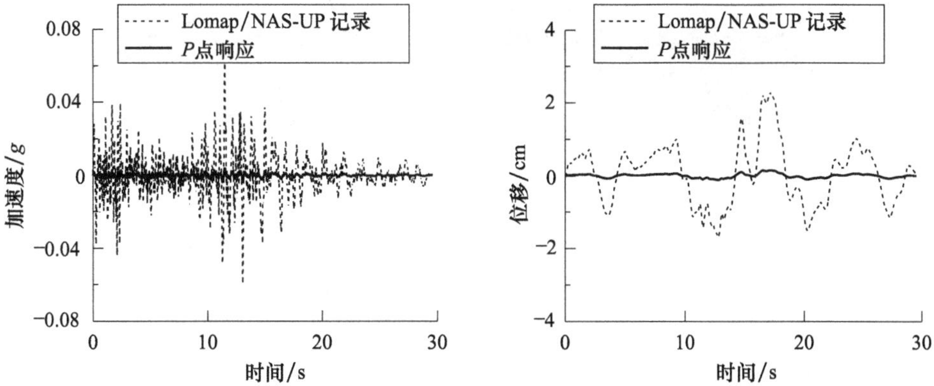

(c) Lomap/NAS-UP

图 6.35　不同地震动作用下,周期基础上部 P 点沿竖向的加速度响应和位移响应

将基础顶部 P 点的地震动响应输入上部结构(梁-集中质量系统),分析地震动作用下上部结构的响应。传统核电站结构采用混凝土基础。为简化分析,对传统结构形式将地震动记录直接输入梁-集中质量系统来分析上部结构的地震响应。图 6.36 给出了上部结构沿水平向的加速度响应和位移响应,图 6.37 给出了上部结构顶部沿竖向的加速度响应和位移响应。可以看出,采用周期隔震基础后,上部结构的地震动响应远小于无隔震情况的地震动响应。

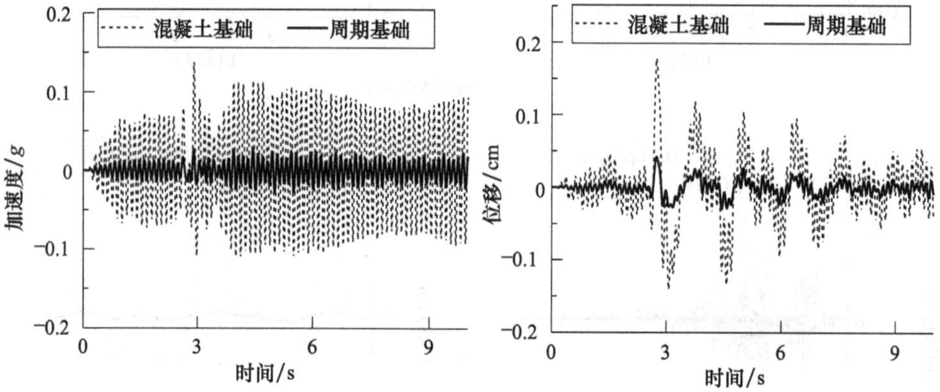

(a) Anza/AZF315

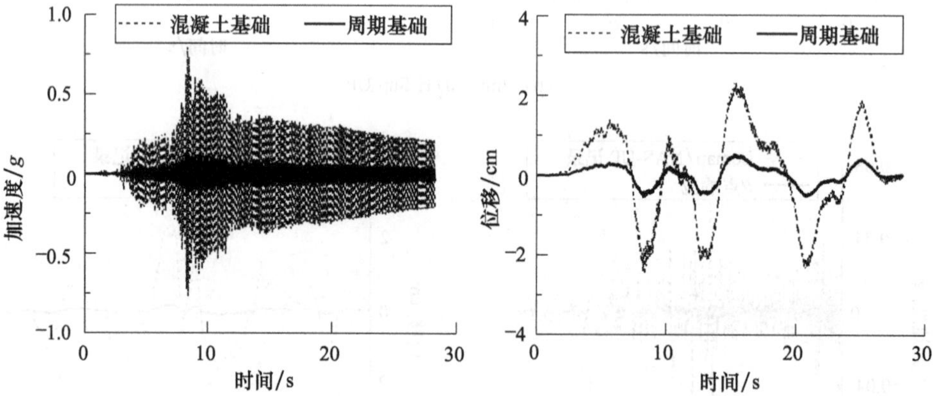

(b) Impvall/H-Sup-045

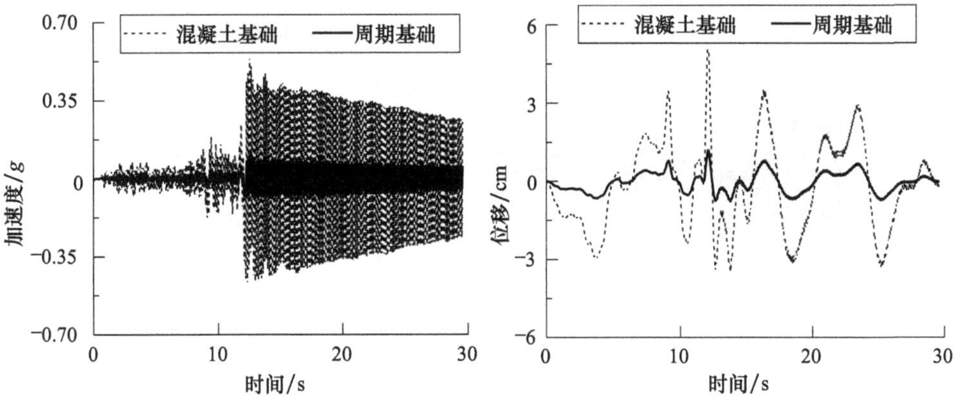

（c）Lomap/NAS180

图 6.36　不同地震动作用下，上部结构沿水平向的加速度响应和位移响应

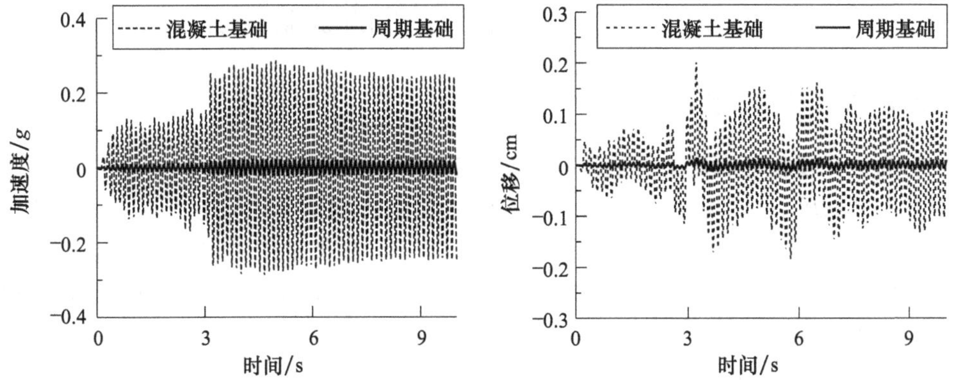

（a）Anza/AZF-UP

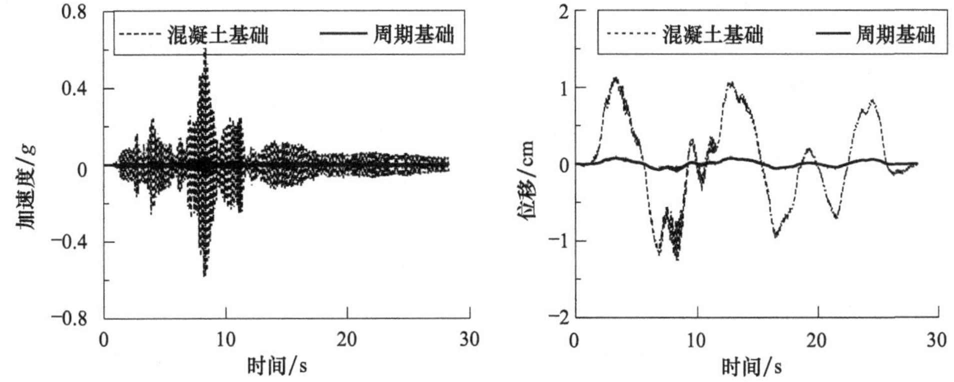

（b）Impvall/H-Sup-UP

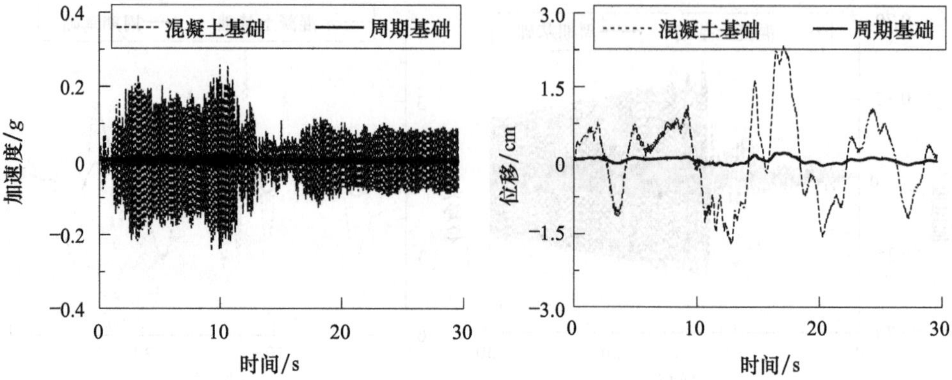

（c）Lomap/NAS-UP

图 6.37　不同地震动作用下，上部结构沿竖向的加速度响应和位移响应

6.8　二维周期隔震基础的试验研究

6.8.1　试验模型及仪器

为进一步验证利用二维周期基础的衰减域进行隔震的有效性，本节开展了自由场振动试验。试验共包含两个模型，模型 1 是将钢框架固定在周期基础（PM）上；模型 2 是将钢框架固定在混凝土基础（RC）上。框架采用美国规范中的 A36 号钢，型钢截面为 S3×5.7in①。钢框架结构尺寸为 1m×0.5m，钢框架顶部左右两侧分别配重 5.4kg 以降低上部结构的固有频率。在距离两个模型等距离的地方施加外部激励，监测钢框架的动力响应[25]。

周期基础典型单元的芯体为铸铁，包裹层为橡胶，基体为钢筋混凝土。实测材料参数如表 6.5 所示。典型单元尺寸 a=0.254m，芯体半径 r_c=0.06m，包裹层厚度 t_r=0.04m。周期基础采用 8.5×3 个单元。理论分析得该周期结构的衰减域为 41.2～58.7Hz。

表 6.5　试验材料参数

材料	密度/(kg/m³)	杨氏模量/Pa	泊松比
铸铁	7.184×10^3	1.65×10^{11}	0.275
橡胶	1.196×10^3	5.7×10^5	0.463
聚亚氨酯	1.277×10^3	1.586×10^5	0.463
钢材	7.85×10^3	2.05×10^{11}	0.28
混凝土	2.3×10^3	3.144×10^{10}	0.33

① 1in=0.0254m。

北京交通大学和美国休斯敦大学共同协作，完成了二维周期结构隔震性能试验。图 6.38 为试验流程，图 6.39 给出了试验模型及仪器布置，采用了 NEES(network for earthquake engineering simulation)在得克萨斯大学奥斯汀分校的自由场测试仪及数据采集系统[26]，即 NEES@UTEXT。它的三台移动式车载振动仪为 T-Rex、Liquidator 和 Thumper，其中 T-Rex 可以产生沿空间任意方向的作动力。相比于 T-Rex，Liquidator 是一个低频激振器，仅可以激励水平向和垂直向的振动。Thumper 是最小的激振器，可用于高频激振[27]。数据采集系统包括三维加速度传感器及 Geophone 传感器等。应用 T-Rex 或 Liquidator 为激振器时，仪器布置如图 6.39(a)所示；应用 Thumper 为激振器时，仪器布置如图 6.39(b)所示。图 6.40 给出相关试验照片。

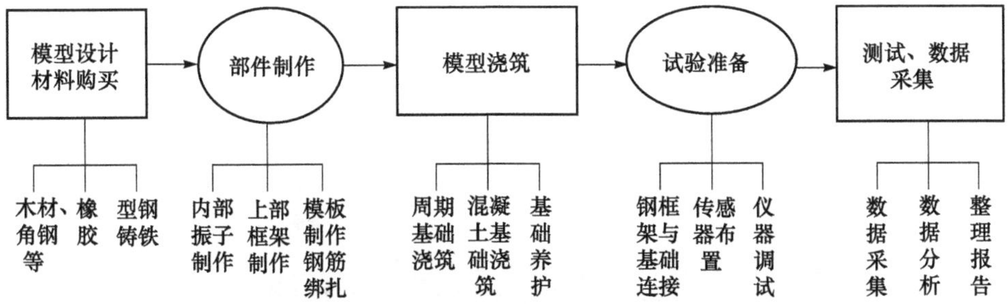

图 6.38　二维周期结构隔震性能试验流程

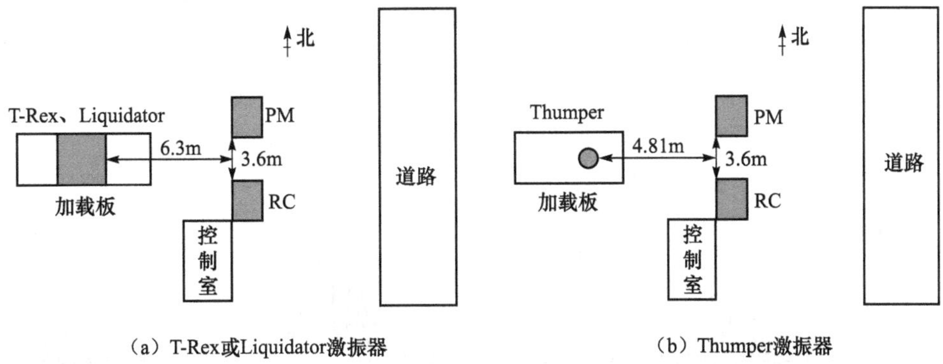

(a) T-Rex或Liquidator激振器　(b) Thumper激振器

图 6.39　试验模型及仪器布置

6.8.2　水平向隔震性能测试

如图 6.41 所示，首先应用 Liquidator 对周期基础水平向的隔震效果进行测试。试验中，Liquidator 激振器沿水平方向施加 1984 年 Bishop 地震记录的 MCG-360 分量，并将地震记录的主频调至衰减域范围 50Hz 内。图 6.42(a)给出了钢框

（a）周期基础模型

（b）数据采集

图 6.40　试验照片

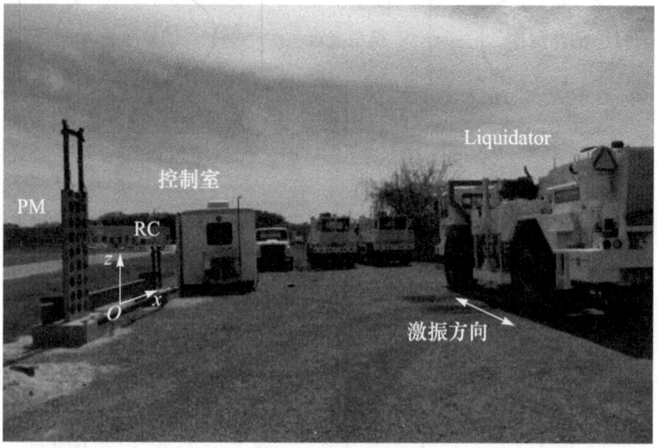

图 6.41　水平向(x)隔震效果测试(见彩图)

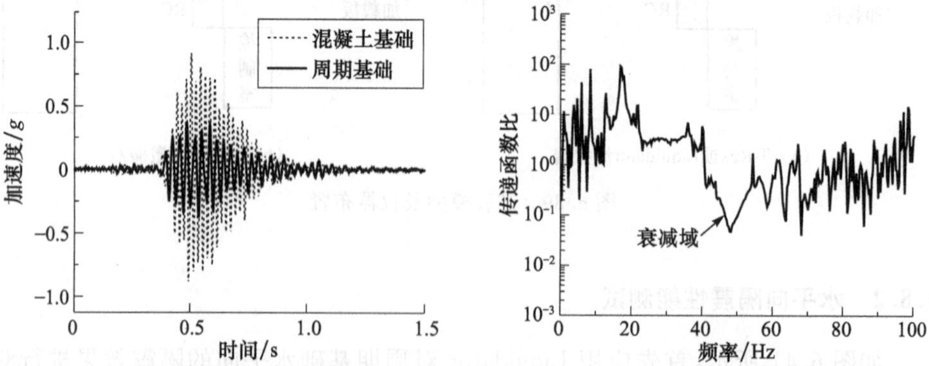

（a）钢结构顶部加速度响应　　（b）两个模型的传递函数比

图 6.42　1984 年 Bishop MCG-360 地震动作用下，上部结构加速度响应及其频域特征

架结构顶部沿 x 方向的加速度响应。由图可知，在应用周期基础的情况下，上部结构的加速度峰值约为应用混凝土基础情况下的 50%。

为突出周期结构在频域中的减振效果，定义传递函数比为

$$\text{Transfer ratio}(f)=\frac{A_{\text{t}}^{\text{PM}}(f)/A_{\text{b}}^{\text{PM}}(f)}{A_{\text{t}}^{\text{RC}}(f)/A_{\text{b}}^{\text{RC}}(f)} \tag{6.14}$$

式中，$A(f)$为地震动记录的频域幅值；下标 t 和 b 分别表示钢结构顶部和基础底部；上标 PM 和 RC 分别对应周期基础和混凝土基础两种情况。图 6.42(b)给出了 Bishop MCG-360 地震动输入下两个模型频域内的传递函数比。由图可知，在衰减域范围内，比值远小于 1。

6.8.3　竖向隔震性能测试

本节应用 Thumper 激振器对周期结构的竖向振动模态进行试验。试验布置如图 6.43 所示。由理论分析可知，在衰减域范围内激励作用下，局域共振有限周期结构的内部振子将与基体成反相运动，这种反相运动使得基体结构上的动力响应不断减小。试验中测试了周期结构第三排(由下而上)单元的芯体与基体的振动。Thumper 激振器输入 5～100Hz 的谐振激励，输出第三排中间单元的芯体与其基体的振动相位差，如图 6.44 所示。由图可知，在 58～82Hz 内，芯体与基体的振动相位差远大于其他频率下的相位差。即 58～82Hz 为竖向振动的衰减域，对比理想周期结构的衰减域 41.1～58.7Hz，试验结果略高。

图 6.43　竖向(z)隔震效果测试(见彩图)

进一步对周期结构的竖向隔震效果进行试验。试验中，Thumper 激振器沿竖直方向施加 1984 年 Bishop 地震记录的 MCG-UP 分量，并将地震记录的主频调至

衰减域范围内。图 6.45 给出了周期基础底部与顶部竖向的加速度响应。由图可知,在应用周期隔震基础的情况下,上部结构的加速度减小了约 25%。

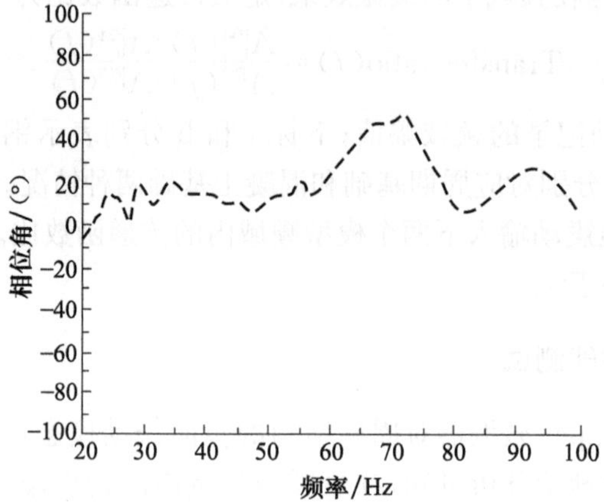

图 6.44　芯体与基体的相位差

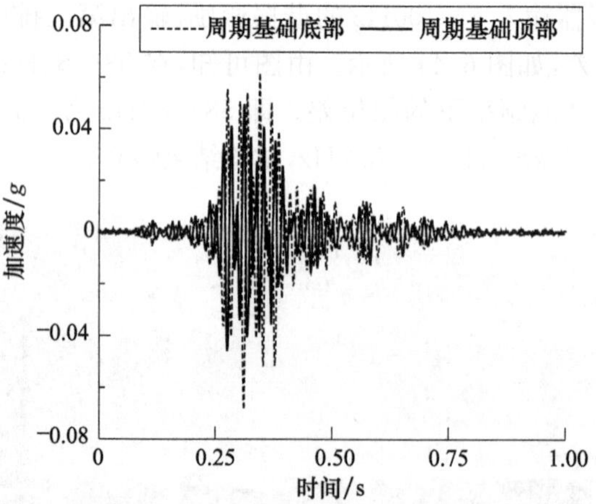

图 6.45　1984 年 Bishop MCG-UP 地震作用下,周期基础底部与顶部竖向的加速度响应

参 考 文 献

[1] Kushwaha M S, Halevi P, Dobrzynski L, et al. Acoustic band structure of periodic elastic composites[J]. Physical Review Letters, 1993, 71(13): 2022-2025.

[2] Kushwaha M S, Halevi P, Martinez G, et al. Theory of acoustic band structure of periodic elastic composites[J]. Physical Review B, 1994, 49(4): 2313-2322.

[3] Kushwaha M S, Halevi P. Band-gap engineering in periodic elastic composites[J]. Applied Physics Letters, 1994, 64(9): 1085-1087.

[4] Sigalas M M, Economou E N. Band structure of elastic waves in two dimensional systems [J]. Solid State Communications, 1993, 86(3): 141-143.

[5] Sigalas M M, Economou E N. Elastic and acoustic wave band structure[J]. Journal of Sound Vibration, 1992, 158: 377-382.

[6] Tanaka Y, Tomoyasu Y, Tamura S. Band structure of acoustic waves in phononic lattices: Two-dimensional composites with large acoustic mismatch[J]. Physical Review B, 2000, 62(11): 7387-7392.

[7] Vasseur J O, Deymier P A, Chenni B, et al. Experimental and theoretical evidence for the existence of absolute acoustic band gaps in two-dimensional solid phononic crystals[J]. Physical Review Letters, 2001, 86(14): 3012-3015.

[8] Liu Z Y, Zhang X X, Mao Y W, et al. Locally resonant sonic materials[J]. Science, 2000, 289(5485): 1734-1736.

[9] Goffaux C, Sánchez-Dehesa J, Yeyati A L, et al. Evidence of fano-like interference phenomena in locally resonant materials[J]. Physical Review Letters, 2002, 88(22): 225502.

[10] Redondo J, Picó R, Roig B, et al. Time domain simulation of sound diffusers using finite-difference schemes[J]. Acta Acustica United with Acustica, 2007, 93(4): 611-622.

[11] Redondo J, Sánchez-Morcillo V, Picó R. The potential for phononic sound diffusers(PSD) [J]. Building Acoustics, 2011, 18(1): 37-46.

[12] Li Z J, Chen H S. The development trend of advanced building materials[C]//Procedding of the First International Forum on Advances in Structural Engineering-2006: Emerging Structural Materials and Systems, Beijing, China, 2006: 120-206.

[13] Ho K M, Cheng C K, Yang Z, et al. Broadband locally resonant sonic shields[J]. Applied Physics Letters, 2003, 83(26): 5566-5568.

[14] Jia G F, Shi Z F. A new seismic isolation system and its feasibility study[J]. Earthquake Engineering and Engineering Vibration, 2010, 9(1): 75-82.

[15] 程志宝. 周期性结构及周期性隔震基础[D]. 北京：北京交通大学，2014.

[16] Cheng Z B, Shi Z F. Vibration attenuation properties of periodic rubber concrete panels [J]. Construction and Building Materials, 2014, 50: 257-265.

[17] Cheng Z B, Shi Z F, Mo Y L, et al. Locally resonant periodic structures with low-frequency band gaps[J]. Journal of Applied Physics, 2013, 114(3): 33532.

[18] Cheng Z B, Shi Z F. Novel composite periodic structures with attenuation zones[J]. Engineering Structures, 2013, 56: 1271-1282.

[19] Jones R M. Mechanics of Composite Materials[M]. London: Taylor & Francis, 1975.

[20] American Concrete Institute. Building Code Requirements for Structural Concrete (ACI 318-08) and Commentary[S]. Farmington Hill: American Concrete Institute, 2008.

[21] Kitada Y, Hirotani T, Iguchi M. Models test on dynamic structure—Structure interaction

of nuclear power plant buildings[J]. Nuclear Engineering and Design, 1999, 192(2): 205-216.

[22] Choi S Y, Park S Y, Hyun C H, et al. In-operation modal analysis of containments using ambient vibration[J]. Nuclear Engineering and Design, 2013, 260: 16-29.

[23] Choi S Y, Park S Y, Hyun C H, et al. Modal parameter identification of a containment using ambient vibration measurements[J]. Nuclear Engineering and Design, 2010, 240(3): 453-460.

[24] PEER. Peer Ground Motion Database[EB/OL]. http://peer.berkeley.edu/peer_ground_motion_database[2016-1-20].

[25] Efunda. Steel S Section I-Beams[EB/OL]. http://www.efunda.com/design standards/beams/Rolled Steel Beams RltsS.cfm[2016-2-10].

[26] Yan Y Q, Laskar A, Cheng Z B, et al. Seismic isolation of two dimensional periodic foundations[J]. Journal of Applied Physics, 2014, 116: 0449084.

[27] NEES. NEES@UTexase[EB/OL]. http://nees.utexas.edu/Home.shtml[2016-5-10].

第 7 章　三维周期结构的动力特性及其隔震应用

7.1 引　　言

与层状周期隔震基础、二维周期隔震基础不同，三维周期隔震基础的衰减域对沿任意方向传播的波都具有抑制作用，因而三维周期隔震基础适用于多维隔震。本章主要介绍三维周期结构的衰减域特性及三维周期基础的隔震性能。

三维周期结构的复杂性远大于层状周期结构及二维周期结构，其衰减域求解难度也远大于层状及二维周期结构。为此，本章首先讨论平面波展开法和有限单元法计算两种典型三维周期结构收敛性的差异；其次，对三维周期结构的衰减域进行参数分析；最后，通过数值模拟，分析一个简化的三维周期基础，阐明衰减域的有效性及其对地震动的抑制作用。

7.2 三维周期结构及其衰减域

如图 7.1 所示，考虑散射体在混凝土基体中按简单立方格子排列所形成的三维周期结构。三组元三维周期结构的典型单元为边长为 a 的立方体，散射体由内部芯体和橡胶包裹层组成，芯体分别考虑为立方体和球体两种典型情况。芯体为立方体的情况下，立方体芯体的边长为 l_A；芯体为球体的情况下，球体的半径为 r_A。芯体材料为混凝土或钢材，材料参数见表 6.1。

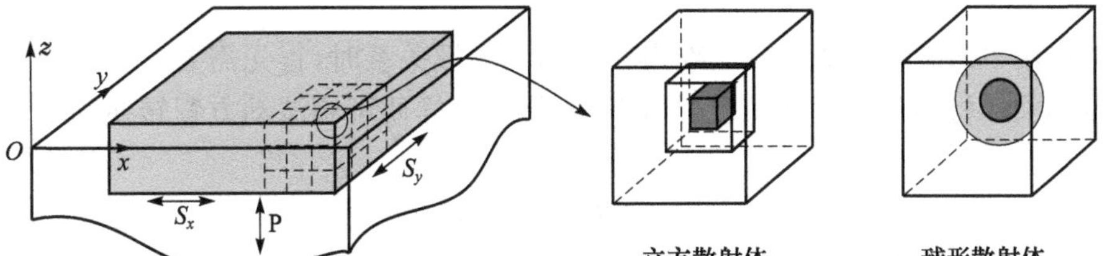

(a) 三维周期基础示意图　　(b) 两种典型单元

图 7.1　三维周期基础及两种典型单元示意图

假设材料为连续、均匀、各向同性的理想弹性材料，弹性波在三维周期结构中

传播的波动方程可以表示为

$$\rho(\boldsymbol{r})\frac{\partial^2\boldsymbol{u}}{\partial t^2}=\nabla\{[\lambda(\boldsymbol{r})+2\mu(\boldsymbol{r})](\nabla\cdot\boldsymbol{u})\}-\nabla\times[\mu(\boldsymbol{r})\nabla\times\boldsymbol{u}] \tag{7.1}$$

式中，∇为拉普拉斯算子；$\boldsymbol{u}=\{u_x,u_y,u_z\}$为位移响应；$\boldsymbol{r}=\{x,y,z\}$为坐标向量；$\lambda(\boldsymbol{r})$和 $\mu(\boldsymbol{r})$为拉梅常数函数；$\rho(\boldsymbol{r})$为密度函数。

根据 Bloch 定理，式(7.1)的解可表示为

$$\boldsymbol{u}(\boldsymbol{r},t)=\mathrm{e}^{\mathrm{i}(\boldsymbol{K}\cdot\boldsymbol{r}-\omega t)}\boldsymbol{u}_{\boldsymbol{K}}(\boldsymbol{r}) \tag{7.2}$$

式中，$\boldsymbol{K}$ 为波矢；ω 为频率。$\boldsymbol{u}_{\boldsymbol{K}}(\boldsymbol{r})$具有如下周期性：

$$\boldsymbol{u}_{\boldsymbol{K}}(\boldsymbol{r})=\boldsymbol{u}_{\boldsymbol{K}}(\boldsymbol{r}+\boldsymbol{R}) \tag{7.3}$$

式中，$\boldsymbol{R}=(R_x,R_y,R_z)$为单元格矢。对于立方体单元，有 $\boldsymbol{R}=a(\boldsymbol{a}_x,\boldsymbol{a}_y,\boldsymbol{a}_z)$，$a$ 为立方体边长，$\boldsymbol{a}_j$ 为单元格矢的基矢。

根据周期结构的对称性，可以得到立方体典型单元中含立方体或球形散射体时周期结构的第一布里渊区及简约布里渊区，如图 7.2 所示。

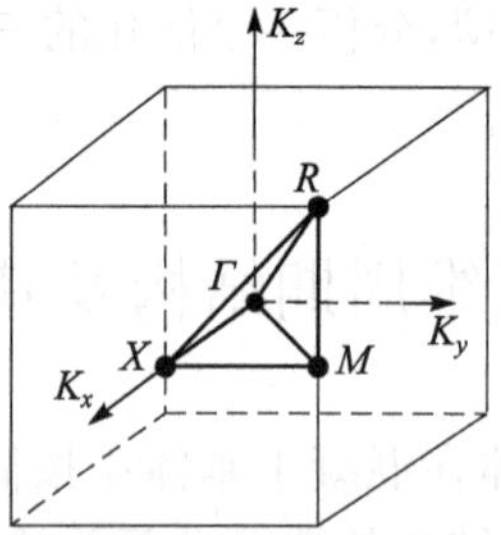

图 7.2 立方体典型单元中含立方体或球形散射体时周期结构的第一布里渊区及简约布里渊区

7.2.1 平面波展开法

应用平面波展开法计算三维周期结构的频散关系时，首先需要对控制方程中的位移项和材料参数项分别进行傅里叶展开，这样便可将波动方程转换为如下频散方程：

$$\omega^2\boldsymbol{M}\boldsymbol{U}=\boldsymbol{\phi}(\boldsymbol{K})\boldsymbol{U} \tag{7.4}$$

将波矢取遍第一简约布里渊区边界，即可绘出频散关系曲线。

需要指出的是，将位移函数的傅里叶展开式和材料参数的傅里叶展开式代入控制方程时，有 Laurent 定理及其逆形式两种卷积形式。第 2 章给出了应用这两种形式所对应的一致收敛数学条件。当两种材料在界面上应力项连续时，应用逆形式可有效提高计算的精度。对于二维、三维周期结构，由于不同模态的波动相互

耦合，材料交界面上并不能判断由某个位移分量引起的应力分量是否满足连续性条件，因此计算二维、三维周期结构的频散关系时，不能断定哪一种卷积算式满足一致收敛性。虽然不能断定满足一致收敛性的条件，但 Laurent 定理及其逆形式的计算结果都收敛于精确解，且数值计算结果表明，应用逆形式的收敛性优于直接应用 Laurent 定理的收敛性，故在求解三维周期结构频散关系时，在方程左侧应用 Laurent 定理，在方程右侧应用其逆形式。

7.2.2　正确性验证

首先，以三维二组元周期结构为例，验证应用平面波展开方法的正确性。Hsieh 等[1]应用 FDTD 法求解了三维二组元周期结构的频散关系。本节将应用平面波展开法重新计算 Hsieh 等的研究模型。图 7.3(a)给出了立方体典型单元中含球形散射体时周期结构的频散关系，图 7.3(b)给出了立方体典型单元中含立方体散射体时周期结构的频散关系。可以看出，应用平面波展开法所得结果与 Hsieh 等的结果一致，由此验证了采用平面波展开法的正确性。

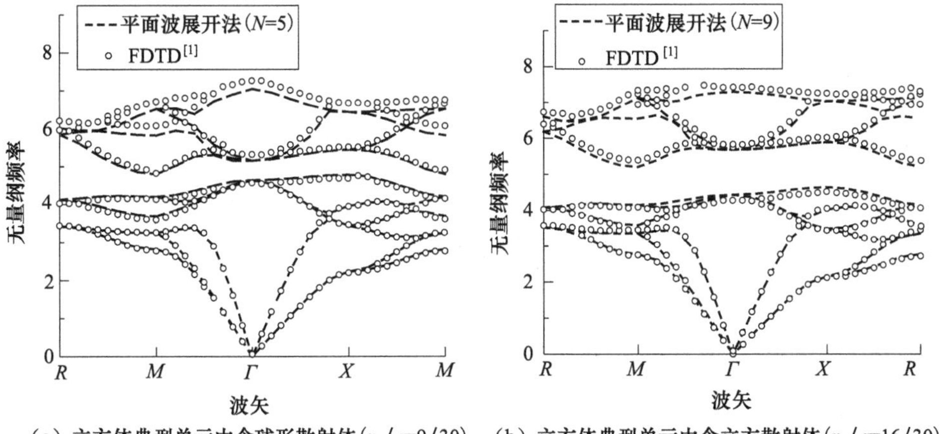

(a) 立方体典型单元中含球形散射体(r_A/a=9/30)　(b) 立方体典型单元中含立方散射体(r_A/a=16/30)

图 7.3　两种周期结构的频散关系

7.2.3　计算方法对比

由于三维周期结构频散关系的求解对计算机性能需求比较高，下面以三维三组元周期结构为例，对比平面波展开法与有限单元法在分析周期结构时的有效性。对比基于两种模型，模型 1 中芯体采用半径为 0.3m 的铁球，包裹层橡胶厚度为 0.1m，基体为混凝土且典型单元边长为 1m；模型 2 中芯体采用边长为 0.6m 的铁立方体，包裹层橡胶厚度为 0.1m，基体为混凝土且典型单元边长仍为 1m。数值计算采用 HP8100 工作站，配置为：8 核(E5430 主频 2.66GHz)，16GB 内存。为了简化，仅计算前十阶特征值。应用有限单元法计算时，单元划分采用 Regular 划分[2]。

图 7.4(a)展示了利用平面波展开法和有限单元法计算模型 1 第一衰减域边界频率的收敛性。从图中可知，平面波展开法计算该模型时收敛速度较快，在傅里叶级数展开式中 N 取 3 时即可近似得到衰减域的边界频率；而 N 取 5 时，边界频率与有限单元法计算结果几乎重合。从图 7.4(b)可以看出，平面波展开法的计算时间随着所取傅里叶级数项数的增加而急剧增加。当 $N>6$ 时，平面波展开法的计算时间已超过应用有限单元法的计算时间。取 $N=6$，图 7.5 给出了利用平面波展开法计算得到的以模型 1 为典型单元所形成周期结构的频散关系，可得第一衰减域为 9.55～11.63Hz。

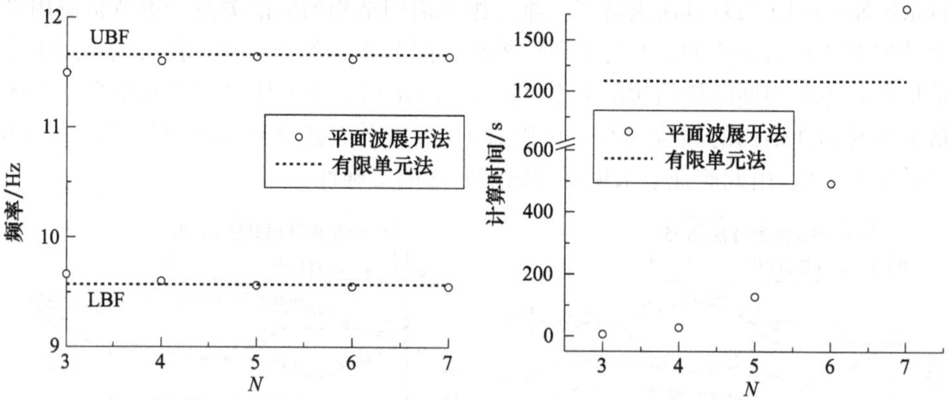

(a) 第一衰减域边界频率计算　(b) 第一衰减域计算用时

图 7.4　基于模型 1 的平面波展开法和有限单元法收敛性对比

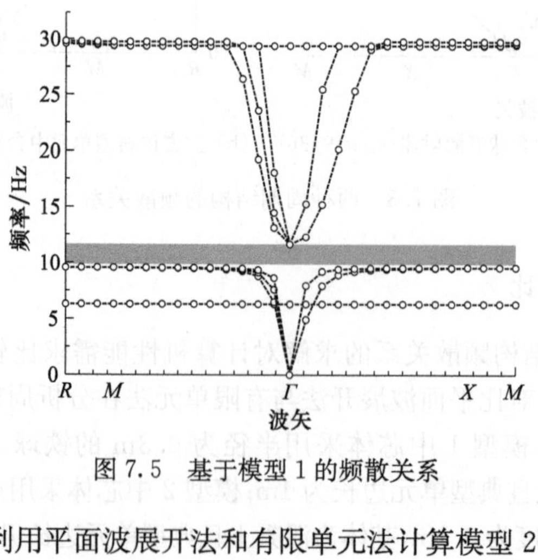

图 7.5　基于模型 1 的频散关系

图 7.6 展示了利用平面波展开法和有限单元法计算模型 2 形成的周期结构第一衰减域边界频率及其计算用时。对比模型 1 可以看出，平面波展开法计算模型 2

时收敛性较差。尤其对衰减域的上边界频率，N 大于 7 之后平面波展开法的计算结果才趋于稳定，此时平面波展开法的计算用时已远大于有限单元法的计算用时。图 7.7 给出了应用有限单元法计算得到的以模型 2 为典型单元所形成周期结构的频散关系，可得第一衰减域为 8.93～13.52Hz。

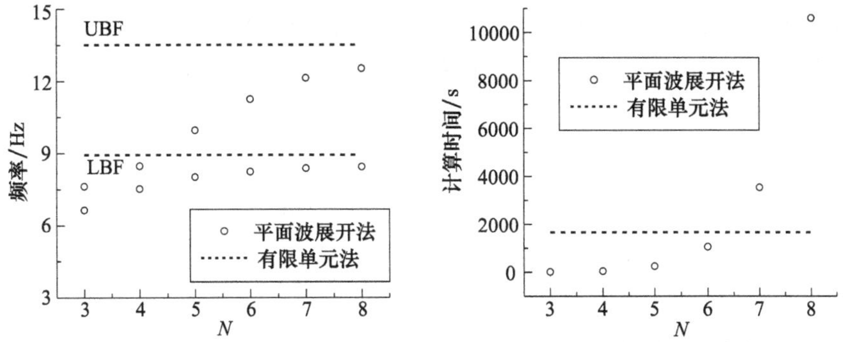

(a) 第一衰减域边界频率计算　　(b) 第一衰减域计算用时

图 7.6　基于模型 2 的平面波展开法和有限单元法收敛性对比

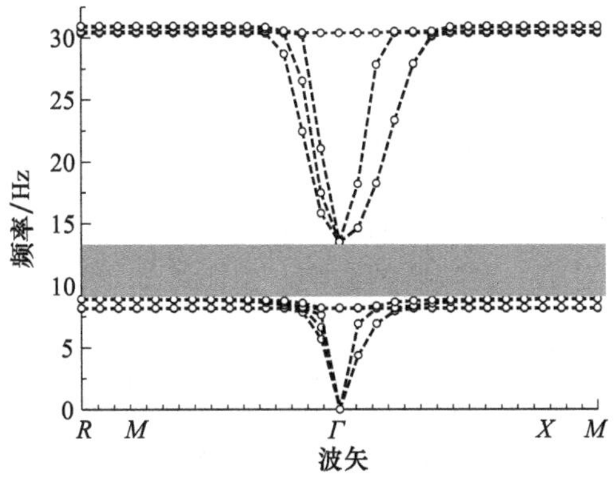

图 7.7　基于模型 2 的频散关系

7.3　参数分析

研究衰减域的边界频率随典型单元几何参数和物理参数的变化规律，对优化周期结构的隔震减振特性是非常必要的。下面以模型 2(典型单元中含立方体散射体)为例进行分析，第一衰减域下边界频率、上边界频率和衰减域宽度仍分别用 LBF、UBF 和 WAZ 表示。

7.3.1 几何参数

取橡胶包裹层的厚度与典型单元边长的比值 $t_r/a=0.1$、立方体芯体边长与典型单元边长的比值 $l_A/a=0.6$ 为常数，图 7.8 给出了立方体典型单元大小对第一衰减域的影响。由图可知，随着典型单元边长的增大，第一衰减域的上边界频率和下边界频率都明显减小。同时，由于上边界频率减小速度比下边界频率减小速度快，衰减域的宽度也在不断变窄。典型单元边长为 1～2m 时，可在 20Hz 以下获得衰减域。

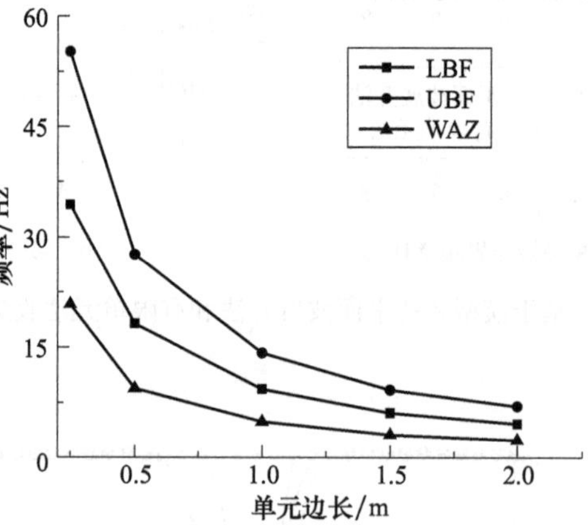

图 7.8　典型单元大小对第一衰减域的影响

取立方体芯体的边长 $l_A=0.6$m、立方体典型单元的边长 $a=1.0$m，图 7.9 给出了橡胶包裹层厚度对第一衰减域的影响。由图可知，第一衰减域的上边界频率、

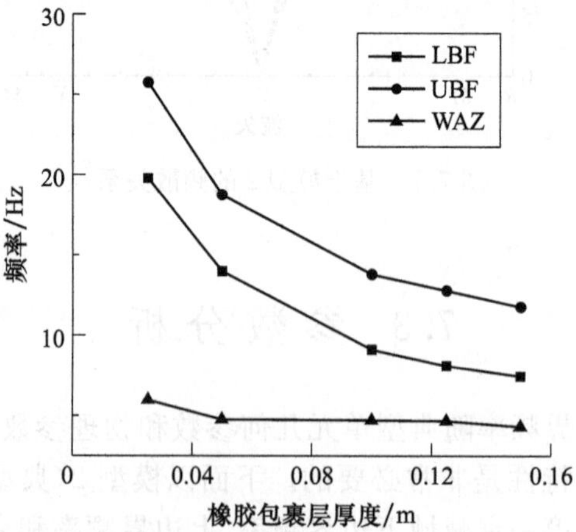

图 7.9　包裹层厚度对第一衰减域的影响

下边界频率均随着橡胶包裹层厚度的增大而减小，且变化幅度相近，因而包裹层厚度变化对衰减域宽度影响不大。

取橡胶包裹层的厚度 $t_r=0.1$m、立方体典型单元的边长 $a=1.0$m，图 7.10 给出了立方体芯体大小变化对第一衰减域的影响。由图可知，在立方体芯体边长 $l_A=0.2$m 时，开始产生衰减域。随着立方体芯体边长的增大，衰减域下边界频率单调递减，而上边界频率先降低后升高，拐点出现在 $l_A=0.5$m 左右。

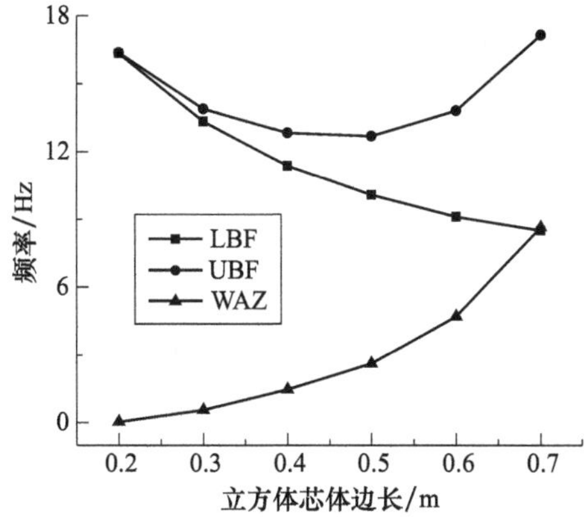

图 7.10　立方体芯体大小对第一衰减域的影响

7.3.2　物理参数

三维三组元周期结构的衰减域与由芯体与包裹层组成的内部振子的局域共振紧密相关，因此，与内部振子的共振频率相关的材料物理参数必然影响衰减域的位置。取典型单元的边长 $a=1.0$m、立方体芯体边长 $l_A=0.6$m、橡胶包裹层厚度 $t_r=0.1$m 为例，下面主要研究橡胶材料的弹性模量及芯体材料的密度对衰减域的影响。选择这两个参数作为分析参数，主要是由于这两个参数与内部振子的局域共振频率紧密相关。

图 7.11 给出了橡胶包裹层弹性模量对第一衰减域的影响。由图可知，随着橡胶包裹层弹性模量的增大，第一衰减域起始频率和终止频率均变大。终止频率增大速度较快，所以衰减域宽度会逐渐变宽。也就是说，柔性的包裹层容易在低频段形成衰减域，但该衰减域不会太宽。图 7.12 给出了芯体密度对第一衰减域的影响。随着芯体密度的增大，第一衰减域起始频率和终止频率不断降低。由于起始频率降低速度较快，因此衰减域宽度随芯体密度增大稍有变宽。也就是说，芯体材料密度越大越容易形成低频、宽带衰减域。

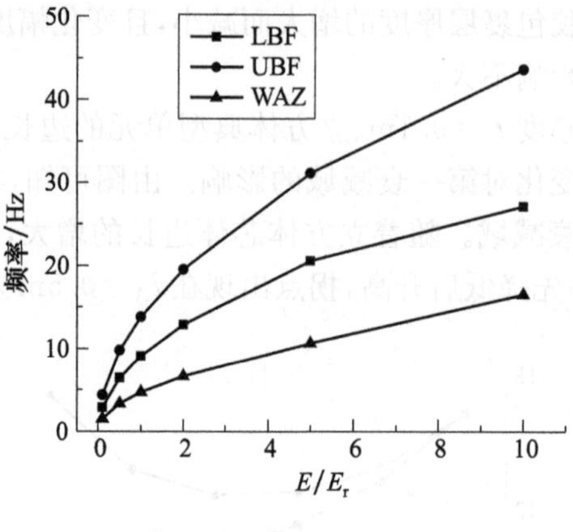

图 7.11　包裹层弹性模量对第一衰减域的影响

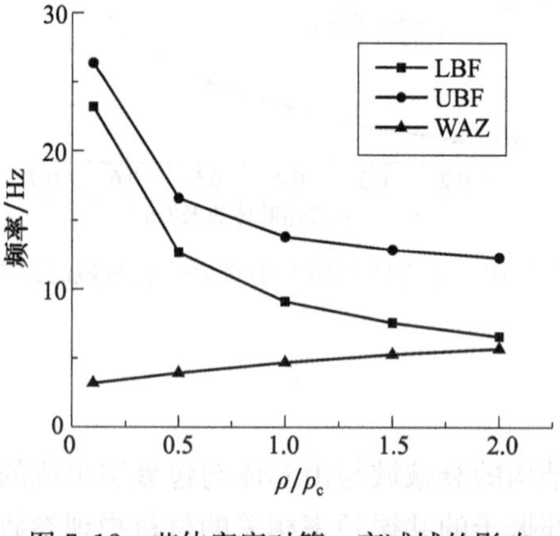

图 7.12　芯体密度对第一衰减域的影响

7.4　黏弹性边界条件及波动输入方法

2.2.5 节和 2.2.6 节已对黏弹性边界条件及其输入方法分别进行了较为详尽的介绍，为便于本章数值模拟的实施，在此对这两个问题再进行简要介绍。

常用的处理土介质边界的方法有：刚性边界条件[3]、透射边界条件[3-5]、黏性边界条件[6,7]、黏弹性边界条件[8-15]、旁轴边界条件[16,17]以及物理学中的 PML 边界条件[6,18,19]。在研究周期基础对地震动的抑制问题时，不仅涉及边界对弹性波的透射问题，而且要考虑波动的输入问题。

三维模型中的一个节点具有 x、y、z 三个方向的自由度，因此，一个节点上存在一个法向和两个切向的黏弹性边界单元。假定人工边界处的介质是各向同性的线弹性材料，波动以球面波的形式向外传播[8]。对于法向人工边界条件，假设外行波为球面膨胀波；对于两个切向人工边界条件，外行波为球面剪切波。

三维黏弹性边界单元的推导，也是从波动方程出发，通过求解行波的基本解形式，得到应力和位移之间的关系。然后利用黏弹性边界单元来替代远场介质，实现边界上应力和位移的等价。

三维黏弹性边界条件推导过程和二维法向、二维切向（面内和面外）过程一致，在此不再赘述，具体推导过程可参见有关文献[8]。对于二维和三维黏弹性边界条件，已有多位学者进行了系统的研究，给出了不同的简化表达式，已总结于表 2.5 中。为便于区分黏性系数 c 和土体的波速（c_p 和 c_s），下面将黏弹性边界单元中弹性系数 k 和黏性系数 c 分别用大写 K 和 C 表示，并通过施加角标 T 和 N 分别表示切向和法向上的黏弹性单元系数。波源到边界的距离 r（下面用符号 R_D 表示）在实际计算中，通常取为一定值，具体见表 2.5 的总结。在本章数值模拟中，将选用表 2.5 中第二组黏弹性边界条件。对于二维和三维模型中系数 α_N 和 α_T 的选取，将会在涉及的章节，按照模型的计算精度要求给出具体数值。

对于波动输入，将采用刘晶波和吕彦东[14]、徐海滨等[20]提出的弹性波输入方法，以实现对弹性波的精确输入，具体参见 2.2.6 节。此时，边界节点的等效荷载遵循如下表达式：

$$F_i(t)=\tau_0(x,y,z,t)+C\dot{u}_i^0(x,y,z,t)+Ku_i^0(x,y,z,t),\quad i=x,y,z \tag{7.5}$$

式中，各符号的含义见 2.2.6 节介绍。黏弹性边界单元中的参数 R_D 统一近似取为 7.2m，α_N 和 α_T 分别取为 1.5 和 0.75。

7.5　三维周期结构隔震性能数值模拟

相比于一维、二维周期结构，三维周期结构可以抑制沿任意方向传播的波，因此可以借此设计多维隔震基础。为深入了解有限周期结构衰减域的隔震减振性能，考虑弹性波在三种不同模型中的传播[21,22]：一种为土体中埋置了周期结构，另一种为土体中埋置了素混凝土块，第三种为自由场地，如图 7.13(a)～(c)所示，分别记为模型 a、模型 b 和模型 c。假设 P 波从外部空间斜入射到地表，与 x 轴成 α 角，并与地平面成 θ_1 角。定义反射 SV 波与地平面的角度为 θ_2，反射 P 波与地平面的角度为 θ_1。通过改变角度值 θ_1 和 α，就可以模拟波动从空间中以任意一个角度入射到地表面。

整个场地的尺寸定义为 $L\times L\times H$。在下面的数值计算中，L 和 H 分别取为 14.4m 和 7.2m。周期结构采用立方体典型单元，单元边长为 1.2m，基体采用混凝土；内部为钢材所制球形芯体，芯体半径为 0.415m；包裹层采用橡胶，包裹层厚度为 0.035m。理论分析已知，由该典型单元所形成的无限周期结构可产生衰减域，且第一衰减域 8.79～15.72Hz。设周期结构在平面内 x 与 y 方向布置 6 个周期，沿厚度 z 方向布置 4 个周期。为对比分析，在埋设混凝土块时，混凝土块的尺寸与周期结构的整体尺寸一致。周期结构、混凝土块与场地土之间均采用弹性连接。为考虑远场对弹性波的透射作用，底面边界和四个侧面边界均使用了三维黏弹性边界[13]，如图 7.13(e)所示。

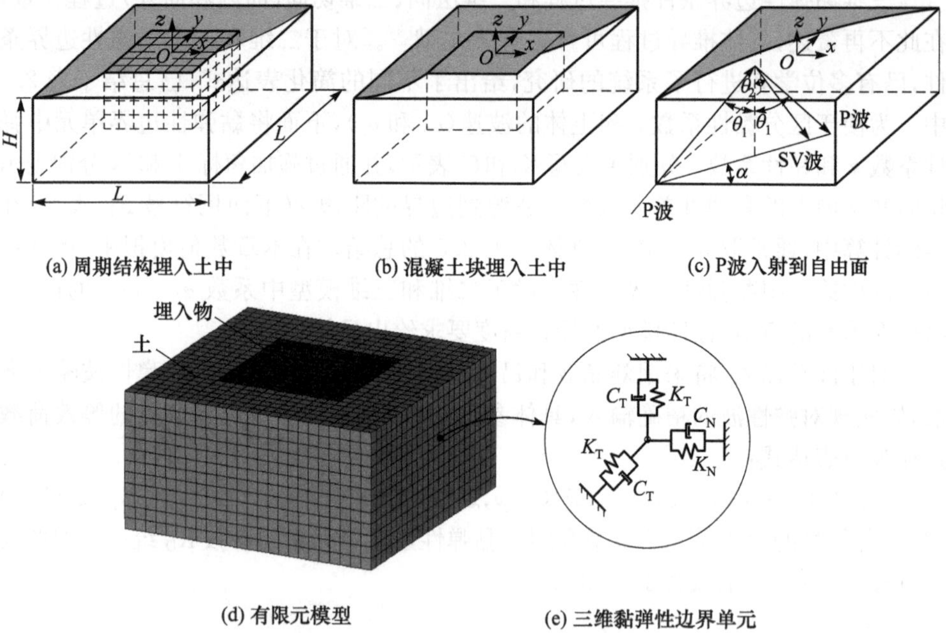

图 7.13　三种计算模型和有限元网格

7.5.1　单频简谐荷载输入

利用有限元软件可以计算单频简谐位移荷载输入下图 7.13 中三种不同模型的动力响应。简谐入射波的入射方向为 $\alpha=\theta_1=45°$，入射波的位移表达式为

$$u=\sin(2\pi ft)(\text{mm}) \tag{7.6}$$

式中，f 为入射波的频率。

取黏弹性边界单元的参数为 $\alpha_N=1.5$ 和 $\alpha_T=0.75$，图 7.14 和图 7.15 分别给出了入射波频率分别为 $f=4\text{Hz}$(衰减域范围外)和 $f=10\text{Hz}$(衰减域范围内)时，模型上 O 点的位移响应。图中空心圆圈代表自由场地的理论解，细实线代表自由场地的有限元解，粗实线代表埋设了周期结构时的有限元解。

在 P 波入射下，三维自由场地的动力响应存在理论解，图 7.14 和图 7.15 中自由场地数值解与理论解的一致性表明，计算时采用的有限元模型和波动输入方法是正确的。另外，对比图 7.14 和图 7.15 还可以看出，当外部激励的频率处于衰减域范围外时，波动幅值基本没有衰减；而当外部激励的频率处于衰减域范围内时，波动幅值有较大衰减，这也进一步说明三维周期结构衰减域的滤波作用。

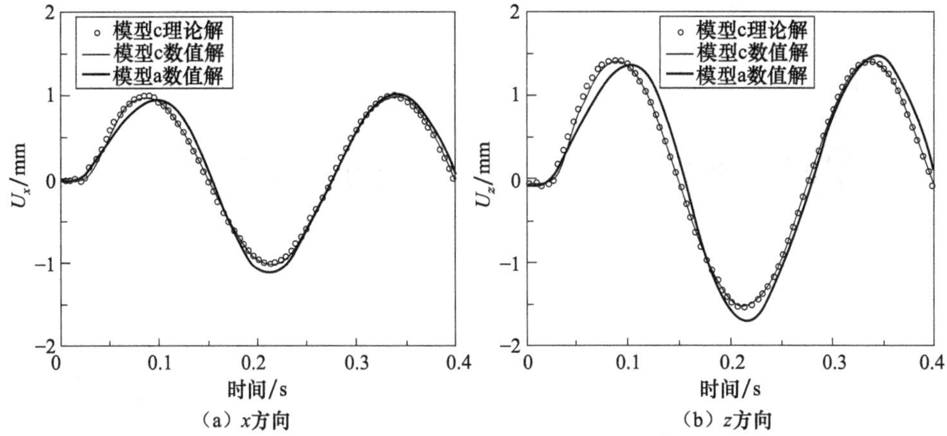

图 7.14　入射简谐波频率为 4Hz 时 O 点的位移响应

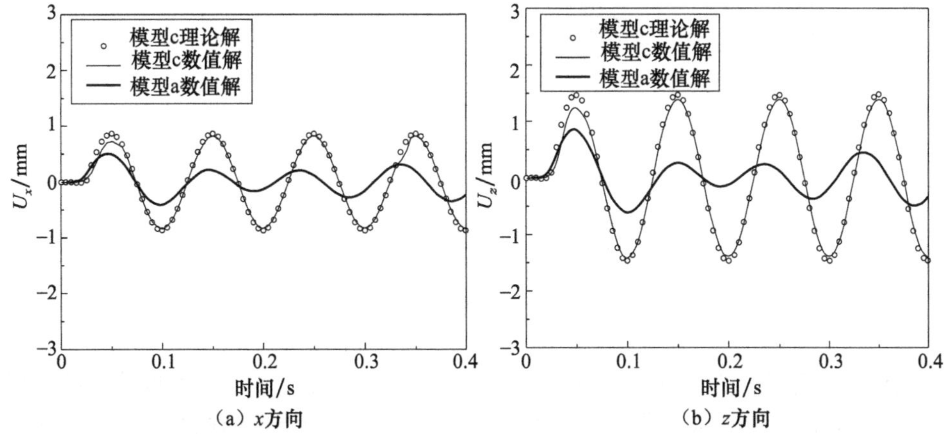

图 7.15　入射简谐波频率为 10Hz 时 O 点的位移响应

7.5.2　地震波输入

进一步考虑图 7.13 所示三种模型在不同地震波输入下的动力响应。图 7.16 为三种地震波的加速度时间历程，即迁安波[23]、San Fernando 波[23]和 Northridge 波[24]。前两个地震波常被用来模拟Ⅰ类场地土的地震动，而后一种波常被用来模拟Ⅱ类场地土的地震动。迁安波的时间步长为 0.01s，San Fernando 波和 Northridge 波的时间步长均为 0.02s。实际工程中，地震波形式多样，为简单起见，假设所有的地震波按 P 波的形式输入，并以角度 $\alpha=\theta_1=45^\circ$ 入射到地表面。

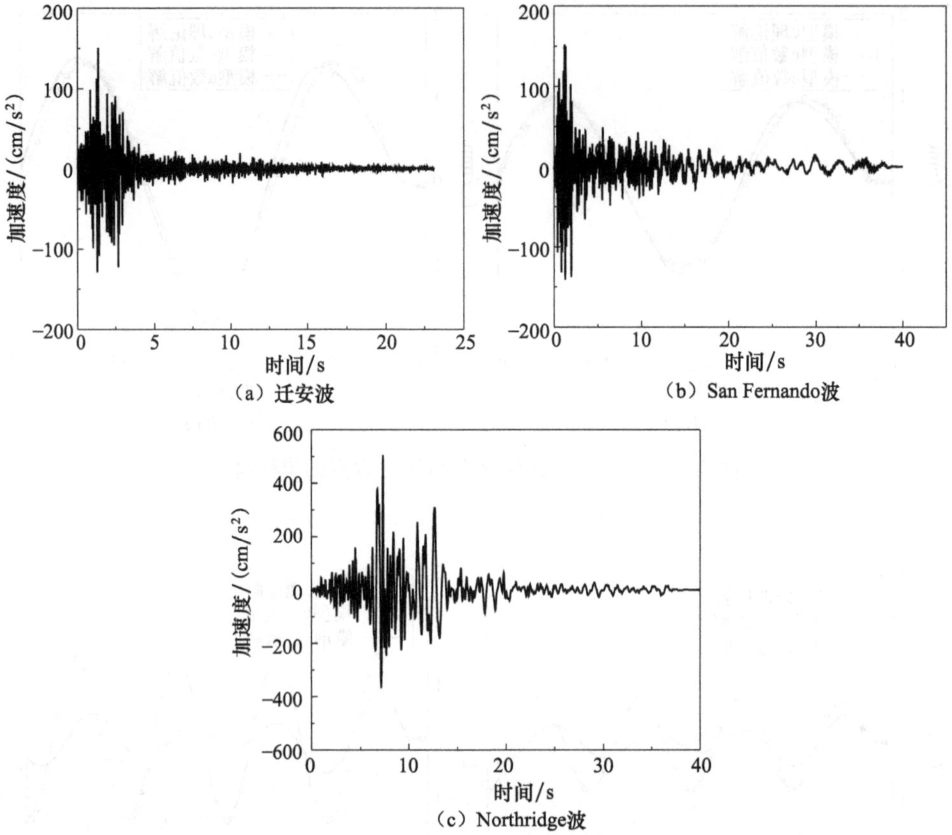

(a) 迁安波　　(b) San Fernando波

(c) Northridge波

图 7.16　三种不同的地震波

图 7.17 给出了迁安波输入下，三种不同模型中 O 点 x 方向加速度响应的傅里叶谱。迁安波的主频成分集中在 20Hz 以下，而模型 a 中周期结构第一完全衰减域为 8.79～15.72Hz。由图 7.17(a)可以看出，相比于自由场地的响应，当土体中埋设了周期结构时，频率成分在 8.79～15.72Hz 的波动被极大地衰减。从图 7.17(b)可以看出，对埋设了混凝土块的模型 b，在所观测的频率范围内，波动几乎没有被衰减。为便于理解周期结构的衰减域特性，图 7.17(c)给出了模型 a 中相应周期结构在 $R\Gamma$ 方向的频散曲线。

图 7.18 给出了 San Fernando 波输入下，三种不同模型中 O 点 x 方向加速度响应的傅里叶谱。San Fernando 波的主频成分集中在 12.5Hz 以下。由图 7.18

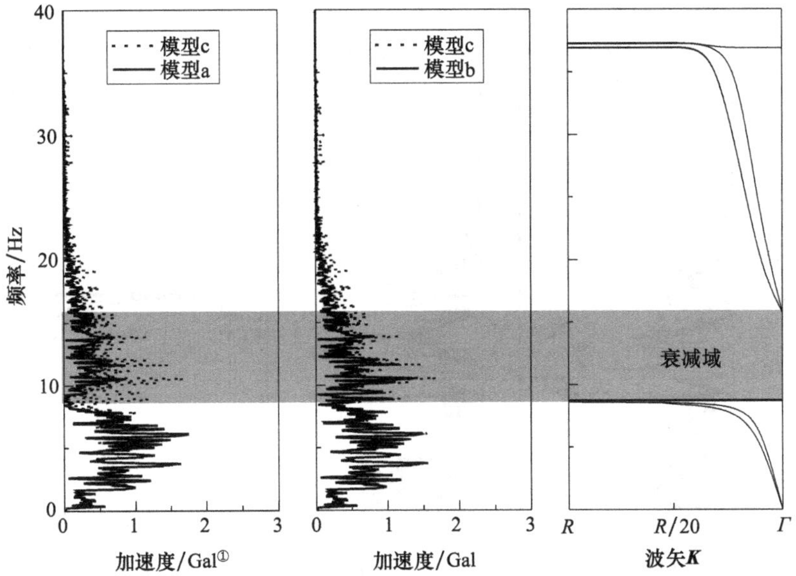

(a) 模型a和模型c　(b) 模型b和模型c　(c) 频散曲线

图 7.17　迁安波输入下不同模型中 O 点 x 方向加速度响应的傅里叶谱

(a)不难看出，相对于自由场地情况，当埋设了周期结构时，在衰减域范围内的频率成分可被显著抑制。同时，由图 7.18(b)可以看出，当埋设的是混凝土块时，波动基本没有被衰减。

图 7.19 给出了在 Northridge 波输入下，三种不同模型中 O 点 x 方向加速度响应的傅里叶谱。与前面两种输入波不同的是，Northridge 波的主频成分集中在 7Hz 以下，主频成分在衰减域范围之外。因此，由图 7.19 可以看出，无论场地中埋设的是周期结构还是混凝土块，波动基本都没有得到衰减。这也进一步说明，如果输入波的主要频率成分不在衰减域范围内，即使埋设周期结构，也起不到隔震减振的效果。

表 7.1 给出了在不同地震动作用下，上述三种模型表面 O 点的加速度响应峰值。可以看出，当输入迁安波或 San Fernando 波时，在埋设了周期结构情况下，O 点的最大加速度响应相比于自由场时衰减了 17.37%和 31.47%；相比而言，在相同情况下使用混凝土时的最大加速度衰减率仅为使用周期结构时衰减率的一半。在 Northridge 波作用下，因为地震的主要频率成分在第一完全衰减域之外，最大加速度几乎没有衰减。因此可以预测，当地震的主要频率成分落在衰减域范围内时，具有周期隔震基础的结构，其地震响应将会被极大地衰减。

① $1Gal=1cm/s^2$。

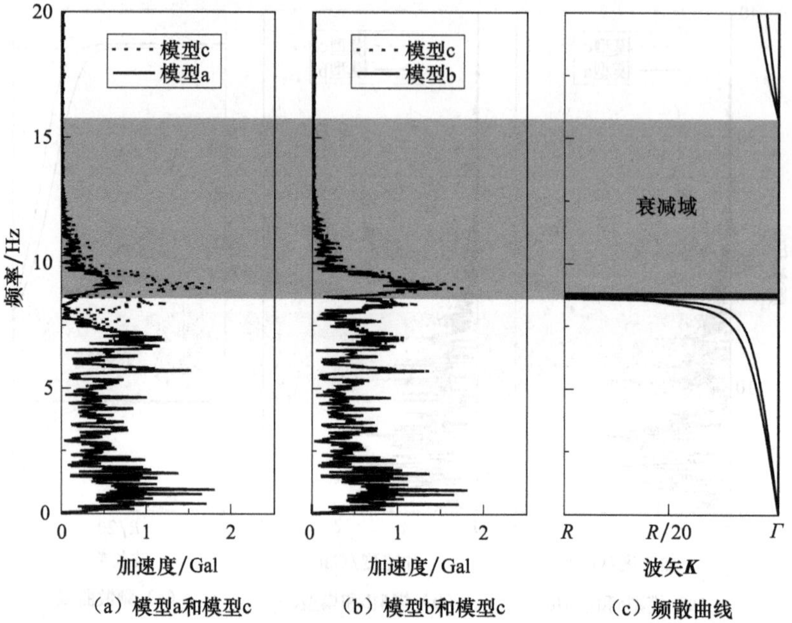

图 7.18　San Fernando 波输入下不同模型中 O 点 x 方向加速度响应的傅里叶谱

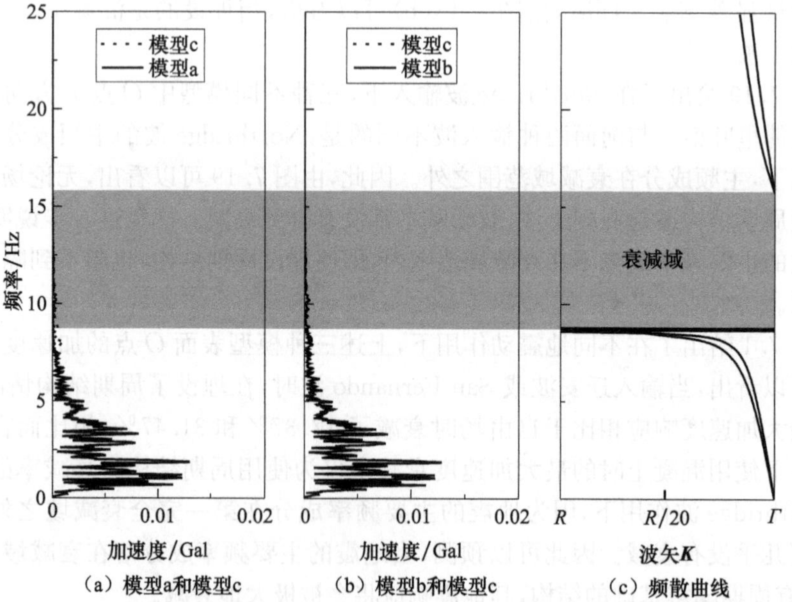

图 7.19　Northridge 波输入下不同模型中 O 点 x 方向加速度响应的傅里叶谱

表 7.1　三种不同模型中 O 点的加速度响应峰值

地震类型	自由场	混凝土		三维周期结构	
	PGA/(cm/s²)	PGA/(cm/s²)	衰减率/%	PGA/(cm/s²)	衰减率/%
迁安波	62.59	56.72	9.38	51.72	17.37
San Fernando 波	105.93	95.22	10.11	72.59	31.47
Northridge 波	333.14	330.90	0.67	328.25	1.47

7.6　三维周期隔震基础的试验研究

7.6.1　试验模型及仪器

北京交通大学与美国休斯敦大学合作完成了三维周期隔震基础的自由场振动试验，试验在美国得克萨斯大学奥斯汀分校进行。试验中用型钢柱简化上部结构，并将上部结构分别固定在混凝土基础(RC)和周期基础(PM)上。型钢采用美国规范中的 A36 号钢[25]，其截面为 S3×5.7in。型钢结构高度为 1m，钢框架顶部左右两侧分别配重 5.4kg 以降低上部结构的固有频率。周期基础典型单元的芯体为铸铁，包裹层为聚亚氨酯，基体为钢筋混凝土。实测材料参数如表 6.5 所示。典型单元尺寸 a=0.305m，芯体边长 r_c=0.102m，包裹层厚度 t_r=0.0505m。周期基础采用 3.5×1 个典型单元，理论分析可知其相应衰减域为 32.9～35.6Hz。

试验时，在距离两个模型等距离的地方施加水平向和竖向外部激励，通过监测钢框架的动力响应来评价周期基础的隔震性能。图 7.20 给出了水平向和竖向隔震性能测试的试验布置图。试验中采用的数据采集系统包括三维加速度传感器和 Geophone 传感器等。另外，测试中周期基础和混凝土基础之间用型钢梁连接，已消除整体转动。表 7.2 给出了水平向和竖向隔震性能测试内容。

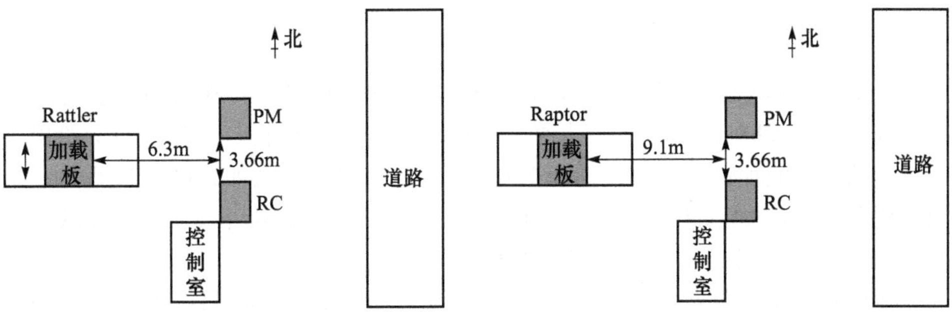

(a) 水平向　　(b) 竖向

图 7.20　隔震性能测试布置图

表 7.2 三维周期基础测试程序[26]

测试分类	激振器	测试内容	激励	控制算法
水平向	Rattler	谐波扫频测试	5～100Hz	加速度
		单频谐波时程	35.1Hz 简谐波(40T)	加速度
		地震动测试	BORAH. AS/HAU090	加速度
竖向	Raptor	谐波扫频测试	5～100Hz	加速度
		单频谐波时程	22.1Hz 简谐波(40T)	加速度
		地震动测试	BORAH. AS/HAU090	加速度

7.6.2 水平向隔震性能测试

试验中采用 Rattler 沿南北方向施加水平向(在下面的论述中，水平向均代表水平面内的南北方向)激励。Rattler 激振器平面尺寸 8.7m×2.6m，总质量为 24176kg，可提供的水平向最大激振力为 133kN，激振频率为 5～100Hz。图 7.21 给出了水平向隔震试验图。

图 7.21 水平向隔震试验图(见彩图)

在谐波扫频测试中，Rattler 激振器施加水平剪切波激励，利用加速度传感器拾取基础底部、基础顶部及上部结构顶部的水平向加速度时程。图 7.22(a)给出了两个上部结构的加速度响应传递函数比，其中传递函数定义如式(6.14)所示。从图中可以看出，在周期基础的衰减域范围内，传递函数比远小于 1。当外部激励频率为 35.1Hz 时，传递函数比达到极小值。

在单频谐波时程测试中，输入的单频谐波激励频率为 35.1Hz。图 7.22(b)给出了由 40 个周期的该单频谐波激励下，上部结构顶部的加速度响应。从图中也可以看出，采用周期基础后，上部结构的加速度响应得到极大的抑制。

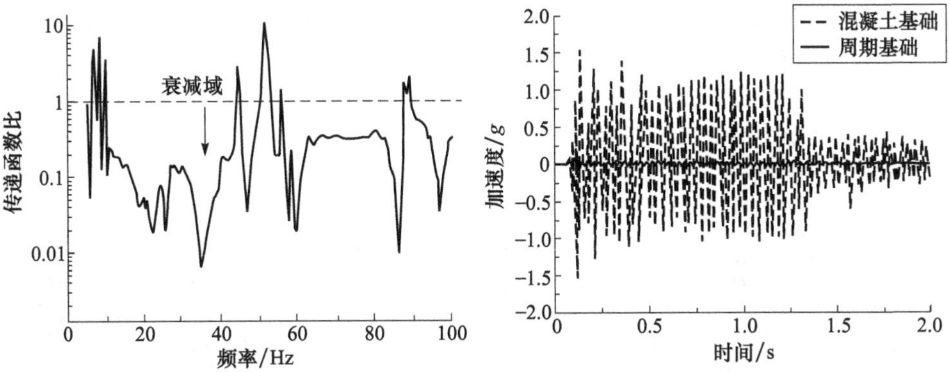

（a）谐波扫频荷载下上部结构加速度响应函数比　　（b）单频谐波激励下上部结构加速度响应

图 7.22　水平向响应测试结果

在地震动测试中，地震荷载选用 Borah Peak 地震时程[24]，并将该地震动的主频调制为 35.1Hz。图 7.23 给出了在该地震荷载作用下上部结构顶部的水平向加速度时程。从图中可以看出，应用周期基础之后，上部结构加速度响应减小非常明显，从而验证了三维周期基础对水平向地震动具有抑制作用。

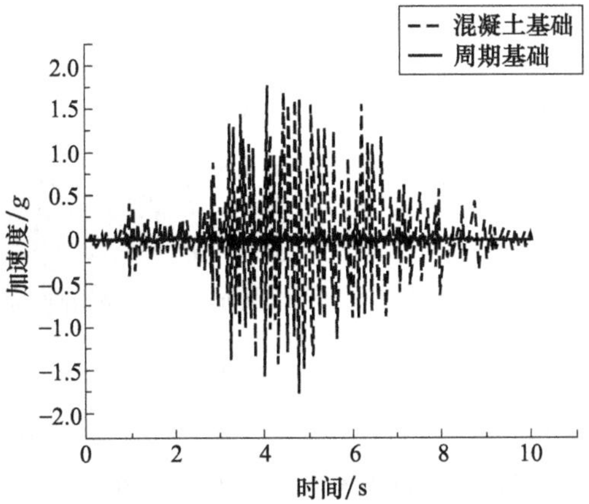

图 7.23　上部结构在调频后的 BORAH. AS/HAU090 地震动激励下的水平向加速度响应

7.6.3　竖向隔震性能测试

试验中采用 Raptor 沿竖向施加激励。Raptor 激振器平面尺寸为 9.8m×2.4m，总质量为 17236kg，激振频率为 5～100Hz。图 7.24 给出了竖向隔震效果试验图。与图 7.22 类似，图 7.25(a)给出了谐波扫频荷载作用下，上部结构顶部竖向加速度传递函数比值，可以看出衰减域的存在。尤其当激励频率为 21.2Hz 时，传递函数比达到最小值。图 7.25(b)给出了在 21.2Hz 单频时程荷载作用下，上部结构的加速度时程。

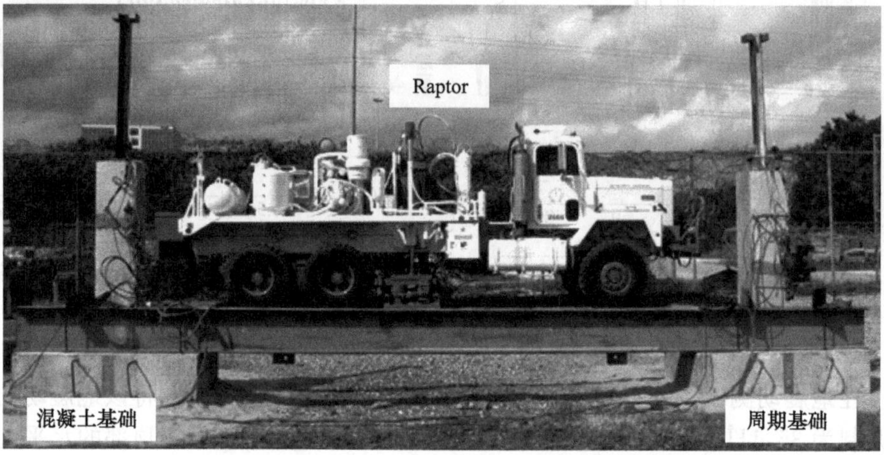

图 7.24 竖向隔震试验图(见彩图)

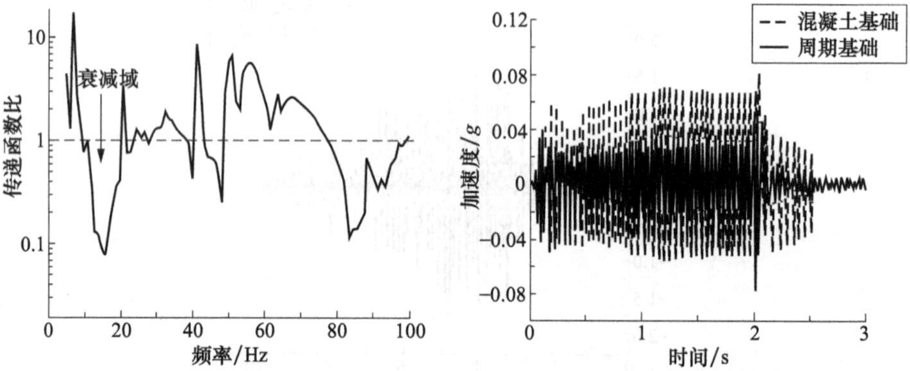

(a) 谐波扫频荷载下,上部结构加速度传递函数比　(b) 单频谐波激励下,上部结构加速度响应

图 7.25 竖向响应测试结果

进一步，将 Borah Peak 地震动[24]的主频调制为 21.2Hz，并通过 Raptor 激振器施加在竖向，以测试周期基础的竖向隔震性能。图 7.26 给出了该地震荷载作用下，上部结构顶部的竖向加速度时程。不难看出，应用周期基础之后，上部结构加速度响应得到有效抑制，从而验证了三维周期基础具有对竖向地震动的抑制作用。

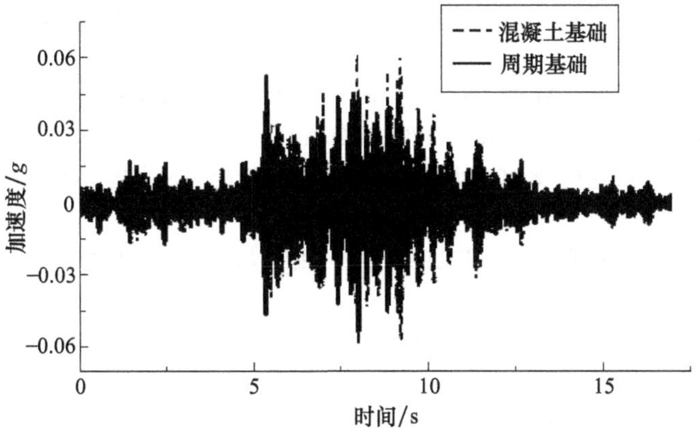

图 7.26　上部结构在调频后的 BORAH. AS/HAU090 地震动激励下的竖向加速度响应

参 考 文 献

[1] Hsieh P F, Wu T T, Sun J H. Three-dimensional phononic band gap calculations using the FDTD method and a PC cluster system[J]. IEEE Transactions on Ultrasonics, Ferroelectrics and Frequency Control, 2006, 53(1): 148-158.

[2] 程志宝. 周期性结构及周期性隔震基础[D]. 北京:北京交通大学, 2014.

[3] Liao Z P, Wong H L. A transmitting boundary for the numerical simulation of elastic wave propagation[J]. International Journal of Soil Dynamics and Earthquake Engineering, 1984, 4(3): 174-183.

[4] 廖振鹏. 法向透射边界条件[J]. 中国科学(E 辑), 1996, 26(2): 185-192.

[5] 廖振鹏, 杨柏坡. 频域透射边界[J]. 地震工程与工程振动, 1986, 64(4): 1-9.

[6] Ross M. Fluid-Structure Interaction[D]. Boulder: Aerospace Engineering Sciences-University of Colorado Boulder, 2004.

[7] Degrande G, De Roeck G. An absorbing boundary condition for wave propagation in saturated poroelastic media—Part I: Formulation and efficiency evaluation[J]. Soil Dynamics and Earthquake Engineering, 1993, 7(12): 411-421.

[8] Liu J B, Du Y X, Du X L, et al. 3D viscous-spring artificial boundary in time domain[J]. Earthquake Engineering and Engineering Vibration, 2006, 5: 93-102.

[9] Liu J B, Li B. A unified viscous-spring artificial boundary for 3D static and dynamic applications[J]. Science in China Series E Engineering & Materials Science, 2005, 48(5): 570-584.

[10] 杜修力, 赵密, 王进廷. 近场波动模拟的人工应力边界条件[J]. 力学学报, 2006, 38(1): 49-56.

[11] 杜修力, 赵密. 一种新的高阶弹簧-阻尼-质量边界——无限域圆柱对称波动问题[J]. 力学学报, 2009, 41(2): 207-215.

[12] 刘晶波，谷音，杜义欣. 一致黏弹性人工边界及黏弹性边界单元[J]. 岩土工程学报，2006，28(9)：1070-1075.

[13] Deeks A J，Randolph M F. Axisymmetric time-domain transmitting boundaries[J]. Journal of Engineering Mechanics，1994，120(1)：25-42.

[14] 刘晶波，吕彦东. 结构-地基动力相互作用问题分析的一种直接方法[J]. 土木工程学报，1998，31(3)：55-64.

[15] 刘晶波，王振宇，杜修力，等. 波动问题中的三维时域黏弹性人工边界[J]. 工程力学，2005，22(6)：46-51.

[16] Kausel E，Peek R. Dynamic loads in the interior of a layered stratum：An explicit solution [J]. Bulletin of the Seismological Society of America，1982，72(5)：1459-1481.

[17] 时刚，高广运，冯世进. 饱和层状地基的薄层法基本解及其旁轴边界[J]. 岩土工程学报，2010，32(5)：664-670.

[18] Sun J H，Wu T T. Analyses of surface acoustic wave propagation in phononic crystal waveguides using FDTD method[C]//Ultrasonics Symposium，Rotterdam，the Netherland，2005.

[19] Sun J H，Wu T T. Propagation of surface acoustic waves through sharply bent two-dimensional phononic crystal waveguides using a finite-difference time-domain method[J]. Physical Review B，2006，74(17)：174305.

[20] 徐海滨，杜修力，赵密，等. 地震波斜入射对高拱坝地震反应的影响[J]. 水力发电学报，2011，30(6)：159-165.

[21] 黄建坤. 周期性排桩和波屏障在土木工程减振中的应用研究[D]. 北京：北京交通大学，2014：1-157.

[22] Shi Z F，Huang J K. Feasibility of reducing three-dimensional wave energy by introducing periodic foundations[J]. Soil Dynamic and Earthquake Engineering，2013，50：204-212.

[23] PEER. PEER Ground Motion Database[EB/OL]. http://peer. berkeley. edu/peer_ground_motion_database[2016-05-10].

[24] Efunda. Steel S Section I-Beams[EB/OL]. http://www. efunda. com/design standards/beams/Rolled Steel Beams RltsS. cfm[2016-02-05].

[25] Yan Y Q，Cheng Z B，Menq F Y，et al. Three dimensional periodic foundations for base seismic isolation[J]. Smart Materials and Structures，2015，24：075006.

第 8 章　周期性连续墙在交通环境减振中的应用

8.1 引　　言

交通环境振动带来的危害已受到人们越来越多的关注，例如，在地铁运行中，地铁产生的振动由土体向周围传播，从而引起地面和建筑物的振动。由于地铁线路经常通过人口密集区，或不可避免地紧邻一些诸如博物馆等对振动较敏感的地区，如何控制地铁运行引起的环境振动已成为必须要考虑的问题[1-5]。相关测试表明，对于居住在交通线周围的居民，一般刚刚可以感觉到的振动(60dB)并不会影响正常人的睡眠，但对于较敏感的人或患者则会有一定的影响；振动强度达到 65dB 时，对睡眠有轻微影响；达到 69dB 时，轻睡者将大都被惊醒；达到 74dB 时，除酣睡者，其他人都将被惊醒；达到 79dB 时，几乎所有人都将被惊醒[6]。2004 年 9 月底，北京地铁沿线的 4000 多户居民投诉地铁运行时产生的振动和噪声干扰了他们的正常生活[7,8]。我国《城市区域环境振动标准》(GB 10070—88)规定，居民、文教区竖向振级标准为昼间 70dB，夜间 67dB。对于一些灵敏度较高的电子设备，50dB 以下的振动就会对其精确度产生影响。

为此，人们开始从振动产生的原因、传播途径、传播规律、对生活的危害等方面研究地铁引起环境振动的特点及其相应的控制措施。有研究认为[9,10]，地铁列车运行时轮轨非线性接触引起的钢轨振动频谱分布在 1～1000Hz，轨下振动峰值频率响应在 40～100Hz，而隧道振动速度峰值一般出现在 40～80Hz。闫维明等[11,12]通过现场实测指出，地铁诱发的振动，成分较多在 60～80Hz，高频振动分量随距离的增大而衰减，传到建筑物的振动以 20Hz 以内的低频振动为主；在离开地铁隧道中心线一定距离范围内，存在一个振动放大区，能量主要集中在 10Hz 以内。周才宝和姜秀文[13]的实测结果表明，建筑物的水平振动一般比垂直振动约小 10dB。周裕德等[14]对上海地铁一号线的实测结果表明，地铁列车经过时在轨道轴线以外 8m 处响应约为 84dB，影响频段为 31.5～250Hz，主要频段为 40～100Hz。

为降低交通引起的环境振动，可从降低振源的激振强度、切断振动的传播途径、合理规划设计使建筑物避开振动影响区、对建筑物基础进行隔震设计等方面着手。在切断振动的传播途径方面，目前已有一些隔振降噪措施，如可采用混凝土地下连续墙、空沟屏障等来隔离地铁引起的环境振动[5]。在第 5 章中，提出了一维层状周期结构，并介绍了其在结构隔震中的应用。本章介绍一维层状周期性连续墙用于地铁引起的环境振动的隔振问题，如图 8.1 所示。

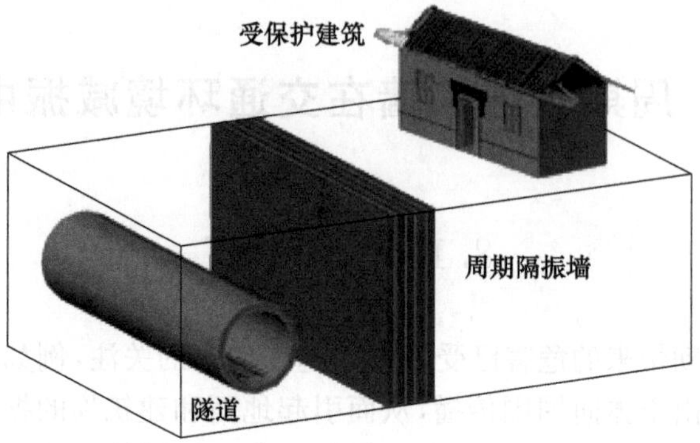

图 8.1 层状周期性连续墙应用于地铁引起的环境振动隔离

8.2 连续墙衰减域参数分析

在第 5 章中，用橡胶和混凝土等材料设计了一维层状周期结构，并给出了材料参数和几何参数对周期结构衰减域的影响。下面主要介绍由混凝土连续墙和土体组成的层状周期结构的衰减域及其影响因素。

首先，考察由混凝土连续墙和土体组成的层状周期结构能否产生衰减域。为此，先考察一算例。取周期常数 $a=0.4\text{m}$，其中混凝土层的厚度为 0.25m，土层的厚度为 0.15m，材料参数见表 8.1。

表 8.1 混凝土和土体的材料参数

材料	密度 ρ/(kg/m^3)	杨氏模量 E/GPa	泊松比 v
混凝土	2500	30	0.2
土体	1800	3×10^{-3}	0.42

采用传递矩阵法，图 8.2 给出了该层状周期结构的频散曲线，其中实线和虚线分别对应于横波和纵波。可以看出，无论是横波还是纵波，均存在衰减域。相应于横波，由低频到高频前 3 条衰减域分别为 31.53～80.74Hz、92.81～161.48Hz 和 168.23～242.22Hz；相应于纵波，第一衰减域为 84.91～217.35Hz。由图可知，由混凝土和土体组成的层状周期结构可以产生衰减域，而且所产生的衰减域与地铁引起的环境振动的主要频段重叠性较好[11-14]，这就为通过设计和优化衰减域，使之高效隔离交通环境振动成为可能。为此，下面给出材料参数和几何参数对横波第一衰减域的影响。如无特殊说明，周期结构的相关几何尺寸同前面的算例，材料参数见表 8.1。

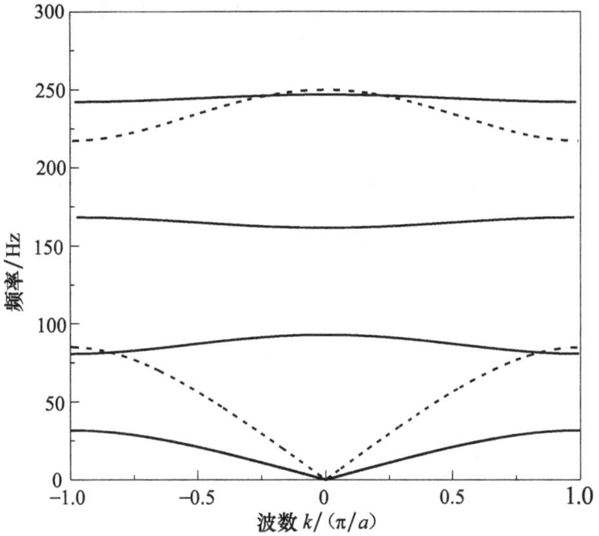

图 8.2　一维层状周期结构的衰减域

8.2.1　材料参数的影响

图 8.3 和图 8.4 分别给出了横波第一衰减域随混凝土弹性模量和土体弹性模量的变化。混凝土弹性模量为 20～60GPa，此范围基本上涵盖了工程中广泛使用的标号从 C15 到 C80 的混凝土。图 8.3 表明，对于工程中常用标号的混凝土，衰减域几乎不受混凝土弹性模量的影响。这是由于混凝土的弹性模量一般比土体弹性模量高 3～4 个数量级，因此，当混凝土弹性模量变化不大时，对衰减域的影响较小。所以，当地下连续墙仅作为隔振墙使用时，可选用低标号混凝土，本章将混凝土弹性模量选为 30GPa。

由图 8.4 可以看出，土体弹性模量的改变对周期结构衰减域的影响较为明显，随着土体弹性模量的增加，层状周期结构第一衰减域的起始频率与截止频率逐渐增大，同时衰减域宽度也随之增加。结合前面对环境振动的相关实测结果，若要将 30～80Hz 设定为交通环境振动的主要控制频段，可考虑将土体的弹性模量取定在 3MPa 左右。

图 8.5 和图 8.6 分别给出了混凝土密度和土体密度对横波第一衰减域的影响。从图 8.5 中可以看出，混凝土密度对衰减域的截止频率几乎没有影响，但随着混凝土密度的增加，衰减域起始频率有所降低。工程中常用混凝土的密度一般为 2500kg/m^3 左右，故若将混凝土的密度选定为 2500kg/m^3，其对应的起始频率基本上可以低于 30Hz。图 8.6 中，随着土体密度的增大，衰减域的截止频率随之有明

显的降低，但起始频率几乎没有变化。由此得出，为了使截止频率不低于 80Hz，土体密度不应高于 1800kg/m³。

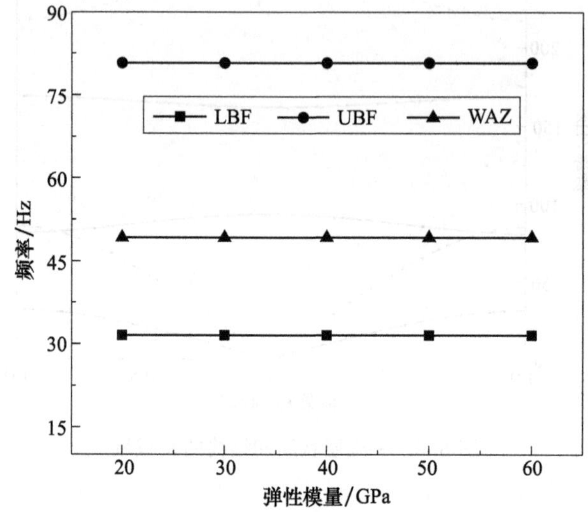

图 8.3　第一衰减域随混凝土弹性模量变化

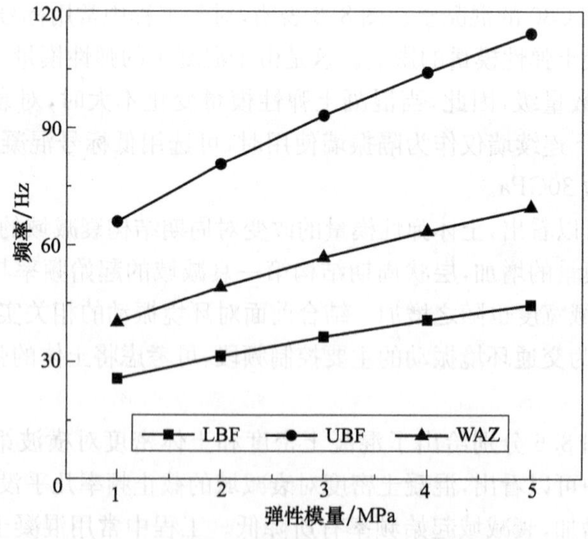

图 8.4　第一衰减域随土体弹性模量变化

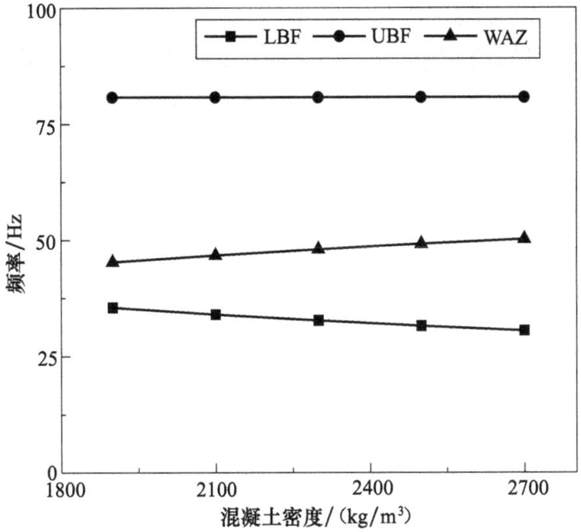

图 8.5　混凝土密度对横波第一衰减域的影响

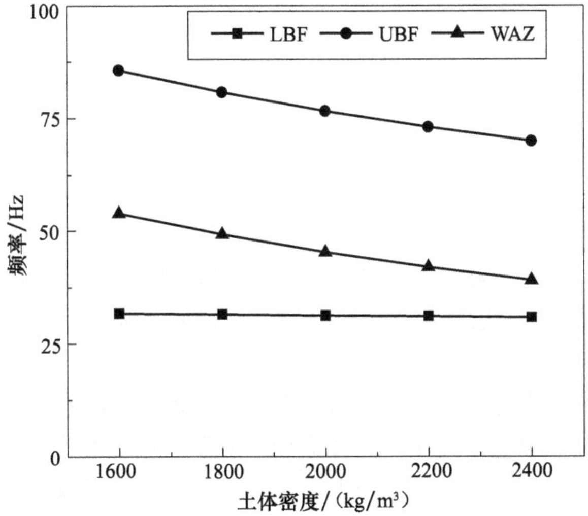

图 8.6　土体密度对横波第一衰减域的影响

8.2.2　几何参数的影响

保持土层厚度为 0.15m 不变，材料参数如表 8.1 所示，图 8.7 给出了周期常数对横波第一衰减域的影响。由图 8.7 可以看出，在土层厚度为定值时，随着周期常数的增大,横波第一衰减域的起始频率逐渐降低,截止频率基本保持不变,衰减域宽度逐渐增大。当周期常数为 0.45m 时,衰减域的起始频率为 29.11Hz,截止频率为 80.74Hz,基本对应 30~80Hz 环境减振主频段。为此,不妨在下面的分析中将周期常数设定为 0.45m。

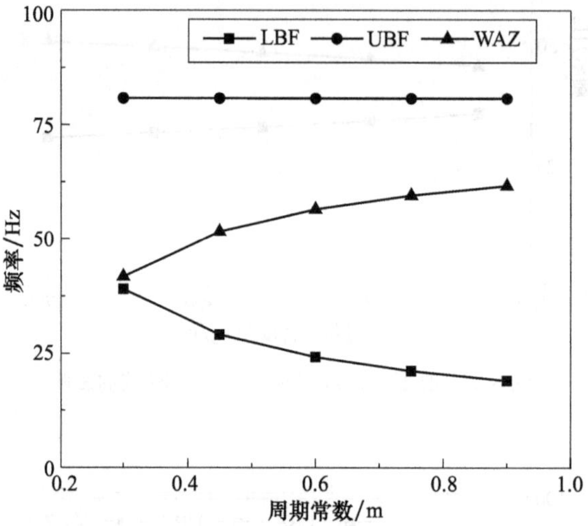

图 8.7 周期常数对横波第一衰减域的影响

保持周期常数为 0.45m 不变,土层厚度在 0.1~0.3m 取值,图 8.8 给出了土层厚度对横波第一衰减域的影响。从图 8.8 中可以看出,在周期常数为定值时,随着土层厚度的增大,第一衰减域的起始频率、截止频率都随之降低,衰减域宽度也随之减小。相比较,截止频率减小的速度要快于起始频率减小的速度。起始频率在 30Hz 左右变化,当土层厚度为 0.15m 时,衰减域的截止频率为 80.74Hz,故土层厚度取为 0.15m 是比较合适的。

综上所述,混凝土弹性模量的改变对层状周期结构横波第一衰减域的起始频率、截止频率及衰减域宽度几乎不产生影响;当混凝土密度、厚度保持不变时,衰减域的起始频率基本保持不变;当土弹性模量、密度以及厚度保持不变时,衰减域的截止频率也基本保持不变。根据这一结论,可以通过适当调节混凝土的密度、厚度来将衰减域的起始频率控制在 30Hz 以下;同样也可以通过调节土的弹性模量、密度及厚度使衰减域的截止频率不低于 80Hz,以使衰减域能够涵盖交通环境振动的主要频段,使振动得到有效衰减。

根据上述分析,选定模型如下:周期常数为 $a=0.45\text{m}$,混凝土和土层厚度分别为 0.3m 和 0.15m,材料参数见表 8.1。该模型的频散曲线如图 8.9 所示。由图可知,对应于横波的前 3 条衰减域分别位于 29.11~80.74Hz、91.05~161Hz 以及

167.15～242.21Hz;对应于纵波的第一条衰减域为 78.37～217.33Hz。其中,相应于横波的前两条衰减域及与其对应的衰减系数如图 8.10 所示。

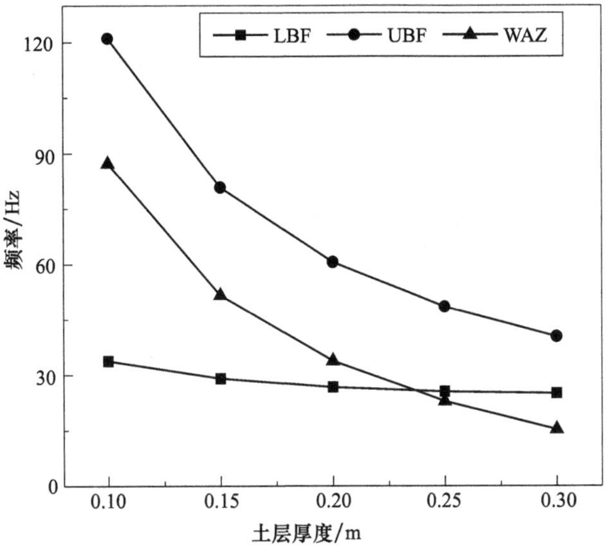

图 8.8　土层厚度对横波第一衰减域的影响

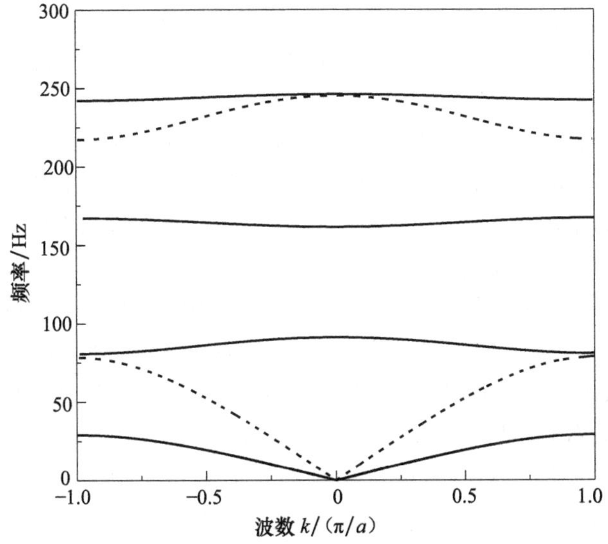

图 8.9　选定模型的频散曲线

下面针对上述周期结构模型,研究其对交通环境振动的减振效果。

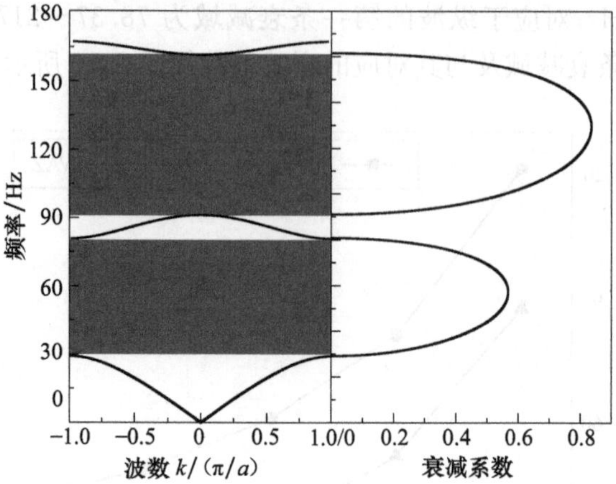

图 8.10　一维周期结构的衰减域及衰减系数

8.3　连续墙的单频谐响应分析

利用层状周期性连续墙进行地铁隔振的分析模型如图 8.11 所示。模型长 L，高 H，上边界为自由边界，为考虑周围土的影响，其他三个边界均设置黏弹性边界单元。隧道截面为矩形，隧道底部到地面的距离设为 h，隧道底部中间位置设为振源，并取振源为坐标原点。用 d_1、d_2、d_3 分别代表振源与隔振墙左侧边缘的距离、隔振墙高度、检测点到隔振墙的距离。根据 8.2 节分析结果，层状周期性连续墙的周期常数取 a=0.45m，混凝土和土层厚度分别取 0.3m 和 0.15m，材料参数见表 8.1。此外，为体现周期结构的整体性，模型中在周期性隔振墙右侧附加 0.2m 厚的混凝土层，以便将组成周期结构的土层与环境中的土隔离开来，这样做并不会影响周期结构的频散特性。在数值分析时，取 2 倍振源深度，即 $H=2h$；隔振墙取 4 个周期，这样，整个隔振墙厚为 2m。

采用 ANSYS 建立二维平面应变分析模型。建模时，取 L=64m、H=40m、d_1=10m、d_2=20m。环境土的弹性模量、密度、泊松比分别取 300MPa、1880kg/m^3、0.33。在振源处输入竖向单位位移激励，频率设定为 0～170Hz，步长设为 0.5Hz。

考察隔振墙右侧距墙水平方向 5～10m 区段、地面以下 20m 所形成的长方形区域的位移响应。位移响应通过位移频率响应函数 FRF=20lg(A/A_0)表征，其中，A 为有隔振墙时的位移响应幅值，A_0 为未设置隔振墙时(将隔振墙换为环境土)相同位置处的位移响应幅值。图 8.12(a)给出了这个区域 y 方向的平均位移频率响应函数，图中纵坐标为频率值，横坐标为该区域的平均位移频率响应函数。图 8.12(b)给出了该周期结构的频散曲线。由图 8.12 可知，该考察区域的平均位移频率响应函数在第一衰减域和第二衰减域范围内均出现了明显的衰减，最大衰减量可达 15dB，隔振墙显示出良好的隔振性能。

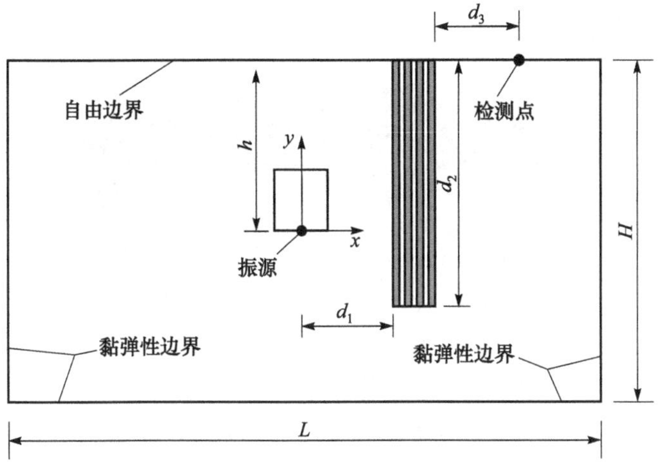

图 8.11　周期性隔振墙分析模型

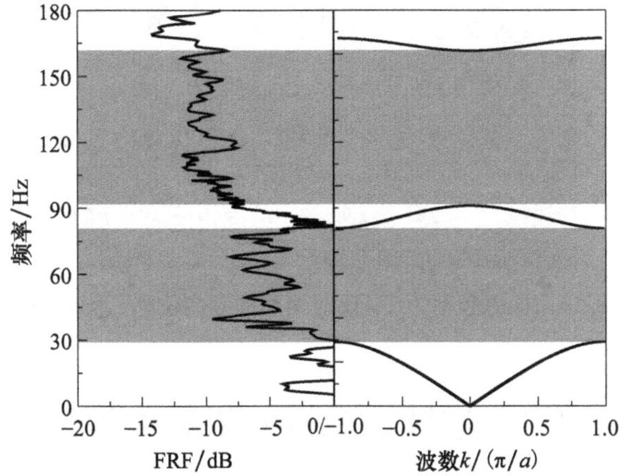

（a）响应函数　　（b）频散曲线

图 8.12　平均位移频率响应函数和频散曲线

图 8.13 给出了当振源输入频率为 42Hz 的单位竖向位移激励时，设置该周期性隔振墙模型的竖向位移云图。从图中可以观察到，隔振墙后存在一个振动隔离区，在该区域内的位移响应幅值与左侧对称区域内的位移响应幅值相比，衰减非常明显。这说明当振源激励的频率落在隔振墙衰减域范围内时，隔振墙后一定区域内的振动响应得到有效控制。图 8.14 给出的是当振源频率为 15Hz 时，同样设置

有该周期性隔振墙模型的竖向位移云图。由于振源激励频率不在隔振墙衰减域范围内，因此，振源引起的环境振动能够顺利穿过隔振墙，并且继续向远处传播。这就进一步说明，只有当振源激励的频率在衰减域范围内时，层状周期性隔振墙才能具有隔振减振作用。

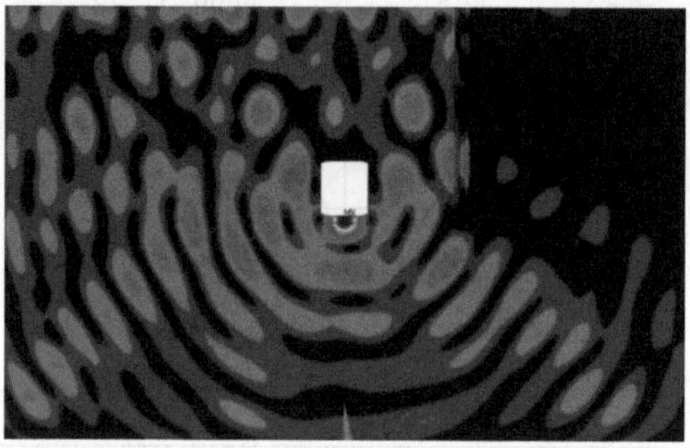

图 8.13　振源频率为 42Hz 时模型的竖向位移云图(见彩图)

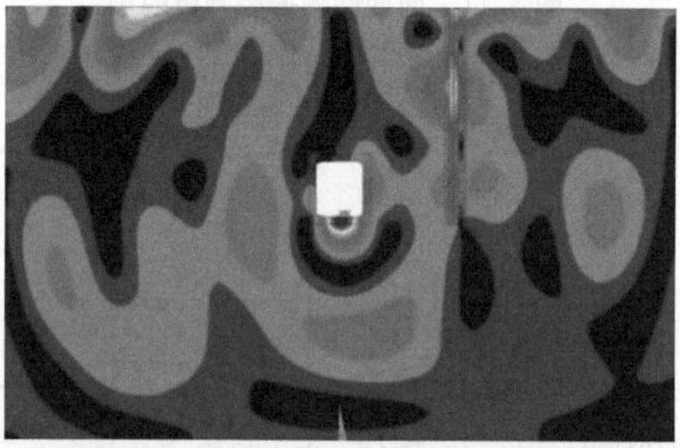

图 8.14　振源频率为 15Hz 时模型的竖向位移云图(见彩图)

8.4　连续墙减振效果数值模拟

8.4.1　地铁激励

图 8.15 为通过实测得到的北京某地铁隧道内两个不同位置 A、B 处道床竖向加速度时程及其傅里叶谱。加速度时程显示，道床加速度峰值处于 100m/s^2 左右；傅里叶谱显示，振动的主要频率集中在中高频段。下面将利用这两条实测地铁激励，采用 ANSYS 分析软件，对图 8.11 所示周期性隔振墙分析模型的隔振效果进行数值模拟。

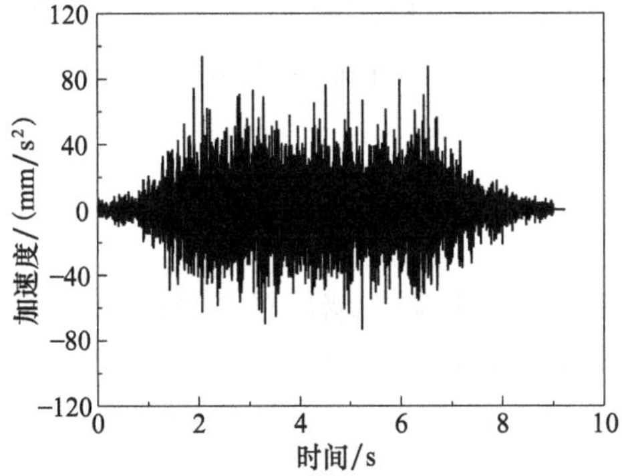

（a）位置A处道床竖向加速度时程

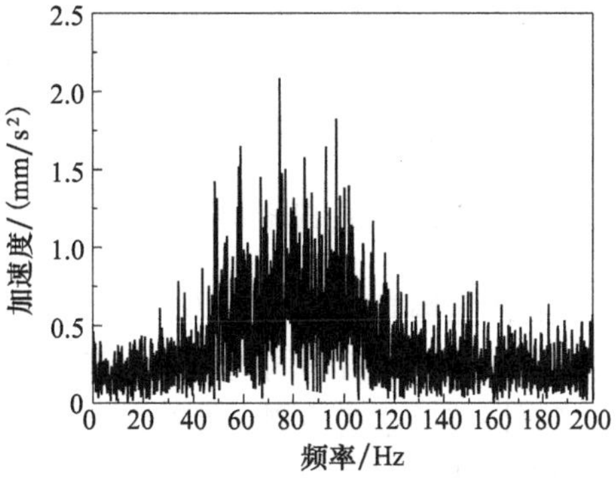

（b）位置A处加速度傅里叶谱

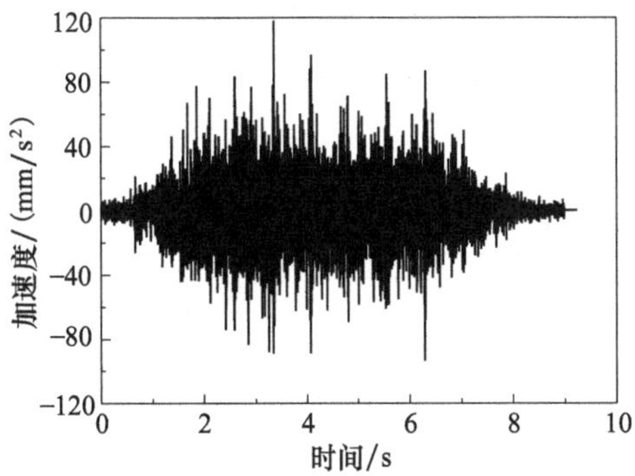

（c）位置B处道床竖向加速度时程

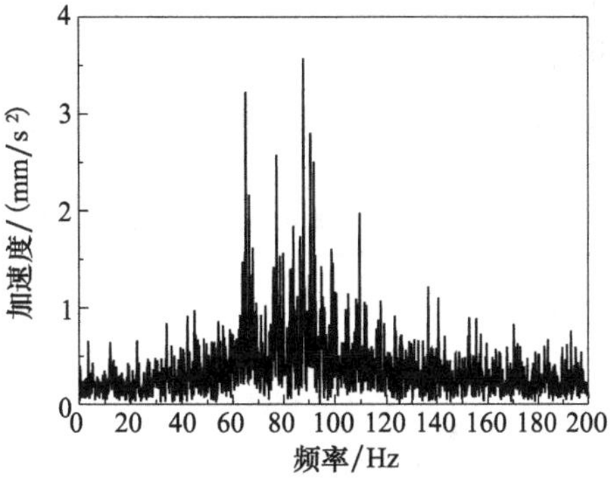

（d）位置B处加速度傅里叶谱

图 8.15　道床两个不同位置的竖向振动加速度时程及其傅里叶谱

在借助 ANSYS 软件进行数值分析时，采用大质量法对结构施加加速度激励。为考察层状周期性隔振墙的隔振效果，对采用传统地下混凝土连续墙（厚度仍取 2m）和未采用隔振措施的两个模型输入相同的激励，对响应同样进行数值模拟。为便于比较，定义振幅衰减率：

$$e=\frac{A-A_0}{A_0} \tag{8.1}$$

式中，A 为设置周期性隔振墙或混凝土墙时检测点处的竖向位移响应幅值；A_0 为未设置隔振墙时同一检测点处的竖向位移响应幅值；e 为负数代表振动得到衰减，e 为正数代表振动被放大。

8.4.2　受位置 A 处激励作用

首先选用图 8.15(a)所示的道床竖向位移加速度时程作为激励进行输入。分别改变 d_1、d_2、d_3 的值，分析不同情况下隔振墙的隔振效果。振源到隔振墙左侧边

缘的距离 d_1 分别取 5m、10m、15m、20m 四个值；隔振墙高度 d_2 在 15～25m 取五个值，间隔为 2.5m；隔振墙右侧边缘到地面检测点的水平距离 d_3 分别取 5m、10m、15m 三个值。

1. 隔振墙高度固定

将隔振墙高度取定值 $d_2=25$m，表 8.2 给出了将隔振墙设置在与振源不同距离 d_1 时，隔振墙后不同检测点处竖向位移振幅衰减率。此外，图 8.16～图 8.19 给出了隔振墙后这些检测点处的竖向加速度响应及傅里叶谱。加速度响应包括设置周期性层状隔振墙、等厚度传统混凝土隔振墙及未设置隔振墙三种情况；傅里叶谱仅给出了设置周期性层状隔振墙和未设置隔振墙两种情况。从表 8.2 及这四个加速度响应图可以看出，混凝土墙具有一定的隔振作用，但其需要被保护建筑与隔振墙(或振源)之间具有足够的空间。与混凝土墙相比，周期性隔振墙表现出更好的隔振效果，不仅隔振效果稳定，而且所需空间较小。

表 8.2　隔振墙高度为 25m 时各检测点响应衰减率

d_3/m	d_1/m			
	5	10	15	20
5	−56.8%(14.6%)	−55.4%(−38.3%)	−57.4%(1.03%)	−62.5%(−6.79%)
10	−14.8%(2.58%)	−48.3%(−53.1%)	−56.2%(−4.55%)	−35.0%(14.7%)
15	−48.1%(−30.8%)	−47.9%(−41.9%)	−36.8%(42.3%)	−35.9%(14.2%)

注：括号内为传统墙的衰减率。

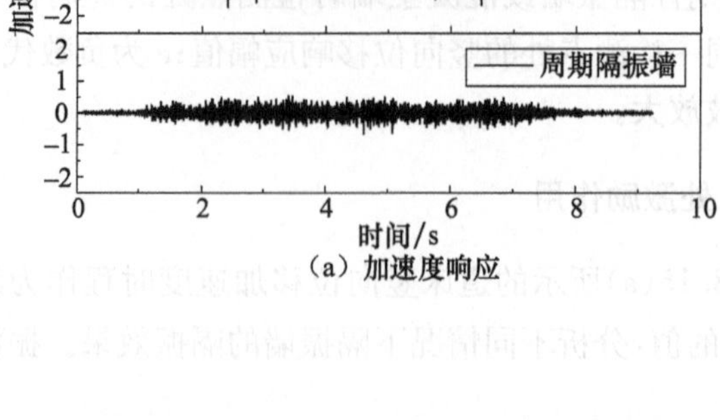

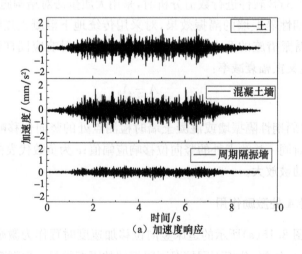

(a) 加速度响应

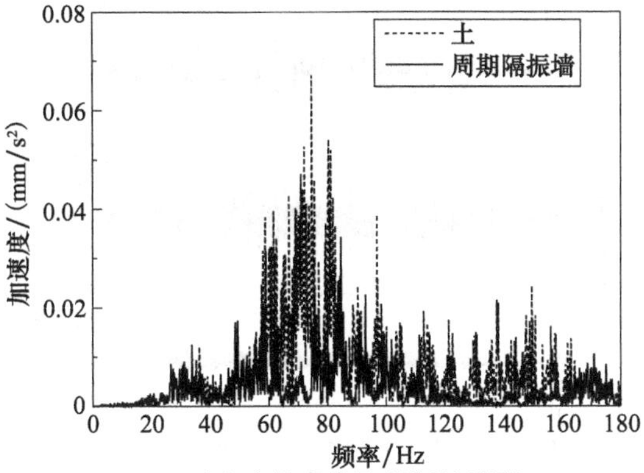

(b) 加速度傅里叶谱(见彩图)

图 8.16 当 d_1=5m、d_2=25m 时,隔振墙后 5m 处的地面竖向加速度时程与加速度傅里叶谱

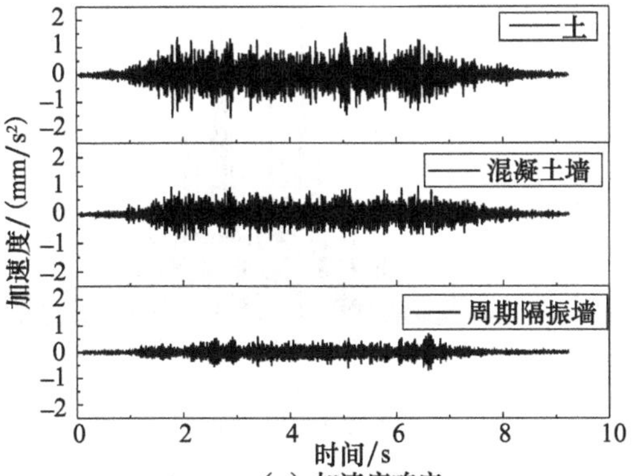

(a) 加速度响应

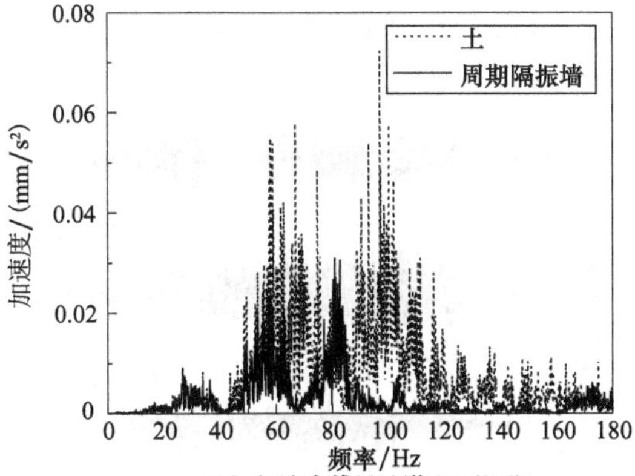

(b) 加速度傅里叶谱(见彩图)

图 8.17 当 d_1=10m、d_2=25m 时,隔振墙后 5m 处的地面竖向加速度时程与加速度傅里叶谱

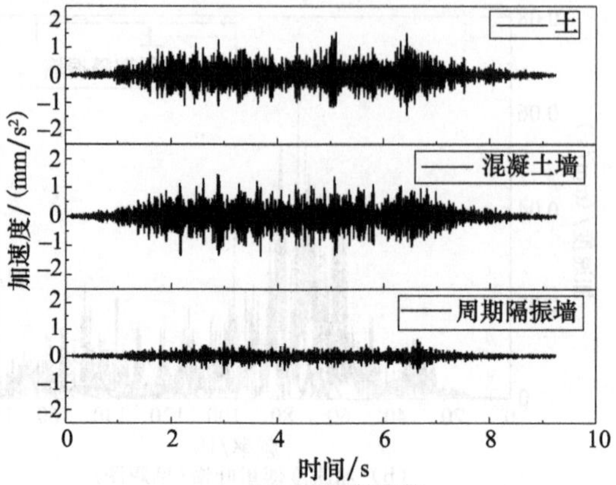

(a) 加速度响应

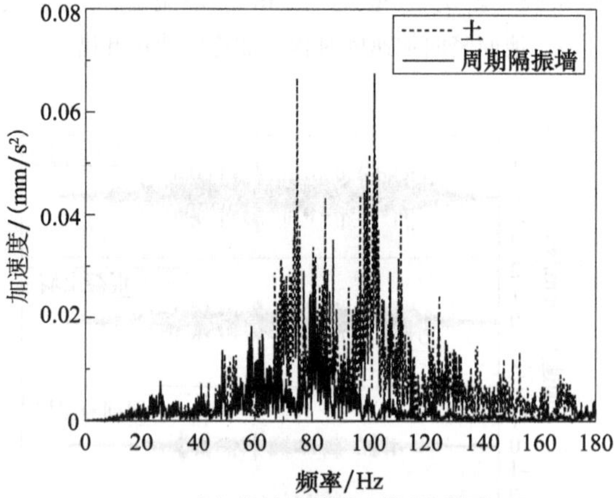

(b) 加速度傅里叶谱(见彩图)

图 8.18　当 $d_1=15\text{m}$、$d_2=25\text{m}$ 时,隔振墙后 10m 处的地面竖向加速度时程与加速度傅里叶谱

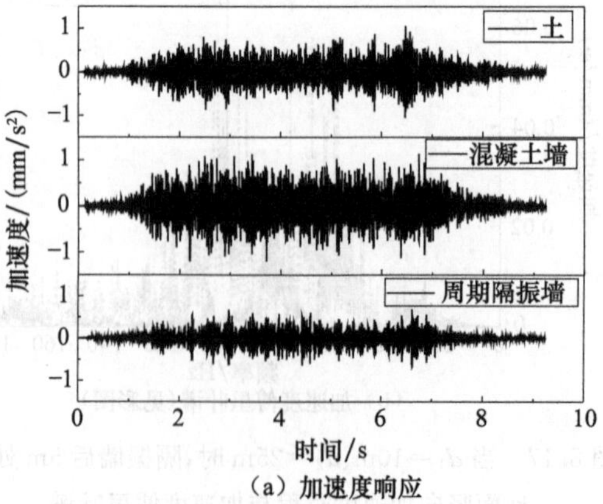

(a) 加速度响应

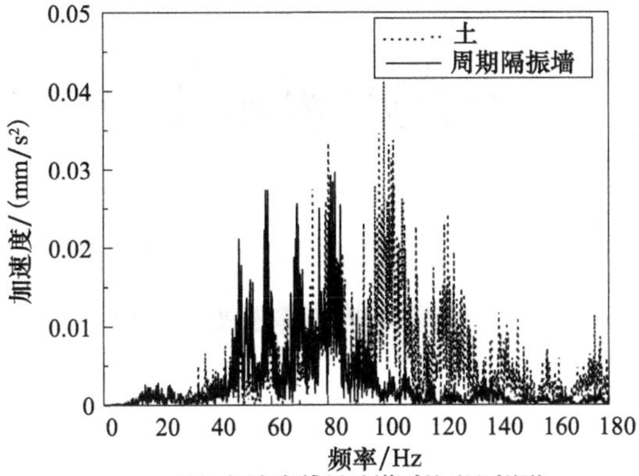

(b) 加速度傅里叶谱对比(见彩图)

图 8.19　当 $d_1=20$m、$d_2=25$m 时，隔振墙后 15m 处的地面竖向加速度时程与加速度傅里叶谱

另外，从图中还可以看出，傅里叶谱与周期结构衰减域特性相吻合。这也就不难理解，在周期性隔振墙衰减域范围内，设置有周期性隔振墙时较不设置隔振墙时振动幅值有明显的衰减，高频处幅值衰减更大。但也注意到，当振源与隔振墙之间的距离达到 20m 时，虽然图 8.19(a)显示设置隔振墙后，振动得到了有效的衰减，但从图 8.19(b)可以发现，频率在 45～75Hz 时，振动幅值不仅没有衰减，反而有所放大。这就是说，对于不同埋深的地铁隧道，在设置隔振墙时，有必要先确定隔振墙与振源之间的距离。

2. 隔振墙与振源距离固定

取 $d_1=10$m，即将隔振墙设置在距振源 10m 处且保持不变，表 8.3 给出了不同隔振墙高度下隔振墙后不同检测点处竖向位移振幅衰减率。从表中可知，设置周期性隔振墙后，衰减幅度最大可达 60.6%。而且，隔振墙高度对衰减幅度影响并不大，并非隔振墙设置越深，隔振效果越好。

表 8.3　隔振墙距振源 10m 时不同检测点处竖向位移振幅衰减率

d_3/m	d_2/m				
	15	17.5	20	22.5	25
5	−42.1%	−60.6%	−51.1%	−30.6%	−55.4%
10	−48.1%	−59.7%	−56.1%	−57.9%	−48.3%
15	−56.2%	−53.1%	−52.2%	−35.2%	−47.9%

此外，图 8.20～图 8.24 还给出了设置周期性层状隔振墙和未设置隔振墙两种情况下，隔振墙后这些检测点处的竖向加速度响应及其傅里叶谱。不难看出，傅里叶谱对比结果与周期结构衰减域特性相一致。

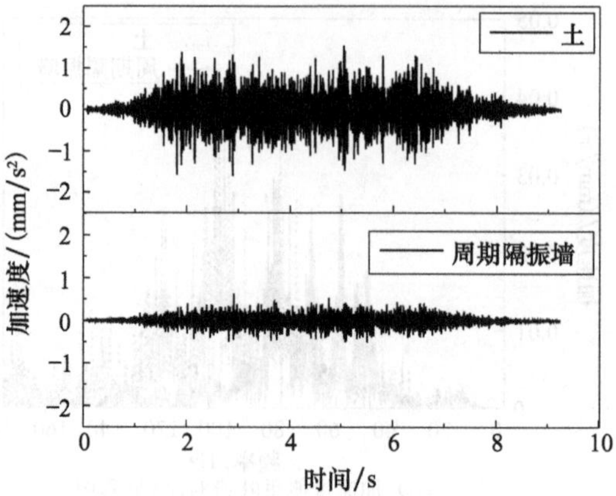

（a）加速度响应

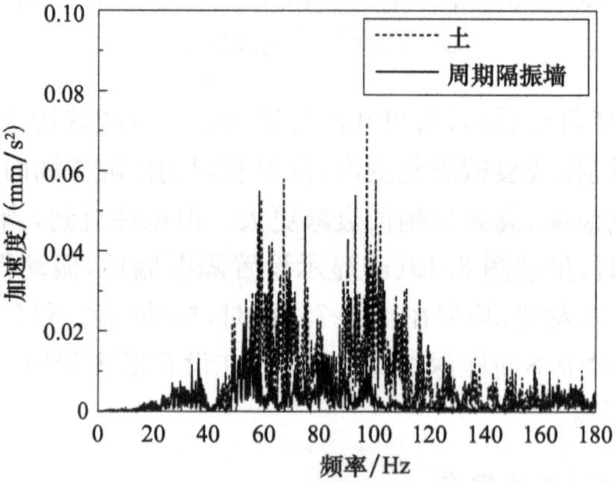

（b）加速度傅里叶谱（见彩图）

图 8.20　当 $d_1=10\text{m}$、$d_2=17.5\text{m}$ 时，隔振墙后 5m 处地面竖向加速度时程与加速度傅里叶谱

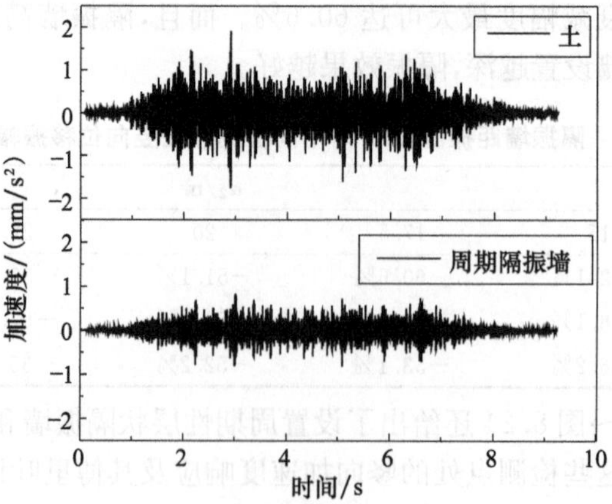

（a）加速度响应

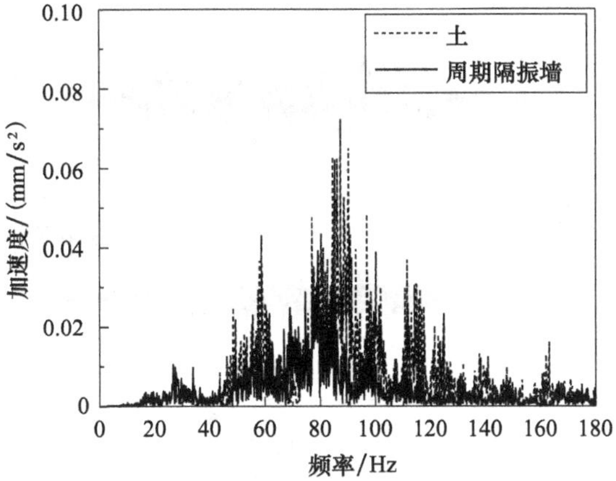

（b）加速度傅里叶谱（见彩图）

图 8.21　当 d_1＝10m、d_2＝20m 时，隔振墙后 10m 处地面竖向加速度时程与加速度傅里叶谱

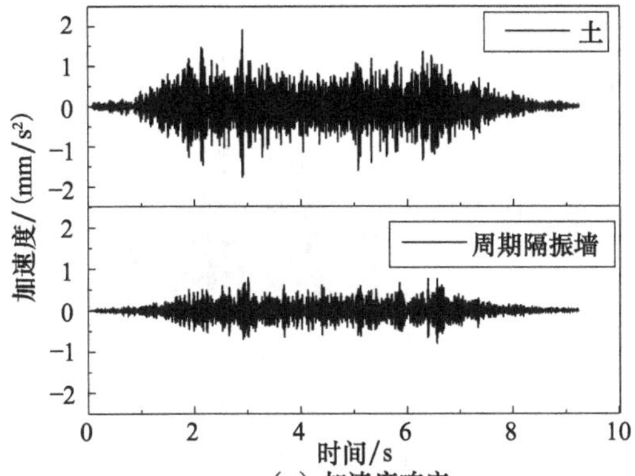

（a）加速度响应

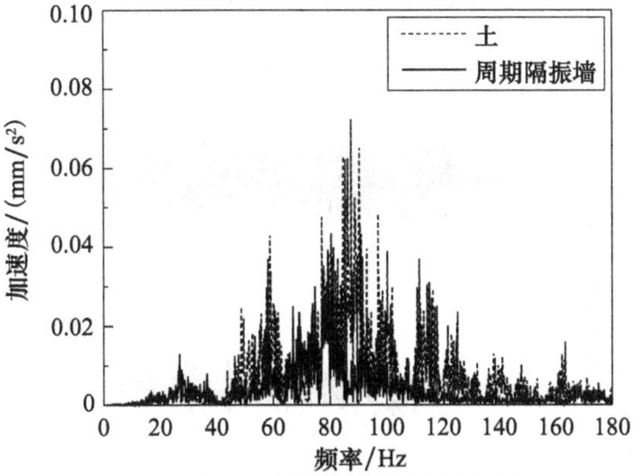

（b）加速度傅里叶谱（见彩图）

图 8.22　当 d_1＝10m、d_2＝22.5m 时，隔振墙后 10m 处地面竖向加速度时程与加速度傅里叶谱

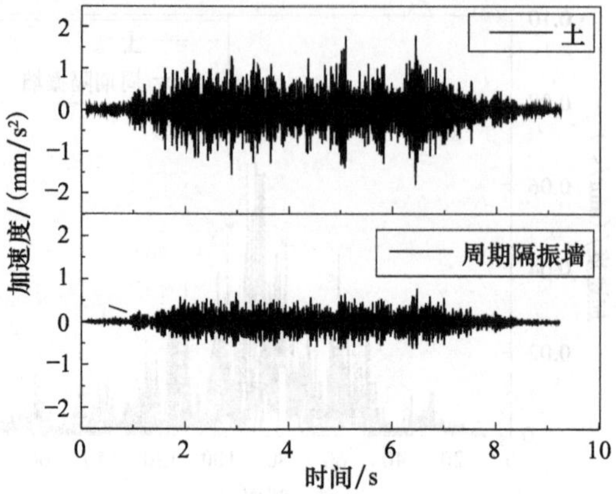

（a）加速度响应

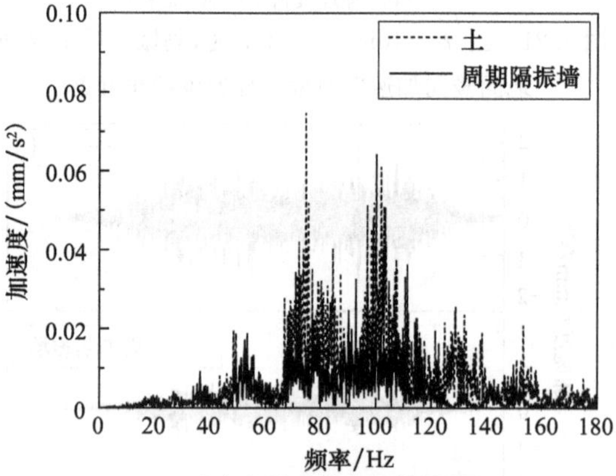

（b）加速度傅里叶谱（见彩图）

图 8.23 当 $d_1=10\text{m}$、$d_2=15\text{m}$ 时，隔振墙后 15m 处地面竖向加速度时程与加速度傅里叶谱

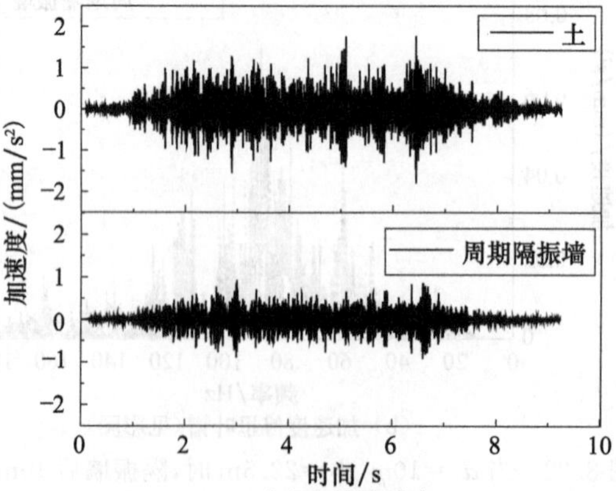

（a）加速度响应

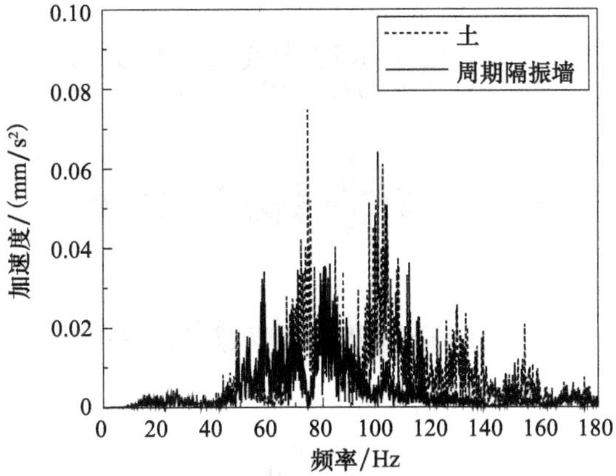

(b) 加速度傅里叶谱(见彩图)

图 8.24　当 $d_1=10\text{m}$、$d_2=25\text{m}$ 时,隔振墙后 15m 处地面竖向加速度时程与加速度傅里叶谱

8.4.3　受位置 B 处激励作用

只通过一条地铁振动数据来讨论周期性隔振墙的隔振作用不能完全说明问题,下面选用图 8.15(c)所示的道床竖向加速度时程作为激励,再次进行数值模拟。仍然通过改变 d_1、d_2、d_3 的值,分析不同情况下隔振墙的隔振效果。振源到隔振墙左侧边缘的距离 d_1 仍分别取 5m、10m、15m、20m 四个值;隔振墙高度 d_2 在 15～25m 内取五个值,间隔仍为 2.5m;隔振墙右侧边缘到地面检测点的水平距离 d_3 分别取 5m、10m、15m 三个值。

1. 隔振墙高度固定

将隔振墙高度取定值 $d_2=20\text{m}$,表 8.4 给出了将隔振墙设置在与振源不同距离 d_1 时,隔振墙后不同检测点处竖向位移振幅衰减率。此外,图 8.25～图 8.28 给出了隔振墙后这些检测点处的竖向加速度响应及傅里叶谱。从表 8.4 及四个加速度响应图可以看出,利用混凝土墙隔振,不同检测点的响应相差很大,有些点处振动得到衰减,而有些点处的振动被放大。与混凝土隔振墙不同,周期性隔振墙表现出稳定的隔振效果,最大衰减幅度可达 70.9%。

表 8.4　隔振墙高度为 20m 时各检测点响应衰减率

d_3/m	d_1/m			
	5	10	15	20
5	−56.7%(9.70%)	−59.9%(−40.3%)	−70.9%(−9.17%)	−47.8%(9.22%)
10	−57.5%(−33.3%)	−51.8%(−49.1%)	−60.7%(32.9%)	−62.1%(−10.5%)
15	−56.3%(−46.6%)	−48.7%(7.74%)	−47.2%(24.6%)	−35.1%(51.3%)

注:括号内为传统墙的衰减率。

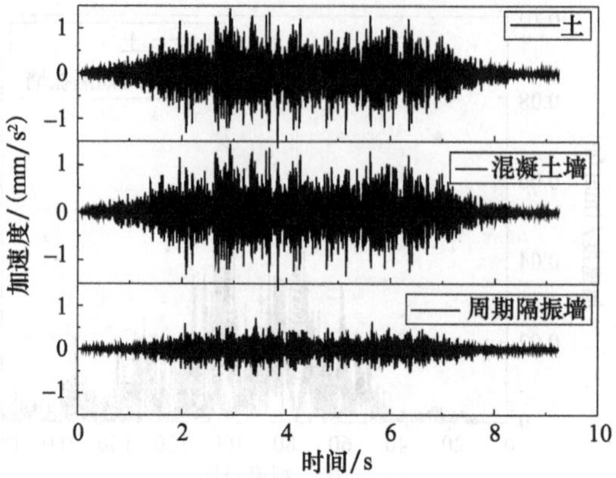

(a) 加速度响应

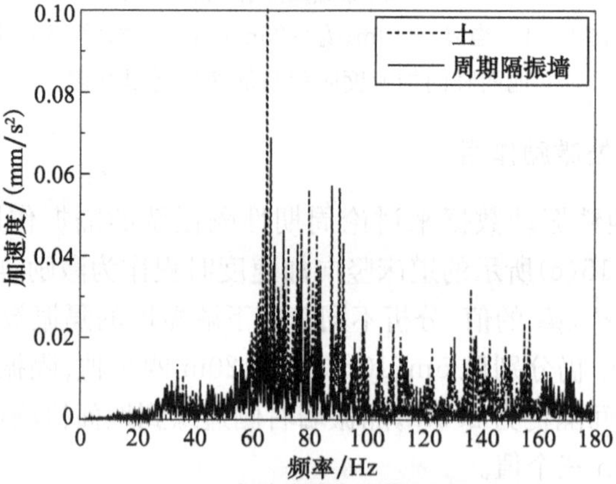

(b) 加速度傅里叶谱(见彩图)

图 8.25　当 $d_1=5\text{m}$、$d_2=20\text{m}$ 时,隔振墙后 5m 处地面竖向加速度时程与加速度傅里叶谱

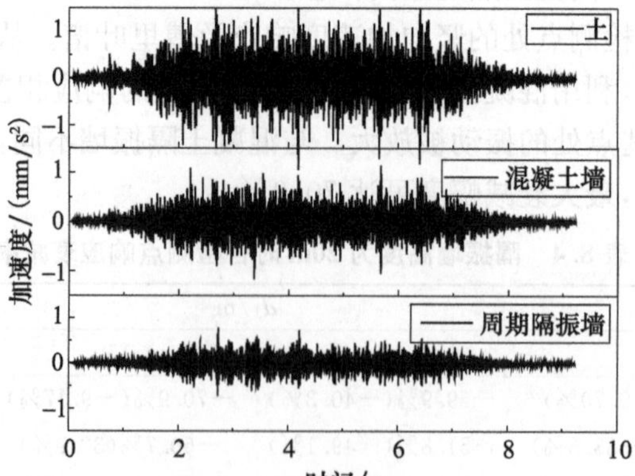

(a) 加速度响应

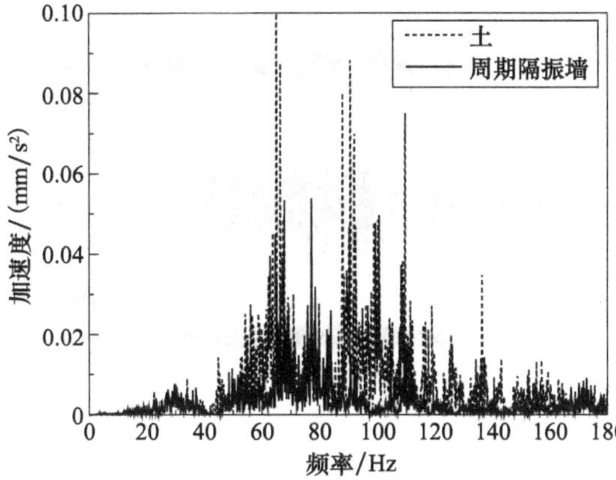

(b) 加速度傅里叶谱(见彩图)

图 8.26　当 $d_1=10m$、$d_2=20m$ 时,隔振墙后 5m 处地面竖向加速度时程与加速度傅里叶谱

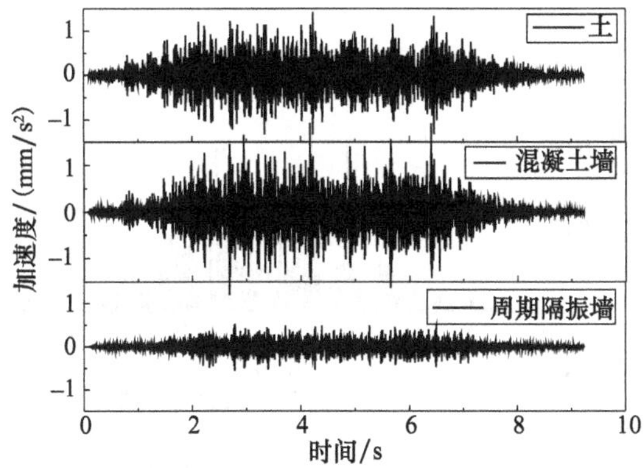

(a) 加速度响应

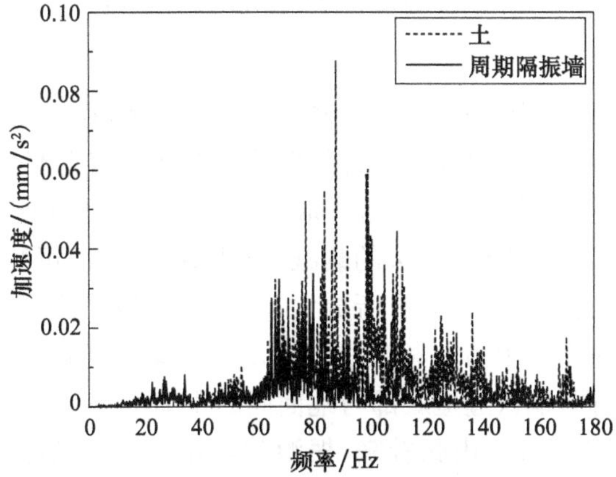

(b) 加速度傅里叶谱(见彩图)

图 8.27　当 $d_1=15m$、$d_2=20m$ 时,隔振墙后 10m 处地面竖向加速度时程与加速度傅里叶谱

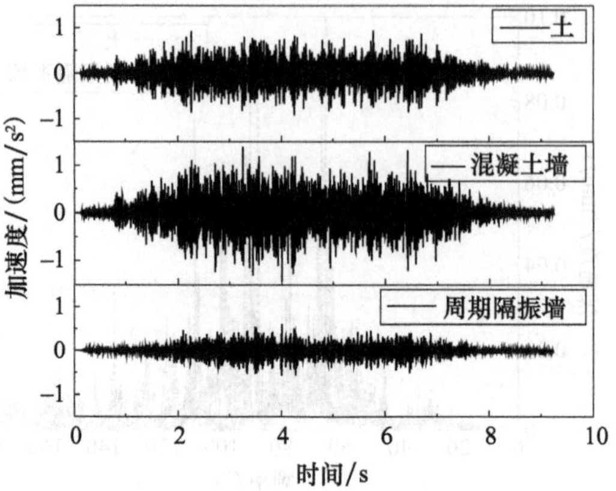

(a) 加速度响应

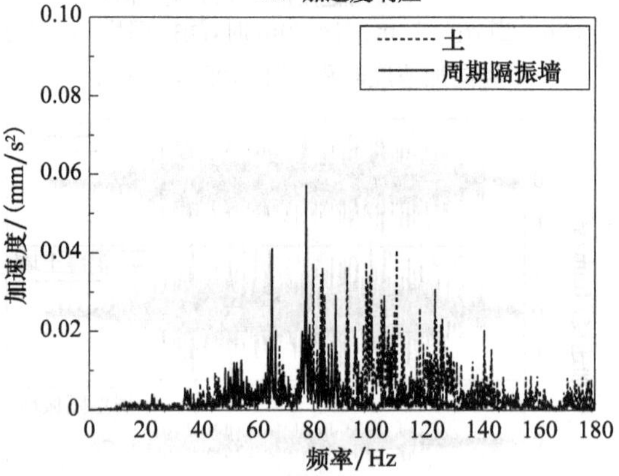

(b) 加速度傅里叶谱(见彩图)

图 8.28　当 $d_1=20\mathrm{m}$、$d_2=20\mathrm{m}$ 时,隔振墙后 15m 处地面竖向加速度时程与加速度傅里叶谱

傅里叶谱与周期结构衰减域特性相吻合,再次表明,在周期性隔振墙衰减域范围内,设置有周期性隔振墙时较不设置隔振墙时振动幅值有明显的衰减,高频处幅值衰减更大。但也注意到,当振源与隔振墙之间的距离达到 20m 时,虽然图 8.28(a)显示设置隔振墙后,振动得到了很大的衰减,但从图 8.28(b)可知,频率为 50～80Hz 时,振动幅值不仅没有衰减,反而有所放大,其他衰减域频率所对应的振动幅值都有衰减,此现象与前面利用另一条激励模拟所得的结果相似。两次模拟分别采用不同的地铁激励数据,地铁隧道底部与地面间的距离都是 20m,周期性隔振墙高度不同,分别为 25m 和 20m。由此看来,振源与隔振墙之间的距离对衰减效果的影响主要取决于地铁的埋深,而隔振墙的高度对其影响不大。

2. 隔振墙距振源距离固定

将隔振墙与振源之间的距离设定为 $d_1=10$m，表 8.5 给出了不同隔振墙高度 d_2 下，隔振墙后不同检测点处竖向位移振幅衰减率。从表 8.5 不难看出，设置周期性隔振墙后，能够有效隔离地铁引起的振动，但隔振墙高度对隔振效果影响并不显著，最大衰减可达 70.4%。

表 8.5　隔振墙距振源 10m 时不同检测点的振动衰减率

d_3/m	d_2/m				
	15	17.5	20	22.5	25
5	−58.5%	−70.4%	−59.9%	−40.3%	−66.0%
10	−52.2%	−67.0%	−51.8%	−65.1%	−48.2%
15	−45.5%	−50.9%	−48.7%	−9.68%	−34.8%

此外，图 8.29～图 8.33 给出了隔振墙后不同检测点处的加速度响应及其傅里叶谱。从这五个图中的加速度响应对比可以看出，设置周期性隔振墙后，各个检测点处的加速度响应均得到明显的衰减，隔振墙发挥了稳定的隔振作用。

傅里叶谱表明，当隔振墙高度达到 25m 时，虽然图 8.33(a)显示设置隔振墙后，振动得到了有效的衰减，但从图 8.33(b)可以发现，在频率为 65～75Hz 时，振动幅值不仅没有衰减，相反却有所放大，此现象与前面使用另一条地铁激励时所得模拟结果相似。地铁隧道底部与地面之间的距离均为 20m，周期性隔振墙与振源的距离均为 10m，再次表明，隔振墙的高度对隔振效果并非越高越好。因此，在实际工程中，要根据地铁的埋深及被保护对象的位置来确定隔振墙的最佳布置位置和高度。

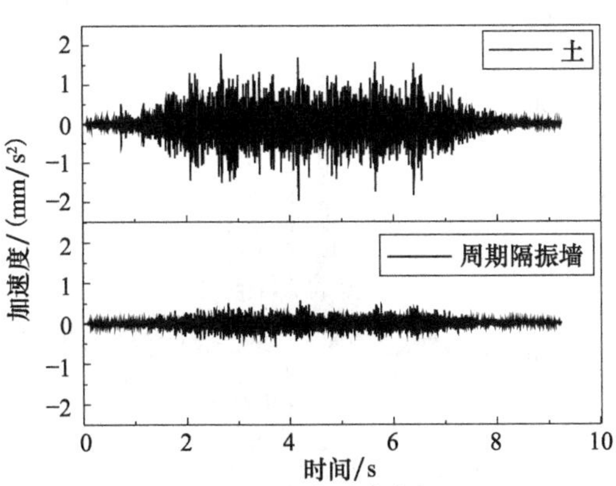

(a) 加速度响应

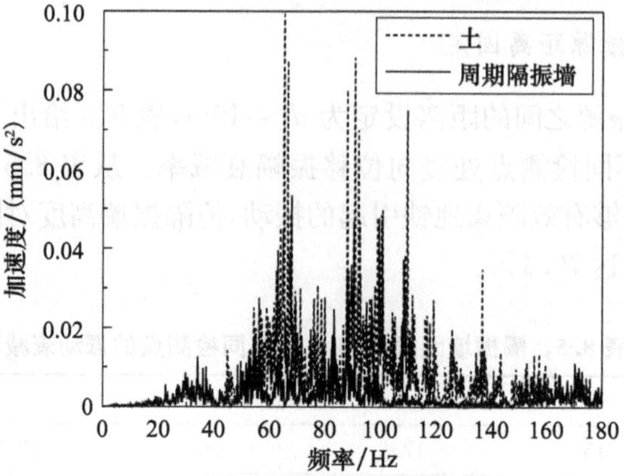

（b）加速度傅里叶谱（见彩图）

图 8.29　当 d_1＝10m、d_2＝17.5m 时，隔振墙后 5m 处地面竖向加速度时程与加速度傅里叶谱

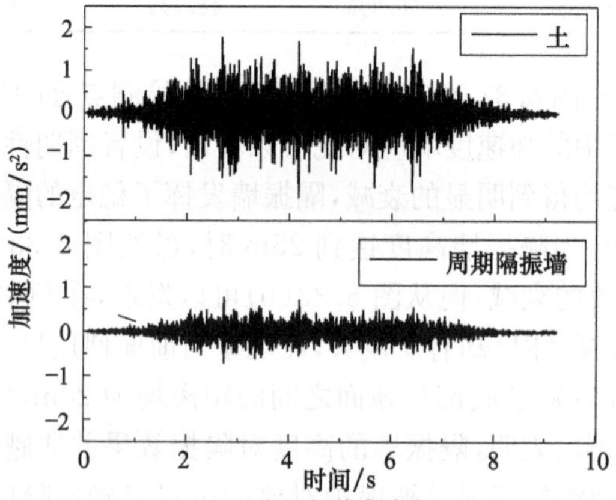

（a）加速度响应

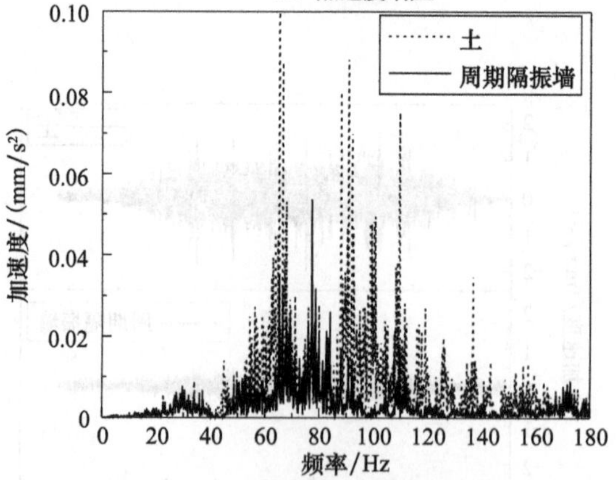

（b）加速度傅里叶谱（见彩图）

图 8.30　当 d_1＝10m、d_2＝20m 时，隔振墙后 5m 处地面竖向加速度时程与加速度傅里叶谱

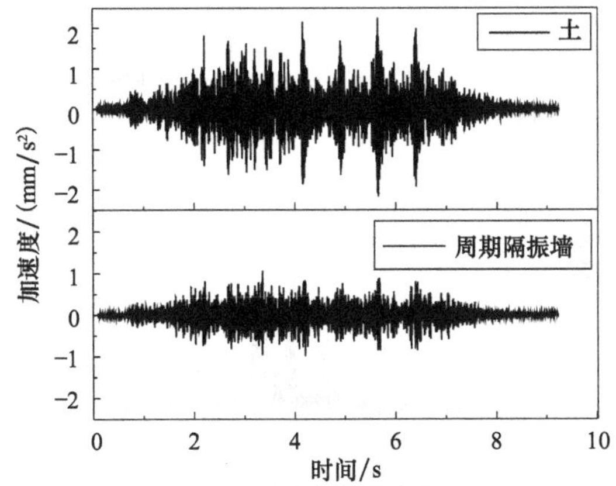

(a) 加速度响应

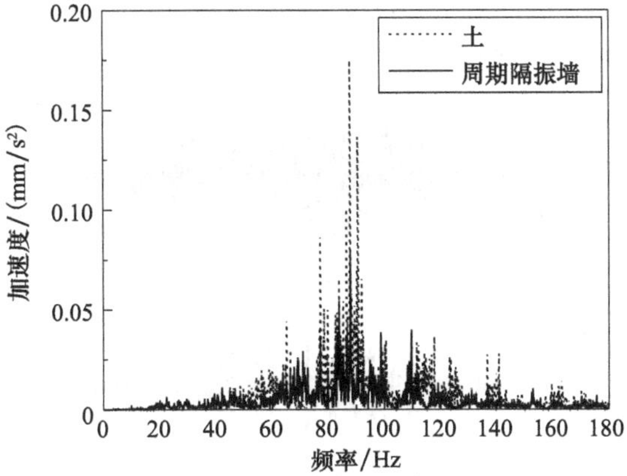

(b) 加速度傅里叶谱(见彩图)

图 8.31　当 $d_1=10$m、$d_2=15$m 时，隔振墙后 10m 处地面竖向加速度时程与加速度傅里叶谱

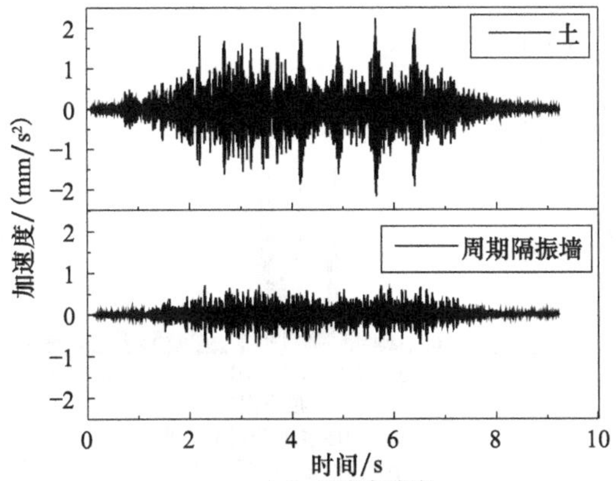

(a) 加速度响应

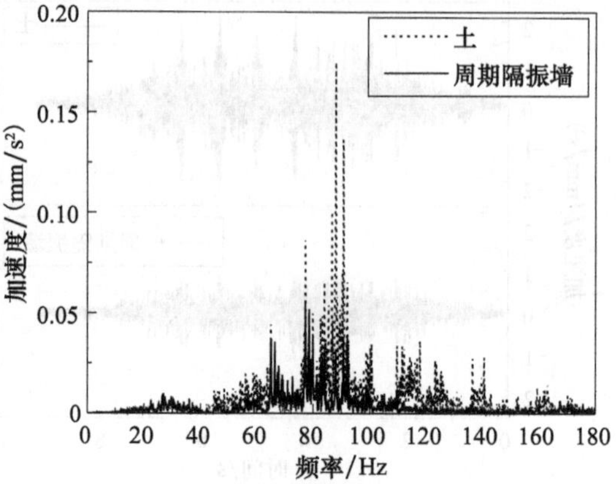

（b）加速度傅里叶谱（见彩图）

图 8.32　当 $d_1=10\text{m}$、$d_2=22.5\text{m}$ 时，隔振墙后 10m 处地面竖向加速度时程与加速度傅里叶谱

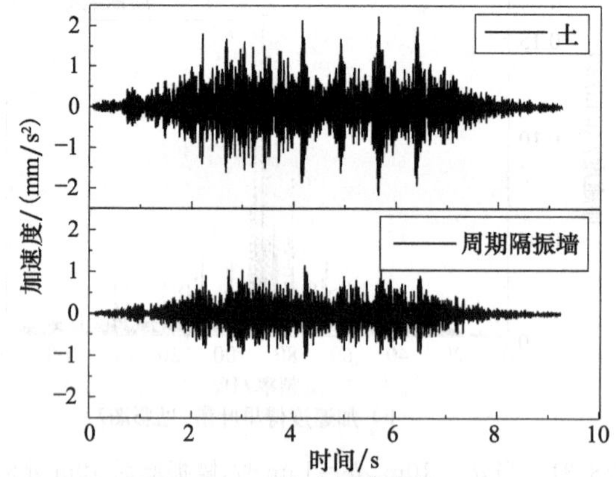

（a）加速度响应

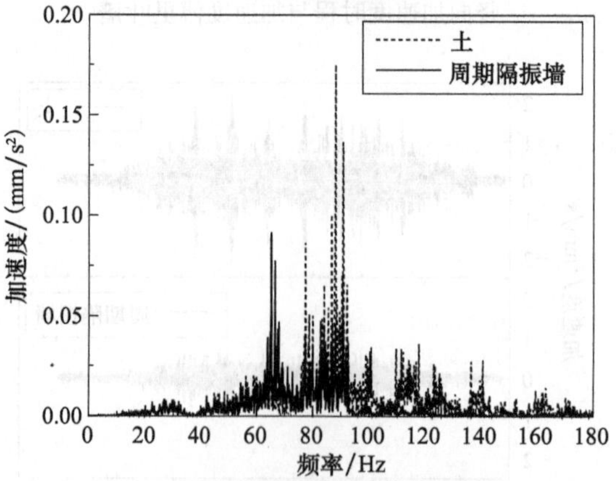

（b）加速度傅里叶谱（见彩图）

图 8.33　当 $d_1=10\text{m}$、$d_2=25\text{m}$ 时，隔振墙后 10m 处地面竖向加速度时程与加速度傅里叶谱

参考文献

[1] Kurzweil L G. Ground-borne noise and vibration from underground rail systems[J]. Journal of Sound and Vibration, 1979, 66(3): 363-370.

[2] Fujikake T. A prediction method for the propagation of ground vibration from railway trains [J]. Journal of Sound and Vibration, 1986, 111(2): 357-360.

[3] Melke J. Noise and vibration from underground railway lines: Proposals for a prediction procedure[J]. Journal of Sound and Vibration, 1988, 120(2): 391-406.

[4] 董霜,朱元清. 地铁振动环境及对建筑影响的研究概况[J]. 噪声与振动控制,2003,13(2):1-4.

[5] 夏禾. 交通环境振动工程[M]. 北京:科学出版社,2010.

[6] 徐建,中国工程建设标准化协会,建筑振动专业委员会. 建筑振动工程手册[M]. 北京:中国建筑工业出版社,2002.

[7] 董霜. 大城市地下轨道交通振动与强地面运动观测的研究[D]. 北京:中国地震局地球物理研究所,2004.

[8] 王颖. 层状周期性结构在地铁隔振中的应用[D]. 北京:北京交通大学,2014.

[9] Lang J. Ground-borne vibrations caused by trams, and control measures[J]. Journal of Sound and Vibration, 1988, 120(2): 407-412.

[10] Heckl M, Hauck G, Wettschureck R. Structure-borne sound and vibration from rail traffic[J]. Journal of Sound and Vibration, 1996, 193(1): 175-184.

[11] 闫维明,聂晗,任珉,等. 地铁交通引起的环境振动的实测与分析[J]. 地震工程与工程振动,2006,26(4):187-191.

[12] 闫维明,张祎,任珉,等. 地铁运营诱发振动实测及传播规律[J]. 北京工业大学学报,2006,32(2):149-154.

[13] 周才宝,姜秀文. 地下铁道整体轨下基础[J]. 都市快轨交通,1990,1:29-31.

[14] 周裕德,储益萍,祝文英,等. 城市地铁振动控制技术概述[C]//全国环境声学学术讨论会,宁波,中国,2007.

第 9 章　周期性实心排桩在交通环境减振中的应用

9.1　引　　言

在振源与被保护建筑物之间设置波屏障是一种有效降低环境振动灾害的方法，其中排桩作为一种非连续性波屏障在工程中已被广泛使用。

Woods 等[1]基于大量试验提出了利用一排桩进行隔振设计的基本准则，并且引入振幅衰减系数用来衡量隔振效果。按照 Woods 准则，排桩的直径需大于或等于被屏蔽波长的 1/6，桩间净距需小于或等于被屏蔽波长的 1/4。对于常见的地面低频波，桩直径往往需达到 3～5m，实际工程难以做到，严重地限制了排桩的应用。Liao 和 Sangrey[2]利用流体中声波传播模型研究了排桩的被动隔振问题，模型中桩由铝、钢、泡沫塑料和聚苯乙烯制成，并将模型试验中桩与水的纵波阻抗推广应用到实际工程中的桩与土的瑞利波阻抗。Avilés 和 Sanchez-Sesma[3,4]研究了用单排刚性桩作为弹性波屏障的隔振问题，得到了匀质、各向同性弹性介质中圆形排桩多重散射问题的二维精确解及三维近似解，并对桩径、桩长和桩间距等参数进行了分析。Boroomand 和 Kaynia[5,6]分析了体波入射时的桩-土相互作用，并对一排桩用于隔振时的桩间距、桩刚度和入射波频率等参数进行了分析，研究表明，刚性桩比柔性桩更有效。Kellezi[7]通过有限元法，研究了一排混凝土桩的减振效果，指出混凝土桩对振动的衰减可以达到 50％。Kattis 等[8,9]采用边界单元法对桩列和孔列的隔振效果进行了研究。由于单元数目巨大，计算时间较长，Kattis 等[10]又提出了将一排桩等价为连续屏障的方法，也就是将非连续排桩等效为连续墙进行分析。

在国内，吴世明和吴建平[11]对粉煤灰桩进行了现场模型试验，通过对单排、多排粉煤灰桩和连续墙的试验结果进行分析，认为粉煤灰桩屏障有较好的隔振效果。高广运等[12-16]利用半解析边界元法研究了饱和土中双排桩的隔振效果，以及空间问题中多排桩对远场的隔离问题，指出双排桩能够有效地降低屏障后的位移振幅，其隔振效果要优于单排桩；桩的排数越多，隔振效果越好；排间净距对隔振效果影响不大，但桩间净距对排桩的隔振效果起控制作用。徐平等[17]和 Xia 等[18]利用二维平面应变模型研究了圆柱实心桩对弹性波的隔离，讨论了桩的剪切模量和入射波频率等因素对隔离效果的影响；此外，还采用多重散射理论研究了任意构型下桩的屏障效果。蔡袁强等[19,20]则利用二维平面应变模型研究了横波和纵波在含有一排桩的多孔弹性土中的传播问题。基于固体物理学的周期性理论，黄建坤等[21-23]研究了多排桩的衰减域及其在环境减振中的应用。陆建飞等[24-26]利用数值分析方法，研究了利用多排桩减小移动荷载引起的层状多孔介质的振动问题，以及瑞利波在含排桩的多孔弹性介质中的传播问题。最近，他们也研究了周期性排桩在隔振中的应用[27,28]。

排桩可以按照不同的方式布置，并且既可用来隔离平面内的 P 波和 SV 波，也可用来隔离出平面的 SH 波。图 9.1 给出了利用周期性排桩隔离地铁引起的环境振动的示意图。本章将主要介绍利用周期性实心排桩的衰减域实现对 P-SV 波以及 SH 波的隔离，研究相关材料参数和几何参数对衰减域或隔离效果的影响，最后对隔振效果进行数值模拟。在本章分析中，桩和土均假设为各向同性的线弹性材料，并且桩与土界面理想黏结。

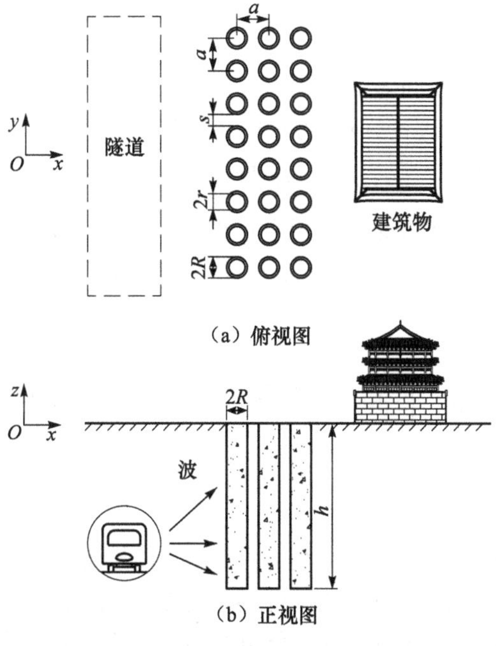

图 9.1　利用周期性排桩隔离地铁引起的环境振动示意图

9.2 控制方程

对于平面内波动(P 波和 SV 波耦合波)，平面内的位移 u_x 和 u_y 满足如下方程：

$$\begin{cases}\rho\dfrac{\partial^2 u_x}{\partial t^2}=\dfrac{\partial\sigma_x}{\partial x}+\dfrac{\partial\tau_{xy}}{\partial y}\\[2ex]\rho\dfrac{\partial^2 u_y}{\partial t^2}=\dfrac{\partial\tau_{xy}}{\partial x}+\dfrac{\partial\sigma_y}{\partial y}\end{cases}\tag{9.1}$$

对于出平面波动(SH 波),平面外的位移 u_z 满足如下方程:

$$\rho\frac{\partial^2 u_z}{\partial t^2}=\mu\left(\frac{\partial^2 u_z}{\partial x^2}+\frac{\partial^2 u_z}{\partial y^2}\right) \tag{9.2}$$

式中,ρ 为介质的密度;μ 为介质的剪切模量;t 为时间变量。

对于各向同性的理想弹性材料,应力分量(σ_x,σ_y,τ_{xy})和应变分量(ε_x,ε_y,γ_{xy})满足如下物理方程:

$$\begin{Bmatrix}\sigma_x\\ \sigma_y\\ \tau_{xy}\end{Bmatrix}=\begin{bmatrix}F\lambda+2\mu & F\lambda & 0\\ F\lambda & F\lambda+2\mu & 0\\ 0 & 0 & \mu\end{bmatrix}\begin{Bmatrix}\varepsilon_x\\ \varepsilon_y\\ \gamma_{xy}\end{Bmatrix} \tag{9.3}$$

式中,λ 为材料的拉梅常数;$F=2\mu/(\lambda+2\mu)$ 和 $F=1$ 分别对应平面应力问题和平面应变问题。假设桩足够长,这样在平面波入射的情况下,可以将三维问题简化为平面应变问题和出平面应变问题。

根据 Bloch-Floquet 理论,波动方程的位移场可以表示为[28,29]

$$\boldsymbol{u}(\boldsymbol{r})=\mathrm{e}^{\mathrm{i}(\boldsymbol{K}\cdot\boldsymbol{r}-\omega t)}\boldsymbol{u}_{\boldsymbol{K}}(\boldsymbol{r}) \tag{9.4}$$

式中,$\boldsymbol{K}=(K_x,K_y)$是限定在第一布里渊区的波矢;$\boldsymbol{u}_{\boldsymbol{K}}(\boldsymbol{r})$是和周期结构拥有相同周期常数的周期函数;$\boldsymbol{r}=(x,y)$是位置矢量;$\omega$ 是圆频率;$\boldsymbol{u}=(u_x,u_y,u_z)$是位移矢量。

9.3 对平面内耦合波(P-SV 波)的隔离

9.3.1 衰减域存在性验证

周期结构的衰减域对波的传播具有抑制作用,若要利用周期性排桩隔离平面内传播的耦合波(P-SV 波),周期性排桩必须对该类耦合波存在衰减域。

Vasseur 等[30]同时从试验和数值分析的角度研究了铝柱周期性地插入树脂基体形成的二维周期结构的动力学特性,由试验得到的传递谱和由数值分析得到的能流密度谱如图 9.2(a)所示,其中铝柱的直径 $d=16$mm,周期常数 $a=20$mm,铝和树脂的材料参数见表 9.1。取波矢数目 $N=5$,采用 IPWE 法重新分析该周期结构,得到的频散曲线如图 9.2(b)所示。图 9.2(b)中,在 54.82～84.24kHz 存在一个完全衰减域;从图 9.2(a)可以看出,能流密度谱在 58～90kHz 有很大的衰减。此外,在 120kHz 附近,能流密度谱和传递谱也有一个小的衰减,与此对应,频散曲线在此处则有一个较窄的完全衰减域。由此可见,采用 IPWE 法得到的衰减域与从试验得到的能流密度谱以及由数值分析得到的传递谱符合得较好。

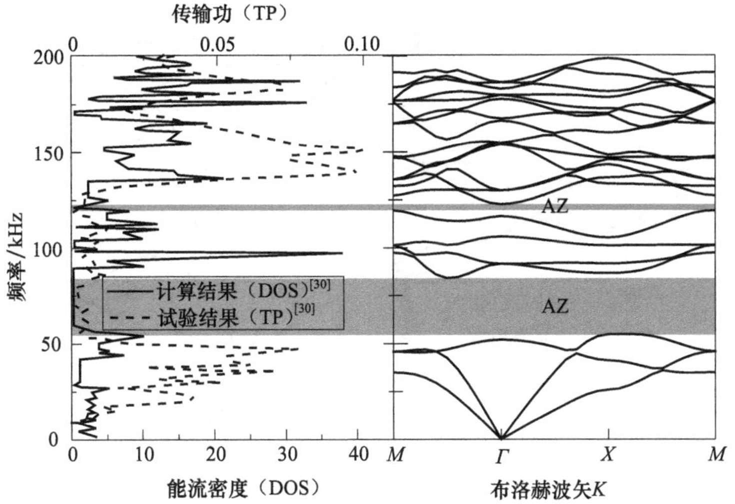

（a）谱密度曲线　　（b）频散曲线

图 9.2　铝柱/树脂周期结构的谱密度曲线和频散曲线

表 9.1　铝等材料的材料参数（密度 ρ、弹性常数 C_{11} 和 C_{44}）

材料	ρ/(kg/m^3)	C_{11}/GPa	C_{44}/GPa
铝[30]	2799	112.6	26.81
树脂[30]	1142	7.54	1.48
铅[31]	11630	72.1	14.9
橡胶[31]	1300	8.2×10^{-4}	6×10^{-5}
镍[32]	8936	—	75.4
铝[32]	2697	—	27.9
钛[33]	5400	—	45
SiC[33]	3200	—	177

温激鸿等[31]同样采用试验和数值分析的方法，研究了将铅柱周期性地插入橡胶中形成的二维周期结构的动力学特性，得出如图 9.3(a)所示的谱密度曲线，其中铅柱的半径 R=5mm，周期常数 a=15.5mm，铅和橡胶的材料参数见表 9.1。仍取波矢数目 N=5，采用 IPWE 法重新分析该周期结构，得到的频散曲线如图 9.3(b)所示。由图 9.2 和图 9.3 不难看出，试验结果、数值分析以及理论计算均验证了周期结构对 P-SV 波存在衰减域。

验证混凝土排桩-土周期系统对 P-SV 波存在衰减域。设周期常数和桩的半径分别为 a=2m 和 R=0.65m，材料参数如表 9.2 所示，图 9.4 给出了利用 COMSOL3.4 有限元软件和 IPWE 得到的该混凝土排桩-土周期系统的频散曲线。在 COMSOL3.4 有限元软件计算中，典型单元的有限元模型使用了 906 个三角形平面应变单元；在 IPWE 计算中，波矢数取值为 11。

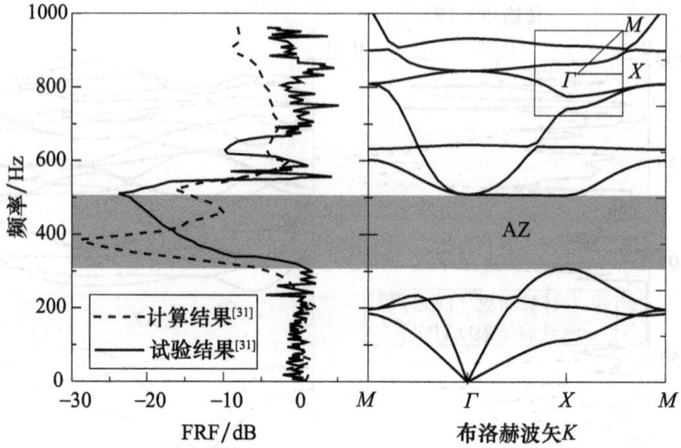

(a) 谱密度曲线 (b) 频散曲线

图 9.3 铅柱/橡胶周期结构的谱密度曲线和频散曲线

表 9.2 土与混凝土的材料参数(密度 ρ、弹性模量 E 和泊松比 υ)

材料	ρ/(kg/m^3)	E/GPa	υ
土	1900	2×10^{-2}	0.35
混凝土	2500	30	0.2

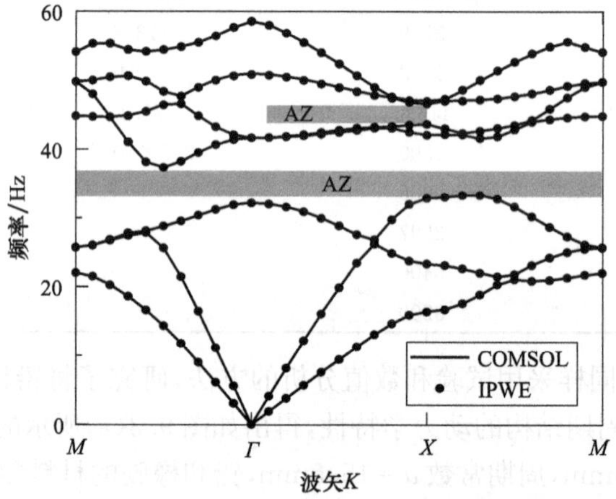

图 9.4 混凝土排桩-土周期系统的频散关系

图 9.4 表明,在 33.32～37.34Hz 产生了一个完全衰减域,而在 32.87～41.63Hz 和 43.59～46.55Hz,在 ΓX 方向上具有两个方向衰减域。

周期性排桩衰减域所包含的频率范围对工程结构的减振性能具有重要影响,因此,下面研究周期性排桩系统几何参数和物理参数对第一完全衰减域的影响。考虑到混凝土桩的密度、弹性模量以及泊松比变化范围较有限,因此,主要讨论土的物理参数(密度和弹性模量)和桩的几何参数(填充率、周期常数和桩的空间构型)对第一完全衰减域的影响。

9.3.2　衰减域影响因素分析

1. 土的弹性模量和密度的影响

在设计周期性排桩时，土的弹性模量（或者说桩-土的弹性模量比）和土的密度是两个重要的设计参数。土体性质和受荷载方式对土的弹性模量影响较大。根据黏性砂土试样的复载试验[34]，土的弹性模量可在 1～1000MPa 内取值。图 9.5 和图 9.6 分别给出了土的弹性模量（0～30MPa）和土的密度（1700～2200kg/m^3）对第一完全衰减域的影响。可以看出，第一完全衰减域的起始频率、截止频率和衰减域宽度随着土体弹性模量的增加而快速增加，随着土体密度的增加而逐渐减小。

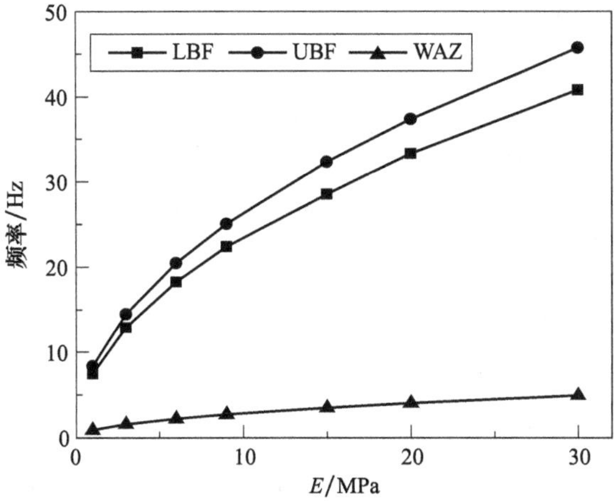

图 9.5　第一完全衰减域随土体弹性模量的变化

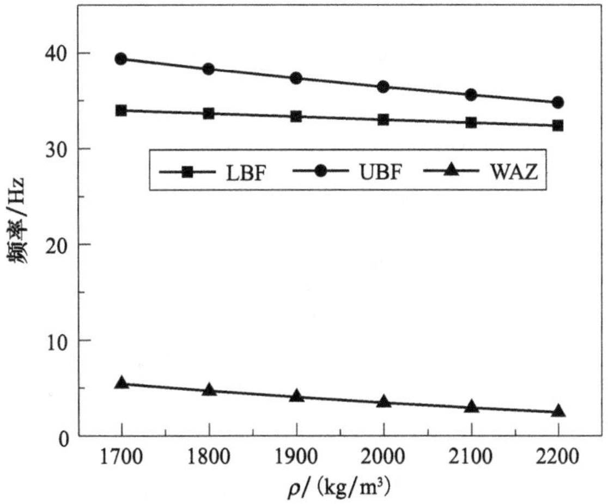

图 9.6　第一完全衰减域随土体密度的变化

2. 填充率和周期常数的影响

对于正方形典型单元，排桩的填充率（桩距比）可以定义为 $f_f = \pi R^2/a^2$。设周期常数 a 为定值 2m，图 9.7 给出了第一完全衰减域随填充率的变化。可以看出，第一完全衰减域的宽度随着填充率的增加而增加。因此，可以通过简单地增加桩半径的方式来增大完全衰减域的宽度。另外，当排桩的填充率一定时（如为 33.18%），图 9.8 给出了周期常数对第一完全衰减域的影响。可以看出，随着周期常数的增加，衰减域的起始频率和截止频率都快速降低。总之，填充率对周期结构的衰减域有较大的影响，较小的桩间距和较大的桩半径有利于减振。换句话说，桩间距过大，同时桩的半径又很小时，周期性排桩结构的减振效果将不明显。

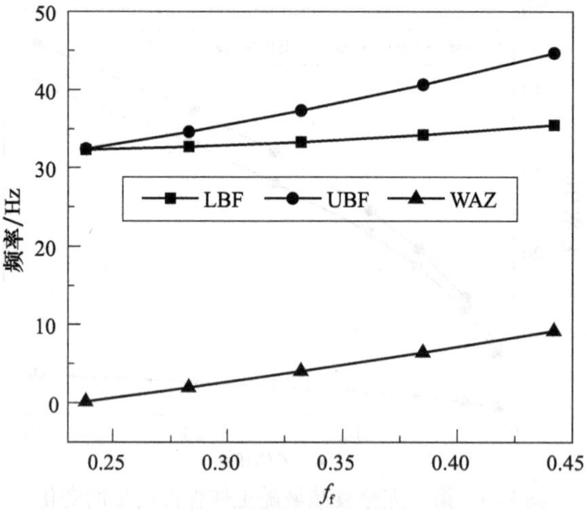

图 9.7　第一完全衰减域随填充率的变化

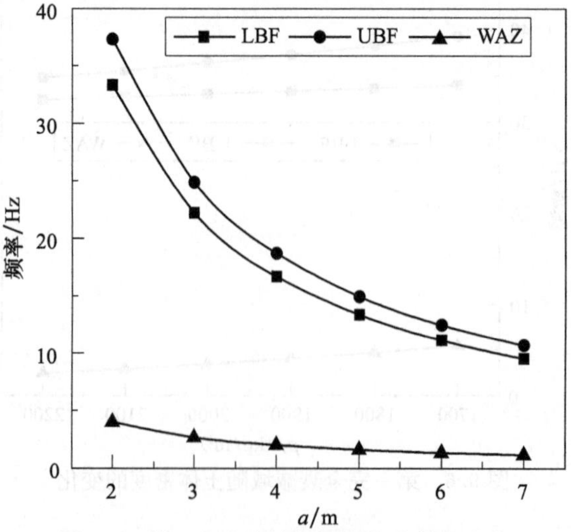

图 9.8　第一完全衰减域随周期常数的变化

3. 单元类型的影响

排桩有多种单元类型,除前面提到的正方形类型,常见的还有六边形和长方形单元类型,分别如图 9.9(a)和图 9.10(a)所示。周期性边界条件施加方式仍然同 2.2 节所述。由于对称性,Bloch 波矢只需在图 9.9(b)和图 9.10(b)所示的第一简约布里渊区边界取值。

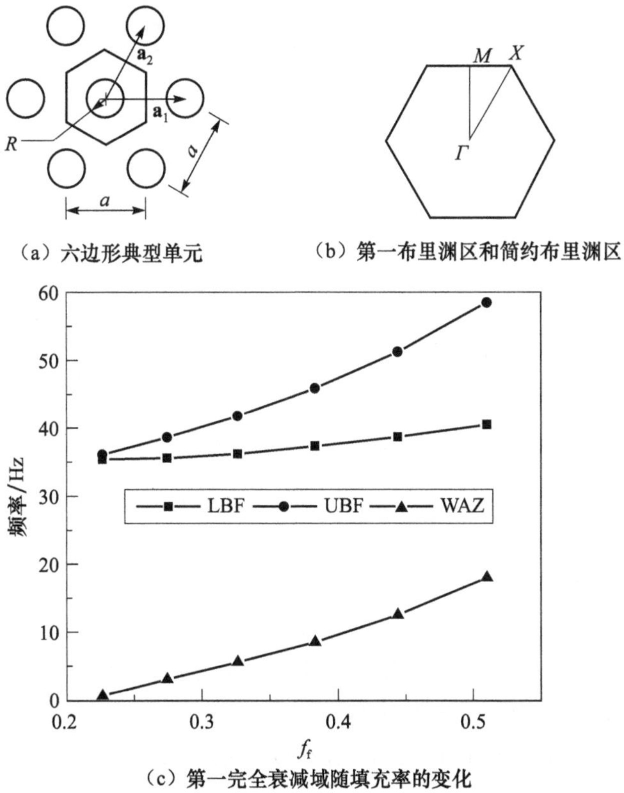

(a) 六边形典型单元　(b) 第一布里渊区和简约布里渊区

(c) 第一完全衰减域随填充率的变化

图 9.9　六边形单元下第一完全衰减域随填充率的变化

对图 9.9(a)所示的六边形周期性排桩,其填充率为 $f_f = 2\pi r^2/\sqrt{3}a^2$。不难看出,在相同的桩半径和周期常数下,六边形周期性排桩的填充率大于正方形周期性排桩的填充率。图 9.9(c)给出了六边形周期性排桩的填充率对第一完全衰减域的影响。可以看出,第一完全衰减域的起始频率和衰减域宽度均随着填充率的增加而增大。相对于正方形周期性排桩,在相同的桩半径和周期常数下,六边形周期性排桩可以得到一个更宽的衰减域,从而可以取得更加明显的隔震减振效果。

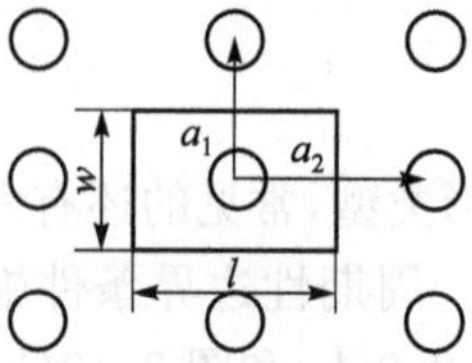

（a）长方形典型单元

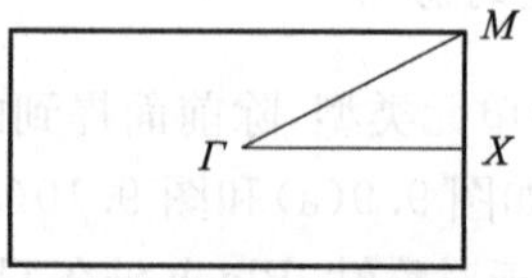

（b）第一布里渊区和简约布里渊区

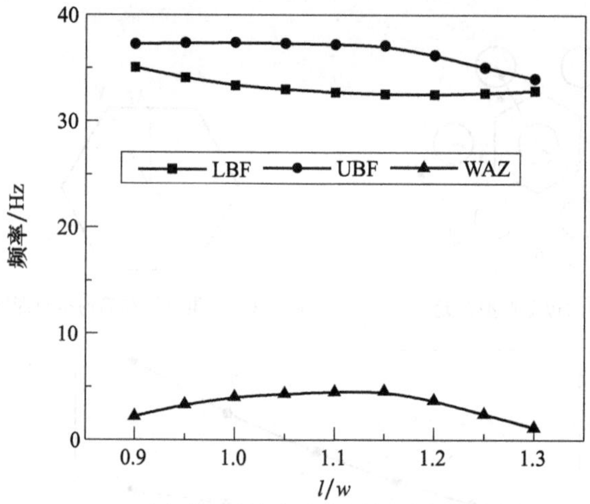

（c）第一完全衰减域随单元边长比的变化

图 9.10　长方形单元下第一完全衰减域随填充率的变化

对图 9.10(a)所示的长方形周期性排桩，典型单元的面积和边长比可以分别表示为 $S=l\times w$ 和 l/w。假定 $S=4\mathrm{m}^2$，并且 $f_{\mathrm{f}}=33.18\%$(或者 $R=0.65\mathrm{m}$)，图 9.10(c)给出了边长比对第一衰减域的影响。可以看出，当 l/w 从 0.9 变化到 1.3 时，在 $l/w=1.15$ 附近衰减域宽度存在最大值。也就是说，对于长方形的周期性排桩单元类型，存在一个最优长宽比，使得周期性排桩获得最大衰减域宽度。

9.3.3　减振效果数值模拟

可以用平面应变模型计算周期性排桩的频率响应函数，以此考察周期性排桩的减振效果。图 9.11 给出了多排周期性排桩示意图。为了考虑远场特性，在模型的上边界和左右两个边界上施加黏弹性边界条件，具体参见 2.3.2 节，其中，R_{D} 取为坐标原点到各自边界的最长距离，黏弹性边界单元系数 α_{N} 和 α_{T} 分别取 1.0 和 0.5，黏弹性边界单元如图 9.11 所示。在求解时，水平位移荷载的频率从 0 扫掠到 50Hz，施加方向包括 x 方向和 y 方向。荷载施加在底部边界节点上，用来模拟 P 波或者 SV 波的入射，且定义弹性波的入射角度为 θ。

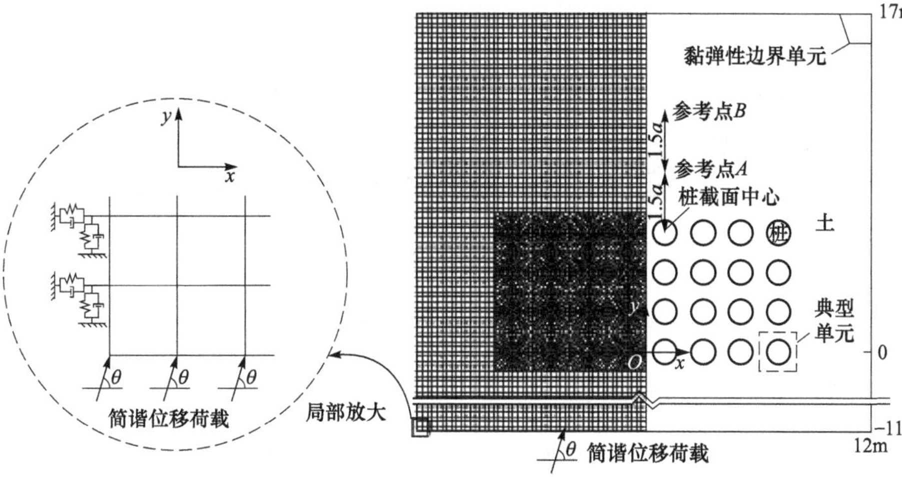

图 9.11　多排桩构造图

对于一排桩的情况，徐平等[17]、Avilés 和 Sanchez-Sesma[3]采用平面应变模型进行了分析，给出了理论解以及桩前和桩后的幅值响应曲线，相关结果可以用于检验数值模拟方法的正确性。对徐平等[17]和 Xia 等[18]所考虑的含一排八根桩的情况，图 9.12 和图 9.13 分别给出了 P 波和 SV 波入射时采用有限元法得到的 $x=a/2$ 处归一化的位移幅值响应曲线，SD(source distance)表示振源到排桩中心的距离，归一化频率表示为 $\eta_p=\omega r/\pi c_l^s$，$\eta_s=\omega r/\pi c_t^s$，其中，$c_l^s$ 表示土的纵波波速，c_t^s 表示土的横波波速。图中，V_y 和 V_0 分别代表有排桩和没有排桩时 y 方向上的位移，U_x 和 U_0 分别代表有排桩和没有排桩时 x 方向上的位移。由图 9.12 和图 9.13 可以看出，该有限元模型具有较好的模拟精度，可以进一步应用于周期性多排桩的振动模拟。另外，还可以看出，振源距离对排桩后屏障效果的影响不是很明显。

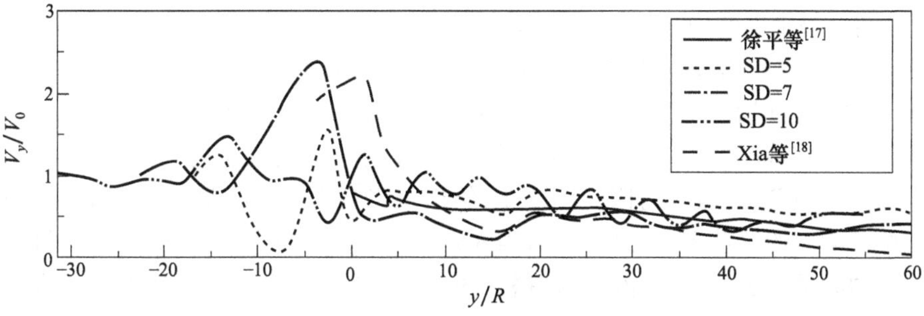

图 9.12　在 $a/R=3$、$\eta_p=0.45$、$\eta_s=0.8$ 及 P 波入射情况下，$x=a/2$ 处归一化位移幅值

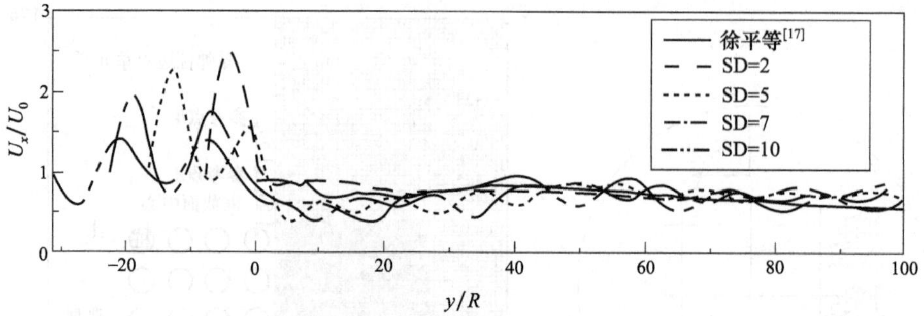

图 9.13 在 $a/R=3$、$\eta_p=0.39$、$\eta_s=0.7$ 及 SH 波入射情况下，$x=a/2$ 处归一化位移幅值

1. 周期性排桩的频率响应

如图 9.11 所示，取有限元模型的尺寸为 24m×28m，模型中包含四排桩、每排八根，桩和土的材料参数及几何参数与图 9.4 所用一致。在 P 波作用下，取图 9.11 中点 A 和点 B 为频率响应曲线观测点，位移频率响应函数曲线由式 $\mathrm{FRF}=20\lg(\overline{A}/\overline{A}_0)$ 计算得出，其中，$\overline{A}$ 是有排桩情况下的位移响应幅值，$\overline{A}_0=1$ 是位移激励荷载的幅值。

设弹性波的入射角度为 $\theta=\pi/2$，图 9.14 给出了多排桩模型中观测点 A 和点 B 在 y 方向上的位移频率响应函数。为便于比较，A 点在没有排桩情况下的位移频率响应函数也一并绘于图 9.14 中。为便于说明衰减域的作用，图 9.14 还绘制了 y 方向上的衰减域，如灰色区域所示。从图中可以看出，A 点和 B 点的位移频率响应函数相类似。当入射波的频率在 35Hz 附近时，A 点的位移衰减幅度大于 30dB，B 点的位移衰减幅度大于 20dB；当入射波的频率在 45Hz 附近时，A 点和 B 点的位移衰减幅度分别大于 15dB 和 25dB。不难看出，这两个输入波的频率恰好分别落在第一完全衰减域（33.32～37.34Hz）和 ΓX 方向的方向衰减域（43.59～46.55Hz）内。但是，在没有排桩存在的情况下，无论是 A 点还是 B 点，其位移响应基本没有衰减。

图 9.15 给出了当频率 $f=35\mathrm{Hz}$ 时，排桩系统位移响应幅值等值图。$y=0,2,4,6$ 分别是每排桩的中心线，参见图 9.11。不难发现，当弹性波经过三个周期的传播距离后，其位移幅值大幅度减小，并且在排桩后面形成一个波动隔离区。从图 9.15 中还可以看出，排桩两侧的位移响应衰减较小。换句话说，如果输入波的频率落在衰减域范围内，在排桩的正后方，位移响应将被极大地衰减；而在排桩正后方的两侧，衰减则较为有限。图 9.16 给出了当输入波的频率 $f=20\mathrm{Hz}$ 时，排桩系统位移响应的等值图。可以看出，当入射弹性波的频率在衰减域范围之外时，弹性波可顺利地穿过排桩屏障向前传播。图 9.15 和图 9.16 直观地表明了周期性排桩在减振中的有效性，因此，可以从衰减域的角度对排桩结构进行设计。

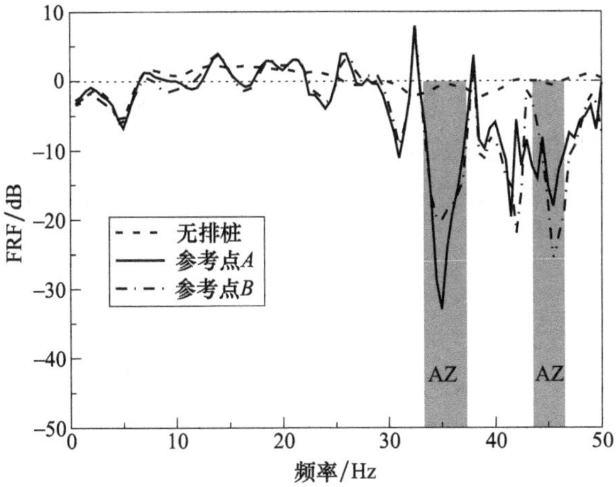

图 9.14　不同观测点的位移频率响应

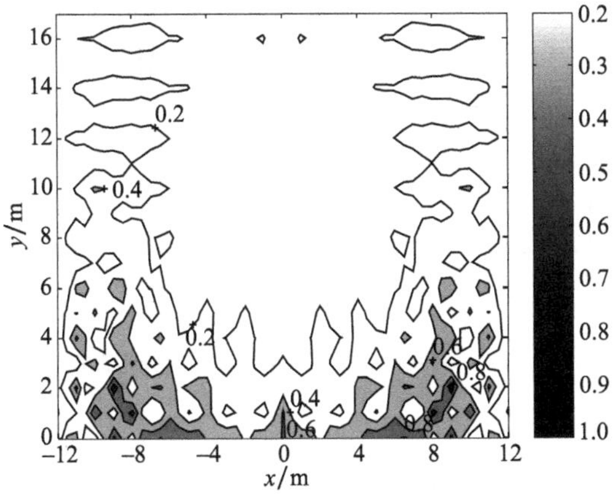

图 9.15　排桩隔振体系在频率 $f=35$Hz 输入时的位移幅值等值图

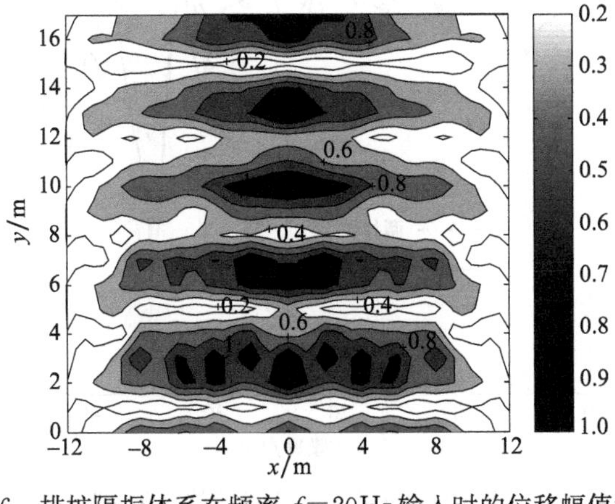

图 9.16　排桩隔振体系在频率 $f=20$Hz 输入时的位移幅值等值图

取周期常数 $a=2\text{m}$，入射角 $\theta=\pi/2$，考察 A 点的位移频率响应。图 9.17 给出了三种不同桩半径下周期性排桩体系的位移频率响应函数。当周期性排桩的半径从 0.25m 增加到 0.65m 时，衰减域作用越来越明显。取桩半径 $R=0.65\text{m}$，图 9.18 给出了三种不同桩排数下周期性排桩体系的位移频率响应函数。可以看出，一排桩对位移响应的衰减极其有限；随着桩排数的增加，衰减域内的位移响应得到明显的抑制。

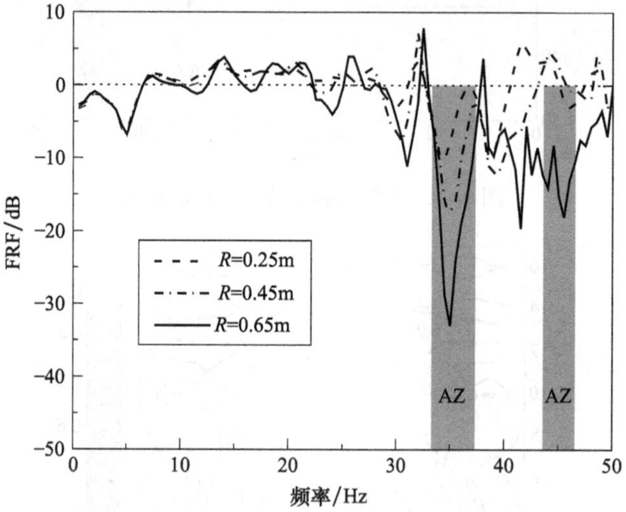

图 9.17　不同桩半径下 A 点的位移频率响应

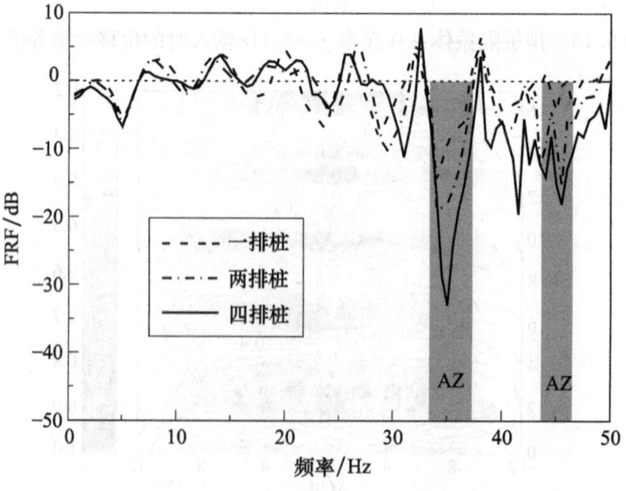

图 9.18　不同桩排数下 A 点的位移频率响应

取周期常数 $a=2\text{m}$，桩半径 $R=0.65\text{m}$，仍考察 A 点的位移频率响应。图 9.19 给出了在不同的入射角度 θ 下，A 点处的位移频率响应曲线。可以看出，入射角度的改变对第一完全衰减域处的位移响应影响甚微，但对方向衰减域处的位移响应有比较显著的影响，这一现象不难由衰减域机理来理解。因为在完全衰减域范围内，周期性排桩能够抑制平面内任何方向传播的弹性波，但在方向衰减域范围内，周期性排桩只对该方向传播的弹性波有显著的抑制作用。

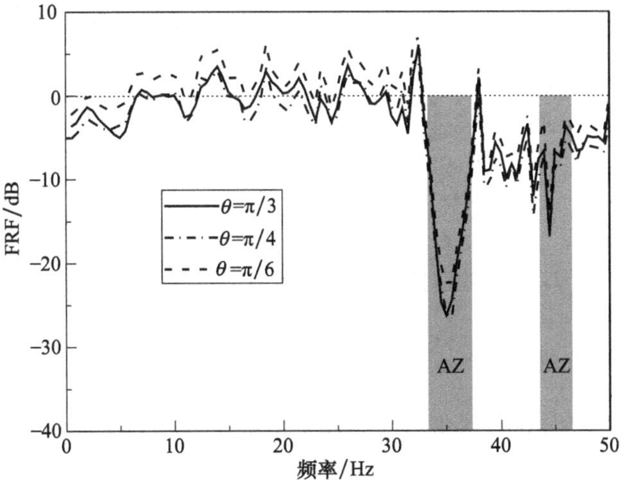

图 9.19 不同入射角度下的频率响应

2. 瞬态响应

对前述周期性排桩体系及其加载方式，构造一个位移时间历程荷载来研究周期性排桩的动力响应，该时间历程荷载的频率落在衰减域范围内，由三个正弦函数组成，用式(9.5)表示：

$$V=\frac{1}{3}\sum_{n=1}^{3}\sin(2\pi f_n t)(\text{mm}) \tag{9.5}$$

式中，$f_n=[35\text{Hz},40\text{Hz},45\text{Hz}]$。可以看出，频率为 35Hz 的成分落在第一完全衰减域范围内，其他两个频率成分分别落在两个方向衰减域内。

图 9.20(a)和图 9.20(b)分别给出了参考点 A 处动力响应的位移时间历程和频谱曲线。从图 9.20(a)可以看出，周期排桩可以起到很好的减振作用。图 9.20(b)则说明，对于频率处于完全衰减域或方向衰减域内的激励，该激励都能被很好地抑制。

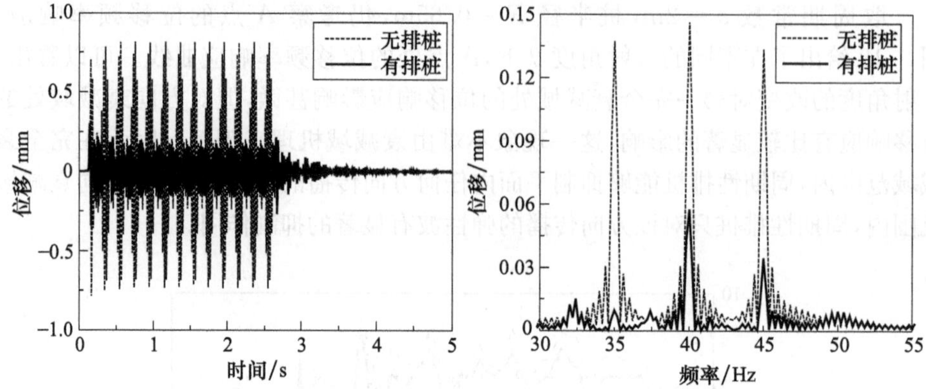

(a) 时间历程　　(b) 频率成分

图 9.20　点 A 的位移响应(见彩图)

9.4　对出平面波(SH 波)的隔离

9.4.1　衰减域存在性验证

与对 P-SV 波的隔离相类似,首先验证周期性排桩对 SH 波存在衰减域。由于试验难以操作,SH 波较难单独激励出来,因此,对该衰减域的研究大多从理论上入手。

Biwa 等[33]在研究 SiC 纤维增强钛基周期性复合材料的动力学特性时,给出了能量传递函数曲线,发现弹性波在某些频率下振幅衰减很大,在传播方向上能量流动基本为零,并预测这一现象可以通过 Kushwaha 等[35]提出的布里渊区的概念进行解释。在 Biwa 等的工作中未给出频散曲线,为了对比,可基于周期理论并借助 IPWE 法重新分析该复合材料的动力学特性。钛基体和 SiC 纤维的材料参数见表 9.1,几何参数为 $R=0.071\text{mm}$,$a=0.25\text{mm}$。Biwa 等计算的能量传输谱如图 9.21(a)所示。取波矢数目 $N=5$,采用 IPWE 法得到的频散关系中 ΓX 方向段如图 9.21(b)所示,由此不难看出两者的一致性。

此外,Cao 等[32]研究了由铝柱插入镍基体形成的二维周期结构对 SH 波的隔离作用,铝和镍的材料参数见图 9.21。取填充率 $f_f=0.75$,波矢数目为 $N=10$,由 IPWE 法得到的频散曲线以及文献[32]给出的频散曲线见图 9.22。从图中可见两者符合得很好。图中阴影区域没有相应的波矢,表明 SH 波在此区域沿平面内任何方向都无法传播。

9.4.2　衰减域影响因素分析

如上所述,当弹性波的频率落在衰减域范围内时,波不能在周期结构中传播。

材料参数和几何参数对周期性排桩的衰减域特性有显著影响，因此，下面研究土的弹性模量及密度、单元类型和填充率等因素对 SH 波第一完全衰减域的影响。如无特别说明，典型单元的周期常数取为 $a=2\text{m}$，桩的半径取为 $R=0.65\text{m}$，土的密度取为 1800kg/m^3，混凝土桩的材料参数如表 9.2 所示。当一种材料参数变化时，假定其他材料参数保持不变。

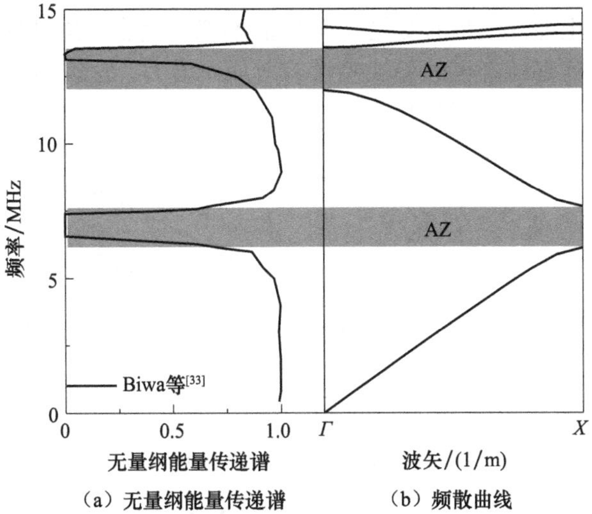

(a) 无量纲能量传递谱　　(b) 频散曲线

图 9.21　归一化的能量传递函数和频散曲线

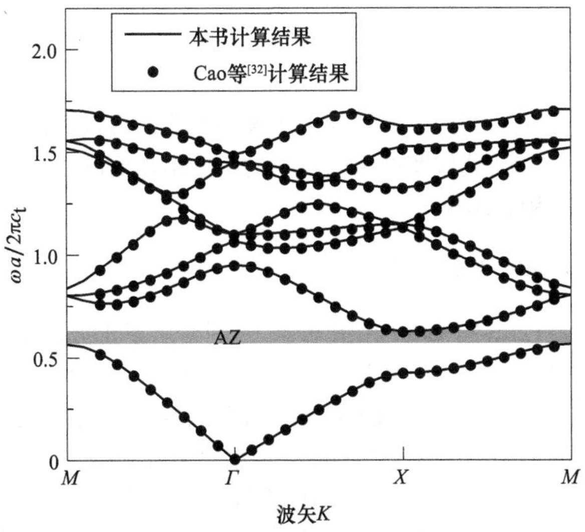

图 9.22　铝柱插入镍中的频散曲线

1. 弹性模量和密度的影响

土的弹性模量和密度是影响周期性排桩衰减域的两个重要因素，并且这两个物理量的变化范围较大[34]。为简单起见，这里同样考虑土的弹性模量在 1～30MPa 内变化，密度在 1700～2200kg/m^3 内变化。根据相关试验研究，该范围的弹性模量可以代表几种软土，如松散砂土、硬黏土和软黏土[36]。图 9.23 给出了第一完全衰减域随土弹性模量的变化。不难看出，第一完全衰减域的起始频率、截止频率和衰减域宽度都随着土的弹性模量的增加而增大。这说明，在软土中使用周期性排桩易于满足低频减振的要求。

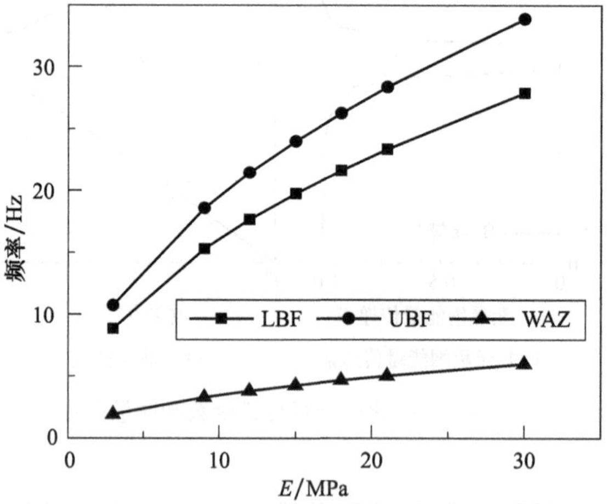

图 9.23　第一完全衰减域随土弹性模量的变化

图 9.24 给出了第一完全衰减域随土密度的变化。可以看出，第一完全衰减域起始频率、截止频率和衰减域宽度都随着土的密度增加而减小，但其影响程度比土的弹性模量的影响程度要小。

2. 单元类型和填充率的影响

取周期常数 $a=2$m，图 9.25 和图 9.26 分别给出了正方形单元和六边形单元下第一完全衰减域随桩半径(等效于填充率)的变化。可以看出，无论哪种单元类型，第一完全衰减域的起始频率、截止频率和衰减域宽度均随桩半径的增大而增加，也就是说，通过简单增加桩半径即可达到增大衰减域宽度的目的。但是，也不难看出，在相同的桩半径下，六边形周期性排桩的衰减域宽度明显要比正方形排桩的宽，而且当桩的半径约为 0.75m 时，所形成的衰减域基本上涵盖了交通振动的中频段。因此，可采用周期性排桩进行交通隔振。

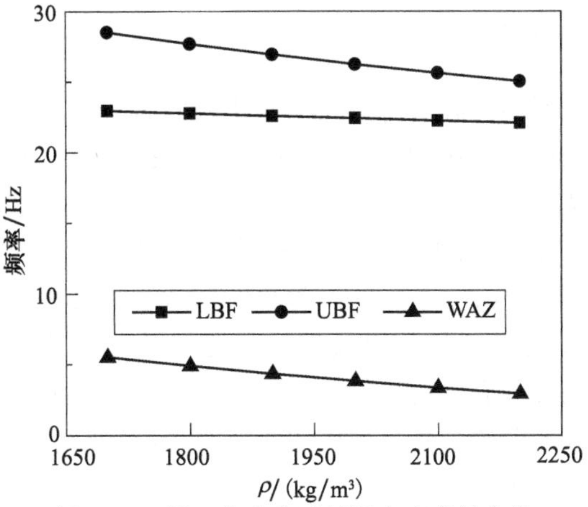

图 9.24　第一完全衰减域随土密度的变化

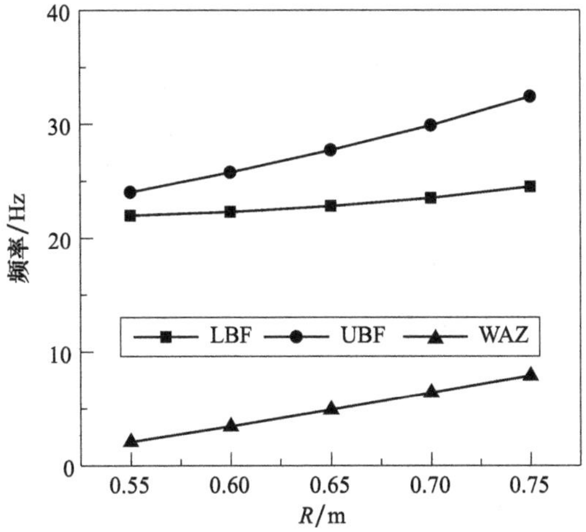

图 9.25　正方形单元下第一完全衰减域随桩半径的变化

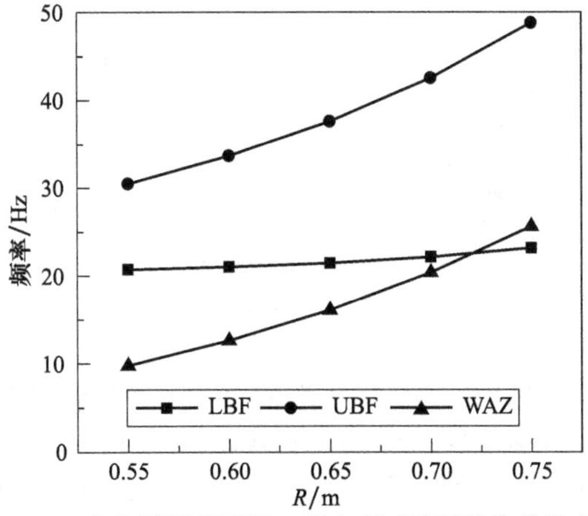

图 9.26　六边形单元下第一完全衰减域随桩半径的变化

9.4.3 减振效果数值模拟

可采用数值方法对 SH 波入射下周期性排桩的减振效果进行模拟。Avilés 和 Sánchez-Sesma[4] 曾研究过 SV 波入射下一排桩的减振问题，为此，先对图 9.27 所示模型采用有限元法进行数值分析。模型中含有一排共八根桩，由于对称，可以取半结构进行分析。采用无量纲描述方法，模型的尺寸取为 93（长度，y 方向）×96（宽度，x 方向）×1（厚度，z 方向）。为对比验证，先采用 Avilés 和 Sánchez-Sesma[4] 所使用的桩和土的材料参数以及桩的几何布置。为了考虑远场的无反射边界，在模型的顶部、底部和右侧边界使用反平面切向黏弹性边界单元[37]，具体参考 2.3.2 节，其中 R_D 取为振源到各自边界的最长距离，黏弹性边界单元系数 α_T 统一取为 0.5；在模型左侧施加对称边界条件；桩和土都使用八节点实体单元。

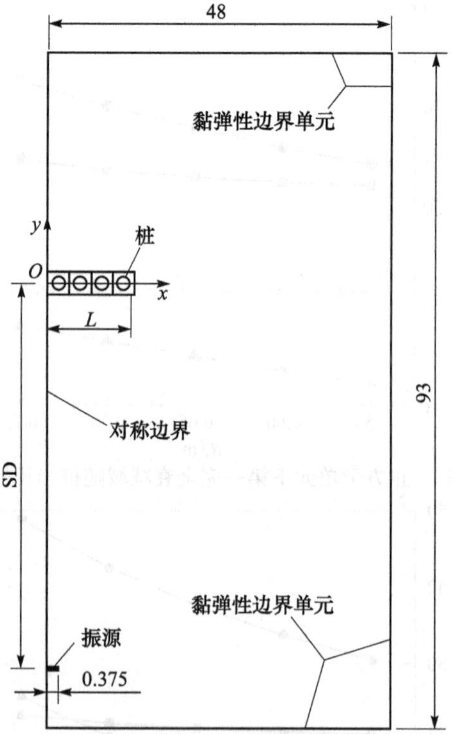

图 9.27 一排桩示意图

为了模拟 SH 波入射，在 $x=(0,0.375)$、$y=-\mathrm{SD}$ 这一微小截面的各个节点上沿 z 方向施加一个位移荷载。SD 称为振源距离，是指振源到第一排桩中心的距离，并用 L 表示左侧边界到第四根桩外缘的距离。由于该截面很小，对于整个波场，这个截面相当于一个点振源，反平面波将在 xOy 平面内以柱面波的形式向四周传播。如果排桩距离振源足够远，弹性波达到排桩时，可以近似为沿 ΓX 方向传播的平面波。

定义归一化频率为 $\eta=R\omega/(\pi c_s)$，其中 c_s 为土中剪切波的传播波速。在 $a/R=3$、$\rho_p/\rho_s=1.35$、$\mu_p/\mu_s=1000$、归一化频率 $\eta=0.4$ 时，图 9.28 给出了排桩附近的位移幅值响应比 $|u_z/u_{z0}|$。可以看出，当振源距离 SD＝5L 时，用该振源模拟一个平面 SH 波已有足够精度。因此，在本节以下的数值分析中，取振源距离 SD＝5L。图 9.28 验证了所建有限元模型的正确性，下面将用该模型对 SH 波作用下图 9.29 所示周期性排桩的减振效果进行数值模拟。

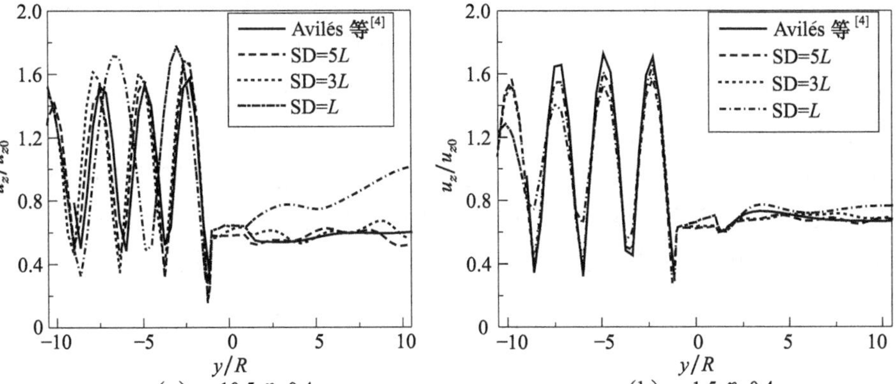

(a) $x=10.5, \eta=0.4$　(b) $x=1.5, \eta=0.4$

图 9.28　平面 SH 波入射时归一化位移幅值响应

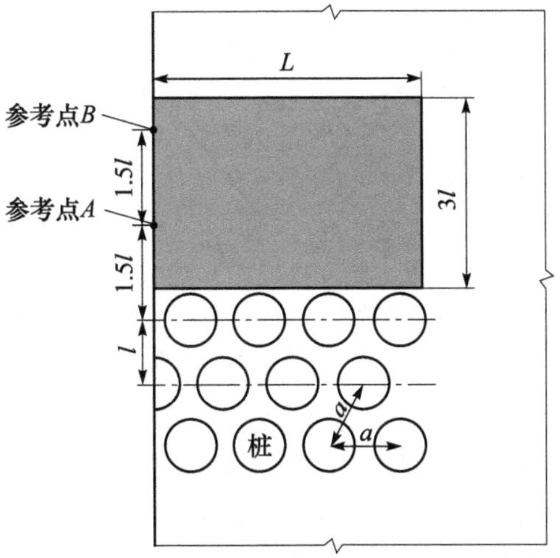

图 9.29　六边形单元三排桩示意图

1. 周期性排桩的频率响应

定义幅值衰减函数 A_{ry} 为

$$A_{ry}=\frac{\text{有排桩存在时振幅反应}}{\text{无排桩存在时振幅反应}} \tag{9.6}$$

进一步，借鉴 Woods[38] 的方法，引入平均幅值衰减函数 $\overline{A_{ry}}$：

$$\overline{A_{ry}}=\frac{1}{A}\int_A A_{ry}\mathrm{d}A \tag{9.7}$$

式中，A 为排桩正后方任意选定的一个区域，本节中取为图 9.29 中的阴影部分。

频率响应函数和平均频率响应函数分别定义为：$\mathrm{FRF}=20\lg A_{ry}$ 和 $\overline{\mathrm{FRF}}=20\lg\overline{A_{ry}}$。图 9.30(a) 给出了图 9.29 中三排周期性排桩的频率响应函数和平均频率响应函数，图 9.30(b) 给出了其频散曲线。由图 9.30 可以看出，频散曲线的衰减域和频率响应函数的衰减区域符合得很好，说明频率落在衰减域范围内的 SH 波衰减巨大，而频率不在衰减域范围内的 SH 波衰减有限。另外，由图 9.30 还可以看出，平均频率响应曲线较光滑，便于描述衰减区域的整体性质。

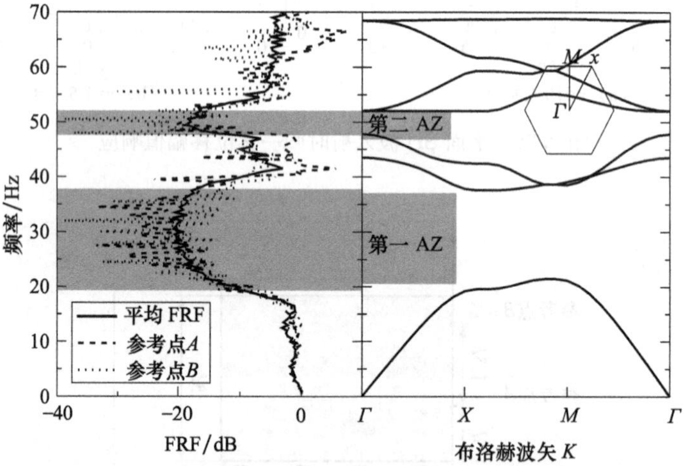

(a) 频率响应函数　　(b) 频散关系

图 9.30　三排桩的频率响应

图 9.31 给出了不同桩排数下周期结构的平均频率响应函数。为了对比，图 9.31 同时给出了该种周期性排桩的方向衰减域，如阴影部分所示。可以看出，即使布置两排桩，周期结构的衰减域特性就已体现出来，而且随着桩排数的增加，衰减域中的振动衰减随之加强；当桩的排数大于三排时，振动衰减的幅度可超过 20dB。这说明，在实际工程中，应用两三排桩即可取得显著的隔振效果。

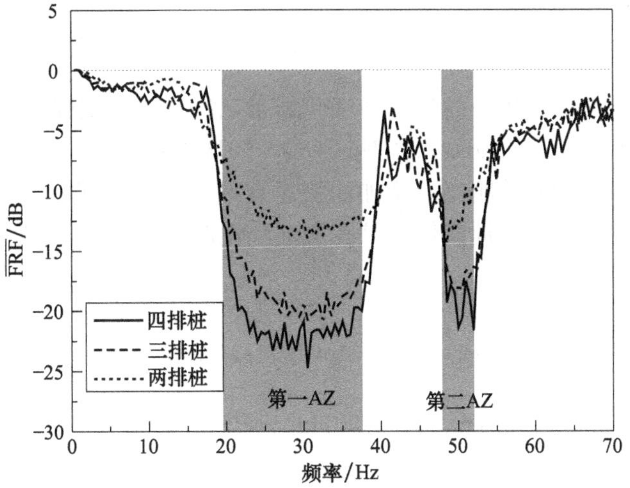

图 9.31　不同桩排数下周期结构的平均频率响应函数

图 9.32 给出了布置三排桩时不同桩半径下周期结构的平均频率响应函数。可以看出，桩的半径对隔振效果有显著影响。当桩的半径减小时，即便在衰减域范围内，排桩的隔振能力也会急速降低，这一点从周期结构的衰减域特性不难理解。当桩的半径为 0.45m 时，尚且存在两个 ΓX 方向的衰减域，分别为 18.21～25.83Hz 和 38.23～40.44Hz。然而，当桩的半径减小为 0.25m 时，完全衰减域和方向衰减域均已消失，意味着在 0～70Hz 内该周期性排桩已失去减振能力。

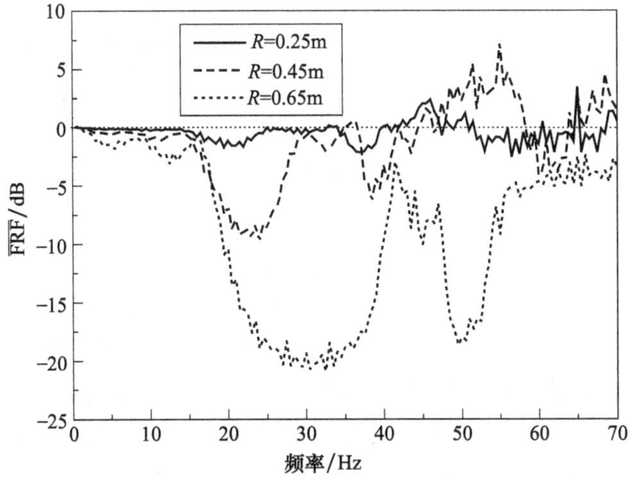

图 9.32　不同桩半径下周期结构的平均频率响应函数

2. 瞬态响应

根据英国铁路技术中心的理论和试验结果，竖向轮轨荷载的频率主要集中在三个范围：低频区（0.5～10Hz）、中频区（30～60Hz）和高频区（100～400Hz）[39]。列车高频区的振动会随着距离的增加而快速衰减，低频区的振动和中频区的振动近年来广受关注。为说明周期性排桩在交通环境减振方面的应用，现对振源的竖向位移激励构造如下：

$$u_z = \frac{1}{6}\sum_{n=1}^{6}\sin(2\pi f_n t)(\mathrm{mm}) \tag{9.8}$$

式中，f_n=[5Hz，15Hz，25Hz，35Hz，50Hz，57Hz]。频率为 25Hz、35Hz 和 50Hz 的激励分别落在桩半径为 0.65m 的六边形单元的周期性排桩的第一和第二衰减域内，其他频率成分落在衰减域外。振源竖向位移激励的时间历程和频率成分如图 9.33 所示。

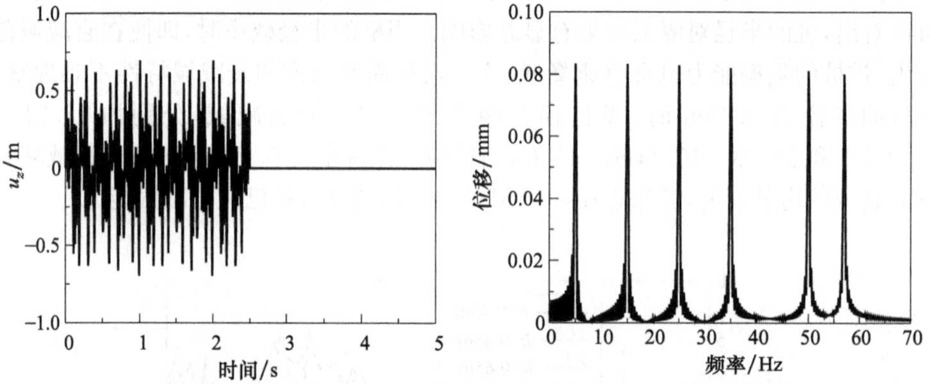

（a）时间历程　　（b）频率成分

图 9.33　振源竖向位移激励

图 9.34 和图 9.35 分别给出了在上述荷载激励下图 9.29 中参考点 A 和点 B 的位移响应函数和频谱函数。可以看出，当周期性排桩存在时，点 A 和点 B 的位移幅值衰减在 50%以上。进一步，图 9.34(b)和图 9.35(b)说明频率为 25Hz、35Hz 和 50Hz 的激励引起的振动被大幅度衰减，但是频率为 5Hz、15Hz 和 57Hz 的激励引起的振动基本没有衰减。这进一步说明，周期性排桩可以抑制频率落在其衰减域范围内的激励引起的振动，而对于频率落在衰减域范围外的激励引起的振动，不一定能产生抑制作用。

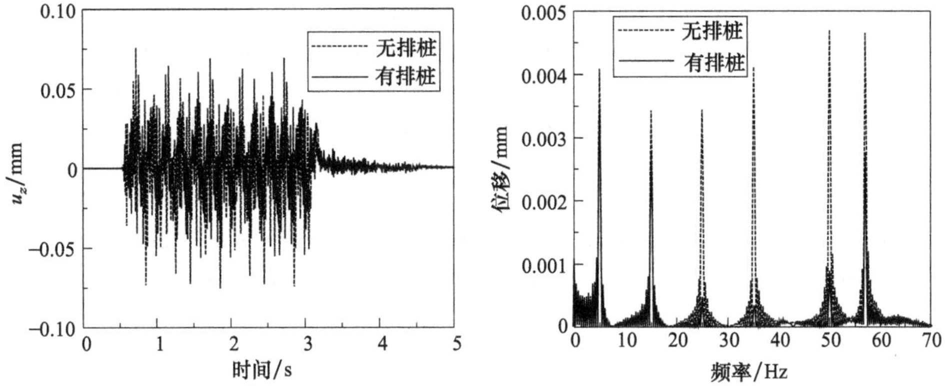

（a）时间历程　　（b）频率成分

图 9.34　点 A 的竖向位移响应(见彩图)

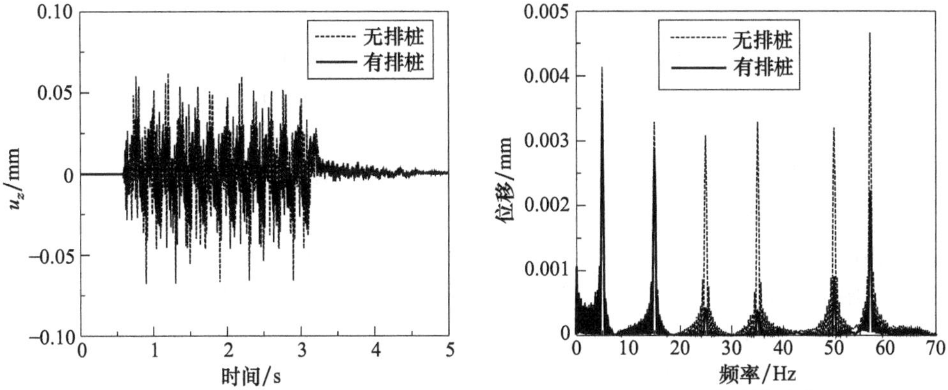

（a）时间历程　　（b）频率成分

图 9.35　点 B 的竖向位移响应(见彩图)

参考文献

[1] Woods R D, Barnett N E, Sagesser R. Holography—A new tool for soil dynamics[J]. Journal of the Geotechnical Engineering Division, 1974, 100(11): 1231-1247.

[2] Liao S, Sangrey D A. Use of piles as isolation barriers[J]. Journal of the Geotechnical Engineering Division, 1978, 104(9): 1139-1152.

[3] Avilés J, Sánchez-Sesma F J. Piles as barriers for elastic waves[J]. Journal of Geotechnical Engineering, 1983, 109(9): 1133-1146.

[4] Avilés J, Sánchez-Sesma F J. Foundation isolation from vibrations using piles as barriers[J]. Journal of Engineering Mechanics, 1988, 114(11): 1854-1870.

[5] Boroomand B, Kaynia A M. Vibration isolation by an array of piles[C]//Proceedings of the 5th International Conference on Soil Dynamics and Earthquake Engineering, Karlsruhe, Germany 1991.

[6] Boroomand B, Kaynia A M. Stiffness and damping of closely spaced pile groups[C]//Proceedings of the 5th International Conference on Soil Dynamics and Earthquake Engineering, Karlsruhe, Germany 1991.

[7] Kellezi L. Dynamic FE analysis of ground vibrations and mitigation measures for stationary and non-stationary transient source[J]. The 6th European Conference on Numerical Methods in Geotechnical Engineering, 2006, 9(06-08): 231-236.

[8] Kattis S E, Polyzos D, Beskos D E. Structural vibration isolation by rows of piles[C]//The 7th International Conference on Soil Dynamics and Earthquake Engineering (SDEE 95), Grete, Greece, 1995.

[9] Kattis S E, Polyzos D, Beskos D E. Vibration isolation by a row of piles using a 3-D frequency domain BEM[J]. International Journal for Numerical Methods in Engineering, 1999, 46(5): 713-728.

[10] Kattis S E, Polyzos D, Beskos D E. Modelling of pile wave barriers by effective trenches and their screening effectiveness[J]. Soil Dynamics and Earthquake Engineering, 1999, 18(1): 1-10.

[11] 吴世明，吴建平. 利用粉煤灰排桩隔振[C]//中国土木工程学会第五届土力学及基础工程学术会议论文集. 北京：中国建筑工业出版社，1987.

[12] 高广运. 非连续屏障地面隔振理论与应用[D]. 杭州：浙江大学，1998.

[13] 时刚，高广运. 饱和土半解析边界元法及在双排桩被动隔振中的应用[J]. 岩土力学，2010，31(S2)：59-64.

[14] 高广运，李佳，李宁，等. 三维层状地基排桩远场被动隔振分析[J]. 岩石力学与工程学报，2012，31(S2)：4342-4351.

[15] 李志毅，高广运，邱畅，等. 多排桩屏障远场被动隔振分析[J]. 岩石力学与工程学报，2005，24(21)：3990-3995.

[16] Gao G Y, Li Z Y, Qiu C, et al. Three-dimensional analysis of rows of piles as passive barriers for ground vibration isolation[J]. Soil Dynamics and Earthquake Engineering, 2006, 26(11): 1015-1027.

[17] 徐平，周新民，夏唐代. 非连续弹性圆柱实心桩屏障对弹性波的隔离[J]. 振动工程学报，2007，20(4)：388-395.

[18] Xia T D, Sun M M, Chen C, et al. Analysis on multiple scattering by an arbitrary configuration of piles as barriers for vibration isolation[J]. Soil Dynamics and Earthquake Engineering, 2011, 31(3): 535-545.

[19] Cai Y Q, Ding G Y, Xu C J. Screening of plane S waves by an array of rigid piles in poroelastic soil[J]. Journal of Zhejiang University Science A, 2008, 9(5): 589-599.

[20] Cai Y Q, Ding G Y, Xu C J. Amplitude reduction of elastic waves by a row of piles in poro-

elastic soil[J]. Computers and Geotechnics, 2009, 36(3): 463-473.

[21] Huang J K, Shi Z F. Attenuation zones of periodic pile barriers and its application in vibration reduction for plane waves[J]. Journal of Sound and Vibration, 2013, 332(19): 4423-4439.

[22] 黄建坤. 周期性排桩和波屏障在土木工程减振中的应用研究[D]. 北京：北京交通大学，2014.

[23] Huang J K, Shi Z F. Vibration reduction of plane waves using periodic in-filled pile barriers [J]. Journal of Geotechnical and Geoenvironmental Engineering, 2015, 141: 040150186.

[24] Lu J F, Xu B, Wang J H. A numerical model for the isolation of moving-load induced vibrations by pile rows embedded in layered porous media[J]. International Journal of Solids and Structures, 2009, 46(21): 3771-3781.

[25] Lu J F, Xu B, Wang J H. Numerical analysis of isolation of the vibration due to moving loads using pile rows[J]. Journal of Sound and Vibration, 2009, 319(3): 940-962.

[26] Xu B, Lu J F, Wang J H. Numerical analysis of the isolation of the vibration due to Rayleigh waves by using pile rows in the poroelastic medium[J]. Archive of Applied Mechanics, 2010, 80(2): 123-142.

[27] Lu J F, Jeng D S, Wan J W, et al. A new model for the vibration isolation via pile rows consisting of infinite number of piles[J]. International Journal for Numerical and Analytical Methods in Geomechanics, 2013, 37(15): 2394-2426.

[28] Zhang X, Lu J F. A wavenumber domain boundary element method model for the simulation of vibration isolation by periodic pile rows[J]. Engineering Analysis with Boundary Elements, 2013, 37(7): 1059-1073.

[29] Kushwaha M S, Halevi P, Martinez G, et al. Theory of acoustic band structure of periodic elastic composites[J]. Physical Review B, 1994, 49(4): 2313-2322.

[30] Vasseur J O, Deymier P A, Frantziskonis G, et al. Experimental evidence for the existence of absolute acoustic band gaps in two-dimensional periodic composite media[J]. Journal of Physics: Condensed Matter, 1998, 10(27): 6051-6064.

[31] 温激鸿，王刚，郁殿龙，等. 声子晶体振动带隙及减振特性研究[J]. 中国科学(E 辑)，2007，37(9): 1126-1139.

[32] Cao Y J, Hou Z L, Liu Y Y. Convergence problem of plane-wave expansion method for phononic crystals[J]. Physics Letters A, 2004, 327(2-3): 247-253.

[33] Biwa S, Yamamoto S, Kobayashi F, et al. Computational multiple scattering analysis for shear wave propagation in unidirectional composites[J]. International Journal of Solids and Structures, 2004, 41(2): 435-457.

[34] Briaud J L, Li Y F, Rhee K. BCD: A soil modulus device for compaction control[J]. Journal of Geotechnical and Geoenvironmental Engineering, 2006, 132(1): 108-115.

[35] Kushwaha M S, Halevi P, Dobrzynski L, et al. Acoustic band structure of periodic elastic composites[J]. Physical Review Letters, 1993, 71(13): 2022-2025.

[36] Das B M. Principles of Geotechnical Engineering[M]. Boston：Cengage Learning，2011.

[37] Kellezi L. Local transmitting boundaries for transient elastic analysis[J]. Soil Dynamics and Earthquake Engineering，2000，19：533-547.

[38] Woods R D. Screening of surface waves in soils[J]. Journal of the Soil Mechanics and Foundations Division，1968，94(4)：951-979.

[39] Tan Y，He Z，Li Z J. Mitigation analysis of WIB for low-frequency vibration induced by subway[C]//International Conference on Transportation Engineering，Chengdu，China，2009.

第 10 章　周期性填充排桩在环境减振中的应用

10.1　引　　言

填充桩是在空心桩中填充了柔性或刚性填充物而形成的实体桩，填充桩和空心桩在工程中都有广泛的应用，空心桩可看成填充桩的特例。本章针对图 9.1 所示轨道交通引起的环境振动的隔振问题，主要介绍周期性填充排桩的隔振特性。如无特别说明，本章考虑的周期性排桩假定按正方形单元布置。周期性填充排桩的典型单元如图 10.1(a)所示，图 10.1(b)为求解频散关系所用的第一布里渊区及第一简约布里渊区。在本章中，除假定桩、土和填充物均为各向同性的线弹性材料、桩-土-填充物界面均理想黏结外，还假设桩的长度足够长。管桩的填充率定义为 $f_{\mathrm{f}}=\pi R^2/S$，其中 S 为典型单元的面积。平面内 P 波和 SV 波入射时，位移 u_x 和 u_y 满足式(9.1)；平面外 SH 波入射时，位移 u_z 满足式(9.2)。

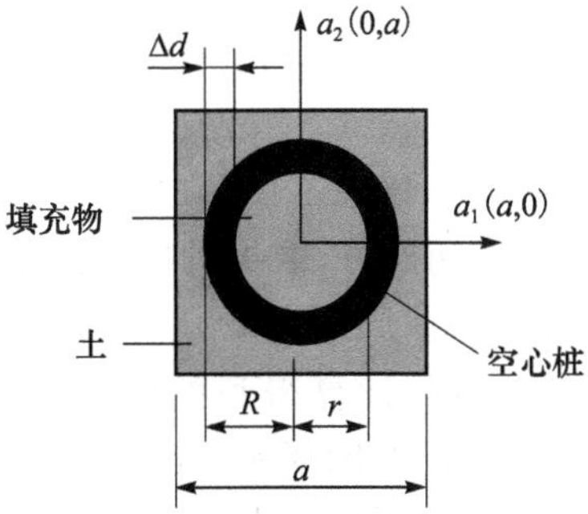

(a) 典型单元

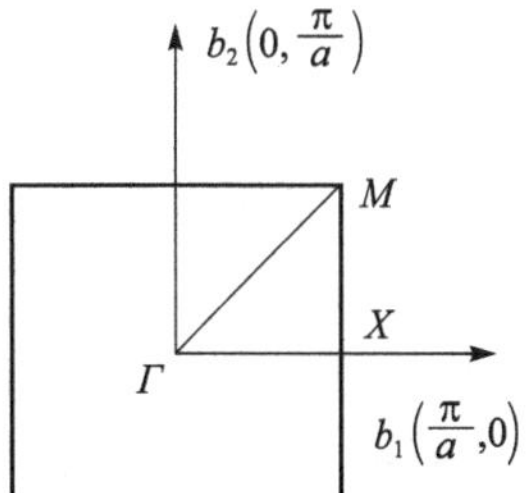

(b) 第一布里渊区和第一简约布里渊区

图 10.1　填充桩分析模型

本章将主要利用有限元法，研究平面内 P 波和 SV 波入射时周期性填充排桩的隔振性能、平面外 SH 波入射时周期性空心排桩的隔振性能，以及材料参数和几何参数对衰减域的影响，此外，还要介绍周期性填充排桩的振动机制。本章频散曲线通过平面波展开法、改进的平面波展开法或有限元法求得，数值分析采用黏弹性边界条件和相应的波动精确输入方法。

10.2　填充排桩对 P 波和 SV 波的隔离

考虑平面内 P 波和 SV 波入射，入射波的传播方向与 x 轴成 θ 角，如图 10.2 所示。

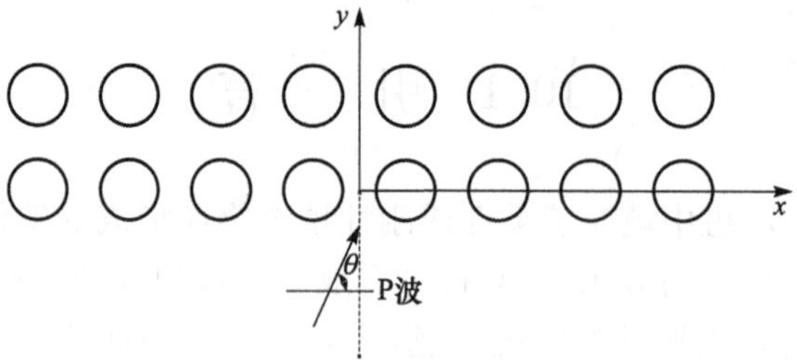

图 10.2　正方形单元周期排桩及入射波

10.2.1　正确性验证

通过数值方法研究平面内 P 波和 SV 波入射时周期性填充排桩的隔振性能，有限元模型的正确性可以通过多种途径进行验证，例如，将填充物取为与桩体完全相同的材料，这样二维三组元的填充桩单元即退化为二维二组元的实心桩单元，进而可与周期性实心桩的结果进行比较；又如，直接与二维三组元情况下的结果进行比较。

首先，对 Vasseur 等[1]研究的铝柱周期性地插入树脂基体形成的二维二组元结构按二维三组元结构重新建模，建模时铝柱分成两部分，取铝管柱的内半径 $r=4$mm，外半径 $R=8$mm，铝管柱内填满相同材质的铝。周期常数 $a=20$mm，铝和树脂的材料参数见表 9.1。通过试验得到的传递功和计算得到的能流密度谱如图 10.3(a)所示，由有限元法得到的频散曲线如图 10.3(b)所示。由图 10.3 可知，采用有限元法得到的衰减域与从试验得到的能流密度谱以及由数值分析得到的传递谱符合得较好。

其次，直接采用有限元法计算由橡胶包裹的铅柱插入玻璃基体中形成的二维三组元周期结构的频散曲线，相关材料参数见表 10.1。图 10.4 给出了通过 FDTD[2]、IPWE 和 FEM 三种不同方法得到的对应于平面内 P 波和 SV 波的频散曲线，其中 IPWE 法使用了 441 条平面波。由图 10.4 可知，三种不同方法得到的频散曲线一致，说明所建有限元模型可以直接用于周期性填充排桩的数值分析。

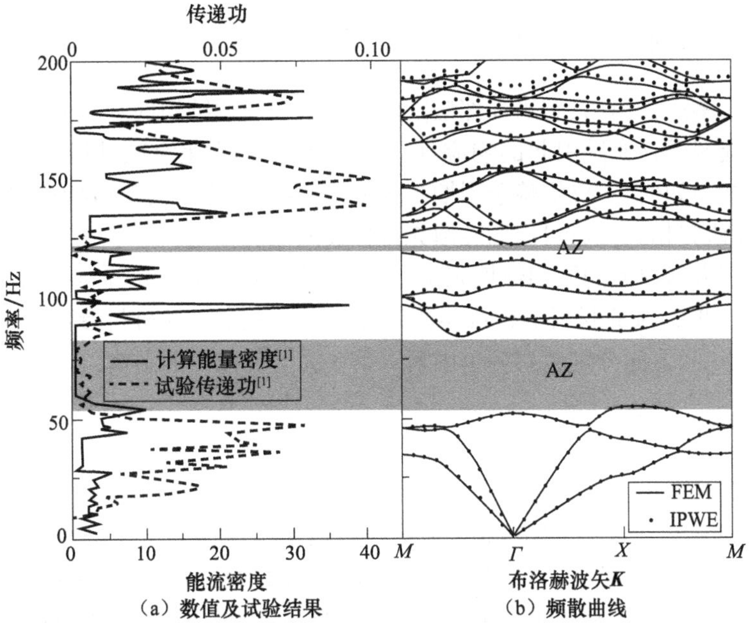

图 10.3　铅柱/树脂周期结构的谱曲线和频散曲线(见彩图)

表 10.1　铅等材料的材料参数(密度 ρ、弹性模量 E 和泊松比 υ)

材料	ρ/(kg/m³)	E/GPa	υ
铅[2]	11400	23.706	0.4058
橡胶[2]	1000	7.2983×10^{-1}	0.4597
玻璃[2]	2600	73.843	0.2504
填充材料＃0	1900	6×10^{-3}	0.35
填充材料＃1	1900	90×10^{-3}	0.35
填充材料＃2	1900	1×10^{-3}	0.35
填充材料＃3	1900	2×10^{-3}	0.35

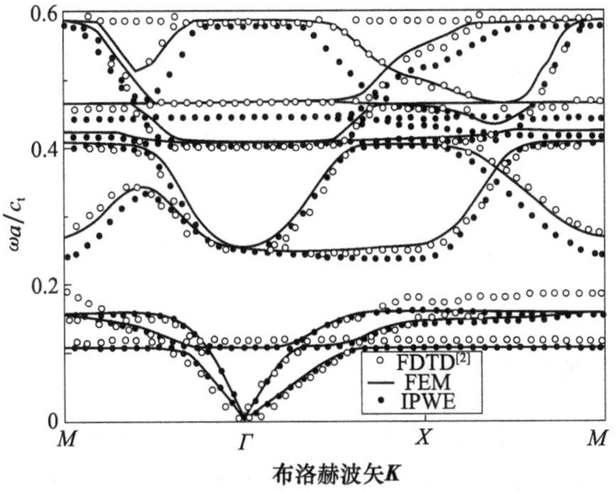

图 10.4　三种方法得到的 P 波和 SV 波的频散曲线

10.2.2 衰减域影响因素分析

前面已多次指出，只有当外部激励的频率落在周期结构的衰减域范围内时，周期结构才能减弱该激励引起的响应，而周期结构能否产生衰减域以及所产生的衰减域减振能力如何，不仅依赖于周期结构的材料特性，还受其几何特性的影响。因此，有必要研究相关参数对周期性填充排桩衰减域的影响。

考虑正方形单元的周期性填充排桩，周期常数取为 $a=2\text{m}$，混凝土桩和土的材料参数见表 9.2，填充材料的材料参数见表 10.1。假定一种材料参数变化时，其他参数保持不变，下面分别考察各个因素对第一完全衰减域的影响。

1. 桩径的影响

首先讨论桩径 R（填充率 f_f）对周期填充排桩第一完全衰减域的影响。取管桩壁厚 $R-r=0.15\text{m}$ 为定值，填充材料取为 #2，图 10.5 给出了桩径 R 对第一完全衰减域的影响。可以看出，随着桩径的增加，起始频率和截止频率都降低。然而，由于起始频率较截止频率降低速度快，因此衰减域的宽度随之增大。

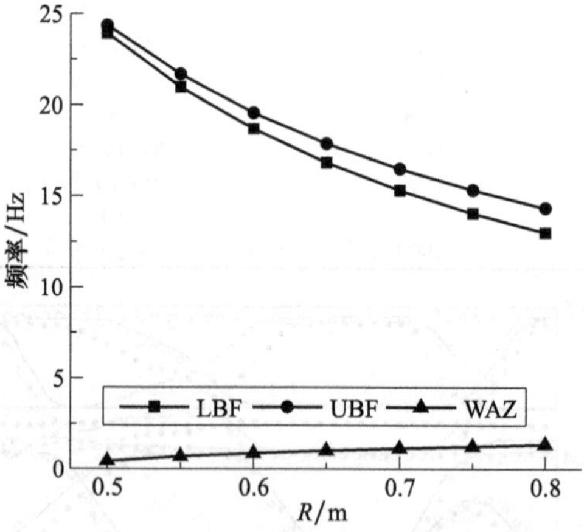

图 10.5 桩径对第一完全衰减域的影响

2. 填充材料弹性模量的影响

桩的内、外半径分别取 0.5m 和 0.65m，图 10.6 给出了填充材料的弹性模量对第一完全衰减域的影响。随着弹性模量从 1MPa 增加到 6MPa，起始频率和截止频率都快速上升；当弹性模量从 6MPa 增加到 90MPa 时，截止频率基本保持稳定，但起始频率仍在缓慢上升。如下所述，如果填充材料是软质材料，频散曲线是局域共振型的，这类频散曲线的衰减域具有较低的起止频率和较窄的衰减域宽度。然而，如果填充材料是硬质材料，频散曲线是布拉格散射型的，这类频散曲线的衰减域具有较高的起止频率并且具有较宽的范围。如果填充材料介于软质和硬质材料之间，频散曲线在一定程度上同时能表现出两种振动机制，并且可以产生一个最宽的衰减域，如图 10.6 中衰减域宽度曲线存在峰值点。

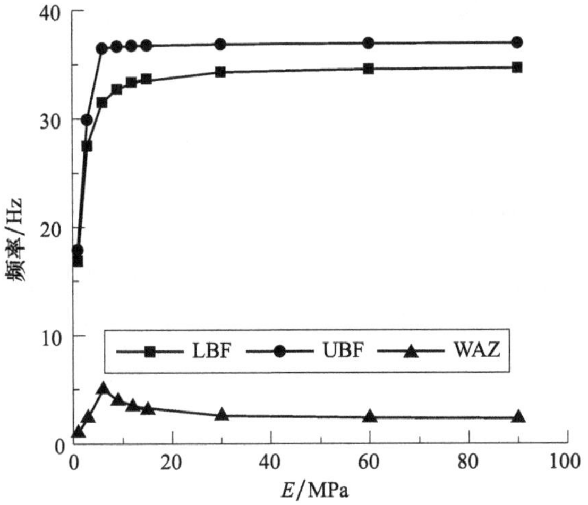

图 10.6　填充材料弹性模量对第一完全衰减域的影响

3. 土的弹性模量的影响

桩的内、外半径分别取 0.5m 和 0.65m，填充材料选为＃2，图 10.7 给出了土的弹性模量对第一完全衰减域的影响。土的弹性模量变化范围很广，通常为1～1000MPa[3]。在此仅考虑在 1～300MPa 变化，该范围基本包含了大多常见的土[4,5]。由图 10.7 可见，当土的弹性模量为 1MPa 时，起始频率可以低至 7.6Hz，截止频率为 8.35Hz。这个衰减域宽度虽然较窄，但由于起始频率相对较低，还是可以满足部分低频减振的要求。弹性模量大于 60MPa 的土在工程中也比较常见，如果选择周期性实心排桩，在相同的桩半径下，起始频率能高到 55Hz[6]；如果使用周期性填充排桩，即使土的弹性模量高到 300MPa，衰减域的起止频域也能控制在 20Hz 以内。因此，在硬质场地中使用含柔性填充物的周期性填充排桩有利于实现低频减振。

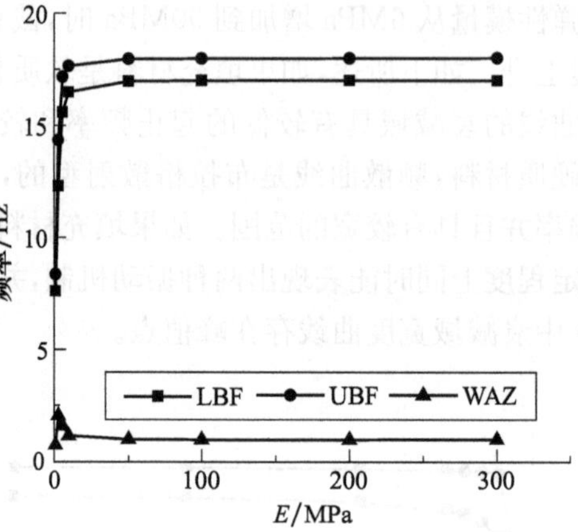

图 10.7 土的弹性模量对第一完全衰减域的影响

10.2.3 减振效果数值模拟

如图 10.8 所示，60m×60m 的场地内布置了四排周期性填充排桩，每排含有 16 根桩。周期常数 $a=2$m，混凝土桩的内、外半径分别为 0.5m 和 0.65m。混凝土桩和土的材料参数如表 9.2 所示，填充物为♯0，其材料参数如表 10.1 所示。

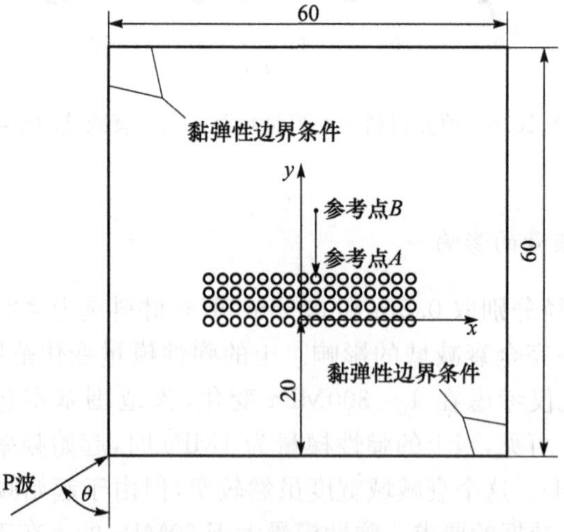

图 10.8 周期排桩有限元模型示意图(单位：m)

采用有限元法[7,8]，模拟图 10.8 所示周期排桩结构在不同荷载激励下的动力响应。为了考虑远场效应和平面入射波作用，使用二维黏弹性边界条件和相应的波动精确输入方法(2.2 节)。选取排桩中心正后方的点 A 和点 B 作为响应观测点，其到 x 轴的距离分别是 8m 和 16m。

1. 单频荷载作用

先考虑 y 方向的 P 波垂直入射，其单频位移激励函数如下：

$$u_y = \sin(2\pi f t)\,(\mathrm{mm}) \tag{10.1}$$

式中，f 是入射波的频率。

图 10.9 和图 10.10 分别给出了激励频率分别为 2Hz 和 34Hz 时观测点的位移响应。频率为 2Hz 的正弦波不在衰减域范围内，而频率为 34Hz 的正弦波在衰减域范围内。平面波入射下的自由波场存在理论解，因此，可以用理论解来验证模型和波动输入方法的正确性。在图 10.9 和图 10.10 中，空心圆代表无排桩的自由场地波动理论解[9]，虚线代表无排桩的自由场地波动有限元解，实线代表有周期填充排桩的场地波动有限元解。当入射弹性波的频率为 2Hz 时，三种情况下的曲线基本重合，说明振动都没有出现衰减。但是，当入射弹性波的频率为 34Hz 时，在有排桩的情况下，振动衰减很大。图 10.9 和图 10.10 包含如下信息：①空心圆和虚线吻合得很好，说明波动输入方法和平面有限元模型的正确性；②周期性排桩的衰减域具有滤波特性，对频率在衰减域范围内的激励可以有效抑制，而对频率在衰减域范围外的激励则基本无作用。

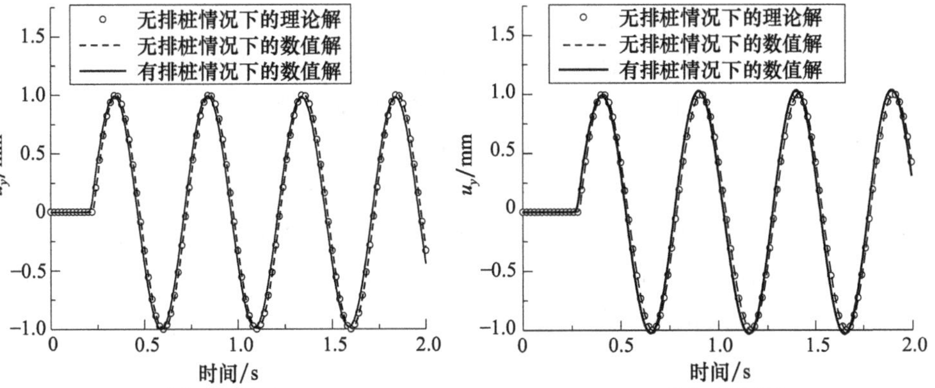

(a) 观测点 A　　(b) 观测点 B

图 10.9　位移时间历程(f=2Hz)

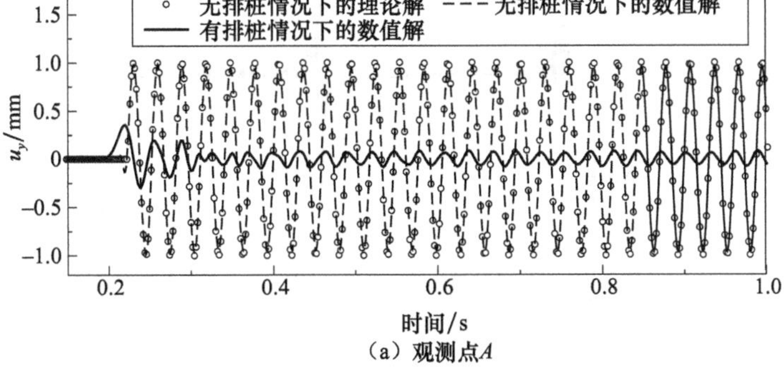

(a) 观测点 A

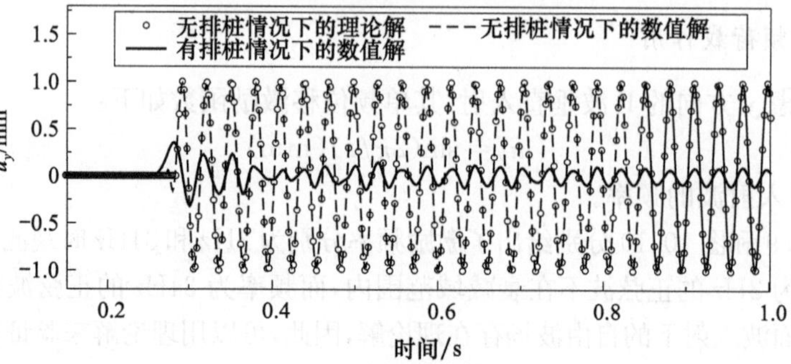

（b）观测点B

图 10.10 位移时间历程（f=34Hz）

2. 多频荷载作用

为了进一步说明衰减域的有效性，考虑如下多频耦合的位移荷载激励：

$$u_y=\frac{1}{90}\sum_{n=1}^{90}\sin(2\pi f_n t)(\mathrm{mm}) \tag{10.2}$$

式中，f_n=[0.5Hz,0.5Hz,45Hz]，代表多频激励的最低频率是0.5Hz，最高频率是45Hz，频率间隔为0.5Hz。

图10.11(a)和图10.11(b)分别给出了观测点A和观测点B的位移响应。结果显示，在排桩存在的情况下，观测点的峰值位移降低了约40%。进一步，图10.12(a)给出了入射弹性波的频率成分，图10.12(b)给出了A点和B点位移响应的傅里叶谱。图10.12(c)给出了相应ΓX方向的衰减域。图10.12说明当激励的频率落在衰减域范围内时，响应的幅值大为衰减。然而，当激励的频率不在衰减域范围内时，激励基本没有衰减。由此进一步说明，利用周期结构的衰减域进行环境减振，其机理是很清晰的。

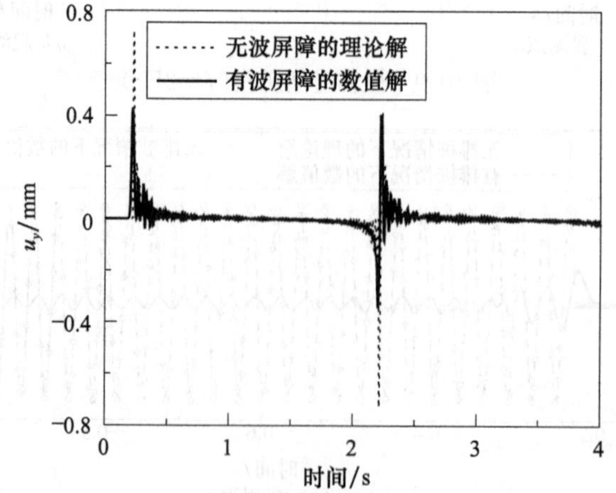

（a）观测点A

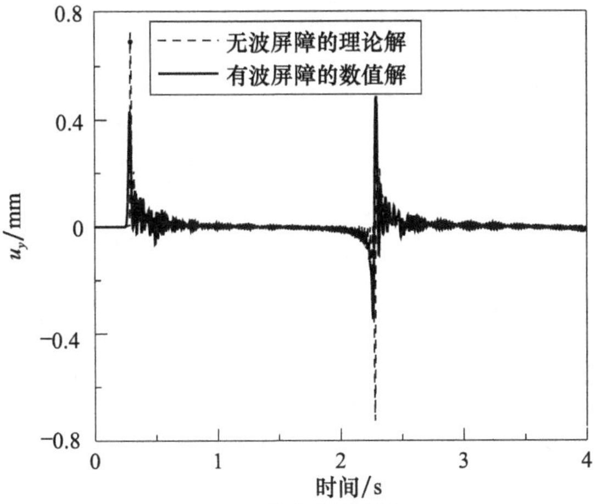

（b）观测点B

图 10.11　多频激励下的位移响应

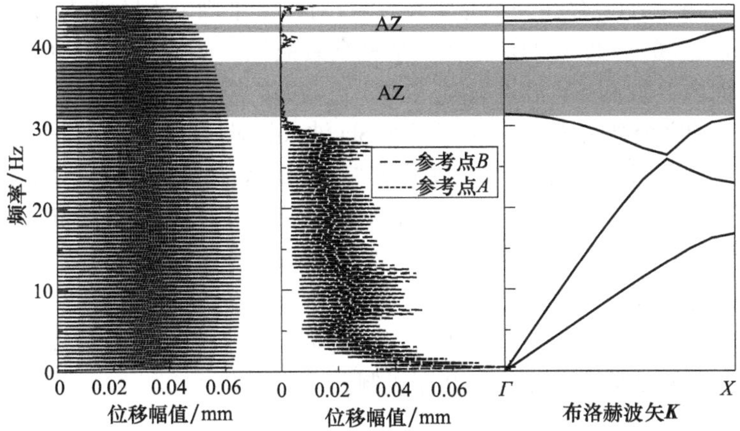

（a）输入波的傅里叶谱　（b）观测点的傅里叶谱　（c）频散曲线

图 10.12　周期填充排桩的傅里叶谱和频散曲线

10.3　填充排桩的振动机制

本节通过分析周期填充排桩的频散关系及其对应的振动模态，介绍周期排桩的两种不同振动机制。周期常数和管桩的内、外半径分别为 $a=2\text{m}$、$r=0.5\text{m}$ 和 $R=0.65\text{m}$，混凝土桩和土的材料参数如表 9.2 所示，填充材料的参数如表 10.1 所示。图 10.13 给出了空心管桩中分别填充硬质材料（填充材料＃1）和软质材料（填充材料＃2）时的频散关系，其中，实线代表对应于平面内 P 波和 SV 波的频散曲线，虚线代表对应于平面外 SH 波的频散曲线。

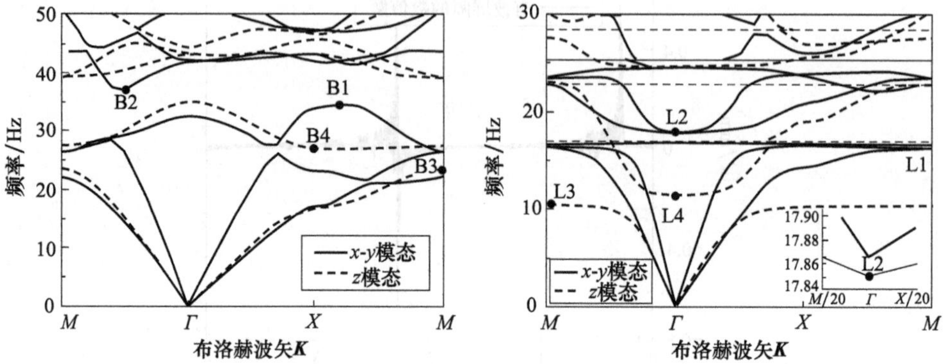

（a）填充硬质材料　　　　（b）填充软质材料

图 10.13　填充不同材料时的频散曲线

从图 10.13(a)可以看出，对应于平面内 P 波和 SV 波入射时，在 B1 点与 B2 点间(34.64～36.95Hz)存在一个完全衰减域；对应于平面外 SH 波入射时，在 B3 点与 B4 点间(23.67～26.91Hz)存在一个完全衰减域。而从图 10.13(b)可以看出，对应于平面内 P 波和 SV 波入射时，在 L1 点与 L2 点间(16.82～17.85Hz)存在一个相对较低的完全衰减域；对应于平面外 SH 波入射时，在 L3 点与 L4 点间(10.39～11.37Hz)存在一个完全衰减域。硬质填充材料和软质填充材料下的频散曲线略有不同。第一完全衰减域的起始频率和截止频率在图 10.13(a)中相对较高，并且衰减域的宽度也较宽。这类周期结构产生的衰减域称为布拉格散射型衰减域。然而，图 10.13(b)的一个重要特性是存在很多平直带，对应于图 10.14 和图 10.15 的共振模态。图 10.13(b)中的衰减域起止频率都比较低而且衰减域宽度比较窄，这种周期结构的频散曲线基于局域共振机制。

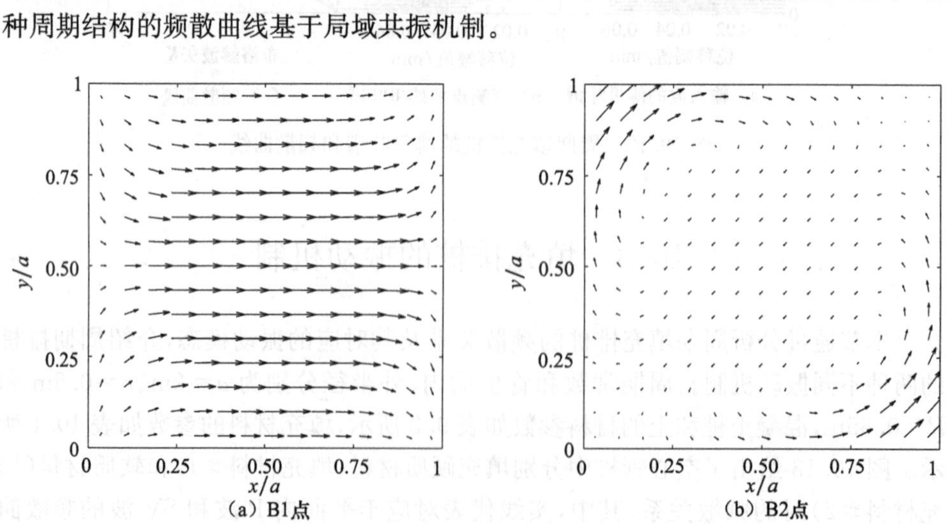

（a）B1点　　　　（b）B2点

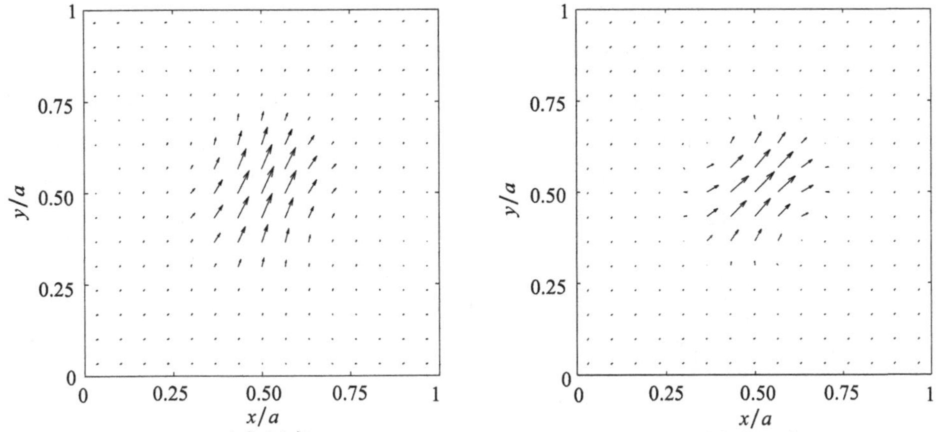

（c）L1点　　（d）L2点

图 10.14　平面内 P 波和 SV 波入射时图 10.13 中各点的位移矢量图

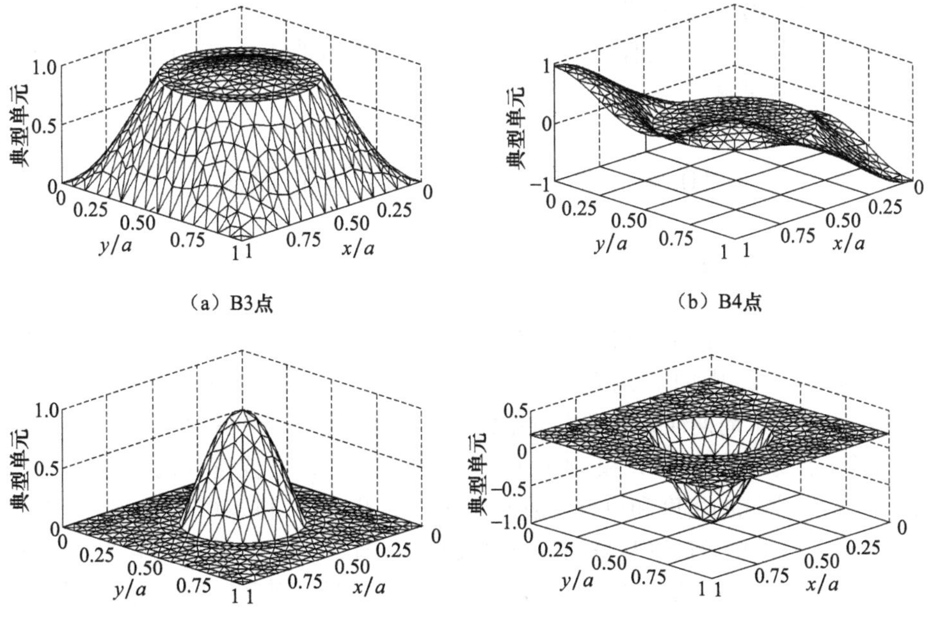

（c）L3点　　（d）L4点

图 10.15　平面外 SH 波入射时图 10.13 中各点的位移矢量图

为揭示这两种振动机制的本质特征，可以选择一些特殊点上的振动模态来说明这两种频散关系的本质，相关振动模态如图 10.14 和图 10.15 所示。图 10.14 给出了标识点 B1、B2、L1 和 L2 的平面内振动模态，图 10.15 给出了标识点 B3、B4、L3 和 L4 的平面外振动模态。在布拉格散射机制下，频散曲线若干点的模态图如图 10.14(a)和图 10.14(b)所示。可以看出,在整个典型单元中,都可以观察到振动的存在。当填充物的材质是硬质材料时,填充材料和管桩可以当成一个整体,因此,散射波存在于土、管桩及填充材料中。从图 10.14(a)中可以看出,桩和填充材料的振动是沿着一个方向的,而图 10.14(b)中整个典型单元的振动可以描述成两个转轮。从图 10.14(c)和图 10.14(d)可以看出,局域共振机制下,频散曲线上的振动模态和布拉格散射机制下的完全不同。在点 L1 对应的振动模态中,振动基本都凝聚在填充材料之中,在桩和土中,振动能量非常小。如图 10.14(d)所示,在点 L2 对应的振动模态中,振动非常明显地凝聚在填充材料中。在 L1 和 L2 两个振动模式中,填充材料都充当了振子的角色。振子振动产生的简谐力将原来均匀材料的频散曲线劈开,因而形成衰减域。

对应于平面外 SH 波入射,点 B3 和点 B4 的振动模态如图 10.15(a)和图 10.15(b)所示。可见,该振动模态和平面内的振动形式非常相似,在整个典型单元中,都存在朝着 z 方向的振动位移。然而,如图 10.15(c)和图 10.15(d)所示,点 L3 和点 L4 的振动模态显示,振动明显地凝聚在填充材料内。填充材料仍然可以看成一个质量振子。这个耦合体系的力不为零,因此,频散曲线在相对应的频率处被截断,从而产生衰减域。

10.4　空心排桩对 SH 波的隔离

10.4.1　存在性验证

可用声波模型来验证 SH 波入射时空心周期结构存在衰减域。为此,只需把控制方程式(9.2)中的 μ 用 $C_{11}=\rho c_l^2$ 代替,其中 c_l 代表声纵波波速。Vasseur 等[10]试验研究了周期性铜管在大气中的声波特性,其中,周期常数 a=30mm,铜管的内、外半径分别是 13mm 和 14mm。铜的密度和声纵波波速分别是 8950kg/m^3 和 4330m/s,空气的密度和声纵波波速分别是 1.3kg/m^3 和 340m/s。图 10.16(a)给出的是 Vasseur 通过试验得到的谱密度曲线,图 10.16(b)给出的是采用 IPWE 法计算得到的频散曲线,可以看出,频散曲线的衰减域与谱密度曲线的低值区相符合,试验和理论分析都表明衰减域存在。

10.4.2　单元类型和内半径对衰减域的影响

设周期常数 $a=2$m,混凝土管桩的外半径 $R=0.65$m,取土的密度为 1800kg/m^3,其他材料参数如表 9.2 所示。图 10.17 和图 10.18 分别给出了正方形单元和六边形单元下周期空心排桩的第一完全衰减域随桩的内半径的变化。可以看出,内半径对截止频率影响很小,但起始频率随着内半径的增大会上升,从而使得衰减域宽度随之变窄。此外，当内半径相对较小时，如小于 50%的外半径，起始频率的上升并不是很大，而此时的衰减域宽度还能保持在一个较大的值。该现象说明，通过适当设计，周期性空心管桩可以在衰减域宽度变化不大的情况下节省混凝土用量。

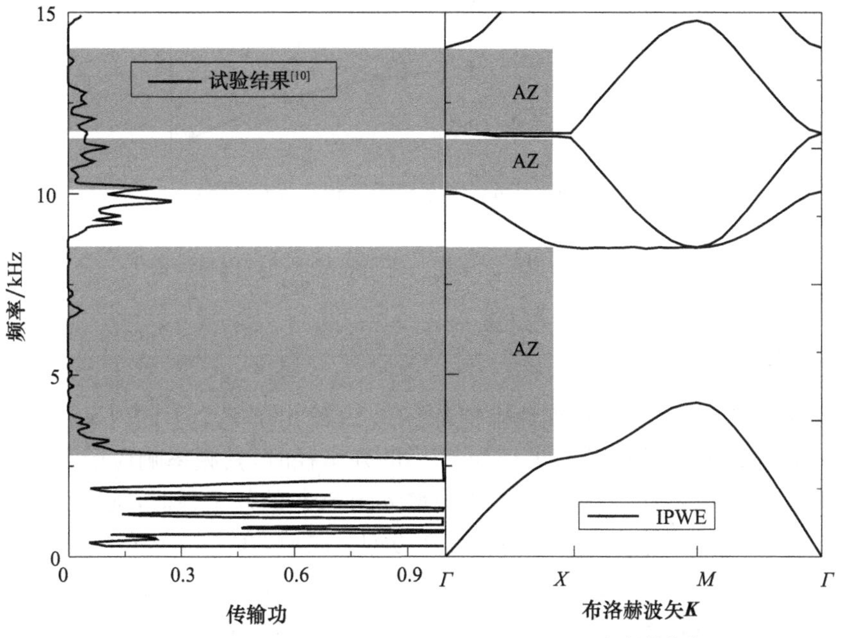

(a) 谱密度曲线　(b) 频散曲线

图 10.16　周期性铜管在空气中的谱密度曲线和频散曲线

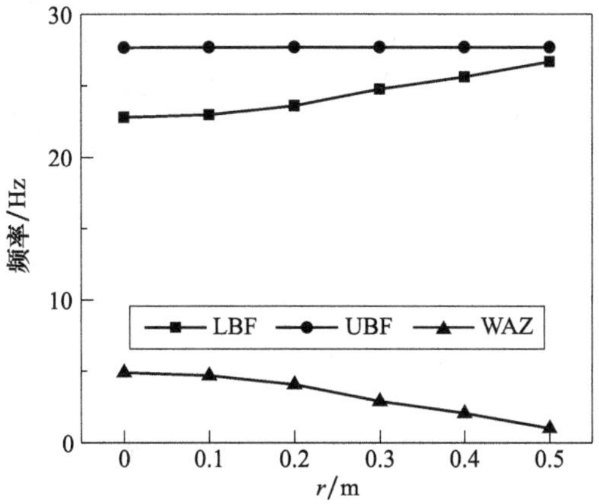

图 10.17　正方形单元下第一完全衰减域随桩内半径变化

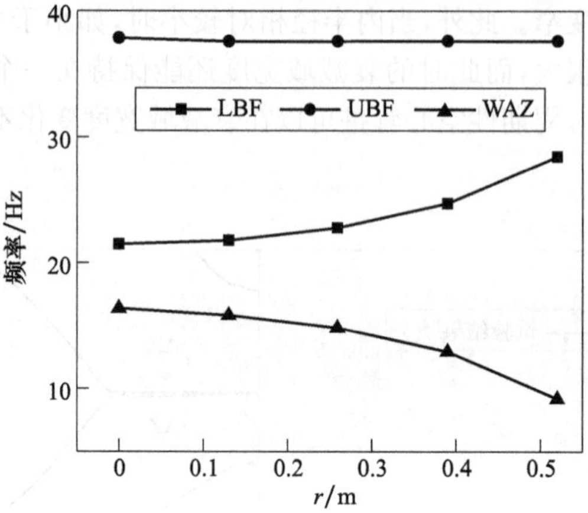

图 10.18 六边形单元下第一完全衰减域随桩内半径变化

10.4.3 频率响应

对图 10.17 所考虑的周期性排桩，图 10.19 给出了三个不同内半径下的频率响应。不难看出，当管桩的内半径为 40%的外半径时，其频率响应函数与实心桩情况下大致相同；然而，当管桩的内半径增大到 80%的外半径时，响应函数已受到很大影响。此时，由于在 ΓX 方向上存在方向衰减域，在 24.83～37.61Hz 内的响应尚有部分衰减，但实心桩情况下的两个完全衰减域已经不存在。这也从另一个角度说明，只有合理设计空心管桩的内半径，才能在节约材料的同时又不对衰减域产生较大削弱作用。

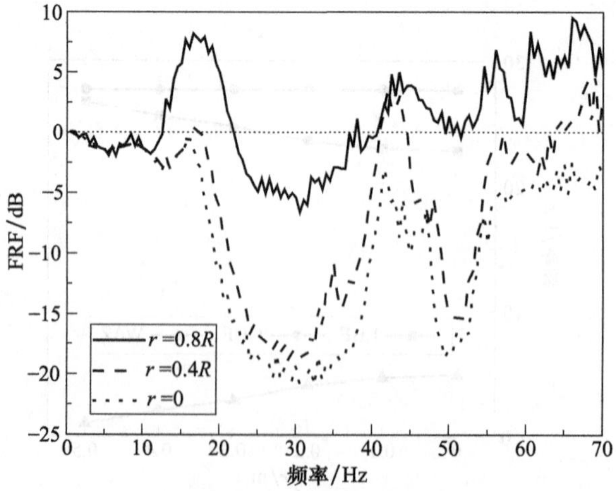

图 10.19 不同内半径下空心管桩的频率响应

参 考 文 献

[1] Vasseur J O, Deymier P A, Frantziskonis G, et al. Experimental evidence for the existence of absolute acoustic band gaps in two-dimensional periodic composite media[J]. Journal of Physics: Condensed Matter, 1998, 10(27): 6051-6064.

[2] Cao Y J, Hou Z L, Liu Y Y. Finite difference time domain method for band-structure calculations of two-dimensional phononic crystals [J]. Solid State Communications, 2004, 132(8): 539-543.

[3] Briaud J L, Li Y F, Rhee K. BCD: A soil modulus device for compaction control[J]. Journal of Geotechnical and Geoenvironmental Engineering, 2006, 132(1): 108-115.

[4] Gupta S, Stanus Y, Lombaert G, et al. Influence of tunnel and soil parameters on vibrations from underground railways[J]. Journal of Sound and Vibration, 2009, 327(1-2): 70-91.

[5] Das B M. Principles of Geotechnical Engineering[M]. Boston: Cengage Learning, 2011.

[6] Huang J K, Shi Z F. Application of periodic theory to rows of piles for horizontal vibration attenuation[J]. International Journal of Geomechanics, 2013, 13(2): 132-142.

[7] 黄建坤. 周期性排桩和波屏障在土木工程减振中的应用研究[D]. 北京：北京交通大学，2014.

[8] Huang J K, Shi Z F. Vibration reduction of plane waves using periodic in-filled pile barriers [J]. Journal of Geotechnical and Geoenvironmental Engineering, 2015, 141: 040150186.

[9] 杜修力. 工程波动理论与方法[M]. 北京：科学出版社，2009.

[10] Vasseur J O, Deymier P A, Khelif A, et al. Phononic crystal with low filling fraction and absolute acoustic band gap in the audible frequency range: A theoretical and experimental study[J]. Physical Review E, 2002, 65: 56608.

第 11 章　改进的周期结构在隔震减振中的应用

11.1　引　　言

前面几章内容表明，可以利用周期结构的衰减域进行工程结构隔震和环境减振。从工程应用的角度看，一方面，设计具有低频宽带衰减域特性的周期结构将有利于拓宽其在工程结构隔震和环境减振中的应用；另一方面，按照传统方法构造的周期结构几何尺寸相对较大，进而增加造价甚至影响其工程应用。因此，本章介绍如何通过改进周期结构设计，以获得机理明确、构造简单、衰减域宽的周期结构。

拓宽周期结构衰减域的方法主要有三种：优化周期结构的相关参数、组合不同形式周期结构形成组合周期结构、设计新的周期结构形式。优化周期结构参数主要是通过分析不同几何参数和物理参数对衰减域的影响，以获得具有低频宽带衰减域的周期结构。通过参数优化改进衰减域特性，在前面各章中已有较多论述，在此不再分析。组合周期结构主要是通过对具有不同衰减域特性的周期结构进行合理组合，以获得具有多重衰减域特性的周期结构。组合周期结构包括同种形式周期结构组合及不同形式周期结构组合。设计新的周期结构形式主要是基于对周期结构衰减域机理的分析，设计全新的周期结构形式，使其具有更优异的低频宽带衰减域。本章主要针对后两种方法，提出改进周期结构衰减域特性的措施。

具体来讲，本章首先分析组合层状周期基础的隔震性能，通过对层状周期基础结构形式进行改进，得到可应用于多种场地条件的等效层状周期基础；其次，研究复合排桩结构的多重衰减域对振动的阻隔作用；最后，讨论了波在分层土中的传播特性。

11.2　组合层状周期隔震基础

利用层状周期结构进行隔震，其可行性在第 5 章中已有论述。理论上讲，每种周期结构均对应一种衰减域分布，本节主要介绍如何将具有不同衰减域的周期结构进行组合，以拓宽周期结构衰减域范围，进而改进层状周期基础的隔震效果[1]。

11.2.1　组合层状周期隔震基础模型

对于由混凝土和橡胶制成的层状基础，考虑周期常数和橡胶层厚度分别为$a=$

0.8m、b=0.15m(单元Ⅰ)和 a=1.5m、b=0.25m(单元Ⅱ)两种单元形式。首先，如图 11.1(a)和图 11.1(b)所示，分别考虑由单元Ⅰ和单元Ⅱ沿厚度方向布置 3 个周期，同时在基础底部附加 0.3m 厚混凝土垫层形成的周期基础模型Ⅰ和模型Ⅱ，这两个基础尺寸分别为 6m×6m×2.7m 和 6m×6m×4.8m；其次，图 11.1(c)给出由单元Ⅰ和单元Ⅱ沿厚度方向分别布置两个周期形成的组合层状周期基础，基础底部同样附加 0.3m 厚的混凝土垫层，组合基础的尺寸为 6m×6m×4.9m。在基础上部，设置一六层的混凝土框架，框架层高 3m，每层的平面尺寸为 5m×5m。框架柱的截面尺寸为0.5m×0.5m，梁的截面尺寸为 0.3m×0.5m。

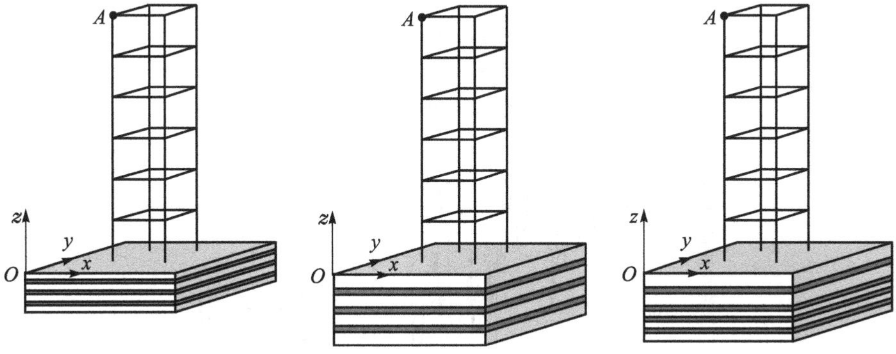

(a) 模型Ⅰ　　(b) 模型Ⅱ　　(c) 组合模型

图 11.1　三种层状周期基础模型

11.2.2　谐响应分析

首先，通过谐响应分析考察三种不同层状周期基础对沿竖向传播的剪切波的阻隔作用。计算时，在基础底面约束所有节点 y、z 方向的位移，并沿 x 方向施加单位位移荷载。提取计算结果中框架顶层角点 A 的 x 方向位移 u，定义响应函数为 $20\lg u$。图 11.2 对比了三种情况下的计算结果。其中，虚线表示模型Ⅰ框架结构顶点的位移响应函数，点画线代表模型Ⅱ框架结构顶点的位移响应函数，实线代表组合层状基础上结构顶点的位移响应函数。由理想周期结构的衰减域分析可知，在 12Hz 附近，为模型Ⅰ的通带范围，但为模型Ⅱ的衰减域范围；在 20Hz 附近为模型Ⅱ的通带范围，但为模型Ⅰ的衰减域范围。模型Ⅰ衰减域的起始频率为 2.4Hz，模型Ⅱ衰减域的起始频率为 4.3Hz。由图 11.2 可以看出，组合层状周期基础在 12Hz 和 20Hz 附近均具有显著衰减，衰减开始于模型Ⅰ和模型Ⅱ的衰减域起始频率的较小者。此现象表明，组合层状周期基础可以使模型Ⅰ和模型Ⅱ的衰减域在一定程度上进行叠加，从而得到起始频率较低、衰减范围较宽的周期结构，以满足实际工程需求。

其次，在 z 方向进行位移谐响应分析，以考察周期基础对沿竖向传播的压缩波的阻隔作用。为此，在基础底面约束所有节点 x 和 y 方向的位移，并在 z 方向施加单位位移。图 11.3 给出了三种情况下框架顶层角点 A 的 z 方向位移响应函数。理论分析可知，在 45Hz 附近，为模型Ⅰ的通带范围，但为模型Ⅱ的衰减域范围。模型Ⅰ的衰减域的起始频率为 8.9Hz，模型Ⅱ的衰减域的起始频率为 15Hz。由图 11.3 可知，组合层状周期基础在 45Hz 附近有很好的衰减，且衰减从模型Ⅰ和模型Ⅱ的衰减域起始频率中的较小者开始。这同样验证了组合层状周期基础可以实现衰减效果叠加的结论。

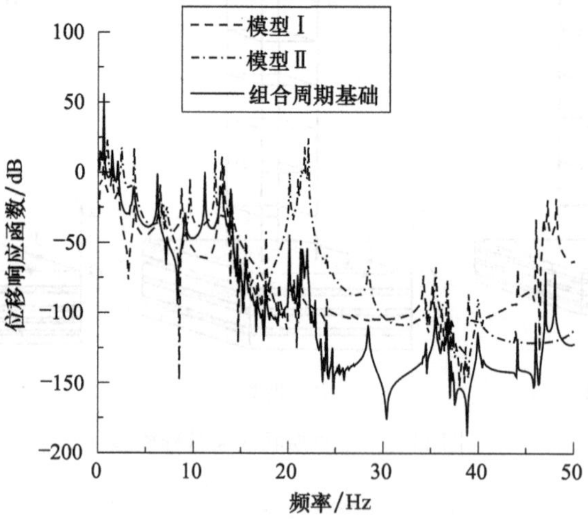

图 11.2 具有不同周期基础结构的水平向位移响应函数

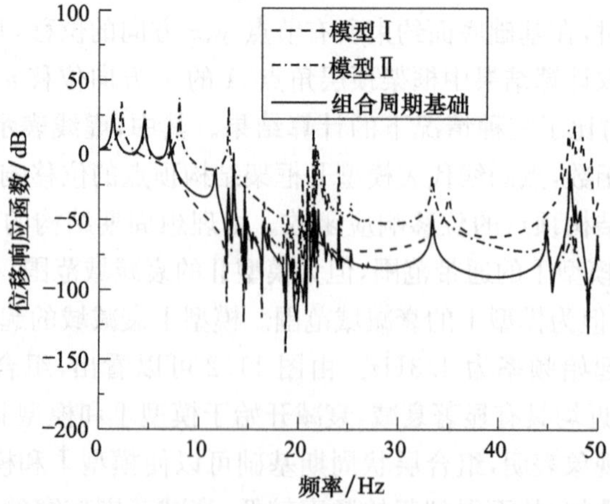

图 11.3 具有不同周期基础结构的竖向位移响应函数

综上所述，相比于前述层状周期基础，组合层状周期基础能够有效降低衰减域起始频率，同时拓宽衰减域范围。鉴于组合层状周期基础良好的隔震效果，本节下面的所有分析均将基于上述组合层状周期基础模型。

11.2.3　地震动时程分析

为验证层状组合周期基础在真实地震波作用下的隔震效果，选取真实地震波对其进行时程分析。为便于对比，考虑普通混凝土基础和传统隔震基础两种情况，如图 11.4 所示。两个模型的下部混凝土尺寸均为 6m×6m×2m。橡胶支座隔震基础模型中在底部混凝土基础和上部框架结构间加入了橡胶支座，橡胶支座(VP700)[2]的高度及水平刚度分别为 378mm 及 157.913N/mm。为了简化建模计算，现将橡胶支座等效为水平刚度相同、高度相同的混凝土柱，等效后的混凝土柱截面尺寸为 0.0377m×0.0377m。上部框架结构和模拟条件与前述相同。

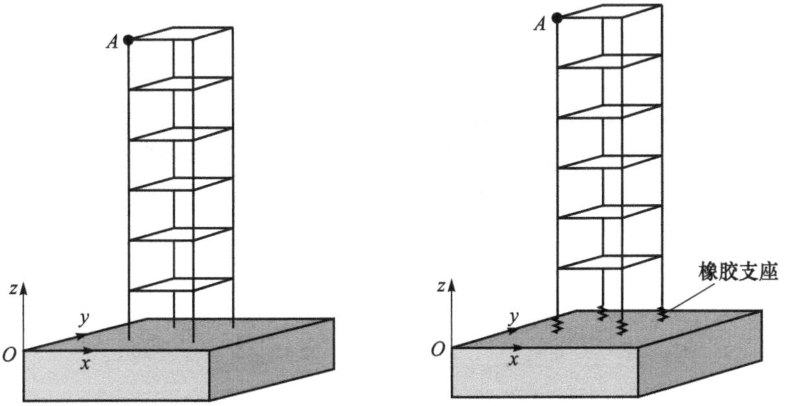

(a) 无隔震结构　　(b) 橡胶支座隔震结构

图 11.4　无隔震结构和橡胶支座隔震结构示意图

大量地震分析结果表明，对于不同的地震记录，结构的响应(如加速度和内力等)差异非常大。由于地震具有很大的不确定性，因此，无法准确判断建筑结构在服役期内会遭遇怎样的地震动激励。为此，在进行时程分析时，应选取多条具有不同特性的实际地震记录，作为激励分别输入，而后考察结构的地震响应。

根据国内相关规范和地质情况，对应于Ⅰ、Ⅱ、Ⅲ、Ⅳ类场地，分别从太平洋地震工程研究中心(Pacific Earthquake Engineering Research Center)[3]等数据库选取迁安波、Taft 波、El-centro 波和天津波的加速度记录进行输入。在对结构进行时程分析时，迁安波和天津波截取前 20s 数据，Taft 波和 El-centro 波截取前 30s 数据，此范围已包含每条地震记录的最强烈部分和主要能量。所有地震波的时间步长均取为 0.02s。各地震波原始记录的加速度时程如图 11.5～图 11.8 所示。

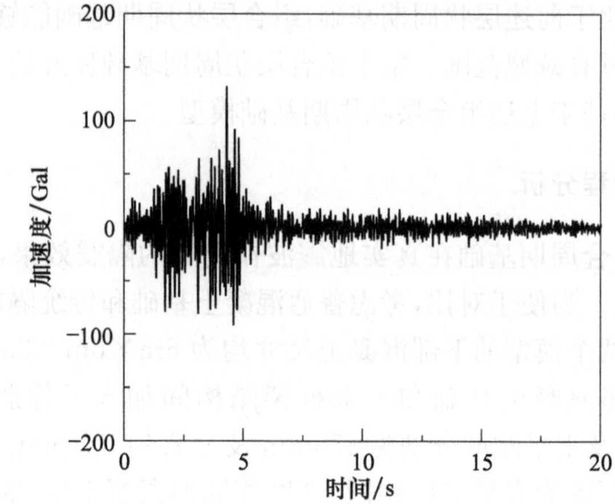

(a) NS方向

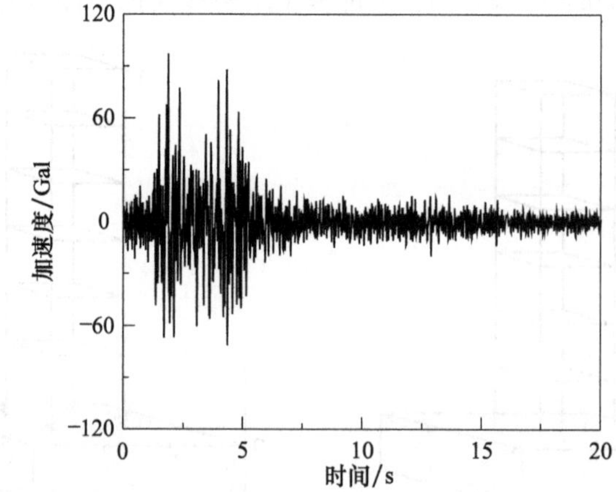

(b) EW方向

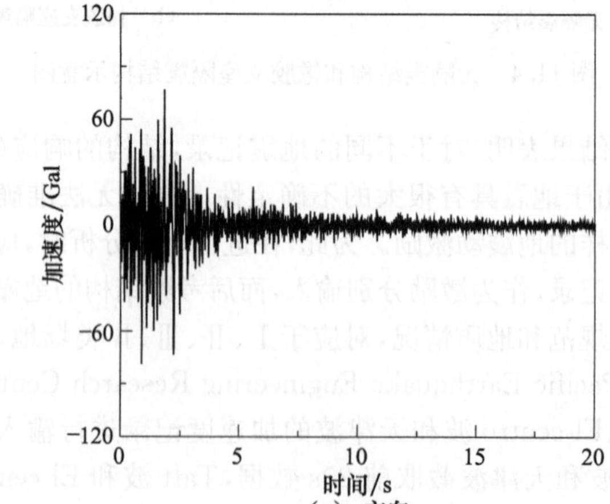

(c) z方向

图 11.5　迁安波加速度时程图

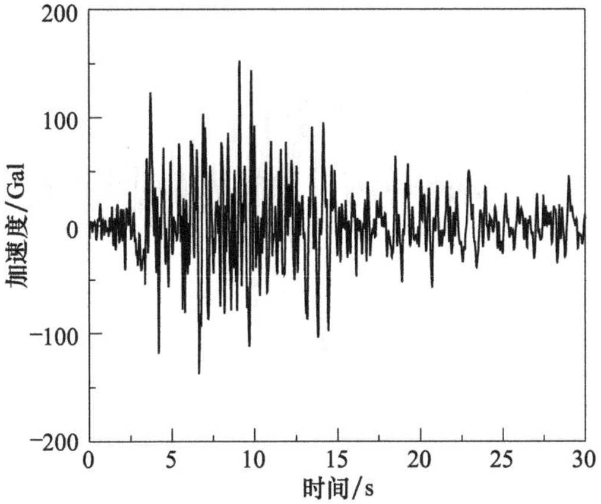

图 11.6　Taft 波加速度时程图

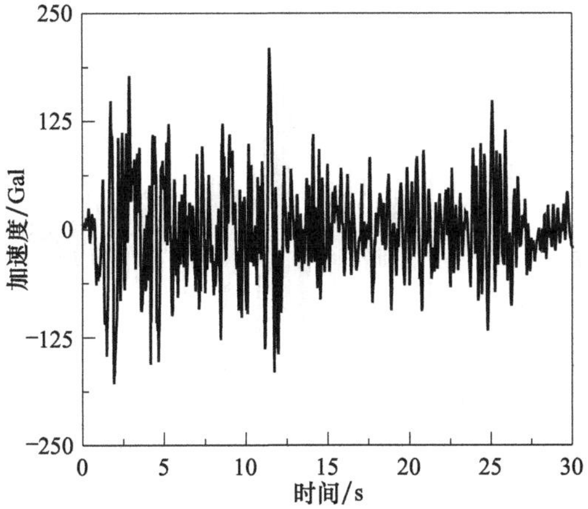

(a) EW方向

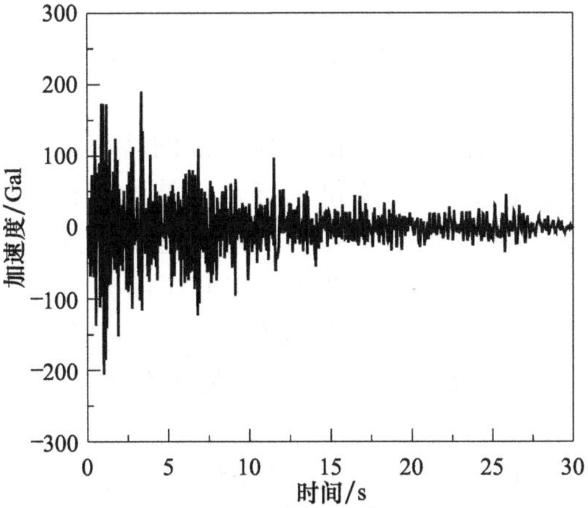

(b) z方向

图 11.7　El-centro 波加速度时程图

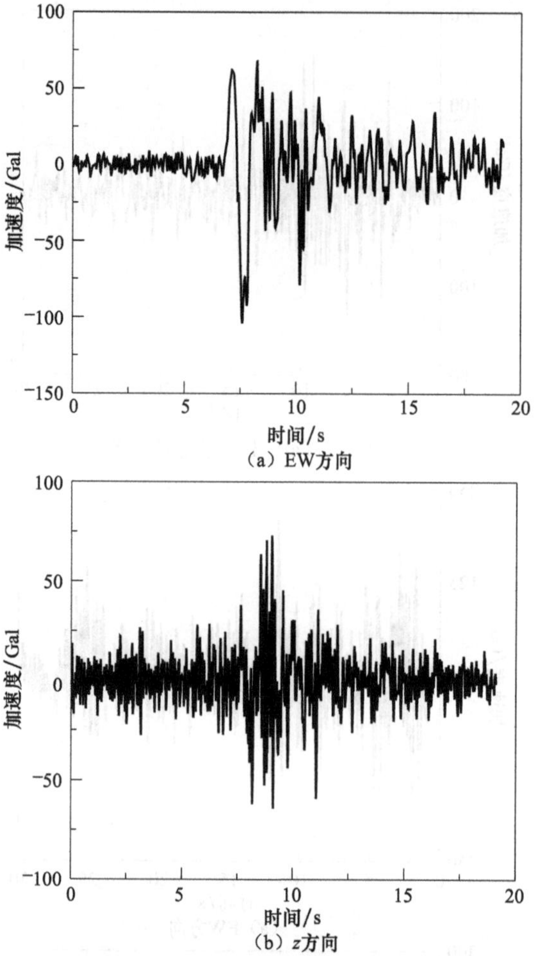

图 11.8　天津波加速度时程图

图 11.9～图 11.12 给出了上述四个地震波的傅里叶谱。从图中可知，迁安波的特征周期为 0.1s 左右，Taft 波和 El-centro 波的特征周期则分别在 0.4s 和 0.5s 附近，而天津波的特征周期约为 1s。也就是说，它们的频谱越来越向低频部分集中，因此，地震波能量也将主要集中在低频部分，尤其是 2Hz 以下的范围内。以上四条地震波竖向分量的傅里叶幅值谱则相对较均匀，在 20Hz 以内均有一定的能量分布。相对而言，迁安波的频谱最为分散，而天津波的频谱则比较集中。

采用“大质量法”对具有混凝土基础、传统隔震基础、组合层状周期基础的框架结构在不同地震波分别作用下的响应进行时程分析。具体讲，在模拟水平地震作用时，将地震波的某个水平向加速度时程分别施加在三个基础底部所有节点上，同

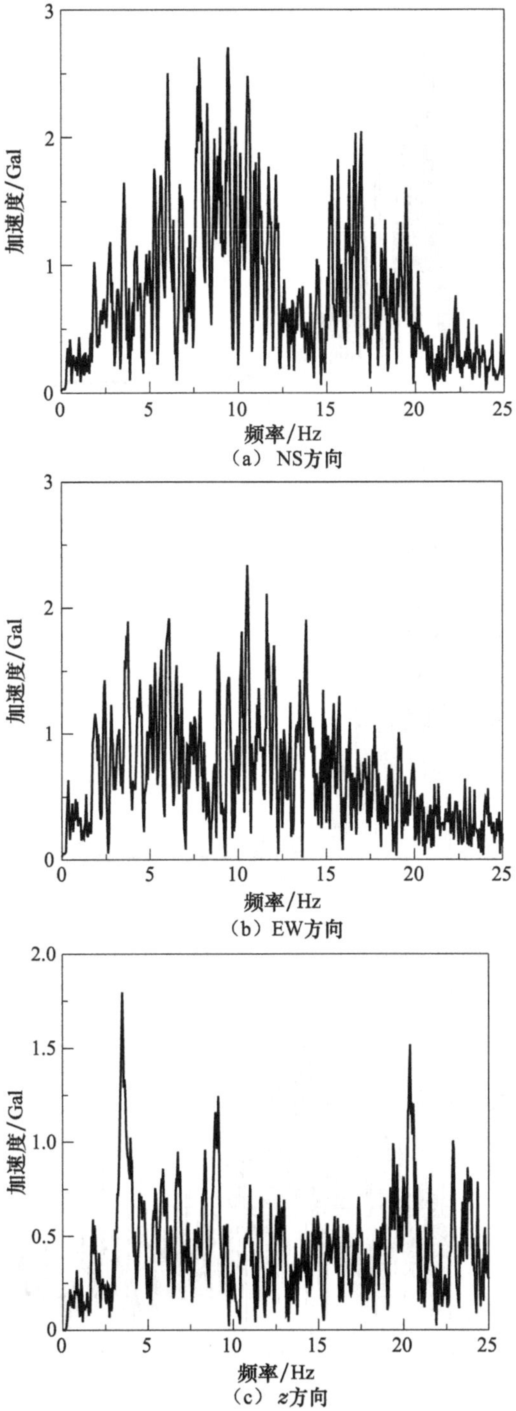

图 11.9　迁安波加速度傅里叶谱

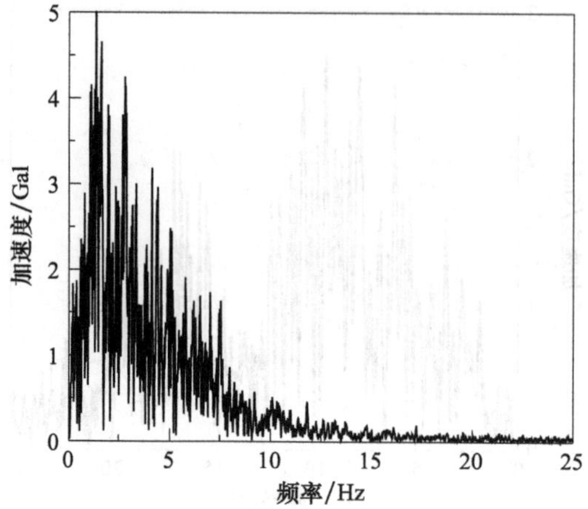

图 11.10　Taft 波加速度傅里叶谱

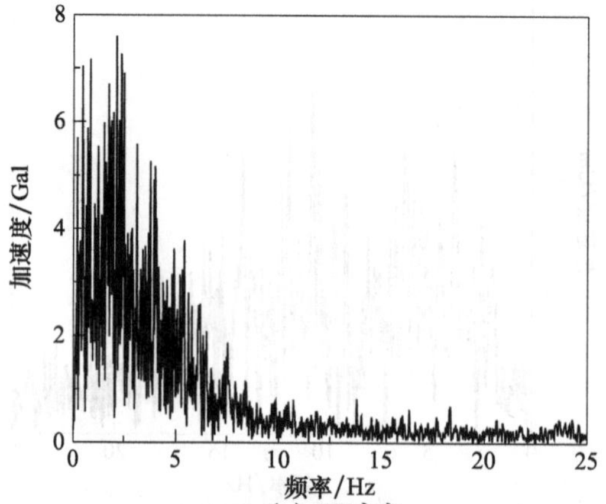

（a）EW方向

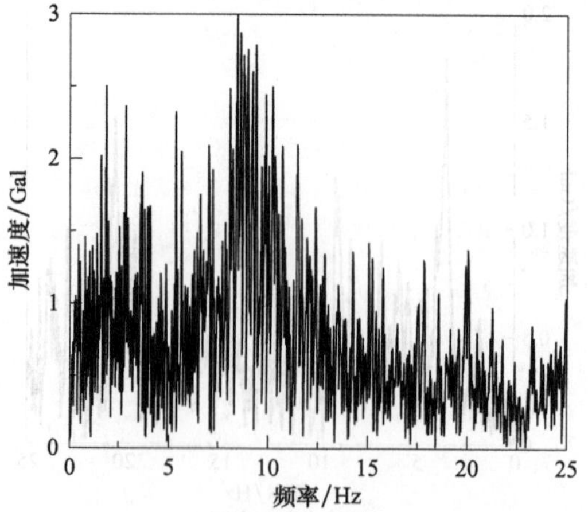

（b）z方向

图 11.11　El-centro 波加速度的傅里叶谱

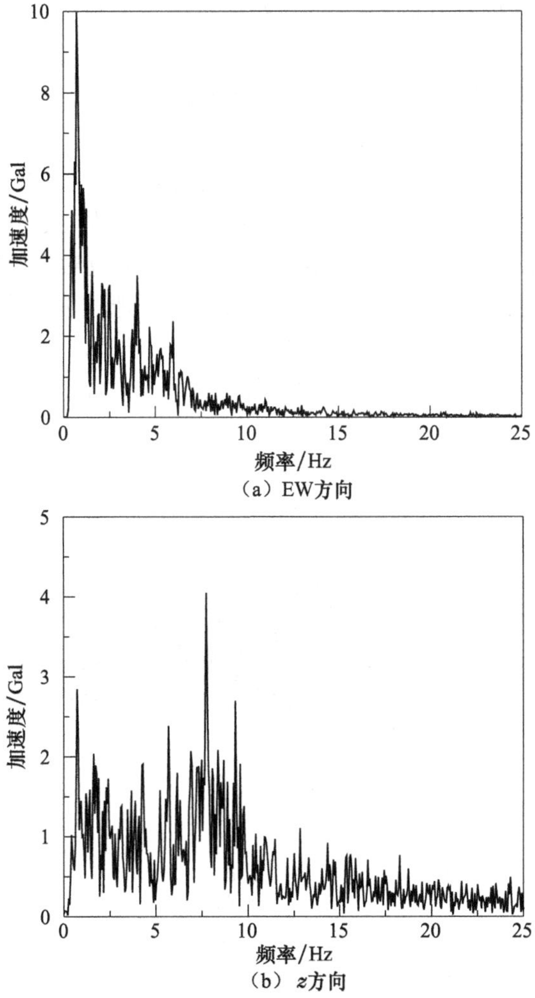

图 11.12　天津波加速度的傅里叶谱

时约束基础底部所有节点水平方向的另一位移和竖向位移；在模拟竖向地震作用时，将地震波的竖向加速度时程分别施加在三个基础底部所有节点上，同时约束基础底部两个水平方向的位移。

图 11.13 给出了迁安波作用下结构 A 点的加速度响应。由频谱分析可知，迁安波 NS 方向和 EW 方向地震波的能量主要集中在 0～20Hz，在 10Hz 附近能量密度最大。由于组合层状周期基础的横波衰减域覆盖了迁安波水平地震动的主要频率，因此从图 11.13 不难看出，在迁安波水平向地震动作用下，具有层状组合周期基础的结构响应得到很大衰减，其中 A 点的加速度峰值远小于混凝土基础情况下的峰值，也仅为应用传统隔震基础时加速度峰值的 1/5～1/3。另外，由图 11.13 还

可以看出，组合层状周期基础在 7.5～48Hz 对 z 方向显现出很好的衰减特性，因此，虽然迁安波 z 方向的能量在 2.5～25Hz 分布较分散，图 11.13(c)仍表明，组合层状周期基础对隔离竖向地震也具有很好的效果。

图 11.14 和图 11.15 分别给出了 Taft 地震波和 El-centro 地震波作用下结构 A 点的加速度响应。由图 11.10 和图 11.11(a)可知，Taft 地震波和 El-centro 地震波 EW 方向分量的能量主要位于 0～3.5Hz，功率谱在 2Hz 左右达到峰值。参考组合层状周期基础的衰减域特征，可知这两条地震波有部分能量对应的频率处于周期基础的衰减域范围内，因此，组合层状周期基础对这两条地震波仍有一定的抑制作用。图 11.14 和图 11.15(a)则表明，应用组合层状周期基础时，上部结构 A 点的加速度响应远小于应用传统隔震基础或无隔震时上部结构 A 点的加速度响应。

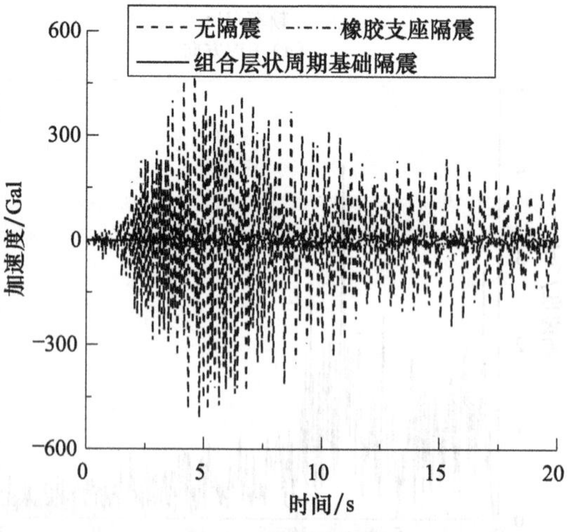

(a) NS方向

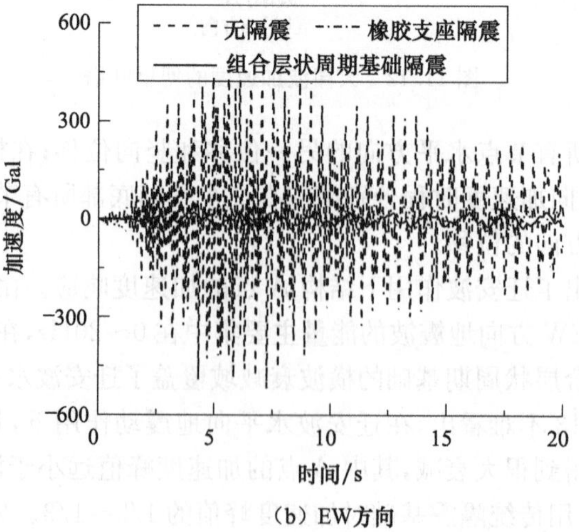

(b) EW方向

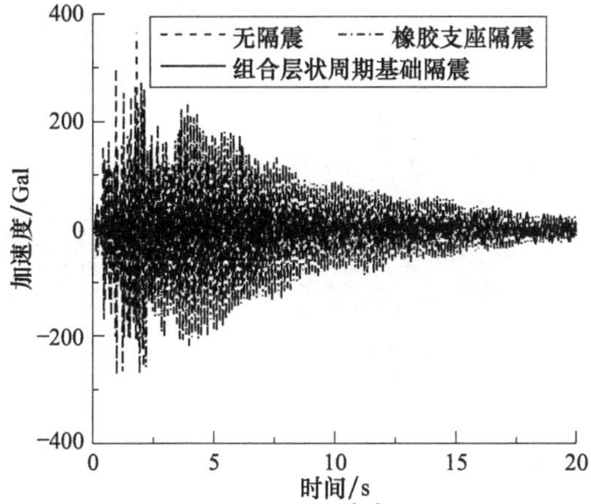

（c）z方向

图 11.13　迁安波作用下结构 A 点的加速度响应(见彩图)

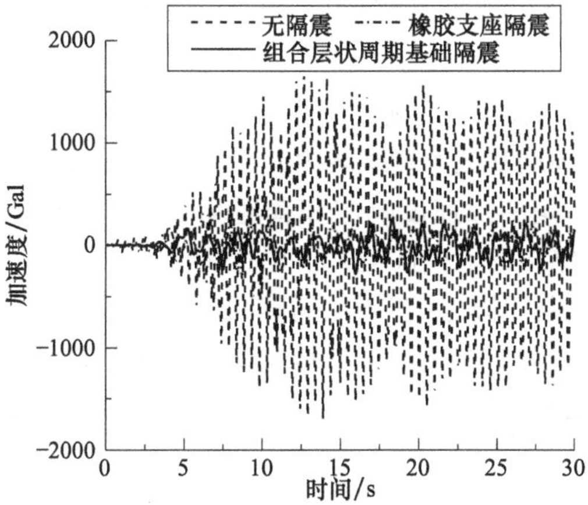

图 11.14　Taft 波作用下结构 A 点加速度响应(见彩图)

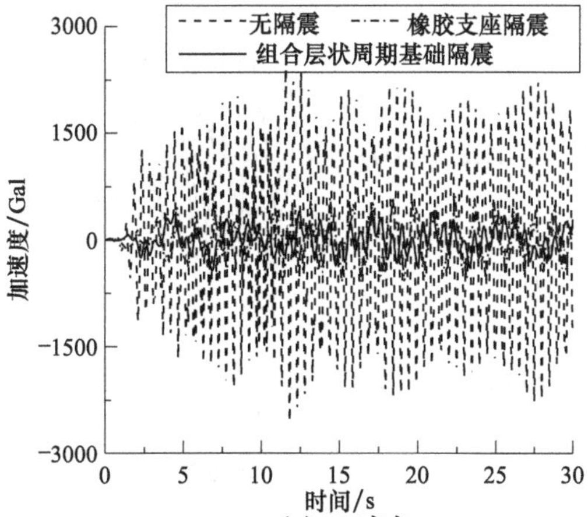

（a）EW方向

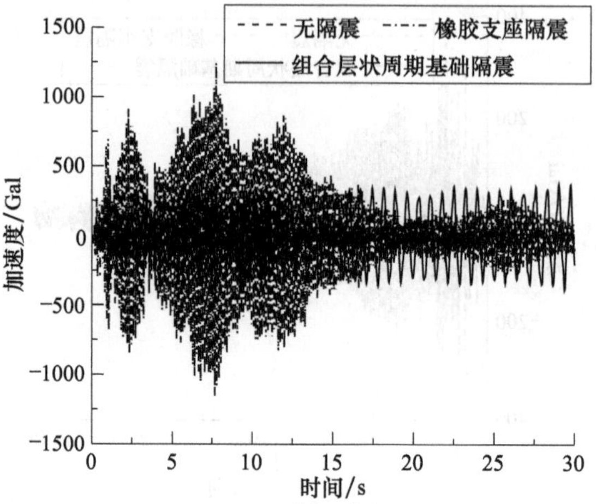

(b) z方向

图 11.15 El-centro 波作用下结构 A 点加速度响应(见彩图)

天津波为典型的软土波,低频成分占主导,其 EW 方向主要能量分布在 1Hz 附近,不在组合层状周期基础的衰减域内。图 11.16(a)则表明,在 15s 之后,组合层状周期基础上部结构的加速度响应和普通基础上部结构的加速度响应基本一致,但橡胶支座隔震结构的响应甚至大于普通基础。

综上所述,组合层状基础具有拓宽隔震频率范围的作用。对于如上所述的组合层状周期基础模型,对Ⅰ类场地下的地震波能起到很好的隔震效果,对Ⅱ、Ⅲ类场地下的地震波能起到一定的衰减作用,对Ⅳ类场地下的地震波则作用有限。

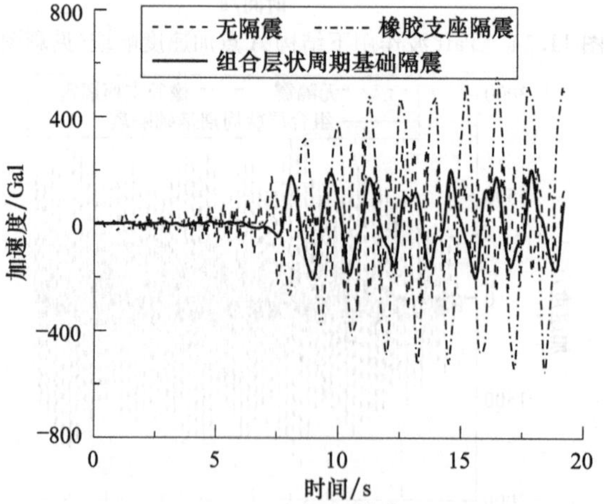

(a) EW方向

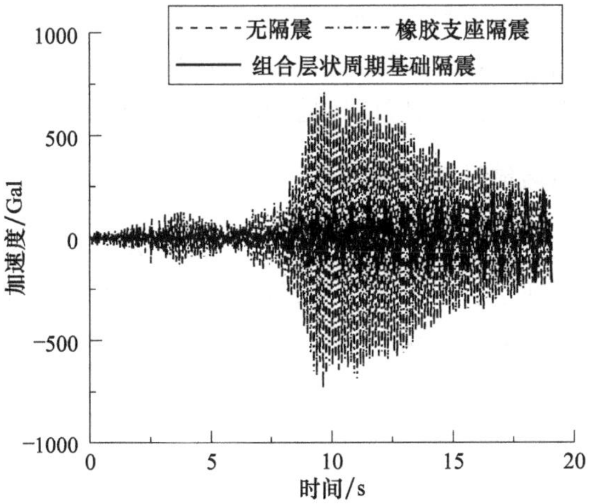

（b）z方向

图 11.16　天津波作用下结构 A 点加速度响应(见彩图)

11.3　等效层状周期隔震基础

真实的地震动通常是低频宽带的随机振动，为了有效地抑制不同场地条件下地震动向上部结构的传播，周期基础的衰减域下边界频率最好能低于 3Hz，而且衰减域最好尽可能宽。下面介绍为获得低频宽带衰减域，如何对层状周期基础模型进行改进。

11.3.1　等效层状周期隔震基础模型

降低衰减域下边界频率可从降低结构的特征频率角度入手。混凝土层的波阻抗远大于橡胶层的波阻抗，可将混凝土层看成质量单元，橡胶层看成弹性连接单元。降低系统的特征频率可从两个方面考虑，一是增加混凝土层的质量，二是减小橡胶层的刚度。从实际应用的角度考虑，通过减小橡胶层的面积是一种有效的方法。图 11.17 为一改进的层状周期结构模型。在该模型中，橡胶层用 $M\times M$ 个橡

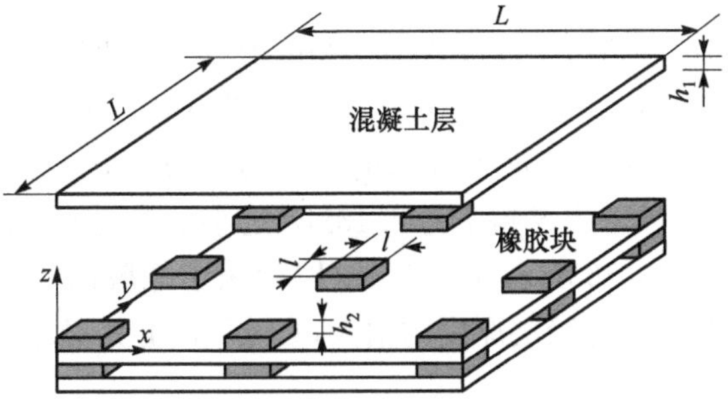

图 11.17　改进的层状周期基础模型

胶块代替，橡胶块在平面内周期排布。混凝土层尺寸为 $L\times L\times h_1$，橡胶块的尺寸为 $l\times l\times h_2$。为简化分析，仅考虑沿 z 方向传播的 S_x 波。假设橡胶块层的竖向刚度远大于水平向刚度，不考虑沿竖向传播的压缩波衰减域。

11.3.2　等效模型衰减域计算方法

下面分别采用两种方法计算改进的周期结构的频散关系，两种方法所采用的结构单元如图 11.18 所示。方法 1 是将橡胶块层等效为一个弹性材料层，然后应用传递矩阵法求解频散方程；方法 2 是将混凝土层简化为一个集中质量，将橡胶层离散为 2N 个弹簧振子模型，再利用集中质量模型求解频散方程。

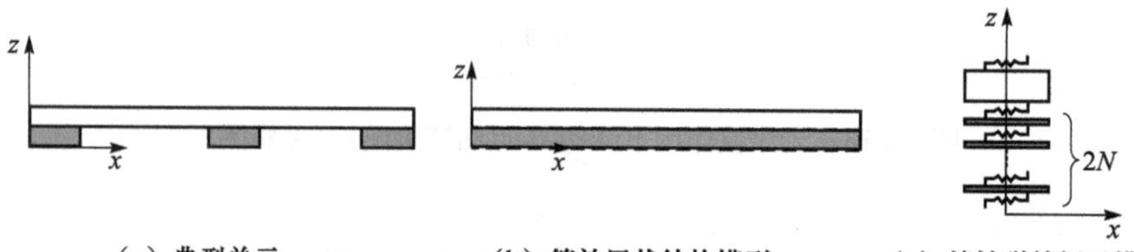

（a）典型单元　　（b）等效层状结构模型　　（c）等效弹簧振子模型

图 11.18　计算单元

采用方法 1 计算时，等效材料的剪切模量和密度为

$$\rho' L^2=\sum \rho l^2,\quad \mu' L^2=\sum \mu l^2 \tag{11.1}$$

式中，ρ 和 μ 为橡胶块的材料密度和剪切模量；ρ' 和 μ' 为等效材料的密度和剪切模量；$\sum$ 代表对所有橡胶块求和。

采用方法 2 计算时，每一混凝土层简化为一集中质量 M，每个橡胶块层沿 z 方向被 $2N$ 等分。每一部分近似为一个弹簧振子模型，弹簧振子模型的质量 m 和刚度系数 k 为

$$2Nm=\sum \rho l^2 h_2,\quad \frac{k}{2N}=\sum \frac{\mu l^2}{h_2} \tag{11.2}$$

取混凝土层和橡胶块层的厚度均为 0.2m，混凝土层平面尺寸为 10m×10m；9 个橡胶块平面内等间距(3m×3m)布置，尺寸均为 1m×1m。图 11.19(a)给出了该结构的频散关系，集中质量模型计算的结果与等效层状模型计算的结果一致。该周期结构第一衰减域下边界频率为 2.15Hz，远小于采用整块橡胶层时所得的第一衰减域下边界频率 6.565Hz。图 11.19(b)给出了橡胶层厚度对第一衰减域的影响。从图中可知，随着橡胶层厚度的增大，衰减域的起始频率和终止频率都急剧减小。

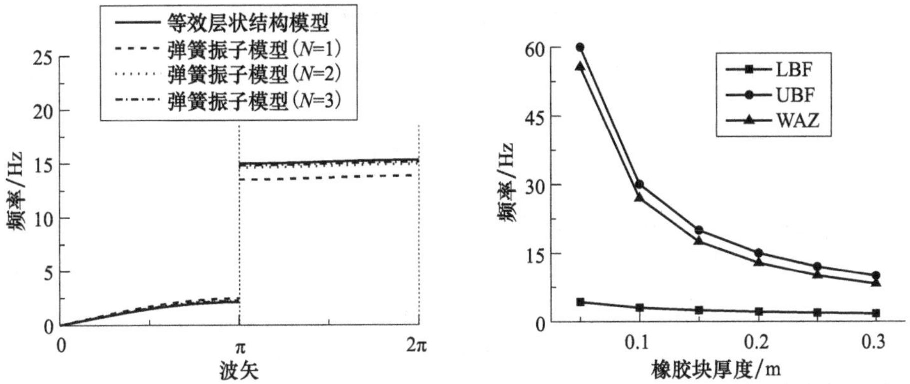

(a) 改进模型的频散关系　(b) 橡胶块厚度对第一衰减域的影响

图 11.19　改进模型的频散关系及橡胶块厚度对第一衰减域的影响

11.3.3　隔震性能模拟

为验证改进模型的隔震效果，分析一个具有不同基础的六层混凝土框架结构的地震响应。如图 11.20 所示，考虑混凝土框架结构分别置于无隔震基础、传统隔震基础及等效层状周期隔震基础上。上部结构尺寸为 9m×9m×3.3m，柱截面和梁截面的尺寸分别为 0.5m×0.5m 和 0.5m×0.3m，楼板厚度为 0.1m。无隔震情况下，上部结构的前四阶特征频率分别为 1.739Hz、5.537Hz、10.181Hz 和 15.38Hz。

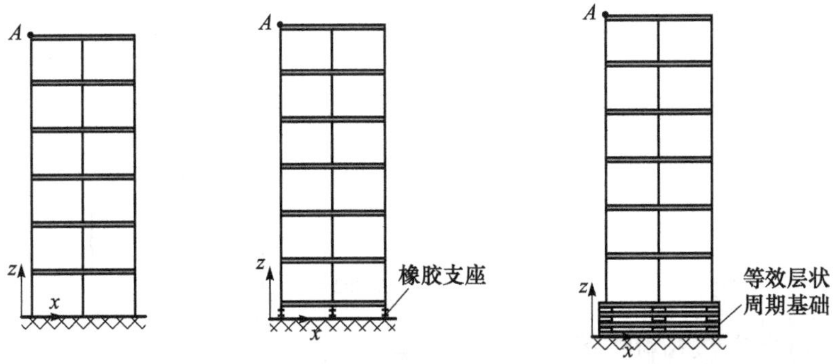

(a) 无隔震系统　(b) 传统隔震系统　(c) 等效层状周期基础系统

图 11.20　具有不同基础的框架结构示意图

对于传统隔震系统，采用叠层橡胶支座。9 个 GZP500-V6A 支座分别放置在柱子底部，支座参数如表 11.1 所示。为简化分析，将每个橡胶支座等效为一个混凝土柱，等效原则为橡胶支座的水平刚度和高度与混凝土柱的水平刚度和高度相等。同时，不计入橡胶支座的阻尼。不难求得传统隔震系统下结构的前四阶特征频率分别为 0.7859Hz、3.281Hz、6.732Hz 和 10.351Hz。

表 11.1　隔震支座 GZP500-V6A 的参数[4]

产品型号	有效直径/mm	橡胶层厚度/mm	支座高度/mm	设计荷载/kN	γ=100%时等效刚度/(kN/mm)	γ=100%时等效阻尼比/%
GZP500-V6A	500	93	194	1807	1.22	<5

周期基础包含三个单元，周期常数为 0.4m。混凝土层的尺寸为 10m×10m×0.2m；9 个橡胶块等间距分布，尺寸为 1m×1m×0.2m。周期基础的频散关系如图 11.19 所示，其中第一衰减域为 2.15～15.01Hz。

表 11.2 给出了计算中采用的三个不同地震动加速度记录，分别为 Anza 1980、Imperial Valley 1999 和 Loma Prieta 1989。地震记录来自 PEER 地震动数据库[3]。这三个地震记录分别对应于三种不同的场地类别，即硬土、中硬土和软土。图 11.21 给出了这三个地震记录的时间历程和傅里叶谱。

表 11.2　地震动加速度记录[3]

场地条件	地震动(记录站台)	震级(时间)	PGA/g
硬土	Anza (Anza Fire Station)	4.7 (1980-02-25)	0.066
中硬土	Imperial Valley (Superstition Mtn Camera)	7.3 (1999-11-12)	0.11
软土	Loma Prieta (Alameda Naval Air Stn Hanger)	7.1 (1989-10-18)	0.27

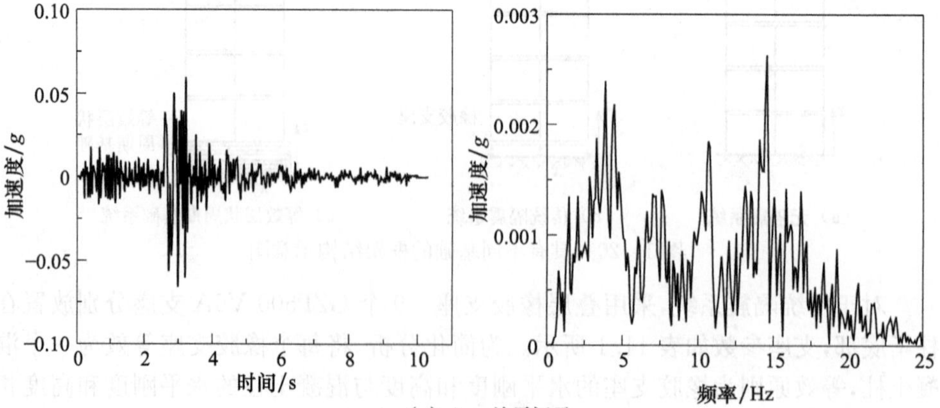

(a) Anza地震记录

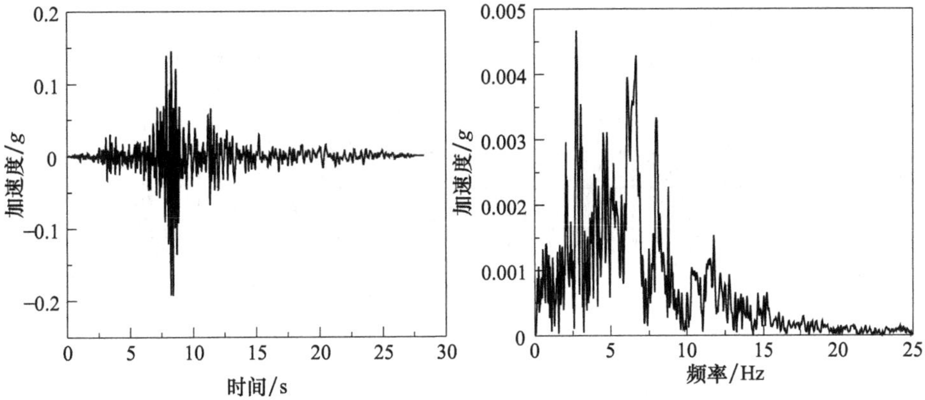

（b）Imperial Valley地震记录

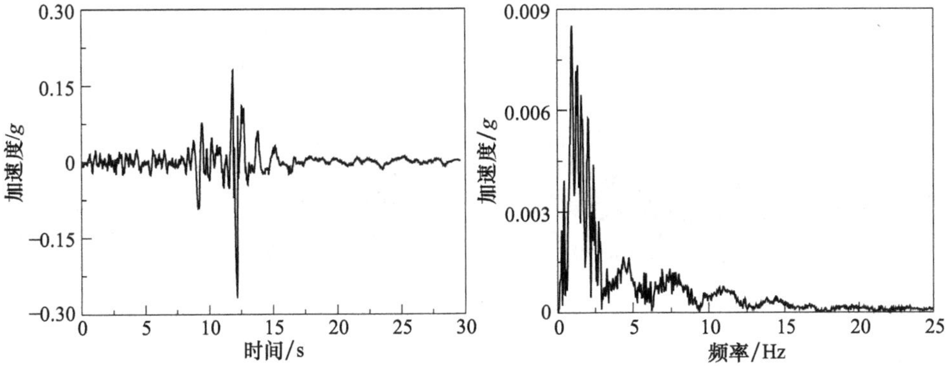

（c） Loma Prieta地震记录

图 11.21　三个地震动的加速度记录及其傅里叶幅值谱

应用大质量法，对图 11.20 所示三个混凝土框架结构基础底部各节点沿 x 方向分别施加上述三个地震加速度时间历程，并提取结构上考察点沿 x 方向的动力响应。图 11.22 给出了结构上 A 点沿 x 方向的加速度响应，可以看出，周期基础显现出很好的隔震性能。为深刻理解衰减域的滤波作用，图 11.22 同时给出了 A 点加速度响应的傅里叶谱。可以看出，对具有周期基础的结构，在其第一衰减域 2.15～15.01Hz 内，A 点的加速度响应非常小。另外，该衰减域不仅将无隔震情况下结构的第二和第三阶特征频率包含在内，还将橡胶支座隔震情况下系统的第二、第三和第四阶特征频率包含在内，由此也不难理解改进的层状周期基础的有效性。

具有周期基础的上部结构，不仅加速度响应得到有效衰减，上部结构层间相对位移的衰减也很明显。定义层间位移如下：

$$\Delta u_j = u_j - u_{j-1} \tag{11.3}$$

式中，j 为楼层号；u_j 为 j 层的位移响应。

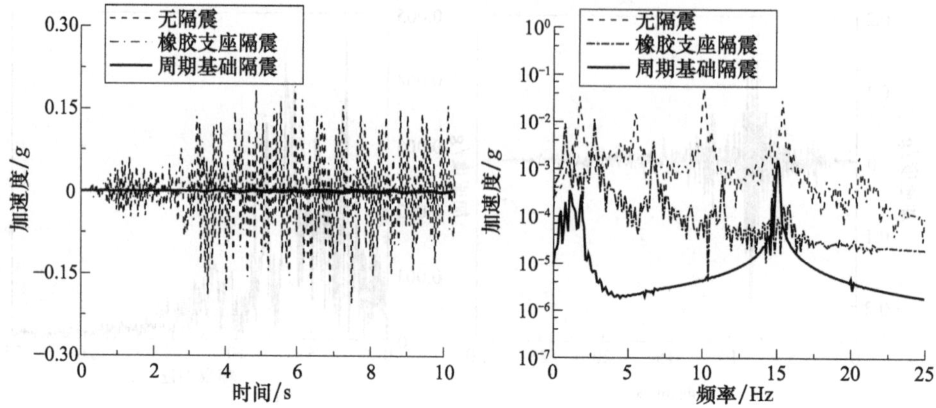

（a）Anza地震记录

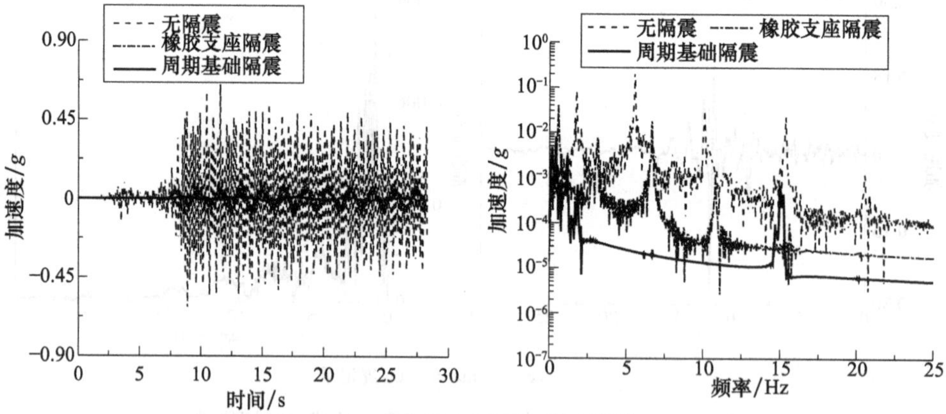

（b）Imperial Valley地震记录

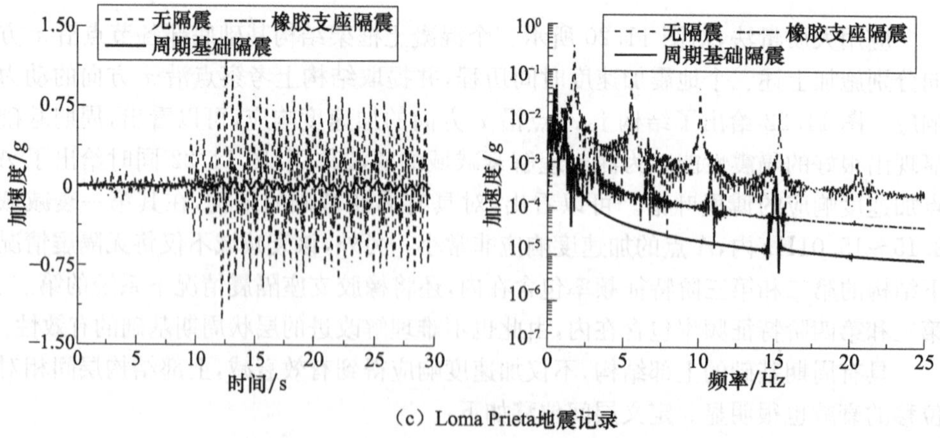

（c）Loma Prieta地震记录

图 11.22　不同地震作用下结构 A 点加速度响应及其傅里叶幅值谱(见彩图)

图 11.23 给出了上部结构相对位移的最大值，可以看出，具有周期基础的上部结构，其最大相对位移比其他两种情况要小。

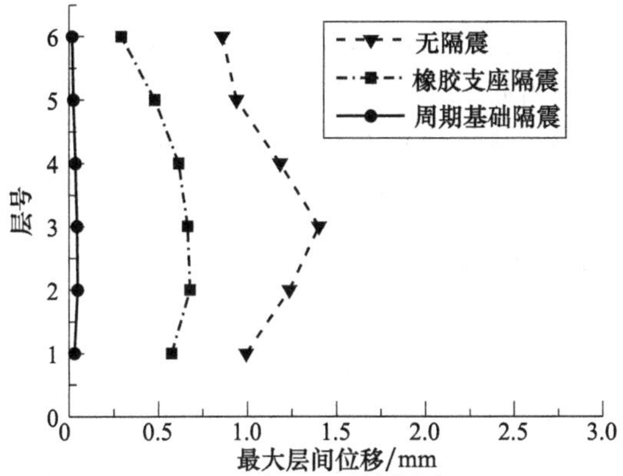

(a) Anza 地震记录

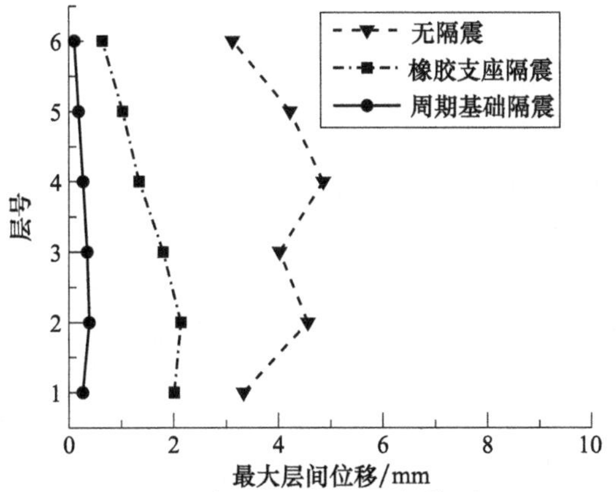

(b) Imperial Valley地震记录

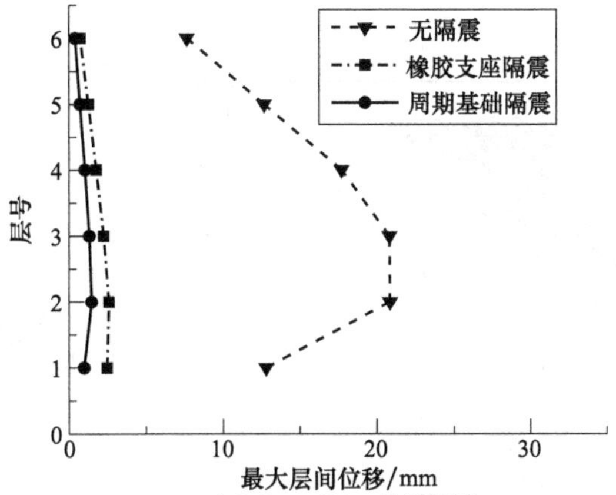

(c) Loma Prieta地震记录

图 11.23　不同地震作用下结构的最大层间位移比较

11.4　复合排桩减振

二维周期结构对沿面内传播的振动或波具有抑制作用，将不同形式的二维周期结构进行适当组合，有望拓宽二维周期结构的适用范围，并提高其减振效果。下面利用有限元法，对由不同形式排桩形成的复合排桩的减振特性进行有限元数值模拟。在数值计算时，使用了三维黏弹性边界单元，并采用了平面波的精确输入方法。

11.4.1　复合排桩有限元模型

考虑由三种局域共振型填充桩组合形成的复合排桩系统，如图 11.24 所示，其中混凝土桩的壁厚统一取为 15cm，桩长取为 10m，混凝土和土的材料参数如表 9.2 所示。桩按简单正方周期方式排布，每种类型的桩在 x 方向均布置两排，周期常数统一取为 2m。对第一种和第二种局域共振型排桩，桩的外半径分别取为 0.65m

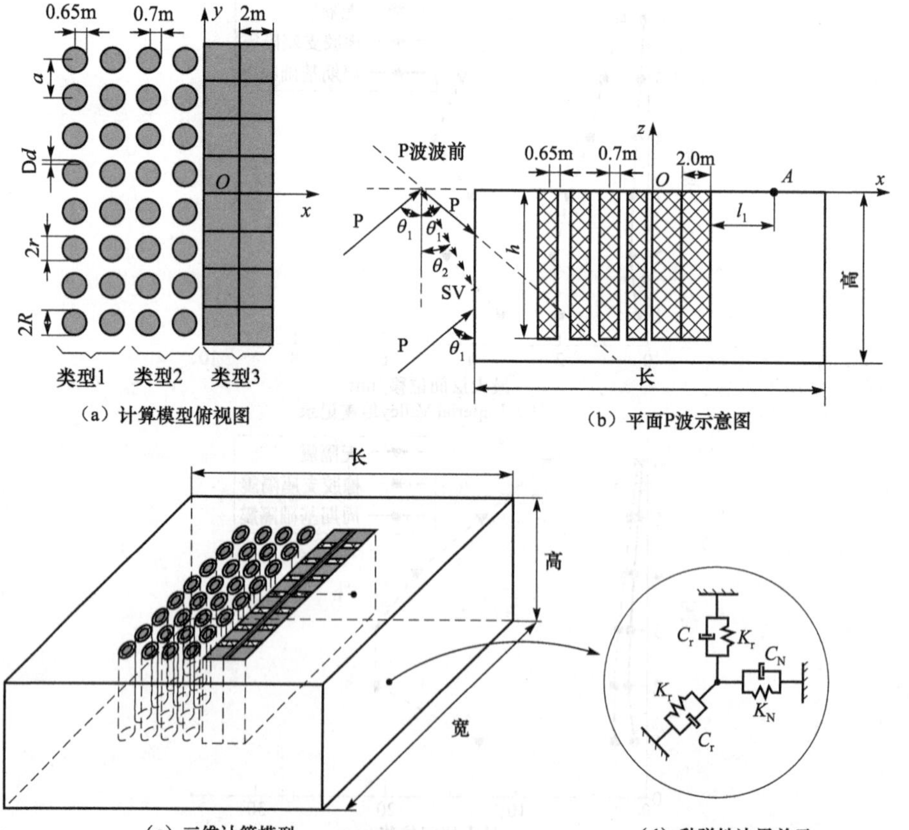

(a) 计算模型俯视图　(b) 平面P波示意图　(c) 三维计算模型　(d) 黏弹性边界单元

图 11.24　复合排桩有限元计算模型和入射平面 P 波

和 0.70m，两种排桩都填充表 10.1 中所给填充材料♯2。第三种桩选边长为 2m 的方形管桩，桩的壁厚为 0.15m，管内填充表 10.1 中所给填充材料♯3，该管桩实际形成了 4m 厚的连续填充墙。桩-土有限元计算模型在长、宽、高方向的尺寸取为 24m×24m×12m，选距离排桩一侧 $l_1=4\text{m}$ 的 A 点作为振动响应的观测点。

图 11.25 给出了上述三种局域共振型填充桩各自 xOy 模式和 z 模式对应的频散曲线。从图中可以看出，xOy 模式下的几个主要衰减域集中在 12.74～15.34Hz、15.47～16.57Hz、17.02～18.01Hz 和 18.70～21.07Hz；z 模式下的几个主要衰减域集中在 8.21～10.71Hz、9.69～10.57Hz、10.66～11.44Hz 和 18.36～20.30Hz。

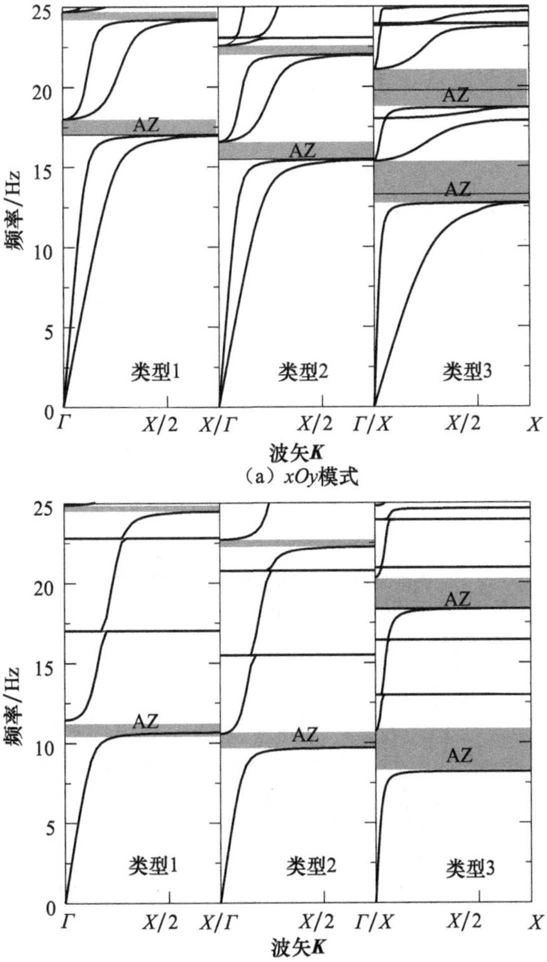

(a) xOy模式

(b) z模式

图 11.25　三种局域共振型填充周期排桩的衰减域

采用波动精确输入方法[5]模拟从空间任意角度入射的弹性波，此时边界上每个节点的等效荷载 $F(t)$ 可以表示为

$$F(t)=\tau_0(x,y,z,t)+C\dot{u}_j^0(x,y,z,t)+Ku_j^0(x,y,z,t) \tag{11.4}$$

式中，$u_j^0(x,y,z,t)$ 是自由场的位移响应，可通过入射波定义，与振源到边界节点的距离有关；$\tau_0(x,y,z,t)$ 和 $\dot{u}_j^0(x,y,z,t)$ 分别代表边界节点的应力和速度，这两个量可以通过 $u_j^0(x,y,z,t)$ 计算得到；C 和 K 是黏弹性边界条件的单元参数，参见 2.2.5 节。

在下面的数值计算中，边界节点到波源的距离 r_d 取定值 20.78m，而黏弹性边界单元系数 α_N 和 α_T 分别取 1.33 和 0.67。

11.4.2　单频平面波入射响应分析

首先考虑单频简谐波从 x 方向入射，并和 z 轴成 60°角（$\theta_1=60°$），如图 11.25 所示。位移表达式如下：

$$u=\sin(\omega t)(\text{mm}) \tag{11.5}$$

式中，$\omega=2\pi f$，f 是入射波的频率。

图 11.26 给出了在频率 $f=12.9$Hz 的简谐入射弹性波作用下观测点 A 的振动响应，该频率在 xOy 模式的衰减域内，而在 z 模式的衰减域外。入射平面波自由场的理论解可以用来验证模型和波动输入方法的正确性。在图 11.26 中，空心圆点代表无复合排桩埋入情况下自由波场的理论解，虚线代表自由波场的数值解，实线代表有复合排桩埋入时散射波场的数值解。可以看出，自由波场数值解和理论解完全一致，说明计算中采用的三维有限元模型和波动输入方法的正确性。另外，由于该入射谐波的频率在有复合排桩埋入情况下 xOy 模式的衰

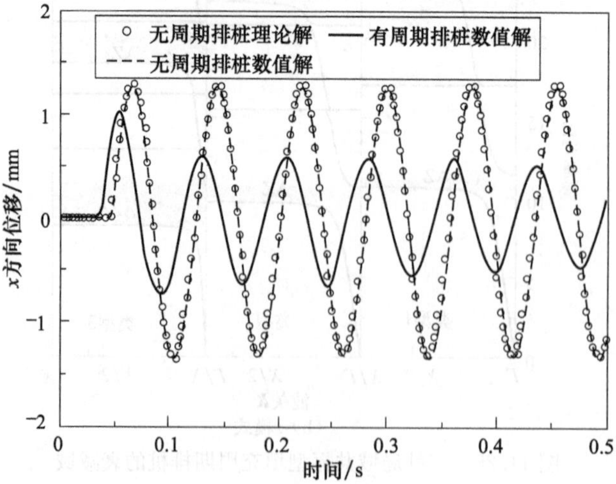

(a) x方向

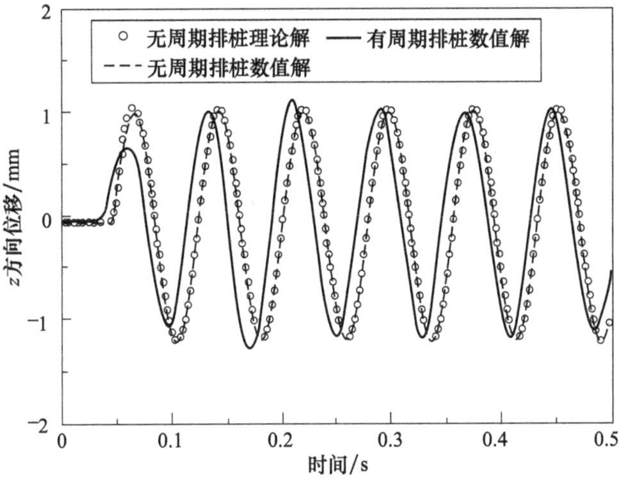

（b）z方向

图 11.26　频率为 12.9Hz 的简谐入射波作用下观测点 A 的位移响应

减域范围内，因此 x 方向的振动得到了较大衰减，而 z 方向的位移响应基本没有衰减。

11.4.3　多频平面波入射响应分析

为进一步考察复合排桩的减振特性，构造一多频位移激励如下：

$$u_y = \frac{1}{125}\sum_{n=1}^{125}\sin(2\pi f_n t) \tag{11.6}$$

式中，f_n=[0.2Hz，0.2Hz，25Hz]代表起始频率为 0.2Hz、截止频率为 25Hz、频率间隔为 0.2Hz 的激励函数。

图 11.27 给出了 A 点 x 方向和 z 方向的位移响应。当存在复合排桩时，A 点

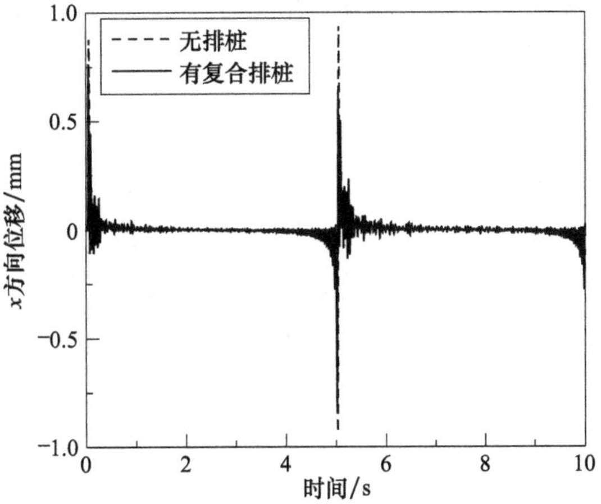

（a）x方向

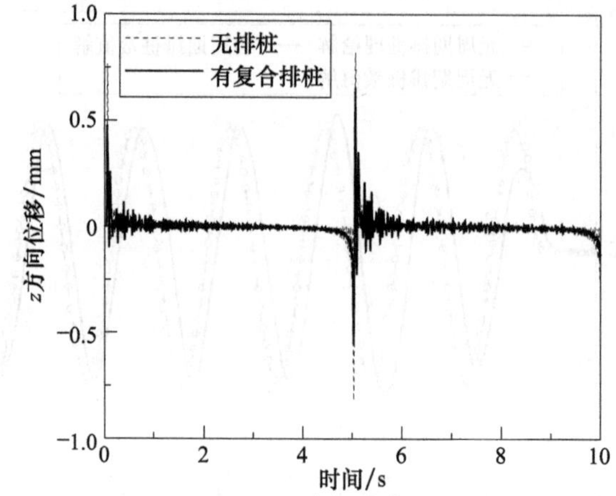

(b) z方向

图 11.27　多频平面波入射下 A 点的位移响应

处 x 方向和 z 方向的位移峰值均有明显降低。图 11.28 给出了图 11.27 对应的功率谱。可以看出，衰减主要归因于对衰减域范围内振动的衰减；而衰减域范围外的振动，基本没有衰减，有时还有放大。

上述算例表明，可以将具有不同周期特性的周期结构进行组合进而形成复合结构，该复合结构可以具有更优异的振动衰减特性。另外，在桩足够长的情况下，将三维振动模式解耦成二维面内和面外振动模式是合理的。

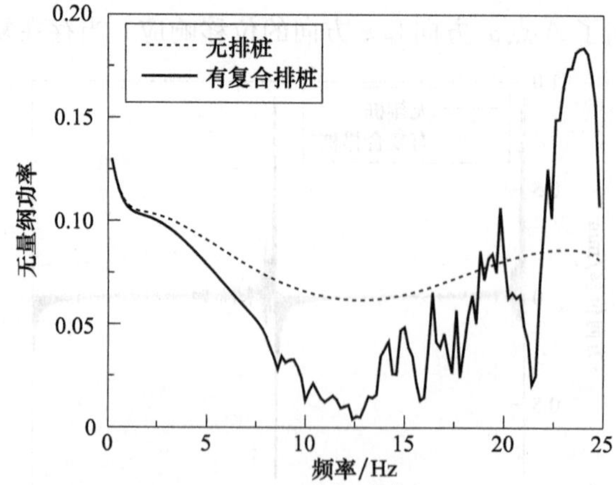

(a) x方向

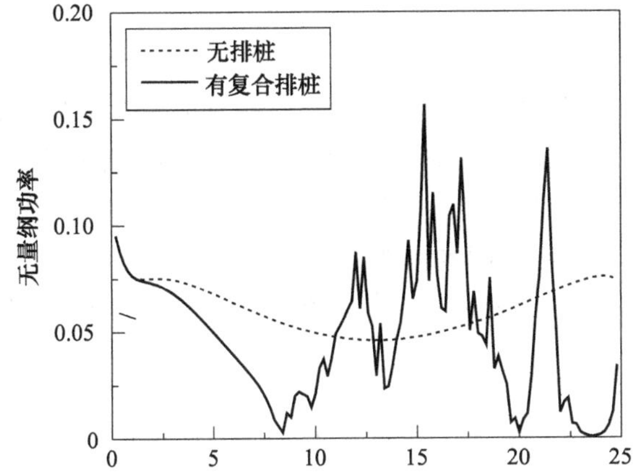

(b) z方向

图 11.28　功率谱曲线

11.5　波在分层土中的传播

地表土的局部场地条件(一般指建筑物场地的地质构造、地形条件、场地土壤等工程地质条件)直接影响地震波在其中的传播,进而引起建筑物所在场地局部烈度的差异。因此,波在不同场地中的传播特性一直是地震工程学中颇受关注的一个研究内容。

1928 年,Wood 从 1906 年发生在 San Francisco 大地震的震害资料中首先认识到场地条件对地面运动有影响作用,之后,很多学者开始对不同场地下地震地面运动开展了研究[6]。吴再光等[7]将线性系统随机地震反应的时域模态分析方法与非线性土结构概率平均等价线性化方法相结合,构造了一种分析水平层状地基土层非平稳随机地震响应的近似计算方法。将土层简化为置于刚性基岩上的一维剪切模型梁,并假定土层剪切模量沿深度按一定规律变化,曾心传和秦小军[8]采用随机理论分析了土层的地震反应。

大量工程实践表明,地震从震源经土层传到地表时,某些频率的地震成分会被减弱,而另外一些频率的地震成分会被加强。另外,在实际工程中,也经常用土层置换的办法来处理软土地基。因此,有必要揭示分层土的滤波机制。

11.5.1　分层土的动力特性

下面通过对比三个不同研究工作,从周期结构的角度说明分层土的动力衰减特性[9]。

1. 研究工作 1

Semblat 等[10]采用分层土简化分析模型，研究了地震波在土层中的传播，指出场地的几何特征对地震波的幅值等响应均有显著影响，其中部分土层的材料和几何参数如表 11.3 所示。利用表 11.3 所给土层，构造理想周期性土层结构，并用传递矩阵法可求得该周期结构的衰减域为 1.11～1.78Hz，如图 11.29 所示，不难看出，该衰减域与 Semblat 等所得 SH 波输入下土层顶部位移幅值放大系数的衰减域相一致。

表 11.3 简化模型的土层特性参数

土层	密度/(kg/m³)	杨氏模量/MPa	泊松比	土层厚度/m
第一层	2100	677	0.280	75
第二层	2200	3595	0.453	100

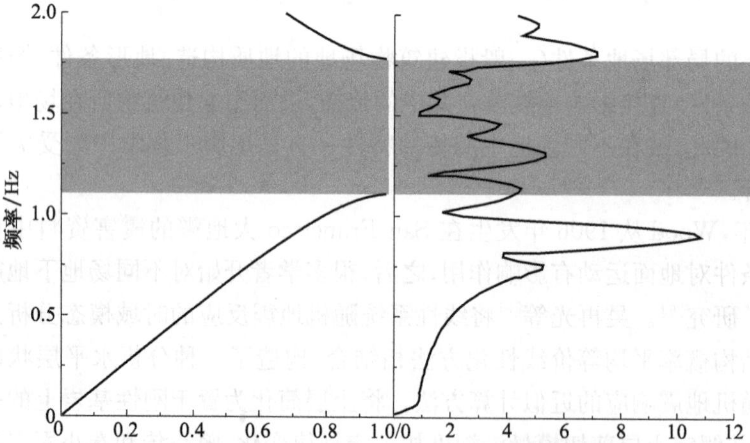

图 11.29 理想周期性土层结构的衰减域及位移幅值放大系数

2. 研究工作 2

Bi 和 Hao[11]采用 Monte-Carlo 方法研究了土层参数变化对地表地震动时间历程的影响，针对由表 11.4 和表 11.5 所示的两层土和四层土分别形成的土层结构，Bi 和 Hao 还给出了 SH 波垂直入射时地表的位移幅值谱，分别如图 11.30 和

图 11.31 所示。另外,分别以表 11.4 所示两层土层结构和表 11.5 所示四层土层结构为基本单元,图 11.30 和图 11.31 也给出了这两种理想周期结构在 SH 波垂直入射下的频散曲线,同时还利用 ANSYS 数值分析软件,给出了 SH 波分别垂直入射到一个周期单元或三个周期单元土层时这两种地表的位移谱。由图 11.30 和图 11.31 不难看出,土层地表响应的衰减范围与频散曲线对应的衰减域相一致。

表 11.4　两层分层土模型土层参数

土层号	密度/(kg/m³)	杨氏模量/MPa	泊松比	土层厚度/m
第一层	2000	585.2	0.33	16
第二层	1600	84	0.40	12

表 11.5　四层分层土模型土层参数

土层号	密度/(kg/m³)	杨氏模量/MPa	泊松比	土层厚度/m
第一层	1600	84	0.40	12
第二层	2000	585.2	0.33	16
第三层	1600	56	0.40	15
第四层	1900	84	0.40	5

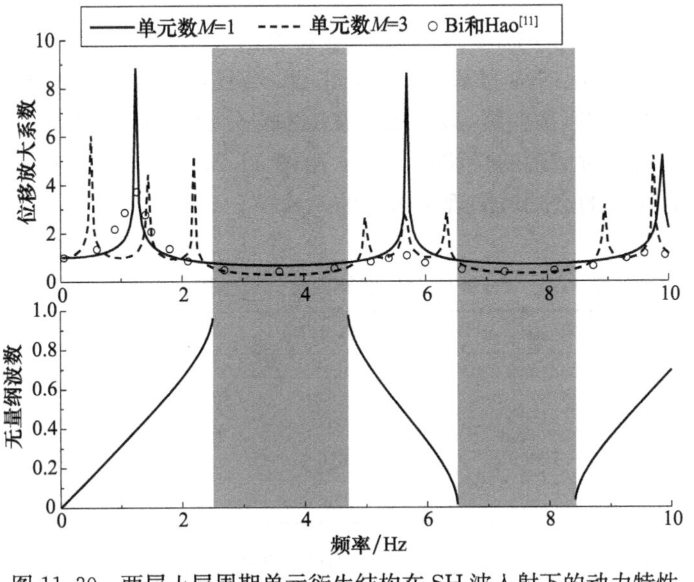

图 11.30　两层土层周期单元衍生结构在 SH 波入射下的动力特性

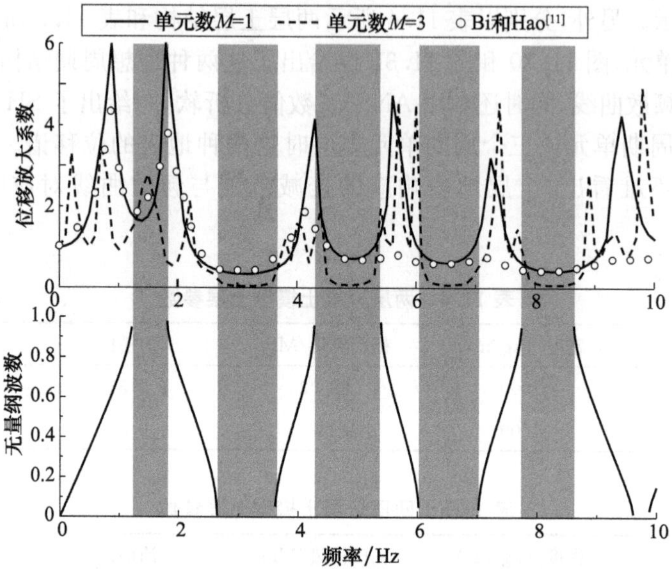

图 11.31 四层土层周期单元衍生结构在 SH 波入射下的动力特性

3. 研究工作 3

Hao 和 Gaull[12]研究了澳大利亚 Perth CBD 区域两个场地的地震动特性，其中一个场地由置于基岩上的四层土层构成，各土层的相关参数如表 11.6 所示。Hao 和 Gaull 给出的 SH 波垂直入射时地表的位移幅值谱如图 11.32 所示。以表 11.6 所示四层土层结构为基本单元，图 11.32 还给出了该种理想周期结构在 SH 波垂直入射下的频散曲线，以及 SH 波从基岩分别垂直入射到一个周期单元或三个周期单元土层时地表的位移幅值谱。由图 11.32 可知，土层地表响应的衰减范围与频散曲线上的衰减域展现出很好的一致性。

表 11.6 Perth CBD 区域某四层分层土模型土层参数

土层号	密度/(kg/m^3)	杨氏模量/MPa	泊松比	土层厚度/m
第一层	1900	87	0.45	5
第二层	1600	56	0.40	15
第三层	2000	616	0.33	6
第四层	1600	70	0.40	10

上面三个不同研究工作对比表明，利用周期结构理论可以很好地解释地震波从震源传播到地表时有些频率的地震动分量会得到衰减的原因。

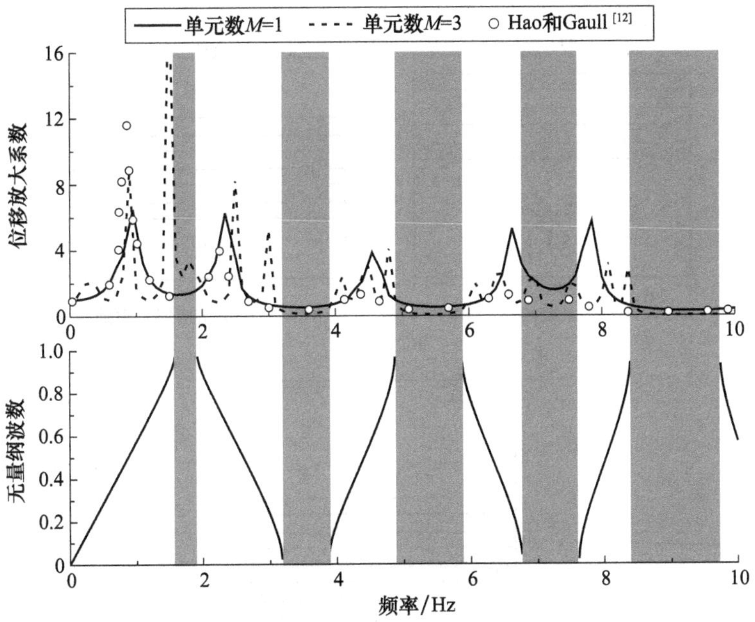

图 11.32　Perth CBD 区域某四层土层周期单元衍生结构在 SH 波入射下的动力特性

11.5.2　分层土位置对衰减的影响

分层土结构所处位置不同,对地震波的衰减也将有所不同。考虑土层 A 与 B 按层厚 7∶8 的比例形成周期单元,材料参数如表 11.7 所示,周期参数为 15m 时,不难求得该种理想周期结构相应于 P 波的前两个完全衰减域 23～43Hz 和 57～84Hz,以及相应于 S 波的前两个完全衰减域 13～20Hz 和 30～36Hz。

表 11.7　土层模型物理性质参数表[10]

土层号	密度/(kg/m³)	杨氏模量/MPa	泊松比	土层厚度/m
土层 A	2100	677	0.28	7
土层 B	2200	3595	0.453	8
土层 C	2600	4390	0.249	40

考虑含三个上述周期单元的分层土结构与总厚为 40m 的土层 C 形成总厚度为 85m 的数值分析模型,以研究分层土结构所处不同位置对地震波衰减的影响,如图 11.33 所示。分层土结构位于中部时,上、下土层 C 各取 20m 厚。

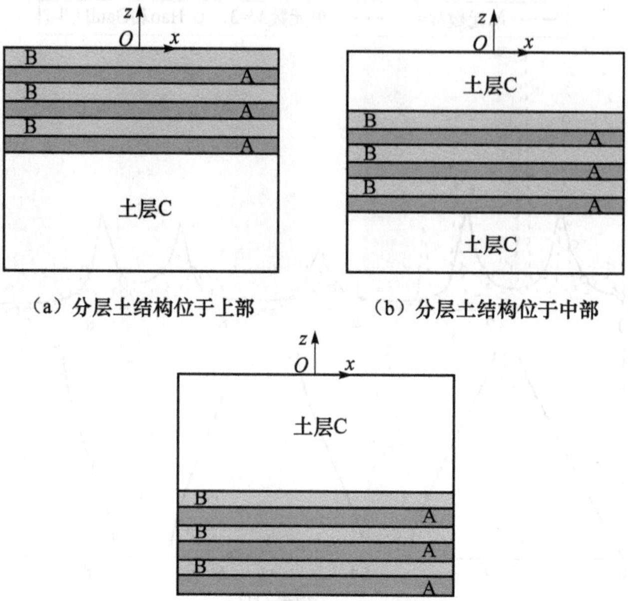

图 11.33　分层土结构位置布置示意图

从模型底部垂直向上输入 P 波和 S 波，分别考察上表面 O 点的竖向和横向位移响应。当输入 P 波时，只在模型底部各节点沿 z 方向施加单位幅值的位移荷载，同时固定模型底部所有节点沿 x 方向的位移，并在模型两侧施加周期边界条件以准确模拟 P 波在结构中的传播，输出 O 点 z 方向的位移响应；当输入 S 波时，固定模型底部所有节点沿 z 方向的位移，在模型两侧施加周期边界条件，只在模型底部各节点沿 x 方向施加单位幅值的位移荷载，输出 O 点 x 方向的位移响应。图 11.34 和图 11.35 分别给出了 P 波和 S 波输入下 O 点沿 z 方向和 x 方向的位移频率响应函数。

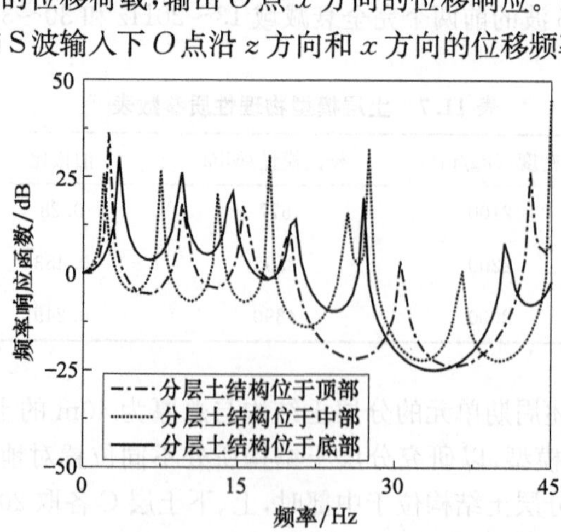

图 11.34　P 波激励下模型顶部 O 点的位移频率响应函数

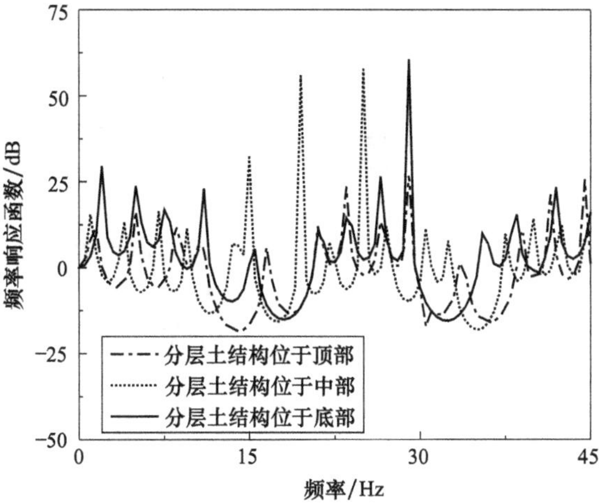

图 11.35　S 波激励下模型顶部 O 点的位移频率响应函数

图 11.34 和图 11.35 所示结果有助于读者进一步理解场地分类及地震分析的反应谱法。

参 考 文 献

[1] 陈鹏飞. 组合层状周期性基础对地震波的衰减[D]. 北京:北京交通大学,2013.

[2] 周福霖. 工程结构减震控制[M]. 北京:地震出版社,1997.

[3] PEER. PEER Ground Motion Database[EB/OL]. http://peer. berkeley. edu/peer_ground_motion_database[2016-05-10].

[4] 李慧,党育,杜永峰. 基础隔震结构设计及施工指南[M]. 北京:中国水利水电出版社,2007.

[5] Liu J, Du Y, Du X, et al. 3D viscous-spring artificial boundary in time domain[J]. Earthquake Engineering and Engineering Vibration, 2006, (1): 93-102.

[6] 薄景山,李秀领,李山有. 场地条件对地震动影响研究的若干进展[J]. 世界地震工程,2003,19(2):11-15.

[7] 吴再光,林皋,韩国城. 水平成层地基非平稳随机地震反应分析[J]. 土木工程学报,1992,25(3):60-67.

[8] 曾心传,秦小军. 土层对地震的随机反应分析[J]. 地震工程与工程振动,1998,18(3):27-39.

[9] 李卿. 弹性波在周期性土层中的传播特性分析[D]. 北京:北京交通大学,2013.

[10] Semblat J F, Kham M, Parara E, et al. Seismic wave amplification: Basin geometry vs soil layering[J]. Soil Dynamics and Earthquake Engineering, 2005, 25(7-10): 529-538.

[11] Bi K, Hao H. Influence of irregular topography and random soil properties on coherency loss of spatial seismic ground motions[J]. Earthquake Engineering & Structural Dynamics, 2011, 40(9): 1045-1061.

[12] Hao H, Gaull B A. Estimation of strong seismic ground motion for engineering use in Perth Western Australia[J]. Soil Dynamics and Earthquake Engineering, 2009, 29(5): 909-924.

索　　引

彩　　图

（a）紧靠

（b）横贯

（c）顶骑

（d）下穿

图 1.3　交通设施紧密靠近或贯穿建筑物

（a）铁轨

（b）桥梁

（c）群桩

（d）建筑

图 1.12　几种常见的周期结构

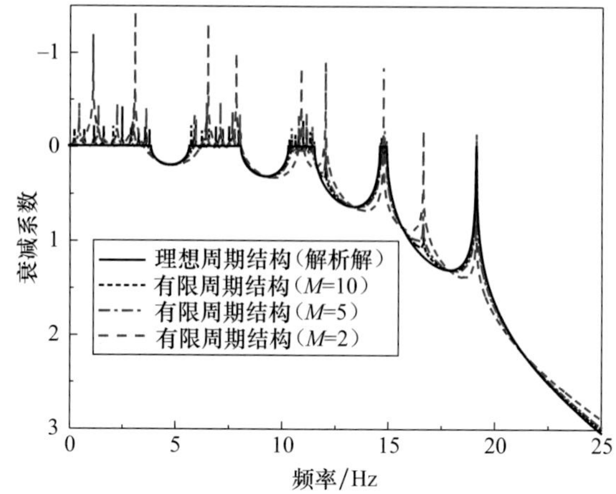

图 3.15 不同周期数下衰减系数随频率的变化

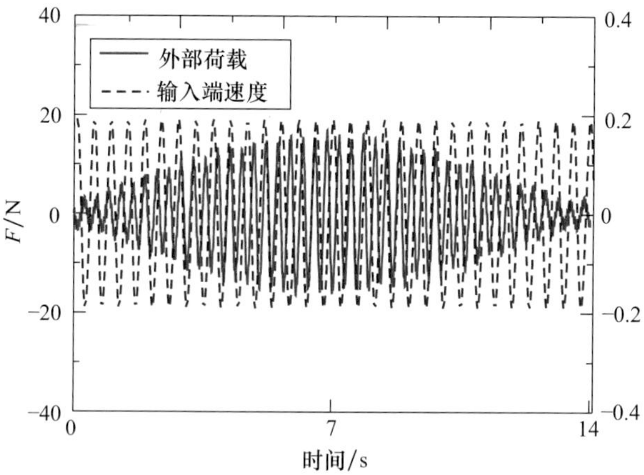

图 3.18 外部作用力和作用点速度的时间历程

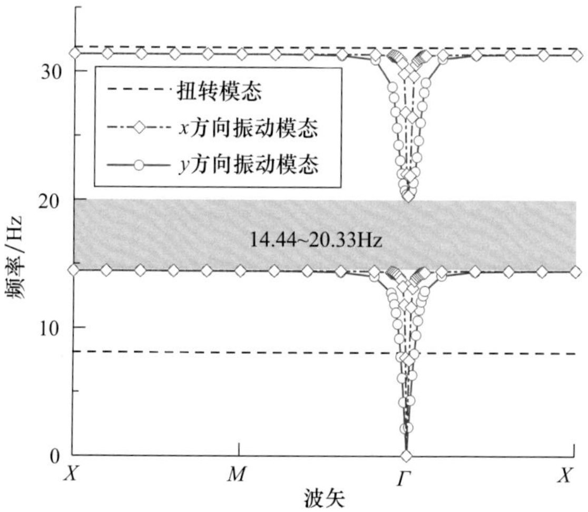

图 6.16 CRC 型周期结构频散关系($a=1.0$m、$r_c=0.35$m、$t_r=0.1$m)

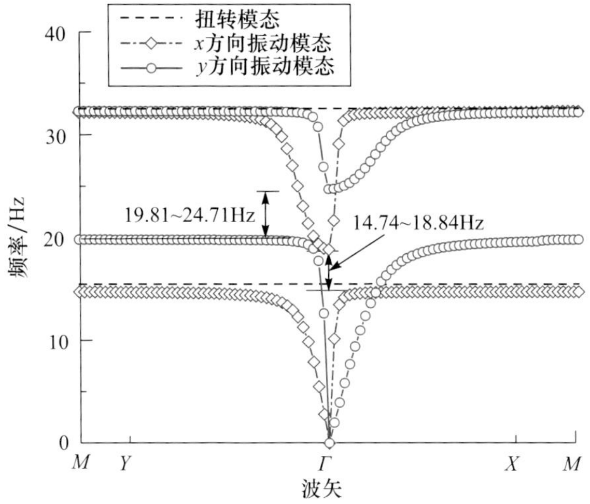

图 6.18　局域共振型周期结构的频散关系($t_r=0.1$m、$b_x=0.6$m、$b_y=0.3$m、$a_y=0.7$m)

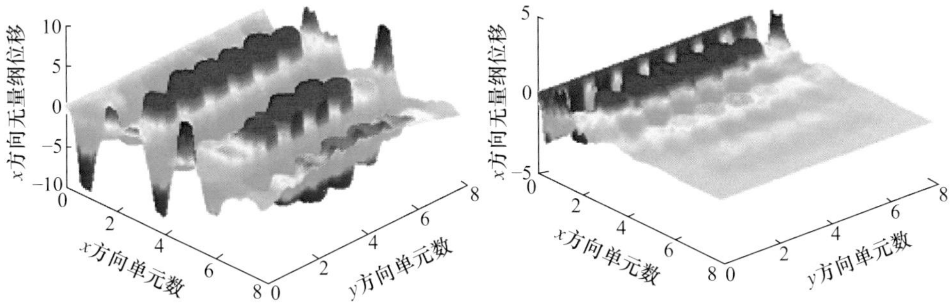

(a) 衰减域范围外 f=10.01Hz

(b) 衰减域范围内 f=12.04Hz

图 6.23　RC 型有限周期结构单频稳态位移响应

图 6.41　水平向(x)隔震效果测试

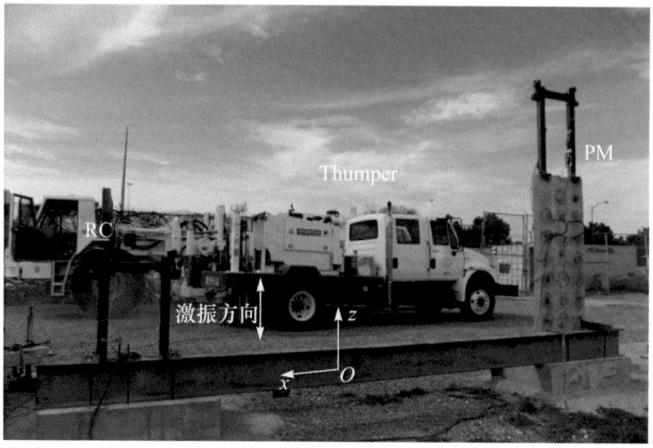

图 6.43　竖向(z)隔震效果测试

图 7.21　水平向隔震试验图

图 7.24　竖向隔震试验图

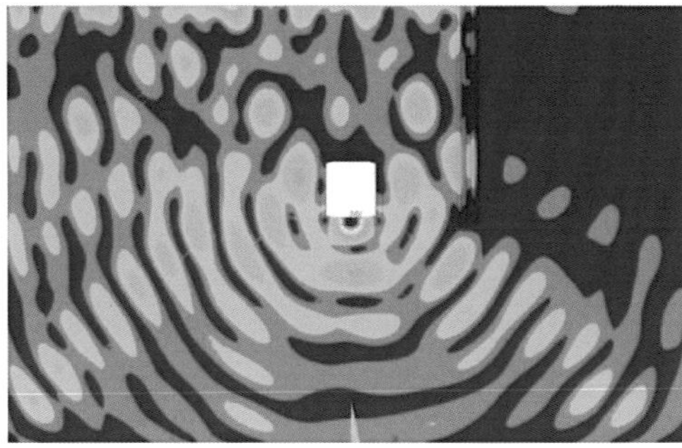

图 8.13　振源频率为 42Hz 时模型的竖向位移云图

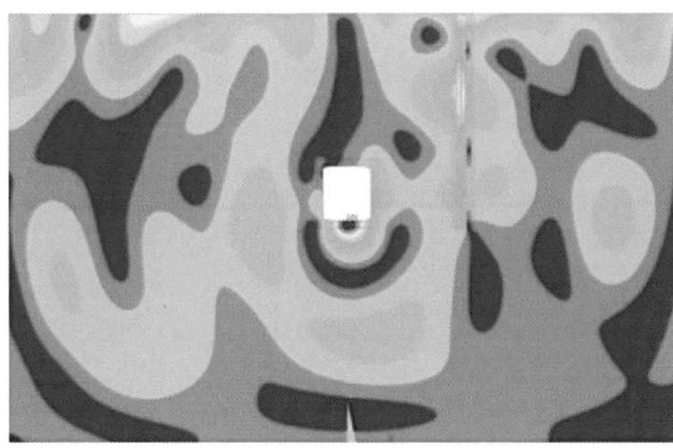

图 8.14　振源频率为 15Hz 时模型的竖向位移云图

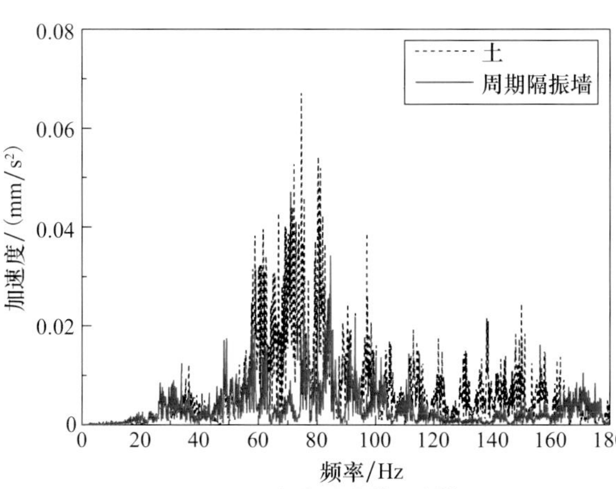

（b）加速度傅里叶谱

图 8.16　当 $d_1=5\mathrm{m}$、$d_2=25\mathrm{m}$ 时，隔振墙后 5m 处的地面竖向加速度时程与加速度傅里叶谱

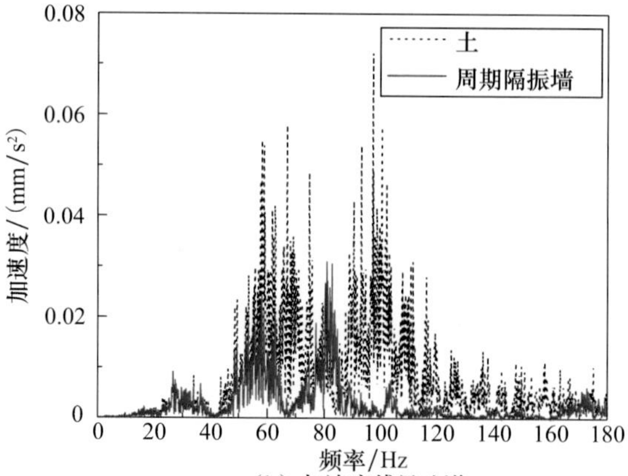

（b）加速度傅里叶谱

图 8.17　当 $d_1=10\text{m}$、$d_2=25\text{m}$ 时，隔振墙后 5m 处的地面竖向加速度时程与加速度傅里叶谱

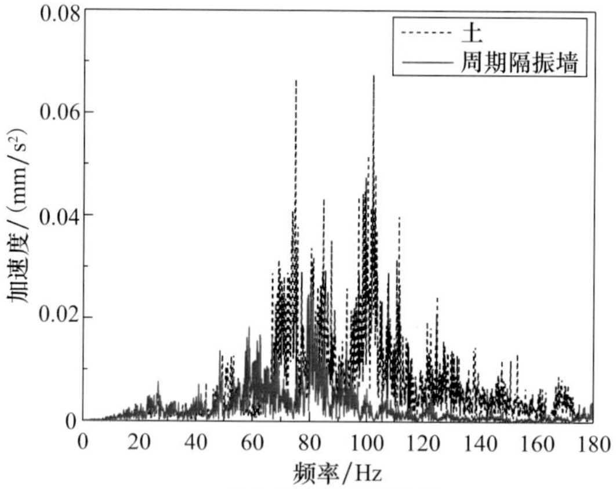

（b）加速度傅里叶谱

图 8.18　当 $d_1=15\text{m}$、$d_2=25\text{m}$ 时，隔振墙后 10m 处的地面竖向加速度时程与加速度傅里叶谱

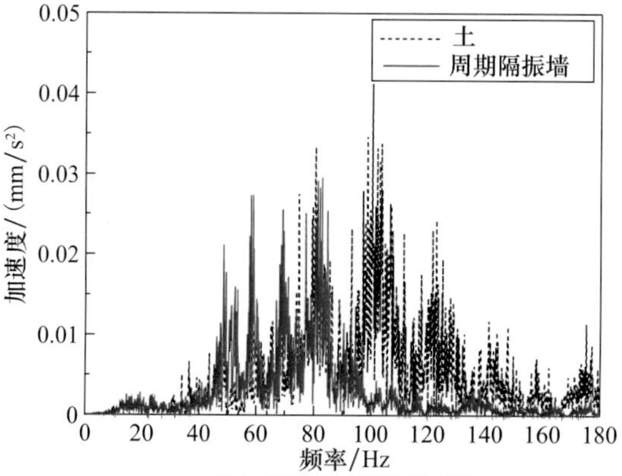

（b）加速度傅里叶谱对比

图 8.19　当 $d_1=20\text{m}$、$d_2=25\text{m}$ 时，隔振墙后 15m 处的地面竖向加速度时程与加速度傅里叶谱

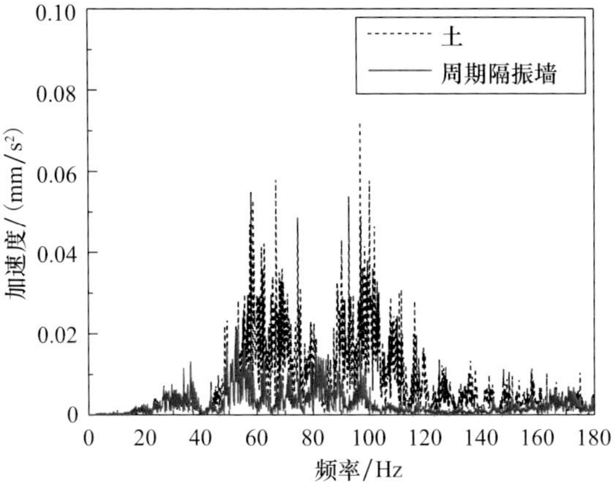

（b）加速度傅里叶谱

图 8.20　当 $d_1=10\text{m}$、$d_2=17.5\text{m}$ 时，隔振墙后 5m 处地面竖向加速度时程与加速度傅里叶谱

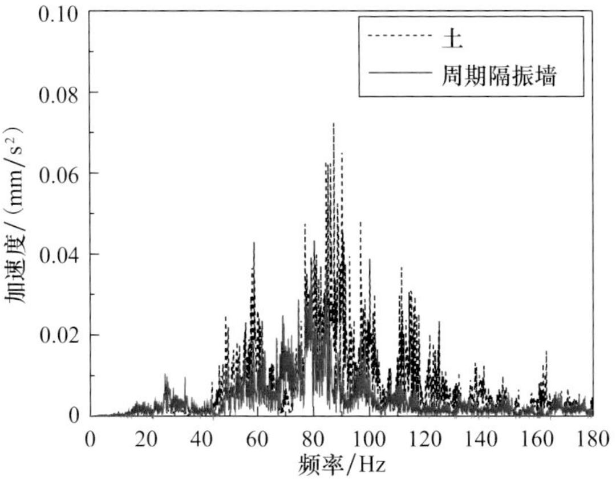

（b）加速度傅里叶谱

图 8.21　当 $d_1=10\text{m}$、$d_2=20\text{m}$ 时，隔振墙后 10m 处地面竖向加速度时程与加速度傅里叶谱

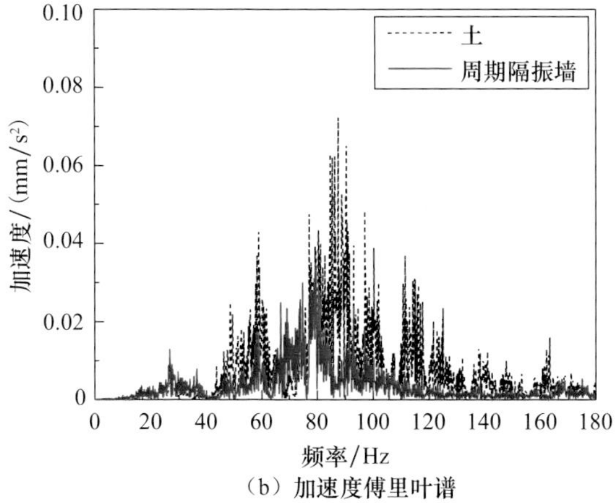

（b）加速度傅里叶谱

图 8.22　当 $d_1=10\text{m}$、$d_2=22.5\text{m}$ 时，隔振墙后 10m 处地面竖向加速度时程与加速度傅里叶谱

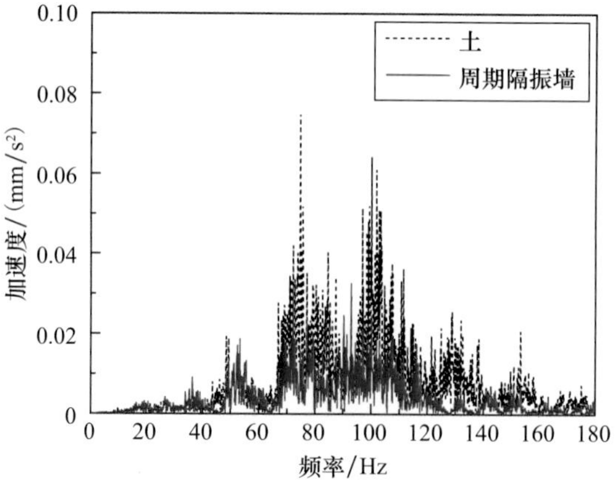

（b）加速度傅里叶谱

图 8.23　当 $d_1=10\text{m}$、$d_2=15\text{m}$ 时，隔振墙后 15m 处地面竖向加速度时程与加速度傅里叶谱

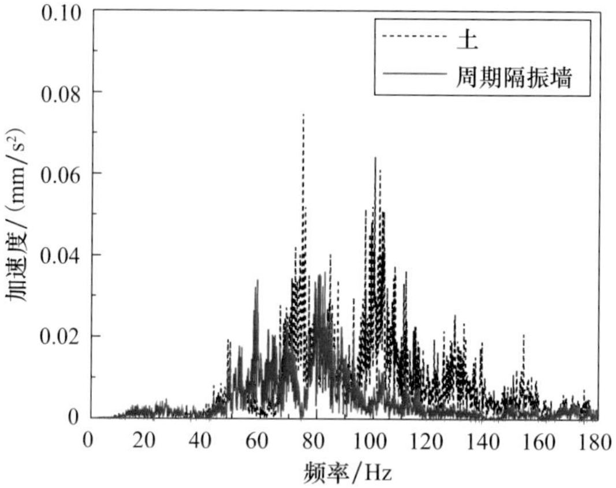

（b）加速度傅里叶谱

图 8.24　当 $d_1=10\text{m}$、$d_2=25\text{m}$ 时，隔振墙后 15m 处地面竖向加速度时程与加速度傅里叶谱

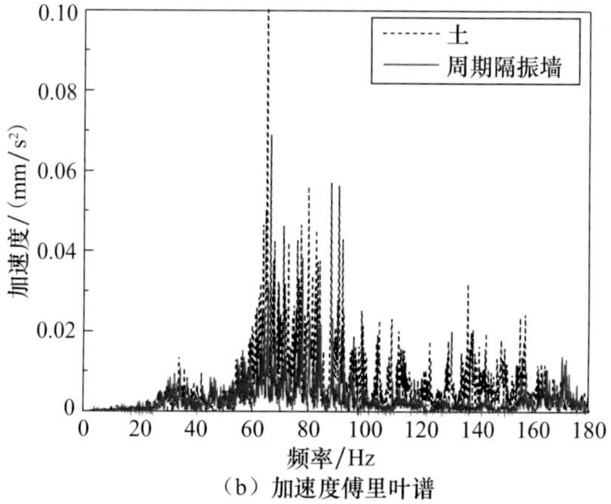

（b）加速度傅里叶谱

图 8.25　当 $d_1=5\text{m}$、$d_2=20\text{m}$ 时，隔振墙后 5m 处地面竖向加速度时程与加速度傅里叶谱

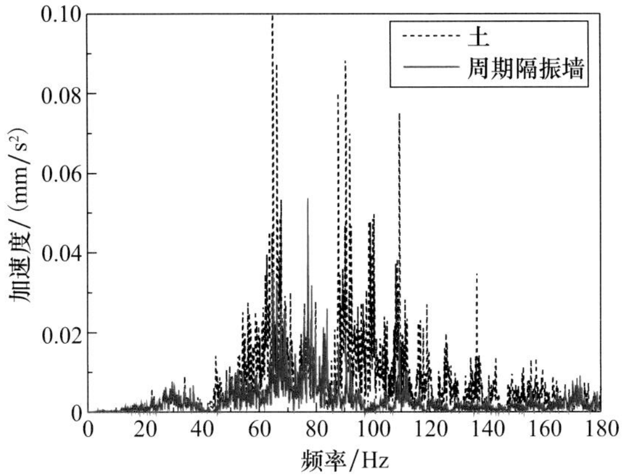

（b）加速度傅里叶谱

图 8.26　当 $d_1=10\text{m}$、$d_2=20\text{m}$ 时，隔振墙后 5m 处地面竖向加速度时程与加速度傅里叶谱

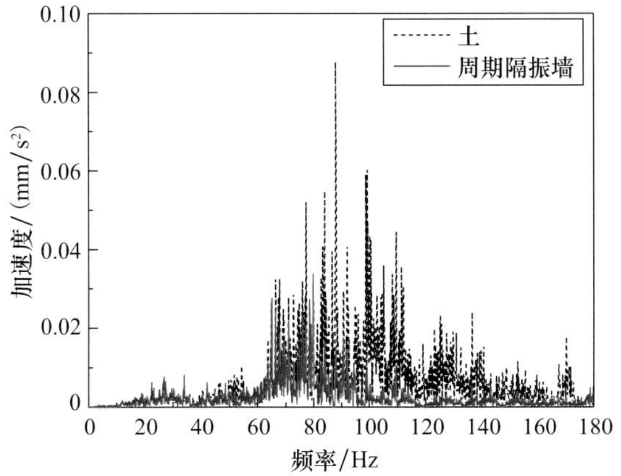

（b）加速度傅里叶谱

图 8.27　当 $d_1=15\text{m}$、$d_2=20\text{m}$ 时，隔振墙后 10m 处地面竖向加速度时程与加速度傅里叶谱

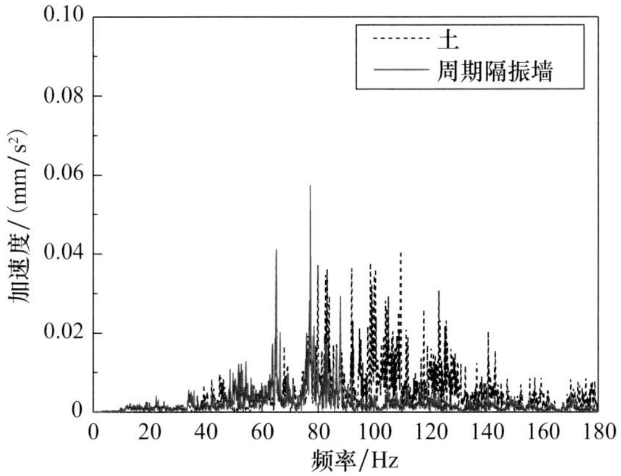

（b）加速度傅里叶谱

图 8.28　当 $d_1=20\text{m}$、$d_2=20\text{m}$ 时，隔振墙后 15m 处地面竖向加速度时程与加速度傅里叶谱

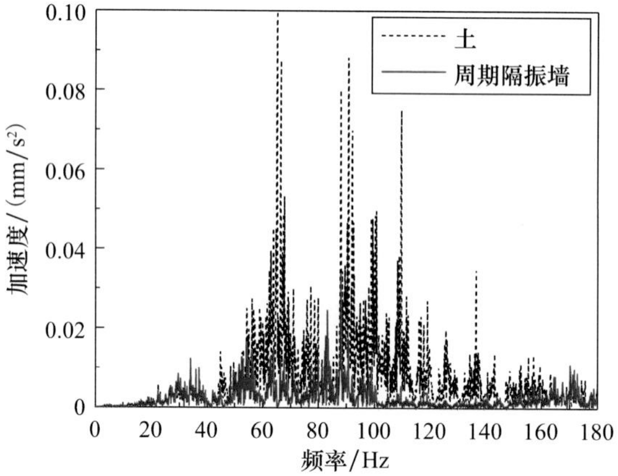

（b）加速度傅里叶谱

图 8.29　当 $d_1=10m$、$d_2=17.5m$ 时，隔振墙后 5m 处地面竖向加速度时程与加速度傅里叶谱

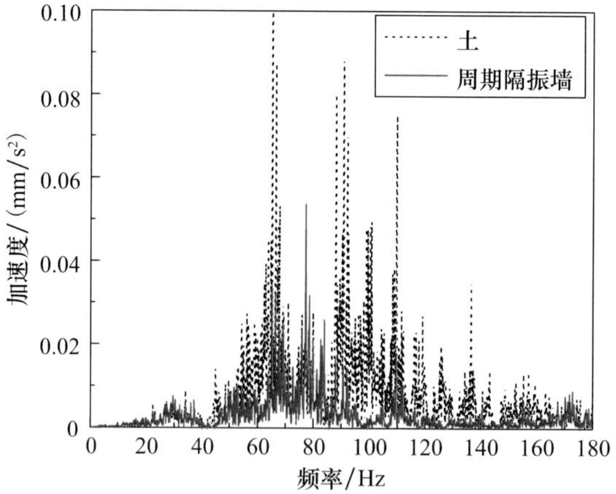

（b）加速度傅里叶谱

图 8.30　当 $d_1=10m$、$d_2=20m$ 时，隔振墙后 5m 处地面竖向加速度时程与加速度傅里叶谱

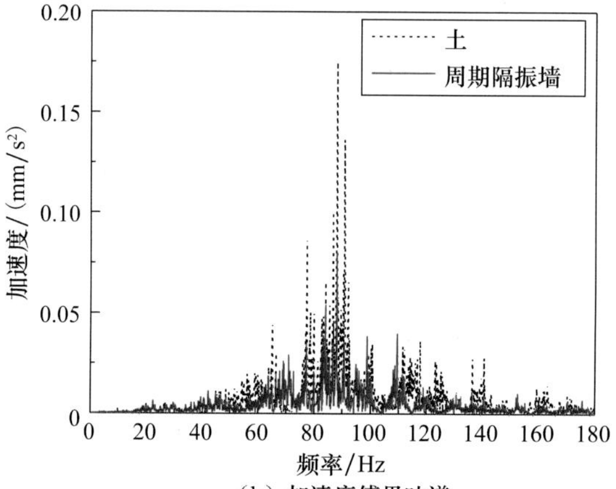

（b）加速度傅里叶谱

图 8.31　当 $d_1=10m$、$d_2=15m$ 时，隔振墙后 10m 处地面竖向加速度时程与加速度傅里叶谱

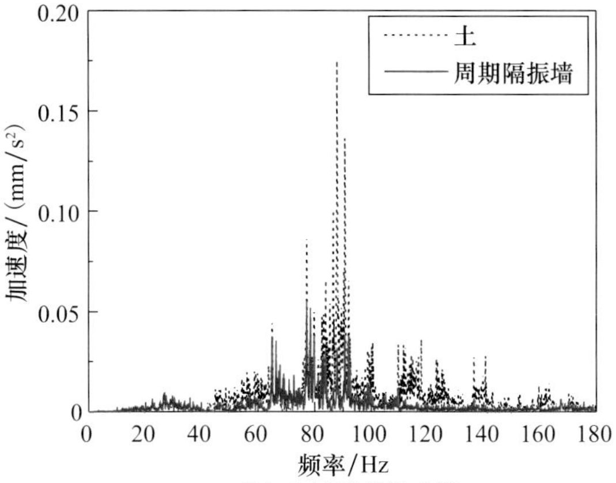

（b）加速度傅里叶谱

图 8.32　当 d_1＝10m、d_2＝22.5m 时，隔振墙后 10m 处地面竖向加速度时程与加速度傅里叶谱

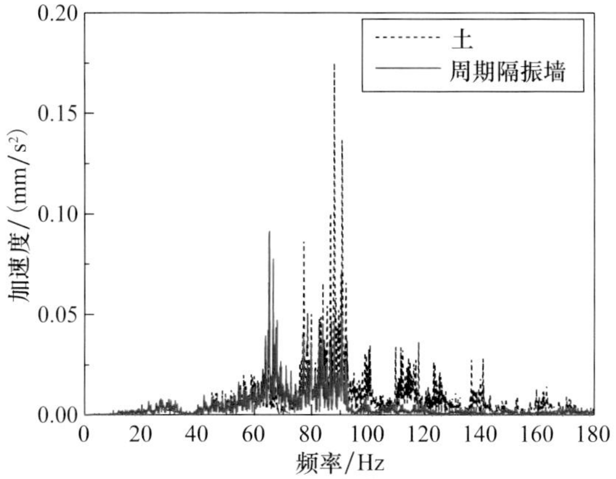

（b）加速度傅里叶谱

图 8.33　当 d_1＝10m、d_2＝25m 时，隔振墙后 10m 处地面竖向加速度时程与加速度傅里叶谱

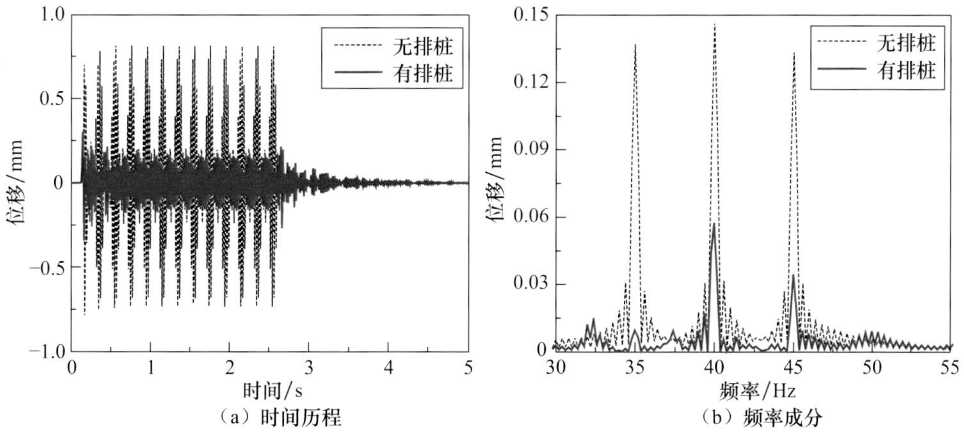

图 9.20　点 A 的位移响应

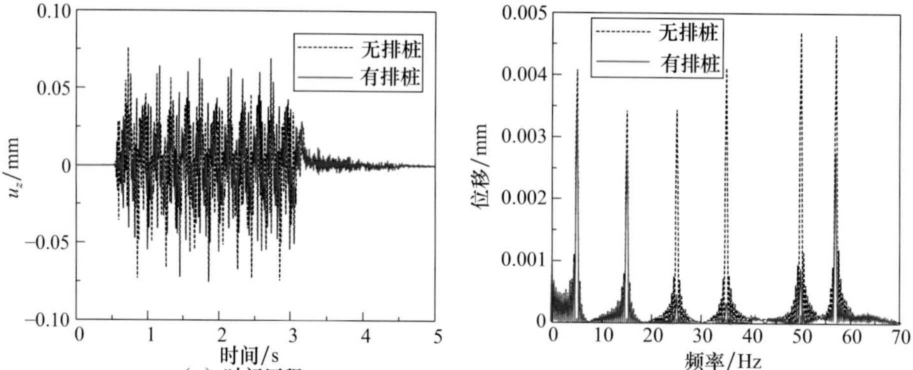

（a）时间历程　（b）频率成分

图 9.34　点 A 的竖向位移响应

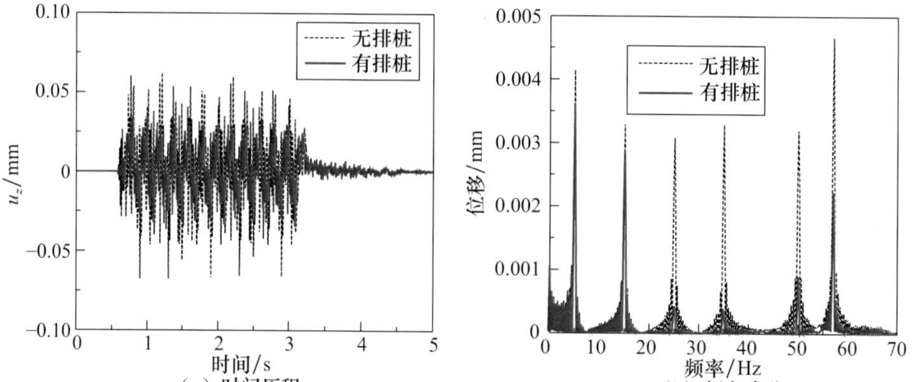

（a）时间历程　（b）频率成分

图 9.35　点 B 的竖向位移响应

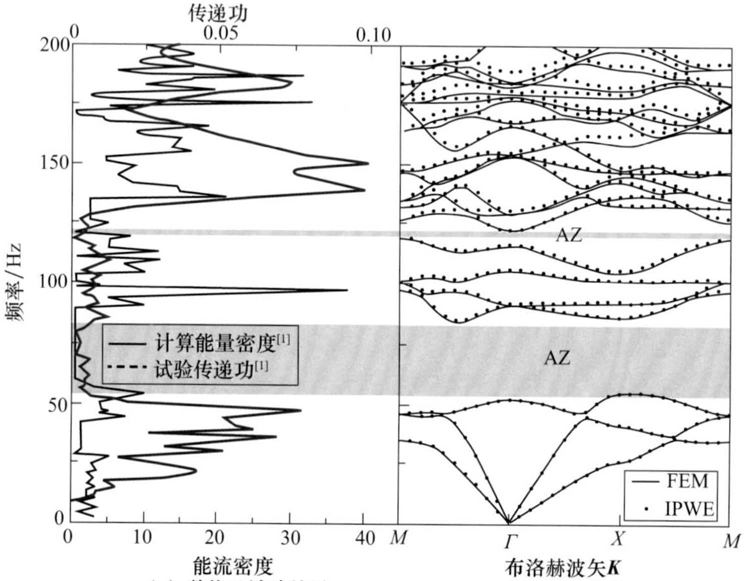

（a）数值及试验结果　（b）频散曲线

图 10.3　铝柱/树脂周期结构的谱曲线和频散曲线

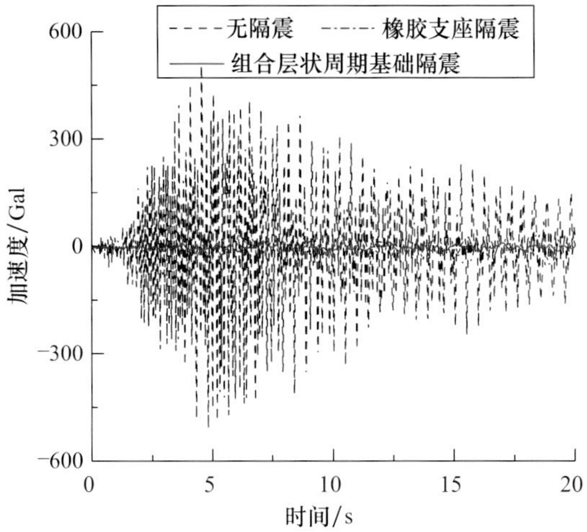

（a）NS方向

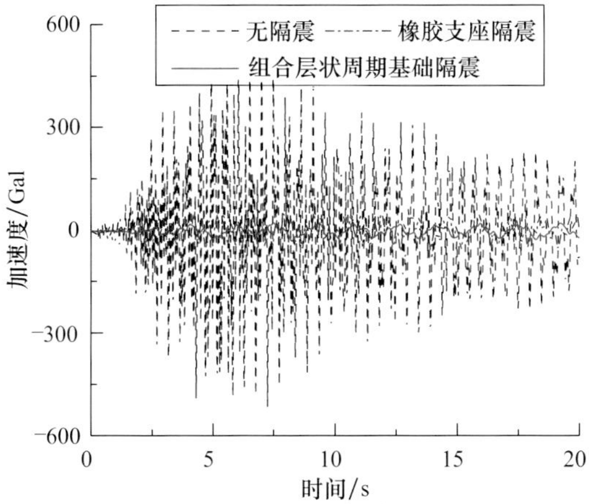

（b）EW方向

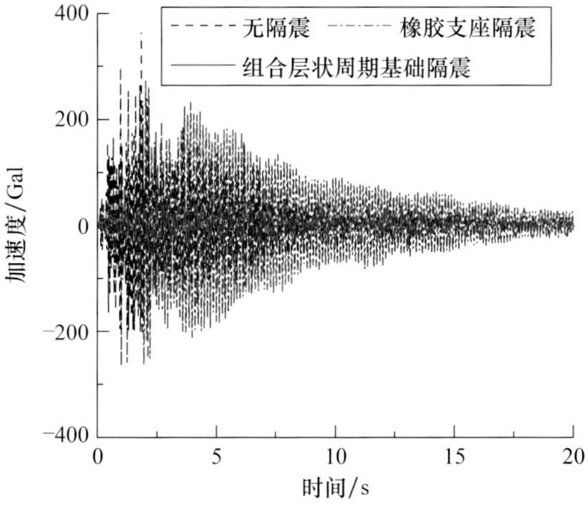

（c）z方向

图 11.13　迁安波作用下结构 A 点的加速度响应

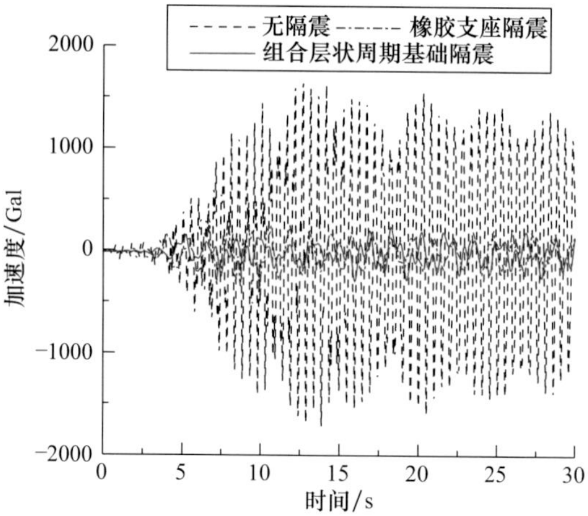

图 11.14　Taft 波作用下结构 A 点加速度响应

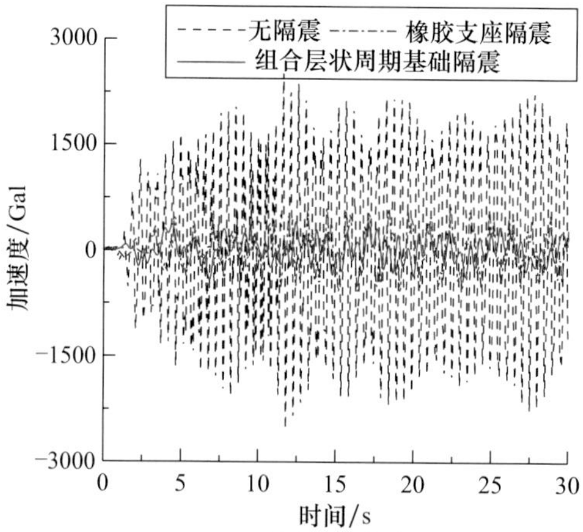

（a）EW方向

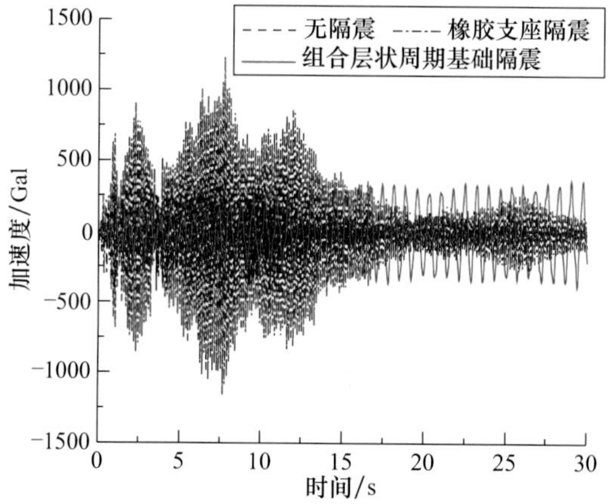

（b）z方向

图 11.15　El-centro 波作用下结构 A 点加速度响应

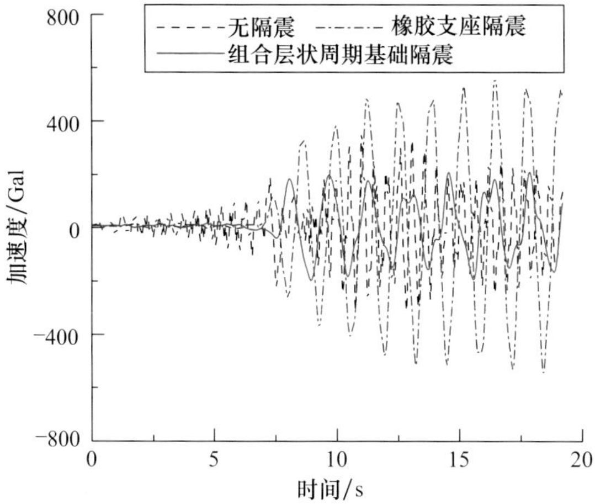

(a) EW方向

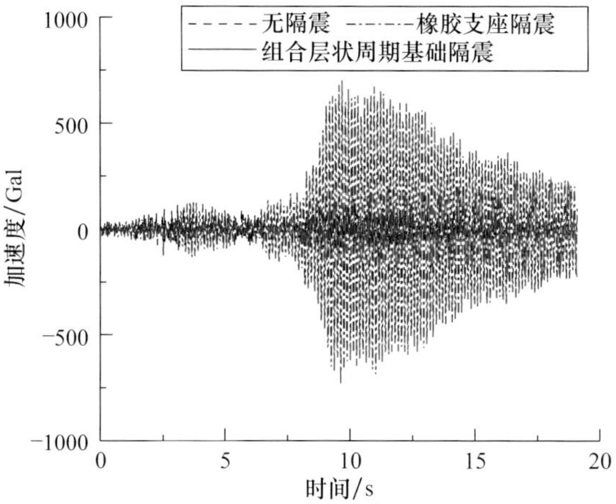

(b) *z*方向

图 11.16　天津波作用下结构 *A* 点加速度响应

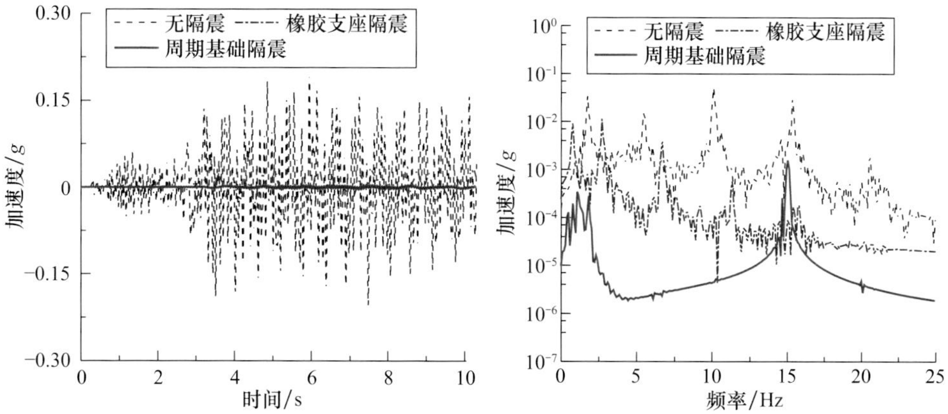

(a) Anza地震记录

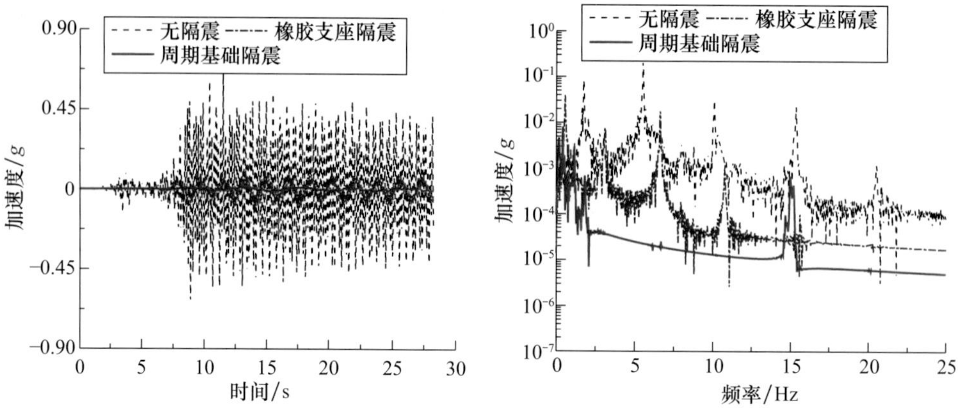

（b）Imperial Valley地震记录

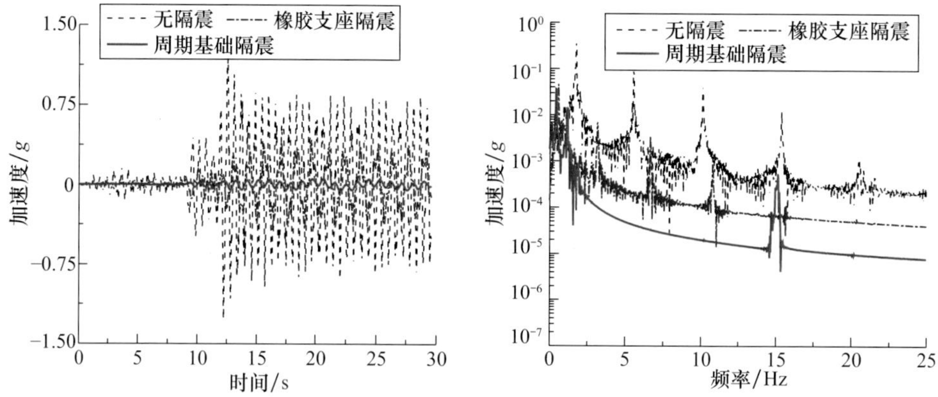

（c）Loma Prieta地震记录

图 11.22　不同地震作用下结构 A 点加速度响应及其傅里叶幅值谱